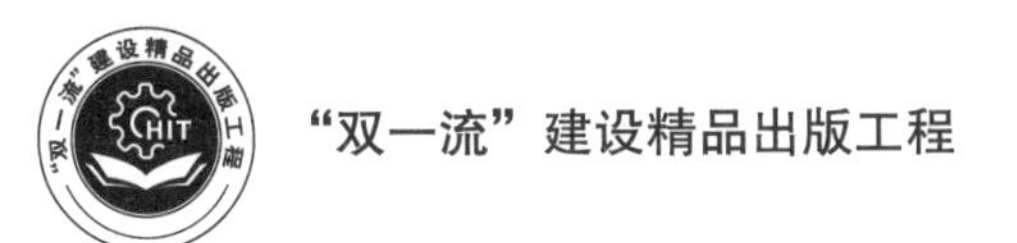

微电子工艺原理与技术

MICROELECTRONICS PROCESSING PRINCIPLE AND TECHNOLOGY

田　丽　王　蔚　刘红梅　任明远　主编

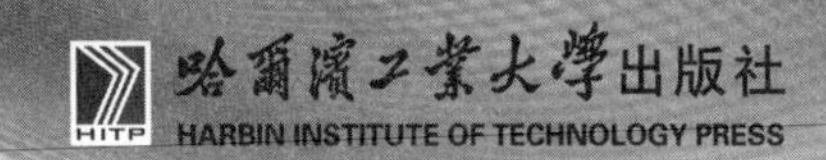

内 容 简 介

本书是哈尔滨工业大学“国家集成电路人才培养基地”教学建设成果，全书分5篇，系统地介绍了硅基芯片制造流程中普遍采用的各单项工艺技术的原理、问题、分析方法、主要设备及其技术发展趋势。第1篇硅衬底，主要介绍硅单晶的结构特点，单晶硅锭的拉制及硅片(包含体硅片和外延硅片)的制造工艺及相关理论。第2~5篇介绍硅芯片制造基本单项工艺(氧化与掺杂、薄膜制备、光刻技术、工艺集成与封装测试)的原理、方法、设备，以及所依托的技术基础及发展趋势。附录A介绍以制作双极型管为例的微电子生产实习，双极型晶体管的全部工艺步骤与检测技术；附录B介绍工艺模拟知识和SUPREM软件。附录部分可帮助学生从理论走向生产实践，对微电子产品制造技术的原理与工艺全过程有更深入的了解。

本书可作为普通高等学校电子科学与技术、微电子学与固体电子学、微电子技术、集成电路设计及集成系统等专业的专业课教材，也可作为从事集成电路芯片制造的企业工程技术人员的参考书。

图书在版编目(CIP)数据

微电子工艺原理与技术/田丽等主编. —哈尔滨：哈尔滨工业大学出版社，2021.8(2023.1重印)
ISBN 978-7-5603-9067-3

Ⅰ.①微… Ⅱ.①田… Ⅲ.①微电子技术-高等学校-教材Ⅳ.①TN4

中国版本图书馆CIP数据核字(2020)第171124号

策划编辑 杜 燕 李 鹏
责任编辑 王 娇 李 鹏
封面设计 屈 佳
出版发行 哈尔滨工业大学出版社
社 址 哈尔滨市南岗区复华四道街10号 邮编 150006
传 真 0451-86414749
网 址 http://hitpress.hit.edu.cn
印 刷 黑龙江艺德印刷有限责任公司
开 本 787 mm×1 092 mm 1/16 印张 28 字数 696 千字
版 次 2021年8第1版 2023年1月第2次印刷
书 号 ISBN 978-7-5603-9067-3
定 价 78.00元

前　言

微电子学作为研究并实现信息获取、传输、存储、处理和输出的科学，构成了信息社会的基石。在该领域60多年的发展历程中，以技术的进步与创新延伸着"摩尔定律"的趋势预测，推动信息技术产业的发展。

微电子工艺涉及学科门类较多，而且各单项工艺原理各异，所依托的技术基础及方法众多，技术要点、问题现象及其解决方式千差万别；同时新技术、新工艺、新设备不断涌现，内容十分丰富。因此，本书章节排序按照晶体管制备工艺流程所涉及的相关技术，分为硅衬底、氧化与掺杂、薄膜制备、光刻技术、工艺集成与封装测试5篇内容，从衬底单晶制备技术、外延工艺及相关理论、硅的热氧化工艺，以及通过扩散与离子注入等基本平面工艺实现硅基材料的定域、定量掺杂工艺；同时涵盖IC芯片制造过程中所涉及的关键薄膜材料及其制备技术：化学气相淀积和物理气相淀积。本书重点更新了芯片制造关键工艺——图形转移技术，主要就现代光刻技术和刻蚀工艺及其发展趋势等进行介绍；第5篇主要介绍典型工艺集成技术的要点，典型CMOS电路、双极型电路工艺流程，以及芯片测试、封装技术及发展趋势。附录A微电子器件制造工艺实习，介绍双极型晶体管的全部工艺步骤流程，相关工艺过程测试实验；附录B介绍工艺模拟知识和SUPREM软件。希望通过本书，大家能掌握IC芯片制造的各单项工艺原理、工艺方法，了解芯片制造新技术及发展趋势，对微电子基本工艺理论和工艺流程得以掌握，进而在未来的相关工作中实现对现有技术的改进和革新。

本书适合作为电子科学与技术类、集成电路工程领域本科生学习微电子工艺类、半导体制造技术相关课程的教材，建议授课学时为40学时。附录A适合作为微电子生产实习指导书，实习时间为3周。本书也适合作为微电子领域及相关专业技术人员了解集成电路制造工艺技术的参考书。

本书的绪论、第1篇、第3篇和附录A由王蔚执笔，第2篇和附录B由田丽执笔，第4篇和第5篇由任明远、刘红梅执笔。田丽、刘红梅对全书进行统稿。

由于编者水平有限，书中不足之处在所难免，恳请读者予以指正。

编　者

2021年4月

目　　录

第3篇 薄膜制备

第 4 篇　光刻技术

第 5 篇　工艺集成与封装测试

绪　论

微电子科学技术的发展水平和产业规模可以体现一个国家的经济实力。微电子技术包括电路设计、器件物理、工艺技术、材料制备、测试及封装、组装等一系列专门的技术，是微电子学中的各项工艺技术的总和。作为高科技和信息产业的核心技术，其产品主要是半导体分立器件和集成电路，其中硅基器件与电路占整个微电子产品的90%以上。

本书着重介绍硅基器件与集成电路制造的各单项工艺原理、技术要点与发展趋势。在绪论中，仅就微电子工艺的概念、发展历程、特点、主要用途，以及本书的内容结构加以介绍。

0.1　何谓微电子工艺

所谓"工艺"，是指将原材料或半成品加工成产品的工作、方法、技术等。

微电子工艺狭义上是指由硅片到在硅片上制造出集成电路或分立器件的芯片结构等数十个加工步骤的工作、方法和技术，即芯片制造工艺。不同微电子产品芯片的制造工艺不同，且结构烦琐复杂。因此，将工作内容近似、工作目标基本相同的单元步骤称为单项工艺。不同产品芯片的制造工艺就是将单项工艺按照需要以一定顺序进行排列，具体产品制造工艺分解的单项工艺的排列步骤称为该产品的工艺流程。

微电子工艺从广义上讲，应包含半导体集成电路和分立器件芯片制造及测试封装的工作、方法和技术。微电子工艺是微电子学中最基础、最主要的研究领域之一。硅基微电子产品的生产过程示意图如图0.1所示。单晶硅锭被切割加工成硅片后，微电子芯片厂商从硅片开始，经过几十个加工步骤，在硅片上制造出各种集成电路或分立器件结构，然后，对其进行测试、划片，以及封装，最后将合格的微电子产品提供给用户。

而当前，多数集成电路芯片生产企业，只完成从硅片到在其上制造出集成电路结构的芯片加工部分，后期工作由芯片测试、芯片封装厂商完成。

双极型晶体管是微电子产品中最基本的器件，也是双极型集成电路的基本单元，它的制造工艺具有代表性。图0.2给出了 npn^+ -Si 双极型晶体管芯片制造的主要工艺流程。

由图0.2可见，双极型晶体管芯片的制造主要由9个工艺步骤完成：

步骤1——外延工艺，是在重掺杂的单晶硅片上通过物理（或化学）的方法生长轻掺杂的单晶硅层，晶体管的两个pn结就是做在这层轻掺杂的外延层上。

步骤2——氧化工艺，是在硅片表面用热氧化方法，或化学（或物理）薄膜淀积方法得到一层二氧化硅薄膜，作为后续定域掺杂的掩蔽膜。

步骤3——光刻工艺，是在二氧化硅掩蔽膜上制作出掺杂窗口图形来，以进行下一步的基区掺杂。

步骤4——硼掺杂工艺，是用热扩散或离子注入等方法在n型硅上掺入p型杂质硼，目的是获得晶体管的集电结。

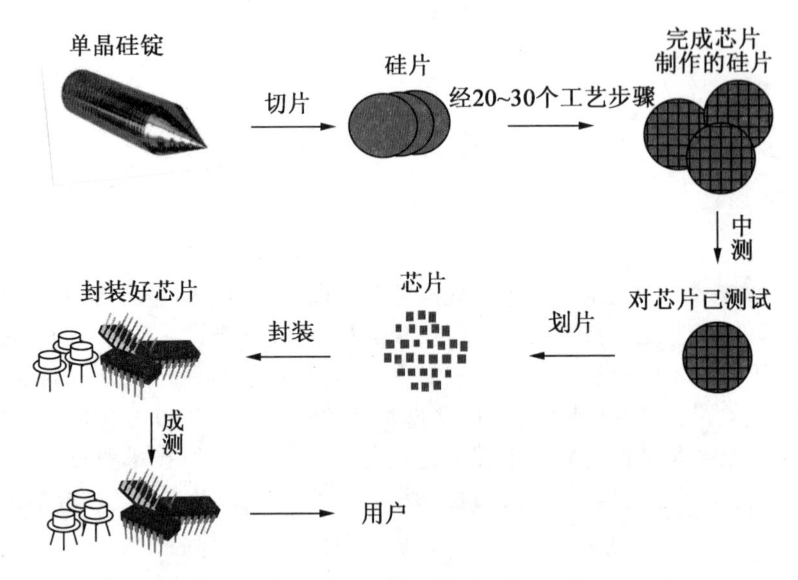

图 0.1 硅基微电子产品的生产过程示意图

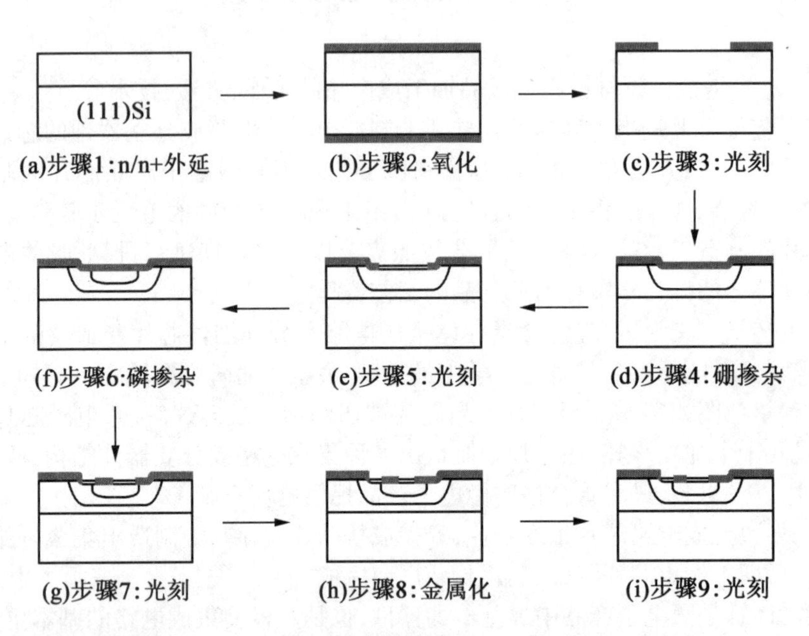

图 0.2 npn^{+} – Si 双极型晶体管芯片制造的主要工艺流程

步骤 5——二次光刻工艺，是晶体管制作的第二次光刻，与步骤 3 相同，目的是在二氧化硅掩蔽膜上制作出发射区窗口图形来，以进行下一步的发射区掺杂。二次光刻是在一次光刻基础上进行的，必须与一次光刻图形对准。

步骤 6——磷掺杂工艺，与步骤 4 相同，也是一次掺杂工艺，只是掺入的杂质是磷，在 p 型基区上掺入 n 型杂质形成了晶体管的发射结，两步掺杂工艺构成了晶体管的两个 pn 结。

步骤 7——三次光刻工艺，与前两次光刻方法相同。目的是光刻出引线孔图形。

步骤 8——金属化工艺，是采用物理（或化学）薄膜淀积方法在芯片表面淀积金属层，作为晶体管芯片内的引出电极。

步骤9——四次光刻工艺,这次光刻与前三次光刻承载图形的薄膜不同,是金属薄膜。但光刻方法和前三次光刻工艺的方法大致相同。

由以上晶体管芯片工艺流程可知,晶体管的制造工艺实质上是由外延、氧化、光刻、掺杂、金属化5个单项工艺按一定顺序排列构成。这5个单项工艺是微电子工艺的核心内容,其中,光刻工艺在晶体管芯片制造中被用到了4次,掺杂工艺被用到了2次。

晶体管制造工艺包含前工艺和后工艺两部分。

晶体管芯片工艺称为晶体管制造的前工艺,是微电子产品制造的特有工艺。芯片工艺完成之后的工艺称为晶体管制造后工艺,如图0.1后面部分所示。后工艺也被称为测试封装工艺。

晶体管后工艺流程内容为:中测,测试整个硅片上的晶体管性能;分割硅片,挑选剔除性能不合格的管芯,得到合格的单个管芯;管芯粘接,用导电胶等将管芯粘接在管壳的底座上,或者通过烧结等方法使底座与管芯之间形成欧姆接触;压焊,用压焊机将硅铝丝或金丝一端焊接在芯片压焊点上,另一端焊接在管座的接线柱上,目的是将管芯的发射极和基极用金属丝分别与管座上相应的接线柱连接起来,实现内部电连接;封帽,扣上管壳的管帽,用封帽机将管帽密封焊接在管座上。最后,测试选出合格的晶体管。

集成电路是把一个电路中所需的晶体管、二极管、电阻、电容和电感等元件及金属布线互连在一起,制作在半导体芯片上,然后封装在管壳内具有所需的电路功能。依据是一片集成电路芯片上包含的逻辑门个数或元件个数,可分为巨大规模集成电路(Gigantic Scale Integrated Circuit,GSI)、特大规模集成电路(Ultra Large Scale Integrated Circuit,ULSI)、超大规模集成电路(Very Large Scale Integrated Circuit,VLSI)、大规模集成电路(Large Scale Integrated Circuit,LSI)、中规模集成电路(Medium Scale Integrated Circuit,MSI)、小规模集成电路(Small Scale Integrated Circuit,SSI),以及专用集成电路(Application Specific Integrated Circuit,ASIC)。

集成电路的制造工艺与分立器件的制造工艺都是在硅平面工艺基础上发展起来的,有很多相同之处,如氧化、光刻等单项工艺,其工艺方法、原理,以及使用的设备都基本相同;但是,也有许多不同之处,最大的不同点是各元件之间的电隔离和芯片内部实现电连接的金属化系统。而且,集成电路,特别是ULSI远比分立器件复杂得多,因此,ULSI制造工艺是在和分立器件类似的单项工艺基础上又增加了一些特有的工艺技术(如芯片表面平坦化工艺、选择性(局部)氧化工艺等)。

0.2 微电子工艺发展历程

1947年末,在美国的贝尔实验室(Bell Lab)发明了半导体点接触式晶体管,这是最早的半导体器件,随后出现了合金结晶体管。它们采用的半导体材料都是锗晶体。合金法制造pn结工艺流程如图0.3所示。

图0.3 合金法制造pn结工艺流程

直到1954年,第一块硅晶体才由美国德州仪器(Texas Instruments)公司开发成功。几乎同时,利用气体扩散把杂质掺入半导体的技术也由贝尔实验室研发出来。有重要意义的突破是在硅片上热生长出既具有优良电绝缘性能,又能掩蔽杂质扩散的二氧化硅层。此后不久,在照相印刷业中早已广泛应用的光刻技术,以及透镜制造业中应用的薄膜蒸发技术被引进到半导体工艺中来。仙童半导体(Fairchild Semiconductor)公司研制的硅平面工艺使制造稳定的平面晶体管成为可能。

硅平面工艺的要点如下(图0.4):

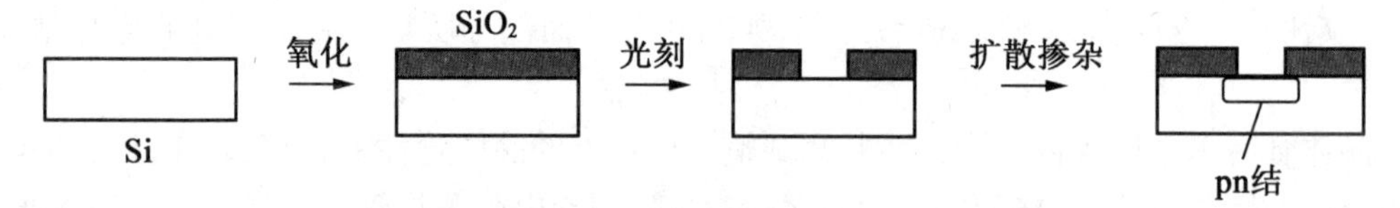

图0.4 以平面工艺制造pn结的工艺流程图

(1)在硅的平坦表面上生长出一层稳定的二氧化硅。

(2)采用光刻技术在二氧化硅上刻出窗口。

(3)通过刻出的窗口将掺杂剂掺入硅,掺杂剂沿垂直和水平两个方向在硅中扩散;在窗口附近形成一定的杂质分布。

(4)pn结在表面处被二氧化硅覆盖,这层二氧化硅不再被去掉,可使器件性能更稳定。硅平面工艺的发明是一个契机,使集成电路的制造成为可能。1958年在美国的德州仪器公司和仙童半导体公司各自研制出了双极型集成电路。1962年MOS场效应晶体管和MOS场效应集成电路也相继诞生。

从集成电路诞生之初到20世纪80年代,是以工艺技术的发展为主导来促进微电子产品,特别是集成电路高速发展时期。20世纪60年代外延技术出现,诞生了外延晶体管。20世纪70年代初,美国研制出第一台离子注入机,使在硅片的定域掺杂更精确、更均匀,可以在更薄的表面层内实现精确掺杂,由此集成电路也向更大规模方向发展。随后等离子干法刻蚀、化学气相淀积等新工艺、新技术不断出现。

进入20世纪80年代中后期,集成电路设计从微电子生产制造业中独立出来,微电子工艺也进一步完善、规范,形成了集成电路标准制造工艺。全球第一个集成电路标准加工厂是1987年成立的中国台湾积体电路制造股份有限公司,它的创始人张忠谋也被誉为"晶体芯片加工之父"。

20世纪90年代之后,集成电路制造向高度专业化的转化成为一种趋势,开始形成电路设计、芯片制造、电路测试和芯片封装4个相对独立的行业。基于实际应用需求而进行的集成电路设计成为引领、推动微电子工艺高速发展的源动力,不断对工艺技术提出更高要求。这时芯片制造的横向微细加工精度开始进入亚微米范围,出现了电子束光刻、X射线光刻、深紫外光刻工艺技术;纵向加工精度也进一步提高,出现了可生长几个原子厚度外延层的分子束外延工艺、薄层氧化工艺和浅结掺杂技术等。在集成电路金属互连工艺方面,从1985年起IBM公司(International Business Machine Corporation)就开始研发用铜代替铝作为超大规模集成电路多层金属互连系统的工艺技术,直到1998年才在诺发公司(Novellus System)的协助下研制出了铜互连工艺,并将其应用在实际的集成电路制造中,1999年苹果公司

(Apple Computer, Inc.)也在400 MHz微处理器中采用了铜互连工艺。围绕着铜互连产生了一系列芯片制造工艺的改进技术,如铜层电镀技术,化学机械抛光技术等。铜互连技术已应用于电路芯片的生产工艺中,并由最初的6~7层互连发展到现今的十几层互连。铜互连技术本身以及相关技术将继续拓展并趋于成熟和完善,最终将完全替代铝互连技术成为主流互连技术。

现代微电子工艺是以硅平面工艺为基础而发展起来的。最能体现微电子工艺发展水平的单项工艺是光刻,一般用光刻技术或光刻特征尺寸(光刻图形能够分辨的最小线条宽度,Critical Dimension,CD)来表征微电子工艺水平。根据瑞利公式:$CD = k \times (\lambda / NA)$。因此,使芯片特征尺寸缩小最直接的方法就是降低曝光光源波长λ,提高镜头的数值孔径NA,降低分辨率因子k。20世纪90年代前半期,光刻开始使用I-line其波长为365 nm,后来陆续开发出248 nm的KrF光源、DUV工艺193 nm波长的ArF准分子激光光源、157 nm F_2激光光源、电子束投影式光刻(EPL)、离子束投影式光刻(IPL)、EUV(13.5 nm)和X射线光刻技术。极紫外光刻(Extreme Ultraviolet Lithography,EUV)工艺的诞生并正式商用,把193 nm波长的短波紫外光源替换成了13.5 nm的"极紫外"光源,意味着人类科技又一次完成了应用层面的突破。集成了5G基带的麒麟990 5G芯片抢先用7 nm EUV工艺,晶体管数量达到了103亿颗。2019年末,台积电5 nm制造工艺的生产良率已经达到了50%,预计很快将实现量产。目前,全球几家大芯片代工厂的工艺水平见表0.1。

表0.1 全球几家大芯片代工厂的工艺水平

时间	2011年	2012年	2013年	2014年	2015年	2016年	2017年	2018年	2019年	2020年
台积电	28 nm		20 nm	20 nm (BEOL)	16 nm (FinFET)	16 nm (FF+)	10 nm (FinFET)	7 nm (FinFET)	7 nm (FF+)	5 nm
三星	28 nm			20 nm	20 nm (BEOL)	14 nm (FinFET)	10 nm (LPE)	10 nm (LPP)	8 nm (LPP)	7 nm (LPP)
格罗方德	32 nm	28 nm		20 nm	20 nm (BEOL)	14 nm (FinFET)		7 nm		
UMC		28 nm					14 nm			
中芯国际	40 nm				28 nm				14 nm	

计算机动态随机存储器(DRAM)芯片,从出现到现在的几十年时间里其使用功能基本相同,具有最高的集成度,也最能反映出微电子工艺的发展历程。所以,通常用DRAM芯片的发展历程来表明微电子工艺水平的进步。DRAM芯片发展历程如图0.5所示。

人类对电子产品的要求一直向着体积更小、速度更快、功耗更低、性能更高的方向发展。随着单元器件特征尺寸的持续缩小,集成电路的集成度不断提高,继续推动传统的微电子工艺进一步完善、拓展。另外,一些新机理、新结构的纳电子器件及电路被设计出来,与之相适应的新的工艺技术——纳加工工艺技术亦相继产生与发展起来。

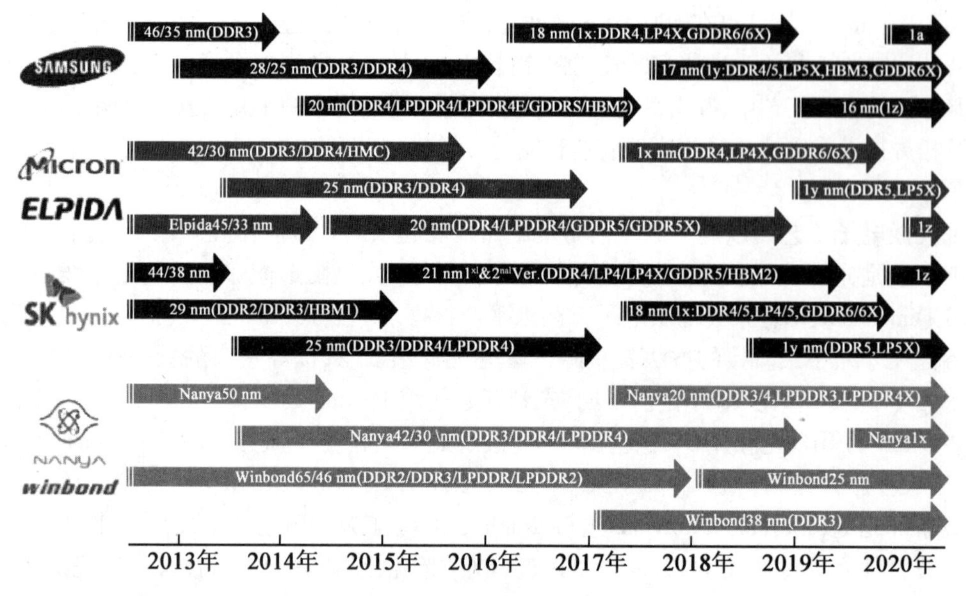

图 0.5　DRAM 芯片发展历程

0.3　微电子工艺特点

微电子工艺是一种超精细加工工艺,目前工艺特征尺寸已进入纳米量级,因此对工艺环境、使用原材料的要求非常高。而芯片工艺的一次循环就可以制造出大量芯片产品的特性,使得微电子工艺具有高可靠、高质量、低成本的优势,从而其应用范围广泛。

0.3.1　超净环境

微电子工艺主要是指芯片制造工艺,集成电路芯片的特征尺寸已在深亚微米量级,在芯片的关键部位若有 1 μm、甚至更小的尘粒,都会对芯片性能有很大影响,甚至导致其功能失效。所以,芯片工艺对环境要求严格,是一种超净工艺,即微电子芯片必须在超净环境下生产。

超净工艺完成场所可以是超净工作台、超净工作室、超净工作线。一般用“超净室”来概括。超净室是指一定空间范围内的空气中的微粒、有害气体、细菌等污染物被排除,其温度、洁净度、压力、气流速度与气流分布、噪声振动及照明、静电等被控制在某一范围内的工作环境。无论室外空气条件如何变化,室内均能维持原设定要求的洁净度、温度、湿度及压力等特性。普通的超净室结构和运行原理示意图如图 0.6 所示。达到目标温度和湿度的空气,经增压室增压,通过天花板的过滤器过滤进入室内,再以适当角度并

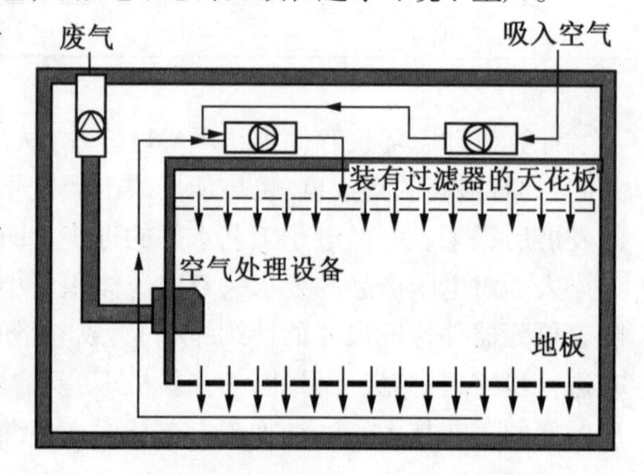

图 0.6　超净室结构和运行原理示意图

以层流方式流向超净室地板,在负压作用下通过地板或从地板四周流出超净室,再经气道回到位于天花板上层的气体处理室。在气体处理室,废气被直接提取、分离后处理、排除。而处理过的循环气体与一定温度和湿度的新鲜空气混合,再送到位于天花板上层的压力室,进行下一轮循环。

通过对过滤器的滤孔尺寸、空气流量、温度和湿度等控制,可以得到符合空气质量等级标准的超净环境。超净室的分类等级标准有美国联邦 209E 标准(表 0.2),超净间等级以"M"字头表示,如 M1、M1.5、M2.5、M3……,依此类推,配合国际公制单位之标准化,M 后的阿拉伯数字是以 1 立方公尺(1 立方公尺 = 1 m^3)中≥0.5 μm 的微尘粒子数×10 的幂次方表示,取指数为之,若微尘粒子数介于前后二者完全幂次方之间,则以 1.5、2.5、3.5……表示。中国新 ISO14644 - 1 标准(表0.3),即通常所指的是 1 m^3 的空气中所含≥0.5 μm 粒径的粒子数量,因为 1 m^3 ≈35.2 ft^3(ft 为英尺,1ft^3 = 0.028 3 m^3),所以标准中 100 级对应 ≥0.5 μm 粒径的粒子数量不是 100 个,而是 3 520 个悬浮颗粒的数量。

表 0.2　美国联邦 209E 标准

超净室分类(级)	浓度极限/(个·ft^{-3})				
	≥0.1 μm	≥0.2 μm	≥0.3 μm	≥0.5 μm	≥5 μm
1	35	7.5	3	1	
10	350	75	30	10	
100		750	300	100	
1 000				1 000	7
10 000				10 000	70
100 000				100 000	700

表 0.3　中国新 ISO14644—1 标准

超净室分类(级)	浓度极限/(个·m^{-3})					
	≥0.1 μm	≥0.2 μm	≥0.3 μm	≥0.5 μm	≥1 μm	≥5 μm
ISO 1	10	2				
ISO 2	100	24	10	4		
ISO 3	1 000	237	102	35	8	
ISO 4	10 000	2 370	1 020	352	83	
ISO 5	100 000	23 700	10 200	3 520	832	29
ISO 6	1 000 000	237 000	102 000	35 200	8 320	293
ISO 7				352 000	83 2000	2 930
ISO 8				3 520 000	832 000	29 300
ISO 9				35 200 000	8 320 000	293 000

随着微电子工艺的发展对工艺环境要求的不断提高,不同微电子芯片对工艺环境超净等级要求不同,芯片特征尺寸越小,要求超净室的级别越高。而同种芯片的不同单项工艺要求的超净室等级也不同,如光刻工艺对环境要求就更高。

0.3.2 超纯材料

微电子工艺所用材料必须“超纯”,这和工艺环境要求“超净”相一致。超纯材料是指半导体材料(不包括专门掺入的杂质)、其他功能性电子材料及工艺消耗品等都必须为高纯度材料。

目前,微电子工艺用半导体硅、锗材料的纯度已达99.999 999 999%以上,即11个9,记为11N。功能性电子材料(如Al、Au等金属化材料)、掺杂用气体、外延气体等必须是微电子用高纯度材料。工艺材料,如化学试剂也是微电子专用级高纯试剂杂质质量分数已低于10^{-10},而石英杯、石英舟等工艺器皿用的石英材料的杂质质量分数也低于10^{-4}。随着微电子工艺的发展对材料纯度要求不断提高,一般来说,不同类型芯片对材料纯度要求不同,芯片特征尺寸越小,要求材料纯度越高。

水也是微电子工艺中用量很大的一种工艺材料,既用于硅片、电子材料及其他工艺器具的清洗,也用于配制化学品,而在氧化工艺中也可作为硅片氧化的原材料。微电子工艺用水必须是超纯水,在微电子生产企业都有超纯水生产车间,水质的好坏直接影响芯片质量,水质不达标甚至可能生产出不合格的产品。微电子工业用超纯水一般用电阻率来表征水的纯度。超大规模集成用超纯水的电阻率在18 MΩ·cm以上,普通大功率晶体管用超纯水的电阻率一般在10 MΩ·cm以上。

0.3.3 批量复制和广泛的用途

由图0.2所示双极型晶体管芯片工艺流程可知,用9个主要单项工艺步骤就能完成晶体管管芯的制造。只要缩小每个管芯尺寸,增大硅片面积,不需要增加工艺步骤,完成一次工艺流程制作出的管芯就可以从几十、几百个增加到成千上万、甚至上亿个。而且,在一个晶片上的管芯是在完全相同工艺条件下制造出来的,性能一致性好。

对集成电路芯片而言,也是通过缩小各单元元件尺寸、增大硅片面积,一次工艺循环,就能在一个硅片上制造出成百上千个甚至上万个电路芯片。集成电路各单元元件之间的电连接也是在同一工艺循环中完成的,在一个芯片上就实现了某种电路功能,相对于用多个分立元器件搭建的电路,元件之间间距近,没有外部电连接,受环境影响小,有更高的稳定性和可靠性。

随着微电子产品的特征尺寸减小,光刻工艺获得的横向最小尺寸已发展到深亚微米量级,掺杂、薄膜淀积所获得的纵向最小尺寸在几十纳米量级,而工艺精度更在此之上。因此,微电子工艺是高可靠、高精度、低成本、适合批量化大生产的加工工艺。

鉴于微电子工艺在微细加工方面具有适合批量化、低成本、高可靠、高精度的优势,在多个领域被广泛采用。微机电系统(Micro-Electro-Mechanical Systems,MEMS)就是在微电子工艺基础上发展起来的多学科交叉科技领域之一。采用微电子工艺及硅、非硅微加工技术,将微传感器、微执行器、控制电路等集成在芯片上构成了微机械电子系统。

微电子工艺中的一些关键单项工艺(如光刻、化学气相淀积、分子束外延等)也是纳米技术中由上至下加工技术的重要的内容,纳米技术中的一些关键技术是在微电子工艺基础上发展起来的,例如,软光刻技术就是在光刻工艺中发展起来的。

因此,微电子工艺是MEMS和纳米科技的技术基础,对它们的诞生和发展起到了推动作用。

0.4　内容结构

微电子工艺用的单晶硅片或外延硅片的性质,对微电子产品性能及芯片工艺有直接的影响,因此,本书首先介绍单晶硅片和外延硅片的结构、特性及制备工艺。硅芯片单项工艺是微电子工艺的基础,也是本书的核心内容,书中详细介绍当前主流硅芯片制造单项工艺的基本原理、基本工艺方法、工艺用途和所依托的物理基础;概述单项工艺所用设备、主要工艺参数的检测方法,以及发展趋势。微电子产品种类繁多,不同产品制造工艺不同,但同类产品工艺流程相似,且不同产品也有相同的工艺集成技术(工艺模块)。因此本书对典型工艺集成技术、典型微电子产品芯片的标准工艺流程进行介绍,从而使读者对各类微电子产品芯片的实际工艺有所了解。最后,还将介绍微电子芯片的测试工艺和封装工艺。

全书共分为5篇,课程内容结构框架如图0.7所示。

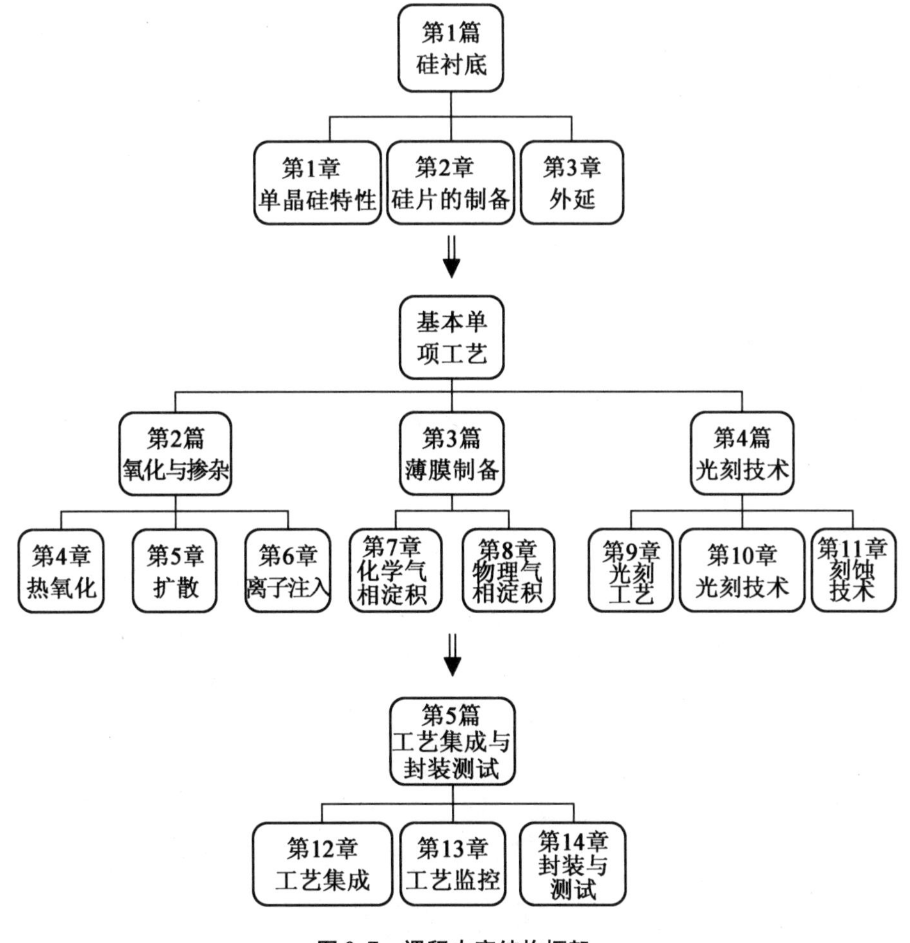

图0.7　课程内容结构框架

各篇具体章节内容如下:

第1篇硅衬底,介绍硅衬底的制造工艺及相关理论:第1章单晶硅特性,主要介绍硅晶体结构特点，以及微电子工艺中用到的一些固态电子学理论；第 2 章硅片的制备，介绍单晶硅锭的主要拉制方法、硅圆片的制备及检测；第 3 章外延，介绍外延硅片的制备原理、方法，包含气相外延、分子束外延，以及新出现的外延技术。

基本单项工艺分为 3 篇。第 2 篇氧化与掺杂，这是最基本的硅平面工艺，共有 3 章，第 4 章热氧化，介绍在硅片上热生长二氧化硅的工艺；第 5 章扩散，介绍以热扩散方法进行定域定量掺杂工艺；第 6 章离子注入，介绍以离子注入和退火相结合的定域定量掺杂工艺。第 3 篇薄膜制备，包含 2 章内容，第 7 章化学气相淀积，介绍采用化学气相淀积(CVD)方法制备介质薄膜和多晶硅薄膜的薄膜淀积工艺；第 8 章物理气相淀积，介绍采用物理气相淀积(PVD)方法制备金属薄膜、合金薄膜和化合物薄膜的薄膜淀积工艺。第 4 篇光刻技术，包含 3 章内容，第 9 章光刻工艺，介绍在硅片薄膜上复制图形的工艺；第 10 章光刻技术，介绍光刻工艺所用光刻版、光刻胶、光刻设备及光刻工艺发展趋势；第 11 章刻蚀技术，介绍干法和湿法薄膜刻蚀工艺。

第 5 篇工艺集成与封装测试，介绍典型工艺集成技术的要点，典型微电子产品的工艺流程以及芯片封装、测试技术。第 12 章工艺集成，介绍集成电路铝、铜金属化系统和多层互连工艺及相关技术；第 13 章工艺监控，介绍典型工艺集成模块、典型分立器件和集成电路的工艺流程；第 14 章封装与测试，简单介绍分立器件和集成电路的测试封装技术。

第1篇 硅衬底

锗、硅、砷化镓是微电子产品中使用最多的半导体衬底材料。锗使用得最早，在微电子产品刚刚出现时就用其作为半导体器件及最初的小规模集成电路的衬底材料，目前除少量分立器件采用锗外，在其他产品中已很少看到用锗作为衬底材料的微电子产品。砷化镓是当前应用最多的化合物半导体衬底材料，主要是作为中低规模集成度的高速电路或超过吉赫兹的模拟电路的衬底材料。硅是微电子产品中应用最广泛的半导体衬底材料，无论是在大功率器件上，还是在大规模、超大规模集成电路上，以及其他微电子产品上，普遍使用硅单晶作为衬底材料。人们对硅的研究最为深入，作为衬底材料——硅单晶片的制备工艺也最为成熟。

在这一篇，首先介绍硅单晶材料的性质、结构特点，从而使读者了解硅单晶为何会成为微电子产品中采用最多的衬底材料。然后介绍单晶硅锭的主要拉制方法，包括直拉法、磁控直拉法、悬浮区熔法，并介绍硅片的制备及检测方法。实际上，微电子产品使用最多的衬底材料是外延硅片。最后介绍气相外延硅工艺的原理、方法，以及分子束外延工艺。

第1章　单晶硅特性

固态物质可分为晶体和非晶体两大类。同种成分物质的晶体和非晶体在内部结构和物理化学性质等方面都存在着本质差别。硅基微电子产品都采用硅单晶作为衬底材料。因此,硅单晶的结构、晶体缺陷和晶体中的杂质这几方面的知识在微电子工艺中是必备的基础理论知识。

1.1　硅晶体的结构特点

1.1.1　硅的性质

硅是Ⅳ族元素,地壳外层含量仅次于氧,占地壳的25%。硅通常以氧化物和硅酸盐的形态出现,如自然界中的石英砂、石英、水晶就是主要含硅的氧化物,而花岗岩、黏土、石棉中主要含有硅酸盐。

室温下,硅的化学性质不活泼。卤素和碱能侵蚀硅,除氢氟酸外绝大多数酸都不能侵蚀硅。

单质硅有无定形体和晶体两种类型。晶体硅具有金刚石结构(sp^3 杂化),每个原子都与4个最近邻原子形成4对自旋相反的共有电子,构成4个共价键。4个共价键取正四面体顶角方向,两两原子之间的夹角都是109°28′。单晶硅的四面体结构如图1.1所示。这种金刚石型的正四面体原子共价晶体的结合能高,所以,晶体硅熔点高(达1 417 ℃),硬度大(莫氏硬度为7.0)。硅晶体在氧气中结构也不改变,但暴露在空气中的硅表面会被氧化,生成几个原子层厚的氧化层。硅晶体还可溶于氢氟酸和硝酸的混合液中生成氟化硅。

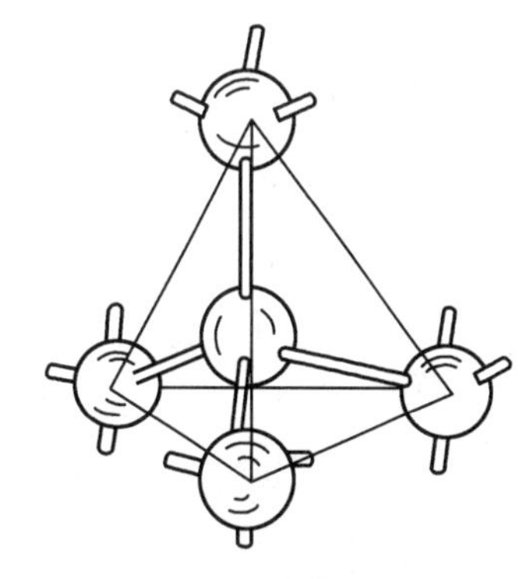

图1.1　单晶硅的四面体结构

在微电子产品中作为衬底使用的硅片是完整晶态的单晶硅。纯单晶硅在室温下只有微弱的导电性,这时的导电性主要来源于本征激发,硅单晶是本征半导体。当在晶体中掺入Ⅴ族的磷、砷、锑等杂质,取代共价硅原子时,晶体成为以电子导电的n型半导体;当在晶体中掺入Ⅲ族的硼、铝等杂质,取代共价硅原子时,晶体成为以空穴导电的p型半导体。硅、锗、砷化镓的电学性质(室温)见表1.1。

表 1.1　硅、锗、砷化镓的电学性质(室温)

性质	Si	Ge	GaAs
禁带宽度/eV	1.12	0.67	1.43
禁带类型	间接	间接	直接
晶格电子迁移率/($cm^2 \cdot V^{-1} \cdot s^{-1}$)	1 350	3 900	8 600
晶格空穴迁移率/($cm^2 \cdot V^{-1} \cdot s^{-1}$)	480	1 900	250
本征载流子浓度/cm^{-3}	1.45×10^{10}	2.4×10^{18}	9.0×10^{6}
本征电阻率/($\Omega \cdot cm$)	2.3×10^{5}	47	10^{8}

由表 1.1 可知,硅的禁带宽度比锗大,因而硅 pn 结的反向电流比锗小,硅元件可以工作到 150 ℃,而锗元件只能工作到 100 ℃。所以,硅几乎取代了最早在微电子领域使用的锗,成为最主要的半导体衬底材料。但是,从电子迁移率来看,硅比锗尤其比砷化镓低得多,不适宜在高频领域工作,而锗可以在高频领域工作。当前,砷化镓占领了高频、高速及微波微电子产品的衬底材料领域。另外,硅是间接带隙半导体,许多重要的光电应用不能采用硅材料,而是使用直接带隙的砷化镓材料。如发光二极管和半导体激光器,都是Ⅲ ~ Ⅴ族化合物半导体的应用领域。

硅对比其他半导体材料在电学方面并无多少性能优势。但是,硅在其他方面有许多优势。表 1.2 给出了硅、锗、砷化镓、二氧化硅的理化性质(室温)。

表 1.2　硅、锗、砷化镓、二氧化硅的理化性质(室温)

性质	Si	Ge	GaAs	SiO_2
原子序数	14	32	31/33	14/8
原子量或分子量	28.9	72.6	144.63	60.08
原子或分子密度/(atoms · cm^{-3})	5.00×10^{22}	4.42×10^{22}	2.21×10^{22}	2.30×10^{22}
晶体结构	金刚石	金刚石	闪锌矿	四面体无规则网络
晶格常数/Å	5.43	5.66	5.65	
密度/($g \cdot cm^{-3}$)	2.33	5.32	5.32	2.27
相对介电常数	11.7	16.3	19.4	3.9
击穿电场/($V \cdot \mu m^{-1}$)	30	8	35	600
熔点/℃	1 417	937	1 238	1 700
蒸气压/Torr	10^{-7}(1 050 ℃)	10^{-7}(880 ℃)	1(1 050 ℃)	10^{-3}(1 050 ℃)
比热/($J \cdot g^{-1} \cdot ℃^{-1}$)	0.70	0.31	0.35	1.00
热导率/($W \cdot cm^{-1} \cdot ℃^{-1}$)	1.50	0.6	0.8	0.01
扩散系数/($cm^2 \cdot s^{-1}$)	0.90	0.36	0.44	0.006
线热膨胀系数/℃	2.5×10^{-6}	5.8×10^{-6}	5.9×10^{-6}	0.5×10^{-6}

续表1.2

性质		Si	Ge	GaAs	SiO_2
有效态密度 $/cm^{-3}$	导带 Nc	2.8×10^{19}	1.0×10^{19}	4.7×10^{17}	
	价带 Nv	1.0×10^{19}	6.0×10^{18}	7.0×10^{18}	

注：1 Å =0.1 nm；1 Torr =133.322 Pa。

硅相对于其他半导体材料的优势主要表现为：

(1)原材料充分。沙子(又称石英砂或硅石)是硅在自然界存在的主要形式，也是用来制备单晶硅的基本原材料，自然界大量存在且易于获得，这为降低硅单晶衬底材料的成本提供了有力保障。

(2)暴露在空气中的硅表面会自然生长几个原子层厚度的本征氧化层，在高温氧化条件下，易于进一步生长一定厚度的、稳定的氧化层。氧化层对于保护硅晶片表面的元、器件的结构和性质有着极其重要的作用；本征氧化也是硅平面工艺中最主要的单项工艺之一，在微电子工艺发展过程中，以及现代工艺中都发挥着很重要的作用。

(3)硅单晶密度是2.33 g/cm^3，只有锗或砷化镓密度的43.8%。相对而言硅微电子产品质量轻。随着超大规模集成电路集成度的迅速增加，芯片面积也越来越大，所以衬底材料质量轻就能减轻产品整机的质量。特别对于在航空、航天等空间领域应用的微电子产品来说，质量轻带来的优势就更加明显。

(4)晶体硅的热学特性好、热导率高、热膨胀系数小。其热导率可以和金属比拟，钢为1.0 W/(cm·℃)、铝为2.4 W/(cm·℃)，硅的热导率介于钢、铝之间，为1.5 W/(cm·℃)。良好的热学性能减小了产品生产中由高温工艺给芯片带来的热应力；在使用中也利于芯片的散热，保持整个芯片温度的均匀，产品应用性能好。

(5)单晶硅片的工艺性能好。拉制的单晶锭缺陷密度低、直径大，能够制造出晶格完整的大尺寸硅片。目前制造的硅片直径可达18 in(in为英寸，1 in =25.4mm)。

(6)力学性能良好，可以采用硅微机械加工技术制作微小结构元件，在MEMS等领域应用前景广阔。

1.1.2　硅晶胞

晶体不仅具有规则的多面体外形，重要的是内部原子也是有规则地排列。整个晶体由质点(原子、离子、分子)在三维空间按一定规则网格状周期性重复排列构成。这种反映晶体中原子排列规律的三维空间格子称为晶格。如果某一固态物体是由单一的晶格连续组成，就称该固态物体为单晶体，如果是由很多小单晶晶粒无规则地堆积而成，就称为多晶体。

晶体中能反映原子周期性排列的基本特点，以及三维空间格子对称性的基本单元称为晶胞。晶胞并不是晶格最小的周期性重复单元，但它能反映出晶体结构的立体对称性.因而在讨论晶体结构时采用。

硅单晶中的每个原子都与4个最近邻原子形成4个共价键，这就决定了硅晶体必为金刚石结构。金刚石结构的基本特点是每个原子有4个最近邻原子，它们都处于正四面体顶角方位。图1.2为金刚石结构的立方晶胞示意图，在立方单元8个顶点上各有一个原子，立方单元的6个面的面心处各有1个原子，立方单元中心到顶角引8条对角线，在其中不相连的 4 条对角线的中点各有 1 个原子。实际上，处在立方单元顶角和面心的原子构成了 1 套面心立方格子；而处在体对角线上的原子也构成 1 套面心立方格子。金刚石结构晶胞是由 2 套面心立方格子沿着体对角线错开 1/4 套构而成的复式格子。晶胞的边长就是晶格常数 a。

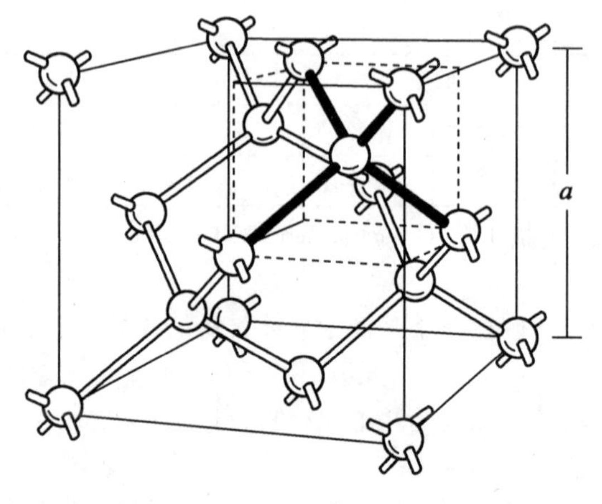

图 1.2　金刚石结构的立方晶胞示意图

单晶硅在室温(300 K)时，a 为 5.430 5 Å。由晶格常数可以计算出单晶硅的原子密度。1 个晶胞体积为 a^3，立方单元顶点有 8 个原子，每个原子都属于 8 个晶胞所共有，所以 1 个晶胞顶点的原子数就是 1；立方单元面心原子是 6 个，而每个原子属于 2 个晶胞所共有，所以 1 个晶胞面心的原子数就是 3；只有位于立方单元空间(体)对角线上的 4 个原子完全属于 1 个晶胞所有。因此，1 个硅晶胞包含的原子数是 1 +3 +4 =8(个)。

原子密度为

$$\frac{8}{a^3}=\frac{8}{(5.430\,5\times10^{-8})^3}\approx5\times10^{22}(\text{atoms/cm}^3)$$

由晶胞的晶格常数、原子间夹角能计算出硅晶体中原子之间的最小间距，即正四面体中心原子到顶角原子的距离，也就是晶胞体对角线长度的 1/4，为$\sqrt{3}a/4$。

假设硅晶体中原子为刚性球体，并以密堆积方式排列，把原子之间的最小间距看作是 2 个原子直接接触，可以计算出晶体中原子的"空间利用率"。计算可得原子半径为$\sqrt{3}a/8$，用硅原子的体积：$4\pi r^3$ (Si)/3 比上每个原子在晶体中所占的体积就得到硅晶体的空间利用率。

空间利用率为

$$\frac{\frac{4}{3}\pi r^3\ (\text{Si})}{\frac{1}{8}a^3}=\frac{\frac{4}{3}\pi\left(\frac{\sqrt{3}}{8}a\right)^3}{\frac{1}{8}a^3}\approx0.34$$

由此可见，硅晶体中还有较大的"空隙"，约为 66%。正因如此，杂质原子能较容易地进入硅晶体中。

1.1.3　硅单晶的晶向、晶面

任何一种晶体，其原子总是可以看成是位于一系列方向相同的平行直线系上，这种平行直线系称为晶列。而同一种晶体中存在许多取向不同的晶列，在不同取向的晶列上原子排列情况一般不同，晶体的许多性质也与晶列方向(简称晶向)有关。因此，有必要对晶列的方向进行标记。通常用"晶向指数"来标记某一晶向的晶列。

晶格中的所有原子不但可以看作是位于一系列晶列上，也可以看作是位于一系列彼此平行的平面系上，这种平面系称为晶面。通过任何一个晶列都存在许多取向不同的晶面，不同晶面上的原子排列情况一般也不同，晶体的许多性质也与晶面取向有关。因此，有必要对晶面的取向进行标记。通常用"晶面指数"来标记某一取向的晶面。

以晶格中任一格点作为原点，取过原点的三个晶列 x、y、z 为坐标系的坐标轴，沿坐标轴方向的单位矢量($\boldsymbol{x},\boldsymbol{y},\boldsymbol{z}$)称为基矢(其长度为沿 x、y、z 相邻两格点之间的距离)。则任一格点的位置可以由下面的矢量给出，即

$$\boldsymbol{L}=l_1\boldsymbol{x}+l_2\boldsymbol{y}+l_3\boldsymbol{z} \tag{1.1}$$

式中，l_1、l_2、l_3 为任意整数。

而任何晶列的晶向可以由连接晶列中相邻格点的矢量 $\boldsymbol{R}=m_1\boldsymbol{x}+m_2\boldsymbol{y}+m_3\boldsymbol{z}$ 的方向来标记，其中 m_1、m_2、m_3 必为互质的整数，若不为互质，那么这两个格点之间一定还包含有其他格点。对于任何一个确定的晶格来说，基矢是确定的，实际上只用这三个互质的整数 m_1、m_2、m_3 来标记晶向，记为[$m_1m_2m_3$]，这就是晶向指数。

对于晶面的标记，可以用相邻的两个平行晶面在 x、y、z 轴上的截距来表示，它们总可以表示为 x/h_1、y/h_2、z/h_3。h_1、h_2、h_3 为整数，这是因为在任意两个格点之间所通过的平行晶面总是整数个，可以证明 h_1、h_2、h_3 是互质的。通常就用 h_1、h_2、h_3 标记晶面，记作($h_1h_2h_3$)，并称它们为晶面指数，又称密勒指数。

硅是金刚石结构晶胞，是由两个面心立方格子套构而成的复式格子，面心立方格子属于立方晶系。所以，以简立方晶格为基础标记晶向、晶面。晶向的表示方法如图1.3所示。以格点 O 为原点，坐标轴 x、y、z 和晶胞的3个边(晶轴)重合，$\overrightarrow{OA}$ 为连接晶列中相邻格点的一矢量，它在 x、y、z 方向上的分量相等，都等于晶格常数 a，如以 a 为单位，则有 $m_1=m_2=m_3=l$，$\overrightarrow{OA}$ 方向晶列的晶向指数就为[111]。实际上，[111]就是立方对角线的方向，这个方向共有8个等价方向，[$\bar{1}11$]、[$1\bar{1}1$]、[$11\bar{1}$]、[$\bar{1}1\bar{1}$]、[$\bar{1}\bar{1}1$]、[$1\bar{1}\bar{1}$]、[$\bar{1}\bar{1}\bar{1}$]，可以用〈111〉来概括表示这族等价方向。同理，$\overrightarrow{OB}$ 方向晶列的晶向指数为[110]，〈110〉晶向共有12个等价方向；与 $\overrightarrow{OC}$ 方向晶列的晶向指数为[100]，〈100〉晶向也有6个等价方向。在微电子工艺中硅的常用晶向分别为：[111]、[110]、[100]晶向。

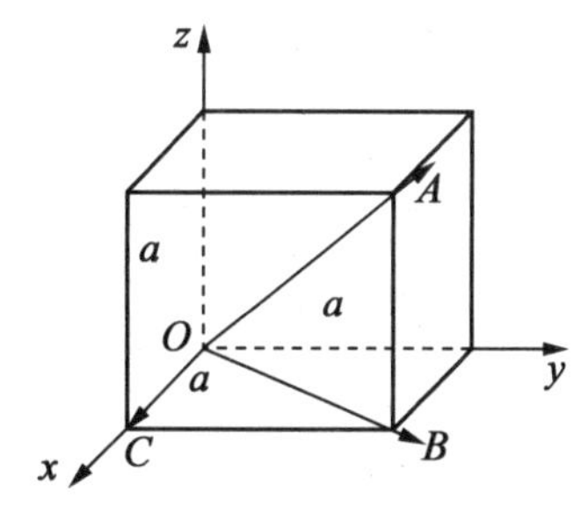

图1.3　晶向的表示方法

图1.4为立方晶系的几种主要晶面。对于简立方晶格，不难看出图1.4中阴影所示的3个晶面分别为(100)、(110)和(111)晶面。由晶格的对称性，有些晶面是彼此等效的，如晶面(100)有6种等效晶面，即还有($\bar{1}00$)、(010)、($0\bar{1}0$)、(001)、($00\bar{1}$)记为{100}晶面族；晶面(110)有12种等效晶面，记为{110}晶面族；晶面(111)有8种等效晶面，记为{111}晶面族。在微电子工艺中硅片常采用的晶面有3种类型，分别是(111)、(110)、(100)晶面。

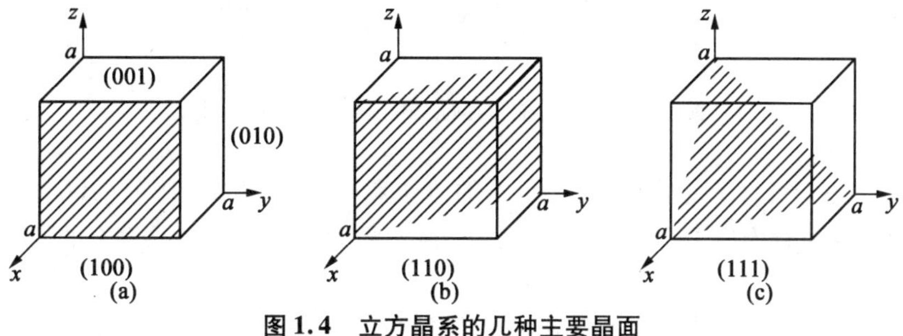

图1.4　立方晶系的几种主要晶面

实际上,[111]晶向就是(111)晶面的法线方向,也可以用[111]晶向来表示(111)晶面。同理,[100]晶向是(100)晶面的法线方向;[110]晶向是(110)晶面的法线方向。

硅晶体的不同晶向和晶面上,原子排列情况不同。图 1.5 为硅的晶体结构,由晶体结构可以得到各个晶向和晶面上原子分布情况。

图 1.6 为硅晶体中几种常用晶向([100]、[110]、[111])的原子分布示意图。这 3 个晶向上单位长度内的原子数目可以由计算得出,即硅的原子线密度。

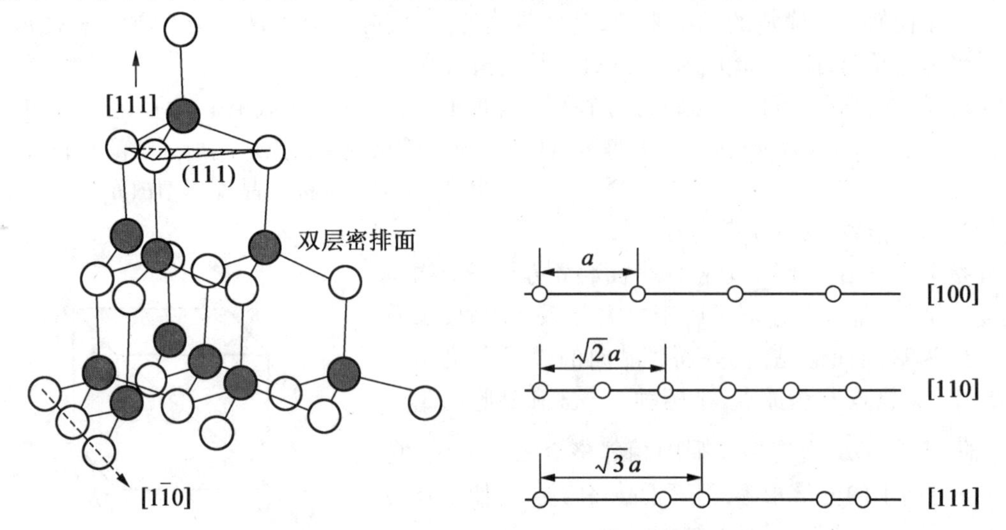

图 1.5　硅的晶体结构　　图 1.6　硅晶体中几种常用晶向的原子分布示意图

在[100]晶向硅原子线密度为 $1/a$;[110]晶向硅原子线密度为 $1.4/a$;[111]晶向硅原子线密度为 $1.17/a$。由此可知[110]晶向硅原子的线密度最大。

图 1.7 为硅晶体中(100)、(110)和(111)晶面上原子分布示意图。晶体中某晶面上单位面积原子的个数称为原子面密度。

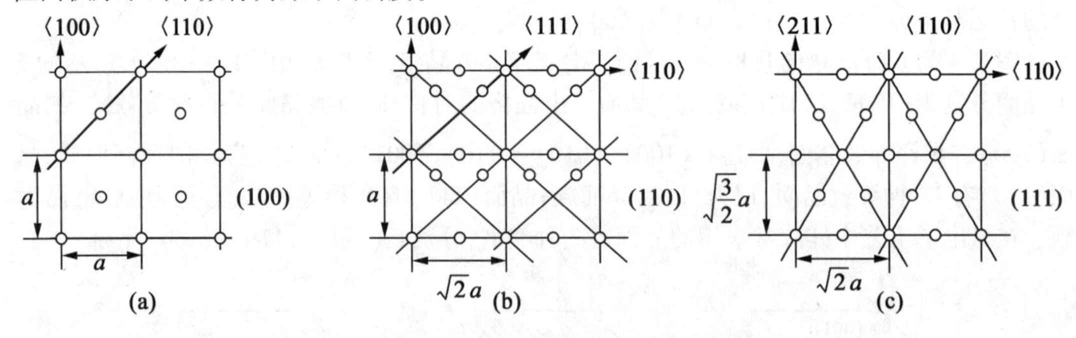

图 1.7　硅的几种常用晶面的原子分布示意图

在(100)晶面上,每个晶胞里,位于角上的原于属于 4 个相邻晶胞的(100)面所共有,而位于面心上的原子只为这 1 个晶胞所有,那么,在面积为 a^2 的(100)晶面上的原子数是 2,原子面密度为 $2/a^2$。

在(110)晶面上,每个晶胞里,位于角上的原子为 4 个相邻晶胞的(110)晶面所共有,位于晶面边上的每个原子为 2 个相邻晶胞的(110)晶面所共有,只有面内的 2 个原子才是该晶面独有的。这样,在面积为$\sqrt{2}a^2$ 的(110)晶面上的原子数是 4,原子面密度为 $2.8/a^2$。

在(111)晶面上,每个晶胞里,位于角上的原子为 4 个相邻晶胞的(111)晶面所共有,而位于晶面边上的原子为 2 个相邻晶胞的(111)晶面所共有,只有面内的 2 个原子才是该晶面独有的。那么,在面积为$\sqrt{3}a^2$ 的(111)晶面上原子数是 4,原子面密度为 $2.3/a^2$。

通过上面的简单计算可知,硅(110)晶面上原子面密度最大,但原子分布不均匀。

由硅的晶格结构及晶向、晶面特点可知,在[111]晶向,原子分布最为不均匀,存在原子双层密排面{111}。双层密排面本身原子间距离最近,相比其他晶面结合最为牢固,晶面能也最低,化学腐蚀就比较困难和缓慢,所以腐蚀后容易暴露在表面,而在晶体生长过程中有使晶体表面成为{111}晶面的趋势。相反,两层双层密排面之间的相邻原子距离最远,面间相互间结合脆弱,晶格缺陷容易在这里形成和扩展,而在外力作用下,硅晶体很容易沿着{111}晶面劈裂,这种易劈裂的晶面称为晶体的解理面。

硅晶体的不同晶面、晶向性质有所差异,因此,微电子工艺是基于不同产品特性采用不同晶面的硅片作为衬底材料。

硅的解理面(111)面为天然易劈裂面。在微电子工艺中,由硅片劈裂形状也能判断出硅片的面晶向。(100)面与(111)面相交成呈 90°,因此(100)面硅片劈裂时裂纹呈矩形形状;而(111)面和其他(111)面相交呈 60°,因此(111)面硅片劈裂时裂纹呈三角形形状。

1.2　硅晶体缺陷

在微电子产品中作为衬底材料的硅是高度完整的单晶。尽管如此,在高度完整的晶体内部也会存在微量缺陷。而且,在制作微电子产品的工艺过程中,硅晶体内也会产生缺陷,并且会根据需要人为地掺入杂质。硅晶体中的缺陷主要有:零维的点缺陷、一维的线缺陷、二维的面缺陷和三维的体缺陷。

1.2.1　点缺陷

硅晶体中的点缺陷主要包括三种:空位、自填隙原子、杂质,如图 1.8 所示。空位是在晶格硅原子位置上出现空缺(如图 1.8 中的 A、A^+);自填隙是硅原子不在晶格位置上,而是处于晶格位置之间(如图 1.8 中的 B);杂质是指硅以外的其他原子进入到硅晶体中,有替位杂质(如图 1.8 中的 C)和填隙杂质(如图 1.8 中的 D)两种类型。

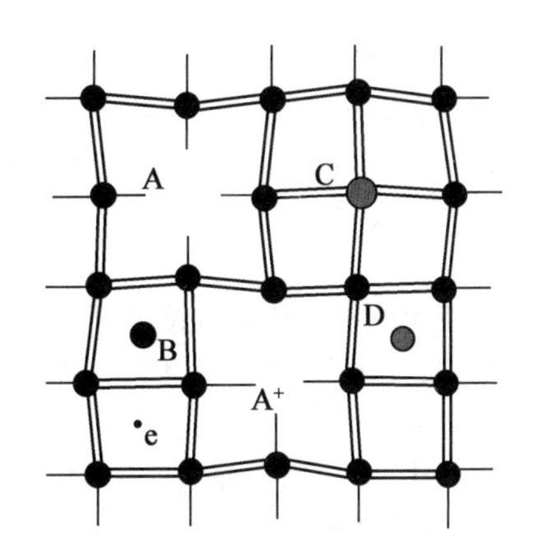

图 1.8　硅晶体中点缺陷示意图

晶体中的原子由于热运动脱离格点位置进入晶格之间,从而成为自填隙原子,同时在原处留下一个空位,这种空位和自填隙原子的组合称为弗伦克尔(Frenkel)缺陷。自填隙原子和空位并不总是停留在它们产生的位置，这两种缺陷都可以在晶体中运动，在高温时更是如此。这两种缺陷都有可能迁移到晶体表面消失掉。

自填隙原子和空位是本征缺陷，只要温度不是绝对零度，就会出现本征缺陷。热激发能将原子从它们的晶格位置移开，留下空位，这和半导体受热激发原子电离产生电子和空穴相似。空位平衡浓度可以由阿雷尼乌斯(Arrhenius)函数计算得出，即

$$N_{\mathrm{v}}^{0}=N_{0}\mathrm{e}^{-E_{\mathrm{a}}/kT} \tag{1.2}$$

式中，N_{v}^{0} 为空位浓度；N_0 为晶格中原子密度；E_{a} 为空位形成激活能；k 为玻耳兹曼常数；T 为绝对温度；kT 被称为温度常数。

硅晶体的空位激活能 E_{a} 为 2.6 eV。室温时，完整晶体在 10^{44} 个晶格位置中只有一个空位。当温度升至 1 000 ℃时，空位浓度上升至每 10^{10} 个晶格位置有一个空位。

式(1.2)也适用于自填隙原子的平衡浓度的计算。硅自填隙原子的激活能为 4.5 eV，比空穴的高。因此，空穴的平衡浓度通常不等于自填隙原子的平衡浓度，比自填隙原子的平衡浓度高。这一点与本征载流子情况有所不同，本征硅中电子和空穴的浓度总是相同的。

晶体中每个硅原子与周围 4 个相邻硅原子形成 4 对共价键，1 个硅原子的缺失，就会使周围 4 个硅原子各出现 1 个未饱和价电子，即悬挂键。悬挂键可以通过给出 1 个电子或从晶体中接受 1 个电子，而对晶体的电学性质产生影响。因此，空位有多种不同的情况：4 个相邻硅的悬挂键都未饱和，空位即为中性空位(如图 1.8 中的 A 所示)；如果 4 个相邻的有悬挂键的硅中有 1 个失去了 1 个电子，空位就会带 1 个正电荷(如图 1.8 中的 A^{+} 所示)；如果 4 个相邻硅中有 1 个硅的悬挂键俘获了 1 个电子，空位就会带 1 个负电荷。理论上，空位最多可以带 4 个电子或失 4 个电子，即空位有：0、-1 ~ -4、+1 ~ +4 价，共 9 种。实际上，很难出现带有 2 个以上负电荷和 1 个以上正电荷的空位。

带电子或失电子空位的平衡浓度也可由阿雷尼乌斯函数计算得出，即

$$N_{\mathrm{v}^{-}}^{0}=N_{\mathrm{v}}^{0}\frac{n}{n_{\mathrm{i}}}\mathrm{e}^{(E_{\mathrm{i}}-E_{\mathrm{v}}^{-})/kT} \tag{1.3}$$

$$N_{\mathrm{v}^{+}}^{0}=N_{\mathrm{v}}^{0}\frac{p}{n_{\mathrm{i}}}\mathrm{e}^{(E_{\mathrm{v}}^{+}-E_{\mathrm{i}})/kT} \tag{1.4}$$

式中，$N_{\mathrm{v}^{-}}^{0}$、$N_{\mathrm{v}^{+}}^{0}$、N_{v}^{0} 分别为 -1 价、+1 价和 0 价空穴浓度；n、p、n_{i} 分别为自由电子、空穴和本征载流子浓度；E_{i}、E_{v}^{-}、E_{v}^{+} 分别为本征、-1 价空位和 +1 价空位有关的能级。

带有多个电荷的空位浓度也类似，正比于电子浓度对本征载流子浓度之比的若干次幂，幂次和电荷数相当，例如，-2 价空位浓度为

$$N_{\mathrm{v}2-}^{0}=N_{\mathrm{v}}^{0}\left[\frac{n}{n_{\mathrm{i}}}\right]^{2}\mathrm{e}^{(E_{\mathrm{i}}-E_{\mathrm{v}}^{2-})/kT} \tag{1.5}$$

空位缺陷又称为肖特基(Schottky)缺陷，在微电子工艺中很重要，如扩散和氧化工艺动力学中，许多杂质的扩散依赖于空位浓度。

杂质缺陷是非本征点缺陷，是指硅晶体中的外来原子。在晶体生长、加工和产品制造工艺过程中，不可避免要沾污一些杂质；而有些杂质又是在微电子工艺中有意掺入的。杂质中，填隙杂质在微电子工艺中应尽量避免，这些杂质破坏了晶格的完整性，引起点阵的畸变，但对半导体晶体的电学性质影响不大；而替位杂质通常是在微电子工艺中有意掺入的杂质。例如，在石硅晶体中掺入ⅢA、ⅤA 族替位杂质，目的是调节硅晶体的电导率；掺入贵金属 Au

元素等,目的是在硅晶体中添加载流子复合中心,缩短载流子寿命。

1.2.2 线缺陷

最常见的线缺陷就是位错。在位错附近,原子排列偏离了严格的周期性,相对位置发生了错乱。位错主要有刃(型)位错和螺(旋)位错,如图1.9所示。图1.9(a)中为刃位错,可以看成在晶体中额外插入了一列原子或一个原子面,位错线 AB 垂直于滑移方向。图1.9(b)为螺位错,可以看成原来一族平行晶面变成单个晶面所组成的螺旋阶梯。螺位错的位错线 AD 与滑移方向平行。

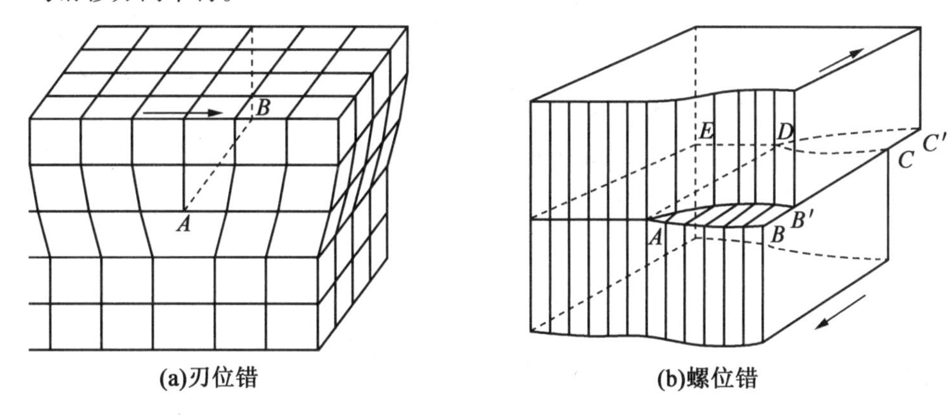

图1.9　硅晶体中线缺陷示意图

位错是点缺陷的延伸,是点缺陷结团在一起形成的。晶体中每个点缺陷都与表面能量相联系,缺陷的表面积越大,存储在缺陷中的能量就越大。在热力学平衡状态,一个体系的能量将趋向于最小化,相同原子个数的点缺陷的表面积比线缺陷的表面积大,点缺陷的能量也就高。所以,在晶体中,随机运动的点缺陷将倾向于积聚在一起,形成线缺陷或其他更高维数的缺陷,以释放掉多余的能量,这个过程称为结团。

晶体中的位错不是固定不动的,可以运动。图1.10为一个刃型位错的两种运动方式:滑移和攀移。对一般晶体来说,沿某些晶面容易发生滑移,这样的晶面称为滑移面。构成滑移面的条件是该面上的原子面密度大,而晶面之间的原子价键密度小,间距大。对硅晶体来说,{111}晶面中,两双层密排面之间由于价键密度最小,结合最弱,因此,滑移常常沿{111}面发生,位错线也就多在{111}晶面之间。

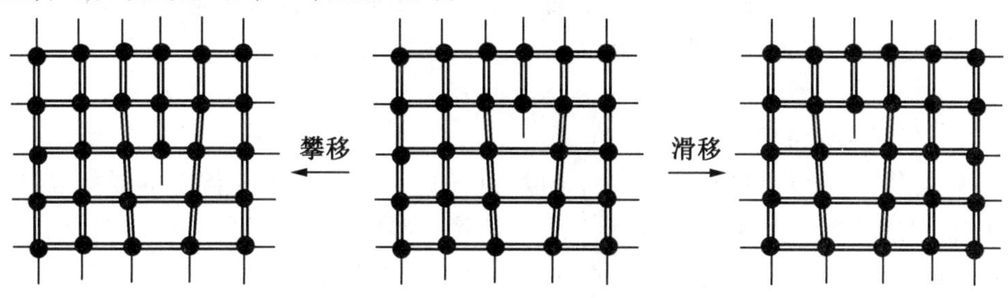

图1.10　一个刃型位错的两种运动方式

晶体中的缺陷是晶体内部存在应力的标志。如在位错中,额外的原子列或原子面插入之后，图 1.9(a)中位错线 AB 周围原子的共价键分别被压缩、拉长或悬挂。微电子工艺过程中能够诱导缺陷的应力主要有三种类型：其一，在硅晶体上有相当大的温度梯度存在，发生非均匀膨胀，在晶体内形成热塑性应力，诱生位错；其二，硅晶体中存在高浓度的替位杂质，而这些杂质原子半径和硅原子半径大小不同，即晶格失配，形成内部应力诱生缺陷；其三，硅晶体表面受到机械外力(如表面划伤，或受到其他原子的轰击等)，外力向晶体中传递，诱生缺陷。

1.2.3　面缺陷和体缺陷

在晶体结构中，面缺陷主要是层错。如在晶体生长过程中，由于堆积排列次序发生错乱，形成的面缺陷称为堆垛层错，简称层错。层错是一种区域性的缺陷，在层错以外及以内的原子都是规则排列的，只是在两部分交界面处的原子排列才发生错乱，所以它是一种面缺陷。

为改变硅单晶电阻率而掺入晶体中的Ⅲ、Ⅴ族杂质(如硼、磷、砷等)在硅晶体中只能形成有限固溶体。当掺入的数量超过晶体可接受的浓度时，杂质将在晶体中沉积，形成体缺陷。晶体中的空隙也是一种体缺陷。另外，当晶体中点缺陷、线缺陷浓度较高时，也会因结团而产生体缺陷。

1.3　硅晶体中的杂质

1.3.1　杂质对硅电学性质的影响

硅晶体中的杂质主要是有意掺入的Ⅲ、Ⅴ族的硼、磷、砷、锑等。这些杂质在晶体中一般能替代硅原子，占据晶格位置，并能在适当的温度下电离生成自由电子或空穴，控制和改变晶体的导电能力。通常称这种已电离、使半导体电学性质发生改变的杂质为电活性杂质。

在硅晶格格点上若有 1 个Ⅴ族原子替代了硅原子，以磷为例，其电离示意图如图 1.11 所示。磷有 5 个价电子，用 4 个价电子同近邻的硅形成共价键，还“剩余”1 个价电子。这个剩余价电子只受到磷原子核库仑势的吸引，这种吸引作用相当微弱，只要给这个剩余电子不大的能量就可使它脱离磷原子核的作用，从束缚电子变为自由电子，从而在晶体内运动，成为导带电子(即自由电子)。称这种处于晶格位置又能贡献电子的杂质原子为施主杂质。施主杂质有向导带施放电子的能力，而杂质本身由于施放电子而带正电，通常也称为施主中心。当剩余电子被束缚在施主中心时，其能量低于导带底的能量，相应的能级称为施主能级。施主杂质向导带释放电子所需的最小能量称为施主电离能 ε_D。

$$\varepsilon_D = E_C - E_D \tag{1.6}$$

式中，E_C、E_D 分别为导带底能级和施主能级。

Ⅴ族施主杂质在硅中的电离能很小，一般为 0.01 ~ 0.05 eV，和室温下的温度常数 kT 相比，具有相同的数量级。因此，室温时施主杂质的绝大部分处于电离状态。硅的原子密度为 5×10^{22} atoms/cm^3，如果掺入 10^{15} atoms/cm^3 的杂质，这个杂质数只是硅原子总数的 10^{-7}，室温时这些杂质基本全部电离，贡献的电子浓度就大约是 10^{15} atoms/cm^3，这个数值同室温时本征载流子浓度 1.45×10^{10} atoms/cm^3 相比高约 5 个数量级，所以，施主所提供的电子是载流子主体。此时，硅的电阻率将由本征状态下的 2×10^5 Ω · cm，下降至 3 Ω · cm。由此可见,硅晶体的导电性能受杂质浓度控制。称以电子导电为主的半导体为 n 型半导体。

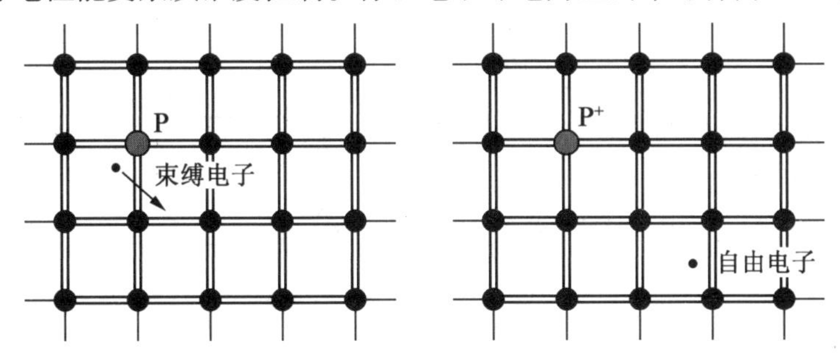

图 1.11　硅晶体中磷电离示意图

在硅晶格上若有一个Ⅲ族原子替代硅原子,以硼为例,如图 1.12 所示,硼原子占据硅晶体中的格点位置,因硼原子只有 3 个价电子,与近邻的 4 个硅原子形成 3 个共价键,有 1 个紧邻硅原子未成键,存在 1 个悬挂键。硼原子附近的硅原子(不是最近邻的硅原子)价键上的电子不需要太大的附加能量就能相当容易地填补硼原子周围价键的空缺,而在原先的价键上留下 1 个空穴,硼原子因接受 1 个电子而成为 1 个负电中心。这样能接受电子,即能向价带释放空穴而本身变为负电中心的杂质称为受主杂质。在空穴能量较低时,负电中心将空穴束缚在自己的周围,形成空穴的束缚态。当空穴具备一定能量时就可以脱离这种束缚,进入价带,所需要的最小能量就是受主电离能 ε_A,有

$$\varepsilon_A = E_A - E_v \tag{1.7}$$

式中,E_A、E_v 分别为价带顶能级和受主能级。

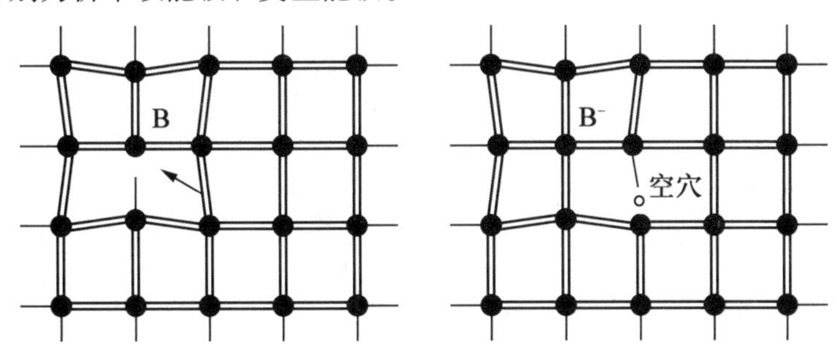

图 1.12　硅晶体中硼电离示意图

Ⅲ族受主杂质的电离能一般也很小,在室温时,受主杂质基本全部电离,与施主杂质一样,对硅晶体的导电性能有着重要的作用。称以空穴导电为主的半导体为 p 型半导体。图 1.13 给出了室温时硅单晶电阻率与掺入磷、硼杂质浓度之间的关系曲线。

如果在硅晶体中同时存在施主和受主两种杂质,这时硅的导电类型要由杂质浓度高的那种杂质决定。例如,硅晶体中同时存在磷和硼,而磷的浓度高于硼,那么这块硅晶体就表现为 n 型半导体。不过要注意的是导带中的电子浓度并不等于磷杂质浓度,因为电离的电子首先要填充受主,余下的才能发射到导带。这种不同类型杂质对导电能力相互抵消的现象,称为杂质补偿。

硅晶体中受主或施主杂质电离能与禁带宽度相比都非常小,这类杂质所形成的能级在硅禁带中很接近导带底或价带顶,称这样的杂质为浅能级杂质。浅能级杂质在室温时基本

全部电离，具有电活性，对硅晶体电学性能有着重要的影响。

硅晶体中除有意掺入的Ⅲ、Ⅴ族杂质外，一些有特殊作用的贵金属也被掺入。例如，金在硅中是作为一种载流子寿命控制杂质，在工艺上颇为重要。如在高速电路中经常被用来降低硅的载流子寿命。

金在硅中有两个能级，一个是在价带顶上0.35 eV处的施主能级，另一个是在离导带底0.54 eV处的受主能级。这两个能级均靠近硅禁带的中心，即所谓深能级，它们对电子和空穴的贡献都很小，但俘获空穴或电子的能力强。这类深能级杂质在室温时难以电离，无电活性，是复合中心，具有降低硅中载流子寿命的作用。

另外，在硅片制备及产品制作工艺过程中，因沾污，还会有其他杂质进入硅晶体中。图1.14给出了硅晶体中常见杂质的能级和电离能。

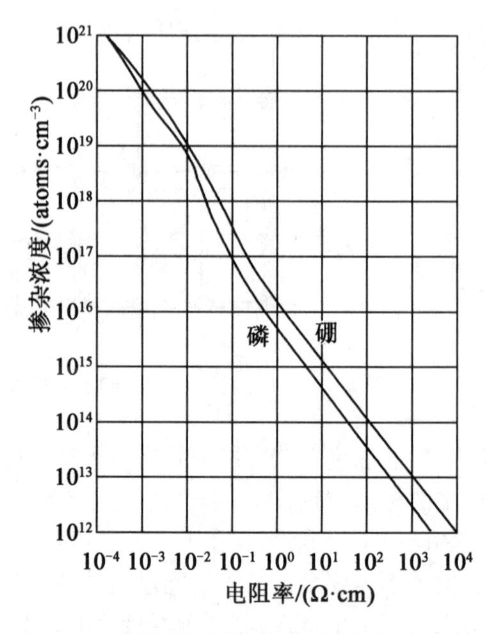

图1.13　硅单晶电阻率与掺入磷、硼杂质浓度之间的关系曲线(室温)

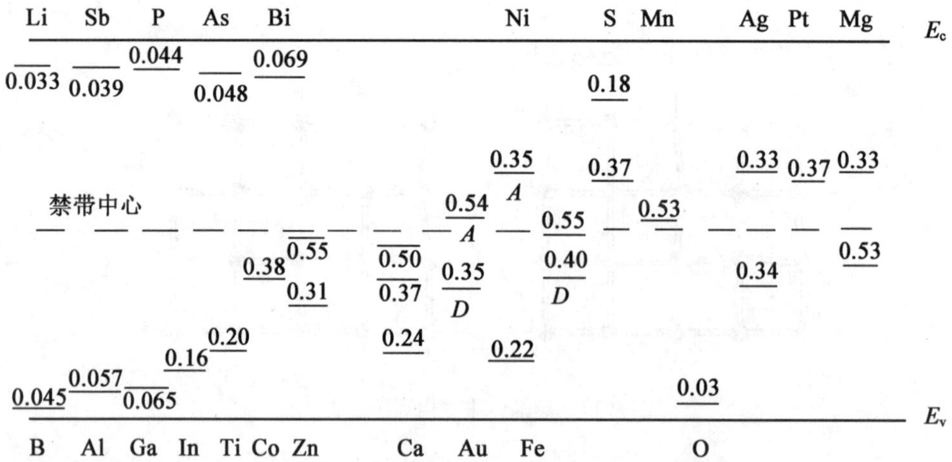

图1.14　硅晶体中常见杂质的能级和电离能

1.3.2　固溶度和相图

在微电子产品中实际使用的衬底硅片不会是纯净的本征半导体，而是掺入了特定杂质的固溶体，是混合物材料。通常采用固溶度和相图来表征混合物体系在热力学平衡状态下的性质。

掺杂单晶硅，杂质作为溶质，硅作为溶剂，在热力学平衡状态，杂质溶质均匀地分布在单晶溶剂中，形成固溶体。在一定温度下，杂质在晶体中具有最大平衡浓度，这一平衡浓度就称为该杂质在晶体中的固溶度。图 1.15 为硅晶体中各种杂质的固溶度曲线。由图 1.15 可知，Ⅲ、Ⅴ 族杂质在硅中的固溶度并不高，最高的是砷，在 1 200 ℃时，固溶度最大值也只有约 3×10^{22} atoms/cm^3，而金的最大固溶度在约 1 300 ℃时，只有 2×10^{17} atoms/cm^3。所以，在热力学平衡状态，硅晶体中用于改变其电学性质的杂质也不是可以无限制地掺入，其浓度只能在一定范围内变化。

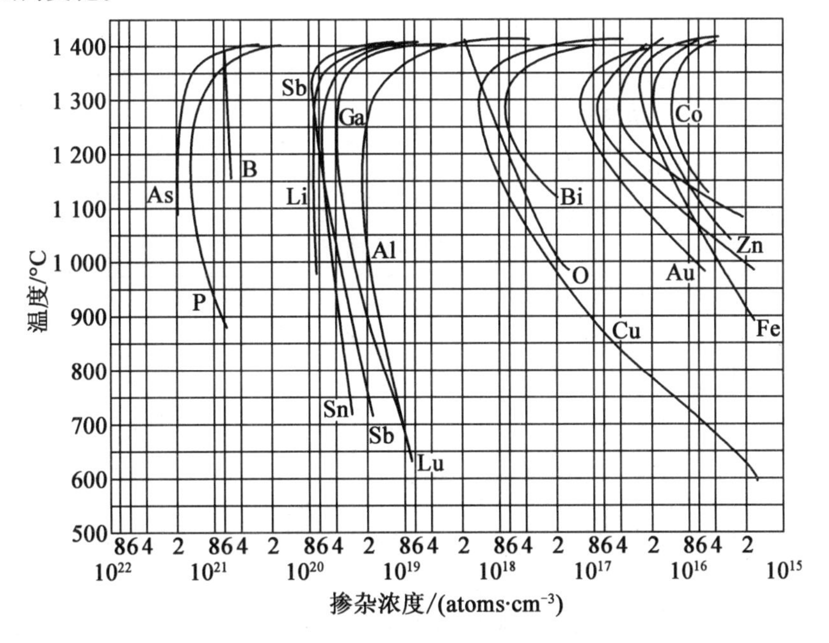

图 1.15　硅晶体中各种杂质的固溶度曲线

相图是用来讨论混合物体系性质的一种图示方法。相定义为物质存在的一种状态，这一状态是由一组均匀的性质来表征的。当混合物体系中的各相均处于热力学平衡状态时，一般包括一个以上固相的这种状态图就是相图。相图与大气压也有关，微电子工艺大多是常压工艺，一般只使用常压状态下的相图。

铝是硅器件或电路芯片中应用最多的内电极材料，铝 - 硅二元体系在热力学平衡状态的性质可以从相图获得。图 1.16 为铝 - 硅体系相图。纯铝的凝固点（熔点）是 660 ℃，纯硅的凝固点是 1 412 ℃，在硅熔体中掺入铝，或在铝熔体中掺入硅，熔体的凝固点都下降，凝固点最小值为 577 ℃，这一点称为共晶点，这一点的组分称为共晶组成，共晶点硅原子的原子数分数为 11.3%。铝 - 硅在液相完全互溶，在固相只部分互溶，这样的体系称为共晶体系。

由相图铝一侧看，硅在铝中的固溶度较大，最大固溶度在 577 ℃时出现，此时铝中硅原子的原子数分数为 1.59%，即每 10 000 个铝 - 硅原子中有 159 个硅原子。由相图硅一侧看，铝在硅中固溶度很小，在相图中无法表示出来。而由图 1.15 中铝在硅中的固溶度曲线可知，在1 200 ℃时，铝在硅中的固溶度最大，为 2×10^{19} atoms/cm^3，而硅的原子密度为 5×10^{22} atoms/cm^3，即每 10 000 个硅原子中只能溶解 4 个铝原子。

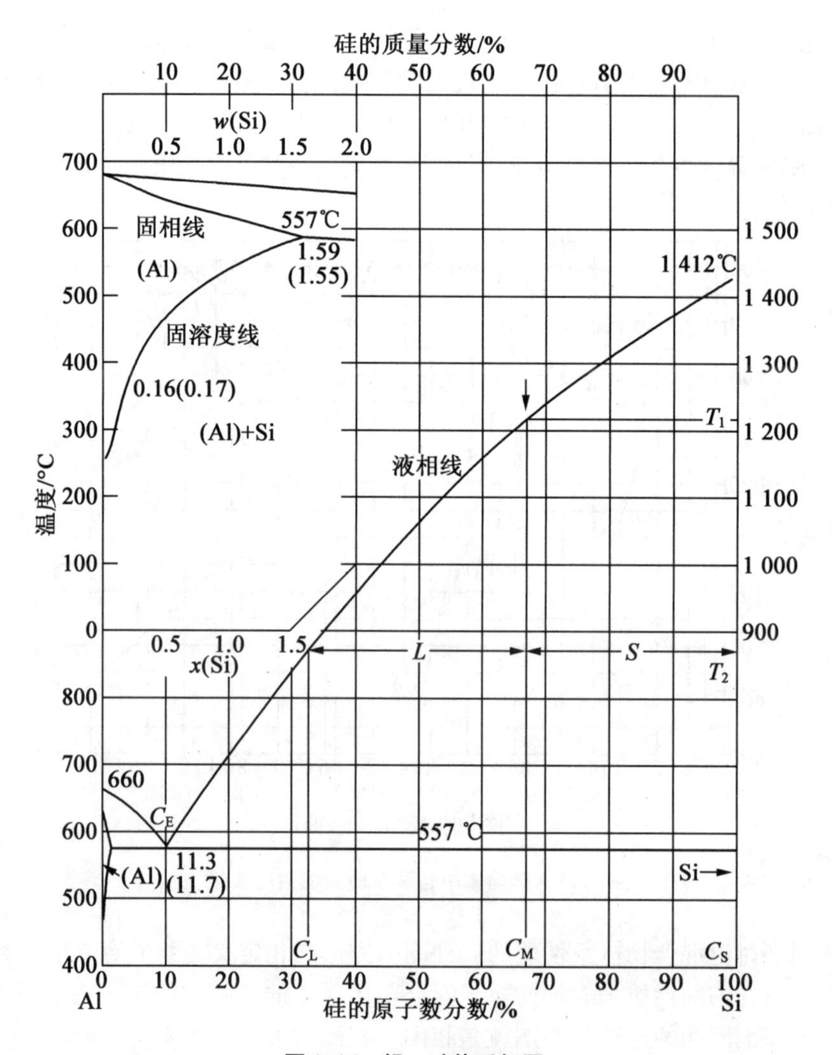

图 1.16　铝 - 硅体系相图

在任何温度时,构成两个相区的两个单相中两种原子的平衡组成可以按照杠杆规则确定。由图 1.16 所示,硅 - 铝熔融液体系,设熔融液中硅的原始浓度为 C_M,把熔融液从温度 T_1 冷却到温度 T_2,将有硅晶体析出,熔融液中硅浓度是沿着液相线由 C_M 降至 C_L,固相中硅浓度始终未变是 C_S。若 W_L 为 T_2 时液相中铝 - 硅的总原子数,W_S 为固相中铝 - 硅的总原子数,则 W_LC_L 和 W_SC_S 分别是硅液相和固相中的原子数,硅总原子数为 $(W_L+W_S)C_M$,根据质量守恒定律有,$W_LC_L+W_SC_S=(W_L+W_S)C_M$,可得杠杆规则公式为

$$\frac{W_S}{W_L}=\frac{C_M-C_L}{C_S-C_M}=\frac{L}{S} \tag{1.8}$$

砷是 VA 族元素,常作为施主杂质被掺入硅晶体中,图 1.17 为砷 - 硅体系相图。在二元体系里可以有中间化合物生成,相图中有两种中间化合物出现:SiAs 和 $SiAs_2$,图 1.17 中都是用垂直线表示的,这是因为它们组成范围非常狭窄。由图 1.17 可以看出,实际上砷 - 硅体系中共有 3 个二元体系:Si - SiAs、SiAs - $SiAs_2$、$SiAs_2$ - As。

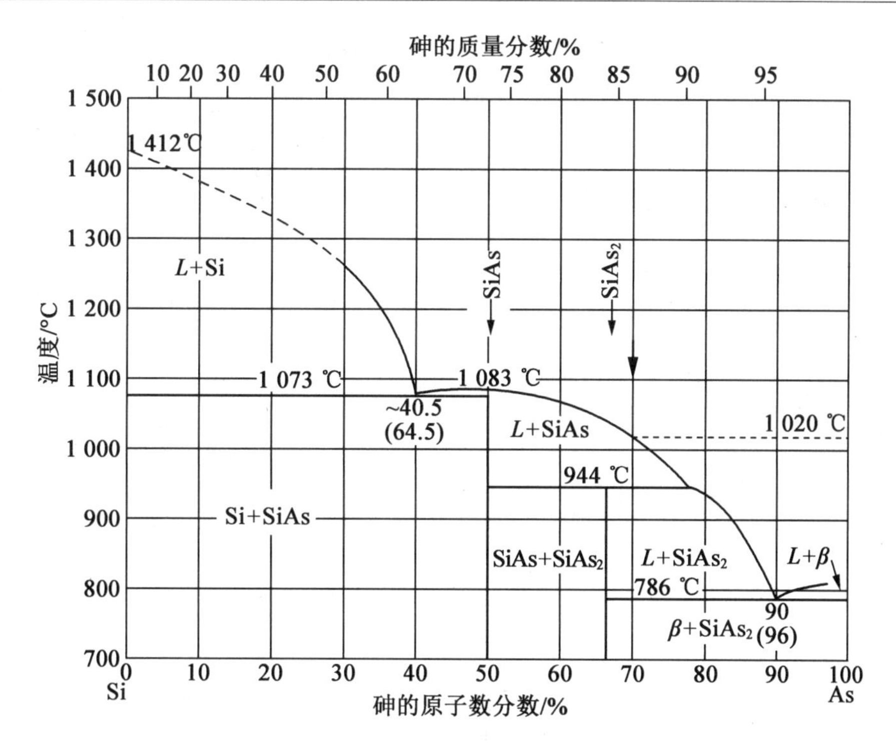

图 1.17　砷 – 硅体系相图

假设有质量分数分别为 86% 的 As 和 14% 的 Si 的熔融体混合物从高温开始冷却。在温度降至 1 020 ℃时,固体 SiAs 从熔体中结晶出来,熔体成为富砷相,直到温度降至 944 ℃,这时液相组成为 90%(质量分数)的 As 和 10%(质量分数)的 Si;温度继续下降时,固体的 SiAs 与一些剩余的熔体结合形成液体 + $SiAs_2$ 相,称为包晶相,SiAs 被包在 $SiAs_2$ 中;当温度降至 786 ℃或更低,$SiAs_2$ 和 β 相都从液相析出而形成固体 β + $SiAs_2$ 相。

实际上,在微电子工艺中,重要的不只是杂质在硅中的平衡浓度,杂质在硅晶体中的存在形式也同样重要。杂质浓度较高时对晶体结构、物理性质的影响,以及杂质剂量与哪些因素有关也是非常重要的问题。这些在后面将陆续介绍。

按照溶质在溶剂中的存在形式,固溶体主要可分为两类:(1)替位式固溶体;(2)间隙式固溶体。形成替位式固溶体的必要条件是溶质原子的大小接近溶剂原子的大小。试验证明,若溶剂原子和溶质原子半径相差大于 15%,则形成替位式固溶体的可能性降低。反之,原子半径相差小于 15%(这种情况也称“有利几何因素”),且溶质浓度很大,就可能形成替位式固溶体。能否形成固溶体,不仅需要遵守几何因素,也要考虑溶剂和溶质原子外部电子壳层结构的相似性和晶体结构的相似性。所有上述条件的有利结合,能导致连续(无限)固溶体的产生,也就是说一种物质可以无限地溶解于另一种物质之中。能够形成连续固溶体的,必须是替位式固溶体,但替位式固溶体不一定都是连续固溶体。锗 – 硅系统就是连续固溶体的实例,称为同晶体系。若上述条件不能完全得到满足,只能形成有限固溶体(如铝 – 硅体系就是共晶体系),溶剂和溶质的差异越大,形成的固溶体就越有限。

常用的施主、受主杂质在硅晶体中只能形成有限替位式固溶体。替位杂质的原子半径不是大于就是小于硅原子半径,在 1.2.2 节中提到晶格的失配也可能引起位错。当在同一硅晶体中，若某一部分掺入数量较多的外来原子，就会使晶格发生压缩或膨胀，晶格常数将有所改变。在这种情况下，在掺杂和末掺杂的两部分晶体界面上，将产生一定数量的位错，以释放因晶格失配所产生的应力。产生的应力大小取决于杂质原子的大小和浓度。因此，在需要进行局部掺杂的情况下，掺入和硅原子半径相近的杂质将有利于减少这种类型的缺陷。如果硅原子的四面体半径为 r_0，则杂质原子的四面体半径可以写成 $r_0(1 \pm \varepsilon)$，这里的 ε 定义为失配因子，表示由于引入这种杂质在晶格中产生应变的程度，也表示能够在晶格中结合到电活性位置的掺杂剂的量。表 1.3 列出了硅中各种掺杂剂的四面体半径和失配因子。

表 1.3　硅中各种掺杂剂的四面体半径和失配因子

掺杂剂	P	As	Sh	B	Al	Ga	In	Au	Ag
四面体半径/Å	1.10	1.18	1.36	0.88	1.26	1.26	1.44	1.5	1.52
失配因子	0.068	0	0.153	0.254	0.068	0.068	0.22	0.272	0.29
掺杂类型	n 型			p 型				深能级	

本 章 小 结

本章主要介绍了与微电子工艺相关的单晶硅的主要特性：(1)晶体结构和作为芯片衬底的主要晶向、晶面的特点；(2)硅晶体缺陷类型、产生原因，以及对工艺有重要影响的点缺陷的特点；(3)硅晶体中杂质类型、对硅电阻率的影响，以及固溶度。

第 2 章　硅片的制备

单晶硅衬底的制备有两种方法：一种是由石英砂冶炼、提纯制备出高纯多晶硅，然后由高纯熔体硅拉制出单晶硅锭，再经切片等工艺加工出硅片；另一种方法是在单晶衬底上通过外延工艺生长出单晶硅外延层，得到外延片。作为外延片的衬底可以是硅片，也可以使用其他单晶材料（如蓝宝石等）。本章主要介绍第一种方法。

2.1　多晶硅的制备

微电子工业使用的硅，是采用地球上最普遍的原料——石英砂（也称硅石）来制备的。石英砂的主要成分是二氧化硅。石英砂通过冶炼得到冶金级硅（Metallurgical Grade Silicon，MGS），再经过一系列提纯得到电子级硅（Electronic Grade Silicon，EGS），电子级硅是高纯度的多晶硅（Polycrystalline Silicon）。

2.1.1　冶炼

冶炼是采用木炭或其他含碳物质如煤、焦油等来还原石英砂，得到硅，硅的质量分数为98%～99%，称为冶金级硅。

$$SiO_2 + 2C \xrightarrow{1\,600 \sim 1\,800\ ℃} Si + 2CO\uparrow$$

冶金级硅也称为粗硅或硅铁，主要含有铁、铝、碳、硼、磷、铜等杂质。这种纯度的硅是冶金工业用硅，微电子工业用硅只占其中的不足 5%。

2.1.2　提纯

粗硅的提纯是一系列物理化学过程。因为硅不溶于酸，所以粗硅的初步提纯一般用酸洗方法，先去除含量大的铁、铝等金属杂质；进一步的提纯一般采用蒸馏方法，而蒸馏方法只能提纯液态混合物，所以需要将酸洗过的硅转化为液态硅化物，提纯后再将液态硅化物还原，由此得到电子级高纯度的多晶硅，纯度达 99.999 999 999 以上，即 11N 硅。

酸洗是一种化学提纯方法，用盐酸、王水、氢氟酸等混合强酸浸泡、清洗粗硅，溶解去除粗硅中的铁、铝等主要金属杂质。初步提纯后，硅的纯度可达 99.7% 以上。

精馏提纯是一种物理提纯方法，是利用液态物质沸点不同进行液态混合物提纯的方法。首先，将酸洗过的硅氧化生成液态硅化物，可用盐酸或氯气作为氧化剂，将硅转化为 $SiHCl_3$ 或 $SiCl_4$。常温下 $SiHCl_3$ 和 $SiCl_4$ 都是液态，$SiHCl_3$ 的沸点为 31.5 ℃，$SiCl_4$ 的沸点为 57.6 ℃。然后，通过在蒸馏塔中蒸馏提纯 $SiHCl_3$ 或 $SiCl_4$，得到高纯度的 $SiHCl_3$ 或 $SiCl_4$ 流出物。最后，还原已提纯的 $SiHCl_3$ 或 $SiCl_4$。氢气易于净化，且在硅中溶解度极低，因此多用氢气作为 $SiHCl_3$ 或 $SiCl_4$ 的还原剂，还原得到硅。

$$Si + 3HCl \xrightarrow{280 \sim 300\ ℃} SiHCl_3 \uparrow + H_2 \uparrow$$

$$SiHCl_3 + H_2 \xrightarrow{900\ ℃} Si + 3HCl$$

$$Si + 2Cl_2 \longrightarrow SiCl_4$$

$$SiCl_4 + 2H_2 \xrightarrow{\triangle} Si + 4HCl$$

另外,还可以采用硅烷还原法作为酸洗硅的进一步提纯方法。首先将酸洗过的硅和氢气反应生成硅烷(SiH_4),SiH_4 常温下是气态,易于纯化,纯化 SiH_4 后,加热使其分解,获得电子级高纯度多晶硅。

制备出的电子级高纯度的多晶硅中仍然含有十亿分之几的杂质。微电子工艺最为关注的杂质是受主杂质硼和施主杂质磷,以及含量最多的碳。硼和磷的存在,降低了硅的电阻率,用来制备本征单晶硅时一定要除去;而碳在硅中虽然不是电活性杂质,但它在制备硅单晶时,在硅中呈非均匀分布,会引起较大的局部应变,使工艺诱生缺陷成核,造成电学性能恶化。电子级纯度硅中,硼杂质质量分数小于 10^{-9},磷杂质质量分数小于 10^{-9}。杂质越少,制备的单晶硅锭的纯度就越高,晶格才能越完整。

2.2 单晶硅生长

单晶材料的制备主要有三种方式:第一种是由固态多晶或非晶材料经高温高压处理,使其转变为单晶材料(如用石墨制造人工金刚石);第二种是由过饱和溶液来制备单晶材料,溶质过饱和结晶析出为单晶材料(如蒸发海水得到的晶体氯化钠颗粒);第三种是熔融体冷凝结晶形成单晶材料。单晶硅的制备就是采取第三种方式。

2.2.1 直拉法

早在 1918 年,切克劳斯基(J. Czochralski)从熔融金属中拉制出了金属细灯丝。受此启发,在 20 世纪 50 年代初期,G. K. Teal 和 J. B. Little 采用类似的方法从熔融硅中拉制出了单晶硅锭,开发出直拉法生长单晶硅锭技术。因此,直拉法又被称为切克劳斯基法,简称 CZ 法。直拉法历经半个多世纪的发展,拉制的单晶硅锭直径已可达 450 mm(18 in)。目前,微电子工业使用的单晶硅绝大多数是采用直拉法制备的。

图 2.1 为直拉法生长单晶硅装置示意图。将电子级的多晶硅放入坩埚中,加热使之熔融,用一个卡具夹住一块适当晶向的籽晶,悬浮在坩埚上。拉单晶时,先将籽晶的另一端插入熔融硅中,直至熔接良好;然后,缓慢地向上提拉,硅锭的熔体/晶体界面处,熔体冷凝结晶转变成晶体。硅锭被拉出时,边旋转边提拉,而坩埚则是向相反方向旋转。

直拉法生长单晶硅锭的装置称为单晶炉。图 2.2 为 TDR - A 型单晶炉,它主要由 4 个部分组成:炉体部分、加热控温系统、真空系统及控制系统。炉体部分包括坩埚、水冷装置和拉杆等机械传动部分;加热控温系统包括光学高温计、加热器、隔热装置等;真空系统包括机械泵、扩散泵、真空计、进气阀等;控制部分有显示器及控制面板等。

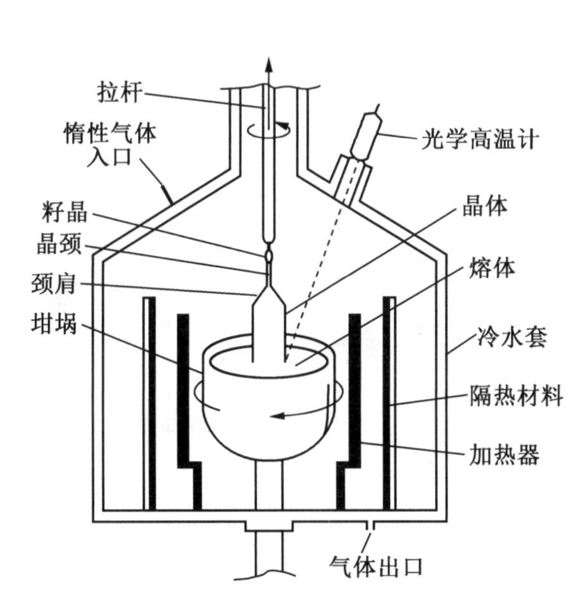

图 2.1 直拉法生长单晶硅装置示意图

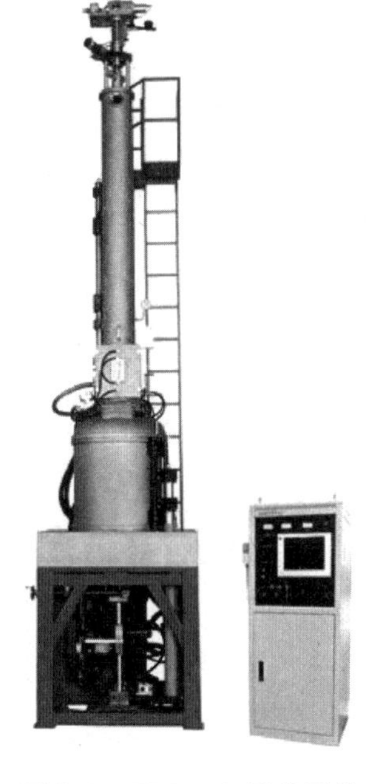

图 2.2 TDR – A 型单晶炉

在单晶炉内必须通入惰性气体,可以避免拉制出的单晶硅被氧化、沾污,并可通过在惰性气体中掺入杂质气体的方法来给单晶硅锭掺杂。

直拉法生长单晶硅的主要工艺流程为:准备→开炉→生长→停炉

准备阶段先清洗、腐蚀多晶硅,去除表面的污物和氧化层,放入坩埚内。再准备籽晶,籽晶作为晶核,必须挑选晶格完整性好的单晶,其晶向应和将要拉制的单晶锭的晶向一致,籽晶表面应无氧化层、无划伤。最后将籽晶卡在拉杆卡具上。

开炉阶段是先开启真空设备将单晶生长室的真空度抽吸至高真空,一般在 10^{-2} Pa 以内,通入惰性气体(如氩气),以及所需的掺杂气体,至一定真空度。然后,打开加热器升温,同时打开水冷装置,通入循冷却环水。硅的熔点是 1 417 ℃,待多晶硅完全熔融,坩埚温度升至 1 420 ℃以上。

晶体生长过程中,控制拉杆拉升速度、坩埚温度和坩埚转速,影响硅锭的直径和生长速度。生长过程可分解为 5 个步骤:引晶→缩颈→放肩→等径生长→收尾。即籽晶熔接好后先快速提拉进行缩颈,再渐渐放慢提拉速度进行放肩至所需直径,最后等速拉出等径硅锭。引晶又称为下种,是将籽晶与熔体很好地接触;缩颈是在籽晶与生长的单晶锭之间先收缩出晶颈;放肩是将晶颈放大至所拉制晶锭的直径尺寸;再等径生长硅锭,单晶硅片取自于等径部分。收尾阶段非常重要,应避免晶棒与液面快速分开,以免热应力使晶棒出现位错与滑移等线缺陷。将晶棒的直径慢慢缩小,直到成一尖点而与液面分开,结束单晶生长。一般要求收尾长度大于一个等径直径。

停炉阶段应先降温,然后再停止通气、停止抽真空、停止通入冷却循环水,最后才能开炉取出单晶锭,这样可以避免单晶锭在较高温度就被暴露在空气中,带来氧化和污染。

籽晶在拉单晶时是必不可少的种子,一方面,籽晶是作为复制样本,使拉制出的硅锭和籽晶有相同的晶向;另一方面,籽晶是作为晶核,有较大晶核的存在可以减小熔体向晶体转化时必须克服的能垒(即界面势垒)。

缩颈能终止拉单晶初期籽晶中的位错、表面划痕等缺陷,以及籽晶与熔体连接处的缺陷向晶锭内延伸。如图 2.3 所示,缩颈生长是将籽晶快速向上提升,使长出的籽晶的直径缩小到一定大小(2 ~6 mm),籽晶缺陷延伸到颈部表面,产生零位错的晶体。为保证拉制的硅锭晶格完整,可以进行多次缩颈。

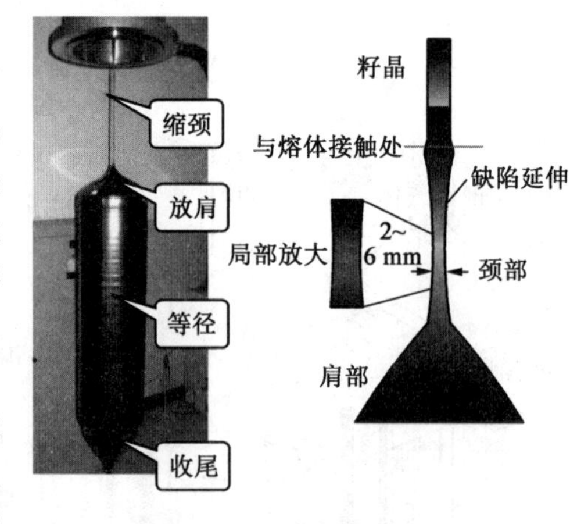

图 2.3 缩颈作用示意图

晶体的质量对拉杆提拉速度很敏感。在靠近熔料处晶体的点缺陷浓度最高,快速冷却能阻止这些缺陷结团。点缺陷结团后多为螺位错,这些位错相对硅锭轴心呈漩涡状分布。

2.2.2 单晶生长原理

晶体生长过程即相变过程。以直拉法生长单晶硅为例,将坩埚内的熔体和拉出的晶体看作一个热力学系统,单晶生长过程就是熔体/晶体相界面向晶体方向的推移过程。

从结晶热力学即晶体生长的驱动力来看,假设结晶过程很缓慢,单晶生长是热力学准平衡过程。图2.4 为平衡系统吉布斯自由能和温度的关系示意图。任何系统都会自发处于吉布斯自由能最小状态。因此,满足硅晶体生成的必要条件为

$$G_s(T,p) \leqslant G_l(T,p) + \gamma\Delta A \tag{2.1}$$

式中,$G_s(T,p)$、$G_l(T,p)$分别为系统固体和熔体的吉布斯自由能;T 为熔体/晶体界面温度;p 为压力;γ 为界面势能;ΔA 为新生界面面积。

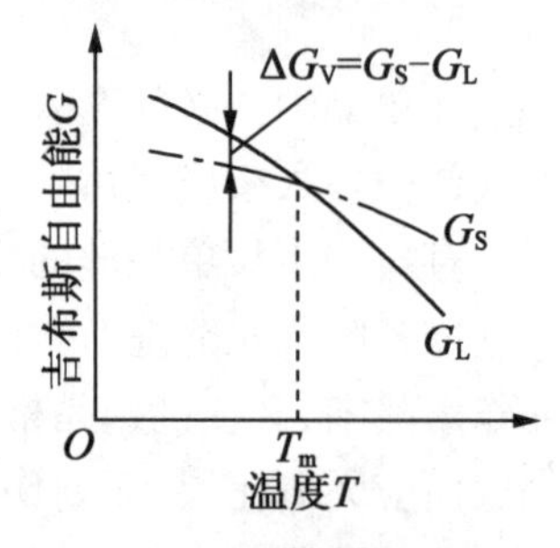

图 2.4 平衡系统吉布斯自由能和温度的关系示意图

因为是在熔体/晶体界面转化为晶体的,界面面积固定,式(2.1)中 $\gamma\Delta A$ 项就为零,当温度略低于熔点 T_m 时,就能满足式(2.1),晶体生长是自发过程。过冷度($\Delta T = T - T_m$)越大,自发过程就越容易发生。

硅的熔点为1 417 ℃,坩埚内熔体温度一般控制在1 417 ~1 420 ℃之间。尽管通过硅锭和坩埚的反向转动对坩埚内熔体进行了搅拌,但坩埚内熔体温度仍不均匀,呈一定的分布。与坩埚接触位置的熔体温度最高,而熔体上部和晶体接触位置的熔体温度最低,并低至熔点。因此,提拉硅锭时熔体/晶体界面的熔体就自发地转变为和硅锭相同晶向的晶体。再从结晶动力学即单晶生长速度进行分析。在熔体/晶体界面,熔体转化为晶体必须释放结晶潜热,若忽略系统的热辐射和对流传热,只考虑一维热传导情况,沿轴向即硅锭生长方向温度梯度为 $\mathrm{d}T/\mathrm{d}x$,由一维能量守恒方程,可得

$$\left(-k_l A\frac{\mathrm{d}T}{\mathrm{d}x}\bigg|_l\right) - \left(-k_s A\frac{\mathrm{d}T}{\mathrm{d}x}\bigg|_s\right) = L\frac{\mathrm{d}m}{\mathrm{d}t} \tag{2.2}$$

式中,k_l、k_s 分别为熔体硅、晶体硅的导热系数;L 为硅的结晶潜能;$\mathrm{d}m/\mathrm{d}t$ 为晶体质量生长速度。

在式(2.2)左侧第一项是熔体热扩散项,熔体内温度差小,温度梯度可以忽略,则第一项

为零;第二项是晶体沿轴向的热扩散项,在熔体/晶体界面熔体释放的结晶潜热主要是向硅锭拉升的方向传导,温度梯度大;在式(2.2)右侧,生长的晶体质量用长度来表示,即:$\mathrm{d}m=\rho A\mathrm{d}x$,其中 ρ 为硅的密度,单晶质量生长速度就转化为长度生长速度$\frac{\mathrm{d}x}{\mathrm{d}t}$。由式(2.2)可得

$$\frac{\mathrm{d}x}{\mathrm{d}t}=\frac{k_s}{\rho L}\left.\frac{\mathrm{d}T}{\mathrm{d}x}\right|_s \tag{2.3}$$

单晶生长在熔体/晶体界面进行,所以单晶质量生长速度也就是硅锭向上的拉升速度,拉升速度有最大值。拉升速度过快,熔体转化为晶体时释放出的结晶潜热就不能及时散发掉,晶锭拉升时的旋转和坩埚本身的旋转为反方向,也有提高散热速率的考虑。直拉单晶的典型温度梯度约为 10 ℃/cm,由式(2.3)可得单晶生长拉升速度的最大值 v_{max} 约为 2.7 mm/min。

实际上,坩埚中熔体的温度梯度并不为零,晶锭和熔体表面的热辐射和对流传热数值较大,也不可忽略,最大拉升速度并不等于计算值。通常单晶生长并不采用最大拉升速度,而是从单晶硅锭的质量和生产效率两方面综合考虑来确定提拉速度。

2.2.3　晶体掺杂

微电子工艺使用的衬底硅片既有本征型,又有掺杂型。根据不同微电子产品工艺特点,选用特定导电类型和电阻率的硅片作为衬底材料。因此,在单晶生长时,需要在硅锭中掺入一定量的特定Ⅲ、Ⅴ族杂质。

硅锭掺杂方法主要有 3 种:液相掺杂、气相掺杂、中子嬗变掺杂。

1. 液相掺杂

液相掺杂是在单晶生长过程中最常用的掺杂方法,有两种掺杂方式:直接掺杂和母合金掺杂。直接掺杂指将所需杂质单质按剂量直接加入坩埚的多晶硅中,这种方法适用于制备重掺杂硅锭。母合金掺杂指将杂质元素先制成硅的合金,如磷硅合金、硼硅合金,然后再按照所需的剂量将合金加入坩埚的多晶硅中,这种方法适用于制备轻掺杂和中等浓度掺杂硅锭。

采用母合金掺杂方式,在杂质剂量很少时,可以提高掺杂剂量的精度。

举例,生长电阻率为 1 Ω · cm 的 n - Si,多晶硅质量为 $m(\mathrm{Si})=50$ kg,杂质为砷,求掺入砷的剂量。

已知硅密度为 $\rho(\mathrm{Si})=2.33$ g/cm^3;由电阻率 - 掺杂浓度曲线查出砷的浓度应为 $n(\mathrm{As})=6\times10^{15}$ atoms/cm^3;需掺入砷的原子数为

$$x(\mathrm{As})=\frac{m(\mathrm{Si})n(\mathrm{As})}{\rho(\mathrm{Si})}=\frac{50\times10^3\times6\times10^{15}}{2.33}=1.287\times10^{20}(\mathrm{atoms/cm^3})$$

砷原子量为 74.92;原子量单位为 $1.660\,6\times10^{-27}$ kg,掺杂砷的质量应为

$$m(\mathrm{As})=1.661\times10^{-21}\times74.92\times1.287\times10^{20}\approx16\ (\mathrm{mg})$$

计算得出只需掺入约 16 mg 的砷,砷剂量很小,若在称量中有 ±1 mg 的误差,在硅锭中引入的误差就达 6%。而采用母合金方式掺杂,先制备质量比为 1:10 的砷硅合金,掺入合金的剂量就为 160 mg,若在称量中有 ±1 mg 的误差,在硅锭中引入的误差也只有 0.6%,极大

地提高了掺杂剂量的精确度。

直拉法生长单晶时,通常采用液相掺杂方法。在选择掺杂剂、计算掺杂剂量时,还应考虑杂质分凝效应和蒸发现象。

杂质分凝效应是指杂质在硅熔体与晶体中平衡浓度有所不同的现象,用分凝系数 k 来表征,k 为杂质在硅晶体中的平衡浓度 C_s 和在熔体中的平衡浓度 C_l 之比,即

$$k = \frac{C_s}{C_l} \tag{2.4}$$

由表 2.1 可知,通常 $k<1$,使得在拉制硅锭过程中留在坩埚熔体内杂质的浓度始终大于拉升出的晶体部分的浓度。因此,硅锭轴向杂质浓度是逐渐增加的。假设熔体中杂质均匀,则由分凝系数可得

$$C_s = kC_0(1-X)^{k-1} \tag{2.5}$$

式中,C_0 为硅熔体初始浓度;X 为已拉制出的晶体占硅总量的比例。

表 2.1　硅中常见杂质的分凝系数和蒸发常数

参数	B	Al	Ga	In	O	P	As	Sb
分凝系数	0.80	0.001 8	0.007 2	3.6×10^{-4}	0.25	0.35	0.27	0.02
蒸发常数	5×10^{-6}	10^{-4}	10^{-3}	5×10^{-3}		10^{-4}	5×10^{-3}	7×10^{-2}

由式(2.5)可以计算得到硅锭沿轴向杂质浓度的分布。分凝系数小的杂质,液相掺杂电阻率的均匀性较差。

例如,从原子百分数为 0.01% 的磷或硼的熔料中拉制硅锭,计算:晶锭顶端磷或硼杂质的掺杂浓度是多少? 如果晶锭长 1 m,截面均匀,在何处两种杂质的掺杂浓度分别是晶锭顶端处杂质浓度的 2 倍?

已知硅原子密度为 5×10^{22} atoms/cm^3,由表 2.1 可知磷和硼的分凝系数分别为 $k(\mathrm{B})=0.8$、$k(\mathrm{P})=0.35$;画出由熔料中拉制硅锭的示意图如图 2.5 所示。

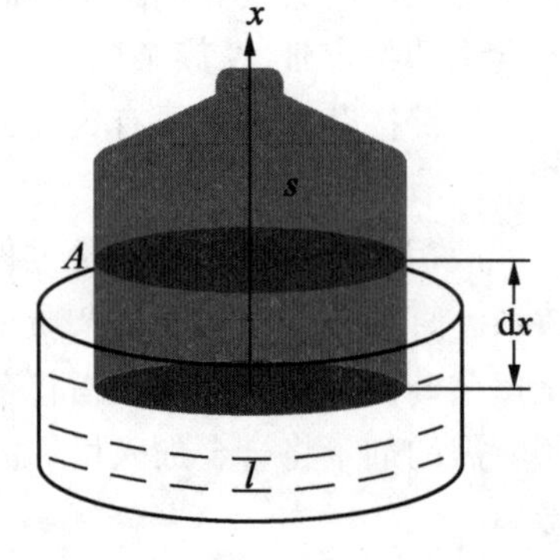

图 2.5　由熔料中拉制硅锭示意图

计算晶锭顶端磷掺杂浓度为

$$C^0(\mathrm{P}) = 5\times10^{22}\times0.35\times0.000\,1 = 1.75\times10^{18}(\mathrm{atoms/cm^3})$$

硼浓度为

$$C^0(\mathrm{B}) = 5\times10^{22}\times0.8\times0.000\,1 = 4\times10^{18}(\mathrm{atoms/cm^3})$$

设分别在 $x(\mathrm{P})$、$x(\mathrm{B})$ 处磷、硼杂质掺杂浓度为晶锭顶端杂质浓度的 2 倍,即 $C_x = 2C_0$;由式(2.5)可得

$$2\times1.75\times10^{18} = 1.75\times10^{18}(1-x(\mathrm{P}))^{0.35-1},\quad x(\mathrm{P})\approx0.66(\mathrm{m})$$

$$2\times4\times10^{18} = 4\times10^{18}(1-x(\mathrm{B}))^{0.8-1},\quad x(\mathrm{B})\approx0.97(\mathrm{m})$$

掺磷晶锭距离顶端 0.66 m 处杂质浓度是顶端杂质掺杂浓度的 2 倍;掺硼晶锭距离顶端 0.97 m 处杂质掺杂浓度是顶端杂质掺杂浓度的 2 倍。

由以上计算可知硼掺杂硅锭轴向杂质浓度分布较均匀;而磷掺杂硅锭轴向杂质浓度分布的均匀性较差。实际上,分凝系数太小的杂质在拉制单晶锭时难以由熔体进入晶体,一般

不被选用。

杂质蒸发是指坩埚中熔体内的杂质从熔体表面蒸发到气相中的现象,用蒸发常数 E 来表征杂质蒸发的难易。蒸发常数的定义式为

$$N = EAC_1 \tag{2.6}$$

式中,N 为蒸发到气相中杂质的原子数;A 为气体/熔体表面面积;C_1 为熔体中杂质浓度。

杂质蒸发会减少熔体中杂质浓量,一般不选择蒸发常数过大的杂质作为直拉单晶硅掺杂杂质。但也要考虑到,在炉内有惰性气体情况下,逸出杂质不易扩散而离开熔体表面,就会使蒸发速率降低,即杂质的蒸发速率和气压有关。因此,在工艺过程中杂质蒸发的速率可以通过炉内惰性气体的气压来调控。表 2.1 给出了硅中常见杂质的分凝系数和蒸发常数。

2. 气相掺杂

气相掺杂是在单晶炉内通入的惰性气体中加入一定剂量的含掺杂元素的气体,在杂质气氛下,蒸发常数小的杂质部分溶入熔体硅中,再被掺入单晶体内;或直接由气相扩散溶入晶体硅中的掺杂方法。如在单晶炉内惰性气体中掺入稀释的磷烷(PH_3)或乙硼烷(B_2H_6),拉制 n 型或 p 型单晶硅锭。

气相掺杂方法难以制备轻掺杂的高阻硅。

3. 中子嬗变掺杂

中子嬗变掺杂(Neutron Transmutation Doping, NTD)又称为中子辐照掺杂,是利用核反应进行掺杂,将纯净的硅锭放置在核反应堆中,用中子照射,硅单晶中的同位素 ^{30}Si 发生嬗变,转化为 ^{31}p,从而实现在硅晶体中均匀掺入磷杂质的一种掺杂方法。

天然硅元素中有三种稳定的同位素,其含量分别为

$$^{28}Si \quad 92.28\%$$

$$^{29}Si \quad 4.67\%$$

$$^{30}Si \quad 3.05\%$$

其中,^{30}Si 有中子嬗变现象:被中子照射的 ^{30}Si,原子核吸收中子,释放出 γ 射线后转化为放射性元素 ^{31}Si,在释放出电子后生成稳定的 ^{31}P,其反应过程如下

$$^{30}Si \xrightarrow{\text{中子}} {}^{31}Si + \gamma$$

$$^{31}Si \xrightarrow{\text{半衰期 } 2.62\ h} {}^{31}P + e$$

^{31}P 是施主杂质,理论上,通过控制辐照中子的剂量,从而控制 ^{30}Si 嬗变的原子数,能获得不同掺杂浓度的 n 型硅。中子嬗变掺杂的最大掺杂浓度为

$$n = 0.030\,5 \times 5 \times 10^{22} = 1.53 \times 10^{21}\ (\text{atoms/cm}^3)$$

实际上,还必须考虑在中子照射中,可能发生的其他原子的核反应消耗中子,使得实际掺杂浓度与理论掺杂浓度有所不同,如

$$^{28}Si \xrightarrow{\text{中子}} {}^{29}Si + \gamma$$

$$^{29}Si \xrightarrow{\text{中子}} {}^{30}Si + \gamma$$

中子辐照过程会带来晶格损伤,嬗变掺杂后需要进行硅锭的热退火,退火条件通常为 600 ℃、1 h。

中子嬗变掺杂无液相掺杂和气相掺杂中的杂质分凝、杂质蒸发现象,掺杂均匀性好,特别适合制作电力电子器件所要求的高阻单晶硅。但是,中子嬗变掺杂只能用于制备 n 型硅

锭。

硅单晶生长中除了有意掺入的电活性杂质外,还有因工艺沾污引入的无意杂质。工艺上在两方面可能引入无意杂质:一是生长单晶硅所用的多晶硅原料中的杂质,即受原料纯度限制;二是拉单晶用的坩埚或工艺过程中带入的其他杂质。无意掺入的杂质中若含有电活性杂质,也会改变硅锭的电阻率及电阻率均匀性。多晶硅原料是电子级纯度,杂质含量微不足道;而工艺过程中引入的杂质是无意杂质的主要来源。

直拉法生长单晶硅工艺过程中,坩埚带来的污染最为严重。坩埚多为内衬熔融石英材料,外面包裹石墨杯。熔融石英成分是 SiO_2,在 1 500 ℃就会释放出可观的氧,而硅熔体温度在 1 420 ℃左右,因此微量的坩埚材料被硅熔体吃掉,且坩埚的转动也加重了坩埚内表面石英材料的分解,分解方程式为

$$SiO_2 \longrightarrow Si + O_2$$

融入硅中的氧,其中超过 95% 从熔体硅表面逸出,其他的则溶入晶体硅中,氧在硅中多以施主杂质形式出现,且不稳定,所以直拉法难以生长出无氧、高阻单晶硅。

另外,被硅熔体吃掉的坩埚材料中含有的其他杂质也会溶入单晶硅锭,影响硅锭的质量。

2.2.4　磁控直拉法

20 世纪 80 年代出现了磁控直拉法(MCZ 法)单晶炉,就是在直拉法单晶炉上附加了一个稳定的强磁场。磁控直拉单晶生长技术是在直拉技术基础上发展起来的,磁控直拉工艺和直拉工艺类似,生长的单晶硅质量更好,能得到均匀、低氧的大直径硅锭。目前,MCZ 硅已普遍用来制作集成电路和分立器件。

直拉法生长单晶硅时,坩埚内熔体温度呈一定分布。熔体表面中心处温度最低,坩埚壁面和底部温度最高。熔体的温度梯度带来密度梯度,坩埚壁面和底部熔体密度最低,表面中心处熔体密度最高。地球重力场的存在使得坩埚上部密度高的熔体向下,而底部、壁面密度低的熔体向上流动,形成自然对流。熔体流动轨迹示意图如图 2.6 所示。随着单晶硅锭直径越来越大,坩埚也就越来越大,熔体对流更加严重,进而形成强对流。熔体的流动将坩埚表面溶入熔体的氧不断带离坩埚表面,进入熔体内;而且熔体强对流也使得单晶生长环境的稳定性变差,引起硅锭表面出现条纹,这有损晶体均匀性。如果在单晶炉上附加一强磁场,高温下具有高导电特性的熔体硅的流动因载流子切割磁力线而产生洛伦兹力

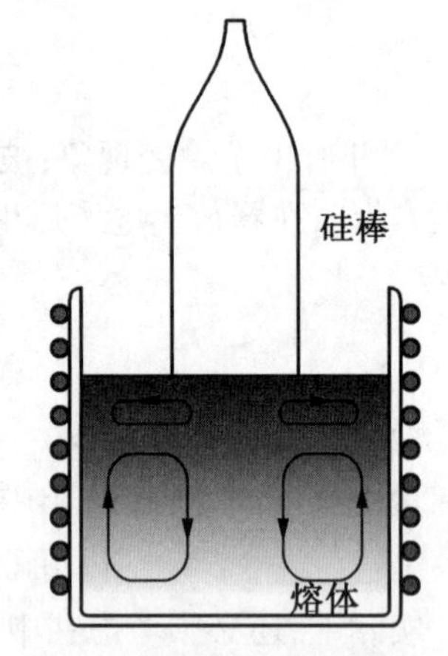

图 2.6　熔体流动轨迹示意图

$$f = qv \times H \tag{2.7}$$

式中,q 为带电粒子电荷;v 为粒子运动速度;H 为磁场强度。

熔体硅切割磁力线产生的洛伦兹力与熔体运动方向及磁场方向相互垂直,磁力的存在相当于增强了熔体的黏性,从而熔体的自然对流受阻。在磁流体力学中常用哈特曼数来表征这个效应,哈特曼数 M 定义为

$$M^2=\frac{\text{单位体积中的磁黏滞力}}{\text{单位体积中的黏滞力}}=\left(\frac{\sigma}{\rho\upsilon}\right)(\mu HD)^2 \tag{2.8}$$

式中,σ 为电导率;ρ 为熔体密度;υ 为运动黏度系数;μ 为磁导率;H 为磁场强度;D 为石英坩埚直径。

M 大于1,意味着在黏滞力中以磁黏滞力为主。磁场中导电熔体的瑞利(Rayleigh)数 Ra 可表示为

$$Ra\approx\pi^2(aM)^2 \tag{2.9}$$

式中,a 为熔体的高度与直径之比。

普通流体产生对流的临界瑞利数应大于10^4,坩埚中熔体硅质量大于10 kg时,可以估算出瑞利数约为10^7,所以直拉法硅熔体中会产生对流。如果在单晶炉上附加了磁场,可以估算出当磁场强度为1 500 Gs时 M 约为10^6,这时临界瑞利数约为10^7。因而在单晶炉上附加磁场提高了熔体对流的临界瑞利数,对流受到抑制。而且熔体对流受阻使得坩埚分解带来的氧和其他杂质都难以穿过坩埚表面熔体的附面层(指吸附在固体表面流速为零的流体薄层),进而掺入拉制出的晶体内部,同时也使得单晶硅锭的生长环境稳定,硅锭表面不会出现条纹,晶体均匀性好。因此,磁控直拉法能生长无氧、高阻、均匀性好的大直径单晶硅锭。

磁控直拉法掺杂方式与直拉法相似,也是采用液相掺杂法。

磁控直拉单晶炉上磁场和硅锭轴向所成角度对晶体质量有较大影响。磁控单晶炉可有多种磁场分布方式,如图2.7所示。

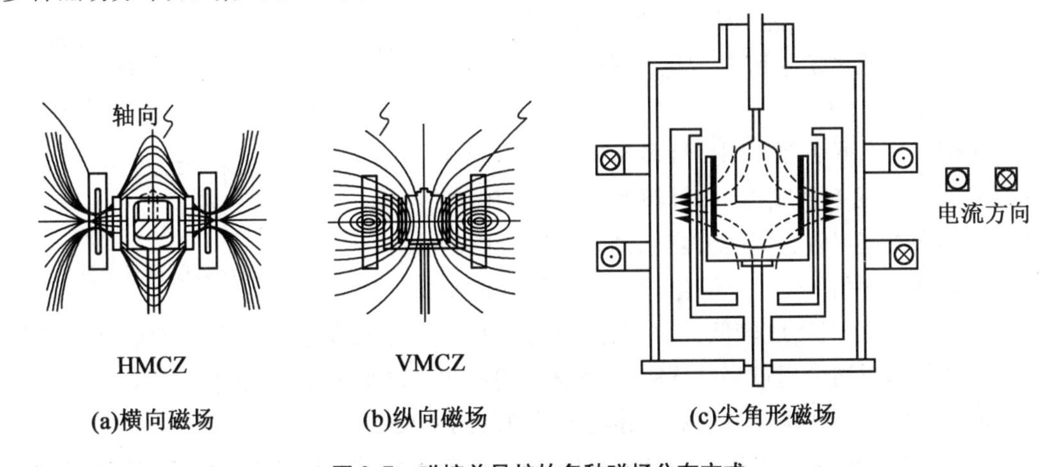

图2.7 磁控单晶炉的多种磁场分布方式

在图2.7(a)中所示的横向磁场系统中,轴向熔体和与磁场方向垂直的水平方向的熔体的对流受到抑制,而与磁场方向平行的熔体的对流不受影响。采用横向磁场能获得氧含量低、径向均匀性好的硅锭;但是,产生横向磁场需要用到很庞大的电磁体,在大型单晶炉上配置横向磁场成本较高。

而在单晶炉的炉膛外绕上螺线管,就可以用比横向磁场低得多的成本形成如图2.7(b)中所示的纵向磁场。采用纵向磁场时,径向熔体的对流受到抑制,但轴向熔体的对流不受影响,从石英坩埚底到熔体/晶体界面处有氧的直接传输,对晶体中氧含量难以控制。另外,熔

体/晶体界面处的熔体对流受到抑制，晶体中掺杂剂的径向分布将更不均匀，氧含量比不附加磁场时还高。

为克服以上两种磁场的局限性，发展了各种非均匀分布的磁场，如图 2.7(c)所示的尖角形磁场就是其中的一种。目前这种尖角形磁场系统是大型磁控单晶炉常用的附加磁场方式。

磁控直拉法设备较直拉法设备复杂得多，造价也高得多，强磁场的存在使得生产成本也大幅提高。因此，在磁控直拉技术刚出现时并未受到重视，但随着硅片直径的不断增大，坩埚内熔体强对流造成的危害也越来越严重，磁控直拉法对熔体自然对流的抑制作用的优势也凸现出来。目前，磁控直拉法在生产高品质大直径硅锭上已成为主要方法。

2.2.5 悬浮区熔法

在 20 世纪 50 年代初由 Keck 和 Theurer 研究小组分别提出了悬浮区熔法。最初，悬浮区熔法是作为一种硅的提纯技术被提出的，随后这种技术就被应用到单晶生长中，发展成为制备高纯度硅单晶的重要方法。

悬浮区熔法(简称区熔法，记为 FZ 法)是一种无坩埚的硅单晶生长方法，悬浮区熔装置如图 2.8 所示。多晶硅锭与单晶硅锭分别由卡具夹持着反向旋转，由高频加热器在多晶与单晶连接处产生悬浮的熔融区，多晶硅锭连续地通过熔融区并熔化，在熔体/晶体界面处转化为单晶。

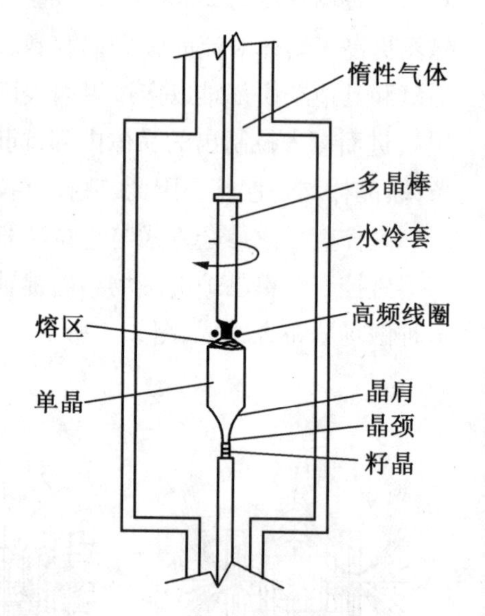

图 2.8 悬浮区熔装置示意图

在区熔法制备单晶装置中，给多晶硅锭加热的高频线圈内通有大功率射频电流，射频功率激发的电磁场在多晶硅中引起涡流，产生焦耳热，通过调整线圈功率，使多晶硅锭近邻线圈部分熔化，产生悬浮熔区，由于硅表面张力较大，且密度较低，只要保持表面张力与重力之间的平衡，熔区就能稳定不脱落。在旋转的同时熔区通过多晶硅锭，而熔体硅冷凝再结晶形成了单晶硅。实际上，可以看成是多晶/熔体/晶体两两相界面的推移实现了单晶的生长。

区熔法为确保单晶硅沿着所需晶向生长，也采用所需晶向的籽晶作为种子，籽晶与多晶硅的熔接是区熔法拉单晶的关键。区熔法掺杂主要采用前述的气相掺杂方法。此外，区熔法还独有芯体掺杂方法，即在多晶锭中先预埋掺有一定剂量杂质的芯体，在熔区中杂质扩散到整个区域，从而掺入单晶体中。气相掺杂和芯体掺杂方法引入杂质的径向均匀性都不高。低浓度 n 型硅，通常是用区熔法先拉制不掺杂的高阻硅，再采用中子嬗变法掺入磷杂质。

区熔法拉单晶硅的工艺和直拉法也相类似，工艺流程为：清炉、装炉→抽空、充气、预热→化料、引晶→生长细颈(缩颈)→放肩及氮气的充入→转肩、保持及挟持器释放→收尾、停炉。

区熔法与直拉法相比，去掉了坩埚，因此没有坩埚带来的污染，能拉制出高纯度、无氧的高阻硅，是制备高纯度，高品质硅的方法。图 2.9 给出了不同生长方法可获得的单晶硅最小载流子浓度。但是,区熔法采用高频线圈加热使得生产费用较高,且熔区需要承受熔体质量和表面张力之间平衡的限制,拉制大直径硅锭的难度大。目前,研制大直径悬浮区熔硅生长装置仍是微电子材料领域的一个热点。

区熔硅主要是应用在电力电子领域,作为电力电子器件的衬底材料(如普通晶闸管、功率场效应晶体管、功率集成电路等)。另外,也可以采用区熔法对直拉法制备的硅锭进行进一步提纯。

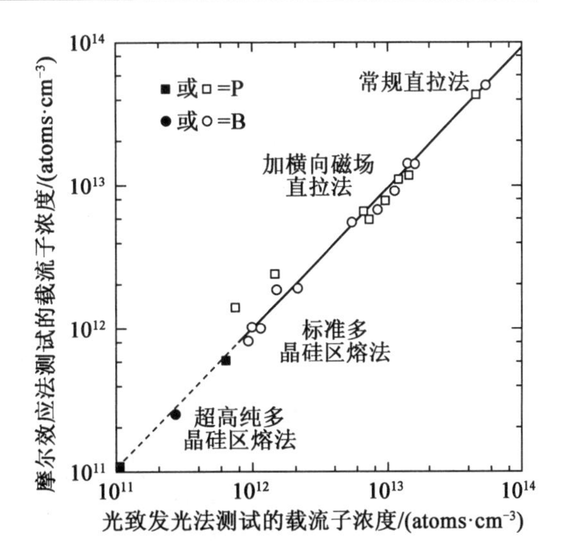

图 2.9　不同生长方法可获得的单晶硅最小载流子浓度

2.3　切制硅片

单晶硅锭需要经过切片、磨片、抛光和检验等工艺制备成微电子器件和集成电路使用的衬底材料——硅片。

2.3.1　切片工艺

制备好的单晶硅锭经切片加工得到硅片。切片工艺流程为:切断→滚磨→定晶向→切片→倒角→研磨→腐蚀→抛光→清洗→包装

各工序的具体内容如下:

(1)切断。切断指切除单晶硅锭的头部、尾部及超规格部分,将单晶硅锭分段成切片设备可以处理的长度,应切取试片测量单晶硅锭的电阻率和含氧量等。

切断的设备为内圆切割机或外圆切割机。

(2)滚磨。由于生长的单晶硅锭的外径表面并不平整,[111]晶向硅锭有 3 条棱,[100]晶向有 4 条棱,直径也比最终抛光晶片所规定的直径规格大,通过外径滚磨可以获得较为精确的直径。

外径滚磨的设备为磨床。

(3)定晶向。将滚磨后的硅锭进行平边或 V 形槽处理,采用 X 射线方法确定晶向。当 X 射线被晶体衍射时,通过测量衍射线的方位可以确定出晶体取向。直径在 150 mm 以下的硅锭,用磨床磨出平边,用来标记晶向和掺杂类型,在后面工艺中用于对准晶向。硅片主要晶向和掺杂类型的定位平边(定位面)形状,如图 2.10 所示。在美国,200 mm 及以上硅片的定位边已被定位槽所代替。

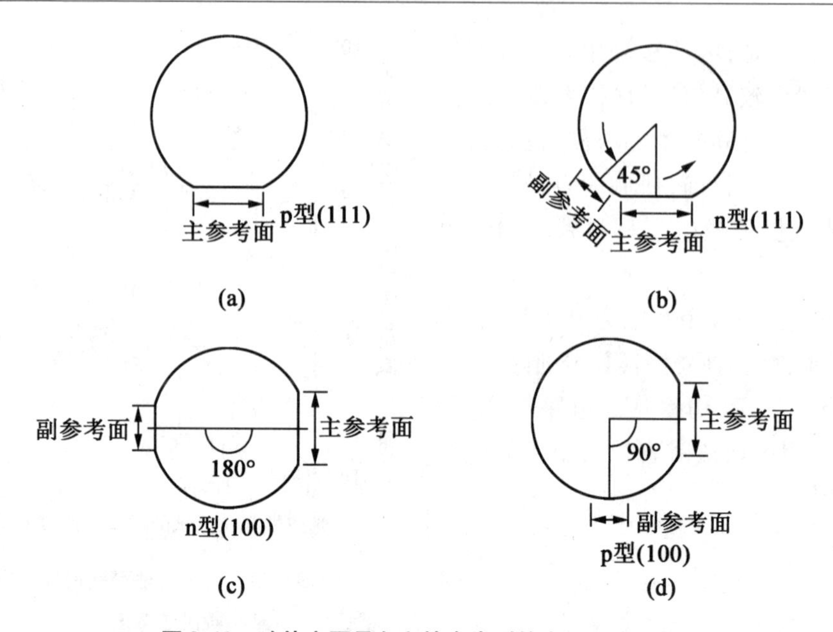

图 2.10　硅片主要晶向和掺杂类型的定位平边形状

磨出平边后用化学腐蚀方法去除滚磨造成的损伤,化学腐蚀液为 $HF-HNO_3$ 系统。

(4)切片。切片是以主平边为基准,将硅锭切成具有精确几何尺寸的薄晶片。(111)、(100)硅片的切片偏差小于 ±1°,而外延用(111)硅片应偏离晶向 3° ±0.5°切片。

切片的设备为内圆切割机或线切割机。

(5)倒角。倒角是将切割好晶片的锐利边修整成圆弧形,以减少晶片边缘的破裂及晶格缺陷的产生。碎削会给后面的工艺带来污染。

倒角的设备为倒角机。

(6)研磨。通过研磨除去切片造成的硅片表面锯痕,以及由此带来的表面损伤层,能有效改善硅片的曲度、平坦度和平行度,达到一个抛光过程可以处理的规格。

研磨设备:研磨机(双面研磨)。主要原料:研磨浆料(主要成分为氧化铝、铬砂、水)、滑浮液。

(7)腐蚀。在经切片及研磨等机械加工之后,晶片表面受加工应力而形成的损伤层使用腐蚀方法去除工序。腐蚀方式有酸性腐蚀和碱性腐蚀,酸性腐蚀是最普遍方法。

酸性腐蚀液由 HNO_3-HF 混酸及一些缓冲酸液(CH_3COCH,H_3PO_4)组成。碱性腐蚀的腐蚀液由 KOH 或 NaOH 强碱加纯水组成。

(8)抛光。抛光是指去除晶片表面的微缺陷、改善表面光洁度,获得高平坦度抛光面的加工方法。抛光加工通常先进行粗抛,以去除损伤层,一般去除量为 10 ~ 20 μm;然后再精抛,以改善晶片表面的微粗糙程度,一般去除量在 1 μm 以下。

抛光液通常由含有 SiO_2 的微细悬浮硅酸盐胶体和 NaOH 强碱(或 KOH 或 NH_4OH)组成,分为粗抛浆液和精抛浆液。

抛光用设备有多片式抛光机和单片式抛光机。

(9)清洗。在晶片加工过程中很多步骤需要用到清洗,清洗有化学清洗和机械清洗。这里的清洗是指抛光后的最终清洗,目的是清除晶片表面所有的污染物。清洗方法采用传统的RCA清洗(RCA清洗法为美国无线电公司开发的一种晶片湿式化学清洗技术)程序。

主要清洗用化学试剂：H_2SO_4、H_2O_2、HF、NH_4OH、HCl。

(10)检验。检验是检测晶片表面清洁和平整度等情况的工序。检验合格的硅片就可以装箱售出了。

另外，用于集成电路的硅片通常在清洗前要做背损伤，目的是用损伤层来吸杂，主要方法有研磨、喷砂，以及重金属离子注入。这道工序根据需要而定。损伤层能吸收金属杂质和点缺陷(间隙杂质)。

2.3.2　硅片规格及用途

微电子芯片生产厂家一般直接购买硅片作为衬底材料，所生产的芯片用途不同、品种不同，选用的硅片规格也就不同。硅片规格有多种分类方法，可以按照直径、单晶生长方法、掺杂情况、用途等划分种类。

1.按硅片直径划分

硅片直径主要有3 in、4 in、6 in、8 in、12 in，目前已发展到18 in等规格(图2.11)。直径越大，在一个硅片上经一次工艺循环可制作的微电子芯片数就越多，每个芯片的成本也就越低。因此，更大直径硅片是硅片制备技术的发展方向。但也存在硅片尺寸越大对微电子工艺设备、材料和技术的要求也就越高的问题。

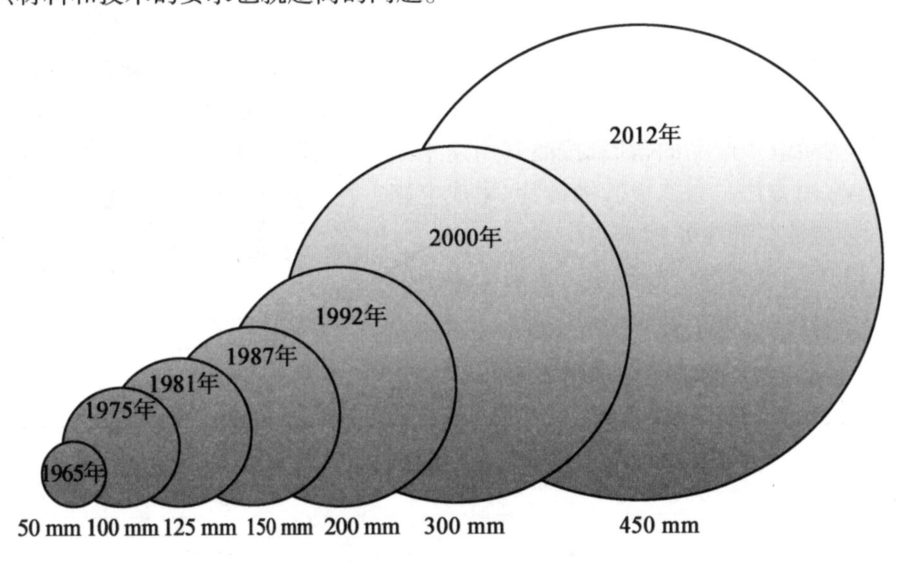

图2.11　单晶硅片直径发展历程

2.按单晶生长方法划分

直拉法制备的单晶硅，称为CZ硅(片)；磁控直拉法制备的单晶硅，称为MCZ硅(片)；悬浮区熔法制备的单晶硅，称为FZ硅(片)；用外延法在单晶硅或其他单晶衬底上生长硅外延层，称为外延(硅片)。

CZ硅主要用于二极管、太阳能电池、集成电路，也作为外延片的衬底(如存储器电路通常使用CZ抛光片)，主要是因为其成本较低。当前CZ硅片直径可控制在3～12 in之间。MCZ硅和CZ硅用途基本相似，但其性能好于CZ硅。

FZ 硅主要用于高压大功率可控整流器件领域，在大功率输变电、电力机车、整流、变频、机电一体化、节能灯、电视机等系列产品的芯片中被普遍采用。当前 FZ 硅片直径可控制在 3 ~ 6 in 之间。

外延硅片主要用于晶体管、集成电路领域，如逻辑电路一般使用价格较高的外延片，因其在集成电路制造中有更好的适用性，并具有消除闩锁效应的能力。当前外延片的直径也在 3 ~ 12 in 之间。

实际生产中是从成本和性能两方面考虑使用硅片的生产方法和规格等，当前仍是直拉法单晶硅材料应用最为广泛。

3. 按掺杂等参量划分

硅片有多个特征参量，晶向、掺杂类型、杂质浓度（或电阻率）等，可以按照其中一个参量来划分硅片，如按照掺杂浓度划分硅片。本征硅理论上的电阻率可以达到 20 kΩ · cm，生产单晶硅片时，即使并未有意掺杂，也会有无意杂质掺入其中。如当前 FZ 硅无意杂质浓度最低可达 10^{11} atoms /cm^3。轻掺杂硅片，标记为 n^- − Si、p^- − Si，杂质浓度在 10^{12} ~ 10^{15} atoms /cm^3 之间，多用于大功率整流器件。中等掺杂硅片，标记为 n − Si、p − Si，杂质浓度在 10^{16} ~ 10^{18} atoms /cm^3 之间，主要用于晶体管器件。重掺杂硅片，标记为 n^+ − Si、p^+ − Si，杂质浓度在 10^{19} ~ 10^{21} atoms /cm^3 之间，是外延用的单晶衬底。

按晶向划分硅片，有（100）型、（110）型和（111）型硅片。

按掺杂类型划分硅片，有 n 型和 p 型硅片。

4. 按用途划分

硅片作为微电子产品的衬底，按照其用途来划分规格也是常用方法。有二极管级硅片、集成电路级硅片、太阳电池级硅片等。

图 2.12 为二极管级单晶硅片。在表 2.2 中给出了二极管级硅片的主要技术参数。

图 2.12　二极管级单晶硅片

表 2.2　二极管级单晶硅片技术参数*

项目	二极管级单晶硅片
生长方式	CZ/MCZ
导电类型	n
掺杂剂	磷
晶向	〈111〉
电阻率/（Ω · cm）	5 ~ 100
电阻率径向不均匀性	≤15%（MCZ）
直径/mm	75 ~ 103
切方规格/mm	N/A
少子寿命/μs	≥100

续表 2.2

项目	二极管级单晶硅片
氧含量/(atoms · cm^3)	$\leqslant 1\times10^{18}$ $\leqslant 6\times10^{17}$(MCZ)
碳含量/(atoms · cm^3)	$\leqslant 5\times10^{16}$ $\leqslant 1\times10^{16}$(MCZ)
位错密度/cm^{-2}	≤100
硅片形态	磨片
硅片厚度/μm	150 ~ 600
厚度公差/μm	±5
总厚度偏差/μm	≤10
弯曲度/μm	≤10
表面质量	无孔洞、无裂纹、无氧化花纹及用户其他要求

注: * 隆基硅产业集团产品规格。

本 章 小 结

本章主要介绍了硅片的制备方法,简单介绍了电子级多晶硅制备过程;重点介绍单晶硅生长方法(CZ 法、MCZ 法、FZ 法)的原理及掺杂方式,并比较了不同制备方法生长的硅锭的特点;最后介绍硅锭切片的工艺过程,以及硅片规格、用途。

第3章 外 延

外延是一种生长晶体薄膜的工艺技术。外延硅片是重要的微电子芯片衬底材料，在绪论中提到的双极型晶体管和双极型集成电路，都是在外延硅片的外延层上制作的。气相外延是最主要的硅外延工艺。分子束外延是一种先进的外延工艺。

3.1 概 述

3.1.1 外延概念

“外延”一词来自于希腊文“Epitaxy”，是指“在……上排列”。在微电子工艺中，外延是指在晶体衬底上，用化学的或物理的方法，规则地重新排列所需的半导体晶体材料。新排列的晶体称为外延层，有外延层的硅片称为外延硅片。外延工艺要求衬底必须是晶体，而新排列得到的外延层是沿着衬底晶向生长的，因此与衬底成键，晶向也一致。

早在20世纪60年代初期，就出现了硅外延工艺，历经半个多世纪的发展，内容及概念已扩展了许多：外延衬底除了硅以外，还有化合物半导体或绝缘体材料；外延层除了硅以外，还有半导体合金、化合物等；外延方法除了气相外延以外，还有液相外延、固相外延及分子束外延等。外延工艺已成为微电子工艺的一个重要组成部分，它的进步推动了微电子芯片产品的发展，一方面提高了分立器件与集成电路的性能，另一方面增加了它们制作工艺的灵活性。

在单晶硅衬底上外延硅，尽管外延层同衬底晶向相同，但是，外延生长时掺入杂质的类型、浓度都可以与衬底不同。在高掺杂衬底上能外延低掺杂外延层，在n型衬底上能外延p型外延层，还可以通过外延直接得到pn结。而且，生长的外延层厚度也可调控，可以通过多次外延得到多层不同掺杂类型、不同杂质含量、不同厚度，甚至不同杂质材料的复杂结构的外延层。

3.1.2 外延工艺种类

外延工艺种类繁多，可以按照工艺方法、外延层或衬底材质、工艺温度、外延层或衬底电阻率、外延层结构、外延层导电类型、外延层厚度等进行分类。

1. 按工艺方法分类

外延工艺主要有气相外延、液相外延、固相外延和分子束外延。其中气相外延最为成熟，易于控制外延层厚度、杂质浓度和晶格的完整性，在硅外延工艺中一直占据着主导地位。而硅分子束外延出现得较晚，技术先进，生长的外延层质量好，但是生产效率低、费用高，只有在生长的外延层薄、层数多或结构复杂时才被采用。

2. 按外延层/衬底材料分类

按照外延层/衬底材料的异同可以将外延工艺划分为同质外延和异质外延。同质外延又称为均匀外延，是外延层与衬底材料相同的外延。绪论中介绍的 npn 型晶体管就是在同质外延硅片上制作的。异质外延也称为非均匀外延，外延层与衬底材料不同，甚至物理结构也与衬底完全不同。在蓝宝石（Al_2O_3）或尖晶石（$MgAl_2O_4$）晶体上生长硅单晶，就是异质外延，这种外延也被称为 SOS 技术，是应用最多的异质外延技术。在异质外延中，若衬底材料与外延层材料的晶格常数相差很大，在外延层/衬底界面上就会出现应力，从而产生位错等缺陷。这些缺陷会从界面向上延伸，甚至延伸到外延层表面，影响到制作在外延层上器件的性能。

对于 B/A（外延层/衬底）型的异质外延，在衬底 A 上能否外延生长 B，外延层 B 晶格能否完好，受衬底 A 与外延层 B 的兼容性影响。衬底与外延层的兼容性主要表现在以下 3 个方面：

（1）衬底 A 与外延层 B 两种材料在外延温度不发生化学反应，不发生大剂量的互溶现象，即 A 和 B 的化学特性兼容。

（2）衬底 A 与外延层 B 的热力学参数匹配，这是指两种材料的热膨胀系数接近，以避免生长的外延层由生长温度冷却至室温时，因热膨胀产生残余应力，在 B/A 界面出现大量位错。当 A、B 两种材料的热力学参数不匹配时，甚至会发生外延层龟裂现象。

（3）衬底与外延层的晶格参数相匹配，这是指两种材料的晶体结构，晶格常数接近，以避免晶格结构及参数的不匹配引起 B/A 界面附近晶格缺陷多和应力大的现象。

一般采用失配率 f 表示衬底与外延层之间的匹配情况，即

$$f=\frac{a-a'}{a'}\times 100\% \tag{3.1}$$

式中，a、a' 分别为外延层、衬底参数，可以是线热膨胀系数或者是晶格常数。

3. 按工艺温度分类

外延若按工艺温度来分类，可以划分为高温外延、低温外延和变温外延。

高温外延是指外延工艺温度在 1 000 ℃以上的外延。低温外延是指外延工艺温度在 1 000 ℃以下的外延。变温外延是指先在低温（1 000 ℃以下）成核，然后再升至高温（1 000 ℃以上，多在 1 200 ℃）进行外延生长的工艺方法。

4. 按外延层/衬底电阻率分类

将外延层电阻率和衬底电阻率对比，可以将外延工艺划分为正外延和反外延。

正外延是指低阻衬底上外延生长高阻层，器件做在高阻的外延层上；反外延是指高阻衬底上外延生长低阻层，而器件做在高阻的衬底上。

5. 按外延层结构分类

按外延层结构来分类，可以划分为普通外延、选择外延和多层外延。

普通外延是指在整个衬底上生长外延层；选择外延是指在衬底的选择区域上生长外延层；多层外延是指外延层不只一层的外延，如 $p/n/n^+-Si$ 外延片。

除上述分类方法外，还可以按照外延层厚度、外延层导电类型、外延工艺反应器的形状等来进行分类。

3.1.3 外延工艺用途

外延工艺诞生之初,所制备的硅外延片用来制作双极型晶体管,衬底为高掺杂硅单晶,在衬底上外延生长几到十几个微米厚的低掺杂的外延层,晶体管就制作在外延层上。这样制作的外延晶体管有高的集电结击穿电压,低的集电极串联电阻,性能优良。使用外延硅片制作晶体管巧妙地解决了提高频率和增大功率对集电区电阻率要求上的矛盾。图 3.1 为 n^+pn^- 型外延晶体管芯片剖视图。

在集成电路制造中,各元件之间必须进行电学隔离,通过外延技术实现电学隔离就是其中的一种重要方法。常用的 pn 结隔离结构剖视如图 3.2 所示。在有 n^+ 埋层的 p 型衬底上外延生长一层 n 型外延层,再重掺杂形成 p^+ 隔离墙,从而构成 n 型的隔离岛。在隔离岛中制作各元件,如果衬底接低电位,基于 pn 结单向导电特性,隔离岛上的元件之间不导通。利用外延技术的 pn 结隔离是早期双极型集成电路常采用的电隔离方法。

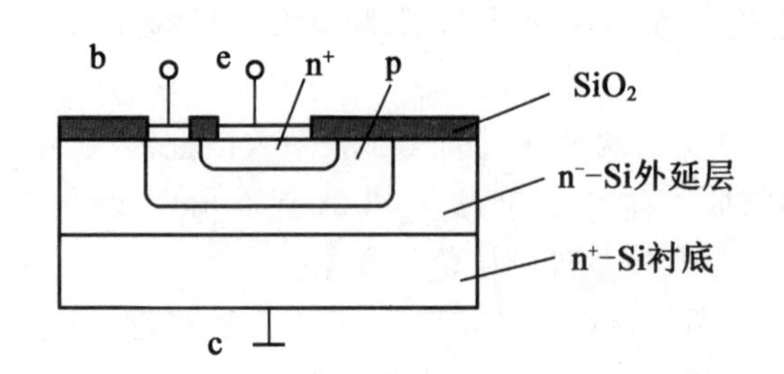

图 3.1　n^+pn^- 型外延晶体管芯片剖视图

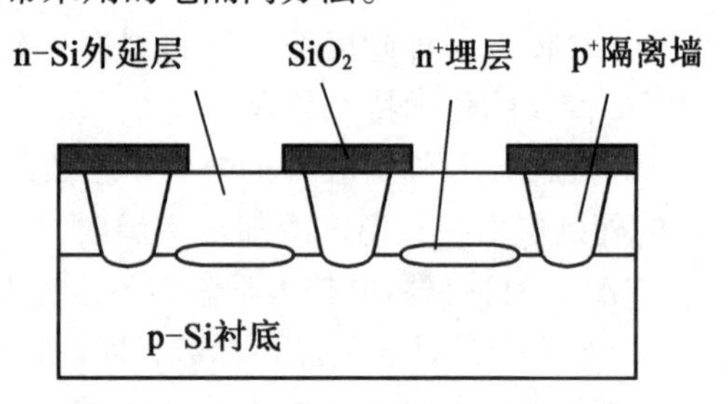

图 3.2　常用的 pn 结隔离结构剖视图

微波器件的芯片制造,需要具有突变杂质分布的复杂多层结构衬底材料。可以采用多层外延工艺来实现这类衬底材料的制备。所以,基于外延工艺能够制备特殊杂质分布外延层这一特点,增大了电子产品工艺设计的灵活性。

近年来,随着外延工艺的发展,硅外延片质量不断提高,特别是薄外延片,比一般抛光片更具有表面性能方面的优势。在硅的抛光片表面或靠近表面处有硅氧化物(SiO_x)的沉积,以及因抛光加工过程在硅片表面造成的微缺陷和表面粗糙等缺陷。而外延片是在抛光片上生长外延层,新生成的外延层表面没有抛光微缺陷,表面晶格也趋于完整,不含硅的氧化沉积物。因此,为了提高单极型集成电路的性能,JFET、VMOS 电路、动态随机存储器和 CMOS 集成电路(JFET、VMOS、CMOS 都是不同类型的集成电路)等产品也都采用外延片来制备。

在 CMOS 电路中,完整的器件是做在一层很薄的(2 ~ 4 μm)轻掺杂 p 型(在某些情况下是本征的)外延层上。图 3.3 给出了制作在外延层上的双阱 CMOS 电路剖视图。将 CMOS 电路制作在外延层上比制作在体硅抛光片上有以下优点:(1)避免了闩锁效应;(2)避免了硅层中硅氧化物的沉积;(3)硅表面更光滑,损伤最小。CMOS 电路中的寄生闩锁效应会使电源和地之间增加一个低电阻通路,造成很大的漏电流。漏电流能够引起电路停止工作。虽然很多工艺和设计技术都能够减小闩锁效应,但是采用硅外延片的效果更好,已成为超大规模集成电路中 CMOS 微处理器电路的标准工艺。

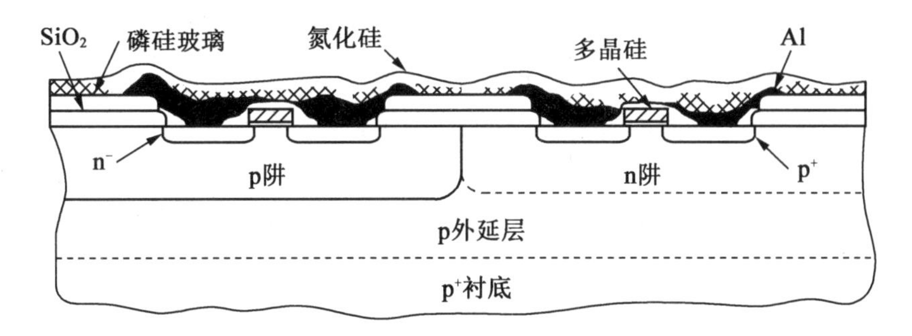

图3.3　制作在外延层上的双阱CMOS电路剖视图

异质外延在集成电路中也有应用。目前,硅的异质外延主要是SOI(绝缘体上硅)技术,其中SOS集成电路是应用最普遍的SOI技术。

采用异质外延的SOS/CMOS电路,外延衬底为绝缘的蓝宝石,能够有效防止元件之间的漏电流,抗辐照闩锁;而且结构尺寸比体硅CMOS电路小,因SOS结构不用隔离环,元件制作在硅外延层小岛上,岛与岛之间的隔离距离只要满足光刻工艺精度,就能达到电隔离要求,所以元件之间的间距很小,CMOS电路的集成度也就提高了。

3.2　气相外延

气相外延(Vapor Phase Epitaxy, VPE)是指含外延层材料的物质以气相形式流向衬底,在衬底上发生化学反应,生长出和衬底晶向相同的外延层的外延工艺。

3.2.1　硅的气相外延工艺

硅的外延通常采用气相外延工艺,在低阻硅衬底上外延生长高阻硅,得到n^-/n^+-Si、p^-/p^+-Si、n^-/p^+-Si等外延片。

氢气还原四氯化硅($SiCl_4$)是典型的硅外延工艺,总化学反应方程式为

$$SiCl_4+2H_2 \rightarrow Si+4HCl\uparrow$$

典型的气相外延设备示意图如图3.4所示。反应器内为常压,作为外延衬底的硅片放置在基座上,衬底加热是采用射频加热器,RF线圈只对基座(感应器)加热。四氯化硅在常温是气态,将其装在源瓶中,用氢气携带进入反应器。

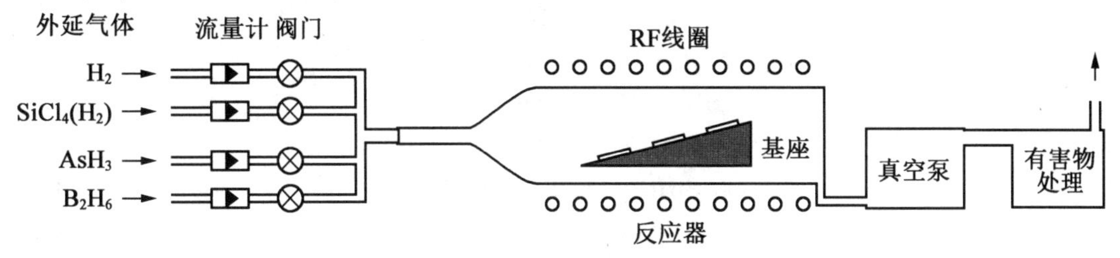

图3.4　典型的气相外延设备示意图

硅外延工艺操作分两个步骤进行。首先是准备阶段,准备硅基片和进行基座去硅处理;

然后再进行硅的外延生长。

硅基片准备是选择适合的硅片作为外延衬底,然后进行彻底的化学清洗,再用氢氟酸腐蚀液腐蚀去除硅表面自然生长的氧化层,用高纯去离子水漂洗干净,最后甩干(或用高纯氮气吹干)备用。

基座去硅的主要目是去除前次外延过程中附着在基座上的硅,以及在反应器内壁上附着的硅和其他杂质。

典型工艺流程为:N_2 预冲洗→H_2 预冲洗→升温至 850 ℃→升温至 1 170 ℃→HCl 排空→HCl 腐蚀→H_2 冲洗→降温→N_2 冲洗。

氮气冲洗的目的是清除反应器中原有的气体和净化反应器内气氛;再用氢气冲洗,进一步净化反应器内气氛;加热器通电,逐步升温,使基座和反应器壁上吸附的气体解吸;通氯化氢气体排空反应器内解吸的气体;再用氯化氢气体腐蚀基座,去除基座及反应器壁面吸附的硅等杂质。氯化氢是腐蚀性很强的气体,能与硅等反应生成气态物质。通氢气冲洗可去除氯化氢等腐蚀性气体和生成物气体。降温至室温,最后通氮气冲洗、排空反应器中的气体。

经以上工艺步骤对基座及反应器进行了去硅处理之后,再装入硅基片,进行硅的外延生长。

外延生长就是在已准备好的衬底硅片上再进行一系列必要操作之后生长出有一定掺杂浓度的外延层。

典型工艺流程为:N_2 预冲洗→H_2 预冲洗→升温至 850 ℃→升温至 1 170 ℃→HCl 排空→HCl 抛光→H_2 冲洗附面层→外延生长→H_2 冲洗→降温→N_2 冲洗

在外延生长工艺流程中,前后几个工序步骤和基座去硅处理作用相同。而直接和外延生长有关的工序步骤包括:HCl 抛光工序,其作用是将硅基片表面残存的硅氧化物及晶格不完整的硅腐蚀去掉,露出新鲜和有完整晶格的硅表面,有利于硅外延成核,而且使衬底硅和外延层硅之间键合良好,避免衬底硅表面缺陷向外延层中延伸。然后,用 H_2 冲洗衬底附面层以去除抛光工序中氯化氢气体及其生成物气体。外延生长工序是外延工艺的核心步骤,通入反应器的外延气体包含携源气体(载气)、硅源、掺杂气体、稀释气体。

硅源一般只占外延气体的百分之几。以四氯化硅和氢气作为硅源反应剂时,还用氢气(或氮气)作为四氯化硅的载气和稀释气体,其目的是降低外延速率,使外延过程易于控制,生长的外延层晶格更加完整。

在外延过程中反应器内实际上存在多种过渡气体。试验发现四氯化硅和氢气大约在 900 ℃时开始反应,该温度附近只发生热分解反应,还没有硅析出。外延生长温度在 1 000 ℃以上,主要反应可以由下列反应方程式来表示:

$$SiCl_4 + H_2 \rightleftharpoons SiHCl_3 + HCl \tag{3.2}$$

$$SiCl_4 + H_2 \rightleftharpoons SiCl_2 + 2HCl \tag{3.3}$$

$$SiHCl_3 + H_2 \rightleftharpoons SiH_2Cl_2 + HCl \tag{3.4}$$

$$SiHCl_3 \rightleftharpoons SiCl_2 + HCl \tag{3.5}$$

$$SiH_2Cl_2 \rightleftharpoons SiCl_2 + H_2 \tag{3.6}$$

$$SiCl_2 + H_2 \rightleftharpoons Si + 2HCl \tag{3.7}$$

掺杂剂一般选用含掺杂元素的烷类气态化合物,例如,磷烷(PH_3)、乙硼烷(B_2H_6)、砷烷(AsH_3)等。掺杂剂也是稀释后按所需剂量通入反应器。一般用氢气(或氮气)稀释至 10 ~

50倍再通入反应器。因为杂质掺入剂量很小，例如，掺杂浓度为 5×10^{15} atoms/cm^3，而硅晶体的原子浓度为 5×10^{22} atoms/cm^3，相当于每 10^7 个硅原子中掺入1个杂质原子，掺杂剂气体要精确控制在很小的流量，这很难实现，所以必须通过稀释才能保证通入杂质气体剂量的精确度。

例如，外延层杂质为P，掺杂剂采用 PH_3，分解反应方程式为

$$2PH_3 \longrightarrow 2P + 3H_2\uparrow \tag{3.8}$$

3.2.2 外延原理

在外延生长过程中，外延气体进入反应器，气体中的反应剂气相输运到达衬底，在高温衬底上发生化学反应，生成的外延物质沿着衬底晶向规则地排列，生长出外延层。因此，气相外延是由外延气体的气相质量传递和表面外延两个过程完成的。

本节以硅烷(SiH_4)为硅源，氢气为载气的硅外延系统为例，从气相质量传递和表面外延两个过程介绍气相外延原理。

硅烷的热分解反应方程式为

$$SiH_4 \longrightarrow Si + 2H_2\uparrow \tag{3.9}$$

1. 气相质量传递过程

外延气体被送入反应器，其中硅烷气相输运到达衬底表面，这一过程是硅源的气相质量传递过程。基于流体动力学原理来分析硅烷的气相质量传递过程。

外延反应室的气体压力通常是常压或低压，一般在常压至133.3 Pa范围内，在此范围气体分子的平均自由程远小于反应室的几何尺寸，因此气体是黏滞性的。分子自由程是指一个分子与其他分子相继两次碰撞之间经过的直线路程。对于个别分子而言，自由程时长时短，但大量气体分子的自由程具有确定的统计规律，分子平均自由程 $\bar{\lambda}$ 为

$$\bar{\lambda} = \frac{kT}{\sqrt{2}\pi d^2 p} \tag{3.10}$$

式中，k 为玻耳兹曼常数；T 为热力学温度；d 为反应室流体力学直径，反应器的 d 值为几十厘米；p 为气体压力。例如，即使在低压反应室，当气压为133.3 Pa时，气体分子的平均自由程约为0.045 mm，这比最小的反应室的尺寸还要小得多。

外延气体在反应室内的流动是通过控制进/出口气体的压差实现的。为了确保外延生长环境的稳定，应使气体处于层流状态。在流体力学中，雷诺(Reynolds)数 Re 是气体流动状态的判据，是一个无量纲数，即

$$Re = \frac{dv\rho}{\mu} \tag{3.11}$$

式中，v 为外延气体流速；ρ 为气体密度；μ 为外延气体黏度。

试验表明，Re 为2 000~3 000时，气流由层流转为湍流。

外延气体主要成分是氢气，在 $T=700$ ℃时，有 $\rho=2.5\times10^{-5}$ g/cm^3，$\mu=200\times10^{-6}$ g/(cm·s)，v 通常控制在几十厘米每秒，外延室内气体的 Re 只有100左右，远小于临界雷诺数，因此，外延气体处于层流状态。

压力驱动层流状态黏滞性气体的流动应为泊松流(Poisseulle Flow)。泊松流沿着垂直气流方向，气体的流速为抛物线型变化。基座表面及反应室壁面的气体，由于受到摩擦力作

用流速为零。所以,外延气体在反应器中流动是从进气端匀速流入,在垂直气流方向以完全展开的抛物线型流速流出。气体中的外延剂 SiH_4,在基座上硅表面分解消耗掉,生长出硅外延层,故基座表面浓度最低;而沿着气流方向 SiH_4 的浓度也逐渐降低,即进气端最高、出气端最低。基座上方气体的温度分布正相反,基座表面温度最高,离开基座表面垂直于气流方向迅速降低;而沿着气流方向温度将略有升高。这时,在基座表面形成边界层,边界层是指基座表面垂直于气流方向上,气流速度、反应剂浓度、温度受到扰动的薄气体层。图 3.5 为基座表面气流边界层形成示意图。气体边界层厚度 δ 为

$$\delta \propto \left(\frac{\mu x}{\rho v}\right)^{\frac{1}{2}} = \sqrt{\frac{\mathrm{d}x}{Re}} \tag{3.12}$$

式中,δ 为从气流速度出发的气流边界层厚度;μ 为气体黏度;ρ 为气体密度;v 为主流气体的平均速度。

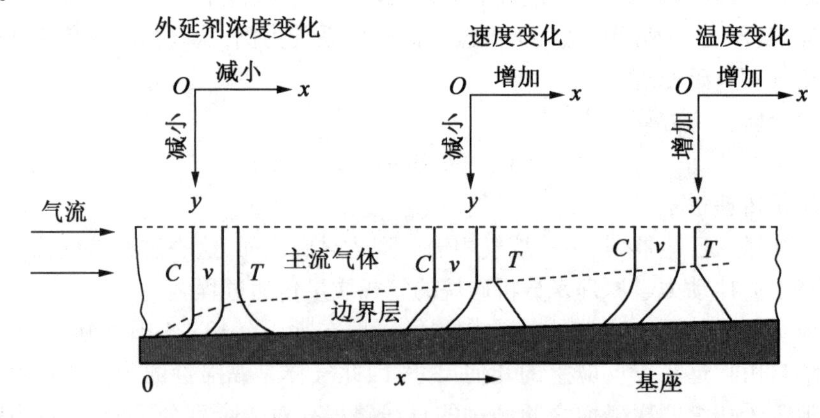

图 3.5　基座表面气流边界层形成示意图

边界层厚度 δ 与 Re 或 $(1/v)^{\frac{1}{2}}$ 成正比。随着主流气体流速的增加,边界层厚度变薄。

在边界层中存在着 SiH_4 的浓度梯度,所以外延剂的气相质量传递是以扩散方式进行的,SiH_4 从主气流区扩散穿越边界层到达硅衬底表面。

假设主流气体区域的 SiH_4 分布均匀,由扩散方程可以得到衬底表面 SiH_4 的扩散流密度,即单位时间内到达衬底单位表面积的 SiH_4 的分子数目 J_g(molecules · cm^{-2} · s^{-1}),有

$$J_g = -D_g \frac{\mathrm{d}c}{\mathrm{d}y} \tag{3.13}$$

$$-\frac{\mathrm{d}c}{\mathrm{d}y} = \frac{-\Delta c}{\delta} = \frac{c_g - c_0}{\delta} \tag{3.14}$$

式中,D_g 为 SiH_4 气相扩散系数;c_g、c_0 分别为外延气体主气流区和衬底表面 SiH_4 的浓度。

沿着气流方向,随着外延剂的消耗,主气流区 SiH_4 浓度 c_g 下降,到达衬底表面的流密度 J_g 减小,这将直接影响生长的外延层厚度的均匀性。为了使到达衬底表面的外延剂流密度不变,可以沿气流方向逐渐减小气流通道的截面积,故将基座表面做成斜坡状,和气流方向呈一定角度,如图 3.5 所示,α 角一般为 3° ~ 10°。气流通道截面积的减小使得气流速度 v 增大,边界层厚度 δ 减薄,这样就能维持 $(c_g - c_0)/\delta$ 不变。

另外,外延反应气态生成物 H_2 也是通过气相扩散穿越边界层进入主气流区后被排出反应器的。

2. 表面外延过程

图3.6为SiH_4表面外延过程示意图，SiH_4表面外延过程实质上包含了吸附、分解、迁移、解析这几个环节。气相质量传递到达衬底表面的SiH_4分子被衬底吸附，如图3.6中的1；由于衬底温度高，使得衬底吸附的SiH_4分解成为1个Si原子和4个H原子，如图3.6中的2；分解出的Si原子从衬底获得能量，在衬底表面迁移，如图3.6中的3；Si迁移到达能量较低的角落，如图3.6中的4；最终，Si原子迁移到达衬底的低能量突出部位——结点位置(kink position)暂时固定下来，如图3.6中的5。在结点位置Si原子与衬底有3个面接触，可以形成2个Si—Si共价键，比在与衬底有1~2个面接触仅可能形成1个Si—Si共价键的位置3和位置4的能量低，所以逗留时间也就相对较长，当被继续吸附→分解→迁移来的其他Si原子覆盖住时，就成为外延层中的1个Si原子了。而2个H原子在衬底迁移时相遇，结合成为H_2气体分子，从衬底表面解吸离开，如图3.6中的6。当然，也有SiH_4分子被台面吸附，如图3.6中的7，若台面很清洁，分子不稳定，很容易被主流气体吹走。

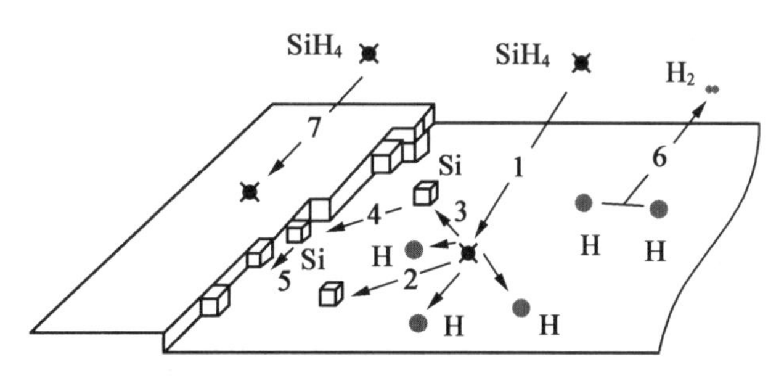

图3.6 SiH_4表面外延过程示意图

表面外延过程表明外延生长是横向进行的，是在衬底台阶的结点位置发生的。因此，在将硅锭切片制备外延衬底时，一般硅片表面都应偏离主晶面一个小角度。目的就是得到原子层台阶和结点位置，以利于表面外延生长。例如，〈111〉晶向外延用硅片，在由晶锭切割制备硅片时，硅表面实际偏离(111)晶面约3°。

外延过程中，衬底基座的高温可以保证被衬底吸附的外延剂的化学反应(如SiH_4的分解反应)在衬底表面进行，且生成的硅原子可以从高温衬底获取能量快速迁移扩散，并规则地排列成与衬底晶向一致的外延层，而生成物气体分子也易于从高温衬底上解吸离开。

常压外延采用的反应器都是只对基座加温的冷壁式反应器，这也是为了使外延剂分子不会在输运过程中就因反应室温度过高而发生化学反应，从而避免气相反应生成的硅原子快速地淀积在衬底上，无规则地生长成非晶或多晶硅膜。

3.2.3 影响外延生长速率的因素

外延工艺受气相质量传递过程和表面外延过程所控制，所以外延生长速率也就主要由这两个过程中较慢的一方决定。

1. 温度对生长速率的影响

气相质量传递过程的快慢主要是由外延剂气相扩散穿越边界层的速度决定。冷壁式外延反应器中的温度分布如图3.5所示。主流气体温度远低于外延温度，但也远高于室温，边界层与基座接触一侧的温度最高，是外延温度，温度梯度主要集中在边界层内。

在式(3.13)中，气相扩散系数D_g是表征气相物质在边界层中扩散快慢的参数，是温度的函数，有$D_g \propto T^{1\sim1.8}$，T为边界层的平均温度，温度升高扩散系数增加。边界层的厚度δ也是温度的函数，温度升高，气体分子的热运动加剧，气体黏度略有增大；气体密度随温度升高而降低却更显著。例如，温度由700 ℃升至高1 200 ℃时，氢气黏度由200×10^{-6} g/(cm·s)

增大到 250×10^{-6} g/(cm · s)；密度由 2.5×10^{-5} g/cm^3 减小到 1.65×10^{-6} g/cm^3。由式(3.12)可知，边界层的厚度 δ 随温度的升高而增厚，外延剂穿越边界层距离变长。综合考虑温度对气相质量传递过程的影响，气相质量传递速率是温度的缓变函数，温度升高，质量传递速率有所加快。实际上，气相质量传递在较低温度就能实现。

表面外延过程是由衬底对外延剂的吸附、外延剂化学反应、生成硅原子的迁移以及气态生成物的解吸这几个环节构成。所以，影响表面外延过程快慢的因素应是这几个环节中最慢的环节。

外延剂的化学反应是表面外延过程中的主要环节，而温度是影响化学反应快慢的最主要因素，用反应流密度 J_s 表示化学反应速率，即

$$J_s = k_s c_0 \tag{3.15}$$

$$k_s \propto e^{-E_a/kT} \tag{3.16}$$

式中，k_s 为化学反应常数；E_a 为激活能。

化学反应是一个激活过程，式(3.16)是用阿雷尼乌斯函数得到的化学反应常数与温度的关系式。所以温度升高，化学反应速率呈指数增快。

而吸附、迁移和解析这几个环节也与衬底温度有关。外延剂的吸附和气态生成物的解吸过程一般都很快。表面迁移运动需要在高温进行。在温度较低时，难以实现外延原子的规则排列，外延层晶格完整性差，甚至可能生成多晶或非晶层。所以，表面外延过程必须在高温下进行。因此，由化学反应环节来看，表面外延速率是温度的快变化函数，且温度除了对外延生长速率影响很大之外，还直接影响生长的外延层的质量。

总之，温度对外延生长影响大，温度较低时，相对于气相质量传递而言，表面外延反应速率较慢，所以外延生长速率主要受表面外延反应过程控制；温度较高时，相对于表面外延反应而言，质量传递速率较慢，所以外延生长速率主要受质量传递过程控制。

图 3.7 为实测得到的不同硅源外延生长速率与温度的关系曲线。在低温区域(A 区)，温度对外延生长速率影响大，温度的微小变化都会改变生长速率，A 区也被称为表面外延控制区，实际外延工艺一般不将温度控制在此区域。在高温区域(B 区)，外延生长速率随温度变化小，在此区域温度的微小变化不会对生长速率产生大的影响，B 区也被称为质量传递控制区，实际外延工艺一般都是将温度控制在该区域。在 A 区与 B 区之间是生长速率的转折区域。

2. 硅源对生长速率的影响

外延气体有含氯的 Si－Cl－H 体系和无氯的 Si－H 体系两类。Si－Cl－H 体系采用的早，目前还在使用，有 $SiCl_4$、SiH_2Cl_2、$SiHCl_3$；Si－H 体系有 SiH_4 和新出现的二硅烷(Si_2H_6)。

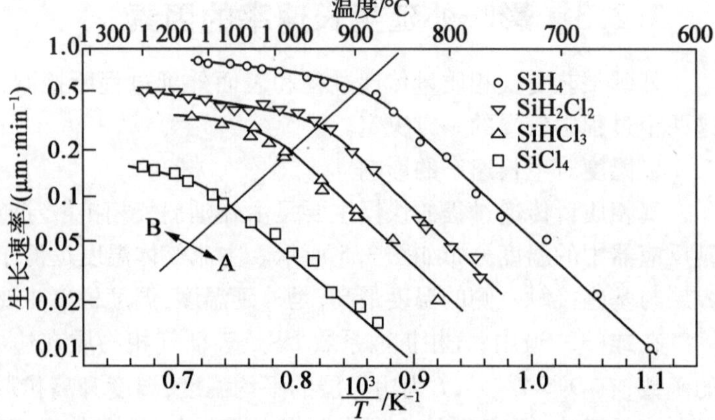

图 3.7 不同硅源外延生长速率与温度的关系曲线

图 3.7 为不同硅源外延生长速率与温度的关系曲线。由图 3.7 可知，硅源不同，外

延温度不同。由外延生长速率曲线可以得出按外延温度由高到低排序的硅源为：$SiCl_4 > SiHCl_3 > SiH_2Cl_2 > SiH_4$；而外延生长速率正相反。

在 Si－Cl－H 体系中，所有硅源都是用 H_2 作为还原剂，化学反应激活能越高，外延温度也就越高。$SiCl_4$ 的外延温度最高，在 1 170 ℃左右。$SiCl_4$ 也是采用最早、应用最广、研究也最为充分的硅源。因外延温度太高，目前，只有在生长较厚的外延层时才采用 $SiCl_4$。$SiHCl_3$ 和 SiH_2Cl_2 外延温度较低，从 3.2.1 节 $SiCl_4$ 化学反应方程式可知，$SiHCl_3$ 为硅源时，化学反应从式(3.5)开始；SiH_2Cl_2 为硅源时，化学反应从式(3.6)开始，最终都是由式(3.7)的 $SiCl_2$ 反应生成硅。所以外延温度比 $SiCl_4$ 低，特别是 SiH_2Cl_2 更适合在较低温下生长薄外延层，它已成为 Si－H－Cl 体系当前应用最多的硅源。

Si－Cl－H 体系化学反应可以概括为

$$
\begin{array}{ccc}
 & SiHCl_3 & \\
\nearrow\swarrow & \uparrow\downarrow & \\
SiCl_4 + 2H_2 \rightleftharpoons & SiCl_2 & \rightleftharpoons Si + 4HCl \\
\searrow\nwarrow & \uparrow\downarrow & \\
 & SiH_2Cl_2 &
\end{array}
\tag{3.17}
$$

在 Si－H 体系中，硅源无须还原剂，通过自身分解就生成了 Si 和 H_2，外延气体中的 H_2 只是用来作为稀释气体。SiH_4 可以在低于 900 ℃的温度下生长很薄的外延层，而且有较高的生长速率，也是当前采用较多的外延硅源。另外，新硅源 Si_2H_6 是一种在低温外延中使用得硅源，目前应用得还不多。

3. 反应剂浓度对生长速率的影响

外延气体中硅源浓度越高，质量传递到达衬底表面的外延剂也就越多，表面外延过程也就越快，外延生长速率理所当然地就提高了。但实际上并不是反应剂浓度越高外延生长速率就一定高。

图 3.8 为硅源是 $SiCl_4$ 时，实测得到 $SiCl_4$ 在 H_2 中的摩尔分数与外延生长速率的关系曲线。在 $SiCl_4$ 的摩尔分数很低时，其摩尔分数增大到 A 点，质量传递到达衬底表面的 $SiCl_4$ 增多，表面外延过程加快，外延生长速率也就提高了；而后再继续增大 $SiCl_4$ 的摩尔分数，尽管生长速率继续提高，但表面外延过程中化学反应释放硅原子速度大于硅原子在衬底表面的排列速度，这样生长的是多晶硅，此时硅原子在衬底表面的排列速度控制着外延生长速率；进一步增大摩尔分数到 B 点，再增大 $SiCl_4$ 的摩尔分数，生长速率反而开始减小，这是由于 $SiCl_4$ 的 H_2 还原反应是可逆的，当 H_2 中 $SiCl_4$ 摩尔分数增大至大于0.28% 时，只存在 Si 的腐蚀反应了。因此，采用 $SiCl_4$ 为硅源时，通常控制其在对衬底无腐蚀的低摩尔分数区，外延生长速率大约为 1 μm/min。

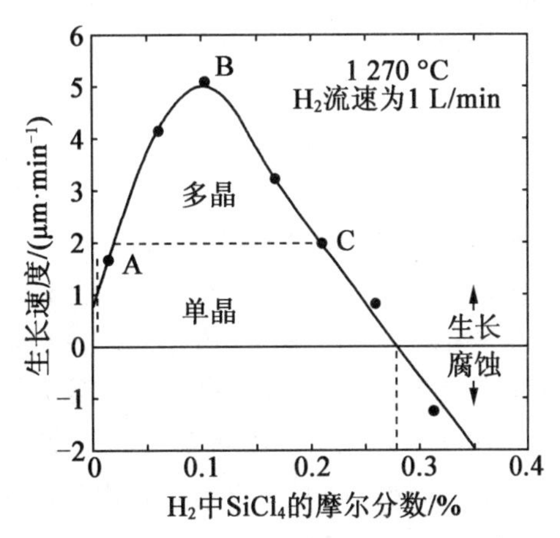

图 3.8　$SiCl_4$ 在 H_2 中的摩尔分数与外延生长速率的关系曲线

以 SiH_4 为硅源时，SiH_4 在载气氢中的摩尔分数也存在临界值，SiH_4 的摩尔分数超过与温度相关的临界值时，SiH_4 在气相中就将发生分解反应，生成细小硅粒，并淀积到衬底上，而不是在衬底上发生分解反应，所以得不到单晶硅外延层。

4. 对生长速率有影响的其他因素

气相质量传递过程的快慢还和外延反应器结构类型、气体流速（流量）等因素有关；而表面外延过程还和硅衬底晶向有关，硅衬底晶向对外延生长速率也有一定的影响。因此，影响外延生长速率的因素除了外延温度、硅源种类和反应剂浓度之外，主要还有外延反应器结构类型、气体流速、衬底晶向等。

衬底晶向对外延生长速率的影响是因为不同晶面硅的共价键密度不同，成键能力就存在差别。例如，(111)晶面是双层密排面，两层双层密排面之间共价键密度低，成键能力差，外延层生长速率就慢，面(110)晶面之间的共价键密度大，成键能力强，外延层生长速率就相对较快。

3.2.4　外延掺杂

气相外延工艺中的掺杂是直接将含有所需杂质元素的气体掺杂剂，按照所需剂量，和硅源外延剂气体一起通入反应器内，掺杂剂气体也和外延剂气体一样扩散穿越边界层到达衬底，并在衬底上发生分解，替代硅原子排列在衬底上。

因掺杂剂和外延剂的热力学性质不同，掺杂使外延生长过程变得更为复杂。杂质掺入效率不但依赖于外延温度、生长速率、气流中掺杂剂的摩尔分数、反应室的几何形状等因素，还依赖于掺杂剂自身的特性。常用的掺杂剂多为含杂质元素的烷类（如 PH_3、B_2H_6、AsH_3 等）。图 3.9 为几种掺杂剂的掺入效率与生长温度的关系曲线。由图 3.9 可知，硅的生长速率一定时，硼的掺入剂量随生长温度上升而增大，而磷和砷的掺入剂量却随温度的上升而下降。

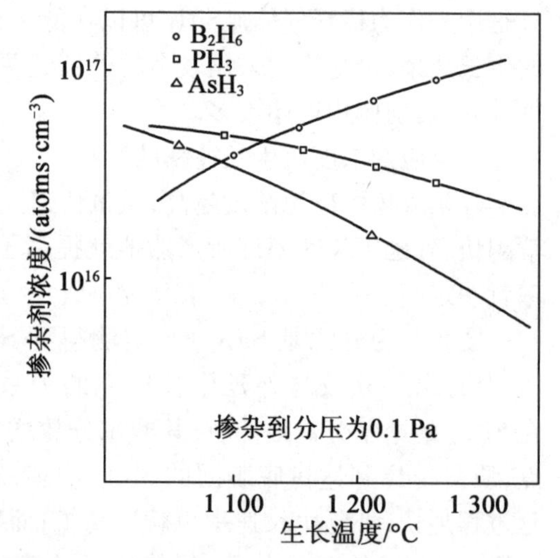

图 3.9　几种掺杂剂的掺入效率与生长温度的关系曲线

另外，还有迹象表明，影响掺杂效率的因素还有衬底的取向和外延层结晶质量。掺杂剂和硅之间的表面竞争反应，对外延层生长速率也会产生一定的影响。例如，PH_3 的存在会降低外延层的生长速度，而 B_2H_6 的存在会提高外延层的生长速度。外延层中吸收杂质的量取决于外延生长速率。通常生长速率低时杂质吸收得多，而生长速度高时吸收的杂质相对较少。以从 AsH_3 中吸收 As 为例，如果外延生长速度由 0.2 μm/min 增大到 1.0 μm/min 时，As 的吸收率将减小为原来的 1/4。总之，在外延过程中直接进行掺杂，掺杂效率会受到多重因素的影响。

硅的气相外延是在单晶衬底上生长硅单晶，外延衬底通常并不是本征硅，而是掺杂硅。而气相外延又是高温工艺，在外延层生长过程中，衬底和外延层之间存在杂质交换现象，即出现杂质的再分布现象，外延层和衬底的杂质浓度及分布都与预期的理想情况有所不同。杂质再分布是由自掺杂效应和互扩散效应两种现象引起的。

1. 自掺杂效应

自掺杂(Autodoping)效应是指高温外延时,高掺杂衬底的杂质反扩散进入气相边界层,又从边界层扩散掺入外延层的现象。这不仅会改变外延层和衬底杂质浓度及分布,对于p/n或n/p硅外延,还会改变pn结位置。自掺杂效应是气相外延的本征效应,不可能完全避免。

通过气相外延工艺实际得到的外延层/衬底中杂质再分布现象示意图如图3.10所示。其中,图3.10(a)是自掺杂效应引起的杂质再分布示意图,实线是理想杂质分布曲线,虚线是杂质再分布后的实际分布曲线。实际杂质分布曲线除了可通过实测获得之外,还可通过下面方法得到计算值。

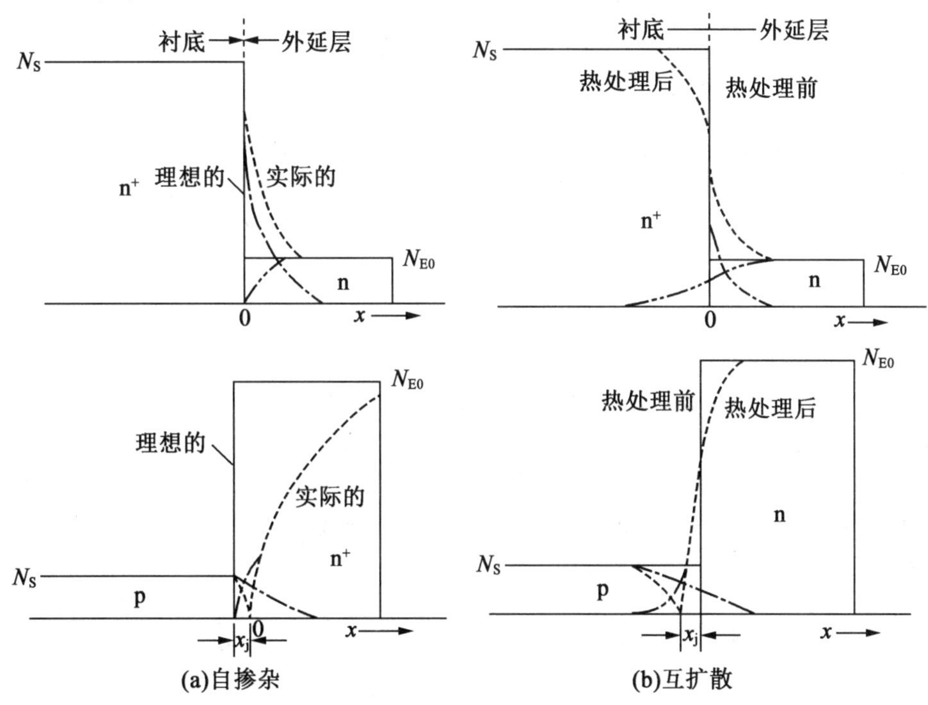

图3.10 杂质再分布现象示意图

假设1:外延层生长时外延剂中无杂质,外延层中杂质都来源于自掺杂效应,如图3.10(a)中自掺杂中的点画线,即

$$N_E(x) = N_S e^{-\Phi x} \tag{3.18}$$

式中,$N_E(x)$为外延层中x处的杂质浓度;x为从界面算起的垂直距离;N_S为衬底杂质浓度;Φ为生长指数,可由试验确定(cm^{-1})。

生长指数Φ与掺杂剂、化学反应、反应器以及生长过程等因素有关。例如,As比B、P更容易蒸发,其Φ就越大;$SiCl_4$反应过程中的Φ要比SiH_4的小;边界层δ越厚,Φ就越大。

由式(3.18)可知,随着外延层的不断长厚,杂质浓度也就不断下降,直至最终实现无掺杂层。但是,实际情况并非如此,当外延层中的杂质降到某个最低值后,就不再随厚度的增加而减小,典型最低值为$10^{14} \sim 10^{15}$ atoms/cm^3。出现这种情况是因为杂质从衬底各面,以及基座、反应室的壁面不断蒸发,尤其是从衬底背面连续蒸发所造成的。

假设 2：衬底杂质无逸出（或认为衬底未掺杂），外延生长开始时，外延剂中杂质被反应室等壁面吸附而有所消耗，当吸附饱和后消耗停止，外延生长中杂质剂量恒定，即图3.10(a)自掺杂效应中的双点画线，即

$$N_E(x) = N_{E0}(1 - e^{-\Phi x}) \tag{3.19}$$

式中，N_{E0}为稳态时外延层中的杂质浓度，即对应于无限厚处的杂质浓度。

如果外延层/衬底的杂质类型相同，即图 3.10(a) 自掺杂的上图，点画线和双点画线相加得到实际杂质分布曲线；如果外延层/衬底的杂质类型相反，点画线和双点画线相减（杂质的补偿效应）得到实际杂质分布曲线，值为零的位置就是 pn 结的位置，如图 3.10(a) 自掺杂效应的下图所示。界面杂质叠加的数学表达式为

$$N_E(x) = N_S e^{-\Phi x} \pm N_{E0}(1 - e^{-\Phi x}) \tag{3.20}$$

2. 互扩散效应

互扩散（Outdiffusion）效应也称为外扩散效应，是指高温外延时，衬底与外延层的杂质互相向浓度低的一方扩散的现象。同样，互扩散效应不仅会改变衬底和外延层的杂质浓度及分布，当外延层/衬底的杂质类型不同时（如 p/n 或 n/p 外延），还会改变 pn 结位置。

互扩散效应是因外延温度过高带来的杂质再扩散现象，和自掺杂效应不同，它不是本征效应，而是杂质的固相扩散带来的。如果外延温度降低，衬底和外延层中杂质的相互扩散现象就会减轻，甚至完全消失。

通常杂质在硅中的扩散速率远小于外延层的生长速率，可以认为衬底中杂质向外延层的扩散，或者外延层中杂质向衬底的扩散，都如同在半无限大的固体中的扩散。先假设外延生长时外延气体中并无杂质，外延层中杂质都来源于衬底扩散；同理再假设衬底未掺杂，衬底杂质都来源于外延层中杂质的扩散。图 3.10(b) 是互扩散效应引起的杂质再分布示意图，各曲线分别表征的内容和图 3.10(a) 自掺杂效应的示意图类似。依据扩散方程，可以通过计算得到互扩散后杂质分布曲线，即

$$N_E(x) = \frac{N_S}{2}\left(1 - \operatorname{erf}\frac{x}{2\sqrt{D_S t}}\right) \pm \frac{N_{E0}}{2}\left(1 + \operatorname{erf}\frac{x}{2\sqrt{D_E t}}\right) \tag{3.21}$$

式中，第一项是表征衬底杂质向纯净外延层中扩散得到的外延层杂质分布，即图 3.10(b) 互扩散中的点画线；第二项是外延层中杂质向纯净衬底中扩散得到的衬底中杂质分布，即图 3.10(b) 互扩散效应中的双点画线。衬底/外延层杂质类型相同时两项之间为“＋”，相反时两项之间则为“－”。

实际气相外延工艺中两种杂质再分布现象是同时存在的，所以实际杂质分布是两种杂质再分布效应的综合效果。图 3.11 给出了气相外延杂质再分布曲线综合效果示意图。由图 3.11 可知，气相外延工艺在外延层/衬底的界面附近杂质浓度分布和理想情况差距较大，难以获得界面杂质浓度陡变的外延层，因此适合用于制备较厚的外延层。

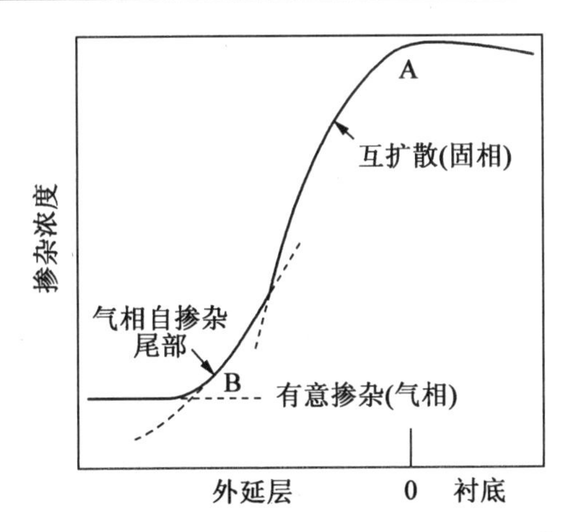

图3.11　气相外延杂质再分布曲线综合效果示意图

杂质再分布现象使得气相外延工艺难以获得理想陡变杂质分布的外延层,限制了该工艺在薄外延层生长方面的应用。因此,减小进而消除杂质再分布现象一直是气相外延工艺的一个重要研究内容。目前,可以采取以下措施来减小杂质再分布效应的影响:

(1)在保证外延质量和速度的前提下,尽量降低气相外延生长温度。但是,对于杂质砷来说效果不显著,因为砷的自掺杂程度随着外延温度的降低而增强。

(2)对于n型衬底,如果在外延之前需要进行埋层掺杂,应采用蒸气压低且扩散速率也低的杂质作为埋层杂质,例如,通常使用锑作为埋层掺杂,而不使用蒸气压高的砷和扩散速率较高的磷。

(3)对于重掺杂的衬底,可以使用轻掺杂的硅薄层来密封重掺杂衬底的底面和侧面,进而减少杂质的外逸,使自掺杂程度降低。

(4)进行低压外延,这对抑制自掺杂效应有利。这种方法对砷和磷的抑制效果显著,而对硼的作用不明显。

3.2.5　外延设备

图3.4中的气相外延设备是典型的卧式(水平式)气相外延设备。外延设备种类繁多,除了卧式还有立式、筒式,常压、低压,热壁、冷壁等多种类型之分。图3.12为立式和筒式外延装置。

气相外延设备一般由5部分组成:

(1)反应器是进行外延生长的容器装置,目前有多种类型,包括水平式、立式和桶式等。反应器采用耐高温、清洁无污染的材料(如石英)。反应器中有放置衬底的基座,冷壁式反应器的基座多为石墨材质的易感器,上面覆有石英。图3.12为立式和筒式外延装置示意图。图3.12所示的立式和筒式反应器中,考虑到外延气体在衬底表面的均匀分布,基座采用的支撑装置多是可控旋转机构。低压反应器必须为耐压、气密装置。随着科技的进步,新型反应器中还安装有外延层实时厚度检测、表面监测等装置。

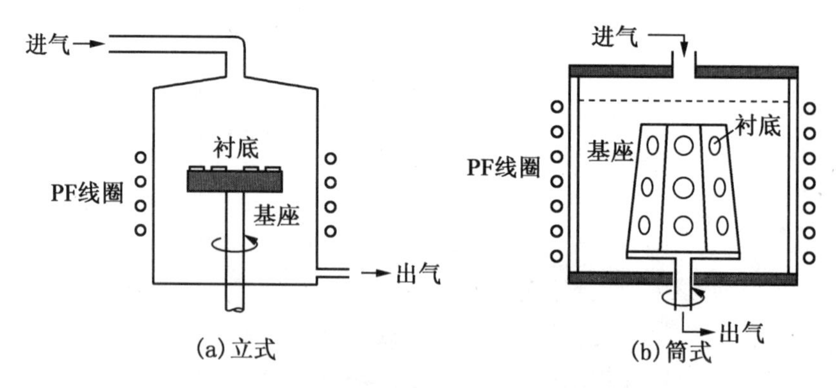

图 3.12　立式和筒式外延装置示意图

(2)气体系统是反应剂、掺杂剂等外延气体存储、输运及其控制装置,包含源气瓶、管路、阀门、流量计等。气态源是直接将气瓶接入管路,而液态源通常放在源瓶里,用载气携带进入管路。载气携带液态源时对源的精确控温非常重要,它决定了被载气携带源的计量。近年来,为精确控制源的进气量,采用了直接对液态源加热汽化的装置。外延管路采用耐腐蚀的不锈钢或聚四氟乙烯管,必须密封性良好,不泄露。流量计使用精密的质量流量计。

(3)加热系统有冷壁和热壁两种类型。常压反应器都使用冷壁加热系统,用射频线圈或红外辐射加热器直接加热基座,基座必须是对加热器敏感的易感器,而反应器的器壁并未被加热。低压反应器可采用对反应器加热的电阻丝加热器,基座和反应器壁同时被加热,是热壁系统。电阻丝加热器相对于射频加热器价格低廉,使用费用低。加热系统中还有控温装置,应保证基座温度均匀,控温精确。当前外延控温精度多在 ±0.1 ℃。

(4)控制系统通常采用计算机对设备的各个系统进行协调控制。

(5)有害物处理装置:外延用反应剂、掺杂剂,以及外延生成物气体多为有毒、易燃、易爆气体,不可将废气直接排放到大气中,必须经过处理后才能排放,一般使用雨淋处理装置等进行废气处理后再排放。

另外,不同类型的外延设备还有各自特有的系统,如在低压气相外延设备中一定还有真空系统,主要包含机械泵,真空计等,用来控制反应器中的真空度。图 3.13 为气相外延设备。

图 3.13　气相外延设备

3.2.6　外延技术

基于不同的工艺需求,随着气相外延工艺的发展出现了多样化的外延技术。为了减小自掺杂效应,出现了低压外延工艺。为了实现只在衬底的特定区域生长外延层,出现了硅的选择性外延技术。还有异质外延中的 SOI 技术等多种工艺技术。

1. 低压外延

低压外延(Low - Pressure Epitaxy)是指对外延反应器抽真空,控制反应室内外延气体压

力在 $1\times10^{3}\sim2\times10^{4}$ Pa之间的外延工艺。

当反应室内气体压力降低时，一方面，在低压下气体分子密度降低，由式(3.10)可知，分子平均自由程将增大，杂质气相扩散速度也就加快，杂质穿越边界层进入主气流区所需时间就大大缩短；另一方面，气体密度降低，由式(3.12)可知，衬底表面边界层厚度增大，这将延长由衬底逸出的杂质穿越边界层所需要的时间。从综合效果看，杂质气相扩散速度加快的影响占主要地位。例如，当压力由 1×10^{5} Pa降至约1 Pa时，杂质气相扩散系数增大约几百倍，而由于压力降低边界层厚度的增大只有3～10倍。虽然两种效应同时对杂质穿越边界层的时间产生影响，但其中扩散速度增大的影响起主要作用，实际上杂质穿越边界层的时间减少了一个数量级。因此，由于压力降低，衬底逸出的杂质能快速穿越边界层进入主气流区被排出反应器，重新进入外延层的机会减小，从而降低了自掺杂效应对外延层中杂质的摩尔分数及分布的影响。

低压外延可以得到在外延层/衬底界面杂质分布陡变的外延层。而且，由于反应室处于低压状态，当外延停止时，反应室内残存的反应气体能够很快地被清除，缩小了多层外延各层之间的过渡区。因此，低压外延还可以改善多层外延时各外延层内杂质的均匀性，得到电阻率分布较均匀的多层外延层。

通常低压外延生长速率比常压时低。在压力一定的条件下，可以通过调整硅源的摩尔分数来提高生长速率。在图3.8中，当硅源 $SiCl_4$ 的摩尔分数超过0.28%时，外延生长发生逆向反应，衬底硅被腐蚀。而在低压外延时，对衬底产生腐蚀的硅源的临界的摩尔分数比常压外延要高得多，这为利用硅源浓度来控制生长速率提供了更大的调整幅度。

低压外延工艺由于受到反应器系统可能漏气，基座与衬底之间温差增大，基座、反应室壁面等在减压时会释放出所吸附的气体，外延生长温度较低等因素影响，生长的外延层的晶格完整性将有所降低。

在低压外延系统中，要求管道、反应器的密封性能必须良好，反应器应能承受内外压差，且受力也应均匀。

2. 选择外延

选择外延(Selective Epitaxial Growth，SEG)是指在衬底表面的特定区域生长外延层，而其他区域不生长外延层的外延工艺。选择外延最早是用来改进集成电路各元件之间的隔离的方法，为了利于接触孔的平坦化，以及许多重要元件要求在特定区域进行外延而发展起来的一种工艺技术。图3.14为两种选择外延方法示意图。

图3.14 两种选择外延方法示意图

在图3.14(b)中，衬底窗口硅表面外延生长硅是同质外延，易于正常生长。而在二氧化硅台阶上若生长硅是异质外延，且二氧化硅又是非晶态，不易成核生长。所以，落在二氧化硅表面的硅原子大多会迁移到更易生长的硅单晶窗口区域。在图3.14(c)中，随着外延时间延长，二氧化硅表面有可能形成一些小的硅核，但因二氧化硅是非晶态，形成的多个小硅核连接成片，就生长成为多晶硅薄膜。

硅的选择外延技术需要氧化物表面具有高清洁度，且外延气体中应含有一定剂量的氯原子（或氯化氢气体分子）。氯原子的存在能提高硅原子的活性，可以抑制硅原子在气相和二氧化硅表面的成核。通过调节外延气体中 Si 与 Cl 的原子比，可以从非选择性外延生长向选择性外延生长或衬底腐蚀方向变化。若只考虑氯原子，外延气体中的氯源的选择性遵循以下顺序：$SiCl_4$、$SiHCl_3$、SiH_2Cl_2、SiH_4。而选择外延工艺采用的掩蔽膜除了二氧化硅之外，还可以采用氮化硅（Si_3N_4）薄膜。

从晶体生长成核理论来看，Si 原子在二氧化硅和氮化硅等掩蔽膜表面上成核比在清洁的硅晶体表面上成核需要更大的过饱和度（指在各表面硅原子浓度高于其饱和浓度的程度）。因为 Si/SiO_2 或 Si/Si_3N_4 是异质材料，在界面会产生较大的晶格失配，与同质外延相比其晶核形成能增高，即硅在硅表面上成核比在二氧化硅或氮化硅表面上成核来得容易。即使在二氧化硅或氮化硅掩蔽膜上形成了少量的晶核，由于不稳定，也容易被外延室内的氯化氢气体腐蚀掉。而且，进行外延生长的位置是窗口或是硅表面上的凹陷处，这些位置成核能比平面低。以上就是实现选择外延生长的主要原因。

3. SOI 技术

传统 CMOS 技术的缺陷在于：衬底的厚度会影响片上的寄生电容，间接导致芯片的性能下降。SOI（Si on Insulator）是指在绝缘衬底上异质外延硅获得的外延材料。SOI 是优质的器件和集成电路材料，具有体硅所无法比拟的优点：可以实现集成电路中元器件的介质隔离，彻底消除体硅 CMOS 电路中的寄生闩锁效应；衬底绝缘，制作的电路采用介质隔离，因而具有寄生电容小、速度快、抗辐射能力强等优点。目前一些高速、高集成度电路及高端耐高温器件或电路，通常采用 SOI 作为衬底材料。是国际上公认的“21 世纪的微电子技术”和“新一代硅”。

异质外延衬底和外延层的材料不同，晶体结构和晶格常数不可能完全匹配。外延生长工艺不同，在外延界面会出现两种情况——应力释放带来界面缺陷，或者在外延层很薄时出现赝晶（Pseudomorphic），赝晶是指存在内应力的晶体。图 3.15 为异质外延生长工艺的两种类型。如图 3.15 所示，外延界面应力在以位错形式释放以前，生长的外延层存在临界（最大）厚度。临界厚度取决于晶格失配和所生长外延层的机械性质。晶格失配率为百分之几时，一般临界厚度为几百埃米。

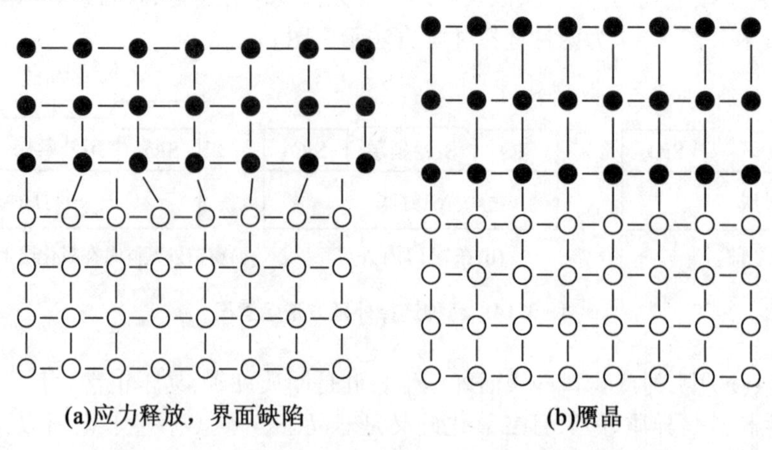

图 3.15　异质外延生长工艺的两种类型

SOS(Si on Sapphre or Spinel)是SOI中的一种，衬底是蓝宝石(Al_2O_3)或尖晶石($MgO \cdot Al_2O_3$)。硅是立方晶格结构，晶格常数为5.43 Å，而蓝宝石是菱形晶格结构，晶格常数为4.75 Å(a轴)和12.97 Å(c轴)。蓝宝石与硅的晶格失配率$f(Si/\alpha-Al_2O_3)$超过14%。且蓝宝石的热膨胀系数也比硅大2倍之多。早期$Si/\alpha-Al_2O_3$的外延制备出的SOS不是赝晶，而是在界面存在大量缺陷的应力释放类型的异质外延。

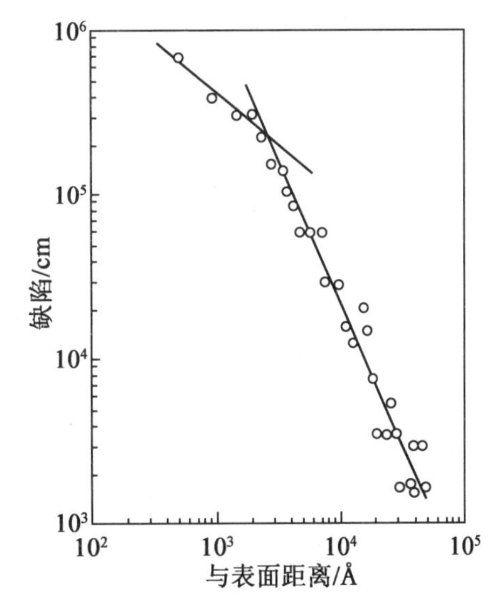

图3.16　$Si/\alpha-Al_2O_3$缺陷密度与外延厚度关系

SOS通常采用气相外延工艺，以SiH_4为硅源，H_2为载气，在蓝宝石衬底上生长十几至几十微米厚的硅。随着外延层厚度的增大，缺陷迅速减少(图3.16)。器件或电路是制作在外延层的硅表面上，因此外延界面缺陷不会对产品性能造成影响。

近年来，SOI技术发展迅速，出现了多种工艺技术。

3.3　分子束外延

分子束外延(Molecular Beam Epitaxy, MBE)是一种物理气相外延工艺，多用于外延层薄、杂质分布复杂的多层硅外延，也用于Ⅲ～Ⅴ族、Ⅱ～Ⅵ族化合物半导体及合金、多种金属和氧化物单晶薄膜的外延生长。

3.3.1　工艺及原理

分子束外延(图3.17)是在超高真空条件下，由装有各种所需组分源的喷射炉对各组分源加热，产生的源蒸气经小孔准直后形成分子束或原子束，直接喷射到适当温度的单晶衬底上，同时控制分子束对衬底扫描，使分子或原子按衬底晶向排列，在衬底上一层一层地“生长”形成外延层。外延物质是原子的又称原子束外延。

分子束外延最早由G. Gunther提出，20世纪60年代后期，开始用于外延GaAs薄膜，到1977年以后，分子束外延开始用于制备其他技术所不能生长的新材料或复杂结构的外延薄膜中，直到20世纪80年代初期它才被用于外延硅。目前，在微电子工艺中，硅的同质外延只有当外延层很薄或杂质分布结构复杂时才考虑采用分子束外延。

MBE硅工艺流程为：准备→抽真空→原位清洗→外延生长→停机。

(1)准备阶段。先进行硅衬底的RCA清洗，并腐蚀去除氧化层，将硅衬底装入外延室。

(2)抽真空。抽真空至外延室基压(指未工作之前室内真空度)为10^{-8} Pa以下。

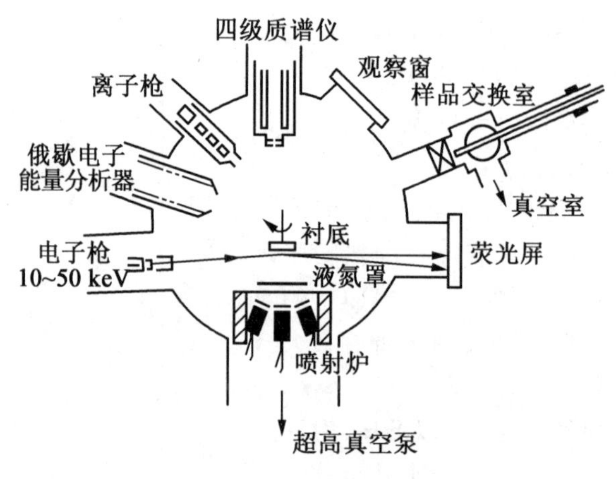

图 3.17　分子束外延示意图

(3)原位清洗。采用惰性气体的低能束流溅射清洗衬底表面(溅射是指用粒子束流轰击靶使其表层物质被撞飞溅),再升高衬底温度,在 800 ~ 900 ℃之间进行数分钟的短时间退火,以使表面被轰击晶格位置的原子重新排列整齐,降温至硅外延温度(450 ~ 650 ℃)。

(4)外延生长。打开喷射炉,调整室内压力使其低于 10^{-4} Pa,生长速率控制在 0.01 ~ 0.3 μm/min 之间。如果是掺杂工艺应同时打开杂质喷射炉,掺杂浓度由掺杂物束流与硅束流的相对通量进行适量调节,硅和杂质束流到达衬底,生长外延层。在外延生长过程中由实时监测装置监控外延过程,至所需外延层厚度,关闭喷射炉。

(5)停机。必须待衬底温度降至室温,再停机取出硅外延片。

硅的 MBE 和 VPE 相比具有如下优势:

(1)衬底温度低,没有自掺杂效应;而互扩散效应带来的杂质再分布现象也很弱。

(2)外延生长室真空度超高,非有意掺入的杂质浓度也非常低。

(3)外延生长杂质的掺入与停止是由喷射炉(快门)控制,在外延界面没有过渡区。

因此,MBE 生长的外延层杂质浓度接近理想分布,界面杂质浓度可以是陡变分布。

MBE 是一种超高真空蒸发技术,要求生长室为超高真空是为了避免气体分子进入外延层,从而生长出高质量的外延层。一方面,基压为超高真空度,生长室中的残余气体分子浓度极低,避免了气体分子撞击衬底,掺入外延层或与衬底发生反应;另一方面,在外延生长时,室内的真空度超过 10^{-4} Pa,这时分子的平均自由程约为 10^{-6} cm,硅束流将直接入射到达衬底,避免了束流被散射或携带生长室气体进入外延层。

硅的蒸气压很低,保证了它到达衬底表面后,能凝聚在低温的衬底上,首先形成物理吸附,然后进一步形成通过化学键结合的化学吸附。硅在外延温度范围内,黏附系数接近于 1(黏附系数是指化学吸附的原子数与入射衬底表面的原子数之比),因此很少脱附。黏附系数和温度有关,硅在衬底表面快速迁移到结点位置被化学吸附、停留,被后续硅覆盖,形成外延层。而掺杂是通过测量各种杂质在硅衬底的黏附系数和停留时间来选择掺杂剂。黏附系数大、停留时间长的掺杂剂在外延表面积累得多,易于掺入外延层。试验发现,常用的掺杂剂(如硼、磷、砷)蒸气压偏高,不是黏附系数低,就是停留时间短,所以在硅 MBE 工艺中通常采用锑作为 n 型掺杂剂,镓、铝作为 p 型掺杂剂。

3.3.2 外延设备

分子束外延设备复杂,是一种高精密设备。随着技术进步,MBE 设备不断更新换代,出现了多种类型,但其主要都是由:生长室、喷射炉、监控系统、真空系统、装片系统及控制系统组成。图 3.18 为 MBE 系统主要部分。

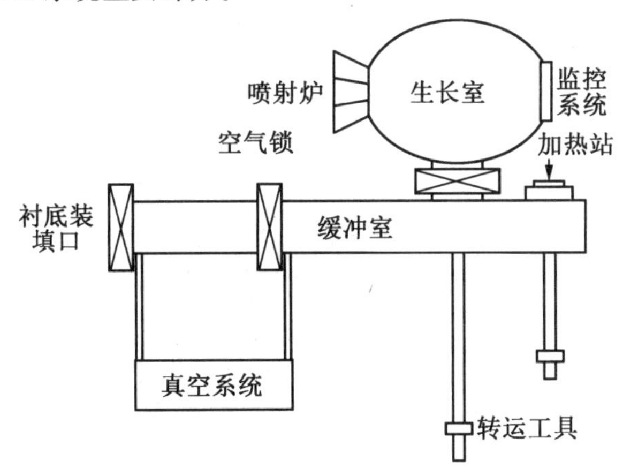

图 3.18　MBE 系统主要部分

1. 生长室

生长室也就是真空室,是外延生长场所,需要保持超高真空度。外延生长前的基压,从早前的 10^{-8} Pa,到当前已接近 10^{-10} Pa,真空度不断提高。而外延生长时的工作气压约为 10^{-4} Pa。生长室一般由不锈钢材料制成,采用金属密封接头和阀门,以减少漏气和控制进气速度。生长室的全部元器件必须能承受约 200 ℃的烘烤,以促进室内壁上吸附的水汽和氧的脱附。每当因维修而打开生长室使系统内表面暴露于大气环境之后,必须对生长室进行“烘烤”。通过“烘烤”或加热室壁,可以将大气带入的吸附水汽被真空泵有效地抽出。

生长室内主要有衬底支架部分,而喷射炉和检测系统也在生长室内。衬底支架部分是用于放置衬底,并具有旋转、升温、控温等功能。衬底的旋转有利于喷射到衬底的外延分子(或原子)在衬底表面均匀分布;衬底保持一定温度对获得高质量外延层有益,因为喷射到具有一定温度的外延生长表面的分子、原子能在衬底扩散,迁移到结点位置规则排列,降低外延层的缺陷密度。

2. 喷射炉

喷射炉通常又被称为努森(Knudsen)池或 K 池。在生长室内有多个喷射炉,各喷射炉前都有快门。喷射炉是为外延物质加热的源炉,加热器通常采用电子束加热。喷射炉能精确地保持特定温度,喷射出的分子、原子束流量主要取决于炉温。在理想的喷射炉中,源的蒸气压与其固态或液态物质处于热力学平衡状态,仅有极少量蒸气通过小孔喷出,小孔要足够小,以便与炉内物质保持热力学平衡状态,与相距喷射炉小孔 l 的衬底相撞的源分子(或原子)的流密度 J[单位:molecules ·cm^{-2}·s^{-1}],即

$$J=\frac{pAN}{\pi l^2(2\pi MRT)^{\frac{1}{2}}} \tag{3.22}$$

$$p = p_0 \exp\left(-\frac{Q}{kT}\right) \tag{3.23}$$

式中,p 为炉中气压;A 为小孔面积;N 为阿伏伽德罗常量;M 为分子量;R 为气体常量;Q 为蒸发潜热;k 为玻耳兹曼常数;T 为炉温。

由式(3.22)和式(3.23)得到源分子流 J 密度和温度的关系为

$$J \propto T^{1/2} \exp\left(-\frac{Q}{kT}\right) \tag{3.24}$$

实际上为了提高生长速度和在衬底整个面积上均匀生长,喷射炉的小孔不能过小,和理想情况有较大差距。

MBE 外延通过调节喷射炉的炉温来控制束流密度,从而控制外延生长速率。构成外延晶体的各组分和掺杂剂的浓度是通过调节炉温来控制各个束流密度,并相对各个束流通量进行适量调节。通过控制各个喷射炉快门来改变生长外延薄膜的组分和掺杂剂。

3. 监控系统

在 MBE 生长室中有完备的监测系统,这也是 MBE 生长的外延层质量好的前提和保证。当前,监控系统主要由四极质谱仪、俄歇电子能量分析器、离子枪和高能电子衍射仪组成。这样的监控系统能够实现对外延层生长速率、室内气体成分、外延晶体结构和厚度的实时监测及原位分析。四极质谱仪用来监测分子束的流量和残余气体成分;俄歇电子能量分析器(AES)用来测定外延表面的化学成分,在靠近表面 5 ~ 20 Å 范围内能探测周期表上 He 以后的所有元素;离子枪用于衬底外延前的表面清洁以及外延过程中的表面实时清洁;由电子枪和荧光屏组成的高能电子衍射仪(HEED),其电子束以非常小的角度(1° ~ 2°)投向衬底,被外延表面原子反射,生成一个二维衍射图像,此衍射图像包含有关表面上整体构造和原子排列的信息。

4. 衬底装填系统

衬底装填系统通常由空气锁、缓冲室和生长室组成。空气锁可以实现有一定真空度的缓冲室不被暴露在大气环境就能进行衬底样品的置换。如图 3.18 所示,衬底硅片通过装填口被送进装填系统,由系统内的转运工具在各室之间转运。采用多级空气锁可以高效地装填和更换衬底,使与衬底同时进入各室的气体尽可能减少。每个空气锁之间的缓冲室都装有多级抽气泵,能迅速将各室抽至高真空度(10^{-5} ~ 10^{-4} Pa)。

5. 真空系统

真空系统包含多级真空泵,因分子束外延是在超高真空下进行的,真空度可达 10^{-9} Pa,因此真空系统是由初级真空泵、中级真空泵、高级真空泵等一系列真空泵串联构成。

6. 控制系统

控制系统是指整套设备的控制部分,例如,喷射炉炉温、快门、衬底加热器、抽气泵以及电力部分等均由计算机统一控制管理。

图 3.19 为中国科学研究院沈阳科学仪器研制中心研制的分子束外延设备。

图3.19 中国科学研究院沈阳科学仪器研制中心研制的MBE外延设备

3.3.3 MBE工艺特点

MBE是由喷射炉将外延分子(或原子)直接喷射到衬底表面进行外延的,用快门可迅速地控制外延生长的开始或停止,因此,由外延工艺可以精确地控制外延层的厚度,能生长极薄的外延层,厚度可以薄至埃米量级。

在外延生长室有多个喷射炉,可同时喷射不同的分子(或原子)束,外延层组分和掺杂剂可以随着炉源种类和束流通量的变化而迅速调整。因此,能精确地控制外延层材料组分和杂质分布,生长出多层杂质结构复杂的外延层。外延层数可按需要达任意层数。

常规的MBE衬底温度范围为400~800 ℃,衬底温度较气相外延低得多,杂质再分布现象通常可以忽略。因此,在外延界面能得到陡变分布的杂质浓度或突变pn结。实际上,MBE也可在更高衬底温度下进行,但温度越高互扩散引起的杂质再分布现象就越严重,因此一般尽量降低衬底温度。

生长室超高的真空度,也使得外延生长环境洁净,非有意掺入的杂质可以忽略。但生长室超高的真空度带来了另一个问题,就是即使温度较低,重掺杂衬底表面的杂质也会在瞬间蒸发,掺入轻掺杂的外延层,引起杂质再分布。因此,应采用低蒸发常数杂质的重掺杂衬底(如掺锑的n^+型衬底)。也可采取外延前升温到足以挥发掉重掺杂衬底表面杂质后,抽真空至基压,再生长外延层的工艺方法。这种方法虽然能减少衬底杂质被掺入外延层,但也存在衬底表面杂质浓度降低的问题。

外延设备中的监控系统对外延生长过程全程监控,原位分析,这利于工艺条件的调整和优化,生长高质量的外延层,而且能直接获得外延层的厚度、杂质浓度、分布等工艺参数。因此,MBE也被用于各种外延物质生长机制的分析研究。

分子束外延设备复杂、价格昂贵,外延工艺生产效率低、成本高。所以尽管它是制备高质量、高精度外延层的工艺方法,但在微电子芯片生产上很少被采用。

目前,MBE工艺主要应用在纳电子领域和光机电领域,被广泛用于纳米超晶格薄膜和纳米单晶光学薄膜制备上,已成为制备纳米单晶薄膜的标准制备工艺。

3.4　其他外延方法

其他常用的外延工艺还有液相外延、固相外延,以及金属有机物化学气相外延等先进外延技术。液相外延和固相外延是物理外延方法,金属有机物化学气相外延是化学外延和固相外延相结合的外延方法。

3.4.1　液相外延

液相外延(Liquid Phase Epitaxy, LPE)是利用熔融溶液的饱和溶解度随温度降低而下降,通过降温使所需外延材料溶质结晶析出在衬底上生长外延层的工艺方法。

LPE 首先由 Nelson 在 1963 年提出,最先是被用于Ⅲ-Ⅳ族化合物半导体材料的外延,直到 20 世纪 60 年代末出现了以锡或锡铅为溶质的硅液相外延技术。

硅的液相外延是采用低熔点金属作为溶剂,常用的溶剂有锡、铋、铅及其合金等。

例如,以锡为溶剂,硅为溶质,在 949 ℃将硅溶入锡中,制备锡硅的熔融饱和溶液,然后降低温度 10~30 ℃,溶液过饱和,溶质硅从熔融溶液中析出,在单晶硅衬底上生长出硅外延层。

LPE 掺杂,通常是熔融溶液中直接添加镓、铝为掺杂剂。在硅从过饱和溶液中析出的同时也析出,在硅衬底上生长硅外延层。

LPE 主要有两种方式:水平滑动法和垂直浸入法。水平滑动法是应用最广泛的 LPE 方法,因为它能直接生长出厚度和均匀性良好的多层结构外延层。通用的水平滑动式 LPE 系统如图 3.20 所示。图 3.20 中的活动炉内有滑轨装置,滑车置于轨道上,滑车上有若干个装有不同熔液的熔池,每个熔池用于生长不同的外延层。例如,一个熔池中的熔液含有 p 型掺杂剂,另一个熔池中的熔液含有 n 型掺杂剂,用两个熔池就可以制备带 pn 结的外延层。滑车与衬底座紧密配合,当把装有指定熔液的熔池滑动至衬底上面时,生长即可开始。熔液槽组件由石墨制成。熔液并不浸润石墨,这样当滑车移走时通过擦抹作用使熔融溶液脱离衬底,从而达到结束生长的目的。整个装置装在石英管中,管中一般通入高纯氢气。石英管置于可移动的多温区炉内。通过可以手动或由计算机控制的步进电机驱动的推杆移动滑车的位置。通常在熔液槽上安装有石墨盖,以防止熔融溶液蒸发和污染。

在 LPE 中,外延层生长速度和厚度是由熔融溶液的过饱和度和衬底与熔融溶液接触时间决定的。LPE 是热力学准平衡过程,温度降低快,过饱和度就大,外延速率也就加快。生长速度因衬底晶向不同而差别很大。但是,温度降低过快时,原子排列时间太短,外延层生长质量会下降。相对于 VPE 和 MBE 而言,LPE 生长速度较快、安全性高,在制备厚的硅外延层时常被采用。而对于生长非常薄的外延层来说难以实现可控生长,这和生长起始与终结的方式有关。因此薄层外延通常不采用 LPE 工艺。LPE 相对于 VPE 而言工艺温度低,互扩散效应也就不严重,而且没有自掺杂效应,所以杂质再分布现象弱。另外, LPE 的适应性强,相对于 MBE 而言设备简单,工艺成本较低,但外延表面形貌通常不如 MBE 的好。

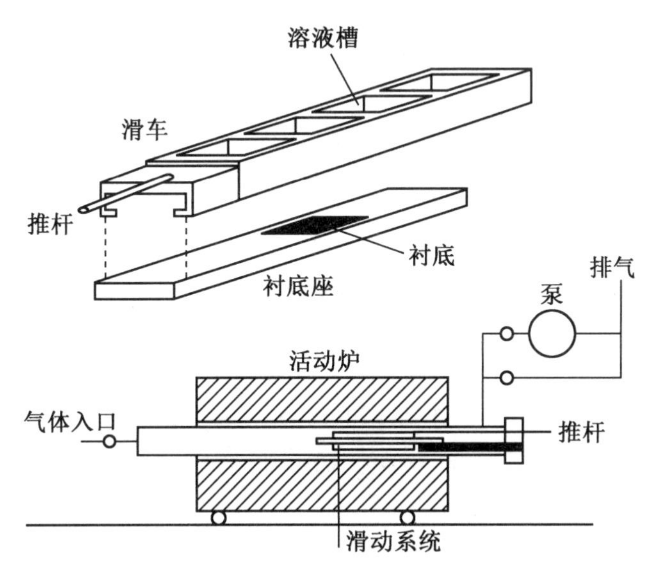

图 3.20 通用的水平滑动式 LPE 系统示意图

3.4.2 固相外延

固相外延(Solid Phase Epitaxy, SPE)是将晶体衬底上的非晶(或多晶)薄膜(或区域)在高温下退火,使其转化为单晶。例如,单晶硅片采用离子注入工艺掺杂,当掺杂剂量大或能量高时,杂质注入区域出现非晶化,这时通过高温退火(如在 950 ℃保温 30 min),使非晶区域固相外延转化为单晶。

SPE 工艺常常和其他薄膜制备工艺联用来生长外延层。金属有机物化学气相外延就是先在外延衬底上采用薄膜淀积方法生长多晶或非晶薄膜,然后通过固相外延将多晶或非晶薄膜转化为单晶外延层的工艺技术。

SPE 工艺的关键是工艺温度和保温时间。外延前固体晶化程度不同,外延温度和时间也不同:晶化程度越低,工艺温度越高、保温时间越长。实际上越提高工艺温度和延长保温时间,SPE 的外延层晶格就越完整。但长时间高温会带来扩散引起的杂质再分布现象,且长时间高温也增加了工艺成本。因此,在保证 SPE 外延层晶格完整的条件下,应尽量降低工艺温度和缩短工艺时间。

3.4.3 先进外延技术及发展趋势

微电子产品的迅猛发展要求作为芯片衬底的硅外延层晶格更加完整;厚度越来越薄,且精确可控;杂质无再分布现象,外延界面杂质是陡变分布;衬底材料多样化(如单晶、非晶、异质材料)。由此,外延工艺的发展一方面是在原有工艺基础上的改进、完善和提高(如 VPE 工艺温度的不断降低,MBE 原位监控装置的更加完备,SPE 出现的快速退火工艺等);另一方面,多种技术组合形成了先进的外延工艺,如薄膜淀积/固相外延两步外延工艺等。

另外,随着微/纳电子技术、光电子技术的发展,Ⅲ—Ⅴ族、Ⅱ—Ⅵ族化合物半导体外延工艺成为近年研究的重点,其采用的工艺方法主要有金属有机物气相外延、化学束外延等。

1. 超高真空化学气相淀积

化学气相淀积(Chemical Vapor Deposition, CVD)是以气相方式输运源,通过化学反应物在单晶或非晶衬底上淀积形成多晶或非晶薄膜的工艺技术。CVD 工艺方法和设备都与 VPE 类似,其实 VPE 也是一种 CVD 技术,只是对衬底和工艺条件的要求更加严格,而生长的薄膜是单晶外延层而已。

超高真空化学气相淀积(UHV/CVD)是在 1986 年由 IBM 提出的新工艺,通常生长室基压可达 10^{-7} Pa,源为硅烷(SiH_4),衬底为晶格完好的单晶硅,在 600 ~ 750 ℃之间,甚至更低温度,淀积薄膜为单晶硅。

UHV/CVD 最大优点是工艺温度低,这有利于制备杂质陡变分布的薄外延层。而且由于外延生长室真空度高,减少了残余气体带来的污染。另外设备操作维护比较简单,易于实现批量生产。当前,这种工艺技术已经广泛应用于产业界。

2. 金属有机物气相外延

金属有机物气相外延(Metal Organic Vapor Phase Epitaxy, MOVPE),在多数情况下又被称之为金属有机物化学气相淀积(Metal Organic Chemical Vapor Deposition, MOCVD)。该工艺早在 1968 年就已出现,主要被用来制备化合物半导体单晶薄膜。近年来,该工艺技术发展迅速,已用于制备界面杂质陡变分布的异质结、超晶格和选择掺杂等新结构的外延薄膜,MOCVD 已成为制备优质外延层的重要手段。

MOCVD 采用Ⅲ、Ⅱ族元素的有机化合物和Ⅴ族、Ⅵ族元素的氢化物作为原材料,以热分解反应在衬底上进行气相外延,生长Ⅲ - Ⅴ族、Ⅱ - Ⅵ族化合物半导体,以及它们的多元固溶体薄膜。

例如,采用 MOCVD 两步工艺外延 GaAs/Si。以三甲基镓[记为 TMG,分子式:$Ga(CH_3)_3$]或三乙基镓(记为 TEG)和砷烷为原材料,第一步,升温为 410 ~ 450 ℃,源在硅衬底上反应,生成 250 Å 砷化镓过渡层;第二步,升温至 700 ℃,生长砷化镓外延层,同时过渡层也转化为单晶,反应方程为

$$Ga(CH_3)_3 + AsH_3 \longrightarrow GaAs + 3CH_4 \uparrow$$

MOCVD 工艺日益受到人们的广泛重视,主要是由于它具有下列一些显著的特点:

(1)可以通过精确控制各种气体的流量来控制外延层的成分、导电类型、载流子浓度、厚度等特性,可以生长薄到零点几纳米到几纳米的薄层和多层结构。

(2)同其他外延工艺相比,可以制备更大面积、更均匀的薄膜。

(3)有机源特有的提纯技术使得 MOCVD 技术比其他半导体材料制备技术获得的材料纯度提高了一个数量级。

(4)晶体的生长速率与Ⅲ族源的供给量成正比,因而改变输运量,就可以大幅度地改变外延生长速度(0.05 ~ 1 μm/min)。

(5)MOCVD 是低压外延生长技术。这提高了生长过程的控制精度,能减少自掺杂;有希望在重掺衬底上进行窄过渡层的外延生长,能获得衬底/外延层界面杂质分布更陡的外延层;便于生长 InP、GaInAsP 等含 In 组分的化合物外延层。

但是,MOCVD 工艺涉及复杂化学反应,存在使用有毒气体(AsH_3, PH_3)等问题。

3. 化学束外延

化学束外延(Chemical Beam Epitaxy, CBE)是20世纪80年代中期发展出来的。它综合了MBE的超高空条件下的束流外延可以原位监测以及MOCVD的气态源等优点。与CBE相关的还有气态源分子束外延(GSMBE)和金属有机化合物分子束外延(MOMBE)。它们之间的主要区别是采用的气态源的情况不同。

以Ⅲ－Ⅴ族化合物半导体外延生长为例,GSMBE是用气态的Ⅴ族氢化物(AsH_3、PH_3等)取代MBE的固态As、P作原材料,AsH_3、PH_3等通过高温裂解形成砷、磷分子;MOMBE则是用Ⅲ族金属有机化合物,例如,TEG、TMA(三甲基铝)等作为原材料,它们的气态分子经热分解形成Ga、Al等原子;CBE则是Ⅴ族和Ⅲ族源均采用上述的气态源。掺杂源可以用固态,也可以用气态。CBE的生长过程是Ⅲ族金属有机化合物分子射向加热衬底表面、热分解成Ⅲ族原子和碳氢分子根,再与经高温裂解后形成和到达衬底的Ⅴ族原子反应,其生长速率取决于衬底温度和Ⅲ族金属有机化合物分子的到达速率。

3.5 外延缺陷与外延层检测

外延层的质量直接关系到制作在上面的各种元器件的性能。而外延过程中,外延层晶格是否完整,会存在哪些缺陷,外延层中掺入杂质的类型和数量,即电阻率大小及分布,外延层厚度及其均匀性,这些都是外延层质量评价的主要内容。通过外延生长时的原位监测和生长完成之后对外延片的检测可以得到上述主要质检指标。

3.5.1 外延缺陷类型及分析检测

外延缺陷按其所在位置可以划分为两类:一类是显露在外延层表面的缺陷,这类缺陷可以用肉眼或者金相显微系统观察到,通常称为表面缺陷,主要有:云雾状表面、角锥体、划痕、星状体、麻坑等;另一类是存在于外延层内部的晶格结构缺陷,也就是体缺陷,主要有位错和层错。另外,还有些缺陷起源于外延层内部,甚至是衬底内部(如衬底中的线位错,外延生长时一直延伸到外延层表面),这类缺陷很难说是属于表面还是属于内部缺陷。外延层中的主要缺陷如图3.21所示。

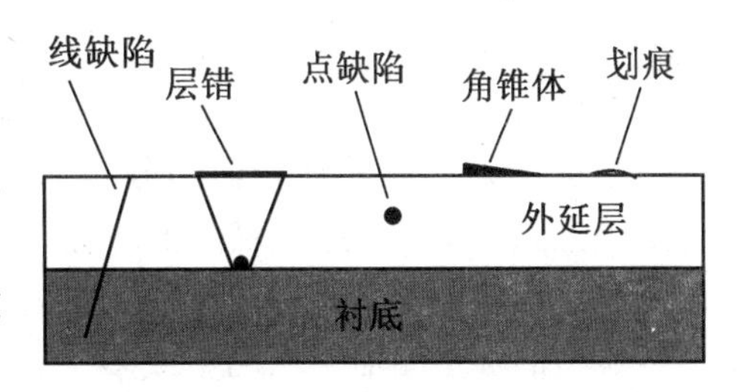

图3.21 外延层中的主要缺陷

检测、分析外延层缺陷以及产生原因非常重要,除了是对外延片规格的判定依据外,也是提高外延生长质量,改进工艺的前提。

生长好的外延片,首先直接观察表面情况,进行显微系统检测(即镜检),检测外延层表面缺陷。

(1)角锥体。看起来是锥体形的小尖峰,它多起源于衬底与外延层界面,产生原因主要是衬底表面质量差或生长过程中的沾污,而外延温度较低时,表面化学反应速率减慢,输运到衬底表面的反应物(如$SiCl_4$)不能及时反应而堆积,也能造成角锥体。类似的缺陷还有乳突(圆锥体)、阶丘等。

(2)云雾状表面。在显微镜下观察是一些小缺陷,如在(111)面上,这些缺陷呈浅正三角形平底坑,产生原因主要是气源污染(如氢气纯度低,衬底硅片清洗不干净,或者是气相腐蚀不足)。

内部缺陷的检测,需要利用化学腐蚀和镜检相结合的方法——逐层腐蚀—镜检完成。逐层腐蚀—镜检法是破坏性检测方法。目前,在新型的外延设备上有对生长过程进行在线监测的系统。例如,MBE 采用高能电子衍射仪,可以实时观察晶体表面结构,了解晶体生长情况。

(3)层错。又称为堆积层错,它是外延层中最常见的内部缺陷,层错本身是一种面缺陷,是由原子排列次序发生错乱所引起的。产生层错的原因很多,衬底表面的损伤和沾污,外延温度过低,衬底表面上残留的氯化物,外延过程中掺杂剂不纯,空位或者间隙原子的凝聚,外延生长时点阵失配,衬底上的微观表面台阶,生长速度过高等都可能引起层错。层错是外延层内一种特征性缺陷,它本身并不改变外延层的电学性质,但是可以产生其他影响,例如,可能引起扩散杂质分布不均,成为重金属杂质的聚集中心等。

层错可以起源于外延层的内部,但绝大多数是从衬底与外延层的交界面开始的。硅晶体是金刚石型结构,以沿〈111〉晶向生长的外延层为例来看堆积层错产生的具体过程。沿〈111〉晶向,原子排列秩序为 AA′BB′CC′…,即由双层原子面堆积而成,完整的外延层也应如此。但是,在外延生长过程中,因为各种原因使某一个晶格格点上的原子堆积秩序发生错乱,在这个原子之上的原子,又以错乱原子为序,按正常排列秩序堆积下去。由于晶体中的缺陷是非稳定状态,要求原子能量较高。因此,在同一个晶面上不太可能形成许多错配的晶核。随着外延生长,错配的晶核只能在倾斜的(111)面上依靠位错,不断发展下去直到表面,成为一个倒置的四面体。例如,当衬底表面为 A 原子面,按正常次序,上面应该生长 A′ - B 双层原子面。由于某种原因,使排列秩序发生错乱,结果上面生长的是 B′ - C 双层原子面,再往上则是 C′ - A 面…,以此为序按正常规律排列下去,直到外延层表面而形成层错。

层错是最容易检测的缺陷,利用化学腐蚀方法便可以显示层错的图形,再利用金相显微系统观察其在外延表面的分布和形状。外延层生长方向不同,在表面上所显露的缺陷图形也不同。图 3.22 为〈111〉硅外延表面三种典型的层错图形。当两个或多个层错相遇时可能构成更为复杂的图案。

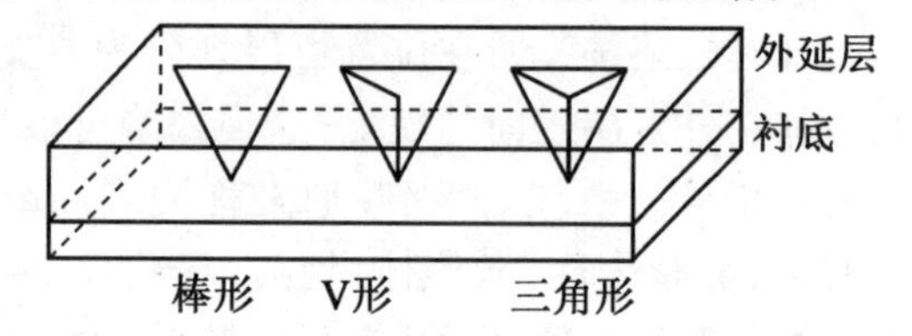

图 3.22　〈111〉硅外延表面三种典型的层错图形

从外延缺陷分析可得出,衬底质量特别是衬底表面质量直接影响外延层晶格缺陷密度,外延过程中对衬底的清洗、表面的腐蚀、生长室的清洁情况、原材料的纯度,以及工艺条件等都会对外延层晶格的完整性带来影响。

3.5.2　图形漂移和畸变现象

外延图形的漂移和畸变现象是指在外延生长之前,硅片表面可能存在凹陷图形,外延生长之后,本该在外延表面相应位置出现完全相同的图形,却发生了图形的水平漂移、畸变,甚至完全消失的现象(图 3.23)。

在进行外延片镜检时,有时会观察到外延图形的漂移和畸变现象。例如,在双极型集成电路工艺制作中,若在硅衬底做了掩埋扩散,对应于掩埋区存在凹陷图形,在这样的衬底上进行外延就可能出现图形的漂移或畸变现象。而具体的漂移或畸变现象依赖于衬底取向、掺杂类型、浓度和掩埋扩散,以及外延的工艺方法、生长温度、硅源的选择等具体情况而变化。

图形漂移或畸变现象的程度通常随工艺温度升高而减小,随外延生长速率的增大而增大。低压外延可以减小图形漂移或畸变现象的程度。衬底晶向对图形漂移或畸变现象有着重要影响,〈100〉晶向外延,如果衬底硅片没有偏离(100)晶面,图形漂移或畸变程度较小;〈111〉晶向外延,衬底硅片偏离(111)晶面 2° ~5°时影响最小,(111)晶面的外延衬底通常偏离该晶面 3°。

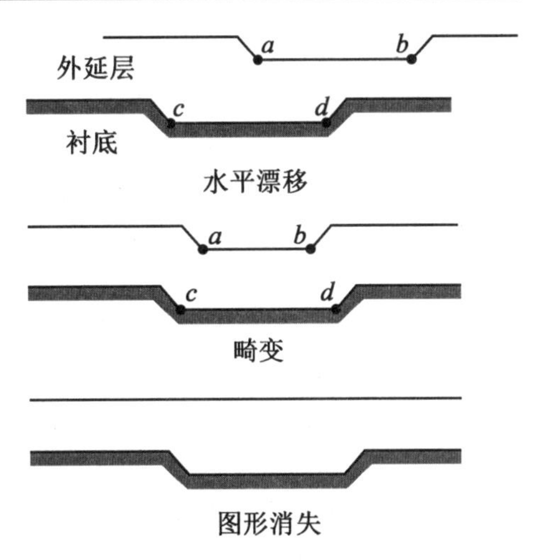

图 3.23 外延图形水平漂移,畸变和消失示意图

图形的漂移与畸变既相关联,又有区别。图形漂移程度随偏离角度的增大而增大,图形畸变则随偏离角度的增大而急剧减小。外延层越厚,漂移和畸变程度越大。

外延层的生长并非垂直于生长表面,在表面外延过程中,硅原子在衬底表面迁移,迁移到有转折台阶的结点位置时停留并形成化学键。外延微观生长过程和衬底直接相关,且随衬底取向不同而不同。当衬底掩埋图形是长方形时,凹陷的图形就有 4 个侧壁,这 4 个侧壁之间的晶向各不相同,与衬底晶向也不相同,其生长速率也就不同。而且在外延过程中,Si – Cl – H 硅源系统中氯类物质对硅衬底的腐蚀速率也是各向异性的。氯类物质的存在是导致图形漂移和畸变的必要条件。外延生长衬底的高温会引起掩埋层界面杂质的纵向和横向扩散,也使外延过程复杂化。

因此,外延图形的漂移与畸变现象是多重因素共同作用造成的。主要因素有衬底取向、生长速率、温度、硅源等。

3.5.3 外延层参数测量

在外延生长过程中和完成后,对外延片的质量控制和参数检测,除了前述晶格特性方面的内容之外,外延层参数测量也是重要的检测内容,主要参数有外延层厚度、电阻率、均匀性等。

在现代化新型的外延设备上生长室通常安装有实时监测装置,例如,MBE 一般在生长室安装石英振荡测试仪,可以实时监测外延层生长厚度;而离线后对外延层厚度进行测量是普遍采用的方法,主要测量方法有层错检测法、红外干涉法、磨角法等。

电阻率是外延层重要的电学参数,通过测量外延层电阻率及其分布,还可获取外延层掺杂浓度及分布的信息。外延层电阻率的测量采用常规半导体材料电阻率测量方法(如四探针法、扩展电阻法、电容法等)。

外延层参数的具体测量方法在第 5 篇第 13 章中介绍。在此仅对与外延层错有关的测外延层厚度方法进行介绍。

层错法测量外延层厚度是利用层错边长与外延层厚度的几何关系换算厚度的方法。沿〈111〉方向生长的外延层的层错与表面交线是沿〈110〉晶向出现的。由于层错界面处的原子排列不规则,界面两边的原子相互结合较弱,具有较快的化学腐蚀速率,经过适当的化学腐蚀(多采用 Sirtl 腐蚀液)之后,就会在外延层错面与晶格完整面交界处腐蚀出沟槽,腐蚀得到图形的形状如图 3.22 所示,图形的大小与四面体的体积有关。起源于外延界面的图形大于起源于外延层内部的图形。层错法测量外延层厚度原理如图 3.24 所示,有

$$d=\sqrt{\frac{2}{3}}l\approx 0.816l \qquad (3.25)$$

式中,d 为外延层厚度;l 为四面体边长。

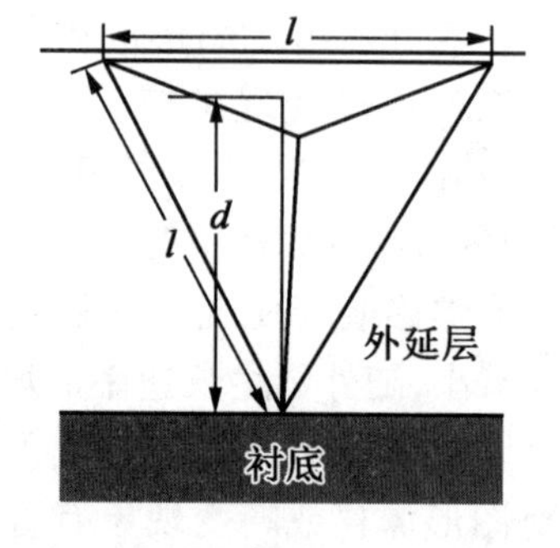

图 3.24　层错法测量外延层厚度原理

采用层错法测量外延层厚度时应注意,在腐蚀时只要能显示图形就可以,时间不应过长,否则外延层厚度也将被减薄,计算厚度时,应考虑腐蚀对厚度的影响。选择图形应选最大的,不能选靠近外延层边缘的图形。

本章小结

本章概述了外延概念、工艺方法、种类及用途。详细介绍了制备硅外延片常用的气相外延工艺和先进的 MBE 工艺的方法、原理、设备及技术。对 LPE、SPE 等外延方法进行了简介。最后介绍了外延缺陷种类、长生机理,以及外延层检测。

习　题

1. 以直拉法拉制掺硼硅锭,切割后获硅片,在晶锭顶端切下的硅片,硼掺杂浓度为 3×10^{15} atoms/cm^3。当熔料的 90% 已拉出,剩下 10% 开始生长时,所对应的晶锭上的该位置处切下的硅片,硼掺杂浓度是多少?

2. 硅熔料含原子数分数为 0.1% 的磷,假定溶液总是均匀的,计算当晶体拉出 10%、50%、90% 时的掺杂浓度。

3. 比较硅单晶锭 CZ、MCZ 和 FZ 这几种生长方法的优缺点。

4. 直拉硅单晶、晶锭生长过程中掺杂,哪些因素会对硅锭杂质浓度及均匀性带来影响?

5. 磁控直拉设备本质上是模仿空间微重力环境来制备单晶硅。为什么在空间微重力实验室能生长出优质单晶?

6. 硅气相外延工艺采用的衬底不是准确的晶向,通常偏离〈100〉或〈111〉等晶向一个小角度,为什么?

7. 外延层杂质的分布主要受哪几种因素影响?

8. 异质外延对衬底和外延层有什么要求?

9. 电阻率为 2~3 Ω·cm 的 n-Si,杂质为磷时,5 kg 硅需掺入多少磷杂质?

10. 比较分子束外延(MBE)生长硅与气相外延(VPE)生长硅的优缺点。

第 2 篇　氧化与掺杂

氧化与掺杂是最基本的微电子平面工艺之一。氧化通常是指热氧化单项工艺，是在高温、氧（或水汽）气氛条件下，衬底硅被氧化生长出所需厚度二氧化硅薄膜的工艺。掺杂是指在衬底选择区域掺入定量杂质，包括扩散掺杂和离子注入掺杂两项工艺。扩散是在高温有特定杂质气氛条件下，杂质以扩散方式进入衬底的掺杂工艺；而离子注入是将离子化的杂质用电场加速射入衬底，并通过高温退火使之有电活性的掺杂工艺。两者都可通过氧化和光刻等工艺在衬底表面先制备氧化层掩模（或其他掩模），再进行掺杂，从而实现在硅衬底选择区域（掩模窗口）的掺杂。

热氧化工艺制备二氧化硅薄膜需要消耗衬底硅，工艺温度高，通常为 900 ~ 1 200 ℃，是一种本征生长氧化层的方法。在微电子工艺中二氧化硅是最重要的介质薄膜，而制备二氧化硅薄膜的方法有很多种，除了热氧化方法之外，还有化学气相淀积、物理气相淀积等方法，而热氧化制备的氧化层致密，与硅之间的相容性好，在氧化层/硅界面硅晶格完好，这也是硅能成为最主要微电子芯片衬底的原因之一。在 MOS 分离器件或电路中的栅氧化层都是采用热氧化工艺中薄膜质量最好的干氧方法制备的，而掺杂掩模用的氧化层通常也采用热氧化工艺来制备。

扩散工艺是准热力学平衡过程，高温下杂质溶入硅中，因存在浓度梯度杂质向内部扩散，因此，扩散掺杂受平衡浓度——固溶度的限制。高温下杂质在硅中的固溶度高，扩散速率快，故工艺温度通常为 900 ~ 1 200 ℃。扩散工艺对杂质浓度和分布的控制能力较低，目前多用于制造大功率分立器件的深结掺杂，或中、低集成度双极型电路的埋层掺杂和隔离掺杂。

离子注入是将杂质离子直接射入硅衬底，是非热力学平衡过程，掺杂浓度和分布易于控制，杂质浓度不受固溶度限制，掺杂浓度的范围广。但掺杂后必须通过退火来激活杂质和消除杂质入射对衬底晶格造成的损伤，退火温度通常在 800 ℃以上。离子注入工艺适合浅结掺杂和对浓度及分布要求较高场合的掺杂。当前在微电子芯片制造中，通常是离子注入与扩散两种工艺混合使用进行掺杂，即采用离子注入将定量杂质射入衬底硅表面，再通过扩散将杂质推入衬底内部，形成所需分布。

氧化、扩散是高温工艺，而离子注入的退火也须在高温进行，并且这三项工艺都是对硅本体的加工，衬底硅也参与其中。而硅衬底性质，如晶格完整性、晶向等都对工艺有影响。高温工艺会带来衬底硅中杂质的再分布现象，在芯片制造后期采用会对性能带来影响，且考虑到能耗等问题，降低工艺温度长期以来都是高温工艺的发展方向，而快速热处理技术（如快速退火）正是在此基础上出现并不断发展完善起来的。

第4章 热氧化

热氧化工艺是一种在硅片表面上生长二氧化硅薄膜的手段。而热氧化层与硅之间完美的界面特性是成就硅时代的主要原因。本章将在介绍二氧化硅基本性质的基础上，讨论二氧化硅薄膜的热氧化生长工艺和技术。

4.1 二氧化硅薄膜概述

硅表面总是覆盖着一层二氧化硅膜，即使刚刚解理的硅也是如此，在空气中一旦暴露，立即生长出几个原子层的氧化膜，厚为15~20 Å，然后逐渐增长至40 Å左右停止，具有良好的化学稳定性和电绝缘性。二氧化硅薄膜与硅具有良好的亲和性、稳定的物理化学性质和良好的可加工性，以及对掺杂杂质的掩蔽能力，在微电子工艺中占有重要地位。

4.1.1 二氧化硅结构

二氧化硅(SiO_2)是自然界中广泛存在的物质，按其结构特征可分为结晶形和非结晶形(无定形)，其基本结构单元如图4.1(a)所示。

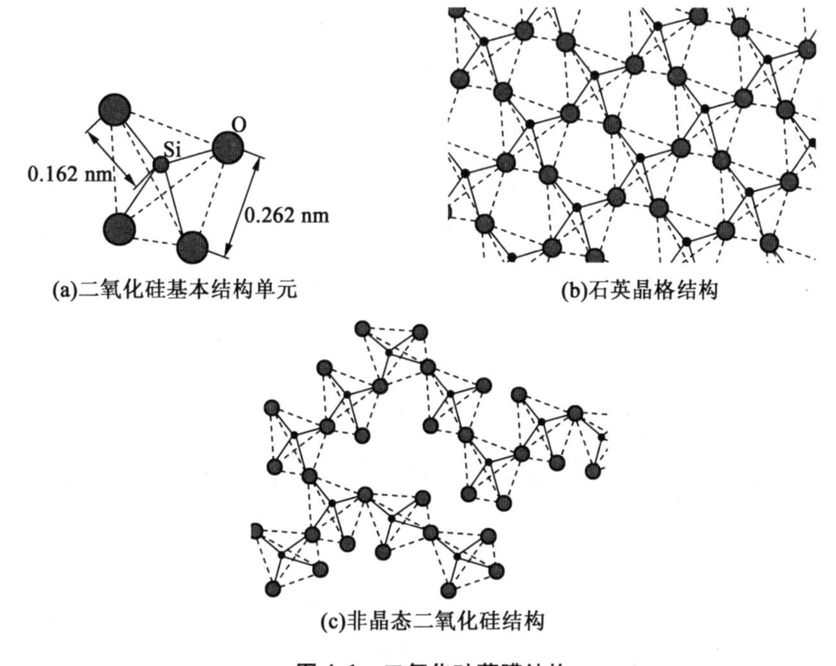

图4.1 二氧化硅薄膜结构

二氧化硅的基本结构单元为Si—O四面体网络状结构，四面体中心为硅原子，4个顶角上为氧原子。连接2个Si—O四面体之间的氧原子称桥联氧原子，只与1个四面体相连的氧原子称非桥联氧原子。石英晶体是结晶态二氧化硅，氧原子都是桥联氧原子，如图4.1(b)所示；非晶态二氧化硅薄膜的氧原子多数是非桥联氧原子，是长程无序结构，如图4.1(c)所示。显然，对SiO_2网络，从较大的范围来看，其中原子的排列是混乱的、不规则的，即所谓“长程无序”；但从较小的范围来看，其中原子的排列并非完全混乱，而是有一定的规则，即所谓“短程有序”（对SiO_2网络这种有序的范围一般为10～100 Å）。像SiO_2玻璃这样在结构上具备“长程无序、短程有序”的一类固态物质，有别于“长程有序”的晶体，特称为无定形体或玻璃体。半导体工艺中形成和利用的都是这种无定形的玻璃态SiO_2。

无定形SiO_2网络的结合强度与桥联氧原子和非桥联氧原子数目之比有关。桥联氧原子的数目越多，网络结合越紧密，反之则越疏松。在正常情况下，其中氧原子与硅原子数目之比为2∶1，故习惯称之为二氧化硅。每个硅原子采取sp杂化以4个共价键与4个氧原子结合，形成O—Si—O键桥（键角109.5°）。所以，从价键性质来看，Si—O键是具有50%离子键特征的共价键。Si—O键距离为0.162 nm（键能2.90 eV），O—O键距离为0.262 nm，Si—Si最小平均间距是0.3 nm，而Si—O—Si键角是143°±7°。

另外，热氧化生长的SiO_2与Si之间界面结构完美。图4.2为Bravman所拍摄的单晶硅表面热氧化所得的SiO_2/Si界面结构(TEM)。其中上半部分是SiO_2，下半部分是Si单晶。

图4.2 SiO_2/Si界面结构(TEM)

4.1.2 二氧化硅的理化性质及用途

二氧化硅物理化学性质稳定，不溶于水也不跟水反应。其典型的物理性质如下：

(1)石英晶体熔点为1 732 ℃，而非晶态的二氧化硅薄膜无熔点，软化点为1 500 ℃。

(2)热膨胀系数为0.5×10^{-6} ℃$^{-1}$。

(3)电阻率与制备方法及所含杂质有关，高温干氧方法制作的氧化层电阻率可达10^{16} Ω·cm，一般情况下为10^{7}～10^{15} Ω·cm。

(4)密度是二氧化硅致密程度的标志。密度大意味着致密程度高，为2～2.2 g/cm^3。

(5)介电性特性，介电常数为3.9，介电强度为100～1 000 V/μm。

(6)折射率为1.33～1.37。

二氧化硅的化学性质不活泼，是酸性氧化物。它不与除氟、氟化氢和氢氟酸以外的卤素、卤化氢和氢卤素以及硫酸、硝酸、高氯酸作用。氟化氢（氢氟酸）是唯一可使二氧化硅溶解的酸，生成易溶于水的氟硅酸；跟热的强碱溶液或熔融的碱反应生成硅酸盐和水；跟多种金属氧化物在高温下反应生成硅酸盐。

二氧化硅薄膜在现代硅基微电子芯片制造中起着十分关键的作用。二氧化硅能阻挡硼、磷等杂质向硅中扩散，利用这一性质与光刻技术结合可实现制造硅芯片的平面工艺。二氧化硅在微电子工艺中有着极为重要的作用，主要体现在以下4个方面：

(1)作为掩模。在单晶硅定域掺杂时作为掩模，绪论中提到的扩散掺杂就是按SiO_2掩模图形进行的。

(2)作为芯片的钝化和保护膜。在芯片的表面,淀积一层 SiO_2 可以保护器件或电路使之免于沾污,特别是 pn 结的表面,沾污将使器件单向导电特性变坏,另外 SiO_2 化学稳定性好,使器件表面钝化,避免化学腐蚀。

(3)作为电隔离膜。SiO_2 介电性质良好,集成电路元件之间的介质隔离或者多层布线之间电隔离多采用 SiO_2 薄膜。

(4)元器件的组成部分。做 MOS 场效应晶体管的绝缘栅材料,作为电压控制型器件,栅极(控制极)下面是一层高致密的 SiO_2 薄层。只有高致密,才能保证栅极和 SiO_2 下方的硅片表面间有足够的绝缘强度;只有薄,才能保证控制灵敏度。生产中对栅氧化层的质量和厚度的要求十分严格。

4.1.3　二氧化硅薄膜中的杂质

在二氧化硅薄膜生长过程中,若工艺条件是理想的,即不存在任何的杂质沾污,则在硅片表面将形成本征的 SiO_2 薄膜。然而在生产过程中,理想的工艺条件是不存在的,或多或少的杂质沾污使生成的 SiO_2 网络结构中不可避免地存在杂质原子。杂质原子的进入将改变 SiO_2 薄膜的性质。本节将针对二氧化硅薄膜中杂质存在的基本类型、种类以及对二氧化硅薄膜特性的影响进行探讨。

掺入 SiO_2 中的杂质,按它们在 SiO_2 网络中所处的位置来分,基本上可以分为两类:替代(位)式杂质或间隙式杂质,其示意图如图 4.3 所示,其性质和作用各有所不同。

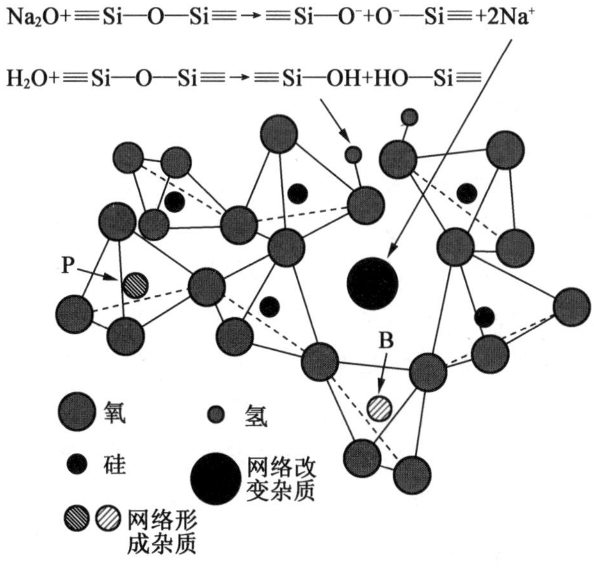

图 4.3　二氧化硅中替代(位)式杂质或间隙式杂质示意图

取代 Si—O 四面体中 Si 原子位置的杂质为替代(位)式杂质。这类杂质主要是ⅢA、ⅤA 族元素,如 B、P 元素等,这类杂质的特点是离子半径与 Si 原子半径接近或更小,在网络结构中能替代或占据 Si 原子位置,也称为网络形成杂质。由于它们的价电子数往往和硅不同,所以当其取代 Si 原子位置后,会使网络的结构和性质发生变化。如杂质磷进入二氧化硅构成的薄膜称为磷硅玻璃(Phospho Silicate Glass,PSG);杂质硼进入二氧化硅构成的薄膜称为硼硅玻璃(Borosilicate Glass,BSG)。当它们替代 Si 原子的位置后,其配位数将发生改变。五价的磷以 P_2O_5 的形式加入二氧化硅网络中,磷将取代硅位于四面体的中心,它与 SiO_2 相比较,每两个 P—O 四面体将多出一个 O 原子,这个多余的 O 原子或者转移到两个 P 原子之中的一个,呈非桥联氧;或者交给网络,使其一部分桥联氧变为非桥联氧,从而使网络结构变得更加疏松;而 P 原子上没有受到共价键束缚的那个价电子,很容易挣脱原子核的束缚,为非桥联氧所俘获,使非桥联氧成为一个负电中心,而失去价电子的磷则成为一个正电中心。正是这种带负电的非桥联氧离子,使得 PSG 作为一种改进型的钝化膜而广泛应用在半导体芯片制造技术中。同样,三价的硼以 B_2O_3 的形式加入,硼取代硅位于四面体中心后不仅成为一个负电中心,而且由于网络出现缺氧状态,会使非桥联氧浓度减少,网络结构强度增大。

具有较大离子半径的杂质进入 SiO_2 网络只能占据网络中的间隙孔(洞)位置,成为网络变形(改变)杂质,如 Na、K、Ca、Ba、Pb 等碱金属、碱土金属原子多是这类杂质。当网络改变杂质的氧化物进入 SiO_2 后,将被电离并把氧离子交给网络,使网络产生更多的非桥联氧离子来代替原来的桥联氧离子,引起非桥联氧离子浓度增大而形成更多的孔洞,降低网络结构强度,降低熔点,以及引起其他性能变化。

4.1.4 杂质在 SiO_2 中的扩散

杂质在 SiO_2 中的扩散运动与在硅中一样,都服从扩散规律。扩散系数与温度的关系为

$$D_{SiO_2} = D_0 \exp\left(-\frac{\Delta E}{kT}\right) \tag{4.1}$$

式中,D_0 为表观扩散系数;ΔE 为杂质在 SiO_2 中的扩散激活能;k 为玻耳兹曼常数($k = 1.380\ 650\ 5 \times 10^{-23}$ J/K);T 为热力学温度。

试验表明,相同情况下,硼、磷等常用杂质在 SiO_2 中的扩散速度远小于其在硅中的扩散速度,SiO_2 层对这些杂质起到“掩蔽”作用,从而实现芯片制作中选择性区域扩散掺杂。所谓的掩蔽,并不是杂质绝对不能进入 SiO_2 膜,而是进入较缓慢而已。

钠等碱金属和掺杂元素镓在 SiO_2 中扩散很快,故 SiO_2 膜对它们起不到“掩蔽”作用。另外,Na^+ 等碱金属离子,即使在很低的温度下,也能迅速扩散到整个 SiO_2 层中,这种 Na^+ 的污染是造成半导体器件性能不稳定的重要原因之一,所以要尽量防止 Na^+ 沾污。实践表明,在 SiO_2 层表面上再覆盖一层一定厚度的磷硅玻璃可大大减少原 SiO_2 层中的 Na^+,因为 PSG 有提取 Na^+ 的作用。

4.1.5 二氧化硅的掩蔽作用

微电子工艺中采用的二氧化硅薄膜是非晶态(又称玻璃态)薄膜,在微电子芯片制造中起着十分重要的作用,它既可作为杂质选择扩散的掩(蔽)膜,又可用于芯片表面的保护层和钝化层。硅衬底上的 SiO_2 若要能够当作掩模来实现定域扩散,就应该要求杂质在 SiO_2 层中的扩散深度 x_j 小于 SiO_2 本身的厚度 x_{SiO_2},即有

$$x_j < x_{SiO_2}$$

若杂质在 SiO_2 和 Si 中的扩散系数分别为 D_{SiO_2} 和 D_{Si}，扩散时间为 t，则杂质在 SiO_2 层中的扩散深度 x_j 和在衬底硅中的扩散深度 x_j' 分别为

$$x_j = A\sqrt{D_{SiO_2}t} \tag{4.2}$$

$$x_j' = A\sqrt{D_{Si}t} \tag{4.3}$$

因此有

$$\frac{x_{SiO_2}}{x_j} > \frac{x_j}{x_j'} = \sqrt{\frac{D_{SiO_2}}{D_{Si}}} \tag{4.4}$$

可见，所需掩蔽扩散的 SiO_2 层厚度，与 D_{SiO_2}/D_{Si} 和结深有关。

实际上只有对那些 $D_{SiO_2} < D_{Si}$（即 $D_{Si}/D_{SiO_2} > 1$）的杂质，用 SiO_2 膜掩蔽才有实用价值。因为对于那些 $D_{Si} < D_{SiO_2}$（即 $D_{Si}/D_{SiO_2} < 1$）的杂质，所需要的 SiO_2 层太厚。例如，Ga、Al、In 元素的 D_{SiO_2} 比 D_{Si} 大数百倍，若要取得数微米的结深，就要有数十微米的 SiO_2 层，这显然是不现实的。为了明确 SiO_2 层掩蔽某些杂质扩散的可能性，部分杂质的 $D_{Si}/D_{SiO_2}-T$ 关系曲线如图 4.4 所示（对应衬底杂质浓度较低的情况）。

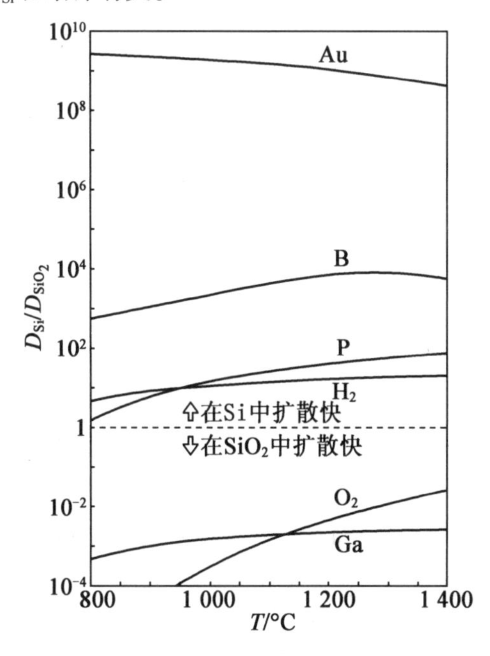

图 4.4 杂质的 $\frac{D_{Si}}{D_{SiO_2}}-T$ 关系曲线

由图 4.4 可见：(1) 大多数杂质（Au 除外）的 D_{Si}/D_{SiO_2} 随 T 升高而增加。这意味着，只要 $D_{Si} > D_{SiO_2}$，则在更高的温度下，D_{Si} 将比 D_{SiO_2} 大得更多。因此，只要在某温度下比较一下 D_{Si} 和 D_{SiO_2} 的大小就可以得知该杂质能否被 SiO_2 层所掩蔽。(2) B 在 Si 中的扩散系数比在 SiO_2 中的约大数千倍，P 在 Si 中的扩散系数比在 SiO_2 中的约大数十倍，而 Ga 在 Si 中的扩散系数却比在 SiO_2 中的小数百倍。因此，对硅的定域扩散来说，SiO_2 玻璃层能够掩蔽 B、P 的扩散但不能掩蔽 Ga 的扩散。(3) 虽然 Au 在 SiO_2 中的扩散系数很小，但由于它在 Si 中的扩散系数很大，则在扩散时，Au 可沿着硅表面或 SiO_2/Si 界面扩散到硅中去。所以，实际上 SiO_2 是不能掩蔽 Au 扩散的。

SiO_2 掩模最小厚度确定硅衬底上的 SiO_2 要能够当作掩模来实现定域扩散的话，只要 x_{SiO_2} 能满足条件：预生长的 SiO_2 膜具有一定的厚度，同时杂质在衬底硅中的扩散系数 D_{Si} 要远远大于其在 SiO_2 中的扩散系数 D_{SiO_2}（即 $D_{Si} \gg D_{SiO_2}$），而且 SiO_2 表面杂质浓度（C_S）与 SiO_2/Si 界面杂质浓度（C_I）之比达到一定数值，可保证 SiO_2 膜能起到有效的掩蔽作用。所需 SiO_2 膜的最小厚度 x_{min} 可用经验公式求出，即

$$x_{min} = A\sqrt{D_{SiO_2}t} \tag{4.5}$$

式中，t 为杂质在硅中达到扩散深度时所对应的时间；x_{min} 为所需 SiO_2 层最小厚度。

对于恒定表面源扩散，杂质扩散服从余误差分布形式，即

$$A = 2\mathrm{erfc}^{-1}\frac{C(x)}{C_S} \tag{4.6}$$

式中，C_S 为扩散温度下杂质在 SiO_2 表面的浓度。

对于有限表面源扩散，杂质扩散服从高斯分布形式，但由于 C_S 是一个变量，A 也为随时间变化的量，其最小掩模厚度计算就更为复杂一些。

若取 $C_S/C_I = 10^3$，则所需氧化层的最小厚度为

$$x_{\min} = 4.6\sqrt{D_{SiO_2}t} \tag{4.7}$$

SiO_2 膜的掩蔽效果不但与其厚度、杂质在其中的扩散系数有关，而且还与 SiO_2 和衬底中的杂质浓度、杂质在衬底中的扩散系数，以及杂质在衬底与 SiO_2 界面上的分凝系数等多种因素有关。另外，不同方法制备的 SiO_2，掩蔽效果也有很大差别。图 4.5 为不同温度下掩蔽 P、B 所需氧化层厚度与扩散时间关系图。

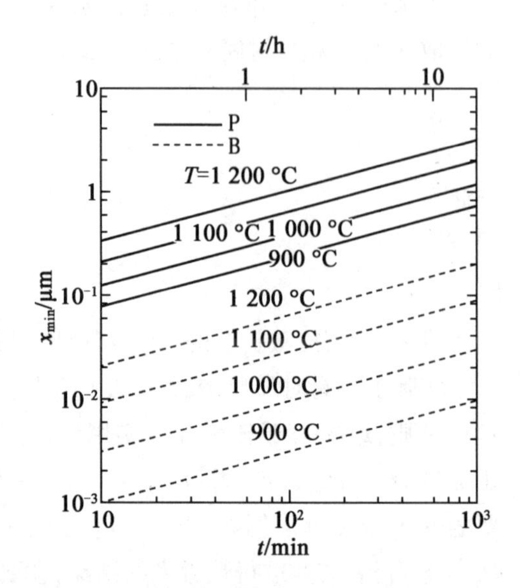

图 4.5　不同温度下掩蔽 P、B 所需氧化层厚度与扩散时间关系图

4.2　硅的热氧化

热氧化制备 SiO_2 工艺就是在高温和氧化物质（氧气或者水汽）存在条件下，在清洁的硅片表面上生长出所需厚度的 SiO_2。热氧化法制备的 SiO_2 质量好，具有较高的化学稳定性及工艺重复性，且其物理性质和化学性质受工艺条件波动的影响小，本节主要介绍热氧化工艺。

4.2.1　热氧化工艺

热氧化的设备主要有水平式和直立式两种，6 in 以下的硅片都用水平式氧化炉，8 in 以上的硅片都采用直立式氧化炉。常用的热氧化装置为高温氧化炉。图 4.6 为电阻加热氧化炉（水平式），主要包括炉体、加热控温系统、石英炉管和气体控制系统。开槽的石英舟放在石英管中，硅片垂直插在石英舟的槽内。气源用高纯干燥氧气或高纯水蒸气。炉管的装片端置于垂直层流罩下，罩下保持着经过滤的空气流，气流的方向如图 4.6 中箭头所示。在氧化过程中，要防止杂质

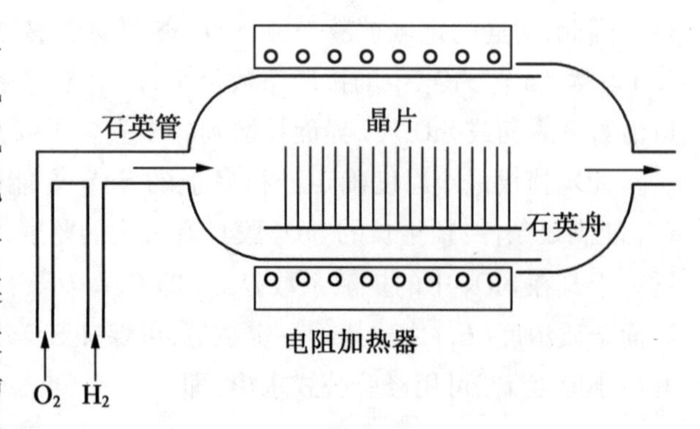

图 4.6　电阻加热氧化炉（水平式）

沾污和金属污染,为了减少人为的因素,现代IC制程中氧化过程都采用自动控制。

将硅片置于用石英玻璃制成的反应管中,反应管用电阻丝加热炉加热到一定温度(常用的温度为900~1 200 ℃,在特殊条件下可降到600 ℃以下),氧气或水汽通过反应管时,在硅片表面发生化学反应生成 SiO_2 层,其厚度一般在几十到上万埃米之间。与水平式氧化炉系统相比,直立式氧化系统的优点是利用了气体的向上热流性,使得氧化的均匀性比水平式的要好,同时它体积小、占地面积小,可以节省净化室的空间。

在硅片进出氧化区域的过程中,要注意硅片上温度的变化不能太大,否则硅片会产生扭曲,引起很大的内应力。

硅热氧化工艺,按所用的氧化气氛可分为3种方式:干氧氧化、水汽氧化和湿氧氧化。下面分别就不同氧化剂条件下的热氧化生长机理进行讨论。

(1)干氧氧化法。

干氧氧化是以干燥纯净的 O_2 作为氧化气氛。生长机理是在高温下,当 O_2 与硅片接触时 O_2 分子与其表面的Si原子反应生成 SiO_2 层,其反应式为

$$Si(s)+O_2(g)\longrightarrow SiO_2(s)$$

由于起始氧化层阻碍了 O_2 分子与Si表面直接接触,后续的氧化层增长过程是 O_2 分子扩散穿过已生成的 SiO_2 层,运动到达 SiO_2/Si 界面进行反应的过程。

干氧氧化特点:氧化层结构致密,均匀性和重复性好,掩蔽能力强;表面是非极性的硅氧烷结构,所以与光刻胶黏附良好,不易浮胶。不足之处是干氧氧化的生长速率慢、易龟裂而不适合于厚氧化层的生长。

(2)水汽氧化法。

水汽氧化是以高纯水蒸气或直接通入 H_2 与 O_2 为氧化气氛,生长机理是在高温下,由硅片表面的Si原子和 H_2O 分子反应生成 SiO_2 起始层,其反应式为

$$Si(s)+2H_2O(g)\longrightarrow SiO_2(s)+2H_2(g)$$

水汽氧化的特点:氧化速率快,在1 200 ℃下,水分子的扩散速度比干氧氧化时氧分子的扩散速度快几十倍,故水汽氧化的生长速率较快;但氧化层质量较差,结构疏松,薄膜致密性最差,针孔密度最大;氧化层表面是硅烷醇(Si—OH),易吸附水,所生成氧化层表面与光刻胶黏附性差,易浮胶,使光刻困难。所以在光刻胶涂覆前要经过吹干 O_2(或干 N_2)热处理,将Si—OH分解成Si—O烷结构,并排除水分。

(3)湿氧氧化法。

湿氧氧化是让 O_2 在通入反应室之前先通过加热的高纯去离子水,使 O_2 中携带一定量的水汽(水汽的含量一般由水浴温度和气流决定,饱和的情况下只与水浴温度有关)。所以湿氧氧化兼有干氧氧化和水汽氧化两种氧化作用,氧化速率和氧化层质量介于两者之间。

在微电子工艺中,热氧化只需通入反应气体,反应气体不用稀释。干氧氧化时,只通入高纯 O_2;湿氧氧化时,将 O_2 先通过高纯水,高纯水温一般较高,在90 ℃以上,这样氧携带大量水汽;水汽氧化时,直接通入水汽或分别通入 H_2、O_2 气体。用高纯 H_2 和 O_2 在石英反应管进口处直接合成水蒸气的方法进行水汽氧化时,通过改变 H_2 和 O_2 的比例,可以调节水蒸气压,减少沾污,有助于提高热生长 SiO_2 的质量。

干氧氧化和水汽氧化的氧化层厚度与氧化时间关系如图 4.7 所示。

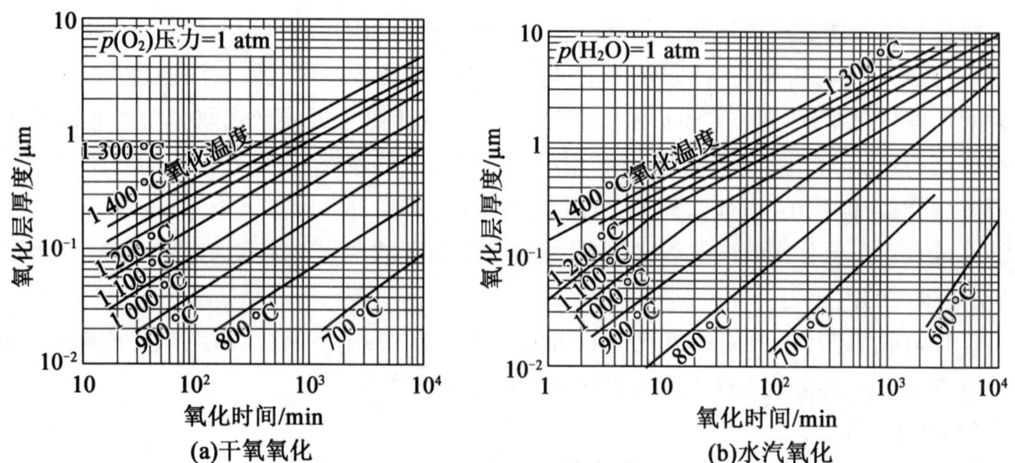

图 4.7　氧化层厚度与氧化时间关系

实际热氧化工艺多采用干、湿氧交替的方法进行，如 3DK4 的一氧工艺：干氧 15 min，再湿氧 40 min，最后干氧 15 min。干、湿氧交替进行是为了获得表面致密、针孔密度小、表面干燥、适合光刻的氧化膜，同时又能提高氧化速率，缩短氧化时间。

热氧化工艺流程一般遵循洗片→升温→生长→取片 4 个主要步骤：

(1)洗片。将准备氧化的硅片清洗干净后摆在石英舟上，放在炉口烘干。

(2)升温。温度对氧化速率影响很大，为保证氧化膜厚度均匀，硅片要放置在恒温区进行氧化。温度一般控制在 900 ~ 1 200 ℃之间的某一温度，视具体工艺而定。例如，制备 3DK4 时，一氧温度为 1 180 ℃，三氧温度为 985 ℃。

(3)生长。氧化炉恒温后，通入氧化用气体，约 10 min 将空气排除，然后缓慢地将装有硅片的石英舟推入恒温区，在生长气体氛围下热氧化。

(4)取片。热氧化完成后缓慢地将装有硅片的石英舟拖出，注意拉出速度要慢，以避免温度骤变带来的热应力过大，在推入硅片时也是如此。然后关气，停炉。

热氧化是以消耗衬底硅为代价的，这类氧化称为本征氧化，以本征氧化方法生长的 SiO_2 薄膜具有沾污少的优点。另外，热氧化温度高，生长的氧化膜致密性好，针孔密度小。因此，热氧化膜常用来作为掺杂掩模和介电类薄膜。但是，热氧化温度太高，在微电子器件与电路生产工序后期会受到严格限制，因为高温会改变横向和纵向杂质分布。另外，热氧化只能在硅衬底上生成氧化薄膜，在非硅表面上得不到热氧化薄膜，所以热氧化薄膜无法作为保护膜。

在半导体芯片生产中制备 SiO_2 薄膜的常用方法除了热氧化法外，还有热分解淀积法、外延淀积法等其他生长制备薄膜方式，不同制备工艺方法所生产的薄膜性质也有些许差别(表 4.1)。

表 4.1　不同氧化工艺制备的 SiO_2 的主要物理性质

氧化方法	密度 /($g \cdot cm^{-2}$)	折射率 (λ = 5 460 Å)	电阻率 /($\Omega \cdot cm$)	相对介电常数	介电强度 /(10^6 $V \cdot cm^{-1}$)
干氧	2.24 ~ 2.27	1.460 ~ 1.466	$3 \times 10^{15} \sim 2 \times 10^{16}$	3.4(10 kHz)	9
湿氧	2.18 ~ 2.21	1.435 ~ 1.458		3.82(1 MHz)	
水汽	2.00 ~ 2.20	1.452 ~ 1.462	$10^{15} \sim 10^{17}$	3.2(10 kHz)	6.8 ~ 9
热分解淀积	2.09 ~ 2.15	1.43 ~ 1.45	$10^{7} \sim 10^{8}$		
化学气相淀积	2.3	1.46 ~ 1.47	$7 \sim 8 \times 10^{14}$	3.54(1 MHz)	5 ~ 6

4.2.2　热氧化机理

由二氧化硅基本结构单元可知,位于四面体中心的 Si 原子与 4 个顶角上的 O 原子以共价键方式结合在一起,Si 原子运动要打断 4 个 Si—O 键,而桥联氧原子的运动只需打断 2 个 Si—O 键,非桥联氧原子只需打断 1 个 Si—O 键。因此,在 SiO_2 网络结构中,O 原子比 Si 原子更容易运动。O 原子离开其四面体位置运动后,生成氧空位。在热氧化过程中,氧离子或 H_2O 分子能够在已生长的 SiO_2 中扩散进入 SiO_2/Si 界面,与 Si 原子反应生成新的 SiO_2 网络结构,使 SiO_2 膜不断增厚。与此相反,硅体内的 Si 原子则不易挣脱 Si 共价键的束缚,也不易在已生长的 SiO_2 网络中移动。所以,在热氧化的过程中,氧化反应将在 SiO_2/Si 界面处进行,而不发生在 SiO_2 层的外表层,这一特性决定了热氧化的机理。

进一步的研究指出,氧在 SiO_2 中的扩散是以离子形式进行的。氧进入 SiO_2 后便离解成负氧离子(O_2^-)。氧离子通过扩散而到达 SiO_2/Si 界面,然后在界面处与 Si 发生反应而形成新的 SiO_2,从而使得 SiO_2 层越长越厚。同时,随着氧离子通过 SiO_2 层的扩散,也必将有空穴的扩散,而空穴的扩散比氧离子的扩散速度快,结果在 SiO_2 层中产生一内建电场,此内建电场的方向正好使该电场起着加速 O_2^- 扩散的作用。不过分析指出,这种加速扩散的作用只存在于 SiO_2 表面一个很薄的范围内(对干氧氧化为 150 ~ 200 Å,对水汽氧化仅为 5 Å)。首先,SiO_2/Si 界面处的一个 Si 原子夺取邻近的 SiO_2 中的两个氧离子,形成一个新的 SiO_2,相应地在界面附近的 SiO_2 层中产生出两个氧离子空位,然后,SiO_2 层上部的氧离子又不断扩散到界面附近来填补氧离子空位,这样氧就以 SiO_2 中的氧离子空位作为媒介而扩散到 SiO_2/Si 界面。这就说明,高温氧化过程中氧由表面往内部的扩散,实质上也就是氧空位由 SiO_2/Si 界面处不断向 SiO_2 表面扩散的过程。总而言之,干氧氧化含有的氧离子通过 SiO_2 的扩散和在 SiO_2/Si 界面上与硅发生化学反应这两个过程。在较高温度(如 1 000 ℃以上)下,界面化学反应速率较快,而氧离子扩散通过 SiO_2 的过程较慢,因此氧化速率将主要决定于氧离子扩散通过 SiO_2 层的快慢。显然,这时随着氧化的进行,SiO_2 层不断增厚。SiO_2 生长过程中界面位置随热氧化过程而移动氧化速率也就越来越慢。

热氧化是通过扩散与化学反应来完成的,由于氧化实际上是在 SiO_2/Si 界面进行的,氧化反应是由硅片表面向硅片纵深依次进行的,硅被消耗,所以硅片变薄,氧化层增厚。SiO_2

生长过程中界面位置随热氧化过程而移动如图4.8 所示。

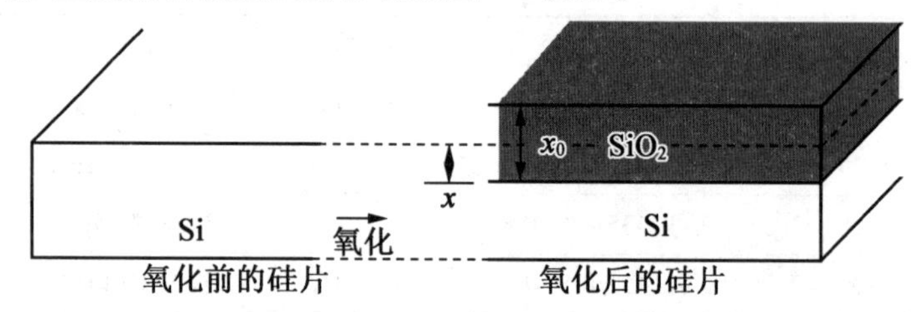

图 4.8　SiO_2 生长过程中界面位置随热氧化过程而移动

生长 1 μm 的 SiO_2 约消耗 0.44 μm 厚的 Si，由生长的 SiO_2 薄膜厚度 d (SiO_2) 就能求出消耗的硅的厚度 d(Si)

$$d\,(\mathrm{Si}) = \frac{n_{\mathrm{SiO_2}}}{n_{\mathrm{Si}}} d\,(\mathrm{SiO_2}) = \frac{2.2\times10^{22}}{5\times10^{22}} d\,(\mathrm{SiO_2}) = 0.44 d\,(\mathrm{SiO_2}) \tag{4.8}$$

4.2.3　硅的 Deal - Grove 热氧化模型

Deal - Grove 模型（也称线性 - 抛物线模型，linear - parabolic model），是用固体理论解释一维平面生长氧化硅的模型。其适用范围如下：

（1）氧化温度为 700 ~ 1 300 ℃。

（2）局部压强为 0.1 ~ 25 atm。

（3）氧化层厚度为 30 ~ 2 000 nm 的水汽和干法氧化。

图 4.9 给出了热氧化时，气体内部（主气流区）、SiO_2 中以及 Si 表面处氧化剂的浓度分布情况以及相应的流量。

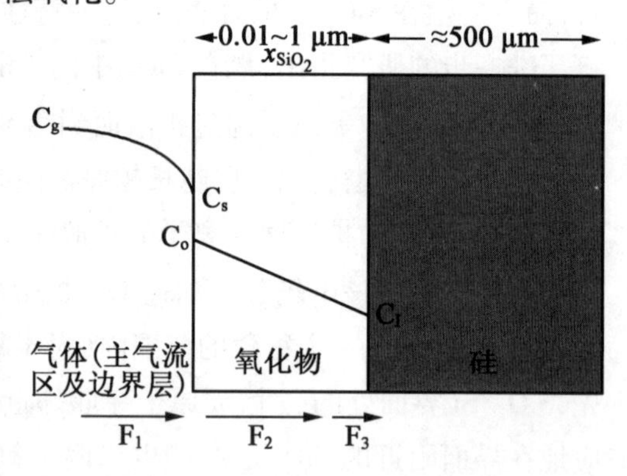

图 4.9　Deal - Grove 热氧化模型

根据上述模型，将热氧化过程分为以下几个连续步骤：

（1）氧化剂输运。

在氧化过程中，由于固相硅表面存在一个气相边界层，气相氧化剂在固相硅片衬底与主气流区之间存在一个浓度的差异。氧化剂从气体内部以扩散的形式穿过边界层运动到气体/SiO_2 界面，其气体输运流密度用 F_1 表示。边界层中的流密度取线性近似，即从气体内部到气固界面处的氧化剂流密度 F_1 正比于主气流区气体内部氧化剂浓度 C_g 与贴近 SiO_2 表面上的边界层氧化剂浓度 C_S 的差

$$F_1 = h_g (C_g - C_S) \tag{4.9}$$

式中，h_g 为气相质量输运系数（cm/s）。

（2）固相扩散。

氧化剂以扩散方式穿过 SiO_2 层（忽略漂移的影响），到达 SiO_2/Si 界面，其通过 SiO_2 层的扩散流密度用 F_2 表示，数学表达式为

$$F_2 = -D_{SiO_2}\frac{C_o - C_I}{x_{SiO_2}} \tag{4.10}$$

式中，D_{SiO_2}为氧化剂在 SiO_2 中的扩散系数；C_o 为氧化物内表面氧化剂浓度；C_I 为氧化物生长界面氧化剂浓度；x_{SiO_2}为 SiO_2 厚度。

(3)化学反应。

氧化剂通过 SiO_2 层扩散到 SiO_2/Si 界面处与 Si 反应，生成新的 SiO_2，反应速率取决于化学反应动力学，此时氧化剂扩散流密度用 F_3 表示。假定在 SiO_2/Si 界面处，氧化剂与 Si 反应的速率正比于界面处氧化剂的浓度 C_I

$$F_3 = k_s C_I \tag{4.11}$$

式中，k_s 为氧化剂与 Si 反应的化学反应常数。

(4)反应的副产物离开界面。

发生化学反应的副产物(如 H_2 等)扩散出氧化层，并向主气流区转移。由于氢的原子小、质量低，因而不论在氧化层或气相中都具有较高的扩散速率，能迅速扩散逸出反应室，所以可忽略它对氧化速率的影响。

热氧化是在氧化气氛下进行的，在准平衡态稳定生长条件下，氧化剂流密度不变，即

$$F_1 = F_2 = F_3 \tag{4.12}$$

现已知参数为主气相区氧化剂浓度 C_g，求解上述方程中三个未知浓度 C_S、C_O和 C_I。借助亨利定律：在一定温度下，某种气体在溶液中的浓度 C_O 与液面上该气体的平衡压力 p_0 成正比，则

$$C_O = Hp_0 \tag{4.13}$$

由理想气体状态方程，理想气体状态参量压强 p_0 和绝对热力学温度 T 之间的函数关系为

$$P_0 = N_0 kT \tag{4.14}$$

由式(4.12)、式(4.13)得到

$$C_O = HN_0 kT \tag{4.15}$$

式中，C_O 为氧化物内表面氧化剂浓度；H 为亨利常数；p_0、N_0为分别为 SiO_2 表面氧的分压和 O_2 分子的物质的量；k 为玻耳兹曼常数；T 为热力学温度。

由式(4.12)，求得

$$C_1 = \frac{Hp_g}{1 + \frac{k_s}{h} + \frac{k_s x_{SiO_2}}{D_{SiO_2}}}$$

$$C_O = \frac{\left(1 + \frac{k_s x_{SiO_2}}{D_{SiO_2}}\right)Hp_g}{1 + \frac{k_s}{h} + \frac{k_s x_{SiO_2}}{D_{SiO_2}}}$$

式中，$h = h_g/HkT$。

4.2.4　热氧化生长速率

由 Deal－Grove 热氧化模型从理论上求解氧化层生长速率 v，则将界面流量除以单位体积 SiO_2 的 O_2 分子数 N_1 即可获得氧化层的生长速率，即

$$v=\frac{F_3}{N_1}=\frac{dx_{SiO_2}}{dt}=\frac{k_s C^*}{N_1\left[1+\frac{k_s}{h}+\frac{k_s x_{SiO_2}}{D_{SiO_2}}\right]} \tag{4.16}$$

式中，N_1 为生长单位体积氧化层所需要的氧化剂分子数。

氧化剂与 Si 反应生成 SiO_2，每形成一个单位体积 SiO_2，需要一个 O_2 分子或两个 H_2O 分子。因此，对于氧氧化 $N_1=N(SiO_2)=2.2\times10^{22}\ cm^{-3}$；对水汽氧化，$N_1=2N(SiO_2)$。

假设氧化前硅片表面上存在的初始氧化层厚度为 x_0，以式(4.15)求解出氧化层生长厚度与生长时间之间的关系式为

$$x_{SiO_2}^2+Ax_{SiO_2}=B(t+\tau) \tag{4.17}$$

式中，$A=2D_{SiO_2}\left(\frac{1}{k_s}+\frac{1}{h}\right)$；$B=\frac{2D_{SiO_2}Hp_g}{N_1}$；$\tau=\frac{x_0^2+Ax_0}{B}$。

A、B 皆为速率常数，则式(4.17)解为

$$x_{SiO_2}=\frac{A}{2}\left(\sqrt{1+\frac{(t+\tau)}{\frac{A^2}{4B}}}-1\right) \tag{4.18}$$

由此可见，热氧化速率(一定时间内，氧化层的厚度)是由三方面因素决定的：氧化剂在气体内部输运到 SiO_2 界面速度、在 SiO_2 层中扩散速度以及在 SiO_2/Si 界面的化学反应速率。因为在气相过程中的扩散速度比在固相中的扩散速度快得多，所以热氧化速率主要受到氧化剂在 SiO_2 层中扩散速度以及在 SiO_2/Si 界面的化学反应速率影响，因此存在所谓的扩散控制和表面化学反应控制两种极限情况(图 4.10)。

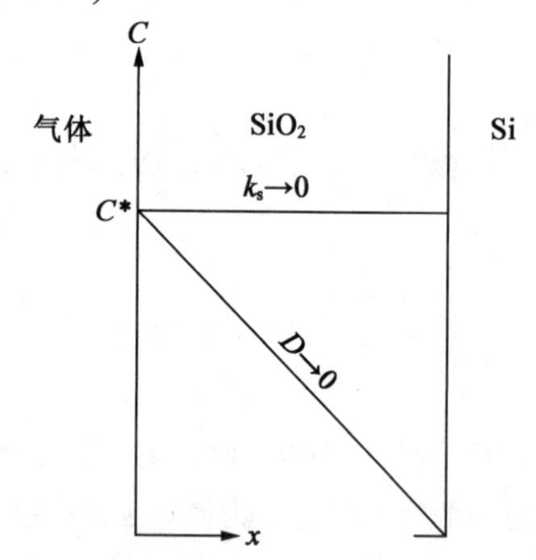

图 4.10　SiO_2 中氧化剂在热氧化过程的两种极限情况下的浓度分布

(1)氧化时间很短($t\to0$)，所生长氧化层很薄时，式(4.17)中二次方项可以忽略，则氧化层厚度 x_{SiO_2} 可以近似解为

$$x_{SiO_2}=\frac{B}{A}(t+\tau) \tag{4.19}$$

即氧化层很薄时，氧化层厚度增长速率近似与时间呈线性关系，此种极限情况下的氧化规律称为线性规律，B/A 为线性速率常数。其中

$$\frac{B}{A}=\frac{k_s h}{k_s+h}\cdot\frac{Hp_g}{N_1}=\frac{k_s h}{k_s+h}\cdot\frac{C^*}{N_1} \tag{4.20}$$

对应于图 4.10，当氧化剂在 SiO_2 中的扩散系数 D_{SiO_2} 很大时，$C_I = C_0 = C^*/(1 + k_s/h)$。对于多数氧化情况来看，气相质量输运系数 h 是化学反应常数 k_s 的 10^3 倍，$k_s \to 0$。在这种情况下，进入 SiO_2 中的氧化剂快速扩散到 SiO_2/Si 界面处。相比之下，在界面处氧化剂与 Si 反应生成 SiO_2 的速率很慢，结果造成氧化剂在界面处堆积，趋向于 SiO_2 表面处的浓度。因此，SiO_2 生长速率由 Si 表面的化学反应速率控制。所以在线性氧化规律时，化学反应常数 k_s 决定氧化层的生长速率，也称为化学反应控制阶段。

（2）氧化时间很长（$t \to \infty$），所生长氧化层很厚时，式（4.17）中一次方项可以忽略，则氧化层厚度 x_{SiO_2} 可以近似解为

$$x_{SiO_2}^2 = B(t + \tau) \tag{4.21}$$

即氧化层很厚时，氧化层厚度增长速率近似与时间呈抛物线关系，此种极限情况下的氧化规律称为抛物型规律，B 为抛物型速率常数。

而式（4.17）中的定义表明 B 与氧化剂在 SiO_2 中的扩散系数 D_{SiO_2} 有关。对应于图4.10，当氧化剂在 SiO_2 中的扩散系数 D_{SiO_2} 很小时（$D_{SiO_2} \leqslant k_s x_0$，即 $D_{SiO_2} \to 0$），则有 $C_I \to 0, C_0 \to C^*$。在这种情况下，氧化剂以扩散方式通过 SiO_2 层运动到 SiO_2/Si 界面处的数量极少。以至于到达界面处的氧化剂与 Si 立即发生反应生成 SiO_2，在界面处没有氧化剂的堆积，浓度趋于零。因扩散速度太慢，而大量氧化剂堆积在 SiO_2 表面处，浓度趋向于气相平衡时的浓度 C^*。由此可知，在这种情况下，SiO_2 生长速率主要由氧化剂在 SiO_2 中的扩散速率所决定，扩散过程决定氧化层生长速率，也称这种极限情况为扩散控制阶段。

4.2.5　影响氧化速率的各种因素

在集成电路的加工过程中，氧化层厚度的控制十分重要。如栅氧化层的厚度在亚微米工艺中仅几十纳米，甚至几纳米。而通过 Deal - Grove 氧化速率模型基本可以从理论上推导出硅的热氧化过程中氧化剂浓度、氧化工艺时间与氧化层生长速率和厚度之间的一般关系，预测热氧化过程中的两种极限情况。人们在各种不同条件下，做了大量试验并与理论模型进行比较，包括干氧氧化、水汽氧化和湿氧氧化（让氧气冒泡通过温度为 85 ℃的高纯水，得到的水汽压力为 8.5×10^4 Pa），氧化温度为 700 ~ 1 200 ℃，控制精度为 ±1 ℃，用多光束干涉法测量氧化层的厚度。硅热氧化的普遍关系以及两种极限形式的试验测定结果如图 4.11 所示。由图 4.11 可见，在长时间氧化或氧化时间很短时，氧化层厚度实测值与 Deal - Grove 模型计算值吻合。

在氧化层生长工艺过程，多种因素对氧化层生长速率常数产生影响。下面从温度、氧化剂分压、衬底晶向与掺杂浓度以及杂质类型等因素对氧化生长速率常数影响角度进行讨论。

1. 温度对氧化速率的影响

O_2 或水汽在 SiO_2 中的溶解、扩散，以及在 SiO_2/Si 界面的化学反应速率均是温度的函数。温度对热氧化速率影响很大，高温下，O_2、H_2O 扩散和反应均较快，且 O_2 略快于 H_2O，但是两者在 SiO_2 中的溶解度相差很大——H_2O 的溶解度约是 O_2 的 600 倍，因此，水汽氧化速率远大于干氧氧化速率。

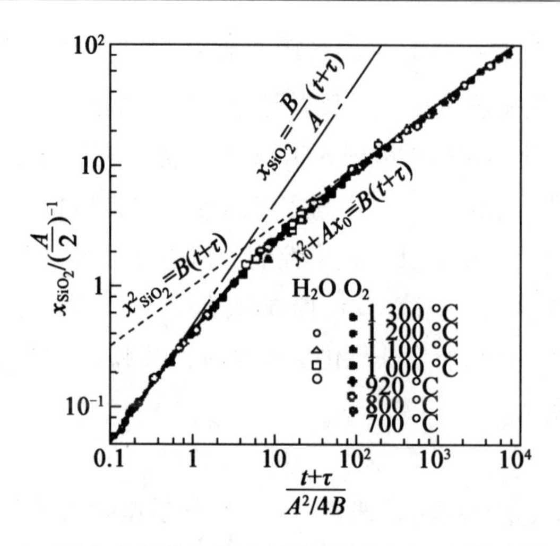

图 4.11　硅热氧化的普遍关系以及两种极限形式的试验测定结果

温度对抛物型速率常数 B 的影响是通过氧化剂在 SiO_2 中扩散系数 D_{SiO_2} 产生的。由 B 的定义

$$B=\frac{2D_{SiO_2}Hp_g}{N_1}$$

可知，B 与温度之间也是指数关系。

图 4.12 为温度对干、湿氧氧化的抛物型速率常数 B 的影响。干氧氧化时，B 的激活能是 1.24 eV，这个值很接近氧在熔融硅石（类似于热氧化 SiO_2 的结构）中氧的扩散系数的激活能 1.17 eV。湿氧氧化激活能值为 0.71 eV，这个值与水汽在熔融硅石中的扩散系数激活能 0.79 eV 基本一致（图 4.13）。

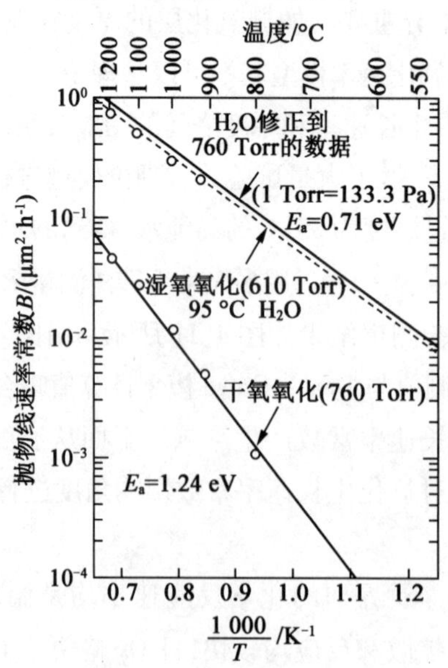

图 4.12　温度对干、湿氧氧化的抛物型速率常数 B 的影响

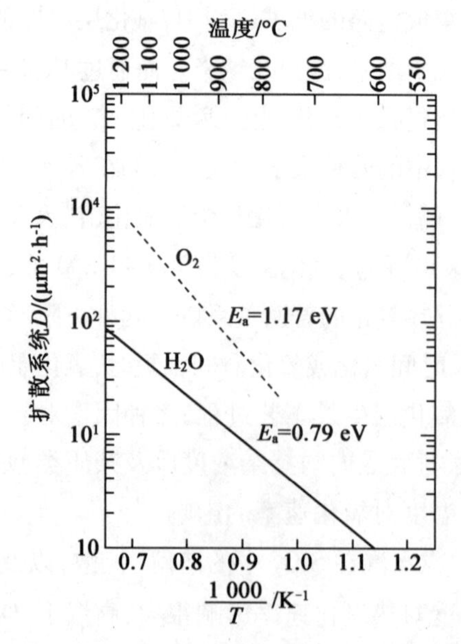

图4.13　氧气和水汽在熔融硅石中的扩散系数

线性速率常数 B/A 与温度的关系如图4.14所示。对于干氧氧化和湿氧氧化都是指数关系,激活能分别为2.00 eV和1.96 eV。其值接近Si—Si键断裂所需要的1.83 eV的能量值,说明支配线性速率常数 B/A 的主要因素是化学反应常数 k_s。k_s 与温度的关系为 $k_s = k_{S_0}\exp(-E_a/kT)$,其中 k_{S_0} 是试验常数,它与单位晶面上能与氧化剂反应的硅价键数成正比。

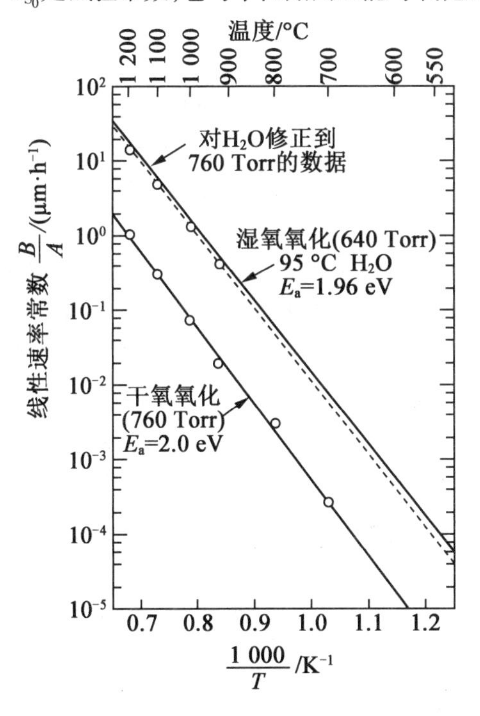

图4.14 温度对线性速率常数 $\frac{B}{A}$ 的影响

由图4.12、图4.13中数据可得出在不同氧化气氛下,A、B 及 B/A 值随氧化温度的变化(表4.2)。在3种氧化气氛下,随着温度升高,A 值减小,B、B/A 值增大。

表4.2 不同氧化气氛、氧化温度下 A、B 及 B/A 值

氧化形式	温度/℃	A/μm	B/(μm² · min⁻¹)	$\frac{B}{A}$/(μm² · min⁻¹)
干氧氧化	1 200	0.04	7.5×10^{-4}	1.87×10^{-2}
	1 100	0.09	4.5×10^{-4}	0.50×10^{-2}
	1 000	0.165	1.95×10^{-4}	0.118×10^{-2}
	920	0.235	0.82×10^{-4}	$0.034\ 7\times10^{-2}$
湿氧氧化(95 ℃水汽)	1 200	0.050	1.2×10^{-2}	2.40×10^{-1}
	1 100	0.11	0.85×10^{-2}	0.773×10^{-1}
	1 000	0.226	0.48×10^{-2}	0.212×10^{-1}
	920	0.50	0.34×10^{-2}	0.068×10^{-1}
水汽氧化	1 200	0.017	1.457×10^{-2}	8.7×10^{-1}
	1 094	0.083	0.909×10^{-2}	1.09×10^{-1}
	973	0.355	0.520×10^{-2}	0.146×10^{-1}

2. 氧化剂分压对氧化速率的影响

气体中氧化剂的分压对热氧化速率也有影响。由抛物线形速率常数 B 的定义，B 与氧化剂的分压 p_g 具有一定的比例关系；但 A 与氧化剂分压无关，因此线性速率常数 B/A 与 p_g 的关系就由 B 决定，也是线性关系。温度为 1 000 ~ 1 200 ℃，压力为 0.1 ~ 1 atm 的水汽氧化和干氧氧化时，A 和 B 与氧化剂分压的关系如图 4.15 所示。

由图 4.15 可见，B 是随压力线性变化的，A 与压力无关。这一试验结果也说明，亨利定律所预言的氧化速率对压力的线性依赖关系是正确的。也正因为 B 是与 p_g 成正比，那么在一定氧化条件下，p_g 是靠抛物线形速率常数 B 来对氧化速率进行影响的，通过改变反应器内氧化物质分压可以改变氧化层生长速率，由此而出现高压氧化和低压氧化技术。

3. 硅衬底的晶向对氧化速率的影响

不同晶向的衬底单晶硅由于表面悬挂键密度不同，生长速率也呈现各向异性。热氧化是氧化剂与硅的氧化反应，衬底硅的性质对氧化速率也有影响。单晶硅各向异性，不同晶向的衬底，氧化速率略有不同。氧化速率与晶向的依赖关系可用有效表面键密度来解释，主要是因为在氧化剂压力一定的情况下，SiO_2/Si 界面反应速率常数取决于 Si 表面的原子密度和氧化反应的活化能，对化学反应速率常数 k_s 具有直接影响，所以线性速率常数 B/A 强烈依赖于晶向，而抛物线速率常数 B 则与晶向无关。图 4.16 为硅不同晶向的氧化速率。

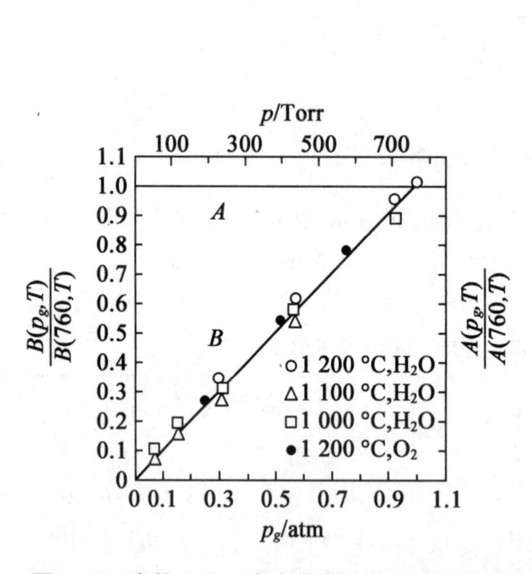

图 4.15 常数 A 和 B 与氧化剂分压之间的关系

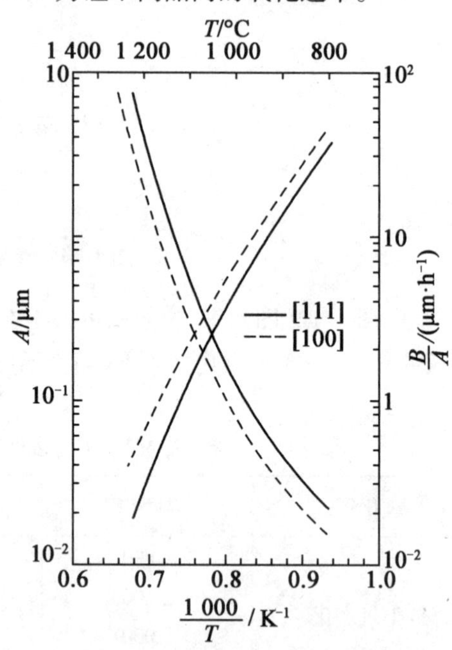

图 4.16 硅不同晶向的氧化速率

结果表明，在适当温度，[111]晶向硅的 B/A 值为[100]晶硅的 1.68 倍，[110]晶向为[100]晶向值的 1.45 倍。这与在[111]面上的硅原子密度比(100)面上的原子密度大具有一定关系，但是氧化速率并不是简单地与硅表面的 Si—Si 键密度成正比，即不是简单地与硅表面原子密度成正比。表 4.3 为水汽压力为 85 kPa 时不同温度下 Si 的晶向与氧化速率常数。

表4.3 水汽压力为85 kPa时不同温度下Si的晶向与氧化速率常数

氧化温度/℃	晶向	$A/\mu m$	抛物线速率常数 $B/(\mu m \cdot h^{-1})$	线性速率常数 $\frac{B}{A}/(\mu m \cdot h^{-1})$	$\frac{(B/A)[111]}{(B/A)[100]}$
900	〈100〉	0.95	0.143	0.150	1.68
	〈111〉	0.60	0.151	0.252	
950	〈100〉	0.74	0.231	0.311	1.68
	〈111〉	0.44	0.231	0.524	
1 000	〈100〉	0.48	0.314	0.664	1.75
	〈111〉	0.27	0.314	1.163	
1 050	〈100〉	0.295	0.413	1.400	
	〈111〉	0.18	0.415	2.307	1.65
1 010	〈100〉	0.175	0.521	2.977	
	〈111〉	0.105	0.517	1.926	1.65
					平均 1.68

为了解释线性速率常数与硅表面晶向的关系，有人提出了一个模型。根据这个模型，在SiO_2中的H_2O分子和SiO_2/Si界面的Si—Si键之间能直接发生反应。在这个界面上的所有的Si原子，一部分和上面的O原子桥联，一部分和下面的Si原子桥联，这样氧化速率与晶向的关系就变成了氧化速率与氧化激活能和反应格点的浓度的关系了。在SiO_2/Si界面上，任何一个时刻并不是处于不同位置的所有Si原子对氧化反应来说都是等效的，也就是说不是所有Si原子与H_2O分子都能发生反应生成SiO_2。

而反应格点浓度又与在一定时间内参加反应的有效Si—Si键密度有关。由于表面价键具有方向性，它的有效性又和价键与表面的夹角有关，夹角越小，就越容易发生反应生成SiO_2，还应考虑到下一层晶面中的原子部分地被上层晶面的相邻原子所屏蔽。另外，H_2O分子与Si原子相比是很大的，当H_2O分子与某些角度的Si—Si键反应时，就可能挡住邻近的Si—Si键同其他H_2O分子反应。H_2O分子对邻近H_2O分子的掩蔽作用和其他一些几何影响称为空间位阻(Steric Hindrance)。空间位阻指分子内部基团在空间排布造成的相互排斥作用，它使分子构型、对称性、反应活性等发生变化，会导致高激活能，而且也使氧化速率的大小依赖于硅表面的取向。对于干氧氧化，也存在位阻现象。

4. 掺杂情况对氧化速率的影响

由于湿氧氧化速率基本上大于干氧氧化速率，因此，干氧中含少量的水汽都会使干氧氧化加速。实际上，线性和抛物型氧化速率常数对存在于氧化剂中或者存在于硅衬底中的杂质、水汽、钠、氯、氯化物等物质都非常敏感。

(1)Ⅲ～Ⅴ族元素。

Ⅲ～Ⅴ族元素是工艺中常用的掺杂元素，当它们在衬底硅中的浓度相当高时，会影响氧化速率，其原因是氧化膜的结构与氧化膜中的杂质含量和杂质种类有关。Si在热氧化过程中，由于杂质在Si中和SiO_2中的溶解度不同，杂质在SiO_2/Si界面产生再分布。再分布的结

果导致 SiO_2/Si_2 界面处杂质分布不连续，即杂质不是较多地进入 Si 就是较多地进入 SiO_2，有关杂质再分布问题详见 4.4 节。

界面杂质的再分布会对氧化膜特性产生影响。对于分凝系数小于 1 的杂质（如 B），在氧气中氧化时，杂质被分凝到 SiO_2 中去，使 SiO_2 网络结构强度变弱，氧化剂在其中有较大的扩散系数，而且在 SiO_2 网络中的氧化剂浓度也提高了，因此氧化速率提高。图 4.17 为掺硼硅在湿氧氧化时的氧化层厚度与温度、掺杂浓度的关系。

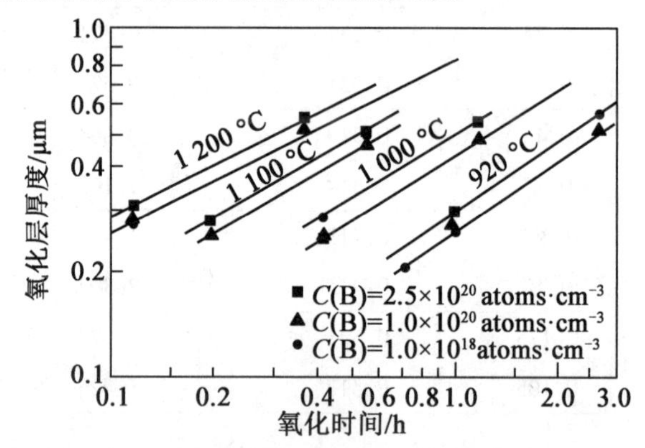

图 4.17　掺硼硅在湿氧氧化时的氧化层厚度与温度、掺杂浓度的关系

对于分凝系数大于 1 的 P 来说，在分凝过程中，只有少量的 P 掺入生长的 SiO_2 中，而大部分 P 集中在 SiO_2/Si 界面处和靠近界面的 Si 中。因而使线性氧化速率常数变大，抛物型速率常数基本不受 P 掺杂浓度的影响。因分凝进入 SiO_2 中的 P 量很少，氧化剂在 SiO_2 中的扩散能力基本不受影响。对掺磷硅的湿氧氧化，仅在低温时才看到与掺杂浓度的依赖关系，因为低温下表面反应控制是主要的，而高温时以扩散控制为主。

图 4.18 为掺杂硅在湿氧氧化时的氧化层厚度与温度、掺杂浓度的关系。高温下 P 的分凝效应显著，大部分杂质被分凝到 Si 中，氧化膜中 P 杂质不足以引起加强氧化。而在较低温度下，分凝作用减弱，氧化膜中 P 含量随掺杂浓度的增大而增大，因此氧化速率增大。

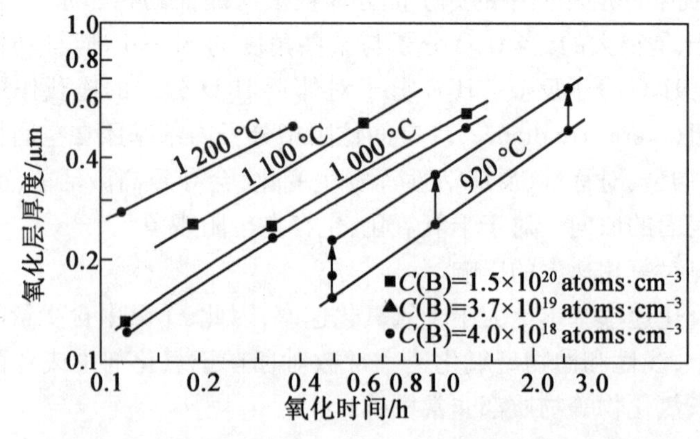

图 4.18　掺磷硅的湿氧氧化时的氧化层厚度与温度、掺杂浓度的关系

掺杂浓度对氧化速率的影响一般在高掺杂浓度下（如大于 10^{19} atoms/cm^3）才明显，低掺杂浓度时可不必考虑。如图 4.19 为在 900 ℃时干氧氧化的速率常数与掺磷浓度的关系，可见 B/A 在高掺杂浓度时基本上随掺杂浓度增大而增大,这时氧化受界面处反应速率控制。而 B 相对来讲与掺杂浓度关系不大,它反映了氧化速率受氧化剂通过氧化膜的扩散限制。

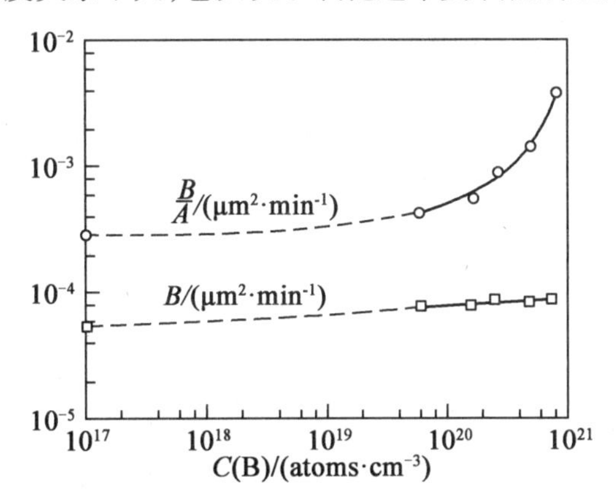

图 4.19　在 900 ℃时干氧氧化的速率常数与掺磷浓度的关系

图 4.20 为氧化层在不同掺杂浓度下的生长厚度差异的示意图。这一差异造成芯片表面的不平整,对后期工艺过程中光刻、刻蚀,以及金属化等工艺过程会产生影响。

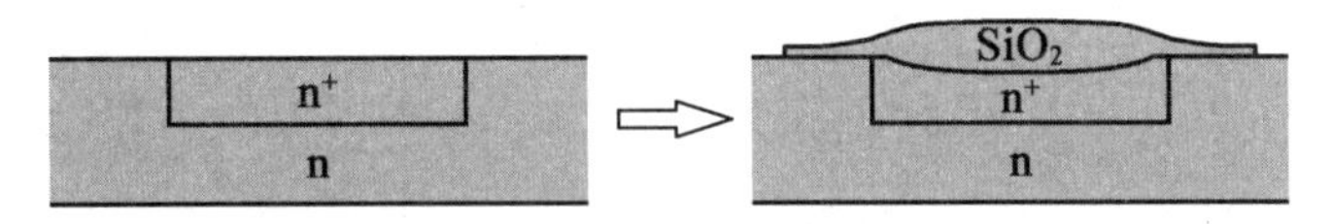

图 4.20　氧化层在不同掺杂浓度下的生长厚度差异的示意图

对于另一些杂质,虽然分凝作用使其进入 SiO_2,但结合进氧化膜的杂质又很快地通过氧化膜扩散掉(如铝、镓、铟就是这种情况)。这样的杂质和轻掺杂一样,并不显示出加速氧化的作用。

氧化过程中,SiO_2/Si 的界面情况比较复杂,目前尚属并不完全理解的领域,在高掺杂浓度下这个问题就更加复杂。为了解释掺杂浓度高对氧化速率的加强,有人还提出了一个称之为费米能级移动效应的理论模型,那就是在高掺杂的情况下,费米能级会移动使半导体中空位浓度增加。空位浓度的增加使氧化剂的扩散系数增加,同时这些点缺陷也能提供使 Si 变成 SiO_2 的化学反应的反应位置,从而使氧化反应速率增加。

(2)钠等杂质。

钠是半导体芯片生产中特别提防但又经常遇到的一种杂质,进入 SiO_2 中的 Na^+、H^+ 具有在与 Si 或与电极的界面处堆积的性质。试验发现,氧化层中如含有高浓度的钠,则线性和抛物型氧化速率常数明显变大。因为 SiO_2 中的钠多以氧化物形式存在于 SiO_2 网络中,致使网络中的氧数量增加,一些 Si—O—Si 键受到破坏,非桥键氧数目增多,网络结构强度减弱,孔洞增多,增加了氧化剂通过氧化层的扩散速率。而且氧化膜中氧化剂分子的浓度也增大,促使氧化速率增大。这样,氧化剂不但容易进入 SiO_2 中,而且其浓度和扩散能力都增大。

钠的来源是多方面的,所以为防止钠沾污,采用无钠材料、超净工作环境、双层石英管、用电子束蒸发代替常用的钨丝蒸发等,也可采用含氯氧化、复合介质膜等工艺降低钠沾污。

(3)卤族元素。

在氧化气氛中加入适量的卤族元素会改善氧化膜及其下面 Si 的特性。氧化膜特性的

改善包括 Na^+ 浓度减小、介质击穿强度增大、界面态密度减小。实践中应用较多的卤族元素是氯，在 SiO_2/Si 界面上或界面附近，氯能使杂质转变成容易挥发的氯化物从而起到吸杂的效果，另外也能看到氧化诱生旋涡缺陷减少。

在氧化剂的气氛中加入一定数量的氯，氧化速率常数明显变大。不同温度下 n 型硅(100)和(111)晶面氧化速率常数 HCl 的体积分数之间的关系如图 4.21 所示。其中图 4.21(a)为(100)、(111)晶面在 900 ℃、1 000 ℃、1 100 ℃抛物型速率常数与 HCl 的体积分数的关系；图 4.21(b)为(100)、(111)晶面在 900 ℃、1 000 ℃、1 100 ℃线性速率常数与 HCl 的体积分数的关系。

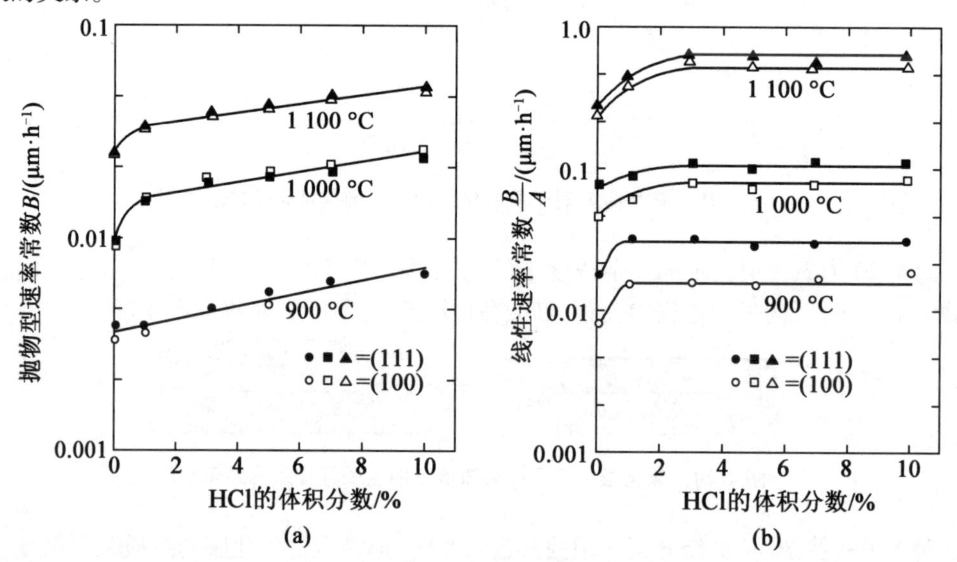

图4.21 n 型硅(100)和(111)晶面氧化速率常数与 HCl 的体积分数之间的关系(900 ℃、1 000 ℃、1 100 ℃)

由图 4.21 可见，抛物线型速率常数 B 随 HCl 的体积分数线性增大，但在 1 000 ℃和 1 100 ℃的温度，HCI 的体积分数小于 1% 时，B 随体积分数的增大而增长得更快；线性速率常数 B/A 随 HCl 的体积分数增大而增大；当 HCl 的体积分数大于 1% 时，却不随 HCl 的体积分数改变而变化。对于干氧氧化，HCl 的体积分数一般为 1% ~5%，因为在高温下，HCl 的体积分数过高会腐蚀硅表面。

图 4.22 给出的是在 1 000 ℃时，对 n 型硅的(111)和(100)晶面，氧化时间与厚度之间关系。由图 4.22(a)可以看到，含有 HCl 的氧化速率较快，(111)晶面氧化速率快于(100)晶面；图 4.22(b)给出的是在 1 000 ℃，HCl 的体积分数为 3% 时氧化层厚度与$(t+\tau)/x_0$ 之间关系。

(4) 水汽。

试验发现，在干氧氧化的气氛中，只要存在极小量的水汽，就会对氧化速率产生重要影响。对于硅的(100)晶面，在 800 ℃的温度下进行干氧氧化时，当氧化剂气氛中的水汽的体积分数小于 10^{-6} 时，氧化 700 min，氧化层厚度为 300 Å；在同样条件下，水汽的体积分数为 25×10^{-6} 时，氧化层厚度为 370 Å。在上述试验中，为了准确控制水汽的体积分数，氧气源是液态的；为了防止高温下水汽通过石英管壁进入氧化炉内，氧化石英管是双层的，并在两层中间通有高纯氮气或氩气，这样可以把通过外层石英管进入到夹层中的水汽及时排除。

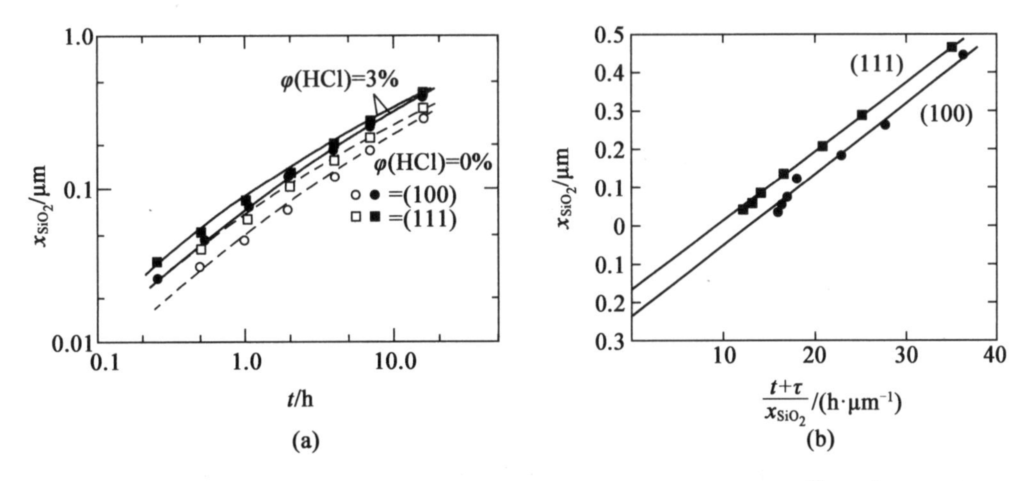

图4.22　n型硅(100)和(111)晶面氧化时间与厚度之间的关系(C(B)$=10^{15}$ cm^{-3},1 000 ℃)

4.3　初始氧化阶段及薄氧化层制备

随着MOS器件沟道长度不断减小,为了抑制短沟道效应,减小亚阈值斜率,同时也为了增大驱动电流提高电路工作速度,必须使MOS晶体管的栅氧化层厚度和沟道长度一起按比例缩小。目前在ULSI工艺中,65 nm的逻辑制程对氧化层的要求已达到极限,在一些应用中已达到5~6个原子层厚度,而D-G模型对于厚度小于30 nm的超薄热干氧氧化规律描述不准确:平坦没有图案的轻掺杂衬底上,在单一O_2或H_2O气氛下,SiO_2厚度大于20 nm时,D-G模型能很好地描述氧化过程;试验表明,在20 nm之内的热氧化生长速率和厚度比D-G模型大得多。

在700 ℃的温度下进行干氧氧化时,氧化层厚度x_{SiO_2}与t之间的试验结果如图4.23所示。由图4.23可见,开始是一个快速氧化阶段,之后才是线性生长区。由线性部分外推到$t=0$时所对应的氧化层厚度为230 Å±30 Å,而且这个值对于氧化温度为700~1 200 ℃时不随温度变化。因而对干氧氧化,必须对式(4.17)假设一个$x_0=230$ Å的初始条件,才能使模型计算的结果与试验一致。相应的τ值也可以估算出来:利用x_0与t之间的关系曲线,由线性部分外推,通过$x_0=230$ Å处到$t<0$的轴上,所对应的截距就等于τ值。利用这种外推法估算的τ值,在氧化温度较低时是准确的。目前对于初始氧化阶段的理论还没有定论。

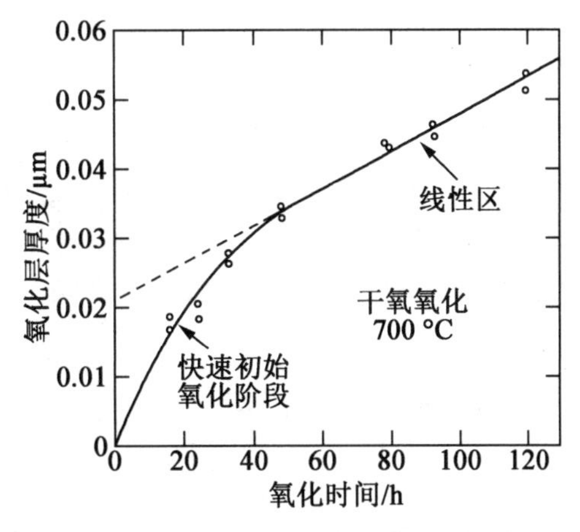

图4.23　x_{SiO_2}与t之间的试验结果

在ULSI中,MOS薄栅氧化层($x(SiO_2)<100$ Å)制备应满足以下关键条件:

(1)低缺陷密度。以降低在低电场下的突然性失效次数。

(2)好的抗杂质扩散的势垒特性。对 p^+ 多晶硅栅的 p - MOSFET 特别重要。

(3)具有低的界面态密度和固定电荷的高质量的 SiO_2/Si 界面。低的界面态密度可保证 MOSFET 有理想的开关特性。

(4)在热载流子应力和辐射条件下的稳定性。当 MOSFET 按比例减小时,沟道横向的高电场会使沟道载流子获得高能量,并产生热载流子效应,例如氧化层电荷陷阱和界面态。在热载流子应力和辐射条件(如反应离子刻蚀和 X 射线光刻工艺)下生产最小损伤的栅介质层。

(5)工艺过程中具有较低的热开销(Thermal budget),以减少热扩散过程中的杂质再分布。

对薄栅介质层研究主要集中在解决上述所提到的一些问题,可分为五大类主流方法:各种预氧化清洁工艺;各种氧化工艺;化学改善栅氧化层工艺;沉积氧化层或叠层氧化硅作为栅介质;高介电材料(high - K)。

薄氧化层的生长必须足够慢,才能保证获得均匀性和重复性较好的 SiO_2 层。薄氧化层生长情况以及氧化层性质,与清洗工艺和所用试剂的纯度有着密切的关系。薄氧化层生长工艺包括干氧氧化、含有 HCl 的干氧氧化、湿氧氧化、减压氧化、低温高压氧化等。工艺条件对氧化层质量有重大影响,例如,高温生长的氧化层比低温生长的氧化层缺陷密度高;用 HCl 气氛钝化 Na^+、改善击穿电压和吸除硅中的杂质和缺陷,必须在较高温度下进行效果才好。为了生长高质量的薄氧化层,可采用两步氧化工艺:先在中等温度(低于或等于 1 000 ℃)下用干氧、H_2 气氛形成均匀、可重复的低缺陷密度氧化层,再在 1 150 ℃温度下于 N_2、O_2 和 HCl 气氛中进行热处理,这一步达到钝化目的和得到所希望的氧化层厚度。

采用低压 CVD 是目前生长薄氧化层的一种有效方法。一般工艺条件是,温度为 900 ~ 1 000 ℃,氧的压力为 33.33 ~ 266.64 Pa,可生长出从几十至 200 Å 厚度的薄氧化层。这种方法生长的氧化层,其腐蚀速率与 950 ℃和一个大气压干氧氧化生长的氧化层的腐蚀速率一样,其他性质也均达到满意的效果。

快速热氧化(Rapid Thermal Oxidation, RTO)工艺适合用于生长深亚微米芯片所需的超薄氧化层。一般而言,对 0.25 μm 工艺,其栅氧化层厚度为 6 ~ 7 nm;对 0.18 μm 工艺,其栅氧化层厚度只有 4 nm;对 0.13 μm 工艺,其栅氧化层厚度只有 3 nm。CMOS 器件尺寸越来越小,栅介质越来越薄。利用 RTO 工艺生长的超薄氧化层一般均有极好的电学特性,可与传统高温氧化炉生长法相比,甚至更好。

4.4 热氧化过程中杂质的再分布

当掺杂的硅被热氧化时,会形成一个把 Si 和 SiO_2 分开的界面,即 SiO_2/Si 界面。在氧化过程中这个界面不断向硅中移动,因此原先在硅中的杂质在界面上要进行重新分布,直到界面两边的化学势相等为止。这种由于高温热氧化过程而引起的杂质再分布的结果,会造成 SiO_2/Si 界面两端的杂质分布有突变,与 SiO_2 接触的 Si 界面的电学特性也将发生变化,在极端情况下甚至会使 SiO_2 层下面的硅表面产生反型层。

4.4.1 杂质的分凝效应

杂质再分布由杂质的分凝效应、杂质在 Si 和 SiO_2 中的扩散、杂质通过 SiO_2 表面逸散以及界面移动这几个因素决定：

(1)分凝效应。

任何一种杂质在不同相中的溶解度不同，当两个相紧密接触时，原来存在某一相中的杂质将在两相之间发生重新分配，直至达到在两相中浓度比为某一常数为止，即在界面两边的化学势相等，这种现象称为分凝现象。定义在 SiO_2/Si 界面上的平衡杂质浓度之比为分凝系数，记作 K，即

$$K=\frac{n\,(\mathrm{Si})}{n\,(\mathrm{SiO_2})}$$

式中，$n\,(\mathrm{Si})$、$n\,(\mathrm{SiO_2})$ 分别为杂质在 Si 与 SiO_2 中的浓度。

分凝系数是衡量分凝效应强弱的参数，不同杂质在 SiO_2/Si 系统中的分凝系数是不相同的。如果假设硅中的杂质分布是均匀的，而且氧化气氛中又不含有任何杂质的条件下，则 $K<1$ 意味着经热氧化之后，杂质在靠近 SiO_2/Si 界面处的 SiO_2 中的浓度高于靠近界面处 Si 中的浓度。在界面处杂质由衬底 Si 向 SiO_2 层内扩散，造成 Si 侧界面处杂质浓度 C 低于衬底硅浓度 $C(\mathrm{B})$，相当于在界面处硅侧杂质的耗竭。属于这种类型的杂质有：B($K(\mathrm{B})=0.3$)，Al($K(\mathrm{Al})=0.1$)。如果 $K>1$，则经热氧化之后，杂质在靠近 SiO_2/Si 界面处的 Si 中的浓度高于靠近界面处 SiO_2 中的浓度。在 SiO_2/Si 界面处杂质源于衬底 Si 向 SiO_2 层内扩散，但硅侧杂质浓度高于 SiO_2，杂质倾向于在硅中扩散，造成在 SiO_2/Si 界面处硅内一侧堆积。属于这种类型的杂质有：P($K(\mathrm{P})=10$)，As($K(\mathrm{As})=10$)，Ga($K(\mathrm{Ga})=20$)，但镓在 SiO_2 的扩散速率非常快，使分布情况变得更为复杂。

硼在 SiO_2/Si 系统中的分凝系数随温度上升而增大，而且还与晶面取向有关，(100)面的分凝系数为 0.1～1，在特殊情况下也可能大于1。少量的水汽就能对硼的分凝系数产生很大的影响，所以要严格控制氧化条件。当水汽的体积分数为 2×10^{-5} 时，干氧氧化的分凝系数接近湿氧值。如果在氧化过程中对干氧气氛没有特殊的干燥措施，这种情况下的分凝系数几乎与湿氧相同。图 4.24 为在不同类型的氧化过程中硼在硅中的分凝系数与温度的关系。图 4.24 中的“接近干氧”是指没有经过特殊除水处理的干氧氧化。

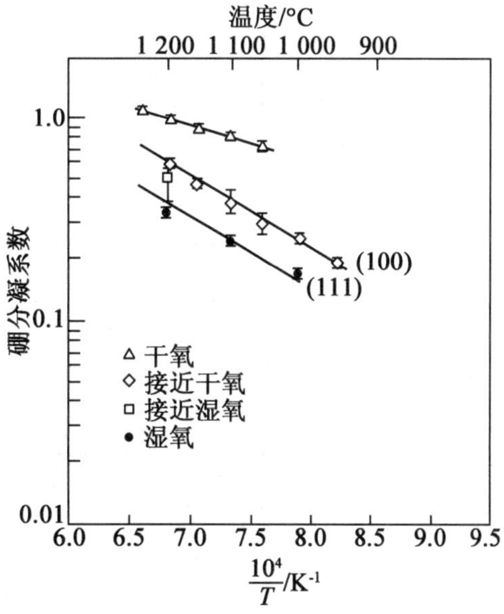

图 4.24 在不同氧化类型的氧化过程中硼在硅中的分凝系数与温度的关系

分凝作用在芯片生产中如控制不当会产生不利影响，但也可用来调节表面浓度和方块电阻，给工艺控制增加了灵活性。

(2)扩散速率。

杂质在 SiO_2 和 Si 中扩散速率不同，热氧化时，将引起 SiO_2/Si 界面杂质的再分布。扩散

系数 D 是描述杂质扩散快慢的一个参数，一般情况，按杂质在 SiO_2 中扩散速率的快慢又可分为快扩散杂质和慢扩散杂质。

(3)界面移动。

热氧化时，SiO_2/Si 界面向硅内部移动，界面移动的速率对 SiO_2/Si 界面杂质再分布也有影响。界面移动速率决定于氧化速率。水汽氧化速率远大于干氧氧化速率。水汽氧化时，SiO_2/Si 界面杂质的再分布远小于干氧氧化。而湿氧氧化速率介于水汽、干氧之间，SiO_2/Si 界面杂质的再分布也介于水汽、干氧之间。

杂质在 SiO_2 中的扩散，如果扩散系数大，则杂质迅速地通过 SiO_2 扩散，影响 SiO_2/Si 界面附近的杂质分布。扩散速率与界面移动速率之比，也会影响 SiO_2/Si 界面杂质分布；而杂质在 SiO_2 层中以及表面的逸散造成杂质在 SiO_2/Si 界面以及 SiO_2 表面处分布状况也较为复杂。综其影响，热氧化过程中硅中不同杂质在 SiO_2/Si 界面的分凝现象如图 4.25 所示：$K<1$，在 SiO_2 中是慢扩散的杂质，也就是说在分凝过程中杂质通过 SiO_2 表面损失的很少，硼就是属于这类，再分布之后靠近界面处的 SiO_2 中的杂质浓度比 Si 中高，Si 表面附近的浓度下降，如图 4.25(a)所示；$K<1$，在 SiO_2 中是快扩散杂质，因为大量的杂质通过 SiO_2 表面跑到气体中去，杂质损失非常厉害，使 SiO_2 中的杂质浓度比较低，但又要保证界面两边的杂质浓度比小于 1，使 Si 表面的杂质浓度几乎降到零，如图 4.25(b)所示，在 H_2 气氛中的硼就属于这种情况；$K>1$，在 SiO_2 中慢扩散的杂质，再分布之后 Si 表面附近的杂质浓度升高，如图 4.25(c)所示，磷就属于这种杂质；$K>1$，在 SiO_2 中是快扩散杂质，在这种情况下，虽然分凝系数大于 1，但因大量杂质通过 SiO_2 表面进入气体中而损失，硅中杂质只能不断地进入 SiO_2 中，才能保持界面两边杂质浓度比等于分凝系数，最终使硅表面附近的杂质浓度比体内还要低，如图 4.25(d)所示，镓就是属于这种类型的杂质。

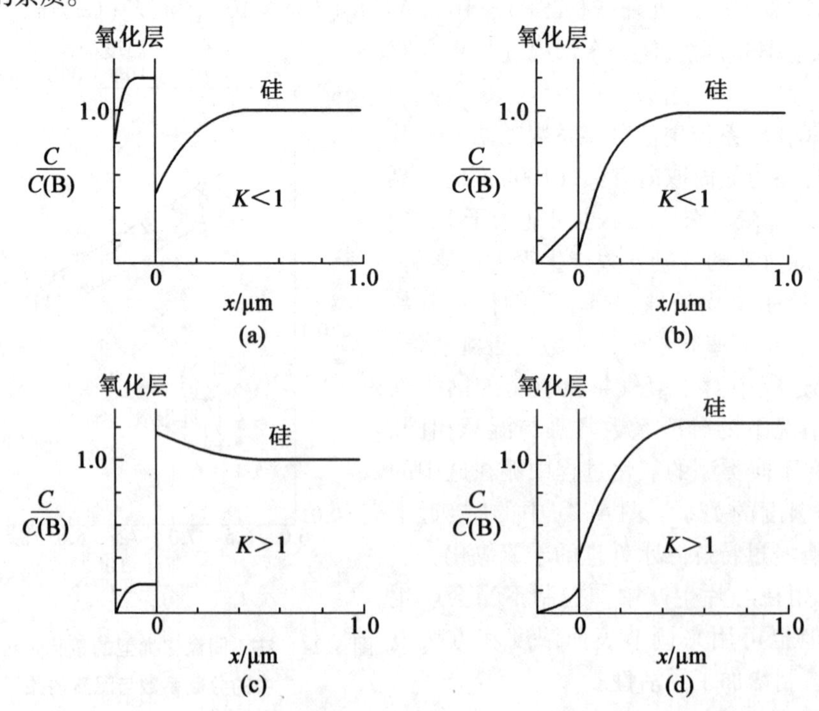

图 4.25　热氧化过程中硅中不同杂质在 SiO_2/Si 界面的分凝现象

对于 $K=1$，而且也没有杂质从 SiO_2 表面逸散的情况，热氧化过程也同样使硅表面杂质浓度降低。这是因为一个体积的硅经过热氧化之后转变为两个多体积的 SiO_2，因此，要使界面两边具有相等的杂质浓度（$K=1$），杂质必定要从高浓度硅中向低浓度 SiO_2 中扩散，也就是说，硅中要消耗一定数量的杂质，以补偿增加的 SiO_2 体积所需要的杂质。

4.4.2 再分布对硅表面杂质浓度的影响

再分布后的硅表面附近的杂质浓度，只与杂质的分凝系数、杂质在 SiO_2 中的扩散系数与在硅中扩散系数之比，以及氧化速率与杂质的扩散速率之比 3 个因素有关。前两个因素对再分布的影响已经讨论，本节主要讨论氧化速率与扩散速率之比对再分布的影响。

图 4.26 给出的是均匀掺磷的硅片，经无掺杂的干氧和水汽氧化之后，硅表面浓度 C_S 与硅内浓度 C_B 之比随氧化温度变化关系的计算结果，其中磷的分凝系数按 10 计算。由图 4.26 可见，在一定温度下，快速的水汽氧化比慢速的干氧氧化所引起的再分布程度大，即水汽氧化的 C_S/C_B 大于干氧氧化。这是因为氧化速率越快，在一定时间内加入分凝的杂质数量就越多，又因磷在 SiO_2 中的扩散速率很低，损失较小，所以造成表面浓度增大。同时还可以看到，在同一氧化气氛中，氧化温度越高，磷向硅内扩散的速度就越快，因而减小了在表面的堆积，所以 C_S/C_B 下降。表面浓度 C_S 趋于 C_B。

图 4.27 为均匀掺硼的硅片，经无掺杂干氧和水汽氧化之后，硅表面浓度 C_S 与硅内浓度 C_B 之比随氧化温度变化关系的计算结果，其中硼的分凝系数按 0.3 计算。由图 4.27 可见，在相同温度下，快速的水汽氧化所引起的再分布程度高于干氧氧化，即水汽氧化的 C_S/C_B 小于干氧氧化。同样也可以看到，不论是水汽氧化，还是干氧氧化，C_S/C_B 都随温度的升高而变大，这是因为扩散速度加快而补偿了硅表面杂质的损耗。

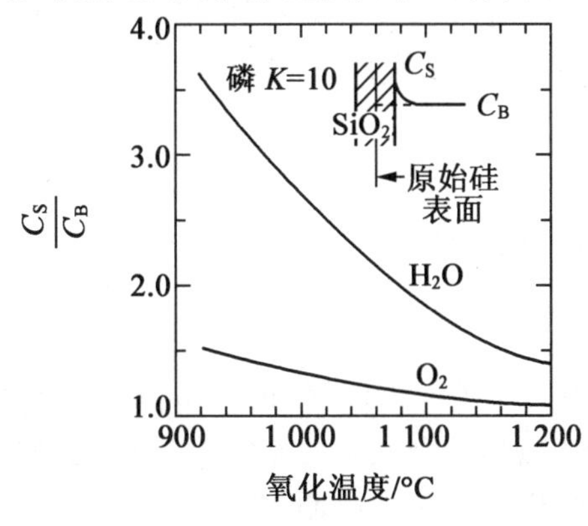

图 4.26 热氧化后硅片中磷的 $\frac{C_S}{C_B}$ 随氧化温度变化的关系

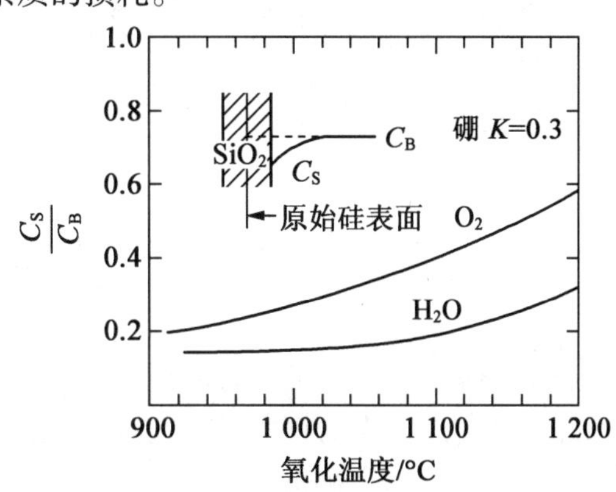

图 4.27 热氧化后硅片中硼的表面浓度 $\frac{C_S}{C_B}$ 随氧化温度变化的关系

另外，再分布也使由硅表面到硅内一定范围内的杂质分布受到影响。受影响的程度和深度与被扰动的范围有关。受扰动范围的大小近似地等于杂质扩散长度 $\sqrt{Dt}$。图 4.28 为计算得到的在不同温度下氧化后硅中硼的分布曲线，每次氧化厚度均控制在 0.2 μm。

上面讨论的是均匀掺杂的硅片经热氧化后的杂质再分布情况。而实际情况并不一定是均匀掺杂,因此再分布之后的情况变得更复杂。

图 4.29 为高温氧化对杂质浓度分布的影响。图 4.29 中虚线为热氧化前理想的高斯分布,圆点为热氧化后硼分布的试验结果。图 4.29 中实线是按 $K=0.1$ 计算的再分布情形。

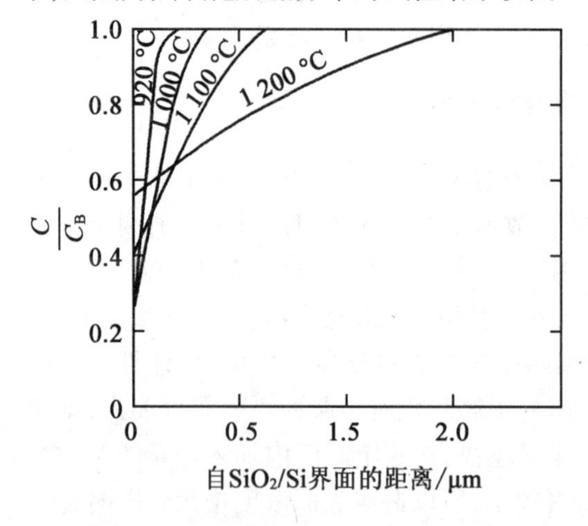

图 4.28　计算得到的在不同温度氧化后硅中硼的分布曲线

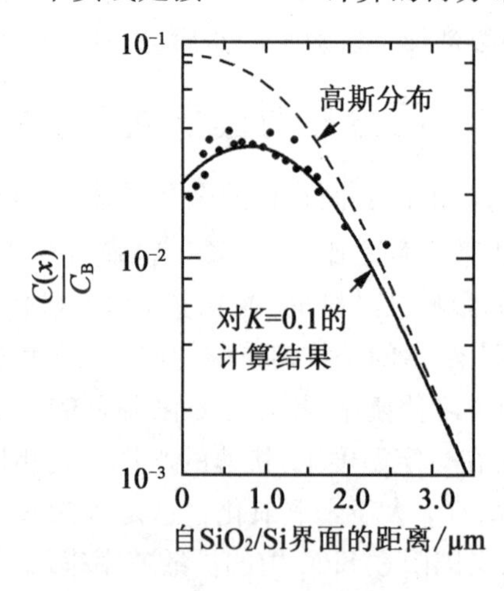

图 4.29　高温氧化对杂质浓度分布的影响

了解热氧化时 SiO_2/Si 界面杂质的再分布特性,可以通过氧化工艺来调整硅表面的杂质浓度。如在 3DK4 硼扩预淀积工序中,当杂质浓度偏大时,就可以通过二次氧化(也就是再分布)来调整硅表面的杂质浓度:将干氧—湿氧—干氧工艺的初次干氧时间缩短,甚至直接进行湿氧,湿氧时间增加,但氧化总时间不变。二次氧化后,硅表面硼浓度将有所降低,这是因为氧化引起杂质再分布的几个因素中,SiO_2/Si 界面移动速率是主要因素:湿氧氧化速率快,预淀积在硅表面的硼在还未扩散到硅内部时就被迅速生长的 SiO_2 吸收。其次,由于杂质的分凝效应,SiO_2 吸收硼[$K(B)=0.3$]。

4.5　氧化层的质量及检测

通过热氧化在硅表面生长的氧化层在后续工艺中可作为掩模使用,也可作为电绝缘层和元器件的组成部分,其生长质量以及性能指标是否可以达到上述各功能使用要求,必须在生长工艺后进行必要测试。检测主要包括 SiO_2 层厚度和成膜质量测试两部分。

4.5.1　SiO_2 层厚度的测量

在生产实践中,测量 SiO_2 层厚度的方法目前用得最多的是光学干涉条纹法。如在要求不是很精确的情况下,也可方便地用比色法来进行估测。SiO_2 膜是否致密可通过折射率来反映,较为精确的厚度与折射率检测多采用椭圆偏振法。

(1)比色法。

半导体晶片上的透明介质膜受白光垂直照射时,部分光线在介质膜表面直接反射,另一部分则透过介质膜并在膜与衬底的界面反射后再透射出来。由于这两部分光束之间存在着光程差而产生光的干涉。光程差的数值取决于膜的厚度，光的相干干涉的结果就会使一定厚度的介质膜呈现出特定的颜色。这样，根据介质膜在垂直光照下的颜色就可判定出膜的厚度。通过用其他更为准确的方法所测定的厚度作为标准，已建立起颜色和厚度的详细对照表，表4.4为在白光下 SiO_2 层厚度与干涉色彩的关系。为了避免误差，还可以设置一套标准比色样品进行对照判定。值得注意的是，需要根据工艺条件估计氧化层厚度所处的周期。

表4.4　在白光下 SiO_2 层厚度与干涉色彩的关系

颜色	氧化层厚度/Å			
	第一周期	第二周期	第三周期	第四周期
灰色	100			
黄褐色	300			
棕色	500			
蓝色	800			
紫色	1 000	2 750	4 650	6 500
深蓝色	1 500	3 000	4 900	6 800
绿色	1 850	3 300	5 200	7 200
黄色	2 100	3 700	5 600	7 500
橙色	2 250	4 000	6 000	
红色	2 500	4 350	6 250	

(2)干涉条纹法。

基本原理与比色法相同，采用的是单色光源和专门的干涉显微镜。测量前，首先把 SiO_2 层通过质量分数为48%的氢氟酸腐蚀(将不需要腐蚀的 SiO_2 用真空封蜡保护起来)而制作出一个斜面，如图4.30(a)所示。然后把单色光(λ 一定的光)垂直投射到斜面区域，对于透明膜，在斜面各处所对应的厚度不同，入射光从表面与从衬底反射出来的光束之间的光程差不同，因此产生相长干涉和相消干涉，这时在显微镜下即可观察到在斜面处有明暗相间的条纹，称为等厚干涉条纹，如图4.30(b)所示。

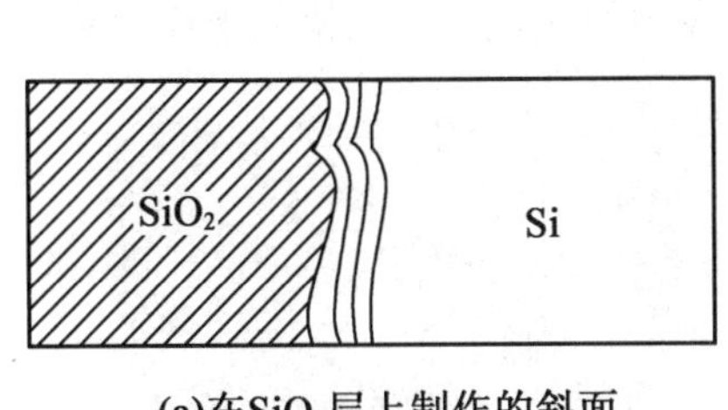

(a)在SiO_2层上制作的斜面

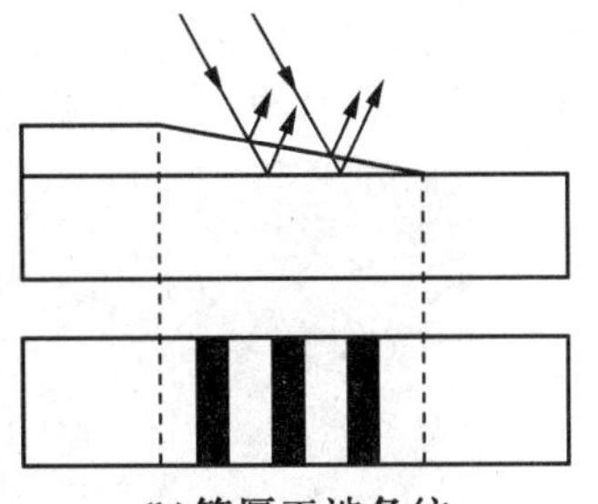

(b)等厚干涉条纹

图4.30　干涉条纹法测量氧化层厚度

如果单色光波长为 λ，二氧化膜的折射率为 n，则相应的膜厚 x (SiO_2)为

$$x_{SiO_2} = \frac{\lambda}{2n}N$$

式中，N 为在显微镜下观察到的条纹数；n 为二氧化硅膜的折射率。

一般从一个最亮条到相邻的一个最亮条（或最暗条到相邻的另一个最暗条）就算一个干涉条纹，而从最暗到相邻最亮条则可算为半个干涉条纹。如图 4.30 (b) 中所示的 N 为 3.5。

较为常用的单色光源为钠光灯，波长为 $\lambda = 5\,993$ Å ≈ 0.6 μm，而 $n \approx 1.5$，则每一条干涉条纹近似地相当于 2 000 Å 的 SiO_2 厚度。

4.5.2　SiO_2 层成膜质量的测量

集成电路对热生长 SiO_2 层质量的要求很高，主要是控制 SiO_2 的针孔、SiO_2 层中的可动电荷、SiO_2/Si 界面上与 SiO_2 层中的固定电荷和陷阱，以及 SiO_2/Si 界面态密度等。氧化膜缺陷包括表面缺陷、结构缺陷及氧化层中的电荷 3 个方面。

1. 表面缺陷

SiO_2 薄膜的表面缺陷有斑点、裂纹、白雾、针孔等，可用目检或用显微镜进行检验。

针孔通常有两种，一种是完全穿通的孔，称为“通孔”，另一种孔并不完全穿通，而是局部区域的氧化层较薄，加以一定的电压后会产生击穿，称为“盲孔”。高温氧化时出现针孔主要是由于硅片表面抛光不够好（机械损伤严重），硅片有严重的位错（因位错处往往集中着 Cu、Fe 等快扩散杂质，故不能很好地生长 SiO_2 层），硅片表面有沾污（如尘埃或沾污的碳在高温下形成的 SiC 颗粒），或硅片表面有合金点等。

为了消除氧化针孔，首先应保证硅片的质量。表面应平整、光亮，并要加强清洁处理。针孔对器件性能的危害很大，但又不易被察觉，因此有必要采用一些方法对其检验。常用于检验针孔的方法主要有化学腐蚀法和电解镀铜法。

2. 结构缺陷

SiO_2 薄膜的结构缺陷主要是氧化层错。因为热氧化是平面工艺中的一种基本工艺，而且无位错硅单晶中的微缺陷经过氧化后也将转化为层错，所以氧化层错的问题是工艺中的一个很重要的问题。

在常压下氧化，硅在 SiO_2/Si 界面氧化一般是不完全的，有约 10^{-3} 的硅原子没有被氧化。这些未氧化硅由于界面推进而挣脱晶格，成为自由原子，并以比杂质高 10^6 倍的极高迁移率迅速进入硅体内的填隙位置，造成晶格自间隙原子过饱和。这种在热氧化过程中由于过饱和自间隙原子所导致的堆垛层错，特称为氧化诱生层错（Oxidation Induced Stacking Faults，OSF 或 OISF ）。图 4.31 为腐蚀后显示在硅片表面的氧化诱生层错的组织形貌。

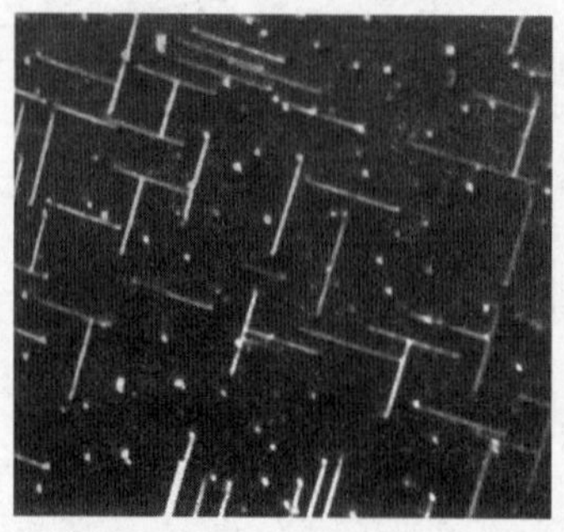
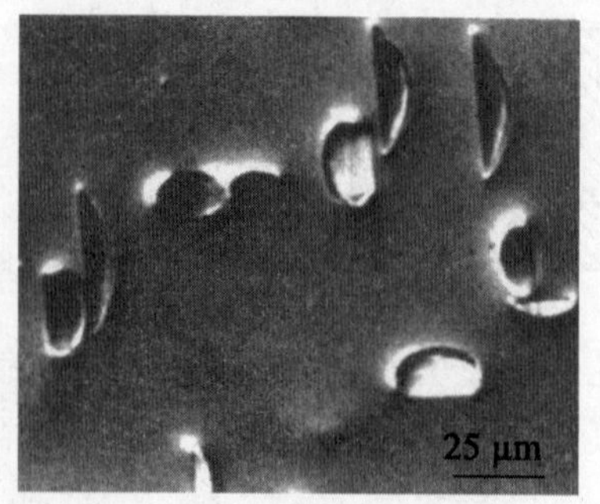

图 4.31　腐蚀后显示在硅片表面的氧化诱生层错的组织形貌

OSF缺陷在20世纪60年代初被发现，是一种在硅片氧化时产生的面缺陷，而且这种过饱和自间隙也会同时引起氧化增强扩散（Oxidation Enhanced Diffusion，OED），即扩散系数比无氧化条件下大。层错位于界面，成为重金属的吸杂中心，会影响器件的电学性能，增加表面少子复合；体内的位错还会形成“杂质穿通管道”，在体内形成散射中心、有效复合中心，降低载流子迁移率和少子寿命，由此影响MOS器件的跨导和速度，使双极型器件反向电流、低频噪声增加，小电流放大倍数下降，引起层错周围禁带能量波动。因此，OSF成为衡量硅片质量的重要参数。超大规模集成电路用硅材料对OSF控制很严格，对于直径200 mm、特征线宽0.25 μm的硅片的要求为OSF≤20个/cm^2。

氧化层错的显示方法是将氧化后的硅片，用稀HF泡掉氧化层，然后用Sirtl腐蚀液（100 mL H_2O +50 g CrO_3 +75 mL HF）或Dash溶液[φ(HF)∶φ(CH_3COOH)∶φ(HNO_3) = 1∶13∶3]腐蚀20 s左右即可。经腐蚀的硅片放在显微镜下就可以看到火柴根式的直线状缺陷（都沿〈110〉取向，且线缺陷的两端颜色较深）。氧化层错等长且均匀分布往往说明抛光质量不好；若长短不等，则是氧化工艺导致缺陷。如果腐蚀时间较长，就扩大成梯形、甚至成弧形的腐蚀坑（图4.31）。另外，用透镜电子显微镜和X射线形貌法等都可以对氧化层错进行观察。

总而言之，晶体中的缺陷对微电子产品性能和工艺都有很大的影响，因此在单晶制备和芯片制造工艺上如何控制晶体缺陷是一个很重要的课题。从单晶制备来看，目前需要着手解决的是微缺陷的问题。而从芯片制造工艺来看，为了控制各种工艺诱生缺陷（包括氧化层错），如何有效地应用各种吸除技术似乎是一个值得重视的问题。

3. 氧化层中的电荷

在SiO_2层中存在着与制备工艺有关的正电荷。在SiO_2内和SiO_2/Si界面上有4种类型的电荷（图4.32）：可动离子电荷Q_m；氧化层固定电荷Q_f；界面陷阱电荷Q_{it}；氧化层陷阱电荷Q_{ot}。这些正电荷将引起SiO_2/Si界面p－硅的反型层，以及MOS器件阈值电压不稳定等现象，应尽量避免。

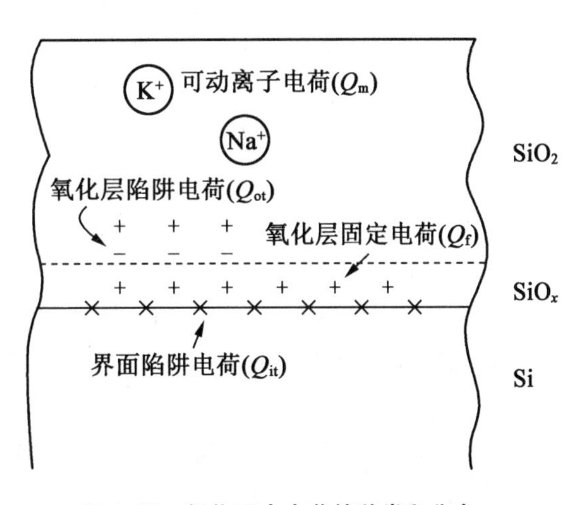

图4.32 氧化层内电荷的种类和分布

（1）可动离子电荷（Mobile Ionic Charge）Q_m。

可动离子电荷主要是Na^+、K^+、H^+等正电的碱金属离子，这些离子在SiO_2中都是网络修正杂质，为快扩散杂质，电荷密度为10^{10}～10^{12} cm^{-2}。其中主要是Na^+，因为在人体与环境中大量存在Na^+，热氧化时容易发生Na^+沾污。

Na^+离子沾污往往是在SiO_2层中造成正电荷的一个主要来源。这种正电荷将影响到SiO_2层下的硅的表面势，从而，SiO_2层中Na^+的运动及其数量的变化都将影响到器件的性能。进入氧化层中的Na^+数量依赖于氧化过程中的清洁度。现在工艺水平已经能较好地控制Na^+的沾污，保障MOS晶体管阈值电压V_T的稳定。

存在于SiO_2中的Na^+，即使在低于200 ℃的温度下在氧化层中也具有很高的扩散系数。

同时由于 Na 以离子的形态存在，其迁移（Transport）能力因氧化层中存在电场而显著提高。为了降低 Na^+ 的沾污，可以在工艺过程中采取一些预防措施，包括：①使用含氯的氧化工艺；②用氯周期性地清洗管道、炉管和相关的容器；③使用超纯净的化学物质；④保证气体在传输过程中的清洁。另外，保证栅材料（通常是多晶硅）不受沾污也很重要。使用 PSG 和 BPSG 玻璃钝化可动离子，可以降低可动离子的影响。因为这些玻璃体能捕获可动离子。用等离子淀积氮化硅来封闭已经完成的芯片，氮化硅起阻挡层的作用，可以防止 Na^+、水汽等有害物的渗透。

（2）固定离子电荷（Fixed Oxide Charge）Q_f。

固定离子电荷通常带正电，但是在某些情况下也可能带负电，它的极性不随表面势和时间的变化而变化，所以称它为固定电荷。这种电荷是指位于距离 SiO_2/Si 界面 3 nm 的氧化层范围内的正电荷，又称界面电荷，是由氧化层中的缺陷引起的，电荷密度为 10^{10} ~ 10^{12} cm^{-2}。然而在超薄氧化层（小于 3.0 nm）中，电荷离界面更近，或者是分布于整个氧化层之中。

普遍认为固定离子电荷的来源是氧化层中过剩的硅离子，或者说是氧化层中的氧空位。由于氧离子带负电，氧空位具有正电中心的作用，所以氧化层中的固定电荷带正电。固定氧化层电荷的能级在硅的禁带以外，但在 SiO_2 禁带中。

硅衬底晶向、氧化条件和退火温度的适当选择，可以使固定正电荷控制在较低的密度。同时降低氧化时氧的分压，也可减小过剩 Si^+ 的数量，有助于减小固定正电荷密度。另外，含氯氧化工艺也能降低固定正电荷的密度。

（3）界面陷阱电荷（Interface Trapped Charge）Q_{it}。

界面陷阱电荷位于 SiO_2/Si 界面上，电荷密度为 10^{10} cm^{-2}左右，是由能量处于硅禁带中、可以与价带或导带方便交换电荷的那些陷阱能级或电荷状态引起的。那些陷阱能级可以是施主或受主，也可以是少数载流子的产生和复合中心，包括起源于 SiO_2/Si 界面结构缺陷（如硅表面的悬挂键）、氧化感生缺陷，以及金属杂质和辐射等因素引起的其他缺陷。

通常可通过氧化后在低温、惰性气体中退火来降低 Q_{it}的浓度。在（100）晶面的硅上进行干氧氧化后，D_{it}的值为 10^{11} ~ 10^{12}（cm^2 · eV）$^{-1}$，而且会随着氧化温度的升高而减少。

（4）氧化层陷阱电荷（Oxide Trapped Charge）Q_{ot}。

氧化层陷阱电荷位于 SiO_2 中和 SiO_2/Si 界面附近，这种陷阱俘获电子或空穴后分别带负电或正电，电荷密度为 10^9 ~ 10^{13} cm^{-2}。这是由氧化层内的杂质或不饱和键捕捉到加工过程中产生的电子或空穴所引起的。在氧化层中有些缺陷能产生陷阱，例如，悬挂键、界面陷阱变形的 Si—Si、Si—O 键。

氧化层陷阱电荷的产生方式主要有电离辐射和热电子注入。减少电离辐射陷阱电荷的主要工艺方法有：①选择适当的氧化工艺条件以改善 SiO_2 结构，使 Si—O—Si 键不易被打破。一般称之为抗辐照氧化最佳工艺条件，常用 1 000 ℃干氧氧化。②在惰性气体中进行低温退火（150 ~ 400 ℃）可以减少电离辐射陷阱。

4. 热应力

因为 SiO_2 与 Si 的热膨胀系数不同（Si 是 2.6×10^{-6} K^{-1}，SiO_2 是 5×10^{-7} K^{-1}），因此在结束氧化退出高温过程后，会产生很大的热应力，对 SiO_2 膜来说是来自 Si 的压应力。这会造成硅片发生弯曲并产生缺陷。严重时，氧化层会产生皲裂，从而使硅片报废。所以在加热或冷却过程中要使硅片受热均匀,同时,升温和降温速率不能太大。

4.6 其他氧化方法

随着集成电路特别是超大规模集成电路的发展,横向和纵向加工尺寸的等比例缩小,要求降低加工温度和进一步提高热氧化生长的 SiO_2 层质量。由此,热氧化工艺技术也不断发展,出现了掺氯氧化、高压氧化等工艺方法。

4.6.1 掺氯氧化

掺氯氧化是当前集成电路生产中用来制造高质量洁净 SiO_2 膜的常用技术。通过在氧化气氛中加入一定量的含氯气氛(如 HCl、C_2HCl_3 等),使 SiO_2 质量和 SiO_2/Si 系统性能有很大提高。

掺氯氧化对氧化膜起作用的主要是氯,氯的来源可以是氯源本身或含氯化合物反应产生。所用的氯源有 HCl、三氯乙烯(C_2HCl_3,TCE)、三氯乙烷、三氯甲烷、Cl_2、NH_4Cl、CCl_4 等多种,目前国内用得较多的是 HCI 和 TCE。

HCl 的氧化过程,实质上就是在热生长 SiO_2 膜的同时,在 SiO_2 中掺入一定数量的氯离子的过程。试验表明,所掺入的氯离子主要分布在 SiO_2/Si 界面附近 100 Å 左右处。这些氯离子较多地填补了界面附近的氧空位,形成 Si—Cl 负电中心,因此降低了固定正电荷密度和界面态密度(可使固定正电荷密度降低约一个数量级)。

高纯的三氯乙烯在常温下是液体,可直接用氮气、氨气或氧气携带进入反应室,系统中的 TCE 量由源温、源气体流量等来调节。但 TCE 的饱和蒸气压随源温而变化,所以在氧化过程中源温要恒定。在一定的源温下选取适当的气体流量来满足工艺要求。TCE 氧化过程与一个简单的具有恒定氯源的氯在氧化硅中的扩散过程十分类似,这个氯在氧化硅中的扩散是指它在氧化层中的积累。假如反应室中氯分压恒定,则相当于恒定表面源扩散,氯在 SiO_2 中的积累量与氯在 SiO_2 中的扩散系数和扩散时间有关。当 TCE 源温不变、流量比一定,则氧化温度越高、时间越长,掺入 SiO_2 中的氯就越多。因此结合进氧化层中的氯是与源温、携源气体和氧化气体的流量比、氧化温度和时间等有关。适当调节这些参数就能得到最好的掺氯氧化膜。

氧化膜中的氯基本上集中在 SiO_2/Si 界面 SiO_2 一侧,这正是固定氧化物电荷分布的区域。界面附近高密度的氯离子填补了氧空位,从而降低了 SiO_2/Si 系统中的固定氧化物电荷密度及界面附近电荷密度。氯在氧化膜中的行为比较复杂,从试验观察分析认为有以下几种情况:(1)氯是负离子,在氧化膜中集中必然造成负电荷中心,它与正电荷的离子起中和作用;(2)它能在氧化膜中形成某些陷阱态来俘获可动离子;(3)碱金属离子和重金属离子能与氯形成蒸气压高的氯化物而被除去;(4)在氧化膜中填补氧空位,与硅形成 Si—Cl 键或 Si—O—Cl 复合体。所有这些都会对氧化膜及其下面的硅的性质有显著的影响。

大量试验表明,HCl 氧化还具有明显的吸除有害杂质的作用。吸除 SiO_2(包括石英管)中杂质的机理可能是:Na、Fe、Au 等杂质由 SiO_2 层内扩散到外表面,与 HCl 形成挥发性的氯化物(如 NaCl、$FeCl_3$、$AuCl_3$ 等)。因此,应用 HCl 氧化可生长出较为“清洁”的 SiO_2。以 Na^+

钝化为例：当 Na^+ 离子移动到 SiO_2/Si 界面 Cl—Si—O 复合体附近时，由于 Cl^- 和 Na^+ 的库仑作用很强，Na^+ 被束缚到 Cl^- 周围，而且中性化，形成（Na^+Cl^-）⋯ Si≡ 的结构。用放射性示踪测量得知，在 HCl 氧化膜中，沾污的 Na^+ 仍然有相当数量堆积在 SiO_2/Si 界面附近处，但用 MOS 的 $C-V$ 法，通过 $B-T$（偏压－温度）处理，测得这时平带电压的漂移只有 0.2 V。这说明已达到 SiO_2/Si 界面的 Na^+ 被界面处的氯束缚，而且中性化，故当电场反向时，不再向 SiO_2/Si 界面漂移。Na^+ 在 Si－Cl 中心处失去了正电荷而成为不可动的，即 Na^+ 被固定住了（可使 Na^+ 减少半个到一个数量级）。这就是 HCl 氧化的所谓表面钝化作用。

干氧氧化的气氛中含有 HCl 时，则发生如下的化学反应

$$4HCl + O_2 \rightleftharpoons 2Cl_2 + 2H_2O$$

反应生成的 H_2O 加快了氧化速率，但也有人在干氧氧化气氛中只加入 Cl_2，同样发现氧化速率增大的特性。这是因为进入 SiO_2 中的氯集中在 SiO_2/Si 界面附近，因 Si—O 键能是 4.25 eV，Si—Cl 键能为 0.5 eV，所以 Cl 先与 Si 反应生成 SiO_2 的中间产物——氯硅化合物，然后再与氧反应生成 SiO_2。在上述反应过程中，氯起催化作用。另外，氯替代氧形成非桥联的 Si—Cl 键，使 SiO_2 网络变得疏松，氧化剂在 SiO_2 中的扩散加快，也使氧化速率增加。

掺氯氧化同时还可减少界面态密度，减少固定电荷等氧化膜缺陷，提高氧化膜平均击穿电压，增加氧化速率，提高硅中少子寿命等。但在高氯浓度下（高到使 Na^+ 全部中性化），氧化膜会产生负偏压不稳定性，不过在一般芯片应用范围内不致对产品特性产生严重影响。

尽管掺氯氧化不能彻底解决产品的可靠性问题，但与普通氧化相比确有不少优点，所以在要求高质量氧化膜的场合，例如 MOS 器件生产中首先被采用了。这里值得指出的是，掺氯氧化以后，氧化膜中氯的浓度会因为后面的高温处理、惰性气体退火以及非卤化物气氛中，特别是水汽中退火而减少。原因在于 Si—Cl 键的结合并不是很牢固，在高温缺氯的气氛下退火，会使 Si—Cl 键离解。Si—O 键的键能（460 kJ/mol）大于 Si—Cl 键的键能（360 kJ/mol），说明硅与氧的结合力大于硅与氯的结合力，所以在高温下，当有氧和水汽存在时，就有可能使 Si—Cl 键解体，其化学反应式为

$$\equiv Si—Cl + O \longrightarrow \equiv Si—O + Cl$$

$$\equiv Si—Cl + OH \longrightarrow \equiv Si—OH + Cl$$

因为 Si—OH 能容易地代替 Cl—Si，因此掺氯氧化以后应尽量避免上述工艺。

在上述加氯工艺中，关键要提供足够的氧气，否则硅片表面可能会被未完全反应的氯化氢腐蚀。若因此使硅表面变得不平整，可能会降低栅氧化层的质量。与氯气一样，氯化氢在有水蒸气存在的情况下，可以与不锈钢管道发生反应，污染 Si 的表面。另外，用三氯乙烯和三氯乙烷作为氯源，它们的腐蚀性比 HCl 的小。但使用这两种物质作为氯源，必须采取严格的安全预防措施，因为 TCE 可能致癌，TCA 在高温下能够形成光气（$COCl_2$），这是一种高毒物质。

4.6.2　高压氧化

氧化剂的压力在几个到几百个大气压之间的热氧化称高压热氧化。高压热氧化的主要特点是氧化速率快，反应温度低（常用温度为 650～950 ℃，仍可保持高的氧化速率），减小了杂质的再分布和 pn 结的位移，又可抑制氧化过程的诱生缺陷、应力和杂质再分布效应。

高压氧化具有一些明显的优势：

(1)高压氧化是一种快速低温的氧化方法。在1 atm以上氧化速率随着压力增大而增大。在生长速率不变的情况下,每增加一个大气压温度可以下降30 ℃左右。氧化层厚度小于2 μm时,高压氧化速率为常压氧化速率的10倍;如果大于2 μm时,则为20倍以上。这种快速氧化现象在重掺杂多晶硅中更加明显。

(2)减少氧化层错。由于高压氧化反应比较充分,氧化膜结构比较完整,过剩硅填隙原子较少,并且氧化温度低、时间短,所以硅片变形小,能抑制非本征堆垛层错的形成。因此氧化层错的长度和密度都比常压下生长同样厚度的氧化层时有所减小。

(3)杂质再分布和分凝效应减小。与常压氧化相比,为达到相同的氧化层厚度,高压氧化可用较低的氧化温度和较短的氧化时间,因此,氧化过程中杂质再分布和分凝效应减小。试验表明高压氧化所制得的氧化膜的折射率、氧化层电荷和腐蚀速率等方面的质量指标可与常规混氧氧化相媲美。

高压氧化分为高压干氧氧化和高压水汽氧化两种。高压水汽氧化又可以分为氢氧合成高压水汽氧化和高压去离子水注入式水汽氧化。高压氧化的设备大体分成两类:一类是受热式耐压容器的研究型高压氧化系统,另一类是水冷耐压容器的流通型商用高压氧化系统。

水冷耐压容器的流通型商用高压氧化设备剖面结构如图4.33所示。其基本结构是将普通的扩散炉装在不锈钢的压力容器中,扩散炉中插有普通石英管,压力容器内壁装有冷却水管,冷却水经冷阱冷却后又返回压力容器。

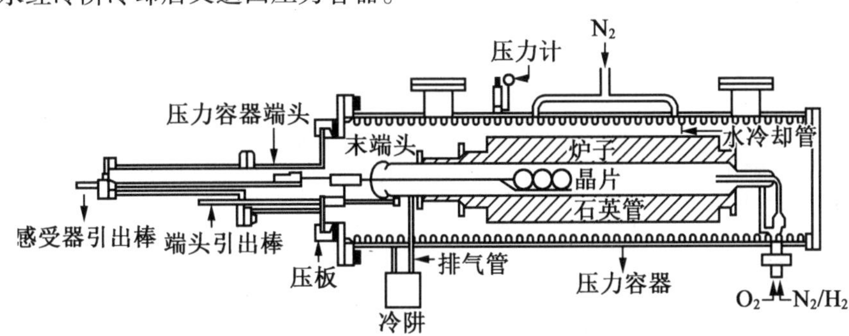

图4.33　水冷耐压容器的流通型商用高压氧化设备剖面结构

4.6.3　热氧化工艺展望

热氧化工艺无疑是硅工艺中的核心技术之一。随着芯片特征尺寸越来越小,当今热氧化工艺的发展方向主要集中在如何制造电学性能优良且足够薄的栅氧化层,要求这层薄栅具有高介电常数、较低氧化层电荷及较高击穿电压等特性。围绕这些要求,氧化层生长工艺改进主要从降低氧化温度着手,同时低温工艺也有利于抑制杂质的扩散。但低温工艺过程氧化层生长速度较慢,不利于生产实践。所以在降低氧化温度的前提下,为保证生长速率,工艺上又从两个方面改进。一是利用高压氧化,耐10~25 atm的氧化炉已经实现商品化。高压热氧化的主要特点是氧化速率快,反应温度低,从而减小了杂质的再分布和pn结的位移。高压水汽氧化还能抑制氧化堆垛层错,因而减小了器件的漏电流。另外,由于反应温度低,硅片翘曲程度大大改变,因而减小了光刻的对准难度。二是利用淀积工艺生产SiO_2薄膜,在后面章节将详细介绍。

当然,也可采用新的栅介质材料取代 SiO_2 薄层,改进高 K 介质薄栅工艺必将引领 IC 工艺迈入新的纪元。

本章小结

本章从 SiO_2 基本结构入手,介绍了 SiO_2 薄膜基本的物理化学性质,以及 SiO_2 薄膜在工艺中所发挥的作用和所处的地位。重点讲述了热氧化法制备 SiO_2 薄膜生长原理、工艺方法,讨论了生长过程中工艺参数对薄膜生长速率、质量和性能的影响。同时对热氧化过程所引起的杂质再分布、分凝现象以及界面问题进行介绍,最后对 SiO_2 薄膜测试方法以及其他制备氧化薄膜方法加以介绍。

第5章　扩　散

扩散是一种自然现象，是由物质自身的热运动引起的，运动的结果是使浓度分布趋于均匀。半导体工艺中的扩散正是利用了固体中的扩散现象，使一定种类和一定数量的杂质掺入半导体中去，以改变半导体的电学性质。扩散是微电子工艺中最基本的工艺之一，是在约1 000 ℃的高温、p型或n型杂质气氛中，使杂质向衬底硅片的确定区域内扩散，达到一定浓度，实现半导体定域、定量掺杂的一种工艺方法，也称为热扩散。本章就扩散机构、扩散理论、杂质分布、扩散工艺设备等方面进行介绍。

5.1　扩散机构

杂质在半导体中的扩散是由杂质浓度梯度或温度梯度（物体中两相的化学势不相等）引起的一种使杂质浓度趋于均匀的杂质定向运动。实际上，引起物质在固体中宏观迁移的原因是粒子浓度的不均匀。只有当晶体中的杂质存在浓度梯度时才会产生杂质扩散流，出现净的杂质移动，温度的高低则是决定杂质粒子跳跃移动快慢的主要因素。

如果在有限的基体中存在杂质浓度梯度，杂质扩散必定降低浓度梯度，在足够长时间以后，杂质浓度将变得均匀，杂质移动也就停止。扩散粒子可以是杂质原子或离子，也可以是与基质相同的粒子（自扩散）。

杂质原子在半导体中的扩散可以看成是杂质原子在晶格中以空位或填隙原子形式进行的原子运动。杂质在晶体内扩散是通过一系列随机跳跃来实现的，这些跳跃在整个三维方向进行。扩散的微观机构有填隙式扩散、替位式扩散和填隙－替位式扩散3种方式。图5.1表示固体中两种基本的原子扩散模型。圆圈○表示处在晶格平衡位置的基质晶体原子，黑点●表示杂质原子。

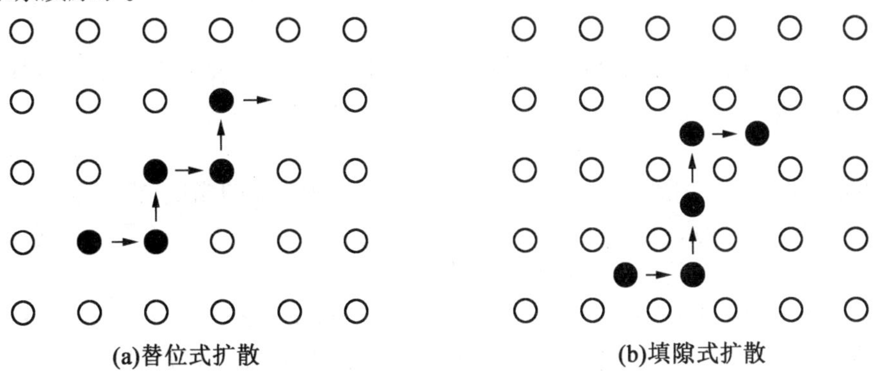

图5.1　原子扩散模型

5.1.1　替位式扩散

替位式扩散(Substitutional)在高温下,晶格原子在格点平衡位置附近振动。基质原子有一定的概率获得足够的能量脱离晶格格点而成为间隙原子,因而产生一个空位。杂质进入晶体后,占据晶格原子的原子空位(空格点),在浓度梯度作用下,向邻近原子空位逐次跳跃前进。每前进一步,均须克服一定的势垒能量。杂质原子由一个格点跳到相邻的另一个格点,替代原来的晶格原子从而在晶格中移动,如图5.1(a)所示,为此,要求相邻的位置必须是空位。另外,也可能扩散原子通过把它最近邻的替代原子推到近邻的间隙位置,并占据由此产生的空的替代位置来移动。总之产生替位式扩散的前提是必须存在空位。

对替位杂质来说,在晶格位置上势能相对最低,在间隙处势能相对最高。图5.2为替位式扩散势能曲线。替位杂质在晶格格点位置上的势能相对极小,相邻的两个格点之间,对替位杂质来讲是势能极大位置,即替位杂质要从一个晶格格点位置运动到相邻的格点位置上,必须要越过一个能量势垒,势垒高度为 w_s。根据对称性原理,替位杂质从一个格点位置运动到近邻格点上,并不需要消耗能量,然而这种运动必须要越过这个势垒。

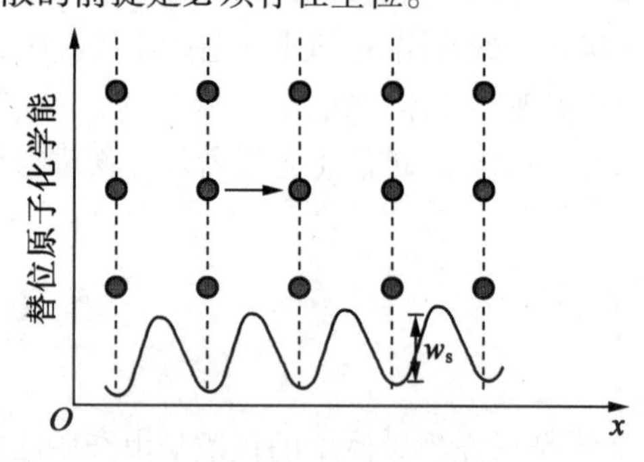

图5.2　替位式扩散势能曲线

尽管产生空位的具体方式可以不同,但在一定宏观条件下,达到统计平衡时的空位数目是一定的。平衡时单位体积的空位数 n 为

$$n = N\mathrm{e}^{-\frac{w_v}{kT}} \tag{5.1}$$

式中,N 为单位体积晶格内所含的晶格数;w_v 为形成一个空位所需要的能量;kT 为平均振动能,在室温下约为0.026 eV。

此处,w_v 指将格点位置上的一个硅原子移到晶体表面上去所需要的能量,而不是把一个在格点上的原子从晶体中拿走所需要的能量。每个格点上出现空位的概率就为

$$\frac{n}{N} = \mathrm{e}^{-\frac{w_v}{kT}}$$

根据玻耳兹曼统计规律,替位杂质依靠热涨落跳过高度为 w_s 的势垒的概率为

$$v_0\mathrm{e}^{-w_s/kT}$$

其中,v_0 为杂质振动频率。则替位杂质的跳跃率 P_v 应是近邻出现空位的概率乘以跳入该空位的概率,即

$$P_v = v_0\mathrm{e}^{-(w_v+w_s)/kT} \tag{5.2}$$

在上面的讨论中,w_v 指的是晶体中出现一个硅空位所需要的能量,然而在替位杂质近邻出现一个硅空位所需能量要比 w_v 小些。这是因为杂质原子的大小与硅原子不同,当它们替代晶格上的硅原子之后,就会引起周围晶格畸变。

例如,当替位杂质比硅小(如硼、磷)时,围绕替位杂质的原子空间将"膨胀"以补偿较小的替位杂质。相反,如果替位杂质比硅原子大(如锑),周围的材料将收缩。与硅原子半径相差越大的替位杂质,引起的畸变越严重。由于同样原因,对替位杂质所要越过的势垒高度也产生一定影响。试验指出,在通常情况下,对硅中的替位杂质来说,$w_v + w_s \approx 3 \sim 4$ eV,而硅

原子自身扩散运动的激活能比杂质扩散的激活能大 1 eV 左右，为 5.13 eV。3 ~4 eV 这个值约为硅禁带宽度的 3 ~4 倍，刚好与替位杂质近邻出现空位时所需要的能量相近，因为出现一个空位需要打破 3 ~4 个共价键。

由此可见，替位杂质的运动首先要在近邻出现空位，同时还要依靠热涨落获得大于势垒高度 w_s 的能量才能实现替位运动，因此替位杂质的运动与温度密切相关。实际上，晶体中空位的平衡浓度相当低，替位式扩散速率也就比填隙式低得多，室温下替位杂质的跳跃速率约 1 次/10^{45}年。

5.1.2 填隙式扩散

填隙式扩散（Interstitial）存在于晶格间隙的杂质称为间隙式杂质。间隙式杂质从一个间隙位置到相邻间隙位置的运动称为间隙式扩散。试验结果表明，以间隙形式存在于硅中的杂质，主要是那些半径较小的杂质原子，它们在硅晶体中的扩散运动是以间隙方式进行的，如杂质进入晶体后，仅占据晶格间隙，在浓度梯度作用下，从一个原子间隙到另一个相邻的原子间隙逐次跳跃前进。每前进一个晶格间距，均须克服一定的势垒能量。杂质原子由一个间隙式位置跳到相邻的另一个间隙式位置，从而在晶格中移动，如图 5.1(b)所示。起始移动可以从格点位置开始，也可以从间隙位置开始，最终可以停在这两种位置中的一种上。杂质原子的填隙式扩散是挤开交错的压缩区，从一个空隙跳到另一个空隙，势垒也就具有周期性。

图 5.3 为填隙式扩散势能曲线。如图 5.3 所示，填隙杂质在晶格间隙位置上的势能相对极小，相邻的两个间隙之间，对填隙杂质来讲是势能极大位置，即填隙杂质要从一个晶格间隙位置运动到相邻的间隙位置上，也必须越过一个能量势垒（势垒高度为 $w_i = 0.6 \sim 1.2$ eV），这一点和替位杂质相同，但势能高低位置两者刚好相反。

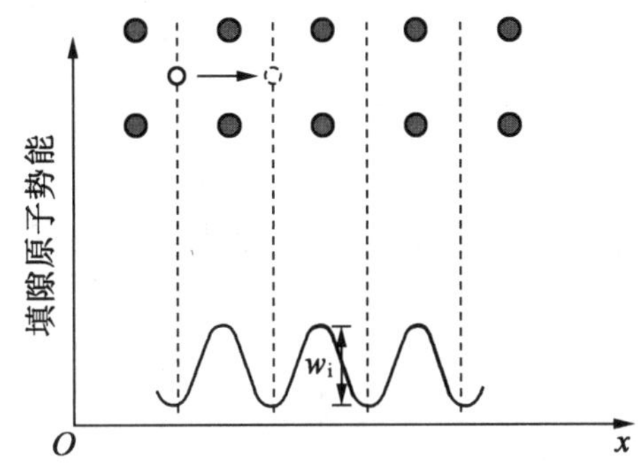

图 5.3 填隙式扩散势能曲线

填隙式杂质一般情况下只能在势能极小值的位置附近做热振动，振动频率 $v_0 = 10^{13} \sim 10^{14}\ s^{-1}$，平均振动能 $\approx kT$，在室温下约为 0.026 eV，而在 1 200 ℃的高温下约为 0.13 eV。因此，填隙杂质也只能依靠热涨落才能获得大于 w_i 的能量，越过势垒跳到近邻的间隙位置上。

按照玻耳兹曼统计规律，获得大于能量 w_i 的概率正比于 $\exp(-w_i/kT)$，k 为玻耳兹曼常数。既然填隙杂质在势能极小值的位置附近做热振动，那么每振动一次都可以看作是越过势垒的一次尝试，但是，只有当它恰好由热涨落获得的能量大于 w_i 时，才可能成功地跳到近邻间隙位置上。由振动频率和涨落概率，可得到跳跃率 P_i，即每秒的跳跃次数为

$$P_i = v_0 e^{-w_i/kT} \tag{5.3}$$

式(5.3)表明填隙杂质运动与温度的关系：当温度升高时，P_i 指数地增加。在室温下，间隙杂质的 P_i 约为 1 次/min，而在 700 ~1 200 ℃扩散工艺温度下就很高了。

5.1.3 填隙－替位式扩散

许多杂质既可以是替位式也可以是填隙式溶于晶体的晶格中，并通过这两类杂质的联合移动来扩散。一个替位原子可能离解成一个填隙原子和一个空位，所以这两种扩散总是相互关联的。这类扩散杂质的跳跃速率随晶格缺陷浓度、空位浓度和杂质浓度的增大而迅速增大。

对于具体的杂质而言，究竟属于哪一种扩散方式，取决于杂质本身的性质。在单晶硅中，不同的杂质元素是以不同方式扩散的。

(1)替位式杂质。主要是ⅢA族和ⅤA族元素，具有电活性，在硅中有较高的固溶度。它们多数以替位式方式进行扩散，扩散速率慢，称为慢扩散杂质，例如，Al、B、Ga、In、P、Sb、As。

(2)填隙式杂质。主要是ⅠA族和ⅧA族元素，例如，Na、K、Li、H、Ar等。它们通常无电活性，在硅中以填隙式方式进行扩散，扩散速率快。这类杂质在微电子器件或集成电路制作中意义不大，对此不再讨论。

(3)填隙－替位式杂质。大多数过渡元素，例如，Au、Fe、Cu、Pt、Ni、Ag等，都以填隙－替位式方式扩散，最终位于间隙和替位这两种位置。位于间隙的杂质无电活性，位于替位的杂质具有电活性。这两种位置杂质的固溶度差别很大，位于同种位置的比例随元素不同而又有很大差别，如Au约90%为电活性的，Ni只有0.1%具有电活性。填隙－替位式杂质扩散速率快，约比替位扩散快五六个数量级，因此，被称为快扩散杂质，但在硅中的固溶度小于替位式扩散杂质。

5.2 晶体中扩散的基本特点与宏观动力学方程

5.2.1 基本特点

质点的移动可以在三维空间的任意方向发生，其每一步迁移的自由行程也随机地决定于最邻近质点的距离。质点密度越低(如在空气中)，质点迁移的自由行程也就越大。因此，在流体中发生的扩散传质往往总是具有很大的速率和完全的各向同性。固体中的扩散与在流体中不同，有其自身的特点：(1)构成固体的所有质点均束缚在三维周期性势阱中，质点与质点间的相互作用强。故质点的每一步迁移必须从热涨落中获取足够的能量以克服势阱的能量。因此固体中明显的质点扩散常开始于较高的温度，但实际上又往往低于固体的熔点。(2)晶体中原子或离子以一定方式所堆积成的结构将以一定的对称性和周期性限制着质点每一步迁移的方向和自由行程。

5.2.2 扩散方程

从本质上来讲，扩散是微观粒子做无规则热运动的统计结果。浓度差的存在是扩散运动的必要条件——由粒子浓度较高的地方向着浓度较低的地方进行，使得粒子的分布逐渐趋于均匀；浓度差越大，扩散也越快。温度的高低、粒子的大小、晶体结构和缺陷浓度，以及粒子运动方式都是决定扩散运动的重要因素。

1855年，Fick用数学式来描述了这种情况，故扩散定律也称为菲克(A. Fick)定律，用来讨论扩散现象的宏观规律，如扩散物质的浓度分布与时间的关系。

1. 菲克第一扩散定律

菲克(Fick)第一定律认为在扩散体系中，参与扩散质点的浓度因位置而异，且可随时间而变化，即浓度是位置坐标 x、y、z 和时间 t 的函数。对于平面工艺中的扩散问题，由于扩散所形成的pn结平行于硅片表面，而且扩散深度很浅，因此可以近似地认为扩散只沿垂直于硅片表面的方向(x 方向)进行。

在单位时间内通过垂直于扩散方向的单位面积上的扩散物质流量为扩散通量(Diffusion Flux)，用 J 表示，单位为 $kg/(m^2 \cdot s)$，其与该截面处的浓度梯度(Concentration Gradient)成正比。在一维情况下，菲克第一扩散定律的数学表达式为

$$J(x,t) = -D\frac{\partial C(x,t)}{\partial x} \tag{5.4}$$

式中，D 为扩散系数(m^2/s)；C 为扩散物质(组元)的体积浓度($atoms/m^3$ 或 kg/m^3)；$\partial C(x,t)/\partial x$ 为浓度梯度；负号表示扩散方向为浓度梯度的反方向，即扩散组元由高浓度区向低浓度区扩散。浓度梯度越大，扩散通量越大。

2. 菲克第二扩散定律

菲克第一扩散定律精确地描述了扩散过程，但在实际应用中很难去测量杂质的扩散流密度，为此提出菲克第二定律，其描述的概念和第一定律相同，但其中的变量更容易测量。

图5.4为一维扩散方程。如图5.4所示，假设一段具有均匀横截面 A 的长方条材料，考虑其中长度为 dx 的一小段体积，则流入、流出该段体积的流量差

$$\frac{J_2 - J_1}{\Delta x} = \frac{\partial J}{\partial x}$$

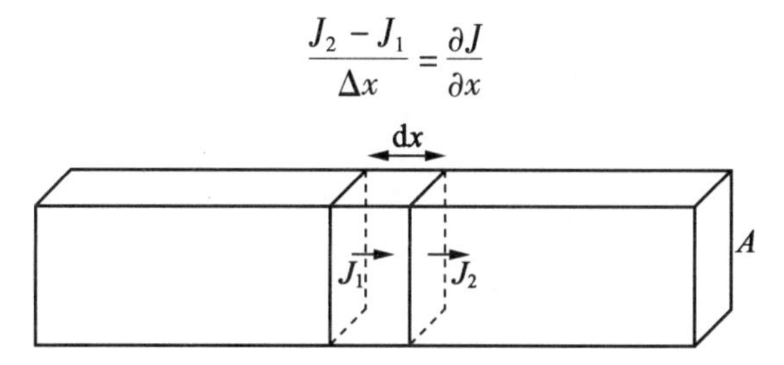

注：J_1、J_2 分别为流入、流出该体积元的杂质流量

图5.4　一维扩散方程

在非稳态扩散过程中，在距离 x 处，杂质原子浓度随扩散时间 t 的变化率 $\partial C(x,t)/\partial t$ 等于该处的扩散通量随距离变化率 $\partial J/\partial x$ 的负值，即

$$\frac{\partial C(x,t)}{\partial t} = -\frac{\partial J}{\partial x} \tag{5.5}$$

将式(5.4)代入式(5.5)，得

$$\frac{\partial C(x,t)}{\partial t} = -\frac{\partial}{\partial x}\left(-D\frac{\partial C(x,t)}{\partial x}\right) \tag{5.6}$$

如果扩散系数 D 与浓度无关，则式(5.6)可以写成

$$\frac{\partial C(x,t)}{\partial t} = D\frac{\partial^2 C(x,t)}{\partial x^2} \tag{5.7}$$

这就是菲克第二定律,也就是通常所说的扩散方程。它的物理意义为:存在浓度梯度的情况下,随着时间的推移,某点 x 处杂质原子浓度的增大(或减小)是扩散杂质粒子在该点积累(或流失)的结果。对于硅平面工艺中的杂质扩散来说,它描述了扩散过程中,硅片各点的杂质浓度随时间变化的规律。这是普遍的形式,对应于不同的初始条件和边界条件,可以有不同形式的解。

实际上,固溶体中溶质原子的扩散系数 D 是随浓度变化的,为了使求解扩散方程简单些,往往近似地把 D 看作恒量处理。

5.2.3 扩散系数

扩散系数(Diffusion Coefficient)D 是描述扩散速度的重要物理量,它相当于浓度梯度为1时的扩散通量,D 值越大则扩散越快。在替位原子的势能曲线和一维扩散模型基础上,推导扩散粒子流密度 $J(x,t)$ 的表达式,进而可以得到扩散系数。

图5.5为推导扩散流密度的示意图。如图5.5所示,设晶格常数为 a,在 $(x-a/2)$ 位置处,单位面积上替位原子数为 $C(x-a/2,t)\cdot a$,在 $(x+a/2)$ 位置处,单位面积上替位原子数为 $C(x+a/2,t)\cdot a$。在单位时间内,替位原子由 $(x-a/2)$ 处单位面积上跳到 $(x+a/2)$ 处的粒子数目为

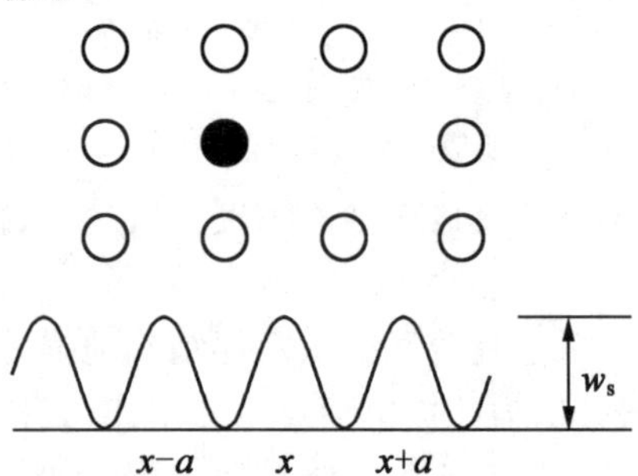

图5.5 推导扩散流密度的示意图

$$C\left(x-\frac{a}{2},t\right)P_{v}a$$

在单位时间内,替位原子由 $(x+a/2)$ 处单位面积上跳到 $(x-a/2)$ 处的粒子数目为

$$C\left(x+\frac{a}{2},t\right)P_{v}a$$

在 t 时刻,通过 x 处单位面积的净粒子数目,即粒子流密度为

$$J(x,t)=C\left(x-\frac{a}{2},t\right)P_{v}a-C\left(x+\frac{a}{2},t\right)P_{v}a=-a^{2}P_{v}\frac{\partial C(x,t)}{\partial x}$$

比较式(5.4),并代入式(5.3)则推出扩散系数

$$D=a^{2}P_{v}=a^{2}v_{0}\mathrm{e}^{-(w_{v}+w_{s})/kT}$$

定义表观扩散系数 $D_0=a^2v_0$,则

$$D=D_{0}\exp\left[\frac{-E_{a}}{\kappa T}\right] \tag{5.8}$$

式中,E_a 为激活能(eV)。

利用填隙原子势能曲线可以得到统一形式的结果。只不过对填隙原子扩散模型来说,E_a 是杂质原子从一个间隙位置移动到另一个间隙位置所需的能量,在硅和砷化镓中,E_a 值均为0.5~1.5 eV。对替位原子扩散模型来说,E_a 是杂质原子运动所需能量和形成空位所需能量之和,因此替位扩散的 E_a 一般为3~5 eV,比填隙原子扩散的 E_a 要大。

图5.6为杂质在硅与砷化镓中的扩散系数与温度的关系。

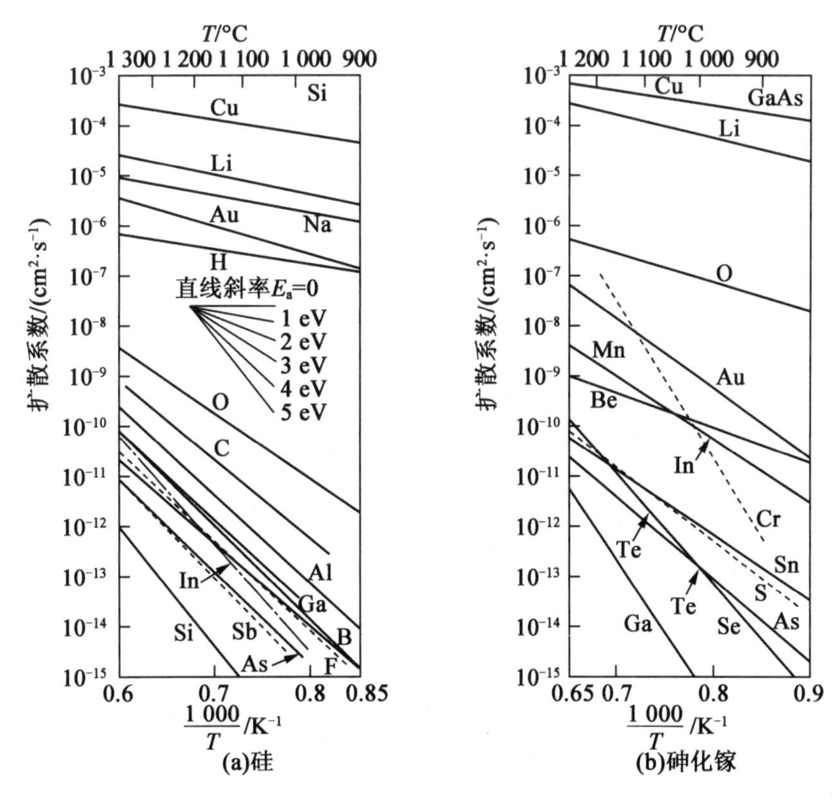

图5.6　杂质在硅与砷化镓中的扩散系数与温度的关系

图5.6(a)和图5.6(b)上部的曲线为快扩散杂质(如Si及GaAs中的Cu),其测得的激活能小于2 eV,扩散机构以原子的填隙式运动为主;下部的曲线为慢扩散杂质(如Si和GaAs中的As),其E_a大于3 eV,替位扩散是主要的扩散机构。表5.1列出了几种杂质在硅〈111〉晶面中D_0和E_a的试验值。

表5.1　几种杂质在硅〈111〉晶面中D_0和E_0的实验值

杂质名称	D_0/($cm^2 \cdot s^{-1}$)	E_a/eV	适应范围/℃	杂质名称	D_0/($cm^2 \cdot s^{-1}$)	E_a/eV	适应范围/℃
P	10.5	3.69	950~1 235	Fe	6.2×10^{-3}	1.6	1 100~1 350
As	0.32	3.56	1 095~1 381	Cu	4×10^{-2}	1.0	800~1 100
Sb	5.6	3.95	1 095~1 380	Ag	2×10^{-3}	1.6	1 100~1 350
B	10.5	3.69	950~1 275	Au	1.1×10^{-3}	1.12	800~12 000
Al	8	3.47	1 080~1 375	Ni	$D=10^5\ cm^2 \cdot s^{-1}$		1 100~1 360
In	16.5	3.9	1 105~1 360	O	0.21	2.44	1 300
Ga	3.6	3.51	1 105~1 360	H	1×10^{-2}	0.48	

扩散系数除与温度有关外,还与基片材料的取向、晶格的完整性、基片材料的本体杂质浓度以及扩散杂质的表面浓度等因素有关。试验发现扩散系数是与杂质浓度有关的,只有当杂质浓度比扩散温度下的本征载流子浓度$n_i(T)$低时,才可认为扩散系数是与掺杂浓度

无关的，通常把这种情况的扩散系数称为本征扩散系数，用 D 表示。把依赖于掺杂(包括衬底杂质和扩散杂质)浓度的扩散系数称为非本征扩散系数，用 D_e 表示。

5.3　杂质的扩散掺杂

扩散工艺是要将具有电活性的杂质，在一定温度下，以一定速率扩散到衬底硅的特定位置，得到所需的掺杂浓度以及掺杂类型。杂质在硅中的扩散掺杂一般采用两种方式：恒定表面源扩散和限定表面源扩散。针对这两种不同的扩散方式，根据菲克第二定律所建立的扩散方程进行求解，由不同的边界条件和初始条件，就可以求出这两种扩散方式下的杂质分布形式。

5.3.1　恒定表面源扩散

恒定表面源扩散是指在扩散过程中，硅片表面的杂质浓度 C_S 始终保持不变。恒定表面源扩散是将硅片处于恒定浓度的杂质氛围之中，杂质扩散到硅表面很薄的表层的一种扩散方式，目的是预先在硅扩散窗口掺入一定剂量的杂质。

恒定源扩散时硅一直处于杂质氛围中，因此，认为硅片表面达到了该扩散温度的固溶度 C_S，根据这种扩散的特点，解一维扩散方程式(5.7)，其初始条件和边界条件为

初始条件　　$C(x,0)=0, t=0$

边界条件　　$C(0,t)=C_S, x=0$

$$C(\infty,t)=0$$

按上述初始条件和边界条件，可解得硅中杂质分布的表达式

$$C(x,t)=C_S\left(1-\frac{2}{\sqrt{\pi}}\right)\int_0^{\frac{x}{2\sqrt{Dt}}}\exp(-\lambda^2)\mathrm{d}\lambda=C_S\mathrm{erfc}\left(\frac{x}{2\sqrt{Dt}}\right) \tag{5.9}$$

式中，$\sqrt{Dt}=L_D$ 为扩散长度；x 为由表面算起的垂直距离。

erfc 为余误差函数，恒定表面源扩散的杂质浓度分布如图 5.7 所示。

可见，当表面浓度 C_S、杂质扩散系数 D 以及扩散时间 t 确定后，杂质的扩散分布也就确定了。其中 C_S 和 D 主要取决于不同的杂质元素和扩散温度。C_S 是半导体内表面处的杂质浓度，它并不等于半导体周围气氛中的杂质浓度。当气氛中杂质的分压强较低时，在半导体内表面处的杂质溶解度将与其周围气氛中杂质的分压强成正比。当杂质分压强较高时，则与周围气氛中杂质的分压强无关，数值上就等于扩散温度下杂质在半导体中的固溶度。在通常的扩散条件下，表面杂质浓度可近似取其扩散温度下的固溶度。因此，杂质的固溶度给杂质扩散的表面杂质浓度设置了上限。如果扩散所要求的表面杂质浓度大于某杂质元素在硅中的最大固溶度，那么就无法用这种元素来获得所希望的杂质分布。

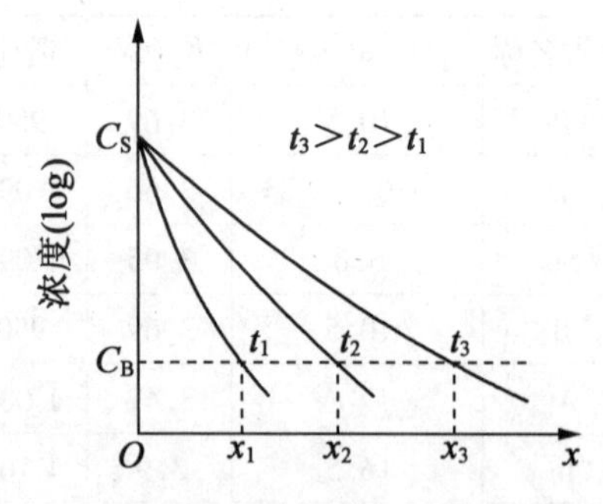

图 5.7　恒定表面源扩散的杂质浓度分布

杂质元素和扩散温度选定之后,C_S 和 D 就基本定了,若再将扩散时间 t 定下来,杂质在衬底中的分布也就确定了。从图 5.7 可见,扩散时间不同,杂质分布曲线不同,其扩散的深度(或扩散结深)不同,扩入硅片内的杂质总量也不同。

恒定表面源扩散的主要特点如下:

(1)杂质分布形式。由图 5.7 可见,在表面浓度 C_S 一定的情况下,扩散时间越长,杂质扩散得越深,扩散到硅内的杂质数量也就越多。图 5.7 中各条曲线下面所围的面积可直接反映扩到硅内的杂质数量。

(2)扩入硅片内的杂质总量 $Q(t)$。如果扩散时间为 t,则单位表面积扩散到硅片内部的杂质数量 $Q(t)$ 可通过对 $C(x,t)$ 积分求出(或者通过流密度的表达式求出),即

$$Q(t) = \int_0^\infty C(x,t)\,\mathrm{d}t = \int_0^\infty C_S \operatorname{erfc}\frac{x}{2\sqrt{Dt}}\mathrm{d}x = 2C_S\sqrt{\frac{Dt}{\pi}} = 1.13C_S\sqrt{Dt} \tag{5.10}$$

由式(5.10)可知,在表面浓度恒定的情况下,扩散时间越长,扩散温度越高,则扩散到半导体中的杂质数量就越多。

(3)扩散后各处的杂质浓度梯度。如果杂质按余误差函数分布,对式(5.10)微分可得杂质浓度分布的梯度为

$$\left.\frac{\mathrm{d}C}{\mathrm{d}x}\right|_{(x,t)} = -\frac{C_S}{\sqrt{\pi Dt}}\mathrm{e}^{-x^2/4Dt} \tag{5.11}$$

由式(5.11)可知,浓度梯度受 C_S、t 和 D(即温度 T)的影响。在实际生产中,可以改变其中某个量使杂质浓度分布的梯度满足要求。例如,在其他参数不变的情况下,可选用固溶度大的杂质,即通过提高 C_S 来增大梯度。

(4)结深。如果扩散杂质与硅片原有杂质的导电类型不同,则在两种杂质浓度相等处形成 pn 结。其结的位置由 $C(x,t) = C_B$ 按式(5.10)求出,即

$$x_j = 2\sqrt{Dt}\operatorname{erfc}^{-1}\frac{C_B}{C_S} = A\sqrt{Dt} \tag{5.12}$$

式(5.12)中 $A = 2\operatorname{erfc}^{-1}C_B/C_S$,这里 C_B 为硅片内原有杂质浓度,所以 A 为仅与 C_B/C_S 值有关的常数。

恒定表面源扩散,其表面杂质浓度 C_S 基本上由该杂质在扩散温度(900 ~ 1 200 ℃)下的固溶度所决定,而在 900 ~ 1 200 ℃ 的温度范围内,固溶度随温度变化不大。可见恒定表面源扩散,很难通过改变温度来达到控制表面浓度 C_S 的目的,这也是该扩散方法的不足之处。

5.3.2 限定表面源扩散

恒定表面源扩散通常通过热扩散工艺的预淀积工序来实现;而限定表面源扩散是在扩散过程中硅片外部无杂质的环境氛围,杂质源限定于扩散前淀积在硅片表面极薄层内的杂质总量 Q,扩散过程中 Q 为常量,依靠这些有限的杂质向硅片内进行的扩散。目的是使杂质在硅中形成一定的分布或获得一定的结深。限定表面源扩散通常是通过热扩散工艺的再分布工序实现。在平面工艺中的基区扩散和隔离扩散的再分布,都近似于这类扩散。

根据这类扩散的特点,为方便求解扩散方程,假设扩散开始时杂质总量 Q 是均匀分布在厚度为 δ 的一个薄层内,则限定表面源扩散的初始条件如下(图 5.8)。

在 $t=0, 0<x<\delta$ 时：

$$C(x,0)=\frac{Q}{\delta}=C_S$$

在 $t=0, \delta<x$ 时：

$$C(x,0)=0$$

在扩散过程中，由于没有外来杂质补充，在硅片表面（$x=0$ 处）的杂质流密度等于零。同时，扩散层厚度相对于基片厚度是很小的。所以，它的边界条件为

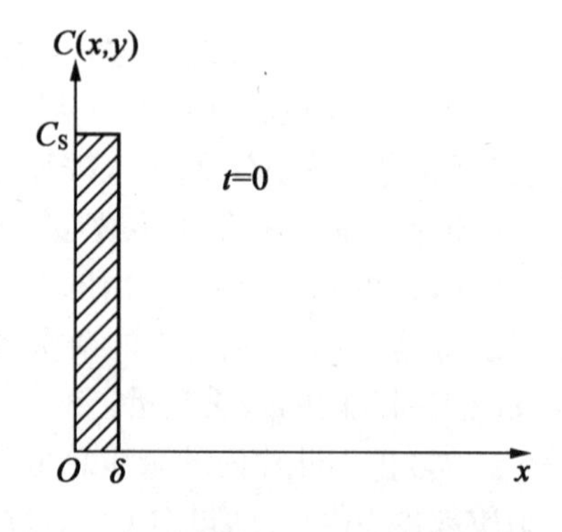

图 5.8　限定表面源扩散的初始条件

在 $t>0, x=0$ 时：

$$J=-D\frac{\partial C}{\partial x}=0 \text{ 或 } \left.\frac{\partial C}{\partial x}\right|_{x=0}=0$$

在 $t>0, x\to\infty$ 时：

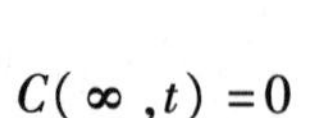

$$C(\infty,t)=0$$

根据初始条件和边界条件，解一维扩散方程式（5.7），可得限定表面源扩散时杂质浓度分布

$$C(x,t)=\frac{Q}{\sqrt{\pi Dt}}\exp\left(-\frac{x^2}{4Dt}\right) \tag{5.13}$$

其中，$\exp(-x^2/4Dt)$ 为高斯函数，所以，限定表面源扩散杂质浓度基本符合高斯函数分布模式。

图 5.9 给出了杂质浓度随扩散时间（或者说随扩散深度）及扩散温度变化的情况。由图 5.9 可以看出，当扩散温度 T（或扩散时间 t）保持恒定时，随着扩散时间（或扩散温度）的增大，杂质扩散深度增大，表面杂质浓度不断下降，杂质浓度梯度减小。

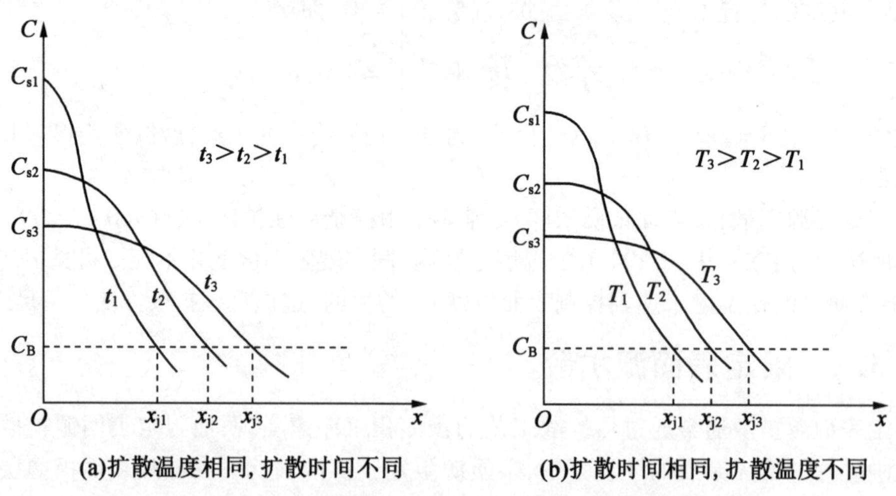

图 5.9　杂质浓度随扩散时间及扩散温度变化的情况

限定表面源扩散的特点：

（1）杂质分布形式。对于限定表面源扩散，当温度相同时，杂质的分布情况随扩散时间的变化如图 5.9（a）所示。由图 5.9（a）可见，扩散时间越长，杂质扩散越深，表面杂质浓度就越低。而当扩散时间相同时，如图 5.9（b）所示，扩散温度越高，杂质扩散得就越深，表面浓

度下降得也就越多。

将 $x=0$ 代入式(5.13),就可求出任何时刻 t 的表面浓度

$$C_S(t)=C(0,t)=\frac{Q}{\sqrt{\pi Dt}} \tag{5.14}$$

所以,有限表面源扩散的杂质分布形式为

$$C(x,t)=C_S(t)\exp\left(-\frac{x^2}{4Dt}\right) \tag{5.15}$$

(2)扩入硅片内的杂质总量 Q。限定表面源扩散的杂质是预先淀积,扩散过程中杂质表面浓度变化很大,但在整个扩散过程中杂质总量 Q 保持不变,图5.9中各条曲线下面所包围的面积能直接反映出预淀积的杂质数量,各条曲线下面的面积应该相等。限定表面源扩散的表面杂质浓度是可控的,这种扩散方式有利于制作低表面浓度和较深的pn结。

(3)杂质浓度梯度。如将式(5.13)对 x 微分,则可得到半导体中任意一点处的杂质浓度梯度为

$$\left.\frac{\partial C(x,t)}{\partial x}\right|_{(x,t)}=-\frac{x}{2Dt}C(x,t) \tag{5.16}$$

在pn结处的杂质浓度梯度为

$$\left.\frac{\partial C(x,t)}{\partial x}\right|_{x_j}=-\frac{2C_S}{x_j}\cdot\frac{\ln\left(\frac{C_S}{C_B}\right)}{\frac{C_S}{C_B}} \tag{5.17}$$

杂质浓度梯度将随扩散深度(或结深)的增大而减小。

(4)结深。结深的求解依然根据 $C_B=C(x_j,t)=C_S\exp\left(-\frac{x_j^2}{4Dt}\right)$,则

$$x_j=2\sqrt{Dt}\sqrt{\ln\left(\frac{C_S}{C_B}\right)}=A\sqrt{Dt} \tag{5.18}$$

式中,$A=2\sqrt{\ln(C_S/C_B)}$,A 与 C_S/C_B 值有关,但因为 C_S 是随时间变化的,所以 A 也将随时间变化,这与恒定源扩散情况不同。

5.3.3 两步扩散工艺

实际生产中,扩散温度一般为900~1 200 ℃,在这样的温度范围内,常用杂质(如硼、磷、砷和锑等)在硅中的固溶度随温度变化不大。例如,硼的固溶度总是保持在 5×10^{20} atoms/cm^{3}左右。因此,若单纯采用恒定表面源扩散,要得到较低的表面浓度(如一般小功率硅平面晶体管,通常希望基区硼扩散的表面浓度在 10^{18} atoms/cm^{3}数量级),无论怎样调整扩散温度都是不易达到的。也就是说,恒定表面源扩散,虽可控制扩散的杂质总量和扩散深度,但不能任意控制表面浓度,因而难以制作出低表面浓度的深结;而有限表面源的扩散,虽可控制表面浓度和扩散深度,但不能任意控制杂质总量,因而难以制作出高表面浓度的浅结。

因此,为了得到任意的表面浓度、杂质数量和结深,以及满足浓度梯度等要求,就应当要求扩散工艺既能控制扩散的杂质总量,又能控制表面浓度,这只需将上述两种扩散结合起来便可实现。这种结合的扩散工艺称为“两步扩散”。

其中第一步称为预扩散或者预淀积——采用恒定表面源扩散的方式,在硅片表面淀积

一定数量 Q 的杂质原子，目的是控制掺入的杂质总量。由于扩散温度较低，扩散时间较短，杂质原子在硅片表面的扩散深度极浅，就如同淀积在表面。所以，通常把第一步称为“预淀积”。第二步称为主扩散或者再分布，是把经预淀积的硅片放入另一扩散炉内加热，使杂质向硅片内部扩散，重新分布，达到所要求的表面浓度和扩散深度（或结深），可近似为限定表面源扩散。在两步扩散工艺中，第二步常称为“再分布”。

对于再分布，由于温度更高，增加扩散时间，表面浓度下降，扩散深度不断加深，因此，能控制表面浓度和扩散深度。但扩散前必须在硅片表面淀积有足够的杂质源，并且必须具有较高的表面浓度，才能使有限表面源扩散获得符合要求的表面浓度和扩散深度。而采用恒定表面源扩散，能够比较准确地控制扩入硅片表面的杂质总量和获得高的表面浓度，以满足有限表面源扩散的要求。再分布杂质总量是由预淀积工序——恒定表面源扩散提供的，预淀积的杂质总量由式(5.10)给出，将其代入式(5.13)即得到杂质表面浓度和结深。例如，集成电路硼隔离扩散和硼基区扩散就属于这种情况。虽然有的扩散（如硅管发射区的磷扩散）不是那么明显地分为两步进行，但是仔细分析其扩散的全过程仍然包括了这两个步骤的。

经过两步扩散之后的杂质最终分布形式，将由具体工艺条件决定，为两个扩散过程结果的累加。如果用下标“1”表示与预扩散有关的参数，下标“2”表示与主扩散有关的参数。当 $D_1t_1 \gg D_2t_2$ 时，预扩散起决定作用，杂质基本上按余误差函数形式分布；当 $D_1t_1 \ll D_2t_2$ 时，主扩散起决定作用，杂质基本按高斯函数分布。

实际的扩散情况比较复杂，在恒定源扩散中假定硅表面杂质浓度一直为扩散温度下的固溶度，实际上很难实现，而限定源扩散硅表面的杂质总量也因为外扩散现象会有所减少。因此，实际扩散不一定严格遵从某种形式的扩散，但是往往却较接近于某种分布，可在足够精确的程度上采用某一种分布来近似分析。

确定的掺杂杂质对扩散结深影响最大的因素是扩散温度和扩散时间，特别是扩散温度，灵敏地影响杂质的扩散系数。因此，在扩散过程中炉温的控制非常重要，通常要求炉温的偏差不大于 ±0.5 ℃。

特别指出，本节所讨论的杂质扩散的典型分布仅适用于较低杂质浓度情况，对于高浓度的杂质扩散分布情况更为复杂，此处不再详细讨论。

5.4　热扩散工艺中影响杂质分布的其他因素

在集成电路制造过程中，扩散的目的就是向晶体中掺入一定数量的某种杂质，并且希望掺入的杂质按要求分布。由于扩散模型本身做了理想化的假设，并且忽略了实际扩散过程中所出现的各种效应。所以，实际分布常常偏离理论分布。原因如下：扩散系数在某些场合不是常数；实际扩散过程中存在横向效应；硅衬底的晶向、晶格完整性等都对扩散速率、杂质分布有影响。

试验发现硅中掺杂原子的扩散，除了与空位有关外，还与硅中其他类型的点缺陷有着密切的关系。实际上，固溶体中溶质原子的扩散系数 D 是随浓度变化的，而且还受到其他效应的影响，与菲克定律所计算的理论结果存在偏差。有两个主要效应为菲克定律所不能解释：(1)氧化增强扩散；(2)发射区推进效应。其他还有横向扩散效应、场助扩散效应等。本节基于硅中存在的其他类型点缺陷对杂质扩散的影响讨论这些效应。

5.4.1 硅中点缺陷对杂质扩散的影响

硅中点缺陷与掺杂原子之间的相互作用对杂质扩散会产生影响。第一类要考虑的点缺陷是由于硅中存在其他原子(杂质原子)而产生的缺陷。一个位于晶格上的杂质原子被称为替位杂质,即使不小于也不大于硅原子,也会对周期晶格产生局域扰动。任何对周期晶格形成的扰动都被称为“缺陷”。同金属情况不同,在半导体中的点缺陷是荷电的。例如,在硅晶体中存在空位会产生4个不饱和的键,这些键接受电子而使其饱和。因此,空位的电行为趋向于类受主。原则上,在禁带内可能有4个能量一个比一个高的能级。类似地,在硅中,间隙原子有类施主行为。

1. 空位

在硅集成电路制造中常用的掺杂原子主要以替位形式存在,而且是浅能级杂质,因此在室温下基本会全部电离,也就是说或者向导带贡献一个电子,或者向价带贡献一个空穴。既然掺杂原子(离子)是带电的,那么它们一定会与其他荷电体(如晶格点缺陷、自由载流子)相互作用,也必然会对扩散产生影响。

为了说明荷电缺陷对半导体中杂质扩散的影响,研究涉及空位的替位扩散情况。假设除了中性空位 V^0 外,空位还能看成为 V^+、V^-、V^{2-} 和 V^{3-},分别是带一个正电荷、一个负电荷、两个负电荷和三个负电荷的空位。这些空位同扩散杂质离子的相互作用是不同的。对于每一种杂质-空位的复合体,将有不同的激活能和扩散常数。假如每种复合体是独立的,在本征条件下,扩散系数为

$$D = D_i^0 + D_i^+ \frac{[V^+]}{[V^+]_i} + D_i^- \frac{[V^-]}{[V^-]_i} + D_i^{2-} \frac{[V^{2-}]}{[V^{2-}]_i} + D_i^{3-} \frac{[V^{3-}]}{[V^{3-}]_i} \qquad (5.19)$$

式中,D_i^0、D_i^+、D_i^-、D_i^{2-}、D_i^{3-} 为本征扩散系数;$[V^+]$、$[V^-]$、$[V^{2-}]$、$[V^{3-}]$ 为非本征条件下各种荷电空位的原子数分数;$[V^+]_i$、$[V^-]_i$、$[V^{2-}]_i$、$[V^{3-}]_i$ 为本征条件下各种荷电空位的原子数分数。

空位运动的扩散系数和激活能都与空位的荷电状态有关。

2. 间隙

过去一直认为杂质在硅中的扩散运动只有通过空位机制才能实现。但通过大量的研究已经确定间隙(I)机制同空位(V)机制一样,也可促成杂质的扩散运动,而且大多数常用杂质的扩散运动两种机制往往都起着作用。

原子A和间隙原子(团)I之间的相互作用,被称为“碰撞”或者“踢出”(Kick-out)反应,间隙硅从替位位置上踢出一个掺杂原子,并形成AI对,这种间隙扩散机制也是硅中杂质一种重要的扩散机制。杂质与空位反应,即替位型杂质扩散机制。虽然杂质与空位反应,但并不说明一个替位杂质一定要运动到它的近邻空位上,也有可能变为间隙原子。对于离解反应,由于人们认为这种机制发生的可能性很小,因此对于硅扩散来说,它显得并不重要。

图5.10为“踢出”与间隙机制扩散示意图。图5.10(a)所示为一个间隙硅原子把一个处在晶格位置上的替位杂质“踢出”,使这个杂质处在晶体间隙位置上,而这个硅原子却占据了晶格位置。被“踢出”杂质以间隙方式进行扩散运动。当它遇到空位时可被俘获,成为替位杂质;也可能在运动过程中“踢出”晶格位置上的硅原子进入晶格位置,成为替位杂质,被

“踢出”硅原子变为间隙原子,如图 5.10(b)所示。只有存在空位扩散时才会发生间隙扩散。原来认为硼和磷是只能靠空位机制才能运动的杂质,实际上往往是靠两种机制进行扩散运动的,哪一种扩散机制占主要地位将取决于具体工艺。

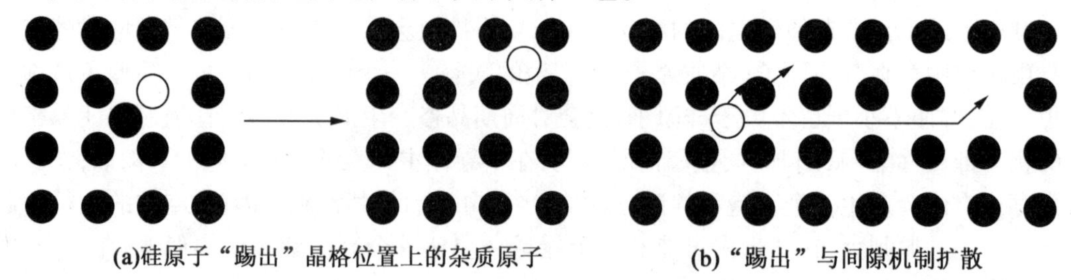

图 5.10　“踢出”与间隙机制扩散示意图

5.4.2　氧化增强扩散

在热氧化过程中原存在硅内的某些掺杂原子显现出更高的扩散性,称为氧化增强扩散(Oxidation Enhanced Diffusion,OED)。试验结果表明,与中性气氛相比,杂质硼和磷在氧化气氛中的扩散存在明显的增强,杂质砷也有一定程度的增强,而锑在氧化气氛中的扩散却被阻滞。氧化增强扩散示意图如图 5.11 所示。

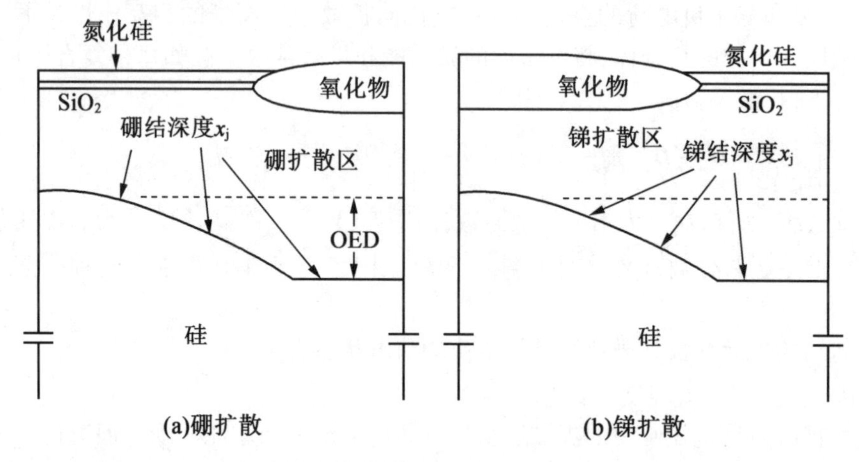

图 5.11　氧化增强扩散示意图

在研究氧化增强扩散时,为了排除高浓度掺杂等因素对扩散的影响,上述试验过程要求试验样片的杂质浓度低于 n_i。通过化学源或离子注入源引入杂质并形成低掺杂的预扩散层,扩散结果就可以用本征扩散系数来描述。为了得到准确的试验结果,在低温下先在样片表面生长一层薄氧化层,用以保护硅表面,然后在其上淀积一层氮化硅膜。通过光刻去掉部分区域的氮化硅和二氧化硅膜,裸露出硅表面。这样,就形成了表面为硅的裸露区和氮化硅覆盖区的样片。然后选择不同晶向和不同气氛进行试验。通过测量杂质扩散的结深和剖面杂质分布情况,可以判断杂质扩散是被增强还是被阻滞。

由图 5.11(a)中可见,在氧化区下方,硼的扩散结深大于保护区下方的结深,这说明在氧化过程中,硼的扩散被增强;通过对杂质硼的氧化增强扩散现象的分析,人们提出了双扩散机制,即杂质可以通过空位和间隙两种方式实现扩散运动。在氧化过程中,硼的扩散运动是通过空位和间隙两种机制实现的,而间隙机制可能起到更为重要的作用。硅氧化时,在 SiO_2/Si 界面附近产生了大量的间隙硅原子,这些过剩的间隙硅原子在向硅内扩散的同时,不断与空位复合。使这些过剩的间隙硅原子的浓度随深度增大而降低。但在表面附近,过剩的间隙硅原子可以和替位硼相互作用,从而使原来处于替位的硼变为间隙硼。当间隙硼的近邻晶格没有空位时,间隙硼就以间隙方式运动;当间隙硼的近邻晶格出现空位时,间隙硼又可以进入空位变为替位硼。这样,杂质硼就以替位-间隙交替的方式运动,其扩散速度比单纯由替位到替位要快。而在氮化硅保护下的硅不发生氧化,这个区域中的杂质扩散只能通过空位机制进行,所以氧化区正下方硼的扩散结深大于氮化硅保护区正下方的扩散结深。

磷在氧化气氛中的扩散也被增强,其机制与硼相同。

图5.11(b)所示为用锑代替硼的扩散,可见氧化区正下方锑的扩散结深小于保护区下方的扩散结深,说明在氧化过程中锑的扩散被阻滞。这是因为控制锑扩散的主要机制是空位。在氧化过程中,所产生的过剩间隙在锑向硅内扩散的同时,不断地与空位复合。使空位浓度减小,从而降低了锑的扩散速度,因为锑主要依靠空位机制完成扩散运动。

与硼和磷不同,砷在硅中的扩散同时受空位和间隙两种机制控制,而且两种控制机制都很重要。因此,在氧化条件相同的情况下,砷的扩散速度变化没有硼和磷那么明显。其扩散增强的程度要低于硼和磷。

如果只在中性气氛中进行热处理(如氮化过程),不发生氧化过程,可以观察到硼和磷的扩散被阻滞,而锑的扩散却被增强,这个现象也可以证明双扩散机制,同时还说明两种扩散机制对硼和磷来说都非常重要,而对锑扩散来说主要是空位机制。在中性气氛中进行热处理的过程并不生成二氧化硅,也就不会产生过剩的间隙硅,因此硼和磷只能依靠空位机制进行扩散运动。不存在间隙机制,同在氧化气氛中相比,硼和磷扩散就被阻滞。相反,由于没有过剩的间隙硅与空位复合,使主要依靠空位机制扩散的锑,其扩散速度与在氧化气氛中相比就被增强。

在氧化过程中,过剩间隙硅原子的浓度是由氧化速率和复合速率所决定的,所以在氧化过程中的扩散系数是氧化速率的函数。用 ΔD 来表示因氧化引起的增强扩散系数,试验结果表明,ΔD 与氧化速率的关系为

$$\Delta D \propto \left(\frac{\mathrm{d}x_{\mathrm{ox}}}{\mathrm{d}t}\right)^n \tag{5.20}$$

式中,ΔD 为增强扩散系数;$\mathrm{d}x_{\mathrm{ox}}/\mathrm{d}t$ 为氧化速率;n 为经验参数,其典型值为0.2~0.3。

然而试验发现,在高温下进行氧化,硼的氧化增强扩散效果随氧化温度的升高而减弱,而锑的扩散却可以得到增强。对于硼扩散来说,当氧化温度超过1 150 ℃时,硼扩散就被阻滞而不是增强。另一方面,生长厚氧化层时也有类似的现象。在高温氧化和生长厚氧化层的过程中,由 SiO_2/Si 界面向硅内注入的是空位而不再是间隙硅原子。这样,硼扩散就会因空位注入而受到阻滞。对锑扩散来说,由于空位注入而得到增强。这就从另一个方面验证了双扩散理论。另外,氧化增强与硅表面的取向有关,在干氧氧化时,氧化增强的效果按(111)、(110)、(100)的顺序递减。

5.4.3　发射区推进效应

在 npn 窄基区晶体管制造中,如果基区和发射区分别扩硼和扩磷,则发现在发射区正下方的基区(内基区)要比不在发射区正下方的基区(外基区)深,即在发射区正下方硼的扩散有了明显的增强(图 5.12)。这个现象称为发射区推进效应,也称为发射区下陷效应。

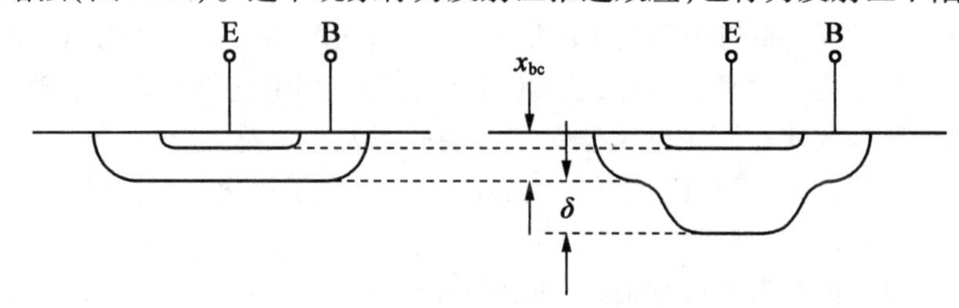

图 5.12　发射区推进效应示意图

发射区正下方硼扩散的增强是由磷与空位相互作用形成的 PV 对发生分解所带来的复合效应。硼附近 PV 对的分解会增大空位的浓度,因而加快了硼的扩散速度。另一方面,试验结果显示,在磷的扩散区的正下方,由于 PV 的分解,存在着过饱和的间隙硅原子,这些过剩的间隙硅原子与硼相互作用也增强了硼的扩散。这种效应对采用浅 pn 结的超大规模集成电路制造工艺有重要影响。

产生发射区推进效应的原因,有的认为是发射区高浓度扩散磷时,使该区域的硅晶格产生失配位错。于是基区杂质硼沿位错线扩散较快(扩散系数约增大 100 倍),使发射区正下方的集电结发生下陷。也有试验表明,发射区推进效应不一定与是否存在位错有关。发射区磷扩散时,不产生位错也有可能出现这种效应。其基本原理是:半导体中的空位有一部分可接受电子(即电离)而起受主作用,其浓度$[V^-]$将服从费米统计分布

$$[V^-]=\frac{[V]}{1+\exp\dfrac{E_V-E_F}{kT}} \tag{5.21}$$

式中,$[V^-]$为半导体中总的空位浓度;E_V 为空位能级;E_F 为费米能级;k 为玻耳兹曼常数;T 为绝对温度。

总的空位浓度为已电离空位浓度$[V^-]$和未电离空位浓度$[V^0]$之和,即

$$[V]=[V^-]+[V^0]=[V^0]\left\{1+\exp\frac{E_F-E_V}{kT}\right\} \tag{5.22}$$

可见,当施主杂质浓度提高使费米能级上升时,则电离空位浓度增大,从而使总的空位浓度增大。由于高浓度扩散磷时会产生大量空位,从而可使发射区正下方的硼得以加速扩散,产生发射区推进效应。

5.4.4　横向扩散效应

前面所讨论的都是指杂质垂直于半导体表面进行扩散的一维情况,但是对实际中最常采用的掩蔽扩散而言,显然只有扩散窗口中部区域才可近似为一维扩散,对靠近窗口边缘的区域除了垂直于表面的扩散作用外,还有平行于表面的横向扩散作用。

扩散往往在硅片表面的特定区域进行,而不在整个硅片表面进行,称为掩蔽扩散。通常

在扩散工艺之前,先在硅片表面生长一定厚度、质量较好的二氧化硅层,然后用光刻或者其他方法去掉需要掺杂区域的二氧化硅以形成扩散掩蔽窗口。而需要扩散的杂质通过窗口以垂直硅表面进行扩散,但也将在窗口边缘附近的硅内进行平行表面的横向扩散。

横向扩散和纵向扩散同时进行,但两者的扩散条件并不完全相同。如果考虑横向扩散,想要求出实际杂质分布情况,就需要解二维或三维的扩散方程。如果只考虑横向扩散,并假定扩散系数与杂质浓度无关,也就是低浓度扩散情况下,横向扩散与纵向扩散都近似以相同的方式进行。如果衬底中杂质浓度是均匀的,对于在恒定源扩散和有限源扩散两种情况下,杂质的等浓度线如图 5.13 所示,图 5.13 中各条曲线以硅内杂质浓度与表面浓度的比值为变量。

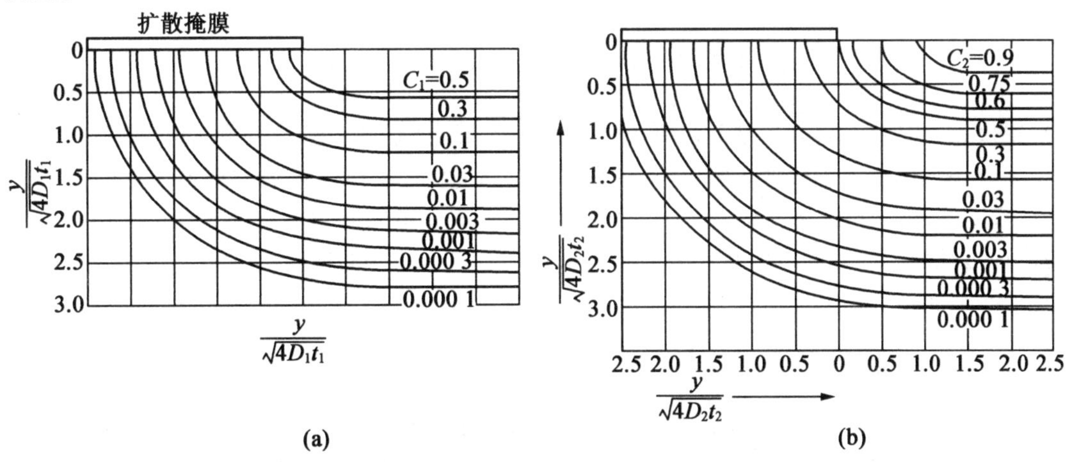

图 5.13 氧化物窗口边缘扩散杂质等浓度曲线

由图 5.13 中曲线可见,当硅内浓度比表面浓度低两个数量级以上时,横向扩散的距离为纵向扩散距离的 75% ~85% ,这说明横向结的距离要比垂直结的距离小。如果是高浓度扩散情况,横向扩散的距离为纵向扩散距离的 65% ~70% 。在粗略的近似下,可以认为横向扩散的距离就等于纵向扩散的深度。扩散 pn 结的横截面在扩散窗口边缘处可近似认为是圆形的,但这只适用于衬底未掺杂或掺杂均匀的情况。对于经过扩散掺杂的衬底(如扩散基区),其中杂质浓度的分布在横向是均匀的,但在纵向则不是均匀的,在这种衬底上进行掩蔽扩散(如发射区扩散)时,在窗口边缘处的横向扩散结深将明显小于纵向扩散结深(图 5.14)。

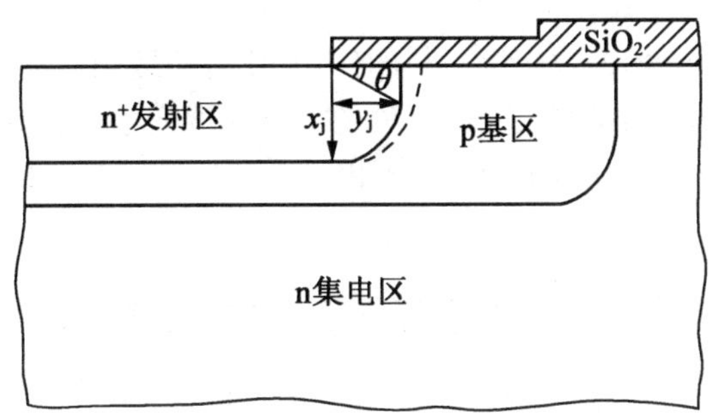

图 5.14 横向和纵向扩散结深示意图

由于横向扩散的存在,实际扩散区域要比二氧化硅窗口的尺寸大,其后果是硅内扩散区域之间的实际距离比由光刻版所确定的尺寸要小(图 5.15)。

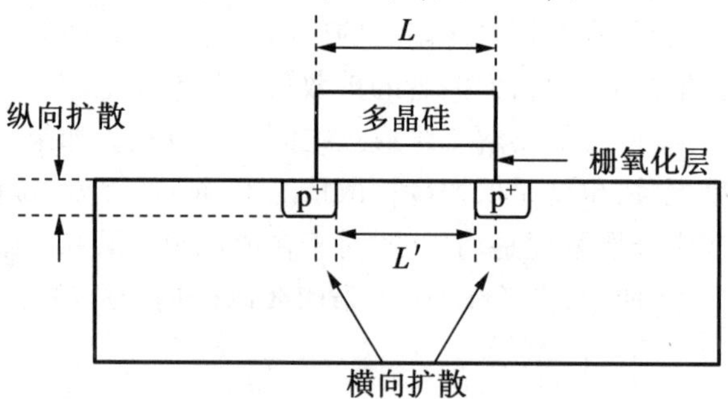

图 5.15　横向扩散长度对沟道长度的影响

图 5.15 中 L 表示由光刻工艺所决定的两个区域之间的距离,L'表示实际距离,这种效应直接影响 ULSI 的集成度。另外,在这种情况下扩散后,窗口边缘处的浓度要比窗口中部处的浓度低,由于扩散区域的变大,对结电容也将产生一定的影响。不过这在实际中无关紧要,因为扩散 pn 结处的浓度总比表面浓度低得多。离子注入的横向扩展小、掺杂温度低、控制精度高。因此,在 LSI 和 VLSI 中常采用离子注入进行掺杂。

5.4.5　场助扩散效应

杂质(施主或受主杂质)在硅中扩散时,是以电离施主(或受主)和电子(或空穴)各自进行扩散运动的。由于电子(或空穴)的扩散速率比杂质离子的扩散速度大得多,则电子(或空穴)将远远扩散在杂质离子的前头,从而在硅片内形成一内建电场 E,它的方向正好起着帮助运动较慢的杂质离子加速扩散的作用,这种现象称为场助扩散效应。图 5.16 为场助扩散。

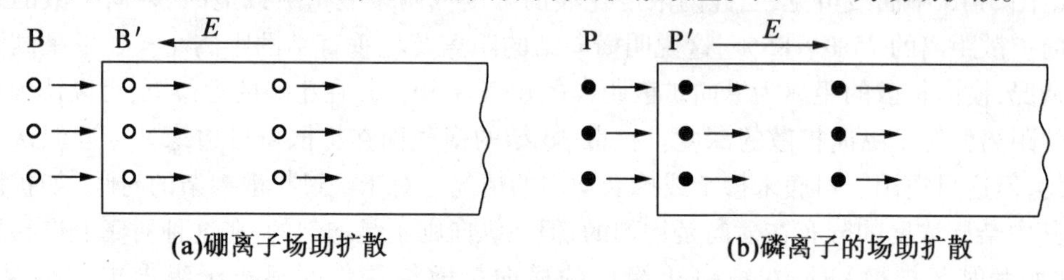

图 5.16　场助扩散

在高浓度扩散时,由于场助效应等对其的作用,使得扩散杂质的浓度分布不再遵循简单的余误差分布或高斯分布,而是在表面附近处的浓度梯度变小,内部的浓度梯度增大。表现在扩散系数 D 上,$C_B > 10^{19}$ atoms/cm^3 时,D 不再是常数。

5.5　扩散工艺条件与方法

扩散层质量参数与扩散条件密切相关。扩散条件选择合适,才可能获得质量合乎要求的扩散层,为生产出质量较高的芯片提供条件。扩散条件包括扩散方法、扩散杂质源、扩散温度和时间。

5.5.1 扩散方法的选择

扩散方法可以分为气—固扩散、液—固扩散和固—固扩散3种类型。其中气—固扩散又可分为开管扩散、闭管扩散、箱法扩散和气体携带法扩散;固—固扩散可分为氧化物源法和涂源法。扩散各种方法都有自己的特点和问题,应根据实际情况选择合适的扩散方法。

(1)开管扩散。

先把杂质源放在坩埚中,坩埚可以是石英的或是铂金的,根据需要而定。将准备扩散的硅片放在石英船(舟)上,再把放有杂质源的坩埚和放有硅片的石英船相距一定距离放在扩散炉管内,放有杂质源的坩埚应在气流的上方。一般是通过惰性气体把杂质源蒸气输运到硅片表面。在扩散温度下,杂质的化合物与硅反应,生成单质的杂质原子并向硅内扩散。在硅片表面上经化学反应产生的杂质浓度虽然很高,但硅表面的浓度还是由扩散温度下杂质在硅中的固溶度所决定。因此,温度对浓度有着直接影响。

开管扩散的重复性和稳定性都很好。如果杂质源的蒸气压很高,一般采用两段炉温法,即扩散炉分为低温区和高温区。杂质源放在低温区,而杂质向硅内扩散在高温区完成。如果把固态源做成片状,其尺寸可与硅片相等或略大于硅片,源片和硅片相间并均匀的放在石英舟上,在扩散温度下,杂质源蒸气包围硅片并发生化学反应释放出杂质并问硅内扩散,这也是一种常用的开管扩散方法。这种方法本身并不需要携带气体,但为了防止逆扩散和污染,扩散过程中以一定流速通入氮气或氩气作为保护气体。这种扩散方便、价廉,但污染大,对于毒性大的杂质源不能采用。

(2)闭管扩散。

闭管扩散与开管扩散设备相同,只是炉管封闭,其特点是把杂质源和将要扩进杂质的衬底片密封于同一石英管内,因而扩散的均匀性、重复性较好,扩散时受外界影响少,在大面积深结扩散时常采用这种方法。由于密封,还能避免杂质蒸发,对扩散温度下挥发剧烈的材料最适用(如向 GaAs 中的扩散)。

此法的缺点是工艺操作烦琐,每次扩散后都要敲碎石英管,石英管耗费大。另外,每次扩散都要重新配源,同时必须考虑炉管内压力问题。闭管扩散目前很少采用,这里不再详述。

(3)箱法扩散。

箱法扩散是把杂质源和硅片装在由石英或者硅做成的箱内,在氮气或氩气保护下进行扩散。杂质源可以焙烧在箱盖的内壁,或者放在箱内,其源多为杂质的氧化物。在高温下,杂质源的蒸气充满整个箱内空间,并与硅表面反应,形成一层含有杂质的薄氧化层。杂质由氧化层直接向硅内扩散。箱法扩散的硅表面浓度基本由扩散温度下杂质在硅中的固溶度决定,均匀性较好。为了保持箱内杂质源蒸气压的恒定和防止杂质源大量外泄,要求箱子具有一定密封性。因为氧化物杂质源的吸水性较强,如果两次扩散相隔时间较长,那么在扩散之前要对源进行一次脱水处理,即在一定温度下,由惰性气体保护进行一定时间的热处理。这种方法只要箱体本身结构好,源蒸气泄漏率恒定,既具有闭管扩散的特点,也具有开管扩散的优点,且有工艺成熟、简单的优点,所以双极型集成电路的埋层扩散普遍采用箱式锑扩散。但是也存在扩散时间长、效率低的缺点。但它比闭管扩散前进了一步,不用每次破碎石英管。

(4)氧化物源扩散。

用掺杂的氧硅烷作源，进行低温淀积，在硅片表面上淀积一层掺有某种杂质(如含硼或磷)的氧化层。以此掺杂氧化层作为扩散杂质源，在高温下(N_2 作保护气氛)向硅中扩散，以达到一定的杂质浓度分布和结深。当氧化层较厚、温度一定时，表面浓度只和氧化层掺杂程度有关，结深只和时间有关。氧化层掺杂数量可在淀积氧化层时在很宽的范围内加以控制，因而能方便地控制扩散层的表面浓度和扩散结深。另外，它减少了预扩散这一高温处理步骤，有利于减少缺陷和杂质沾污。但工艺不够成熟，重复性较差。

(5)涂源法扩散。

涂源法扩散是把溶于溶剂中的杂质源直接涂在待扩散的硅片表面，在高温下由惰性气体保护进行扩散。溶剂一般是聚乙烯醇，杂质源一般是杂质的氧化物或者是杂质的氧化物与惰性氧化物(如 SiO_2、BaO、CaO)的混合物。当溶剂挥发之后就在硅表面形成一层杂质源。这种扩散方法的表面浓度很难控制，而且又不均匀。

5.5.2　杂质源选择

随着集成电路制造工艺的发展，杂质源的种类越来越多，每种杂质源的性质又不相同，在室温下又以不同相态存在，因而采用的扩散方法和扩散系统也就存在很大的区别。扩散根据杂质源所处状态又可分为气态源扩散、液态源扩散和固态源扩散 3 种。扩散时选用何种形式的杂质源，要根据所采用的扩散方法、杂质源的蒸气压大小和控制的难易等来确定。

(1)气态源扩散。

杂质源为气态(如 BCl_3、B_2H_6、PH_3、AsH_3 等)，稀释后挥发进入扩散系统的扩散掺杂过程为气态源扩散。气态源扩散系统如图 5.17 所示。

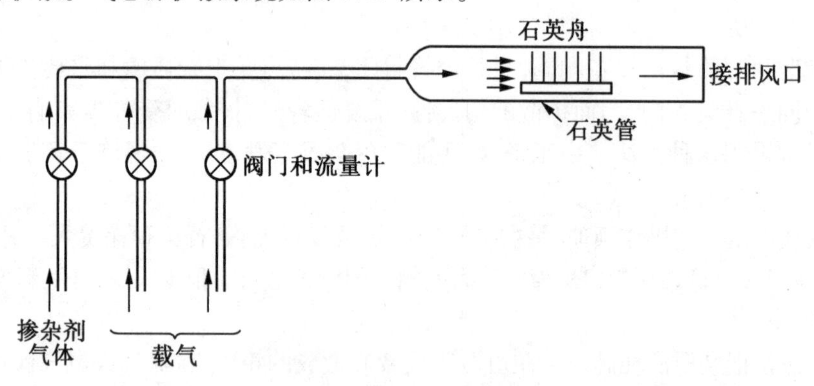

图 5.17　气态源扩散系统

进入扩散炉管内的气体，除了气态杂质源外，有时还需通入稀释气体，或者是气态杂质源进行化学反应所需要的气体。气态杂质源一般先在硅表面进行化学反应生成掺杂氧化层，杂质再由氧化层向硅中扩散。对气态源扩散来说，虽然可以通过调节各气体流量来控制表面的杂质浓度，但实际上因杂质总是过量的，所以调节各路流量来控制表面浓度是不灵敏的。气态杂质源多为杂质的氢化物或者卤化物，这些气体的毒性很大，而且易燃易爆，操作上要十分小心，实际生产中很少采用。

(2)液态源扩散。

杂质源为液态[如 $POCl_3$、BBr_3、$B(CH_3O_3)$等]，由保护性气体携带进入扩散系统的扩散掺杂过程为液态源扩散。液态源扩散系统如图5.18所示。

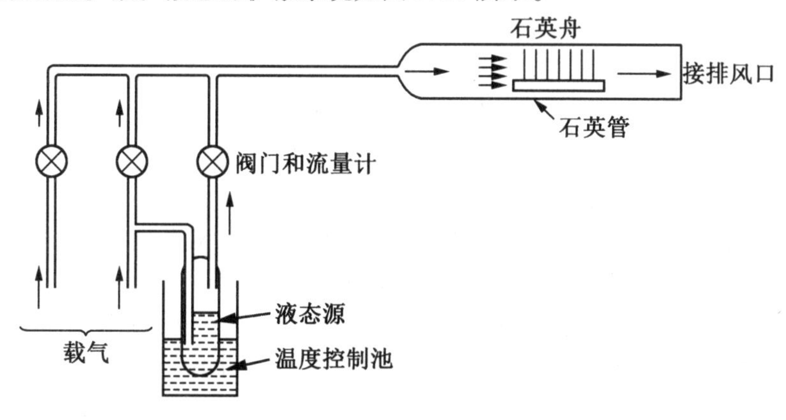

图5.18 液态源扩散系统

携带气体(通常是氮气)通过源瓶,把杂质源蒸气带入扩散炉管。液态源一般都是杂质化合物,在高温下杂质化合物与硅反应释放出杂质原子。或者杂质化合物先分解产生杂质的氧化物,氧化物再与硅反应释放出杂质原子。进入扩散炉管内的气体除了携带杂质的气体外,还有一部分不通过源瓶而直接进入炉内,起稀释和控制浓度的作用,对某些杂质源还必须通入进行化学反应所需要的气体。在液态源扩散中,虽然也可以通过调节源温来改变杂质源的浓度,但为了保证稳定性和重复性,扩散时源温通常控制在0 ℃。液态的杂质源容易水解而变质,所以携带气体要进行纯化和干燥处理。

液态源的特点是不用配源,一次装源后可使用较长的时间,且系统简单、操作方便、生产效率高、重复性和均匀性都较好。但它受温度、时间、流量、杂质源的液面大小及系统是否漏气等外界因素的影响较大,因此扩散过程中要求准确控制炉温、扩散时间、气体流量和源温等工艺参数,源瓶的密封性要好,扩散系统不能漏气。在这种情况下,重复性和稳定性一般还能满足要求,是目前使用较广泛的一种方法。

(3)固态源扩散。

杂质源为固态(如BN、B_2O_3、Sb_2O_5、P_2O_5等陶瓷片等),通入保护性气体,在扩散系统中完成杂质由源到硅片表面的气相输运的扩散掺杂过程为固态源扩散。固态源扩散系统如图5.19所示。

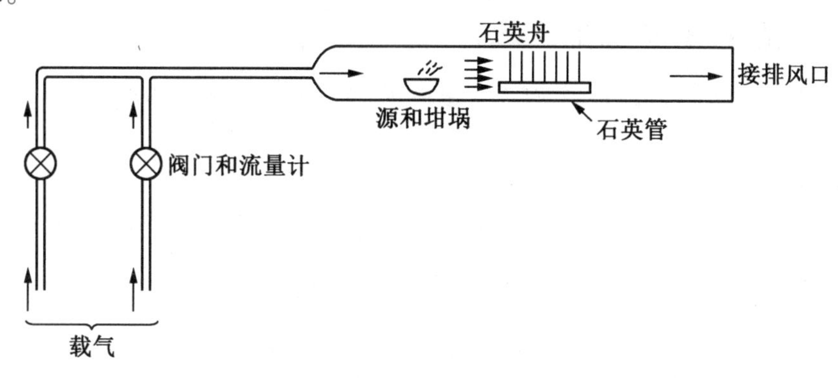

图5.19 固态源扩散系统

除了将固态杂质源置于坩埚中，把固态源做成片状的源片，并与硅片交替平行排列，或者在硅片表面制备一层固态杂质源都属于固态源扩散。通过加热处理使杂质由固态杂质源直接向固体硅中进行扩散掺杂。采用固态源片的方法，因为源片与硅片是交替平行排列，因而有较好的重复性、均匀性，适于大面积扩散。但源片易吸潮变质，在扩散温度较高时，还容易变形，这时就不如液态源扩散优越。固态源用法便利，对设备要求不高，操作与液态源基本相同，生产效率高，所以也是应用较多的一种方法（特别是硼扩散方面）。

对于硅芯片平面工艺中的扩散杂质源的选择主要应考虑：对所选择的杂质，SiO_2 掩模应能起着有效的掩蔽扩散作用；在硅中的固溶度足够高，要大于所需要的表面浓度；扩散系数的大小要适当，杂质扩散便于控制。例如，发射区磷扩散，对于一般晶体管来说是能够满足要求的。但对于浅结（如 0.2 μm 以下）扩散，为使扩散时间不至于过短，扩散温度应较低（约为 850 ℃）。扩散温度低，易在硅中产生沉淀（因固溶度受到限制），造成电活性的磷浓度降低。就是在这种情况下，磷扩散的时间也较短（约为 10 min），难以控制，重复性差。因此，用磷来实现浅结高浓度扩散十分困难。如果采用砷杂质，由于在相同温度和相同杂质浓度下，砷在硅中的扩散系数比磷要小一个数量级左右，则可在较高温度下进行较长时间的扩散，易于实现浅结高浓度扩散。因此，在微波晶体管中，通常用砷代替磷作施主杂质。另外，由于砷原子的四面体半径与硅相接近，砷扩散到硅中一般不易产生失配位错，从而不会产生高浓度磷扩散所引起的“发射区推进效应”，可使基区宽度做到小于 0.1 μm，有利于提高微波晶体管的性能。

相继扩散的不同杂质的扩散系数，其大小应搭配适当。例如晶体管的基区扩散和发射区扩散，前者的杂质扩散系数应小于后者的杂质扩散系数。这样，扩散基区的宽度才能被有效地调节和控制。常用的基区扩散杂质硼和发射区扩散杂质磷能较好地满足这一要求。另一种情况是要求已经掺入的杂质在后续的热处理过程中，杂质分布变化小。例如，硅集成电路的埋层杂质源，为了不至于在以后的长时间隔离扩散时，使埋层向外延层推移太多，要求埋层扩散杂质源的扩散系数尽可能小。锑和砷的扩散系数都比较小，可以用于埋层的杂质源。

当然，作为扩散用的杂质源，还有其他方面的要求，如纯度高，杂质电离能小，使用方便、安全等。例如，从埋层扩散对杂质扩散系数要求来看，采用砷比锑更理想，而且固溶度大。但由于砷有毒，蒸气压又高，在工艺操作上有一定的困难，因此一般不采用砷而采用锑。

5.5.3　常用杂质的扩散工艺

目前微电子制程中常用掺杂杂质主要包括硼、磷、砷和锑，它们几乎涵盖了所有需要的掺杂。

1. 硼扩散

硼扩散是 p 型掺杂使用最多的方法之一，目前多用 BN 陶瓷片固态源，开管式方法，以预淀积和再分布两步法进行。

（1）工艺流程。

基本工艺流程包括：清洗→预淀积→漂硼硅玻璃→再分布→测方块电阻

①清洗。光刻出扩散窗口的硅片，必须清洗后进行硼扩。

②预淀积。预淀积是恒定源扩散，目的是在扩散窗口硅表层扩入总量一定的硼。扩散

炉升温到规定的工艺温度,把硼源推入恒温区,硼源也可以在炉内和炉子一起升温,通入 N_2 作为保护气体,以避免空气中杂质的沾污。当炉管内充满 B_2O_3 蒸气时,再将待掺杂硅片推入炉管的恒温区,进行预淀积。例如,3DK4 预淀积工艺条件为温度 985 ℃,N_2 气体流量为 0.5 L/min,时间为十几分钟。实际中可以先用陪片来确定预淀积的扩散时间,通过测定预淀积陪片的方块电阻来确定正片的预淀积时间。

③漂硼硅玻璃。预淀积后的扩散窗口表面有薄薄的一层硼硅玻璃,应在体积分数为 10% 的 HF 中漂约 10 s,去除这层硼硅玻璃。

④再分布。再分布是限定源扩散,硼源总量已在预淀积时扩散在窗口上了,再分布是使杂质在硅中具有一定的分布,或达到一定的结深。再分布不再需要其他硼源,一般工艺温度高于预淀积温度,时间长于预淀积时间。另外,通氮气保护,可以通氧气和氧化同时进行。例如,3DK4 制备中硼扩的再分布也是二次氧化,工艺条件为干氧 10 min→湿氧 30 min→干氧 10 min,温度 1 170 ℃。再分布也是先用陪片来确定扩散时间,通过测定再分布陪片的方块电阻来确定正片的再分布时间。

⑤测方块电阻。可以通过测方块电阻来了解掺杂情况。

如果再分布与氧化同时进行,能够通过调节干、湿氧时间来对硅表面杂质浓度进行调整。因为硼在硅与二氧化硅界面有杂质再分布现象,这主要由硅的氧化速率、杂质在 SiO_2/Si 中的分凝[$K(B)=0.1$]以及硼在 Si 与 SiO_2 中的扩散速率决定,其中氧化速率是主要因素(2.4 节)。若在预淀积时扩入硅中的硼的总量与所设计的值相比偏大,即测得的方块电阻偏小,再分布时就可以通过缩短干氧时间,或直接通湿氧来加快氧化速率,使原来在硅表面的硼保留在生长出的 SiO_2 中,SiO_2/Si 界面硅一侧即硅表面杂质浓度有所下降,将使再分布后的方块电阻有所提高。

(2)工艺原理。

BN 源需要活化后使用,目的是在源表面形成一层 B_2O_3,扩散时在炉管内充满 B_2O_3 气体。活化一般是将硼放入炉管内,通入氧气,在扩散温度保持 0.5 h 以上,即

$$4BN+3O_2 \xrightarrow{800\sim1\,000\ ℃} 2B_2O_3+2N_2$$

B 进入 Si 中是在 Si 表面产生化学反应,即

$$2B_2O_3+3Si \longrightarrow 4B+3SiO_2$$

由此 B 扩散进入 Si。B 与 Si 晶格失配系数为 0.254,失配大,有伴生应力缺陷,造成严重的晶格损伤,在 1 500 ℃,$D(B)=10^{12}\ cm^2/s$,硼在硅中的最大固溶度达 $4\times10^{20}\ atoms/cm^3$,但是最大电活性浓度是 $5\times10^{19}\ atoms/cm^3$。

2. 磷扩散

磷扩散是 n 型掺杂使用最多的方法之一,目前多用固态陶瓷片源,采用开管式方法,以预淀积和再分布两步法工艺进行。

(1)工艺流程。

磷扩散与硼扩散工艺相近,但磷扩散一般不进行漂磷硅玻璃工序。另外,磷扩散的两步工艺——预淀积和再分布根据需要通常是预淀积温度高于再分布温度,再分布时间也较短,目的是增大表面浓度,磷扩入得浅。例如,3DK4 的磷扩散:预淀积温度为 1 050 ℃,时间为 12 min;然后不去除磷硅玻璃,直接进行再分布,也称三氧;再分布温度 950 ℃,时间40 min;通氧条件:干氧 5 min→湿氧 20 min→干氧 5 min。可见,与硼扩散相比,预淀积温度高,再分

布扩散温度低，时间短，磷扩入的深度较浅，表面浓度高，接近预淀积温度的固溶度。

磷源多采用五氧化二磷固态源，但五氧化二磷吸湿性强，易水解，因此难以控制源片表面浓度。目前多采用在磷酸铵、磷酸二铵中加入惰性陶瓷黏结剂，热压形成磷源，或者在惰性陶瓷中加25%的硅焦磷酸盐构成源片。在进行工艺操作与存放时，源必须保持干燥，以免发生变性和变形。

(2)工艺原理。

磷固态源也需活化后使用，活化是磷源在扩散温度氧气氛围下保持一段时间，以使磷源表面及扩散用炉管中形成五氧化二磷蒸气，在磷扩散时转化为磷硅玻璃(PSG)和磷，磷进入硅中：

$$2P_2O_5 + 5Si \longrightarrow 4P + 5SiO_2$$

磷是n型替位杂质，失配因子为0.068，失配小，杂质浓度可达为10^{21} atoms/cm^3，该浓度即为电活性浓度。

3. 砷与锑扩散

砷与锑的扩散系数约是磷、硼的$\frac{1}{10}$，因此适于作为前扩散杂质，如埋层扩散或前结扩散杂质。

砷扩散一般采用闭管式扩散方式，扩散源为固态3%砷粉，砷在硅中的固溶度最高可达2×10^{21} atoms/cm^3。

锑扩散一般采用箱式扩散方式，扩散源为五氧化二锑固态源，砷在硅中的固溶度为$(2\sim5)\times10^{19}$ atoms/cm^3。

5.6　扩散工艺质量与检测

在芯片生产或研制过程中，对扩散工艺本身来说，其主要目的就是获得合乎要求的、质量良好的扩散层。具体地说，就是控制好各次扩散的结深、表面浓度和杂质分布，获得符合要求的芯片结构和晶体管的pn结、耐压和放大倍数等电学特性。杂质表面浓度、结深和薄层电阻是评价扩散质量的三个重要工艺指标。扩散结深即扩散形成的pn结的深度。在扩散前可以通过估算由工艺参数确定工艺条件，扩散后既可以估算也可以通过各种测试得到工艺参数，另外还可以通过测量扩散后的电学参数了解扩散质量。

5.6.1　结深的测量

扩散时，若扩散杂质与衬底杂质的型号不同，则扩散后在衬底中将要形成pn结。这个pn结的几何位置与扩散层表面的距离称为结深，一般用x_j表示。结深是扩散工艺中要着重控制和检验的参数之一，结深的测量是对芯片工艺质量的一种必要检测。

根据pn结的物理模型，很容易得出恒定表面源和限定表面源扩散的结深表达式(5.12)、式(5.18)，可归一化为

$$x_j = A\sqrt{Dt} \tag{5.23}$$

对于不同的扩散分布，A的意义不同。对余误差分布，$A=2[\mathrm{erfc}^{-1}(C_B/C_S)]$；对高斯分

布，$A=2[\ln(C_S/C_B)]^{\frac{1}{2}}$。所以，$A$ 是与 C_S/C_B 值有关的常数。根据不同的 C_B 和 C_S 值可以得到两种分布的 A 值与 C_S/C_B 关系曲线，如图5.20所示。

当利用式(5.23)估计结深时，只要知道 C_S/C_B 值，便可由图5.20查出相应的 A 值，再将相应的 $D(T)$、t值代入，便可求出结深。$D(T)$ 与温度 T 是指数关系，所以在扩散过程中，温度通过 D 对扩散深度以及杂质分布情况的影响，同时间 t 相比更为重要。$x_j \propto \sqrt{Dt}$ 说明增加扩散时间或升高扩散温度，均可使结深增加。但两者相比，后者是主要的。例如，假设扩散时间为60 min所得的扩散结深为2.5 μm，而扩散时间为54 min时，相应的结深约为2.38 μm。这里扩散时间比原定时间少了10%，引起的结深差为5%（即0.12 μm）。因此，若要求结深的误差小于5%，其扩散时间的偏差只要少于6 min（10%）即可，这是容易做到的。反之，温度对结深的影响很大。例如，硅片在1 180 ℃下进行硼扩散，只要温度偏差±1%，其扩散系数 D 可相差10%，结深误差则达5%。因此，如果要求结深误差小于5%，温度 T 的偏差必须小于1 ℃。这在1 180 ℃的高温下是不容易做到的。因此，在工艺操作中要特别注意对温度的控制。除了温度之外，凡是对扩散系数有影响的因素，对结的实际深度都会有不同程度的影响。在同时进行氧化的工艺中，结深还受到氧化生长速率的影响，可以说实际结深主要由预淀积的杂质总量和再分布的氧化速率来控制。

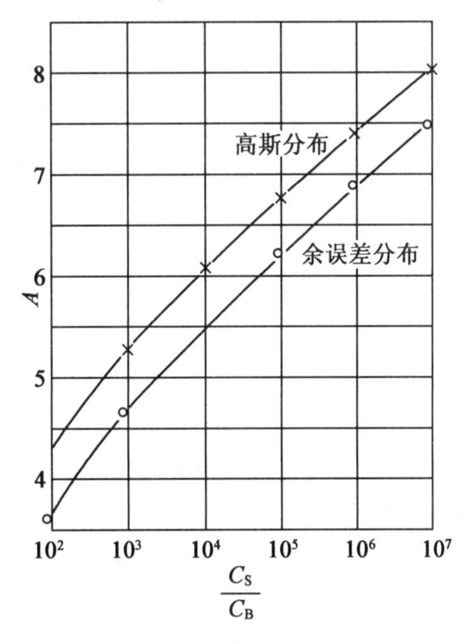

图5.20　两种分布的 A 值与 $\frac{C_S}{C_B}$ 之间的关系曲线

对于深度较大的pn结（如大功率器件中的结），可直接解理片子，经显结后在显微镜下测量其结深。对于较浅的pn结，很难在硅片侧面直接测出读数。因此，必须将测量面扩大，或采用其他方法来测量。结深测量方法主要有：扩展电阻法、扫描电镜法、阳极氧化剥层法和磨角染色法。

5.6.2　表面浓度的确定

表面浓度 C_S，结深 x_j 和方块电阻 $R_\square$ 都是描述杂质分布常用的和相关的参数。C_S 是半导体产品设计或制造过程中，特性分析和模拟计算时经常要用到的重要参数。C_S 不同，杂质分布可以有很大的差异，从而对产品特性带来影响。但是，即便 C_S 相同，分布仍然是不确定的，如图5.21(a)所示。反之，$R_\square$ 相同，C_S 不相同，分布也是不确定的，如图5.21(b)所示。根据 $R_\square$ 与杂质总量 Q 的关系，及 Q 和 x_j 的表达式，可知，在本体杂质浓度不变的情况下，$R_\square$、C_S 和 x_j 三者之间存在对应的关系，已知其中的两个，第三个就唯一地被确定，从而具有确定的杂质分布形式，如图5.21(c)所示。

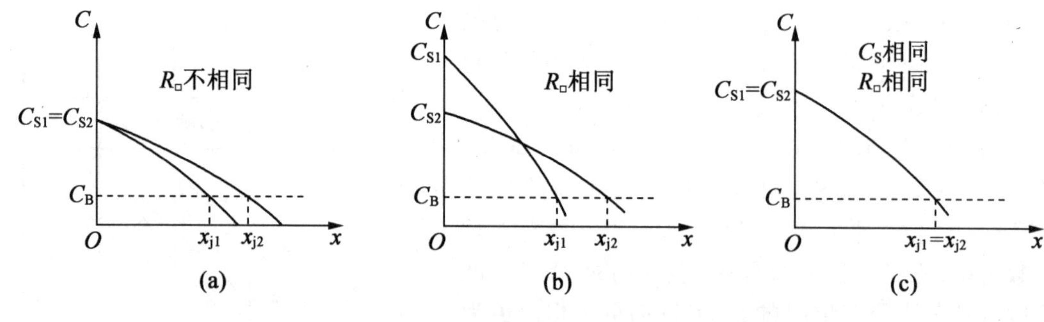

图 5.21　同种分布函数情况下，$R_{\square}$、x_j 和 C_S 之间的关系

在这三个参数当中，结深和方块电阻能方便地测得，而表面浓度的直接测量比较困难，必须采用放射性示踪技术或其他较麻烦的手段。因此在生产中，常由测量 $R_{\square}$ 和 x_j 来了解扩散层的杂质分布，并通过调节扩散条件来控制 $R_{\square}$ 和 x_j 的大小，从而达到控制扩散杂质分布的目的。而在产品设计或分析中需要知道表面浓度 C_S 的具体数值时，可通过已知的 x_j 和与 $\bar{\sigma}$ 的关系（$\bar{\sigma}=1/x_jR_{\square}$），先求出平均电导率然后通过查图表的方法求得。

表面浓度的大小一般由扩散形式、扩散杂质源、扩散温度和时间所决定。但恒定表面源扩散，表面浓度的数值基本上就是扩散温度下杂质在硅中的固溶度。也就是说，对于给定杂质源的情况，C_S 由扩散温度控制。对限定表面源扩散（如两步扩散中的再分布），表面浓度则由预淀积的杂质总量和扩散时的温度和时间所决定。但扩散温度和时间由结深的要求所决定，所以此时的表面浓度（C_{S1}）主要由预淀积的杂质总量来控制。在结深相同的情况下，预淀积的杂质总量越多，再分布后的表面浓度就越大。但基区硼再分布和发射区磷再分布（再扩散），因扩散与氧化同时进行，有一部分杂质 Q_2 要积聚到所生长的 SiO_2 层中，再分布后扩散层的杂质总量 Q_1 等于预淀积杂质总量 Q 与 Q_2 之差（图 5.22）。因此影响再分布后表面浓度（C_{S2}）的因素，还有积聚到 SiO_2 层中的杂质 Q_2。所以，在实际生产中，发现基区硼预淀积杂质总量 Q 太大（即 $R_{\square}$ 偏低）时，在再分布时应缩短第一次通干氧的时间（即湿氧时间提前），造成较多的杂质聚集到 SiO_2 层中，使再分布后基区的表面浓度 Q_2 符合原定的要求。

次表面浓度和次表面层薄层电阻在晶体管的设计和扩散层的分析中，常要用到次表面薄层的概念。次表面薄层就是指扩散表面之下，自某个深度 x 的平面到 pn 结位置之间的一个薄层。例如，扩散型晶体管的基区就属于这种情况（图 5.22）。在 x_{je} 处的杂质浓度就称为次表面浓度。

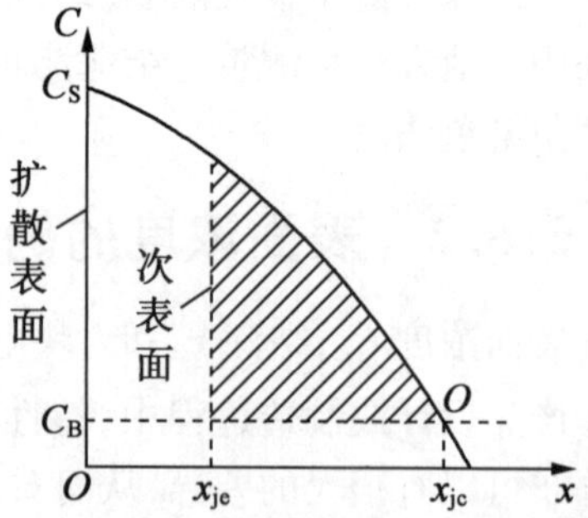

图 5.22　基区薄层电阻 R_{ab} 与扩散层薄层电阻 R'_{ab} 示意图

由薄层电阻的定义可知，次表面层薄层电阻可表示为

$$R_{ab}=\frac{\bar{\rho}}{x_{jc}-x_{je}} \tag{5.24}$$

对于基区薄层来说，x_{jc} 和 x_{je} 就分别为基区扩散和发射区扩散的结深，$\bar{\rho}$ 为基区薄层的平均电阻率。R_{ab} 在此即为基区薄层电阻，它与扩散层薄层电阻（R'_{ab}）不同，因为它只是反映了

基区薄层内净杂质的总量(图5.22中的阴影部分)。

5.6.3 器件的电学特性与扩散工艺的关系

1. 击穿电压和反向漏电流

pn结的击穿电压和反向漏电流,既是评价扩散层质量的重要标志,也是器件(晶体管等)的重要直流参数。它要求pn结的伏安特性“硬”,即反向击穿特性曲线平直,有明显的拐点,并且漏电流很小。但实际情况总不是十分理想的,异常的电学特性反映了扩散存在的质量问题。图5.23为几种典型的pn结的异常击穿特性。

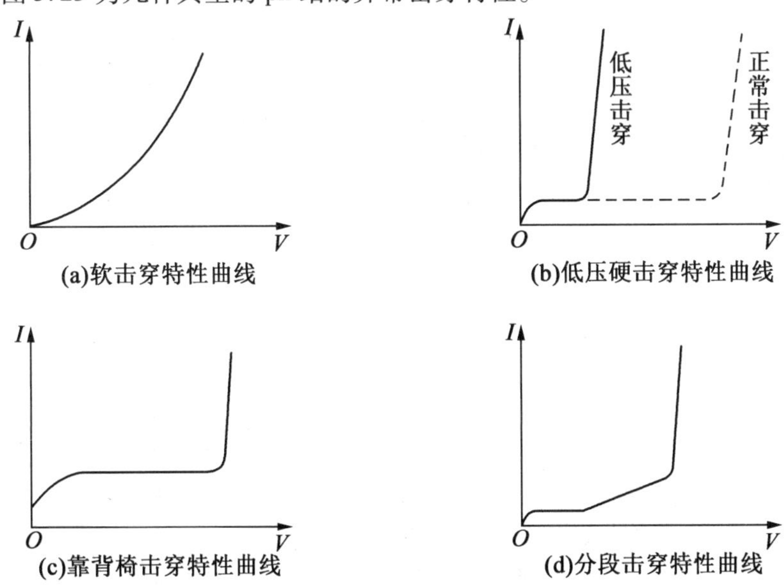

图5.23 几种典型的pn结的异常击穿特性

(1)软击穿。特性曲线如图5.23(a)所示。它的特点是无明显的拐点。产生的原因与pn结附近的表面状态、晶格缺陷,以及结附近的杂质沾污等因素有关。当pn结的表面被杂质沾污,SiO_2/Si界面存在界面态时,会导致表面复合中心大量存在,引起表面漏电;扩散时,硅片清洗不干净或扩散系统沾污,在扩散时进入硅片,降温时就会沉积到晶格缺陷处。如果这些缺陷处在结区,就会成为pn结的漏电通道使反向漏电流随反向电压升高而增大。

(2)低压硬击穿。低压硬击穿是指pn结加反向偏压后,在远低于理论值时就发生击穿的现象。但曲线有明显的拐点,是硬击穿,如图5.23(b)所示。产生的原因很多,如pn结有较大的局部尖峰,基区过窄或外延层过薄,以及扩散层上的合金点、外延层的层错和位错密度较高等都会造成低击穿。

(3)靠背椅击穿。特性曲线如图5.23(c)所示,它的特点是在反向电压很小时,反向电流随电压的升高而迅速增大,并很快进入饱和阶段(其饱和值为几百皮压到几毫安)。随着反向电压继续增大,最后出现击穿。靠背椅击穿产生的原因主要是表面沟道效应,所以,应加强工艺卫生,对于已沾污的杂质,应用钝化方法加以消除或固定。例如采用加氯氧化、磷蒸气合金、电子束蒸发铝等。

(4)分段击穿。分段击穿也称管道型击穿,特性曲线如图5.23(d)所示。它的特点是在较低电压下有一击穿点,电流随电压升高而线性增大。当电压继续升高到某一值时再次发生击穿,其特性曲线如图 5.23(d)所示。产生的原因多是基片内存在局部薄弱点,如层错、位错密度过高,光刻图形边缘不整齐,扩散层表面存在合金点等。

2. β 值

β 是共发射极电流放大系数。它既是晶体管一个重要的电学参数,也是检验晶体管经过硼、磷扩散所形成的两个扩散结质量优劣的重要标志。影响放大系数 β 的因素很多,这里仅从扩散工艺本身列举提高 β 值的一些途径。

(1)减小基区宽度。因为 β 值与基区宽度有关,基区宽度越小,β 值就越高。所以,若磷扩散后 β 太小,可再提高磷扩散温度或延长扩散时间,使发射结结深往前推移,基区变薄。但并不是基区宽度越窄越好。若基区宽度太小,β 值过高,往往会使晶体管的电学性能不稳定,扩散也难以控制。磷主扩散后,还要进行三次氧化(或再扩散),发射结深度还会向前推移。因此经主扩散后所测得的 β 值不一定要求很高,其数值依不同要求而定。

(2)减少复合。复合包括体复合和表面复合。体复合与原材料中存在的缺陷和杂质有关,也和整个扩散过程多次高温处理所产生的二次缺陷和引入的有害杂质有关。所以,在扩散工艺中应尽量选择杂质原子的共价半径与硅原子半径 0.117 nm 相当,尽量采用温度较低的扩散工艺方法。在进行高温处理后,应缓慢降温,保证晶格的完整性。同时,应加强工艺卫生,避免引入新的杂质沾污。至于表面复合问题,主要加强工艺卫生避免表面沾污,改善表面状态,防止表面损伤和进行表面钝化等。

(3)减小 R_{se}/R_{ab} 值。由晶体管原理可知,减小发射区的薄层电阻 R_{se} 与基区薄层电阻 R_{ab} 的比值,可提高发射极的注入效率 γ。在工艺中常有这样的情况,即基区已经很薄了,但 β 还是很小。显然,这时 β 小的原因已不是基区宽度的问题,而可能是注入效率太小所致。一般认为,磷扩散温度和时间应根据硼扩散的薄层电阻和结深来确定。若 R_{ab} 小,结较深就必须提高磷扩散温度或延长扩散时间,反之则降低温度或缩短时间。

5.7 扩散工艺的发展

随着半导体集成电路产业的高速发展,半导体器件特征尺寸不断减小,芯片集成度不断提高,特征尺寸的降低,超浅结、陡峭的杂质分布等需求促使工艺技术进一步改进。近年来的扩散掺杂技术包括快速气相掺杂和气体浸没式激光掺杂。

(1)快速气相掺杂。

快速气相掺杂(Rapid Vapor-phase Doping,RVD)是一种掺杂剂从气相直接向硅中扩散,并能形成超浅结的快速掺杂工艺。利用快速热处理过程(RTP)将处在掺杂气氛中的硅片快速均匀地加热至所需要的温度,同时掺杂剂发生反应产生杂质原子,杂质原子直接从气态转变为被硅表面吸附的固态,然后进行固相扩散,完成掺杂目的。与普通扩散炉中的掺杂不同,快速气相掺杂在硅片表面上并未形成含有杂质的玻璃层。与离子注入相比(特别是在浅结的应用上),RVD 技术的潜在优势在于它并不受注入所带来的一些效应的影响(如沟道效应、晶格损伤,或使硅片带电)。

对气相掺杂剂流量的精确控制是保证掺杂浓度和均匀性满足要求的重要条件,一般是通过稀释气体（如 H_2）控制气态掺杂剂的浓度。最终的表面掺杂浓度 C_S 和结深 x_j，取决于气态掺杂剂的浓度、热处理时间和温度。硼的掺杂剂通常是 B_2H_6，磷的掺杂剂通常是 PH_3，它们的载气均使用 H_2。

快速气相掺杂在 ULSI 工艺中得到广泛应用，例如，对 DRAM 中电容的掺杂，深沟侧墙的掺杂，甚至在 CMOS 浅源漏结的制造中也采用快速气相掺杂技术。在很多方面快速气相掺杂可以替换离子注入技术，与离子注入制造的芯片相比，快速气相掺杂制造的短沟 CMOS 器件显示出更好的特性。对于选择扩散来说，采用快速气相掺杂工艺仍需要掩模。另外，快速气相掺杂仍然要在较高的温度下完成。杂质分布是非理想的指数形式，类似固态扩散，其峰值处于表面处。

(2)气体浸没激光掺杂。

气体浸没激光掺杂（Gas Immersion Laser Doping ，GILD）用准分子激光器（308 nm）产生高能量密度（0.5～2.0 J/cm）的短脉冲（20～100 ns）激光，照射处于气态源（如 PF_5 或 BF_3）中的硅表面，硅表面因吸收能量而变为液体层，同时掺杂源由于热解或光解作用产生杂质原子，通过液相扩散，杂质原子进入这个很薄的液体层。溶解在液体层中的杂质其扩散速度比在固体中高 8 个数量级以上，因而杂质快速并均匀地扩散到整个熔化层中。当激光照射停止后，这个已经掺有杂质的液体层通过固相外延转变为固态结晶体，由液体变为固态结晶体的速度非常快（大于 3 m/s）。在结晶的同时，杂质也进入激活的晶格位置，不需要进一步退火过程，而且掺杂只发生在表面的一薄层内。

由于硅表面受高能激光照射的时间很短，而且能量又几乎都被表面吸收，硅体内仍处于低温状态，不会发生扩散现象，也就是说，体内的杂质分布没有受到任何扰动。硅表面熔化层的深度由激光束的能量和脉冲时间所决定。因此，可根据需要控制激光能量密度和脉冲时间达到控制掺杂深度的目的。在液体中杂质扩散速度非常快，杂质的分布也就非常均匀，因此，可以形成陡峭的杂质分布形式。气体浸没激光掺杂的超浅深度杂质分布形式如图 5.24 所示。因此，采用这种方法可以得到别的方法不可能得到的突变型杂质分布、超浅深度和极低的串联电阻。GILD 技术对工艺做出了极大的简化，近年来，该技术被成功地应用于 MOS 和双极型器件的制造。

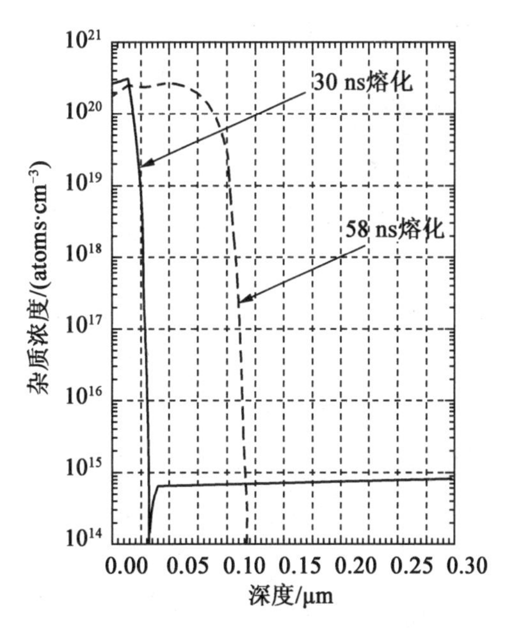

图 5.24 气体浸没激光掺杂的超浅深度杂质分布形式

在 GILD 基础上，一个更有发展前景的技术是投射式 GILD（Project Gas Immersion Laser Doping，P－GILD）工艺，把用准分子激光器产生的激光束，通过介质掩模版聚焦之后投射到硅片上。在掩模的整个视场都被曝光之后（曝光区域的硅被激光熔化）、硅片被步进，然后重复曝光。结深随着脉冲能量增大而加深，掺杂只发生在被激光融化的区域中，从而实现选择掺杂。在一个工序中相继完成掺杂、退火和形成图形，P－GILD 技术对工艺做出了极大的简化。

本章小结

本章针对扩散的基本机构、方式以及扩散工艺的原理进行介绍，重点在于掌握扩散过程中不同杂质的扩散机构、两步扩散工艺，以及杂质分布形式，对杂质扩散系数以及扩散过程的各种影响因素、产生的各种效应，以及对微电子产品性能的影响。同时也对扩散工艺的质量参数及测量方法加以介绍，以对扩散工艺有一个总体、全面的认识。

第6章　离子注入

自20世纪60年代开始发展起来的离子注入技术(Ion Injection Technique)是微电子工艺中定域、定量掺杂的一种重要方法,其目的是改变半导体的载流子浓度和导电类型,以达到改变材料电学性质的目的。本章就离子注入原理、杂质分布以及离子注入设备等方面进行介绍。

6.1　概　述

第一台商用离子注入机于1973年面世,在近50年的时间里已被微电子工艺广泛采用,成为超大规模集成电路的标准掺杂工艺。由于采用了离子注入技术,推动了集成电路的发展,在集成电路制造中的隔离工序中防止寄生沟道用的沟道截断、调整阈值电压用的沟道掺杂、CMOS阱的形成,以及源漏区域的形成等主要工序都采用离子注入法进行掺杂,特别是浅结制作主要用离子注入技术来实现,从而使集成电路的生产进入超特大规模时代。

离子注入技术的主要特点可归纳为以下几点:

(1)注入的离子是通过质量分析器选取出来的,被选取的离子纯度高,能量单一,从而保证了掺杂纯度不受杂质源纯度的影响。另外,注入过程是在清洁、干燥的真空条件下进行的,各种污染降到最低水平。

(2)可以精确控制注入硅中的掺杂原子数目,注入剂量在10^{11} ~ 10^{17} ions/cm^{2}的较宽范围内,同一平面内的杂质均匀性和重复性可精确控制在±1%内。相比之下,在高浓度扩散时,同一平面内的杂质均匀性最好也只能控制在5% ~10%的水平,至于低浓度扩散时,均匀性更差。同一平面上的电学性质与掺杂均匀性有着密切的关系,离子注入技术的这一优点在超大规模集成电路制造中尤其重要。

(3)离子注入时,衬底一般保持在室温或低于400 ℃,因此,像二氧化硅、氮化硅、铝和光刻胶等都可以用来作为选择掺杂的掩模,给予自对准掩蔽技术更大的灵活性,这是热扩散方法根本做不到的,因为热扩散方法的掩模必须是能耐高温的材料。

(4)离子注入深度随离子能量的增大而增大,因此掺杂深度可通过控制离子束能量高低来实现。另外,在注入过程中可精确控制电荷量,从而可精确控制掺杂浓度,因此通过控制注入离子的能量和剂量,以及采用多次注入相同或不同杂质,可得到各种形式的杂质分布,对于突变型的杂质分布、浅结的制备,采用离子注入技术很容易实现。

(5)离子注入是一个非热力学平衡过程,不受杂质在衬底材料中的固溶度限制,原则上对各种元素均可掺杂(但掺杂剂占据基质格点而变为激活杂质是有限的),这就使掺杂工艺灵活多样,适应性强。根据需要可从几十种元素中挑选合适的n型或p型杂质进行掺杂。

(6)离子注入时的衬底温度较低,这样就可以避免由高温扩散所引起的热缺陷。

(7)离子注入的直进性,注入杂质按掩模的图形近于垂直入射,这样的掺杂方法,横向效应比热扩散小很多,这一特点有利于芯片特征尺寸的缩小。

(8)离子往往可以通过硅表面上的薄膜(如 SiO_2)注入硅中,因此硅表面上的薄膜起到了保护膜作用,防止污染。

(9)化合物半导体是两种或多种元素按一定组分构成的,这种材料经高温处理时,组分可能发生变化。采用离子注入技术,基本不存在上述问题,因此容易实现对化合物半导体的掺杂。

在集成电路制造中应用离子注入技术主要是为了进行掺杂,分为两个步骤:离子注入和退火再分布。离子注入是将含杂质的化合物分子(如 BCl_3、BF_3)电离为杂质离子后,聚集成束并用强电场加速,使其成为高能离子束,直接轰击半导体材料。在掺杂窗口处,杂质离子被注入衬底材料本体,在其他部位,杂质离子被衬底材料表面的保护层屏蔽,以实现有选择地改变这种材料表层的物理或化学性质,完成选择掺杂的过程。被掺杂的衬底材料一般称为靶。靶材料可以是晶体,也可以是非晶体。虽然在集成电路制造中被掺杂的材料大多数都是晶体,但为了精确控制深度,避免沟道效应,往往使靶(硅片)的晶轴方向与入射离子束方向之间具有一定的角度。这时的晶体靶就可以按非晶靶来处理。非晶靶,也称为无定形靶,在实际应用中有着普遍的意义。另外,常用的介质膜,例如,SiO_2、Si_3N_4、Al_2O_3 和光刻胶等都是典型的无定形材料。

退火再分布是在离子注入之后为了恢复晶格损伤和使杂质达到预期分布并具有电活性而进行的热处理过程。一束离子轰击靶时,其中一部分离子在靶表面就被反射,不能进入靶内,称这部分离子为散射离子,进入靶内的离子称为注入离子。注入离子在靶内一定的位置形成一定的分布。通常,离子注入的深度(平均射程)较浅且浓度较大,必须重新使它们再分布。掺杂深度由注入杂质离子的能量和质量决定,掺杂浓度由注入杂质离子的数目(剂量)决定。同时,由于高能粒子的撞击,导致硅结构的晶格发生损伤。为恢复晶格损伤,在离子注入后要进行退火处理。根据注入的杂质数量不同,退火温度为 450 ~ 950 ℃,掺杂浓度大则退火温度高,反之则低。在退火的同时,掺入的杂质同时向硅体内进行再分布,如果需要,还要进行后续的高温处理以获得所需的结深和分布。

离子注入技术以其掺杂浓度控制精确、位置准确等优点,正在取代热扩散掺杂技术,成为 VLSI 工艺流程中掺杂的主要技术。

6.2 离子注入原理

离子注入是离子被强电场加速后注入靶中,离子受靶原子阻止,停留其中,经退火后成为具有电活性的杂质的一个非平衡的物理过程。注入离子在靶中分布的情况与注入离子的能量、性质和靶的具体情况等因素有关。下面首先分析离子进入靶时受到阻止作用的情况,得出在非晶靶时,注入离子所遵循的基本方程及计算离子分布的方法,然后讨论离子沿低指数晶向入射单晶靶时发生的沟道效应及其离子分布情况。

6.2.1 与注入离子分布相关的几个概念

如同热扩散的杂质在衬底中具有一定的浓度分布一样,注入靶中的杂质离子也具有一定的浓度分布形式。因为离子注入半导体中的过程,实质上就是入射离子与半导体的原子核和电子不断发生碰撞的过程。当具有不同入射能量的杂质离子进入靶时,将与靶中的原子核和电子不断发生碰撞。在碰撞时,离子的运动方向将不断发生偏折,并不断失去能量,最后在靶中的某一点停止下来,因而离子从进入靶起到停止点止将走过一条十分曲折的路径。由于入射粒子所具有的能量不同,在进入靶材料内所形成的路径也存在差异。图 6.1 为离子注入行程示意图。

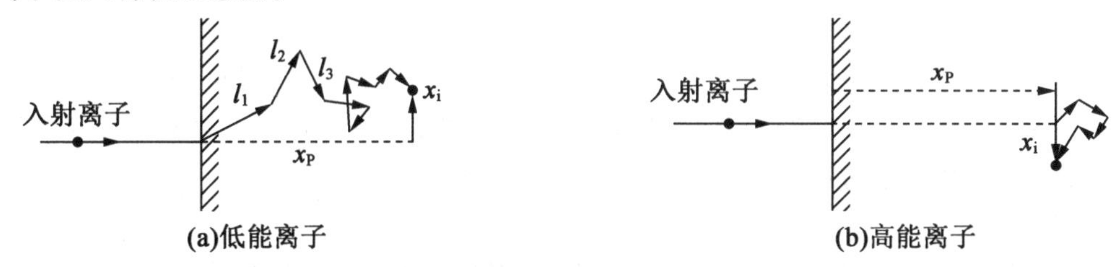

图 6.1　离子注入行程示意图

设每相邻两次碰撞所经历的路程依次为 l_1、l_2、l_3…,如图 6.1(a)所示,则离子从进入靶起到停止点所通过路径的总距离 R 称为入射离子的射程(Range)。

$$R = l_1 + l_2 + l_3 + \cdots \tag{6.1}$$

R 在入射方向上的投影称为投影射程(Projected Range)。一个入射离子进入靶后所经历的碰撞过程是一个随机过程,因此尽管入射离子及其能量都相同,但各个离子的射程和投影射程却不一定相同。定义所有入射离子的投影射程的平均值为平均投影射程,以 R_P 表示。图 6.2 为离子注入射程 R、投影射程 R_P 及二维分布示意图。

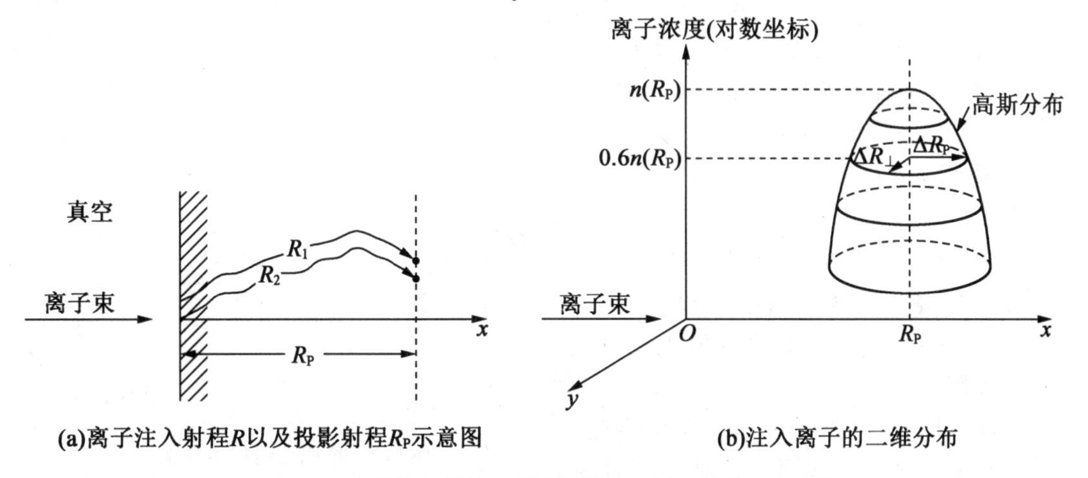

图 6.2　离子注入射程 R、投影射程 R_P 及二维分布示意图

在入射离子进入靶时,每个离子的射程是无规则的,但对于大量以相同能量入射的离子来说仍然存在一定的统计规律性。在一定条件下,其射程和投影射程都具有确定的统计平均值。一些离子的碰撞次数小于平均值,所以离子停止在比 R_P 更远处,而某些离子碰撞次数较多,那么它停止在比 R_P 更近处。沿着投影射程离子浓度的统计波动称为投影射程标准偏差 ΔR_P(Straggling)。离子在垂直入射方向的平面上也有散射,横向离子浓度所形成的统计波动称为横向标准偏差 $\Delta R_\perp$(Traverse Straggling)。

6.2.2 离子注入相关理论基础

在集成电路制造中，注入离子的能量一般为 5 ~ 500 keV，而注入的又往往是重离子。对于这样的注入情况，进入靶内的离子不仅与靶内的自由电子和束缚电子发生相互作用，而且与靶内原子核相互作用。基于这种情况，在 1963 年，J. Lindhard、Scharff 和 H. E. Schiott 首先确立了注入离子在靶内的分布理论，简称 LSS 理论。该理论认为，入射离子在靶内的能量损失分为两个彼此独立的过程，即入射离子与原子核的碰撞（核阻挡过程）和电子（束缚电子和自由电子）的碰撞（电子阻挡过程）两个过程来处理，总能量损失为它们的和。因此，为了确定注入离子的浓度（或射程）分布，首先应考虑入射离子与样品中的原子核和电子发生相互作用而损失其能量的过程。

1. 核碰撞

核碰撞指的是入射离子与靶内原子核之间的相互碰撞。离子与原子核碰撞，离子将能量转移给靶原子核，这使入射离子发生偏转，也使很多靶原子核从原来的格点移位。由于入射离子与靶原子的质量一般不同，因此每次碰撞之后，入射离子都可能发生大角度的散射并失去一定的能量；靶原子核也因碰撞而获得能量，如果获得的能量大于原子束缚能，就会离开原来所在位置，进入晶格间隙，成为填隙原子核并留下一个空位，形成缺陷。

核阻止本领可以理解为能量为 E_1 的一个入射离子，在单位密度靶内运动单位长度时，损失给靶原子核的能量。设 E 为离子在其运动路径上某点 x 处的能量，定义核阻止本领 $S_n(E)$

$$S_n(E) = \left(\frac{dE}{dx}\right)_n \tag{6.2}$$

核阻止过程可以看成是一个能量为 E_1，质量为 M_1 的入射离子与初始能量为零，质量为 M_2 的靶原子核之间的碰撞。核阻止过程示意图如图 6.3 所示。

如果把入射离子和靶原子核看成是两个不带电的硬球，其半径分别为 R_1 和 R_2。两球之间的碰撞距离用碰撞参数 p 表示。显然，只有在 $p \leqslant R_1 + R_2$ 时才能发生碰撞和能量的转移。

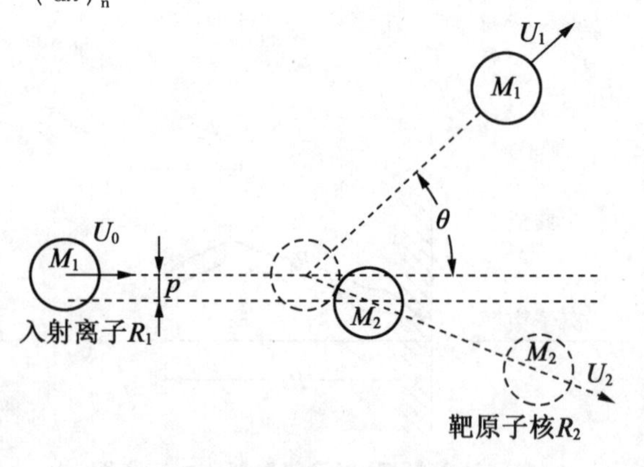

图 6.3 核阻止过程示意图

两球碰撞时，动量沿着球心发生传递，由动量及能量守恒定律可以得到碰撞后两球的散射角及速度。设碰撞后运动球的速度和动能分别为 U_1 和 E_1，散射角为 θ_1；静止球的运动速度和动能分别为 U_2 和 E_2，散射角为 θ_2。

当 $p = 0$ 时发生正面碰撞，入射硬球能量损失最大，损失的能量为

$$\frac{1}{2}M_2U_2^2 = \frac{4M_1M_2}{(M_1 + M_2)^2}E_0 \tag{6.3}$$

这个能量也就是转移给 M_2 的能量。由于 M_1 与 M_2 数量级相同，因此在核阻止过程中，M_1 可以将大部分能量转移给 M_2。但是在经典物理学中的二体弹性碰撞的基础上来讨论入

射离子与靶内原子核之间的相互作用并未考虑入射离子与靶内原子核之间存在的相互作用。实际上入射离子与靶原子核之间存在吸引力或排斥力而引起的一个势能函数关系，如果假设入射离子与靶内原子核之间是弹性碰撞，两粒子之间的相互作用力只是电荷作用力 $F(r)$，那么相应的势能函数 V 只与两粒子间的距离有关，即 $V=V(r)$。

若忽略外围电子的屏蔽作用，则两粒子之间的电荷作用力为

$$F(r)=\frac{q^2Z_1Z_2}{r^2} \tag{6.4}$$

用势函数形式表示为

$$V(r)=\frac{q^2Z_1Z_2}{r} \tag{6.5}$$

式中，Z_1、Z_2 为两个粒子的原子序数；r 为两粒子之间的距离。

对于运动缓慢而质量较重的入射离子来说，若忽略外围电子的屏蔽作用，所得结果与试验不太符合。要想得到比较理想的结果，应该考虑电子屏蔽作用。一般来说，电子屏蔽效应只是在两粒子相距较远时才起作用，当距离很近时可以忽略，只考虑库仑势作用。

当考虑电子的屏蔽作用时，势函数形式为

$$V(r)=\frac{q^2Z_1Z_2}{r}f\left(\frac{r}{a}\right) \tag{6.6}$$

式中，$f(r/a)$ 为电子屏蔽函数，表示原子周围电子的屏蔽效应；a 为屏蔽参数，$a=0.885\,3\,(Z_1^{\frac{2}{3}}+Z_2^{\frac{2}{3}})^{-\frac{1}{2}}a_0$；$a_0$ 为玻尔半径，$a_0=0.529\times10^{-8}$ cm。

一般地说，当 r 由 0 变到 ∞ 时，$f(r/a)$ 应该由 1 变到 0，其形式依赖于两个原子核外电子的数目及对原子核的影响，最简单的选取形式为

$$f\left(\frac{r}{a}\right)=\frac{a}{r} \tag{6.7}$$

电子屏蔽函数如果选取式(6.7)的形式，那么注入离子与靶原子之间的势函数与距离的平方成反比关系。在这种情况下，注入离子与靶原子核碰撞的能量损失率就为常数，用 S_n^0 表示。

如果要更精确考虑两粒子间相互作用的势能关系还可以采用其他形式的电子屏蔽函数，如用 Thomas - Fermi 屏蔽函数形式(图 6.4)。

由图 6.4 可知，当 $r/a\to0$ 时，$f(r/a)\to1$；当 $r/a\to\infty$ 时，$f(r/a)\to0$。这样的关系基本能反映原子周围电子的屏蔽效应。当选用这种屏蔽函数关系时，注入离子与靶原子核碰撞的能量损失率与注入离子能量关系如图 6.5 中所示。

其中虚线表示的为最简屏蔽函数形式下的核阻止本领 S_n^0，注入离子与靶原子核碰撞的能量损失率就为常数；实线部分为选用 Thomas - Fermi 屏蔽函数的能量损失率与离子能量之间的关系，核阻止本领为 $S_n(E)$。由图 6.5 以看到，当离子刚进入靶内时(此时离子能量最大)，核阻止的能量损失率较低；随着离子能量的减小，能量损失率增大，经过一个极大值之后，能量损失率又下降，最后能量完全损失而停止在靶内某一位置；低能量时核阻止本领随能量增大呈线性增大，而在某个中等能量达到最大值，在高能量时，因快速运动的离子没有足够的时间与靶原子进行有效的能量交换，所以核阻止本领变小。

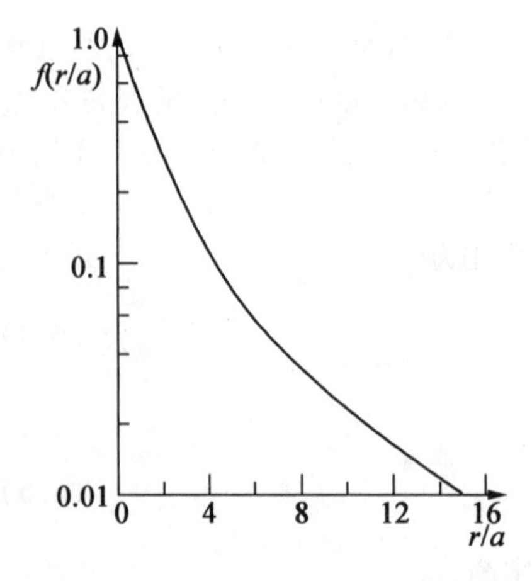

图 6.4　Thomas – Fermi 屏蔽势函数

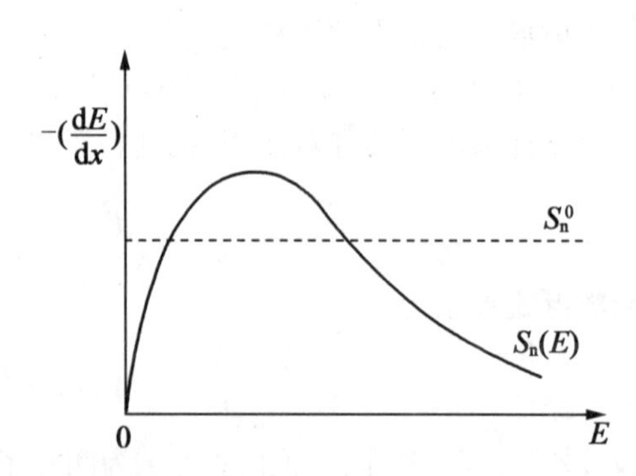

图 6.5　入射离子能量损失率与注入离子能量的关系

2. 电子碰撞

电子碰撞指的是注入离子与靶内自由电子以及束缚电子之间的碰撞。注入离子和靶原子周围电子云通过库仑作用,使离子和电子碰撞失去能量,而束缚电子被激发或电离,自由电子发生移动,这种碰撞能瞬时地形成电子 – 空穴对。离子与硅中的束缚电子或自由电子碰撞,能量转移到电子,由于两者的质量相差非常大(10^4 量级),在每次碰撞中,注入离子的能量损失很小,而且散射角度也非常小,也就是说每次碰撞都不会显著地改变注入离子的动量。又因为散射方向是随机的,虽然经过多次散射,注入离子运动方向基本不变。

定义电子阻止本领 $S_e(E) = (dE/dx)_e$ 来表征这种阻止机构。电子阻止本领与入射离子的速度成正比,即

$$S_e(E) = CV = k_e\sqrt{E} \tag{6.8}$$

式中,k_e 为原子质量和原子序数的弱相关函数。

k_e 随 M_1、M_2 及入射离子数和阻止原子数的变化很小。对 As、P、B 注入硅的 k_e 值约为 $10^7\sqrt{\text{eV}}\cdot\text{cm}$,砷化镓的 k_e 值约为 $3\times10^7\sqrt{\text{eV}}\cdot\text{cm}$。

离子能量随距离的平均损耗率可由上述两种阻止机构叠加得到,即

$$\frac{dE}{dx} = S_n(E) + S_e(E) \tag{6.9}$$

6.2.3　几种常用杂质在硅中的核阻止本领与能量关系

图 6.6 给出了常用几种杂质(As、P、B)在硅中的核阻止本领、电子阻止本领与能量关系的计算值。由图 6.6 可见,对硅靶来说,注入离子不同,其核阻止本领达到最大的能量值不同。较重的原子(如砷)有较大的核阻止本领,即单位距离内的能量损失较大;硅中的电子阻止本领随入射离子能量增大而增大。图 6.6 中还标出了 $S_n(E) = S_e(E)$ 时的交叉能量。对于离子质量比硅原子小的硼来说,交叉点能量只有 10 keV,这说明在整个实际注入能量范围(30 ~ 300 keV)内,硼离子主要通过电子阻止机构消耗能量。另一方面,对具有较高离子质量的砷来说,交点能量有 700 keV,因此在 30 ~ 300 keV 的能量范围内砷离子主要通过核阻止机构消耗能量。对磷来说,交叉能量为 130 keV,当 $E_0 < 130$ keV 时,核阻止机构起主要作用;在较高的能量下,电子阻止机构起主要作用。

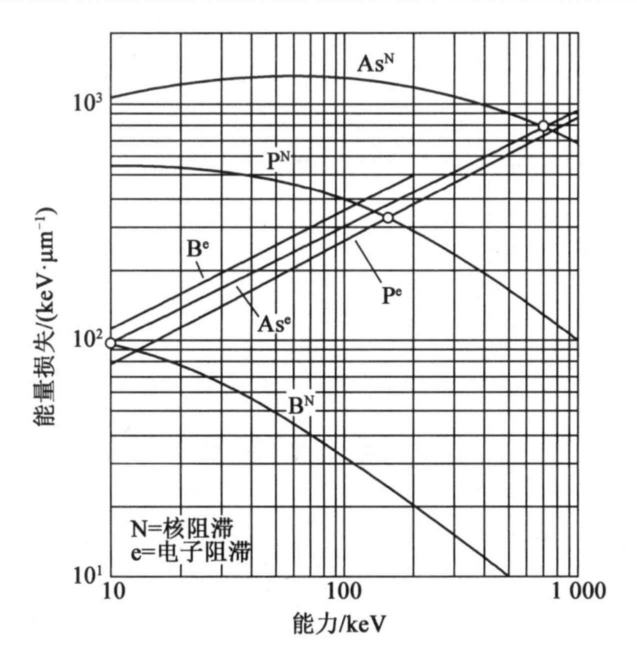

图 6.6　杂质 As、P、B 在硅中的核阻止本领、电子阻止本领与能量关系的计算值

由此注入离子的能量可以分为 3 个区域。图 6.7 为核阻止本领和电子阻止本领曲线。图 6.7 中通过原点有一组斜率不同的直线，它们分别表示不同 k_e 值所对应的电子阻止本领。

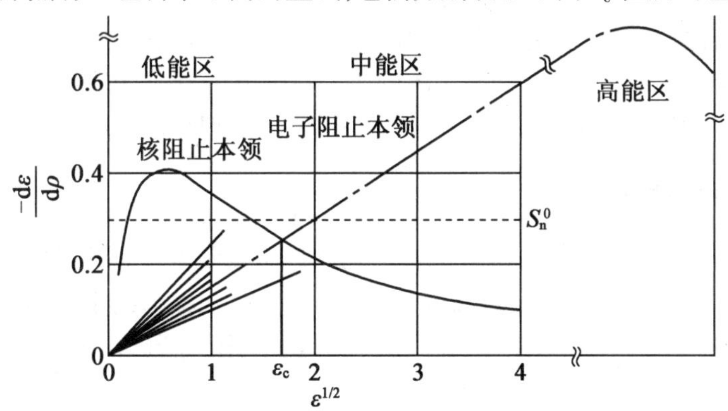

图 6.7　核阻止本领和电子阻止本领曲线

(1)低能区。在这个区域中核阻止本领占主要地位，电子阻止可以被忽略。

(2)中能区。在一个比较宽的区域中，核阻止本领和电子阻止本领同等重要，必须同时考虑。

(3)高能区。在这个区域中，电子阻止本领占主要地位，核阻止本领可以忽略。但这个区域的能量值，一般来说超出了集成电路工艺中的实际应用范围，属于核物理的研究课题。

当入射离子的能量低于图 6.7 中与 ε_c 对应的能值时，电子的阻止作用可以忽略不计，靶原子核的阻止作用占主要地位。这时离子经过的路径将有如图 6.1(a)所示的十分曲折的路径。由于离子束中各个离子与靶表面原子碰撞时的碰撞参数一般来说不同，这使它们随后经历的一系列碰撞也彼此相异。因此，尽管入射离子及其能量相同，但各个离子在靶中将不会经历相同的路径，即各个离子经历的碰撞次数及射程将不同，这就导致了一定的射程分布。

当入射离子的能量远远高于 ε_c 对应的能量值时，核阻止作用可以忽略，电子的阻止作用占主要地位。由于离子与电子碰撞时，散射角可以忽略不计，离子运动方向几乎不变，因此高能离子在靶中的运动轨迹接近于直线。但离子在靶中运动时总是要不断损失能量，随着离子能量的降低，核阻止作用将变得显著起来。最后当离子能量降低到核阻止作用占主要地位时，其运动轨迹成为折线。故高能离子在靶中的路径将如图 6.1(b) 所示，其主要部分是沿原来入射方向的直线，最后部分是一些折线。

6.3 注入离子在靶中的分布

离子注入的杂质分布与扩散不同。如上所述，即使相同能量的离子，其路径和射程也有所不同，导致射程分布的统计特征。对一定剂量的离子束，其能量是按概率分布的，所以杂质分布也是按概率分布的。注入离子在靶内分布与注入方向有着一定的关系，一般来说，离子束的注入方向与靶表面垂直方向的夹角比较小，通常假设离子束的注入方向垂直靶表面。

进入靶内的离子，在同靶内原子核及电子碰撞过程中，不断损失能量，最后停止在某一位置。任何一个入射离子，在靶内所受到的碰撞是一个随机过程。虽然可以做到只选出那些能量相等的同种离子注入，但各个离子在靶内所发生的碰撞、每次碰撞的偏转角和损失的能量、相邻两次碰撞之间的行程、离子在靶内所运动的路程总长度，以及总长度在入射方向的投影射程（注入深度）都不相同。如果注入的离子数量很小，它们在靶内分布是很分散的；但是，如果注入大量的离子，那么这些离子在靶内将按一定统计规律分布。

6.3.1 纵向分布

入射离子的能量即使相同，但由于注入离子与靶原子核和电子碰撞的随机性，各个离子的射程不会相同，将形成一个停止点的分布——射程分布。设注入离子的初始能量为 E_0，从进入靶面到静止时所经过的总距离即为射程 R，则由 LSS 理论，若已知 $S_n(E)$ 和 $S_e(E)$，便可求得

$$R = \int_0^R \mathrm{d}x = \int_0^{E_0} \frac{\mathrm{d}E}{S_n(E) + S_e(E)} \tag{6.10}$$

R 与投影射程 R_P 和投影标准偏差 ΔR_P 之间一般关系式由 Schiott 等人得出，即

$$R_P \approx \frac{R}{1 + \dfrac{bM_2}{M_1}} \tag{6.11}$$

$$\Delta R_P \approx \frac{2}{3}\left(\frac{\sqrt{M_1 M_2}}{M_1 + M_2}\right) R_P \tag{6.12}$$

式中，b 为 E 和 R 的缓慢变化函数。

在核阻止占优势的能量范围内，当 $M_1 > M_2$ 时，经验规律为 $b = 1/3$ 是相当好的近似。在较高的能量下，电子阻止增加使 b 值更小；当 $M_2 > M_1$ 时，大角度散射使得 R 与 R_P 之间的修

正要比上面经验规律所得到的值稍微大些。

图 6.8 为离子注入的分布情况，注入杂质沿入射轴的分布可按照高斯分布近似。由 LSS 理论，忽略横向离散效应，此射程分布在一级近似条件下，注入离子在无定形靶内的浓度分布可取高斯分布函数，表示为

$$n(x)=\frac{Q_{\mathrm{T}}}{\sqrt{2\pi}\Delta R_{\mathrm{P}}}\exp\left[-\frac{1}{2}\left(\frac{x-R_{\mathrm{P}}}{\Delta R_{\mathrm{P}}}\right)^{2}\right] \quad (6.13)$$

式中，Q_{T} 为注入剂量（ions/cm^2）。

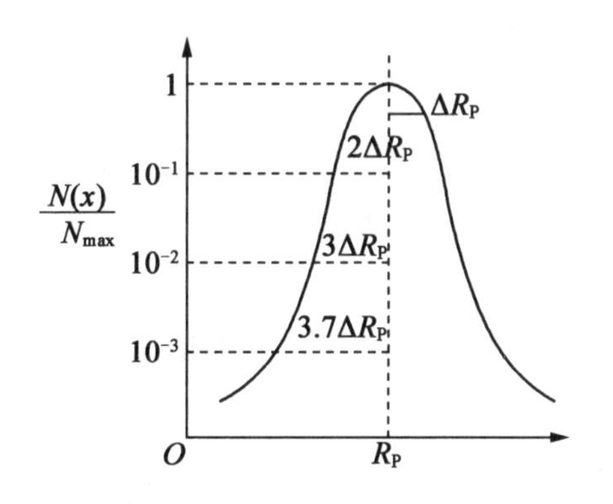

图 6.8　离子注入的分布情况

离子注入的杂质浓度分布和恒定杂质总量扩散时杂质浓度分布相似，只是对扩散来说最大浓度在 $x=0$ 处，而对离子注入来说最大浓度在投影射程 R_{P} 处。在 $(x-R_{\mathrm{P}})=\pm\Delta R_{\mathrm{P}}$ 处，离子浓度比峰值减小 40%，在 $\pm 2\Delta R_{\mathrm{P}}$ 处离子浓度比峰值低一个数量级，在 $\pm 3\Delta R_{\mathrm{P}}$ 处低两个数量级，在 $\pm 3.7\Delta R_{\mathrm{P}}$ 处低 3 个数量级。

在一级近似情况下所得到的高斯分布只是在峰值附近与实际分布符合较好，当离开峰值位置较远时有较大的偏离，这是因为高斯分布是在随机注入条件下得到的粗略结果。

6.3.2　横向效应

以上讨论的是注入离子浓度按深度分布的情形，但在离子通过掩蔽窗口注入靶时，由于离子进入靶后不断遭受碰撞而产生了射程的横向分量，而且还会向横向扩散，致使离子如图 6.9(a)所示的情况到达掩模的下方。

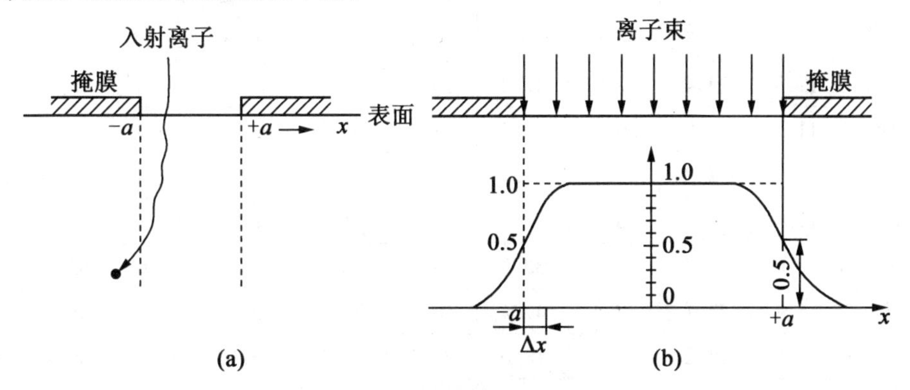

图 6.9　注入离子的横向分布与横向扩散

横向效应指的是注入离子在垂直入射方向的平面内的分布情况。考虑窗口边缘处入射离子的浓度分布，假定掩模窗口宽为 $2a$，在窗口区 $(-a, +a)$ 内，注入离子的剂量是恒定的，在掩模窗口外的区域无离子透过掩模。当窗口的宽度比横向分量的离散大很多时，可近似用余误差函数来表示沿横向的分布函数，如图 6.9(b)所示。可以看到，在掩模窗口内侧，离子浓度较窗口中央也有减少，而在掩模窗口边缘，离子浓度降低至最大值的一半；而距离大于 $+a$ 和小于 $-a$ 时，各处的浓度按余误差函数规律下降。

在垂直于离子入射方向 x 的平面内选定 y 轴和 z 轴。$\Delta R_{\perp y}$在 y 轴和 z 轴上的两个分量如图6.10所示。将射程横向分量 $\Delta R_{\perp}$ 分解为沿 y 轴和 z 轴的两个分量,分别用 $\Delta R_{\perp y}$和 $\Delta R_{\perp z}$表示。对于各向同性的非晶靶,显然 y 轴和 z 轴分量的平均值$\overline{\Delta R_{\perp y}}$和$\overline{\Delta R_{\perp z}}$都应等于零,而且$\overline{\Delta R_{\perp z}^2}=\overline{\Delta R_{\perp y}^2}$。

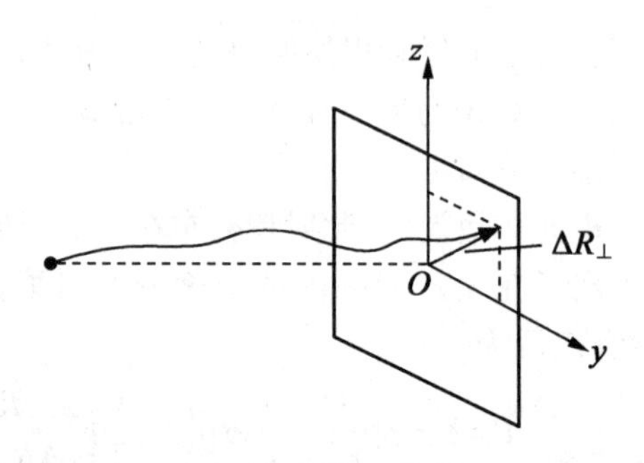

图6.10　$\Delta R_{\perp}$ 在 y 轴和 z 轴的两个分量

表6.1给出了硅靶中几种离子的平均投影射程 R_P、标准偏差 ΔR_P 及 $\Delta R_{\perp}$ 的理论计算值。

表6.1　硅靶中九种离子的 R_P、ΔR_P 及 $\Delta R_{\perp}$ 的理论计算值

能量/keV		20	40	60	80	100	120	140	160	180	200
B	R_P	76.5	156.6	233.7	308.1	381.0	450.2	516.2	580.0	641.7	701.4
	ΔR_P	34.6	58.0	75.2	88.9	100.7	110.6	119.0	126.2	132.7	138.6
	$\Delta R_{\perp}$	36.6	65.3	89.9	110.2	126.7	141.7	155.1	167.1	177.4	689.6
B*	R_P	65.8	123.7	184.7	238.0	288.7	336.2	381.2	424.2	465.4	505.0
	ΔR_P	27.0	42.3	52.6	60.5	66.9	72.1	76.4	80.1	83.3	86.2
	$\Delta R_{\perp}$	29.0	48.3	63.8	76.1	86.7	94.2	101.8	108.3	114.0	119.1
N	R_P	53.5	108.9	165.3	219.9	272.8	324.6	375.9	425.9	474.0	520.7
	ΔR_P	24.6	43.0	57.9	70.2	80.2	89.1	97.2	104.7	111.4	117.1
	$\Delta R_{\perp}$	25.1	45.7	63.7	79.9	94.8	107.9	119.2	129.3	138.9	148.0
Al	R_P	28.8	56.3	84.6	113.7	143.0	172.4	202.3	232.3	261.7	280.7
	ΔR_P	12.9	23.4	32.9	42.2	50.4	57.8	65.0	72.0	78.3	84.0
	$\Delta R_{\perp}$	11.2	20.8	30.0	38.5	47.0	55.2	63.0	70.2	77.3	84.3
P	R_P	25.3	48.8	72.9	97.4	122.7	147.9	173.2	198.8	224.7	250.6
	ΔR_P	11.4	20.1	28.8	36.7	44.5	51.6	58.1	62.4	70.2	76.2
	$\Delta R_{\perp}$	8.4	16.5	24.3	32.3	39.3	46.2	53.1	59.6	65.9	71.8
Ga	R_P	15.4	27.1	38.4	49.4	60.6	71.8	83.1	94.4	105.9	111.5
	ΔR_P	5.9	10.2	14.2	18.0	21.7	25.2	28.7	32.3	35.9	39.5
	$\Delta R_{\perp}$	4.3	7.4	10.3	13.0	15.8	18.5	21.2	23.8	26.3	28.8
As	R_P	15.0	26.2	36.8	47.3	57.7	68.2	78.8	89.4	100.1	100.9
	ΔR_P	5.6	9.6	13.3	16.9	20.4	23.7	26.9	30.2	33.4	36.8
	$\Delta R_{\perp}$	4.1	6.9	9.6	12.1	14.6	17.1	19.6	22.0	24.3	26.6
In	R_P	13.1	22.2	30.3	38.1	45.6	53.0	60.4	67.7	75.0	82.2
	ΔR_P	4.1	7.0	9.5	11.9	14.2	16.4	18.6	20.7	22.9	25.0
	$\Delta R_{\perp}$	3.1	5.0	6.8	8.4	10.0	11.5	13.0	14.5	15.9	17.3

续表 6.1

能量/keV		20	40	60	80	100	120	140	160	180	200
Sb	R_P	13.0	22.0	29.9	37.5	44.8	52.0	59.2	66.3	73.8	80.3
	ΔR_P	3.3	6.8	9.2	11.5	13.7	15.8	17.9	20.0	22.0	24.0
	$\Delta R_\perp$	3.0	4.9	6.6	8.2	9.7	11.1	12.5	13.9	15.3	16.6

由表6.1可见，随着注入离子能量的增大，不但分布朝离开表面的深度方向移动，并且横向扩展逐渐变大；在注入能量相同的情况下，质量轻的离子，横向分布的扩展大于纵向的扩展，随着离子质量的增大，情况逐渐向相反方向变化。$\Delta R_\perp$小于R_P的1/2，如果用R_P和$\Delta R_\perp$分别粗略地表示离子注入的结深和横向扩展的大小，则与热扩散法掺杂时杂质的横向扩展线度接近结深相比，采用离子注入技术掺杂，杂质的横向扩展要小得多。

图6.11(a)所示的是几种主要杂质，通过1 μm宽掩模窗口以70 keV能量注入硅靶中的等浓度曲线；图6.11(b)为通过同样窗口，以不同能量注入硅靶中的磷离子的0.1%等浓度线。

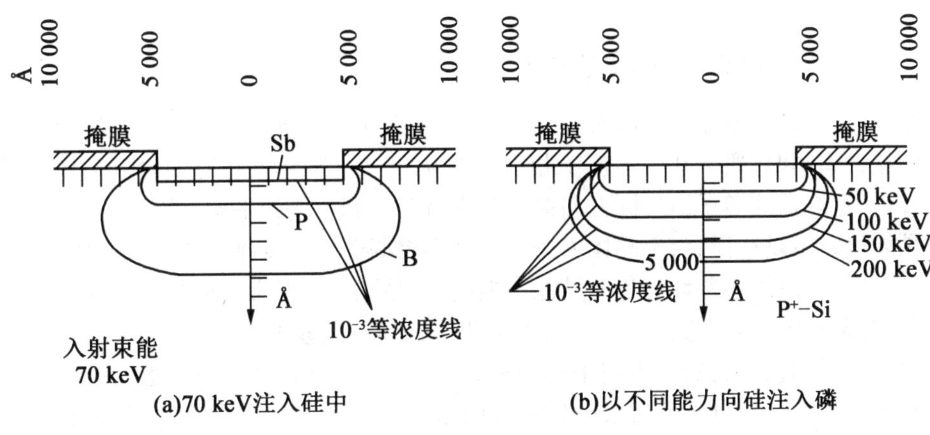

(a)70 keV注入硅中　　(b)以不同能力向硅注入磷

图6.11　通过1 μm宽的掩模窗口注入硅靶中的等浓度曲线

由LSS理论计算得到的注入无定形硅靶中的硼、磷和砷的ΔR_P、$\Delta R_\perp$与入射能量的关系如图6.12所示。

横向效应直接影响了MOS晶体管的有效沟道长度。对于掩模边缘的杂质分布，以及离子通过一窄窗口注入，而注入深度又同窗口的宽度差不多时，横向效应的影响更为重要。

以上讨论可以看到，在非晶靶情形，射程分布取决于入射离子的能量、质量和原子序数，靶原子的质量、原子序数和原子密度，注入离子的总剂量以及下面将要说明的注入期间靶的温度。对于单晶靶，射程分布还依赖于晶体的取向。

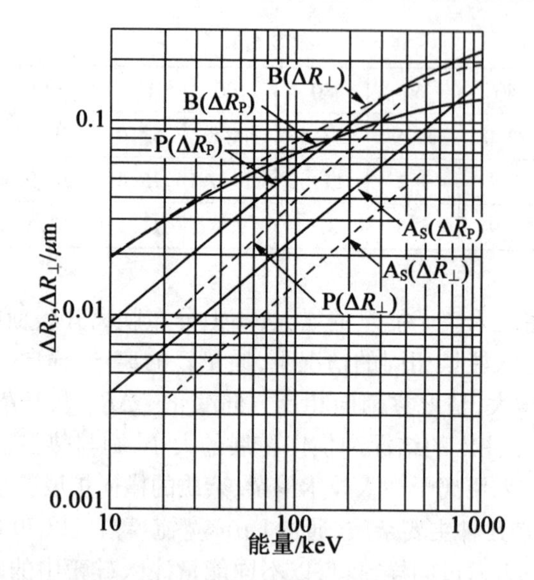

图 6.12　注入无定形硅靶中的硼、磷和砷的 ΔR_P 和 $\Delta R_\perp$ 与入射能量的关系

6.3.3　单晶靶中的沟道效应

在非晶靶中,原子不显示长程有序,故入射离子在靶中受到的碰撞过程是随机的。当离子入射到这种固体时,离子和固体原子相遇的概率很高。靶对入射离子的阻止作用是各向同性的,以一定能量的离子沿不同方向射入靶中将会得到相同的平均射程。

但晶体材料不是这样,由于晶体内按一定规则周期性地重复排列成晶格点阵,存在三维原子排列,具有一定的对称性和各向异性。因此,单晶靶对入射离子的阻止作用将不是各向同性,而是与靶晶体取向有关。以 Si 为例,如果沿晶体的某些方向看去,如图 6.13(a)所示,可以看到由原子列包围成的一系列平行通道,沿一定晶向存在开口的沟道。沿特定方向观察到的通道称为沟道。对于低指数的晶向,原子沿原子列的排列非常紧密,因此沟道壁是由紧密地排列着原子的原子列构成。当偏离晶向观察时,则可看到原子排列的紊乱,而且填得很"紧密"(尤其偏离较大时),如图 6.13(b)所示。离子在这种情况下入射时,必然要与靶原子和电子发生严重的碰撞,受到较大的阻止作用,甚至发生大角度散射。所以,离子在偏斜晶轴较大的情况下入射,射程较短,其晶体几乎呈现出无定形性质。

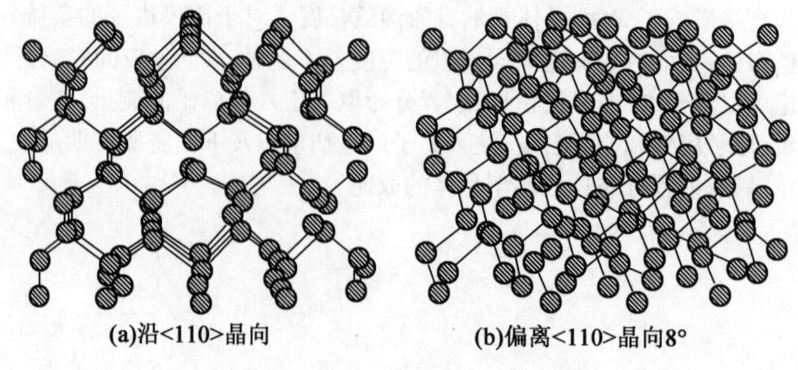

图 6.13　硅不同晶向的原子排列

对晶体靶进行离子注入时，当离子注入的方向与靶晶体的某个晶向平行时，其运动轨迹将不再是无规则的，而是将沿沟道运动并且很少受到原子核的碰撞，因此来自靶原子的阻止作用要小得多，而且沟道中的电子密度很低，受到的电子阻止也很小，这些离子的能量损失率就很低。在其他条件相同的情况下，很难控制注入离子的浓度分布，注入深度大于在无定形靶中的深度并使注入离子的分布产生一个很长的拖尾，注入纵向分布与高斯分布不同，这种现象称为离子注入的沟道效应(Channeling Effect)。沟道效应示意图如图6.14所示。

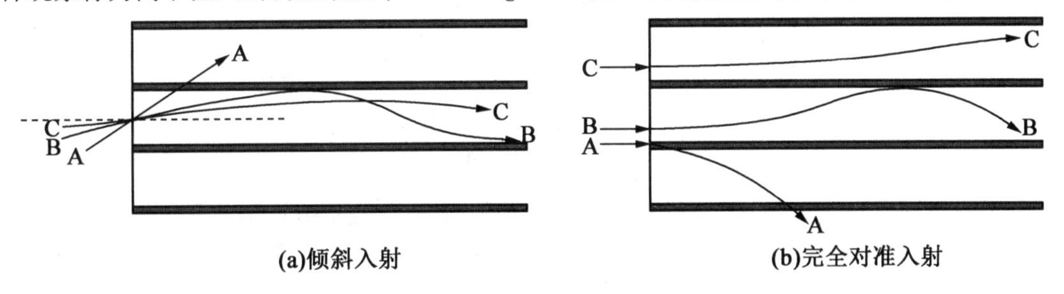

图6.14　沟道效应示意图

如果具有一定能量的入射离子，进入晶体里某一主轴的临界角 Ψ_C 内，那么，离子在每一时刻都要接近晶格原子，而受到晶格原子核库仑屏蔽场的排斥作用，使它偏离原来的方向而避免与原子核的剧烈碰撞。图6.14表明沟道注入的各种情况：在图6.14(a)中，离子A以大于 Ψ_C 的方向入射，它将与晶格原子有严重的碰撞，因而与非晶靶入射的情况相同，除非它碰巧准直于另一个晶轴方向；离子B以稍小于 Ψ_C 的情况入射，它在沟道中将受到较大的核碰撞而损失较多的能量，因而在沟道中“振荡”，离子B将比离子A渗透得更深，但小于离子C的沟道注入深度；离子C以远小于 Ψ_C 的方向入射，它在沟道中很少受到原子核的碰撞，而具有很大的渗透本领。

图6.14(b)表示当入射离子沿着沟道轴向入射时，因其离晶轴位置不同而有不同的碰撞情况。当离子A沿着靠近晶轴位置入射时，很容易与晶格原子碰撞而产生大角度散射，不能进入沟道；离子B以稍远离晶轴位置入射时，将受到较大的核碰撞而在两个晶面之间“振荡”；离子C以远离晶轴方向入射，很少受到晶体原子核的碰撞，因而渗透得更深。因此，通常可以用临界角 Ψ_C 来描述发生沟道效应的界限。Ψ_C 成为决定一个入射离子能否进入构道的重要条件，用J. Lindhard的理论来计算，即

$$\Psi_C = 9.73^\circ \sqrt{\frac{z_i z_t}{E_0 d}} \tag{6.14}$$

式中，z_i、z_t 分别为入射离子和靶原子的原子序数；E_0 为入射能量(keV)；d 为沿离子运动方向上的原子间距(Å)。

可见，入射离子 E_0 越大，Ψ_C 越小。硅中常用杂质发生沟道效应的临界角与离子注入能量 E_0 的关系如图6.15所示。

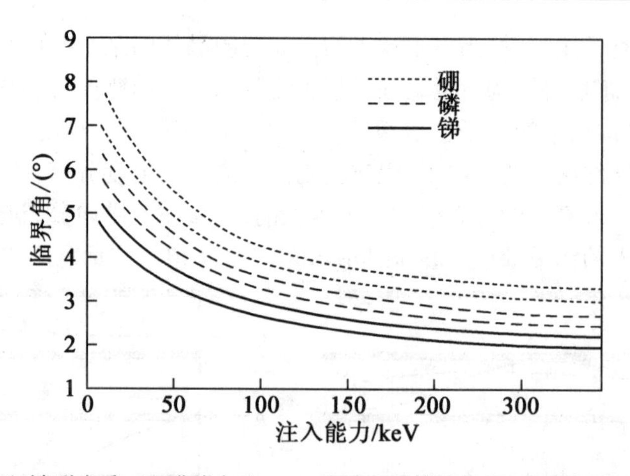

（对每种杂质，上面曲线表示 <111> 衬底，下面曲线对应 <100> 衬底）

图 6.15　硅中常用杂质发生沟道效应的临界角与离子注入能量 E_0 的关系

当离子的速度矢量与主要晶轴方向的夹角比 Ψ_C 大得多时，很少发生沟道效应。因此，为了避免沟道效应，可使晶体相对注入离子呈现无定形的情况，通常是使晶体的主轴方向偏离注入方向，偏离的典型值为 7°左右。这时，离子沿此方向射入，将与射入非晶靶中差不多，离子受到较大的阻挡作用，不会发生沟道效应，这种入射方向称为紊乱方向。离子沿紊乱方向射入晶体时，可以当成非晶靶处理。另一个使沟道效应减到最小的方法是在注入前破坏其晶格结构。可在掺杂注入之前用高剂量的 Si、F 或 Ar 离子注入来完成硅的预非晶化。另外，晶体表面常常覆盖有介质膜（如 SiO_2、Si_3N_4、Al_2O_3 和光刻胶等典型的无定形材料）。如果晶体表面覆盖有无定形的介质膜，即使晶体的某个晶向平行于离子注入方向。但注入离子在进入到晶体之前，在无定形的介质膜中经过多次碰撞之后，已经偏离入射方向，即偏离了晶体的晶向，这与把晶体的主轴方向偏离注入方向的情况相似。上述情况的晶体靶都可以认为是无定形靶。但是，在无定形靶中运动的离子，由于碰撞使其运动方向不断改变，因而也会有部分离子进入沟道。这些进入沟道的离子将对注入离子的分布产生一定的影响。进入沟道的离子，在运动过程中由于碰撞又可能脱离沟道。沟道离子虽然会引起注入离子分布的拖尾现象，但对注入离子峰值附近的分布并不会产生实质性的影响。

6.3.4　影响注入离子分布的其他因素

实际的注入离子浓度分布非常复杂，并不严格地服从高斯分布。其中一个重要的影响因素是粒子背散射。将一束高能离子入射到靶片上，入射离子中的一小部分足够靠近靶核（小于 10^{-4} Å 或 10^{-5} Å），由于库仑排斥作用，与靶核发生大角度的弹性散射，使散射离子从样品表面反射回来，这样的粒子称为背散射粒子。背散射粒子的能量与靶原子的质量和位置有关，它将使注入离子的分布偏离理想的高斯分布。

当轻离子注入较重原子的靶中时，例如，硼离子注入硅靶中，硼离子与硅原子碰撞时，由于质量比硅原子轻，就会有较多的硼离子受到大角度的散射被反向散射的硼离子数量增多，因而就会引起在峰值位置与表面一侧有较多的离子堆积，不服从严格的高斯分布。图 6.16 为不同能量的硼注入硅中的原子浓度分布：测试值与高斯分布、四差动分布曲线。

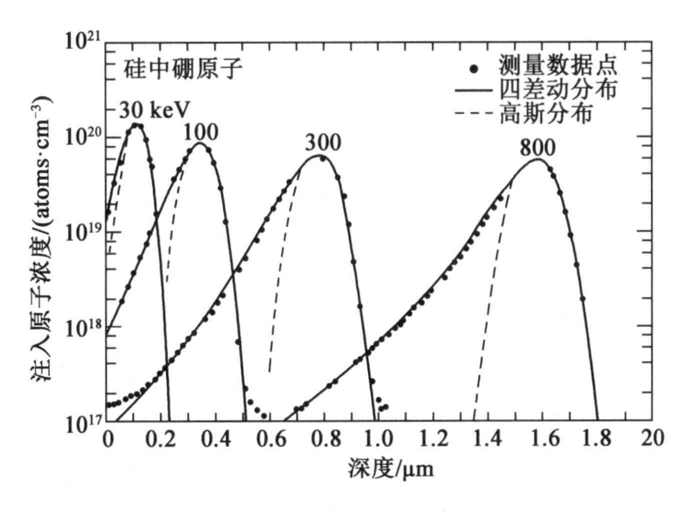

（B 注入无定形硅，未退火）

图 6.16　不同能量的硼注入硅中的原子浓度分布：测试值与高斯分布、四差动分布曲线

反之，如果注入的离子质量大于靶原子质量，例如，锑离子注入硅靶中，碰撞结果将引起在比峰值位置更远一侧堆积，同样也偏离于理想的高斯分布，如图 6.17 实线所示；同时测试结果也表明要达到同样的注入深度，锑离子所需要的能量要远高于硼离子。

在实际注入时还有更多影响注入离子分布的因素，主要有衬底材料、晶向，离子束能量，注入杂质剂量，以及入射离子性质等。图 6.18 为具有同样能量的 B、P、As、Sb 等离子注入硅靶中的射程和浓度分布。

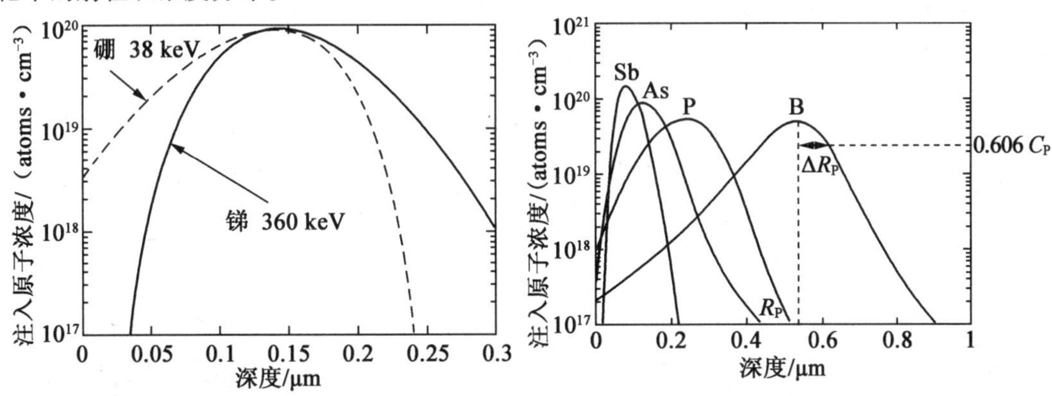

图 6.17　B、Sb 在硅靶中的实际浓度分布

图 6.18　同样能量的 B、P、As、Sb 等离子注入硅靶中的射程和浓度分布

图 6.19 为在无定形 Si 和热生长 SiO_2（2.27 g/cm^3）中，具有同样能量的 B、P 及 As 的注入离子投影射程与注入能量之间的关系曲线。在一级近似下，投影射程随离子能量线性增加；对于给定的能量，轻离子比重离子有较长的射程。在 Si 中对 B、P 及 As 离子的 ΔR_P 和 $\Delta R_\perp$ 计算值如图 6.20 所示，很明显它也遵守图 6.19 所示的离子质量关系；在入射能量一定时，同一元素的两种偏差之间差别不大，一般不超过 ±20%。

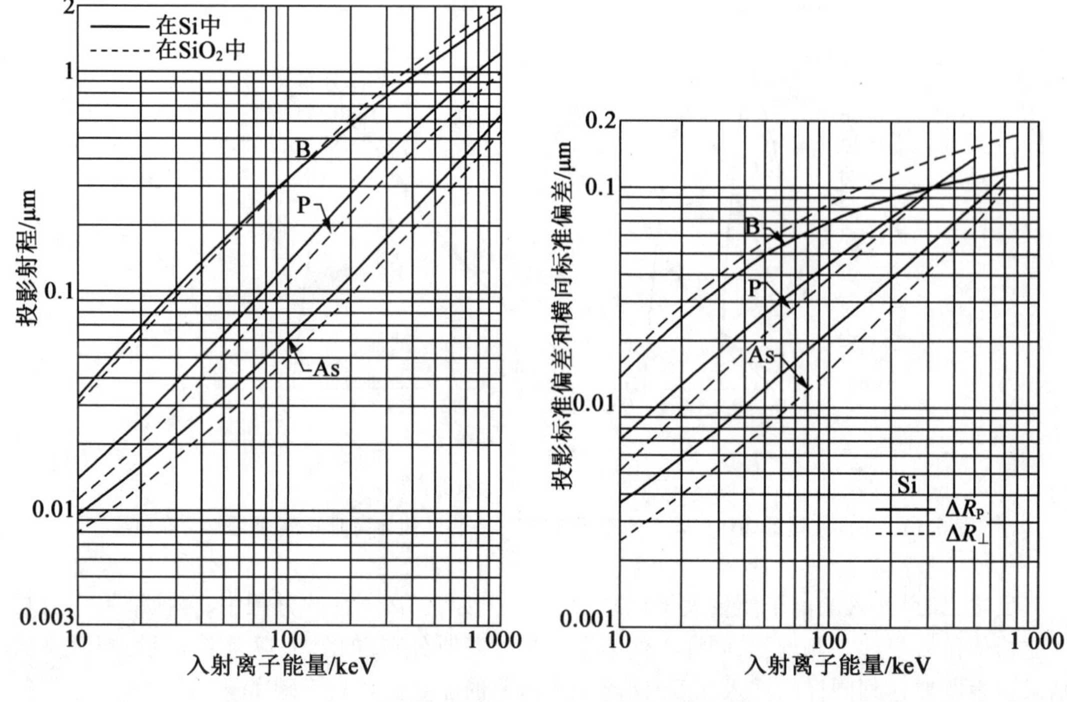

图 6.19　在 Si 和 SiO_2 中注入 B、P 及 As 的投影射程与注入离子能量的关系曲线

图 6.20　在硅中 B、P 和 As 离子的 ΔR_P 和 $\Delta R_\perp$ 与能量关系的计算曲线

图 6.21 为在 GaAS 中氢、锌、硒、镉、锑投影射程 R_P，投影射程标准偏差 ΔR_P 和横向标准偏差 $\Delta R_\perp$ 与入射粒子能量之间关系曲线。将图 6.19 与图 6.21 相比，在能量一定情况下，大多数常用掺杂元素在硅中的投影射程比在砷化镓的大。

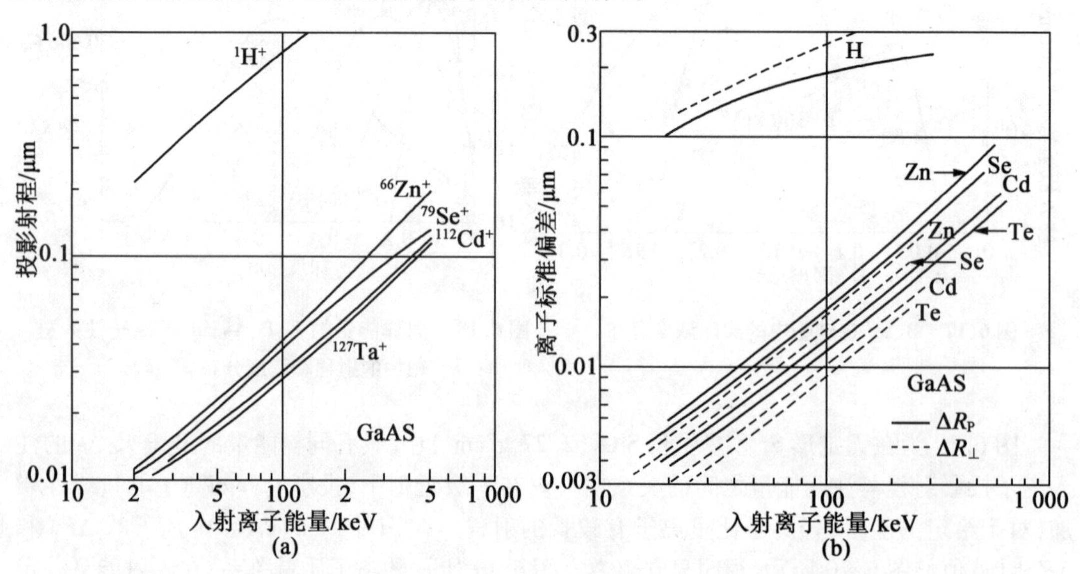

图 6.21　在 GaAS 中氢、锌、硒、镉、锑的 R_P、ΔR_P 和 $\Delta R_\perp$ 与入射离子能量的关系曲线

6.4　注入损伤

离子注入技术可以精确地控制掺杂杂质的数量及深度,但是,在离子注入的过程中,进入靶内的离子,通过碰撞把能量传递给靶原子核及其电子,不断地损失能量,最后停止在靶内某一位置。靶内的原子和电子在碰撞过程中获得能量。入射离子与电子的相互作用不产生原子移动,但与原子核碰撞会使原子移动。如果入射离子与靶原子在碰撞时传递给靶原子的能量大于靶原子激活能 E_a 时,则靶原子得到此能量后将可以从晶格的平衡位置脱出,成为移位原子,同时在晶格中留下一个空位,而移位原子和注入离子则停留在间隙或替位位置上。因此,离子注入在固体内沿入射离子运动轨迹的周围产生大量的空位、间隙原子、间隙杂质原子和替位杂质原子等缺陷,衬底的晶体结构受到损伤。同时在注入的离子中,只有少量的离子处在电激活的晶格位置。因此,必须通过退火等手段恢复衬底损伤,而且使注入的原子处于电激活位置,达到掺杂的目的。

6.4.1　级联碰撞

因碰撞而离开晶格位置的原子称为移位原子。注入离子通过碰撞把能量传递给靶原子核及其电子的过程,称为能量淀积过程。一般来说,能量淀积可以通过弹性碰撞和非弹性碰撞两种形式进行。如果入射离子在靶内的碰撞过程中,不发生能量形式的转化,只是把动能传递给靶原子,并引起靶原子的运动,总动能是守恒的,这样的碰撞称为弹性碰撞;如果在碰撞过程中,总动能不守恒,有一部分动能转化为其他形式的能,例如,入射离子把能量传递给电子,引起电子的激发,这样的碰撞称为非弹性碰撞。

实际上,上述两种碰撞形式是同时存在的。只是当入射离子的能量较高时,非弹性碰撞过程起主要作用;离子的能量较低时,弹性碰撞占主要地位。在集成电路制造中,注入离子的能量较低,以弹性碰撞为主。碰撞的结果可能产生移位原子,使一个处于平衡位置的原子发生移位所需要的最小能量称为移位阈能,用 E_d 表示。入射离子在与靶内原子碰撞时,可出现三种情况:(1)如果在碰撞过程中,传递的能量小于 E_d,那么,就不可能有移位原子产生。被碰原子只是在平衡位置振动,将获得的能量以振动能的形式传递给近邻原子,表现为宏观的热能。(2)在碰撞过程中靶原子获得的能量大于 E_d 而小于 $2E_d$,那么被碰原子本身可以离开晶格位置,成为移位原子,并留下一个空位。但这个移位原子离开平衡位置之后,所具有的能量小于 E_d,不可能再使被碰的原子移位。(3)被碰原子本身移位之后,还具有很高的能量,在它的运动过程中,还可以使被碰撞的原子发生移位。

移位原子也称为反冲原子,与入射离子碰撞而发生移位的原子,称为第一级反冲原子。与第一级反冲原子碰撞而移位的原子,称为第二级反冲原子,依此类推。这种不断碰撞的现象称为“级联碰撞”。结果使大量的靶内原子移位,产生大量空位和间隙原子,导致晶格损伤。对于同一样品(靶),不同的注入离子其产生的级联碰撞情况不同。

6.4.2　简单晶格损伤

由入射离子产生的损伤分布将取决于离子与主体原子的轻重大小。同靶原子相比,如果入射的是轻离子($M_1 < M_2$),在每次碰撞过程中由于碰撞时转移的能量正比于离子的质量,所以每次与晶格原子碰撞时,轻离子转移很小的能量,将受到大角度的散射。两次碰撞之间的平均自由路程较大,即第一级反冲原子之间相距较远。碰撞时传递给第一级反冲原子的能量较小,因而第一级反冲原子在其运动过程中只能产生数量较少的移位原子。入射离子的大部分能量是在与电子的碰撞中损失的,但也有相当比例损失于非弹性碰撞之中。入射离子的能量淀积及级联碰撞情况如图6.22(a)所示。其特点为射程较大,并且损伤将扩展到靶体较大区域,入射离子运动方向变化大,产生的损伤密度小,不重叠,运动轨迹呈"锯齿形"。

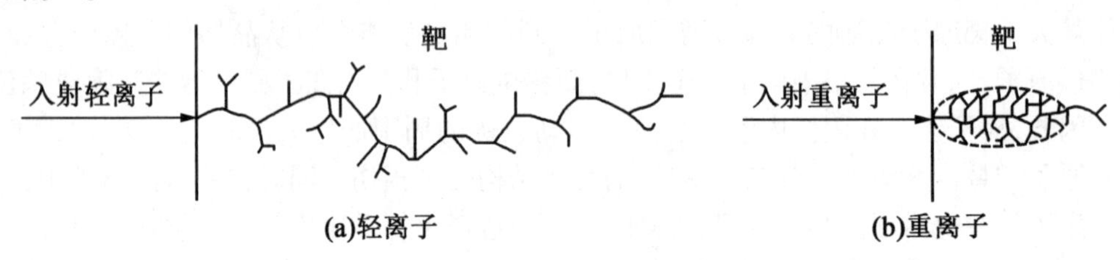

图6.22　入射离子产生的损伤

当入射的离子是重离子($M_1 \gg M_2$)时,相同的情况下,在每次碰撞中,入射离子的散射角很小,动量变化较小,基本上继续沿原来的方向运动。但是入射离子传输给靶原子的能量很大,被撞击的原子(称为反冲原子)离开正常晶格位置时。由于第一级反冲原子获得很高的能量,在反冲原子逐步降低能量的过程中,将引起多个近邻原子位移,形成一个小的级联碰撞,这个级联碰撞就在离子的轨迹附近。由于离子在每次碰撞中产生的第一次反冲原子均处于沿离子运动的轨迹附近,所以每个反冲原子产生的各个小级联碰撞轨迹互相重叠。离子注入靶后,由于离子与原子多次碰撞而失去能量,所以,在离子轨迹的末端产生的反冲原子密度降低,并且从离子上得到的能量比离子刚进入靶时要小,故整个级联的形状类似一个一端较粗而另一端较细的椭球,区域的大小为10~100 Å。同轻离子相比,如果离子注入时的能量相同,离子散射具有更小的角度,射程也较短,入射离子的运动轨迹较直;所造成的损伤区域很小,损伤密度大,甚至会形成非晶区,如图6.22(b)所示。可见,一个入射重离子注入靶时,在其路径附近形成了一个高度畸变的损伤区域。

6.4.3　非晶层的形成

注入离子引起的晶格损伤可能是简单的点缺陷,也可能是复杂的损伤复合体,甚至使晶体结构完全受到破坏而变为无序的非晶区。晶格损伤情况,不仅与入射离子的质量、能量有关,而且与离子注入剂量、剂量率以及靶温和晶向等因素有关,以下将使晶体刚刚变成非晶层的各种影响因素的临界量进行简单介绍。

1. 与注入剂量的关系

当注入剂量较低时,各个入射离子形成的损伤区彼此很少重叠,注入区内形成的将是许多互相分隔开的损伤区。当注入剂量增大时,各个损伤区最终将会发生重叠而形成连续的非晶层,开始形成连续非晶层的注入剂量称为临界剂量。一般来说,在一定的条件下,随着注入剂量的增加,所引起的晶格损伤也更加严重。当剂量达到一定数量时,就会形成完全无序的非晶层。图6.23表示将In^+注入Ge或将Sb^+、Ga^+、Bi^+、P^+注入Si中,注入层损伤随注入剂量变化的关系。由图 6.23 可知，当注入剂量较小，损伤量随注入剂量成正比增加；当注入剂量增大到某个值时，损伤量不再增加，趋于饱和。损伤量饱和正是对应于连续非晶层的形成。由图 6.23 还可看到，注入的离子质量越小，其临界剂量越大。

在室温下，以 40 keV 能量的离子注入硅晶体中为例，形成非晶层所对应的临界剂量对硼离子来讲，大约是 10^{16} ions/cm^2，而对锑离子则大约是 10^{14} ions/cm^2。

2. 与靶温的关系

离子注入时的靶温，对晶格损伤的程度和变化有着重要的影响。如果降低注入时靶的温度，空位的迁移率减小，在注入过程中缺陷从损伤区逸出的速率减低，缺陷的积累率增加，这将有利于非晶层的形成。故降低注入温度时，临界剂量随之减小。图 6.24 为 B^+、P^+、Sb^+ 注入硅中，形成非晶层的临界剂量与靶温的关系曲线。由图 6.24 可以看到，在室温附近，临界剂量与温度的倒数呈指数关系，随着温度升高，临界剂量增大。在低温，临界剂量趋向一恒定值。如果靶温度在室温或室温以下，这时空位的迁移率较低，缺陷从畸变区域中逸出的速率较低。由注入离子产生的缺陷就可直接集合而形成稳定的损伤区。这些损伤区的缺陷密度很高，可以看成是非晶区。

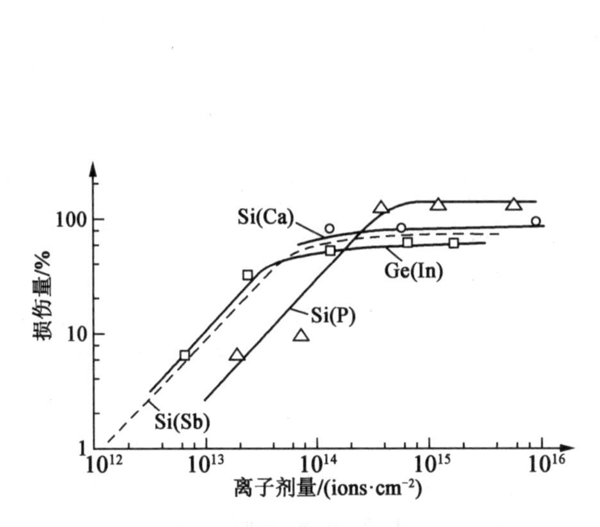

图 6.23　注入层损伤随注入剂量变化的关系

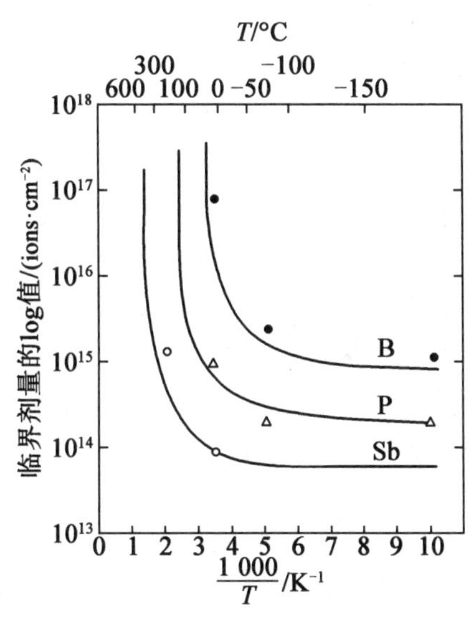

图 6.24　硅靶形成非晶层的临界剂量与靶温的关系曲线

3. 与注入离子能量的关系

忽略沟道效应、复位碰撞中缺陷消失，以及入射离子与电子的相互作用，那么损伤程度可以用入射离子所产生的移位原子数目来估计。在这种情况下，一个能量为 E_0 的入射离子，在碰撞时传递给受碰粒子的能量可以从零到最大值 E_0。对于产生的第一个移位原子来说，由于碰撞情况是多种多样的，在大量入射离子的情况下，各个入射离子传递给受碰粒子的能量也有大有小，可以是 $E_a \sim E_0$ 的所有可能值。因此，入射离子在撞出第一个移位原子后，其能量 E' 可取 $(E_0 - E_a) \sim 0$ 的所有可能值。同样，由入射离子产生的第一个移位原子所具有的能量 E'' 也可取 $0 \sim (E_0 - E_a)$ 的所有值。它们也能产生新一代的移位原子。如果分别对它们所能产生的移位原子数求平均，并注意到入射离子产生的移位原子总数的平均值就

等于它们之和，在 E_a 的值为几十个电子伏（表 6.2），远远小于入射离子能量 E_0 的情况下，则可得到

$$v(E)=\frac{E_0}{2E_a} \tag{6.15}$$

式中，$v(E)$ 是一个能量为 E_0 的离子可以产生的移位原子总数的平均值。

表 6.2　原子激活能

物质	E_a/eV
Ge	30.23
Si	27.6
Fe	27
Cu	25
C	25

但式(6.15)只适用于入射离子能量 E_0 小于临界能量 E_c 的情形，即核阻止作用为主的情形。在计算时，E_a 常取低于表 6.2 的值。这是因为在产生损伤区时，移位原子密度很高，产生一个移位原子时，对硅来说平均不需要切断 4 个键。

4. 与注入离子剂量率之间的关系

剂量率是指单位时间，通过单位面积注入的离子数。注入剂量一定时，剂量率越大，注入时间就越短。一般来说，随着剂量率的增加，形成非晶层所需要的临界剂量将减小。

5. 与晶体取向的关系

离子是沿靶材料的某一晶向入射，还是随机入射，对于形成非晶层所需要的临界剂量是不相同的。试验证明，在一定条件下，沿某一晶向入射形成非晶层所需要的临界剂量高于随机入射。

6. 与注入速率的关系

注入速率一般以单位面积内注入的电流来量度，单位为 $\mu A/cm^2$，也显著地影响非晶层的形成。注入速率增加时缺陷的产生率增加，有利于非晶层的形成，故临界剂量随之降低。

6.5 退　火

入射离子注入靶时，在其所经过的路径附近区域将产生许多空位、间隙原子和其他形式的晶格畸变。由于离子注入形成损伤区和畸变团直接影响半导体材料和微电子产品的特性，增加了散射中心，使载流子迁移率下降；增加了缺陷数目，使少数载流子寿命下降和 pn 结反向漏电流增大等。此外，大部分注入的离子不是以替位形式处在晶格点阵位置上，而是处于间隙位置，无电活性，一般不能提供导电性能。因此，从产品应用方面考虑，为了激活注入的离子，恢复迁移率及其他材料参数，必须在适当的温度和时间下对半导体进行退火，以使杂质原子处于晶体点阵位置，即替位式状态，成为受主或施主中心，以实现杂质的电激活。

退火(Anneal),就是利用热能(Thermal Energy)将离子注入后的样品进行热处理,以消除辐射损伤,激活注入杂质,恢复晶体的电学性能。具体工艺上就是注入离子的晶体在某一高温下保持一段时间,使杂质通过扩散进入替位位置,成为电活性杂质,并使晶体损伤区域“外延生长”为晶体,恢复或部分恢复迁移率与少子寿命。退火工艺可以实现两个目的:一是减少点缺陷密度,因为间隙原子可以进入某些空位;二是在间隙位置的注入杂质原子能移动到晶格位置,变成电激活杂质。

6.5.1　硅材料的热退火特性

把预退火的晶片,在真空或是在氮、氩等高纯气体的保护下,加热到某一温度进行热处理,由于晶片处于较高温度,原子的振动能增大,因而移动能力加强,可使复杂的损伤分解为点缺陷或者其他形式的简单缺陷(如分解为空位、间隙原子等)。这些结构简单的缺陷,在热处理温度下能以较高的迁移速度移动,当它们互相靠近时就可能复合而使缺陷消失。对于非晶区域来说,损伤恢复首先发生在损伤区与结晶区的交界面,即由单晶区向非晶区通过固相外延再生长而使整个非晶区得到恢复。

离子的质量,注入时的能量、注入剂量、剂量率,注入时靶温和样片的晶向等条件的不同,所产生的损伤程度、损伤区域大小都会有很大的差别。所以退火的温度和时间、退火方式等都要根据实际情况而定。另外还要根据对电学参数恢复程度的要求选定退火条件,退火温度的选择还要考虑到欲退火晶片所允许的处理温度。

低剂量所造成的损伤,一般在较低温度下退火就可以消除。例如,注入硅中的 Sb^+,当剂量较低时(10^{13} ions/cm^2),在 300 ℃左右的温度下退火,缺陷基本上可以消除。当剂量增加形成非晶区时,在 400 ℃的温度下退火,部分无序群才开始分解,但掺杂剂激活率只有 20% ~30% 。非晶区的重新结晶要在 550 ~600 ℃的温度范围内才能实现。在此温度范围内,很多杂质原子也随着结晶区的形成而进入晶格位置,处于电激活状态。在重新结晶的过程中伴随着位错环的产生,在低于 800 ℃的温度范围内,位错环的产生是随温度的升高而增加的,另外在新结晶区与原晶体区的交界面可能发生失配现象。

载流子激活所需要的温度比寿命和迁移率恢复所需要的温度低,这是因为硅原子进入晶格的速度比杂质原子慢。硅晶体中杂质的激活能一般为 3.5 eV,而硅本身扩散激活能一般为 5.5 eV,也就是说当杂质原子已经进入晶格位置,还可能存在一定数量的间隙硅,它们的存在将影响载流子的寿命和迁移率。

退火温度的选择还要考虑到其他因素。例如,在 CMOS 制程中,用离子注入代替 p 阱扩散中的预淀积,退火温度的选择要考虑到杂质的再分布,一般为 1 100 ~1 200 ℃。在这样高的温度下退火,一方面可以消除损伤,另一方面可同时得到低表面浓度、均匀的 p 阱区和需要的结深。

6.5.2　硼的退火特性

对较轻离子(如 B^{3+})和较重离子(如 P^{5+})的注入层退火有着不同的等时退火特性(不同退火温度下采用相同退火时间进行退火行为的比较)。图 6.25 为硼的等时退火特性,以 150 keV 的能量和三种不同剂量注入硅中的退火温度与电激活比例(自由载流子数 p 和注入剂量 Q_T 的比)的关系曲线。

由图6.25可见，对低剂量($Q_T = 8 \times 10^{12}$ ions/cm^2)情况表现为电激活比例随温度上升而单调增大；对于两种较高剂量($Q_T = 2.5 \times 10^{14}$ ions/cm^2 和 $Q_T = 2 \times 10^{15}$ ions/cm^2)注入情况，从退火特性与温度变化关系可分为三个温度区：Ⅰ区(500 ℃以下)、Ⅱ区(500～600 ℃)、Ⅲ区(600 ℃以上)。其中Ⅰ、Ⅲ区均表现为电激活比例随着退火温度升高而增大；Ⅱ区则表现出反常退火特性，出现逆退火现象——随着温度升高电激活比例反而下降。

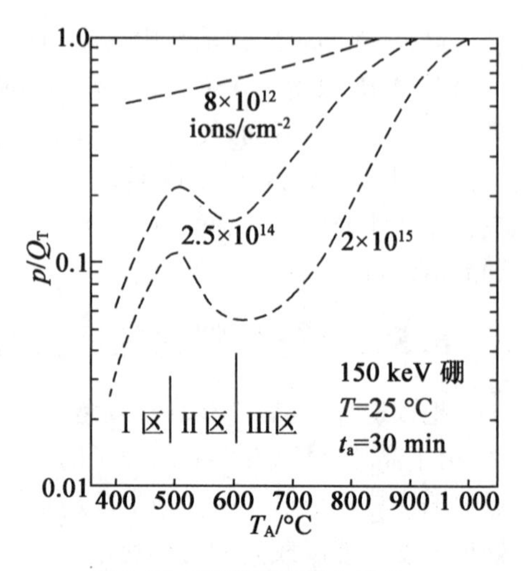

图6.25 硼的等时退火特性

Ⅰ区以点缺陷无序为特征，无规则分布的点缺陷(如间隙原子、空位等)控制着自由载流子浓度。随退火温度上升，移动能力增强，因此间隙硼和硅原子与空位的复合概率增加，使点缺陷消失，替位硼的浓度上升，电激活比例增大，提高了自由载流子浓度。由TEM证明在较低温度区域内没有扩展态缺陷(位错)。退火温度从室温升到接近500 ℃，如双空位这样的点缺陷消除。升高到约500 ℃，硼的替代位浓度也减少，但减少仅一半；而自由载流子浓度呈数量级增加，反映出陷阱缺陷的除去。由TEM证明在区域Ⅰ内随替代位硼原子减少，同时产生了位错结构，位错形成在500 ℃以上。

在Ⅱ区内，当退火温度为500～600 ℃时，点缺陷通过重新组合或结团，例如凝聚为位错环一类较大尺寸的缺陷团(二次缺陷)，降低其能量。因为硼原子非常小并和缺陷团有很强的作用，很容易迁移或被结合到缺陷团中，处于非激活位置，因而出现随温度的升高而替代位硼的浓度下降的现象，也就是自由载流子浓度随温度上升而下降的现象。在600 ℃附近替代位硼浓度降到一个最低值。与500 ℃情况相比，在Ⅱ区600 ℃它的最后状态是少量替代位硼和大量没有规定晶格位置的非替代位硼原子。因此硼可能淀积在位错处或靠近位错处。

在Ⅲ区中，替代位硼浓度以接近5.0 eV激活能随温度上升而增加，此能量相当于在升高温度时Si的自空位的产生和移位能。空位产生后移向非替代位硼(即间隙硼处)，使硼从非替代位淀积处离解出来，进入空位而处于替代位置，所以硼的电激活比例也随温度上升而增大。

对于没有逆退火出现的低剂量硼注入情况，无须热产生空位就可发生替代行为。在接近10^{12} ions/cm^{2}剂量只需在800 ℃几分钟时间就完全退火。如果在室温下注入高剂量的硼，需要在更高的温度下退火才能得到理想的结果。只有在剂量高于5×10^{16} ions/cm^{2}的室温注入硼，才形成无定形层。但是如果降低靶温，则可以获得无定形的剂量约为10^{15} ions/cm^2。可以看到，即使硼剂量达到2×10^{15} ions/cm^2，硅衬底仍然是晶体。当硼的剂量大于10^{15} ions/cm^{2}时，硅表面层变成非晶态，非晶层下的单晶半导体起着非晶层再结晶的籽晶作用。沿〈100〉方向外延生长速率在550 ℃时为100 Å/min，600 ℃时为500 Å/min，激活能为2.4 eV，因此，1 000～5 000 Å的非晶层可在几分钟内完成再结晶。

6.5.3　磷的退火特性

图6.26为磷的等时退火行为，虚线所表示的是损伤区还没有变为非晶层时的退火特性，实线则表示非晶层的退火特性。当剂量从 3×10^{12} ions/cm^2 增到 3×10^{14} ions/cm^2，注入层不是无定形，为消除更为复杂的无规则损伤，需要相应提高退火温度。在低剂量时，磷的退火特性与硼相似，然而，当剂量大于 10^{15} ions/cm^2 时，形成的无定形层，出现了不同退火机理。对所有高剂量注入，基本适合的退火温度仅为600 ℃左右，此时在单晶衬底上发生无定形层的固相外延生长，此温度低于非无定形的退火温度。在外延生长过程中，V族施主原子与硅原子没有区别地同时以替代位方式结合入晶格。无定形层在深度上不连续，是掩埋层情况，退火的外延生长过程可同时出现在两个界面上，当生长界面最后相遇时可能发生错位现象。深度分布的不同部位的退火行为也有差别：在尾部的低浓度（10^{16} atoms/cm^3）掺杂（表层浓度相当于 10^{12} ions/cm^2）很容易退火，而分布的次无定形（中等浓度至 10^{17} atoms/cm^3）部分中的掺杂只有较低激活率。这种现象来源于注入的无定形层边界和低浓度的分布尾部之间存在高密度缺陷。

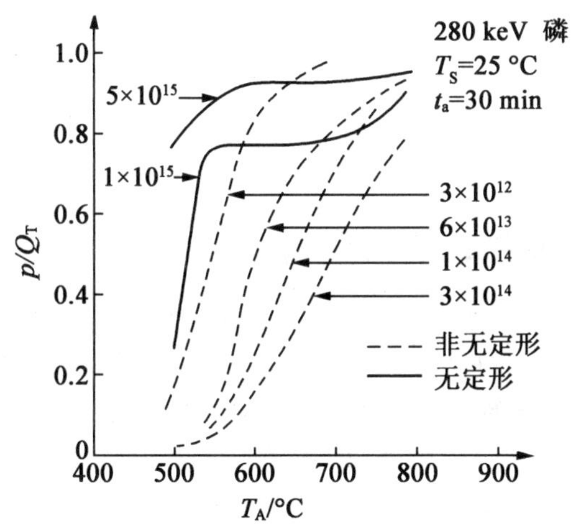

图6.26　磷的等时退火行为

关于室温注入砷和锑的退火行为，除了它们在较低剂量就可形成无定形层之外，基本上与磷注入的退火行为相同。

表6.3给出的是一些杂质退火后在Si、Ge晶格中的位置。在同样退火条件下，硅中注入的P、B、Bi、Sb皆有较为良好的退火特性，85%以上的注入离子都处于替位位置。

表 6.3 一些杂质退火后在 Si、Ge 晶格中的位置

Si			Ge		
注入离子	晶格中位置		注入离子	晶格中位置	
	替位位置/%	间隙位置/%		替位位置/%	间隙位置/%
P(室温)	85	11	Sb	85	5
As	55	1	Bi	80	0
Sb	88	2	In	75	0
Bi	86	1	Ti	35	30
B	>90		Hg	30	30
Ga	<10		Pb	85	2
In	34	27			
Ti	27	26			
衬底温度:450 ℃ 注入剂量:1.5×10^{14} ions/cm^2 能　　量:40 keV 退火温度:800 ℃			衬底温度:300~350 ℃ 注入剂量:(1~5)×10^{14} ions/cm^2 能　　量:30 keV		

6.5.4 高温退火引起的杂质再分布

注入离子在靶内的分布可近似认为是高斯型的,然而在消除晶格损伤、恢复电学参数和激活载流子所进行的热退火过程中,会使高斯分布有明显的展宽,偏离了注入时的分布,尤其是尾部的偏离更为严重,出现了较长的按指数衰减的尾巴。注入条件和退火时间相同,不同退火温度下的硼原子浓度分布如图 6.27 所示。

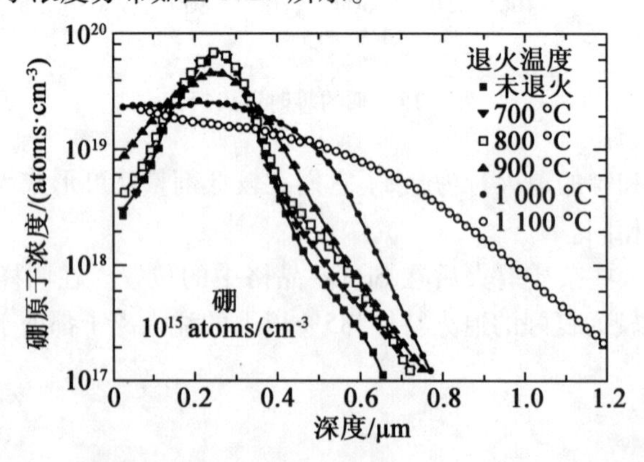

图 6.27 不同退火温度下的硼原子浓度分布(退火时间为 35 min)

实际上,热退火温度同热扩散时的温度相比,要低得多。在比较低的温度下,对于晶体中的杂质来说,扩散系数很小,杂质扩散很慢,甚至可以忽略。但是,对于注入区的杂质,即使在比较低的温度下,杂质扩散效果也非常显著,这是因为注入离子所造成的晶格损伤使硅内的空位密度比热平衡时晶体内的空位密度要大得多。另外，由于离子注入也使晶体内存在大量的间隙原子和各种缺陷，这些原因都会使扩散系数增大，扩散效应增强。正因如此，有时也称热退火过程中的扩散为增强扩散。因为在 Si 和 Ge 中，慢扩散杂质 B、Al、Ga、In、P、As、Sb 等是通过空位而进行扩散的，故其热扩散系数应与空位密度成正比。由于离子注入会引起空位密度增加，因而扩散系数增大导致扩散增强。试验还表明，当增加离子注入速率时，由于缺陷的产生率增加，离子注入区的空位密度也随之增大，则增强扩散效应也更加显著。

6.5.5　二次缺陷

退火时虽然通过简单损伤的复合可大大消除晶格损伤，但与此同时也有可能发生由几个简单损伤的再结合而形成复杂的损伤。因此退火后往往会留下所谓的二次缺陷。二次缺陷可以影响载流子的迁移率、少数载流子寿命及退火后注入原子在晶体中的位置等，因而直接影响半导体器件的特性。曾经有许多人用透射电子显微镜对二次缺陷进行了观察和研究。迄今观察到的二次缺陷有黑点、各种位错环、杆状缺陷、层错及位错网等。

当注入材料退火时，在相互可以相遇的空间范围内空位与间隙原子复合，复合后缺陷就消失，两种类型缺陷相互完全消失是不可能的，因为两者处于不同空间。因此，短时间退火后，注入材料还有两种类型点缺陷的残留缺陷，这两种点缺陷的分布和浓度各自不同。进一步退火使点缺陷聚结在一起形成位于(111)面的本征和非本征的错位位错环。进一步退火后，错位环能生长，能量增加。如果注入材料仍处于饱和点缺陷状态，完整的环也能因吸收点缺陷而扩大，形成位错网。通常，注入离子的共价四面体的半径与主体原子的四面体半径不同。因而，在退火期间，注入杂质占据替位会产生局部应力。因为位错和杂质应力场的合适的弹性的相互作用，注入原子迁移到退火期间产生的位错环和位错上去是可以降低系统的整个应力能。

表 6.4 为 Si 中二次缺陷随离子注入剂量及退火温度变化的情况。注入温度都取室温，能量为 40 ~ 100 keV。从表 6.4 中可得到以下几个主要结论：杆状缺陷只在以较低的剂量注入 B^+ 及 Ne 时发生；注入剂量增大时，对所有离子都会发生小环(5 ~ 10 nm)，这些小环随退火温度升高而转变为位错；对于除 B 以外的全部离子，在极高的注入剂量时发生高度不规则结构。所谓高度不规则结构是指在退火前为非晶层，在退火时不发生外延再结晶，而变为由大量微小晶粒所组成的结构。

表 6.4　Si 中二次缺陷随离子注入剂量及退火温度变化的情况

存入离子	原子序数	注入剂量	退火温度为 700 ℃、800 ℃、900 ℃	室温下临界注入量
B^+	5	10^{14} ~ 10^{15} 10^{15} ~ 2×10^{16}	杆状缺陷→大的位错环 大量的小环(10 nm)	约为 2×10^{16}
N^+	7	10^{15} ~ 4×10^{16} $>4\times10^{15}$	很小的缺陷(5 ~ 10 nm) 高度不规则结构	

续表 6.4

<table>
<tr><th>存入离子</th><th>原子序数</th><th>注入剂量</th><th>退火温度为
700 ℃、800 ℃、900 ℃</th><th>室温下临界注入量</th></tr>
<tr><td>Ne^+</td><td>10</td><td>10^{14} ~ 6×10^{16}
6×10^{14} ~ 2×10^{15}
>2×10^{15}</td><td>杆状缺陷〈110〉→大的位错环
很多的小环→位错
高度不规则结构</td><td>约为 10^{15}</td></tr>
<tr><td>Al^+</td><td>13</td><td>10^{14} ~ 10^{15}
10^{13} ~ 2×10^{15}</td><td>环(25 nm),多数发生在(111)
面上很多的小环(100 nm)→位错</td><td rowspan="4">约为 5×10^{14}</td></tr>
<tr><td>Al</td><td>13</td><td></td><td>高度不规则结构</td></tr>
<tr><td>Si^+</td><td>14</td><td>>2×10^{15}</td><td>高度不规则结构</td></tr>
<tr><td>P^+</td><td>15</td><td>10^{14} ~ 2×10^{15}
>2×10^{15}</td><td>大环(40 nm),发生在(111)面上
高度不规则结构</td></tr>
<tr><td>Sb^+</td><td>51</td><td>5×10^{18} ~ 2×10^{14}</td><td>小环(5 ~ 20 nm)</td><td>约为 10^{14}</td></tr>
</table>

注入条件:衬底〈111〉的 Si(n 型和 p 型,5 ~ 10 Ω · cm);能量为 40 ~ 100 keV;衬底温度为室温。

在离子注入后进行热氧化时还会产生更大的层错和位错环。这些缺陷可以用普通的光学显微镜观察到,称为三次缺陷。有报道称,三次缺陷可使二极管的反向漏电流变得非常大。

6.5.6　退火方式及快速热处理技术

热退火是将被离子注入的硅片整个加热到某一温度并停留一段时间以消除晶格损伤和使杂质电激活的过程。热退火消除晶格损伤是因为离子注入形成的稳定缺陷群,在热处理时分解成点缺陷和结构简单的缺陷,这些结构简单的缺陷,在热处理温度下,能以较高的迁移率在晶体中移动,同时逐渐被消灭或被原来晶体中的位错、杂质或表面所吸收,从而使损伤消除,晶格完整性得以恢复。对于非晶质层,这种晶格的恢复首先发生在损伤层与衬底单晶层交界处,即由衬底向上通过外延生长来使整个晶体得到恢复。一般按这种方式恢复晶格时,所需要的退火温度较低。例如,对于硅中注入 B^+、P^+、Sb^+ 所形成的非晶质层通常只需要在 600 ~ 650 ℃下退火 20 min 即可。但如果注入剂量尚不至于大到形成非晶质层,而是形成局部非晶质区,则需要较高的退火温度(如 850 ℃以上)。为了使注入层的损伤得到充分消除,近来也有把退火温度提高到 960 ℃或 1 000 ℃以上,退火时间增加到数小时的。

热退火能够满足一般的要求,但也存在较大的缺点:一是热退火消除缺陷不完全,试验发现,即使将退火温度提高到 1 100 ℃,仍然能观察到大量的残余缺陷;二是许多注入杂质的电激活率不够高。为了充分发挥离子注入的优越性,逐渐采用快速退火方法。

1. 快速退火

快速退火(Rapid Thermal Annealing,RTA)的方法有脉冲激光法、扫描电子束、连续波激光、非相干宽带频光源(如卤光灯、电弧灯、石墨加热器、红外设备等)。它们的共同特点是瞬时使硅片的某个区域加热到所需要的温度,并在较短的时间内(10^{-3} ~ 10^2 s)完成退火。

激光退火是用功率密度很高的激光束照射半导体表面,使其中离子注入层在极短时间内达到很高的温度,从而实现消除损伤的目的。激光退火时整个加热过程进行得非常快速,且加热仅仅限于表面层,因而能减少某些副作用。激光退火目前有脉冲激光退火和连续激光退火两种形式。

脉冲激光退火主要是利用高能量密度的激光束辐射退火材料表面,从而引起被照区域的温度瞬间升高,达到退火效果。退火情况与激光束的能量密度、材料的吸收系数、热传导系数、反射系数和注入层的厚度等有关。激光辐射区域的温度虽然很高,但仍为固相,非晶区是通过固相外延再生长过程转变为晶体结构,这样的退火模型,称为固相外延模型。例如,一个厚度为1 000 Å的非晶区,经激光辐照后,损伤区温度达到800 ℃时,只要几秒钟的时间,通过固相外延方式就可以完成退火效果,而且杂质的扩散长度只有几埃米。如果激光束辐照区域吸收的能量足够高,因而变为液相,这种情况下的退火过程为液相外延。液相外延的退火效果比固相的好,但因注入区已变为液相,其杂质扩散情况较固相要严重得多。

连续波激光退火过程是固—固外延再结晶过程,使用的能量密度为1~100 J/cm^2,照射时间约100 μs。由于样品不发生熔化,而且时间又短,因此注入杂质的分布几乎不受任何影响。激光退火可以较好地消除缺陷,而且注入杂质的电激活率很高,对注入杂质的分布影响很小,是被广泛采用的一种退火方法。

激光退火的主要特点是退火区域受热时间非常短,因而损伤区中杂质几乎不扩散;衬底材料中的少数载流子寿命及其他电学参数基本不受影响。利用聚焦得到细微的激光束,可对样品进行局部选择退火。通过选择激光的波长和改变能量密度,可在深度上和表面上进行不同的退火过程,因而可以在同一硅片上制造出不同结深或者不同击穿电压的器件。

电子束退火是近年来发展起来的一种退火技术,其退火机理与激光退火一样,只是改用电子束照射损伤区,使损伤区在极短时间内升到较高温度,通过固相或液相外延过程,使非晶区转化为结晶区,达到退火目的。电子束退火的束斑均匀性较激光好,能量转换率为50%左右,但电子束会在氧化层中产生中性缺陷。

目前用得较多的快速退火光源还有宽带非相干光源,主要是卤灯和高频加热方式。这是一种很有前途的退火技术,其设备简单、生产效率高,没有光干涉效应,又能保持快速退火技术的所有优点,退火时间一般为10~100 s。各种快速退火方法的退火时间与所用功率密度有关,大部分方法所需要的能量密度为1.0 J/cm^{2}左右。不同RTA方式所需退火时间与功率密度关系如图6.28所示。

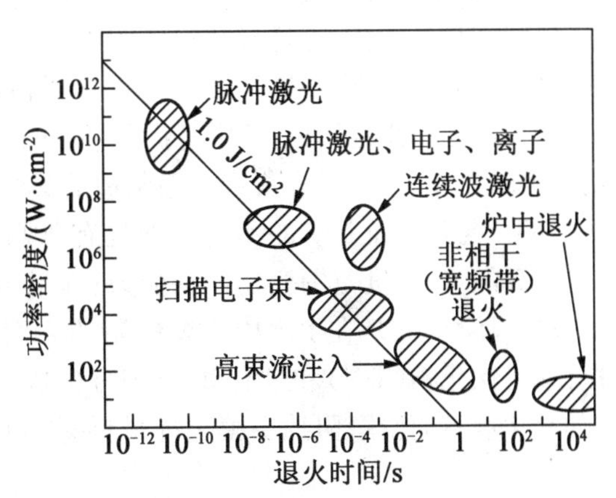

图6.28　不同RTP方式所需退火时间与功率密度关系

总的来说,热处理工艺的总体发展趋势是尽可能地降低热处理温度和热处理时间以控制通过原子间的扩散进行的原子运动,因为原子扩散运动会改变器件的结构和形态,或是引起不必要的副作用,快速热处理(Rapid Thermal Processing,RTP)工艺正好满足这一点。

2. 快速热处理

半导体芯片制作过程中有许多热处理的步骤,例如,杂质激活、热扩散、金属合金化、氧化生长或沉积等。但制作深亚微米特征尺寸的超大规模集成电路,关键要获得极浅的 pn 结。虽然改变离子注入的能量即可控制结深,但离子注入后,采用传统的扩散炉高温长时间退火工艺,会造成注入离子的严重再扩散。而且当设计几何尺寸小到 0.35 μm、硅片直径从 150 mm 增至 200 mm 甚至更大时,传统的热处理炉不能完全满足工艺的要求。在这种情况下,只有 RTP 工艺的高温短时间退火,才能既保持离子注入原有的分布,又满足超大规模集成电路的要求。

RTP 是将晶片快速加热到设定温度,进行短时间快速热处理的方法,热处理时间为 $10^{-3}\sim10^{2}$ s。过去几年间,RTP 已逐渐成为微电子产品生产中必不可少的一项工艺,用于快速热氧化(Tapid Thermal Oxidation,RTO)、离子注入后的退火、金属硅化物的形成和快速热化学薄膜淀积。RTP 能快速地将单个硅片加热到高温,避免有害杂质的扩散,减少金属污染,防止器件结构的变形和不必要的边缘效应,而且温度控制比较精确,适合于制造高精度,特征线宽较小的集成电路。

更为重要的是 RTP 在大直径硅单晶材料的缺陷工程上也得到了应用。通过在高温下对硅片进行处理,在硅片的纵深方向上建立起空位浓度梯度,即在硅片的表面空位浓度低而体内的浓度高,利用空位来增强硅片体内在后续处理中的氧沉淀。MEMC 成功地将 RTP 应用于硅片的“内吸杂”工艺,在硅片表面的器件有源区形成无缺陷的清洁区,而在体内形成合理的缺陷密集区,这就是所谓的“魔幻清洁区”(Magic Denuded Zone, MDZ)。它主要是利用了空位促进氧沉淀原理来实现的,主要工艺是通过 RTP 的快速升温特点在硅中激发出大量的空位和自间隙原子对,在高温保温几十秒的过程中,使空位和自间隙硅原子都达到平衡状态,由于空位在硅晶体中的平衡浓度要高于自间隙硅原子,所以硅中的主要点缺陷是空位。在随后的快速冷却的过程中,硅片近表面的空位扩散到表面,而体内的空位来不及向外扩散,保留在硅片体内,这样导致空位的分布在硅片近表面成余误差函数分布。最后通过空位在1 050 ℃以下形成的 O_2V 复合体促进了体内氧沉淀的形成,从而最终完成 MDZ 的形成。MDZ 工艺是一种显著的、可快速获得可靠的、可重复的洁净区的内吸杂工艺,其生成与硅片的原生氧浓度、热历史和集成电路制造的具体细节等几乎无关。

RTP 与传统批量炉的不同之处是有急剧快速的变温(升温、降温)速度,又可以有复杂的、多级的、广温度范围变化控制能力;而且 RTP 还是单片工艺过程,减少了由于操作失败带来的风险。RTP 在生产中主要应用的方面有:S/D 结注入退火(掺杂剂激活);接触合金化;难熔钛化物(TiN)和硅化物($TiSi_2$)生成;门介质薄氧化物生成;CVD 和 PVD 膜致密化(如氧化膜、硅化膜、阻挡层膜);硅材料缺陷工程中的应用;杂质扩散方面的应用等。

6.6 离子注入设备与工艺

6.6.1 离子注入机

离子注入机是一种特殊的粒子加速器,用来加速杂质离子,使它们能穿透硅晶体到达几微米的深度。离子注入系统可分为6个主要部分:离子源、磁分析器、加速器、扫描器、偏束板和靶室,另外还有真空排气系统和电子控制器。离子注入机系统示意图如图6.29所示。

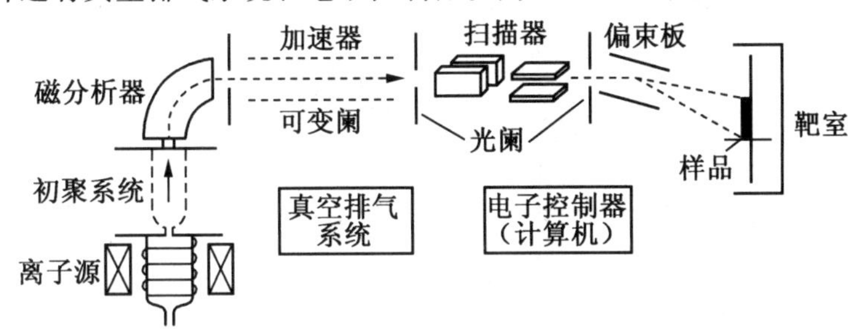

图6.29　离子注入机系统示意图

(1)离子源。

离子源是产生注入离子的发生器。常用的离子源有高频离子源、电子振荡型离子源和溅射型离子源等。其作用是把引入离子源中的杂质经过离化作用电离成离子,用于离化的物质可以是固体,也可以是气体,与此相对应的有固体离子源、气体离子源以及固体/气体离子源。固体离子源主要用在产生金属离子的场合,不如气体离子源使用普遍。

气体离子源使用较普遍。离子源首先要将含有注入物质的气体送入系统。在硅工艺中常用的气体有BF_3、AsH_3和PH_3,而GaAs工艺中常用的气体是SiH_4和H_2。大多数采用气态源的注入机通过打开相应的阀门可以选择几种不同的气体中的任意一种。气流量由一个可变的节流孔控制。如果所需注入的杂质种类不能由气体形式提供,可将含该物质的固体材料加热,用其产生的蒸气作为杂质源。使用气体源的优点是源供应简便,调节容易,但大多数气体源都有毒,易燃易爆,使用时必须注意安全。

气体流入一个放电腔室。该腔室有两个作用:将进来的气体分解成各种原子或分子并使其中一部分电离。在最简单的此类系统中,进气流过一个节流孔进入低气压的源室,源室内的气体从热灯丝和金属极板之间流过。相对于金属极板而言,灯丝维持在一个大的负电位。电子从灯丝热发射出来,向着极板加速运动,同时与气体分子碰撞并传递部分能量。当传递的能量足够大时,气体分子被分解。例如,BF_3分解为数量不同的B、B^+、BF_2^+、F^+及各种其他物质。也有可能产生负离子,但数量比较少。为了提高电离效率,通常在电子流的区域加一磁场,使电子螺旋运动,极大地提高了电离概率。源室的出口外侧加有比灯丝负很多的电位,使正离子被吸往源室的出口方向,并经过一个狭缝离开源室。结果是得到通常为几毫米宽、1~2 cm长的离子束。

为了获得所需要的高质量的离子束并稳定可靠地工作,要求离子源能产生多种元素的离子,有适当的离子束流强度,结构简单,束流调节方便,稳定性、重复性好,能较长时间使用,引出的束流品质(如离子束的分散度、离子能量的分散度、引出束中所需要离子的含量等)要好。

(2)分析器。

从离子源引出的离子束一般包含有几种离子,而需要注入的只是某一种离子,因此,需要通过分析器将所需要的离子分选出来。分析器有磁分析器和正交电磁场分析器,其中以磁分析器用得较多。在磁分析器中常用扇形分析磁铁(图6.30),其中60°和90°扇形分析磁铁最普遍。下面简单介绍磁分析器分选离子的基本原理。

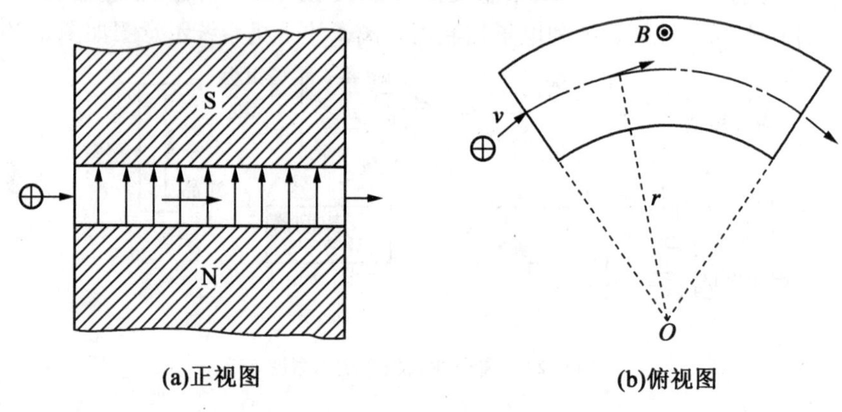

图6.30　离子在均匀磁场中的运动

为了简便起见,仅讨论均匀磁场的情况。当质量为 m,电荷为 nq(其中 q 表示电子电量的绝对值,n 表示离子的电荷数)的离子以速度 v 垂直于磁场的方向进入均匀磁场中时,作为带电粒子的离子在磁场中运动将受到洛伦兹力 $\boldsymbol{F}=nq\boldsymbol{v}\times\boldsymbol{B}$ 的作用,力的方向垂直于 $\boldsymbol{v}$ 和 $\boldsymbol{B}$ 所组成的平面。现在,离子运动的方向与磁场方向正交,做匀速圆周运动。设圆周半径为 r,则向心加速度 $a_r=v^2/r$,根据牛顿第二定律可得 $nqvB=m(v^2/r)$,由此可解出 $r=mv/nqB$。设离子进入均匀磁场以前所具有的能量为 E,则 $v=\sqrt{\dfrac{2E}{m}}$,代入 $r=mv/nqB$ 得

$$r=\frac{\sqrt{2mE}}{nqB} \tag{6.16}$$

图6.31为扇形磁铁分选离子示意图。如图6.31所示,若在扇形磁铁的切线延长线的前后各设一个狭缝 S_1 和 S_2,则在电荷数 n、磁感应强度 B 和离子能量 E 一定的情况下,唯有某一质量的离子才能以其曲率半径 r 通过狭缝 S_2,其余离子则不能通过,从而达到分选离子的目的。

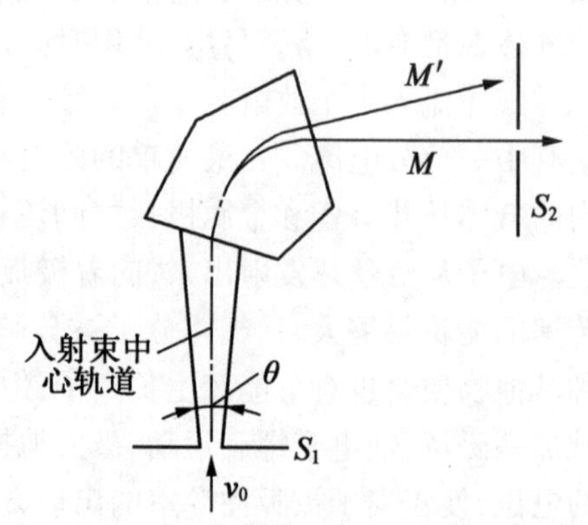

图6.31　扇形磁铁分选离子示意图

(3)加速器。

离化物质失去电子变成离子后,还必须利用一强电场来吸引离子,使离子获得很大的速度,以具有足够的能量注入靶片内。离子加速可采用“先加

速,后分析""先分拆,后加速"和"前后加速,中间分析"等方式。"先加速,后分析"时,分析时的电磁铁处于"地"电位,供电调试方便,但离子经加速后具有较高的能量,需要用大型的电磁铁以产生强大的分析磁场;加速能量改变时,又需同时调节分析器。"先分析,后加速"时,分析器较小,改变离子加速能量时不需要调节分析器;但在加速过程中,由于电荷交换作用会影响束流强度和注入离子的纯度。至于"前后加速,中间分析"的装置,若分析器不接地,则调试和供电不便;若分析器接地,则系统处于正、负高压,但注入机能量调节方便,范围宽广。

(4)扫描器。

通常,离子束流截面是比较小的,约在平方毫米数量级,且中间密度大,四周密度小,这样的离子束流注入靶片,注入面积小且不均匀,根本不能使用。扫描就是使离子在整个靶片上均匀注入而采取的一种措施。扫描方式有:靶片静止,离子束在 x、y 两方向上做电扫描;离子束在 y 方向上做电扫描,靶片沿 x 方向做机械运动;离子束不扫描,完全由靶片的机械运动实现全机械扫描。其中以前两者用得较多。

(5)偏束板。

离子束是在高真空中行进的,即使是极高的真空,也不免有残留的气体分子。于是快速行进的离子,仍然有可能与系统中的残留中性气体原子(或分子)相碰撞,进行电荷交换,使中性气体原子(或分子)失去电子,成为正离子,而原来带正电的束流离子获得电子,成为中性原子,并保持原来的速度和方向,与离子束一起前进成为中性束。真空度越差,中性束越强;束流行进的路径越长,中性束也越强。中性束不受静电场的作用,直线前进而注入靶片的某一点,因而严重影响注入层的均匀性。为此,在系统中设有静电偏转电极,使离子束流偏转5°左右再到达靶室,中性束因直线前进不能到达靶室,从而解决了中性束对注入均匀性的影响。

(6)靶室。

靶室也称工作室,室内有安装靶片的样品架,它可以根据需要做相应的运动。

另外还有真空排气系统和电子控制设备等辅助设备。

离子注入剂量理论上可以由离子电流大小来度量。简单采用法拉第杯计量离子电流和控制束流与注入剂量 Q_T,单位为 ions/cm^2

$$Q_T = \frac{6.25 \times 10^{18} It}{A} \tag{6.17}$$

式中,I 为电流;t 为时间;A 为注入面积。

6.6.2　离子注入工艺流程

1. 离子源与衬底(靶)

源主要采用含杂质原子的化合物气体,B 源有 BF_3、BCl_3;P 源为 $H_2 + PH_3$;As 源为 $H_2 + AsH_3$。

衬底为(111)晶向硅时,为了防止沟道效应,一般采取偏离晶向7°,平面偏转15°的注入方法(图6.32)。

2. 掩模

因为离子注入是在常温下进行的,所以光刻胶、二氧化硅薄膜、金属薄膜等多种材料都可以作为掩模使用,要求掩蔽效果达到99.99%。

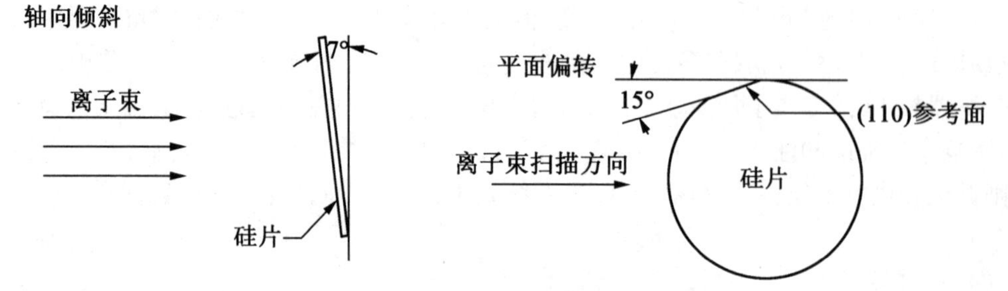

图6.32　离子注入时,(111)Si的放置方法

光刻胶作掩模时,光刻显影后不需进行坚膜(后烘)即可直接进行离子注入。负胶离子注入后,胶膜的高聚物交联,难以用一般方法去除,多数采用等离子干法去胶;或者可将胶膜尽量做厚,使注入的离子只分布在胶的外层,胶/硅界面处的胶未受离子轰击,这样易于去除。

二氧化硅作为掩模时,离子注入使二氧化硅薄膜损伤,在后面工艺操作时,与光刻胶黏附性下降;二氧化硅的腐蚀速率增快1~2倍。

3. 工艺方法

(1)直接注入法。离子在光刻窗口直接注入Si衬底。直接注入杂质一般在射程大、杂质重掺杂构成的pn结深时采用。

(2)间接注入法。离子通过介质薄膜(如氧化层或光刻胶),注入衬底晶体。间接注入法介质薄膜有保护硅的作用,沾污少,可以获得精确的表面浓度。

(3)多次注入。可先注入惰性离子(如Ar),使单晶硅转化为非晶态,再注入所需杂质,目的是使杂质纵向分布精确可控,与高斯分布接近。也可以将不同能量、剂量的杂质多次注入衬底硅中,使杂质分布为设计形状。

4. 退火

退火有高温退火、激光退火和电子束退火多种,后两种方法是近年出现的低温退火工艺。

高温退火是在扩散炉内,一般通 N_2 保护,或者通 O_2 同时生长氧化层。表6.5为典型退火工艺条件及效果。

表6.5　典型退火工艺条件及效果

温度/℃	时间/min	效果
450	30	杂质电活性部分激活,迁移率20%~50%恢复
550	30	低剂量B(10^{12} ions/cm^2)激活,迁移率50%恢复
600	30	非晶→单晶,大剂量P(10^{15} ions/cm^2)激活,迁移率50%恢复
800	30	大剂量B,20%激活,其他元素50%激活
950	10	杂质全部激活,迁移率、少子寿命恢复

6.7 离子注入的其他应用

离子注入最初是为了改变半导体的导电类型和导电能力而发展起来的技术，随着技术的发展，它的应用也越来越广泛，尤其是在集成电路中的应用发展最快。由于离子注入技术具有很好的可控性和重复性，这样设计者就可以根据电路或器件参数的要求，设计出理想的杂质分布，并用离子注入技术实现这种分布。本节就离子注入技术在实际生产中的几种典型应用，如浅结的形成、阈值电压的调整、SOI技术中的应用等加以介绍，以对离子注入技术有一较为全面的认识，并加以灵活应用。

6.7.1 浅结的形成

随着集成电路的快速发展，对芯片加工技术提出更多的特殊要求，其中MOS器件特征尺寸进入纳米时代对超浅结的要求就是一个明显的挑战。半导体器件的尺寸不断缩小，要求源极、漏极以及源极前延和漏极前延(Source/Drain Extension)相应地变浅。例如，对于栅长0.18 μm的CMOS器件，它的结深为54 nm ± 18 nm；而对于0.1 μm器件，结深为30 nm ± 10 nm。在要求超浅结的同时，其掺杂层还必须有低串联电阻和低泄漏电流。

由此可见，现代掺杂工艺的最大挑战是超浅结的形成。随着芯片特征尺寸的缩小，要求结深越来越浅，要求离子注入的能量也越来越低，而掺杂浓度越来越高。通过降低注入离子能量形成浅结的方法一直受到重视。许多离子注入机的厂家努力制造注入离子能量可达几千电子伏特的设备。但是，在低能情况下，沟道效应变得非常明显，甚至可使深度增加一倍。同时，在低能注入时，离子束的稳定性又是一个严重的问题，尤其是对于需要大束流注入的源/漏区和发射区，问题更为严重。产生这个问题的原因是带电离子的相互排斥，通常也被称为空间电荷效应。这是由于能量低，飞行时间长，导致离子束的发散。可采用宽束流，也就是降低束流的密度来解决这个问题。另外也可通过缩短路径长度来降低空间电荷效应的影响。但是用硼形成浅的 p^+ 结仍然存在困难，由于硼的质量较轻，投影射程较深，虽然可以通过采用分子注入法解决，如用 BF_2 作为注入物质，进入靶内的分子在碰撞过程中分解，释放出原子硼。但在这种方法中，因氟的电活性以及形成缺陷群，硼的扩散系数高以及硼被偏转进入主晶轴方向的概率大等问题，因此目前很少采用这种方法形成浅 p^+ 结。

预先非晶化是一种实现 p^+ 结的比较理想的方法。如在注硼之前，先以重离子高剂量注入，使硅表面变为非晶的表面层。这种方法可以使沟道效应减到最小，与重损伤注入层相比，完全非晶化层在退火后有更好的晶体质量，可采用注入一种不激活的物质(例如 Si^+ 或 Ge^+)来形成非晶层。假设衬底浓度为 10^{16} atoms/cm^3，注入 Ge^+ 使硅表面变为非晶层，结深下降大约20%，而且二极管的特性没有发生变化；如果注入 Si^+ 使硅表面变为非晶层，结深下降40%左右。试验发现用 Ge^+ 预先非晶化的样品比用 Si^+ 预先非晶化的样品具有更少的末端缺陷和更低的漏电流。也可用 Sb^+ 预先非晶化，虽然Sb相对于B来说是不同导电类型的杂质，但用 Sb^+ 预先非晶化，比用 Ge^+ 预先非晶化所需浓度低一个数量级。消除缺陷的退火温度较低，而且由于Sb补偿尾部的B，使pn结更陡。

预先非晶化的pn结的漏电流和最终的结深与退火后剩余缺陷数量以及结的位置有关。

预先非晶化注入之后再通过固相外延再结晶，在再结晶区中一般没有扩展缺陷。但在预先非晶化区与结晶区的界面将形成高密度的错位环。这个界面相对于结区的位置将决定漏电流的大小和扩散增强的程度。如果界面缺陷区在结的附近，那么漏电流和杂质的扩散都会增加。

6.7.2　调整 MOS 晶体管的阈值电压

对 MOS 管来说，阈值电压 V_T 可定义为使硅表面处在强反型状态下所必需的栅压。栅电极可控范围是它下面极薄的沟道区，注入杂质可看作全包含在耗尽层内。在芯片制造中，n 沟道耗尽型 MOSFET 容易制造，而且 n 沟道增强型的阈值电压可以做得较低。但对于 p 沟道来说，用普通工艺制造耗尽型 MOSFET 就不那么容易了，且对于 p 沟道增强型 MOS 管来说，降低 MOSFET 的阈值也较困难。

能够降低 V_T 值的方法很多，但每一种工艺本身都有一定的限制，不可能任意控制 V_T 值。离子注入降低 MOS 管阈值电压的工艺简单易行——在栅氧化膜形成之后，通过薄的栅氧化层进行沟道区域低剂量注入，然后经过适当退火便能达到目的。离子注入降低 MOS 阈值电压如图 6.33 所示。

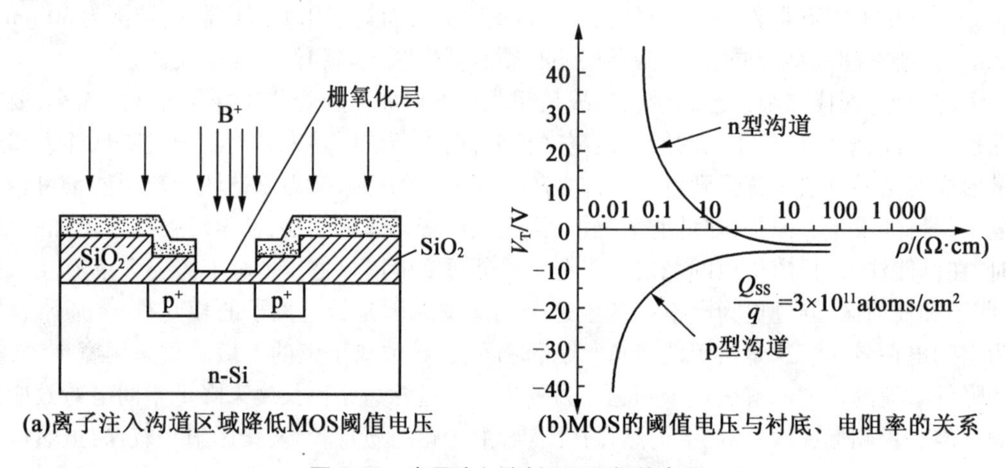

(a)离子注入沟道区域降低MOS阈值电压　(b)MOS的阈值电压与衬底、电阻率的关系

图 6.33　离子注入降低 MOS 阈值电压

当栅氧化层厚度一定时，注入杂质的深度随注入离子的能量而变化。离子能量低时，杂质离子穿不透 SiO_2 层，阈值电压不变。随着离子能量的增加，通过 SiO_2 层到达 Si 表面的杂质逐渐增加，ΔV_T 也随之增大，直到保留在 SiO_2 膜中的杂质量可以忽略为止。离子能量增加到一定程度时，ΔV_T 的变化显著减小，因为较深的注入杂质不影响在表面附近形成的耗尽区。如果注入离子的能量足以使注入离子深入到硅内 0.3 μm 左右，并形成沟道，这时栅极将失去控制作用，MOSFET 对于任何栅压将始终处于导通状态。

同样，注入离子剂量和退火条件、注入条件和 SiO_2 层厚度都会影响 MOS 管阈值电压变化。从讨论中发现，影响 V_T 值的因素虽然很多，而主要因素是材料的体电阻率和硅－绝缘栅界面处的表面电荷密度，尤其是对于确定的 MOS 工艺和 Al－SiO_2－Si 的结构来说，衬底的电阻率对 V_T 的影响更为重要。但是，衬底的电阻率不可能无限制地增大，因为提高电阻率虽能降低 V_T 值，但也会使 pn 结耗尽层的延伸区增大，使 p 沟道 MOS 器件发生多种现象。

并且使器件场氧化物阈值电压降低,容易发生寄生场效应,进而将会破坏整个集成电路的正常工作。作为MOS集成电路可靠性的一个指标,就要求场氧化物阈值电压(或称厚膜开启电压)和器件阈值电压(也称薄膜开启电压)之比越大越好。采用离子注入技术,向p型沟道区域注入P^{5+},使沟道区域电阻率提高,降低器件阈值V_T;向场区注入相反的离子(如B^{3+}),使衬底电阻率局部降低,提高场氧化物的阈值电压。这就不仅可以使器件的阈值电压降到很低,而且大大提高了场氧化物阈值电压与器件阈值电压之比。

6.7.3 自对准金属栅结构

在采用普通扩散方法制造MOS晶体管的工艺中,都是先形成源区和漏区,再制作栅电极。在这种工艺中,为了避免光刻所引起的栅与源、栅与漏衔接不上的问题,提高成品率,在光刻版图的设计上就有目的地使栅源、栅漏之间交叠(据光刻技术可达到的对准精度而定),如图6.34(a)所示。由于交叠而引起栅漏之间存在很大的寄生电容,从而使MOS晶体管的高频特性变坏。

与扩散法制造MOSFET工艺过程相反,离子注入自对准MOST是先做成栅电极,并使之成为离子注入的掩模,从而形成离子注入掺杂的源、漏区,如图6.34(b)所示。采用这种方法,上述的栅源、栅漏重叠就可以小到可以忽略的程度。栅极和源、漏区的相对位置就可以不靠掩模的人为对准,而是在离子注入时自动对准。因为垂直入射的离子在掩模边缘的横向扩展很小,所以在掩模的设计上没有必要留过大的余地,因此漏面积可以缩小,同时也就减少了漏漂移电容,改善了高频特性。通过栅和源、漏的自对准,也可提高成品率和芯片的集成度。

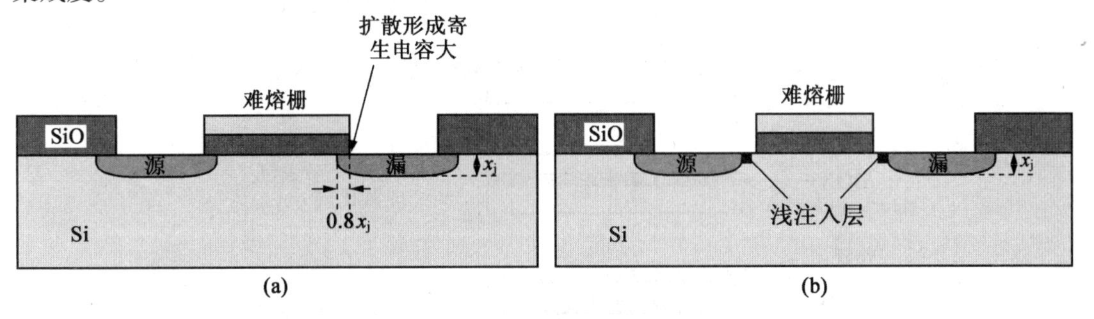

图6.34　自对准金属栅结构

通过离子注入所形成的源区和漏区一般接触电阻很高。为了解决这个问题,可采用扩散与离子注入相结合的方法,分两步形成源区和漏区。在这种工艺中,首先采用扩散方法形成一部分源区和漏区,这部分源区和漏区之间的距离大于栅电极的尺寸,并主要解决接触电阻问题。再在这部分的源和漏之间制作尺寸小于它们之间距离的栅电极,在这个栅电极的掩蔽下进行离子注入,把源区和漏区扩展到金属栅电极的边缘。这样的工艺不但解决了栅漏交叠问题,而且也降低了接触电阻。

为了消除因离子注入所产生的晶格损伤,需要进行热退火处理。如果栅电极是由铝制成的,则热退火温度不能太高,退火可能不充分。故常用硅栅,这样退火温度可以在很高的温度下进行,能得到令人满意的结果。有时也称这种工艺为硅栅自对准工艺。

6.7.4 离子注入在 SOI 结构中的应用

SOI(Silicon on Insulator)技术被称为“21 世纪的硅集成电路技术”,在高速、低功耗集成电路,高压功率器件以及抗辐射微电子领域等具有重要的应用。随着半导体工业向更小工艺尺寸的器件转移,芯片的衬底材料对设计结构、互连和其他关键设计要素有很大影响,特别是当在器件制造中使用铜和低 k 值等高级电路材料时,影响会更大。

与体硅 CMOS 技术相比,SOI 技术能将器件性能或速度提高 15% ~35%。SOI 已经成为用于先进 CMOS SOC(System on Chip)的最常用的衬底。这些器件通常用于手持系统中的主流微处理器、其他要求低功耗的新型无线电子设备中。

离子注入技术在 SOI 技术中有两个重要应用:注氧隔离(SIMOX)技术和智能剥离(SmartCut)技术。

(1)注氧隔离(SIMOX)技术。SOI 片的制作,可采用向 Si 中离子注入 O^+ 工艺,通过退火获得 SiO_2 层,这种工艺称为 SIMOX (Separation by Implanted Oxygen)技术,是迄今为止最成熟的制备技术之一。它主要包括两个工艺步骤:①氧离子注入。用以在硅表层下产生一个高浓度的注氧层。②高温退火。使注入的氧与硅反应形成绝缘层。这种方法的主要限制是需要昂贵的大束流注氧专用机,另一个问题是为消除氧注入损伤,实现表面硅层固相再结晶,形成良好的界面,必须用专用退火炉进行高温长时间退火,因而材料成本较高。SIMOX 技术制成的材料,厚度均匀,尤其适于制作超薄型 SOI。图 6.35 为注氧隔离 SIMOX 技术工艺流程。

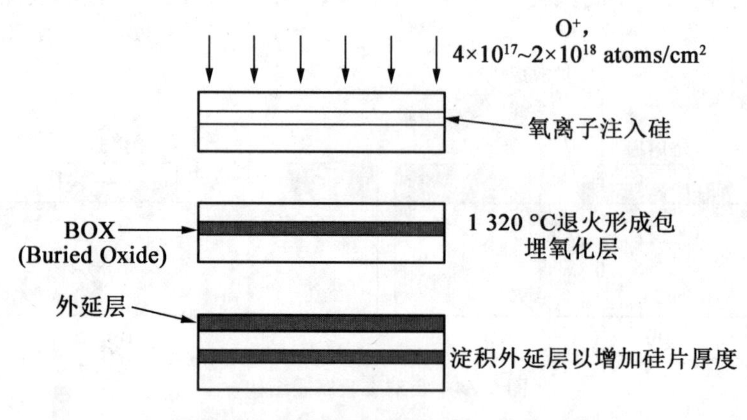

图 6.35 注氧隔离 SIMOX 技术工艺流程

(2)智能剥离(SmartCut)技术。SmartCut 技术是法国公司的 M. Bruel 等提出的,其原理是利用 H^+ 注入在硅片中形成气泡层,将注氢片与另一支撑片键合(两个硅片之间至少一片的表面要有热氧化 SiO_2 覆盖层),经适当的热处理使注氢片从气泡层完整裂开,形成 SOI 结构。

SmartCut 技术是一种较理想的 SOI 制备技术。它主要包括 3 个步骤:(1)离子注入。室温下,以一定能量向硅片注入一定剂量的 H^+,用以在硅表层下产生一个气泡层。(2)键合。将硅片与另一硅片进行严格清洁处理后,在室温下键合。硅片 A、B 之间至少有一片的表面已用热氧化法生长了 SiO_2 层,用以充当未来结构中的绝缘层。整个硅片 B 将成为结构中的支撑片。(3)两步热处理。第一步热处理使注入、键合后的硅片(硅片 A)在注 H^+ 气泡层处分开,上层硅膜与硅片 B 键合在一起,形成 SOI 结构。硅片 A 其余的部分可循环做支撑片使用。最后将形成的 Unibonded SOI 片进行高温处理,进一步提高 SOI 的质量并加强键合强度。图6.36 为SmartCut 工艺流程。

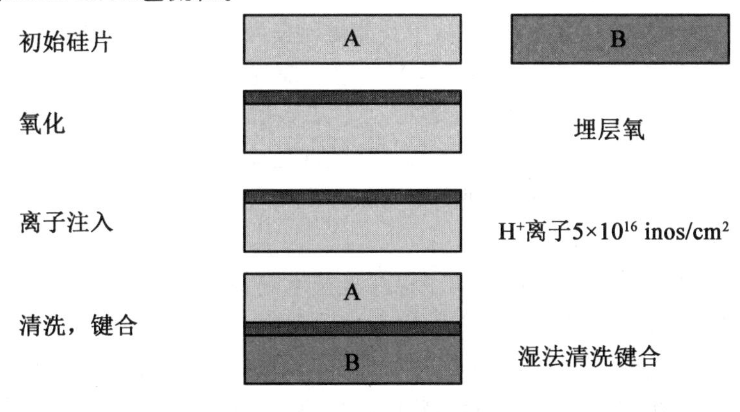

图 6.36　SmartCut 工艺流程

6.8　离子注入与热扩散比较及掺杂新技术

离子注入与热扩散技术为两种主要掺杂方法,有各自的优缺点,本节分别就动力、杂质浓度、结深、横向扩散、均匀性、工作温度、晶格损伤及应用等几方面对两种掺杂技术进行比较(表 6.6),进而介绍几种适应 VLSI 发展要求的掺杂新技术。

表 6.6　离子注入与热扩散技术比较

内容	热扩散	离子注入
动力	高温、杂质的浓度梯度平衡过程	动能,50 ~ 500 keV 非平衡过程
杂质浓度	受表面固溶度限制掺杂浓度过高、过低都无法实现	浓度不受限
结深	结深控制不精确,适合深结	结深控制精确,适合浅结
横向扩散	严重。横向是纵向扩散线度的 0.75 ~ 0.87 倍,扩散线宽 3 μm 以上	较小。特别在低温退火时,线宽可小于 1 μm
均匀性	电阻率波动约 10%	电阻率波动约 1%
温度	高温工艺,1 000 ℃以上	常温注入,退火温度在 800 ℃以上
掩模	二氧化硅	光刻胶、二氧化硅或金属薄膜
工艺卫生	易沾污	高真空、常温注入,清洁
晶格损伤	损伤小	损伤大,退火也无法完全消除
设备、费用	设备简单、价廉	复杂、费用高
应用	深层掺杂的双极型器件或电路	浅结的超大规模电路

随着 VLSI 技术的发展，芯片的特征尺寸越来越小，这两种掺杂技术已经成为影响电路集成度提高的主要因素。在 45 nm 技术节点，离子注入掺杂后的超浅结深将达到 9.5 nm，为了进一步减小超浅结的结深，按照传统方法必须减小离子注入能量，向超低能量（200 ~ 500 eV）离子注入方向发展。同时还要减少其能量污染效应，提高生产效率。但现有高电流低能离子注入机很难在低能量污染和高生产效率的前提下满足要求。研究发现，采用较高分子量掺杂材料（如 $B_{10}H_{14}$ 或 $B_{18}H_{22}$）代替 B 进行等效掺杂时，离子束电流和注入能量都会大大增加。同时还具有其他一些优点，例如减轻隧穿效应，以及对掺杂表面进行无定形化处理等。因此，用较高分子量掺杂材料进行等效离子掺杂是满足 45 nm 及以下工艺要求的有效方法。

曾经有一些研究者采用了传统的离子束注入技术制备超浅结，通过减小注入能量、降低热处理时间和温度等来实现，如低能离子注入（L－E）、快速热退火（RTA）、预非晶化注入（PAI）等。但从根本上讲，这些技术制备超浅结会带来几个问题：瞬态增强扩散的限制、激活程度的要求、深能级中心缺陷等。较有希望的新兴超浅结掺杂技术包括：等离子体浸没掺杂（Plasma Immersion Ion Implantation Doping，PIIID）、投射式气体浸入激光掺杂（Project Gas Immersion Laser Doping，P－GILD）、快速气相掺杂（Rapid Vapor－phase Doping，RVD）以及离子淋浴掺杂（Ion Shower Doping，ISD）。

（1）等离子体浸没掺杂。

PIIID 技术最初是 1986 年在制备冶金工业中抗蚀耐磨合金时提出的，也称等离子体离子注入、等离子体掺杂或等离子体源离子注入掺杂。1988 年，该技术开始进入半导体材料掺杂领域，用于薄膜晶体管的氧化、高剂量注入形成埋置氧化层、沟槽掺杂、吸杂重金属的高剂量氢注入等工序。与传统注入技术不同，PIIID 系统不采用注入加速、质量分析和离子束扫描等工艺。在 PIIID 操作系统中，一个晶片放在邻近等离子体源的加工腔中，该晶片被包含掺杂离子的等离子体所包围。当一个负高压施加于晶片底座时，电子将被排斥而掺杂离子将被加速穿过鞘区而掺杂到晶片中。

PIIID 技术用于 CMOS 器件超浅结制备的优点如下：①以极低的能量实现高剂量注入；②注入时间与晶片的大小无关；③设备和系统比传统的离子注入机简单，因而成本低。所以可以说，这一技术高产量、低设备成本的特点符合半导体产业链主体发展的方向，是考虑将该技术用于源－漏注入的主要原因。目前，PIIID 技术已被成功地用来制备 0.18 μm CMOS 器件，所获得器件的电学特性明显优于上述传统的离子注入技术。

以前 PIIID 技术的主要缺点是：硅片会被加热、污染源较多、与光刻胶有反应、难以测定放射量。可是，现在 PIIID 系统的污染已经稳定地减小到半导体工业协会规定的标准，减小与光刻胶的反应将是今后 PIIID 技术应用的关键。

（2）投射式气体浸入激光掺杂。

P－GILD 是一种变革性的掺杂技术，它可以得到其他方法难以获得的突变掺杂分布、超浅结深度和相当低的串联电阻。通过在一个系统中相继完成掺杂、退火和形成图形，P－GILD 技术对工艺有着极大的简化，这大大地降低了系统的工艺设备成本。近年来，该技术已被成功地用于 CMOS 器件和双极器件的制备中。P－GILD 技术有着许多不同的结构形式和布局，但原理基本一致，它们都有两个激光发生器、均匀退火和扫描光学系统、介质刻线区、掺杂气体室和分布步进光刻机。晶片被浸在掺杂的气体环境中（如 BF_3、PF_5、AsF_5），第一个激光发生器用来将杂质淀积在硅片上,第二个激光发生器通过熔化硅的浅表面层将杂质推进到晶片中。而掺杂的图形则由第二个激光束扫描介质刻线区来获得。在这一工艺技术中,熔融硅层再生长的同时完成杂质激活,不需要附加退火过程。

P－GILD 技术主要优势:由于 P－GILD 技术无须附加退火过程,整个热处理过程仅在纳秒数量级内完成,故该技术避免了常规离子注入的相关问题,如沟道效应、光刻胶、超浅结与一定激活程度之间的矛盾等。

P－GILD 技术的主要缺点是集成工艺复杂,技术尚不成熟,目前还未成功地应用于 IC 芯片的加工中。

(3)快速气相掺杂。

RVD 技术是一种以气相掺杂剂方式直接扩散到硅片中,以形成超浅结的快速热处理工艺。在该技术中,掺杂浓度通过气体流量来控制,对于硼掺杂,使用 B_2H_6 为掺杂剂;对于磷掺杂,使用 PH_3 为掺杂剂;对于砷掺杂,使用砷或 TBA(叔丁砷)为掺杂剂。硼和磷掺杂的载气均使用 H_2,而对于砷掺杂,使用 He(对砷掺杂剂)或 Ar(对 TBA 掺杂剂)为载气。

RVD 的物理机制现在还不太清楚,但从气相中吸附掺杂原子是实现掺杂工序的一个重要方面。除了气体的流量外,退火温度和时间也是影响结分布的重要因素。实际工艺操作结果表明,要去除一些表面污染(如氧、碳或硼的团族),预焙烘和退火必大于 800 ℃。

RVD 技术已被成功地用于制备 0.18 μm 的 PMOS 器件,其结深为 50 nm。该 PMOS 器件显示出良好的短沟道器件特性。RVD 制备的超浅结的特性是:掺杂分布呈非理想的指数分布;类似于固态源扩散,峰值在表面处。但不同的是,RVD 技术可用 3 个调节参数来控制结深和表面浓度。

(4)离子淋浴掺杂。

ISD 是一种在日本被使用的薄膜晶体管(TFT)掺杂新技术,但目前在 USLI 领域还未受到足够的重视。ISD 有些类似 PIIID 技术,离子从等离子体中抽出并立即实现掺杂,不同之处是离子淋浴掺杂系统在接近等离子体处有一系列的栅格,通过高压反偏从等离子体中抽出掺杂离子。抽出离子被加速通过栅格中的空洞而进入晶片加工室(工艺腔室)并完成掺杂工序。

离子淋浴掺杂有着类似 PIIID 技术的优点,它从大面积等离子体源中得到注入离子,整个晶片同时掺杂,无须任何额外的离子束扫描工序。并且离子在通过栅格时被加速;而在 PIIID 技术中,离子加速电压加到硅片衬底底座,有一大部分压降降到衬底上,降低了离子的注入能量。ISD 技术的最大缺点是掺杂过程中引入的载气原子(如氢)带来的剂量误差以及注入过程中硅片自热引起的光刻胶的分解问题。在 TFT 器件中,使用过量的氢来钝化晶粒间界和实现高杂质激活。虽然这在硅单晶中不会发生,但进入栅格空洞的沾染离子仍然会注入硅片中。这一点使 ISD 技术似乎不太适合 ULSI 制备,尽管由离子淋浴得到的 TFT 器件在电学特性上可与传统离子注入工艺相比拟。

即使如此,国外对使用 ISD 实现 MOS 器件的超低能注入仍然抱有极大的兴趣,并集中研究能控制沾染的栅格,使 ISD 能与 ULSI 工艺兼容。一些研究工作表明,通过改善 B_2H_6/H_2 等离子体条件,可控制 B_2H_x 和 BH_x 离子中 x 的比例,从而得到合适的硼掺杂分布。目前已制备出 0.18 μm CMOS 器件,以比较用 10 keV BF_2 的传统离子注入和 6 keV B_2H_6/H_2 离子淋浴注入形成的 S/D 和 G 极工艺。

4 种超浅结离子掺杂新技术的比较见表 6.7。

表 6.7 4 种超浅结离子掺杂新技术的比较

离子掺杂技术	优点	缺点
PIIID	低能量、高剂量、高激活程度;低成本,不受尺寸限制;设备简单	硅片会被加热、污染源较多,与光刻胶有反应、难以测定放射量
P - GILD	突变掺杂分布,高激活程度;低串联电阻;无须附加退火过程,热处理过程仅在纳秒数量级;污染少	集成工艺复杂,需预注入;结深度分布不均匀,掺杂分布难以控制;技术本身尚不成熟
RVD	掺杂与退火同时完成;无沟道效应和充放电效应;无注入损伤	指数掺杂分布;高剂量 H 引入;低激活程度;均匀性和剂量控制差,需要硬掩模
ISD	从大面积等离子体源中得到注入离子,整个晶片同时掺杂,无须任何额外的离子束扫描工序	掺杂过程中引入载气原子,带来剂量误差;注入过程中硅片自热引起光刻胶分解

应用超浅结掺杂新技术时需要考虑的问题主要有:新的超浅结技术是否可同时用于 p^+n 结和 pn^+ 结,实现源/漏和栅掺杂;是否会造成栅氧化层中陷阱的充放电和物理损伤;对裸露硅的损伤会不会形成瞬态增强扩散和杂质的再分布;工艺是否兼容现有的典型的 CMOS 掩模材料;是否会引入可充当深能级中心的重金属元素和影响杂质扩散、激活和 MOS 器件可靠性的氟、氢、碳、氮等元素沾污等。这些都是有待研究解决的纳米 CMOS 超浅结方面的问题。在 2008 年的 IEDM 会议(International Electron Devices Meeting)上,超浅结被列为 22 nm 技术节点最具有挑战性的 15 项技术之一,其重要性可见一斑。注入材料、工艺和设备的更新将推动超浅结技术向前发展。

本章小结

本章就离子注入技术的基本原理、离子注入技术的剂量与分布形式、注入带来的损伤以及消除办法、离子注入工艺的设备与工艺流程、离子注入技术的应用和超浅结形成技术进行介绍。

习　题

1. SiO_2膜网络结构特点是什么?氧和杂质在 SiO_2网络结构中的作用和用途是什么?对 SiO_2膜性能有哪些影响?

2. 在 SiO_2系统中存在哪几种电荷?它们对器件性能有些什么影响?工艺上如何降低它们的密度?

3. 欲对扩散的杂质起有效的屏蔽作用,对 SiO_2 膜有何要求? 工艺上如何控制氧化膜生长质量?

4. 由热氧化机理解释干、湿氧速率相差很大这一现象。

5. 薄层氧化过程需注意哪些要求? 现在采用的工艺有哪些?

6. 掺氯氧化为何对提高氧化层质量有作用?

7. 热氧化法生长 1 000 Å 厚的氧化层,工艺条件:1 000 ℃,干氧氧化,无初始氧化层,试问氧化工艺需多长时间?

8. 硅器件为避免芯片沾污,可否最后热氧化一层 SiO_2 作为保护膜? 为什么?

9. 求下列条件下固溶度与扩散系数:①B 在 1 050 ℃;②P 在 950 ℃。

10. 在 Si 衬底上 975 ℃,30 min 预淀积磷,当衬底为 0.3 Ω · cm 的 p - Si,975 ℃时:①求结深和杂质总量;②若继续进行再分布,1 100 ℃,50 min,求这时的结深和表面杂质浓度。

11. 什么是沟道效应? 如何才能避免?

12. 硼注入,峰值浓度(R_p)在 0.1 μm 处,注入能量是多少?

13. 在 1 000 ℃工作的扩散炉,温度偏差在 ±1 ℃,扩散深度相应的偏差是多少? 假定是高斯扩散。

14. 对 n 区进行 p 扩散,使 $C_s = 1\ 000\ C_B$,证明:假定是恒定源扩散,结深与 $(Dt)^{\frac{1}{2}}$ 成正比,请确定比例因子。

15. 什么是硼的逆退火特性?

16. 在 1 050 ℃湿氧化气氛生长 1 μm 厚的氧化层,计算所需时间。若抛物线形速率常数与氧化气压成正比,分别计算 5 个、20 个大气压下的氧化时间。

17. 在 p - Si 中扩磷 13 min,测得结深为 0.5 μm,为使结深达到 1.5 μm,在原条件下还要扩散多长时间? 然后,进行湿氧化,氧化层厚 0.2 μm 时,结深是多少?(湿氧速率很快,短时间的氧化,忽略磷向硅内部的推进)

18. 30 keV、10^{12} cm^{-2} B^{11} 注入 Si 中,则峰值深度、峰值浓度及 0.3 μm 处浓度是多少?

第3篇　薄膜制备

薄膜在微电子分立器件和集成电路中用途广泛，无论是半导体薄膜、介质薄膜，还是金属薄膜，都是不可或缺的。微电子工艺中用到的薄膜从微观结构上看，有单晶薄膜、多晶薄膜，也有非晶薄膜；从薄膜厚度上看，在几十纳米到几微米之间。随着集成电路单元尺寸的进一步缩小，集成度的不断提高，薄膜厚度也趋于越来越薄，最薄的已达几个原子层的厚度。

半导体单晶薄膜通常采用外延工艺制备，可以把生长的外延层看成半导体单晶薄膜（第3章）。另外，多晶硅薄膜也是一种常用的半导体薄膜，多晶硅薄膜的制备方法与介质薄膜相类似，多是采用化学气相淀积工艺制备。

介质薄膜和金属薄膜主要是采用化学气相淀积（CVD）或物理气相淀积（PVD）工艺制备。介质薄膜多是采用化学气相淀积工艺制备。化学气相淀积主要有常压化学气相淀积、低压化学气相淀积、等离子增强化学气相淀积和金属有机物化学气相淀积等方法。而金属及金属硅化物薄膜通常是采用物理气相淀积工艺制备。物理气相淀积工艺主要有真空蒸镀，溅射，分子、离子束淀积等方法。

在微电子工艺中应用最多的介质薄膜是二氧化硅和氮化硅薄膜；半导体薄膜主要是多晶硅薄膜，硅化物薄膜；金属薄膜主要有铝、金、铂等单质金属薄膜，镍铬等合金薄膜，硅化钨、硅化钛等金属化合物薄膜，以及多层金属薄膜。进入21世纪，对超大规模集成电路的铜多层互连系统的研究有了很大进展，铜系统在超大规模集成电路上的应用有取代铝系统的趋势，铜薄膜也是一种重要的金属薄膜。

第7章　化学气相淀积

化学气相淀积(Chemical Vapor Deposition, CVD)工艺,是将气态原材料通入反应器中,通过化学反应进行薄膜淀积的一种微电子单项工艺。淀积一词有的书中又称为沉积。

7.1　CVD概述

CVD是制备薄膜的一种常规方法,当前,在微电子工艺中已经采用和发展了多种CVD工艺技术。实际上CVD工艺与第3章外延工艺中介绍的气相外延工艺相似,有些具体方法及工艺设备可以通用。外延生长获得的是单晶薄膜,通常衬底也必须是单晶材料,要求有严格的工艺条件;而淀积薄膜得到的是非晶态或者多晶态薄膜,衬底不要求一定是单晶材料,只要衬底具有一定的平整度,能够经受淀积温度(淀积工艺温度远低于外延工艺温度),其他工艺条件的控制也没有气相外延要求的那么精确。另外,CVD工艺制备的薄膜和热氧化工艺制备的二氧化硅薄膜也有很大不同。通过CVD工艺制备薄膜时,所有的薄膜成分都是由外部以气相方式带入反应器中,而不像热氧化工艺制备的二氧化硅薄膜中的硅成分来自衬底本身。

CVD的多种工艺方法可以按照工艺特点、工艺温度、反应室内部压力、反应室器壁的温度和淀积薄膜化学反应的激活方式等进行分类。通常是按照工艺特点进行分类,主要有常压化学气相淀积(Atmospheric Pressure CVD, APCVD)、低压化学气相淀积(Low Pressure CVD, LPCVD)、等离子增强化学气相淀积(Plasma Enhanced CVD, PECVD)、金属有机物化学气相淀积(Metal Organic CVD, MOCVD)、激光诱导化学气相淀积(Laser Induced CVD, LCVD)和微波化学气相淀积(Microwave Assisted CVD, MWCVD)等。APCVD的设备与前面提到的常压外延的设备相似,工艺方法接近,在介质薄膜制备中采用的不多。介质薄膜和多晶硅薄膜多采用常规的LPCVD和PECVD方法制备。而MOCVD、LCVD、MWCVD在传统的微电子工艺中应用不多,都是近年被采用并发展起来的CVD工艺技术。

如果按照淀积温度分类,有低温CVD(一般在200~500 ℃),中温CVD(多在500~800 ℃)和高温CVD(多在800 ℃以上,目前已很少使用),不同工艺温度即使制备同种材料薄膜,其性质、用途也有所不同,如CVD-Si_3N_4薄膜,低温工艺Si_3N_4薄膜质地较疏松、密度低,抗腐蚀性能较差,通常淀积在芯片表面作为钝化膜、保护膜;中温工艺Si_3N_4薄膜密度高,抗腐蚀性能好,主要作为选择性氧化和各向异性腐蚀的掩蔽膜。

如果按照化学反应的激活方式分类,有热CVD、等离子增强CVD、激光诱导CVD、微波CVD等。热CVD是通过加热衬底激活并维持在衬底上的化学反应来淀积薄膜的方法。APCVD、LPCVD都是热CVD;而MOCVD是采用化学稳定性较差的金属有机物作为反应剂,在低温金属有机物和其他反应剂就能发生化学反应,从而淀积薄膜,实际上也是一种热激活式的 CVD。等离子增强 CVD 是将电能转化为化学能，激活反应气体使其等离子化，从而在较低温度淀积薄膜的方法。同理，激光诱导、微波等 CVD 是将激光能、微波能转化为化学能进行薄膜淀积的。采用其他能量激活并维持化学反应进行，一方面可以降低工艺温度；另一方面制备的薄膜又具有某种特有性质，如 PECVD 薄膜的台阶覆盖特性较好，这是等离子化的反应气体粒子对薄膜生长表面撞击的结果。

目前，CVD 已经在微电子工艺中被非常广泛地应用，特别是在绝缘介质薄膜，多晶半导体薄膜等宽范围材料的薄膜制备方面，它已经成为首选的淀积方法。另外，在超大规模集成电路的金属化系统中用到的钨、硅化物等金属、金属硅化物薄膜，也采用了化学气相淀积工艺制备。这主要是因为 CVD 工艺制备的薄膜具有较好的性质，如附着性好、薄膜保形覆盖能力较强等。近几年发展起来的亚微米、深亚微米技术中人们所关心的在已有微小接触孔，或有高深宽比结构的衬底表面能很好覆盖的薄膜的制备，通过 CVD 工艺这些问题都得到了很好的解决。

7.2　CVD 工艺原理

采用 CVD 工艺制备薄膜时，源是以气相方式被输运到反应器内，由于衬底高温或有其他形式能量的激发，源发生化学反应，生成固态的薄膜物质淀积在衬底表面形成薄膜；而生成的其他副产物是气态的，被排出反应器。

7.2.1　薄膜淀积过程

以多晶硅薄膜淀积为例来看薄膜淀积过程。反应剂采用氢气稀释的硅烷作为多晶硅源，总化学反应方程式为

$$SiH_4 \longrightarrow Si + 2H_2$$

CVD 系统结构示意图如图 7.1 所示。无论是 APCVD、LPCVD、PECVD，还是其他何种 CVD 方法，淀积过程都可以分解为 5 个基本的连续步骤：

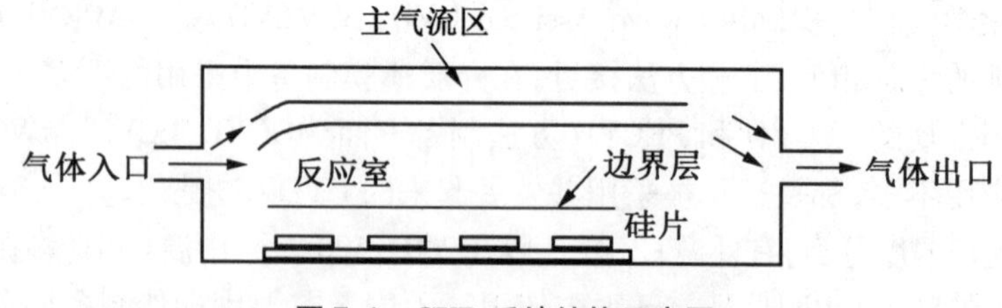

图 7.1　CVD 系统结构示意图

(1) 氢气和硅烷混合气体以合理的流速从入口进入反应室并向出口流动，反应室尺寸远大于气体分子的自由程，主气流区是层流状态，气体有稳定流速。

(2) 硅烷从主气流区以扩散方式穿过边界层到达衬底硅片表面，其中边界层是指主气流区与硅片之间气流速度受到扰动的气体薄层。

(3) 硅烷以及在气态分解的含硅原子团被吸附在硅片的表面，成为吸附分子。

(4) 被吸附的硅和含硅原子团发生表面化学反应，生成的硅原子在衬底上聚集、连接成

片、被后续硅原子覆盖成为淀积薄膜。

(5)化学反应的气态副产物氢气和未反应的反应剂从衬底表面解吸，扩散穿过边界层进入主气流区，被排除系统。

从化学气相淀积的过程来看，与气相外延相似，也是由气相质量输运和表面化学反应两类过程完成薄膜淀积的。

气相质量输运过程主要是指步骤(2)——硅烷及含硅原子团气体扩散穿越边界层到达衬底硅片表面，以及步骤(5)——衬底硅片表面分解反应生成的氢气扩散穿越边界层离开衬底表面。这两个步骤都是以扩散方式进行的。但是，淀积工艺没有外延工艺要求严格。淀积设备及其反应室形状种类更多，气流压力、流速范围更宽。在某些情况下反应室的气流可能出现紊流区。图7.2为立式反应器中浮力驱动的再循环流。此时的边界层应等同于气体流速趋于零的黏滞层(或称附面层)，而源和气态副产物仍以扩散方式穿越黏滞层。因此，化学气相淀积的质量输运过程和气相外延的质量输运过程相同，反应气体以扩散方式进行质量输运。

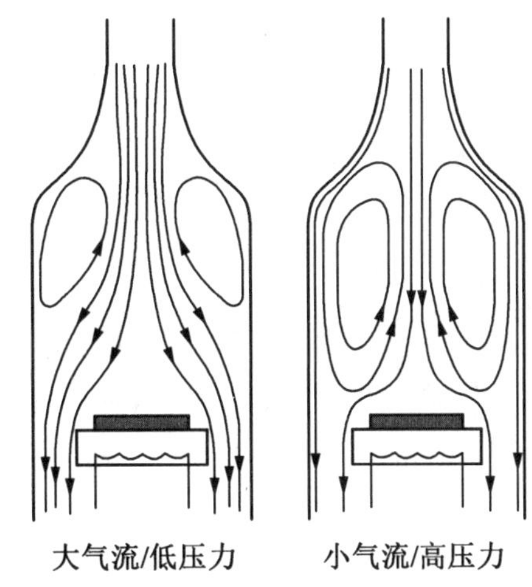

图7.2　立式反应器中浮力驱动的再循环流

表面化学反应过程是指步骤(3)和(4)，硅烷的主要化学反应式为

$$SiH_4(g) \rightleftharpoons SiH_4(a)$$

$$SiH_4(a) \rightleftharpoons Si(s) + 2H_2(g)$$

$$SiH_4(g) \rightleftharpoons SiH_2(g) + H_2(g)$$

$$SiH_2(g) \rightleftharpoons SiH_2(a)$$

$$SiH_2(a) \rightleftharpoons Si(s) + H_2$$

式中，g表示为气态；a表示被衬底表面吸附状态；s表示为固态，有逆向反应存在。

化学气相淀积过程中，激活并维持化学反应的能既可以是热能也可以是其他形式的能量。在热激活情况下，如果只有衬底温度高，硅烷被吸附后只在衬底表面发生分解反应生成硅和氢原子；而被其他形式能量激活或反应室温度较高的情况下，硅烷在气相就可能已有部分分解为SiH_2，SiH_2被吸附，在衬底表面发生分解反应生成硅和氢原子。在衬底表面的硅原子尚未实现完全的规则排列，形成的是多晶硅薄膜，而两个氢原子结合成为氢分子，从衬底表面解析。硅生长形成多晶膜的原因，其一是衬底温度较外延低，硅原子在表面的迁移速率慢，未能全部迁移到结点位置；其二是淀积速率过快，未等硅原子全部迁移到结点位置就被其他硅原子所覆盖，成为薄膜中的硅原子；其三是衬底表面可以不完全是单晶，如衬底硅片整个表面或部分表面已有氧化层。这三种原因可以全部存在或是其中的某一两个存在。由此可知CVD的表面淀积过程与气相外延的表面外延过程不尽相同。

其他淀积薄膜如氮化硅、二氧化硅在反应室的化学过程比多晶硅更加复杂，且所淀积的氮化硅或二氧化硅在衬底表面都未实现规则排列，生长的是非晶态薄膜。

7.2.2 薄膜淀积速率及影响因素

化学气相淀积过程有 5 个连续步骤,建立这 5 个步骤为基础的淀积速率表达式非常困难。20 世纪 60 年代初,人们就对化学气相淀积过程进行了理论研究,1966 年建立的 Grove 模型简化了化学气相淀积过程,通过数学推导,可以得出淀积速率的表达式,较准确地预测了淀积速率,因此,至今仍被广泛使用。

Grove 模型认为控制薄膜淀积速率的是两个步骤:一是气相质量输运过程中的反应剂气相扩散穿越边界层到达衬底表面;二是表面化学反应过程中的化学反应。

反应剂到达衬底表面的扩散流密度 J_g 为

$$J_g = -D_g \frac{C_s - C_g}{\delta} = h_g(C_g - C_s) \tag{7.1}$$

式中,D_g 为反应剂气相扩散系数;C_s、C_g 分别为衬底表面和主气流区的反应剂浓度;δ 为边界层厚度;h_g 为气相质量输运系数,有 $h_g = D_g/\delta$。

反应剂发生化学反应生成的薄膜物质的原子(或分子)流密度 J_s 为

$$J_s = k_s C_s \tag{7.2}$$

$$k_s = k_0 e^{-E_a/kT} \tag{7.3}$$

式中,k_s 为遵循 Arrhenius 函数的化学反应速率常数;k_0 为与温度无关的常数;E_a 为激活能;k 为玻耳兹曼常数;T 为绝对温度。

假设化学气相淀积在稳定状态下进行,两个流密度就应相等,有 $J_g = J_s = J$。由式(7.1)和式(7.2)可得

$$C_s = \frac{C_g}{1 + \dfrac{k_s}{h_g}} \tag{7.4}$$

如果用 N 表示单位体积薄膜中的原子数,对于多晶硅薄膜来说,$N = 5 \times 10^{22}$ atoms/cm^3。薄膜淀积速率 G 就可表示为

$$G = \frac{J}{N} \tag{7.5}$$

将式(7.1)和式(7.2)代入式(7.5),可得

$$G = \frac{k_s h_g}{k_s + h_g} \times \frac{C_g}{N} \tag{7.6}$$

$$C_g = C_T \times Y \tag{7.7}$$

式中,C_T 为主气流区单位体积中的分子总数(包括反应剂和惰性稀释气体),Y 为反应剂的摩尔分数。在多数 CVD 过程中,反应剂被惰性气体稀释,如多晶硅淀积时,硅烷浓度有时只占总气体摩尔分数的 1%。

基于 Grove 模型推导得出的式(7.6)就是薄膜淀积速率的表达式,淀积速率与反应剂的浓度成正比。当反应剂被稀释时,淀积速率与反应剂的摩尔分数成正比。

图 7.3 为多晶硅薄膜淀积速率与硅烷气流速率的关系曲线。图 7.3 中硅烷气流速度(即 SiH_4 的输入量)较低时,多晶硅淀积速率和硅烷气流速度呈线性关系,而反应剂(SiH_4)浓度与气流速度又成正比,由此可知在反应剂(SiH_4)浓度较低时,薄膜淀积速率的表达式与

试验结果相吻合。

由薄膜淀积速率表达式(7.6)、式(7.7)来分析影响速率的其他因素。在 C_g 或者 Y 为常数时,薄膜淀积速率将由 k_s 和 h_g 中较小的一个决定。

当 $k_s \ll h_g$ 时,薄膜淀积速率由表面反应控制,由式(7.6)和式(7.7)得

$$G=\frac{k_s C_s}{N}=\frac{k_s C_T Y}{N} \tag{7.8}$$

化学反应速率常数 k_s 是温度的指数函数,因此薄膜淀积速率 G 也是温度的指数函数。

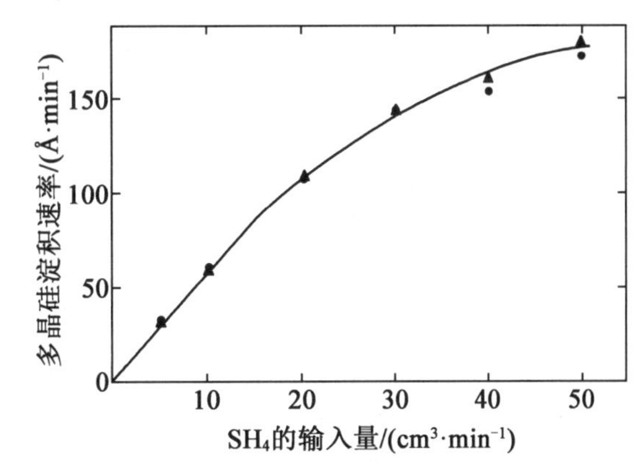

图7.3　多晶硅薄膜淀积速率与硅烷气流速率的关系曲线

当 $h_g \ll k_s$ 时,薄膜淀积速率由气相质量输运控制。由式(7.6)、式(7.7)得

$$G=\frac{h_g C_s}{N}=\frac{h_g C_T Y}{N}=\frac{D_g C_T Y}{\delta N} \tag{7.9}$$

CVD 的气相质量输运过程与气相外延时的相似,在3.2节中已对 D_g 和 δ 进行了分析,两者都是温度的函数,有 $D_g \propto T^{1\sim1.8}$,而 T 升高 δ 略有增大,综合效果是薄膜淀积速率是温度的缓变函数,温度升高,淀积速率略有加快。

试验测得的以四氯化硅和氢气为反应剂,多晶硅薄膜淀积速率与温度的关系曲线如图7.4所示。在较低温时,淀积速率与温度是指数关系,随着温度的上升,淀积速率也随之加快,这是因为在温度较低温情况下,$k_s \ll h_g$,淀积速率受 k_s 限制,而 k_s 随着温度的升高而变大。随着温度的上升,淀积速率对温度的敏感程度不断下降。当温度高过某个值之后,淀积速率就由表面反应控制转到气相质量输运速率,也就是表面反应所需要的反应剂数量高于到达表面的反应剂数量,表面反应不再限制淀积速率,这时淀积速率由反应剂通过边界层输运到表面的速率所决定,而 h_g 值对温度不太敏感。

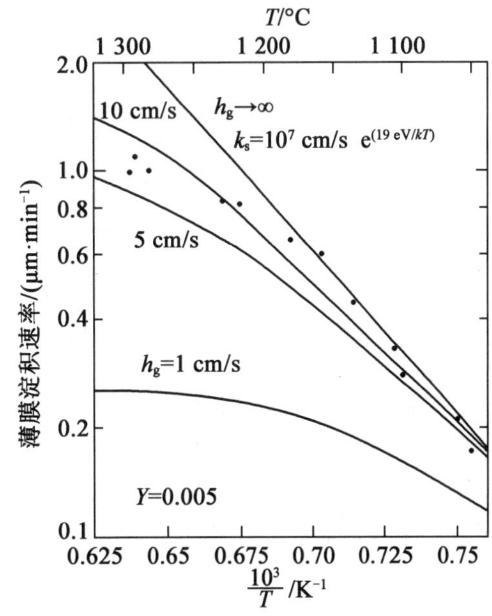

图7.4　多晶硅薄膜淀积速率与温度的关系曲线

在反应剂浓度较低时,Grove 模型和实测结果吻合得较好,浓度较高时则不然(图7.4)。因为气相质量传递过程包含了两个步骤:一是反应剂扩散穿越边界层到达衬底表面;二是反应副产物从表面解吸后扩散穿越边界层进入主气流区。Grove 模型中忽略了反应副产物的解吸扩散步骤的影响。这在反应剂浓度较低时,因为反应副产物数量很少,不会对薄膜淀积速率带来影响,而当反应剂浓度较高时,因为反应副产物数量相应增多,占据了衬底表面及其附近位置,阻挡了反应剂进入边界层和在基片表面的吸附,相当于降低了反应剂的浓度,

因此对薄膜淀积速率带来影响。另外,在反应室中,气体沿垂直于边界层方向存在温度梯度,而 Grove 模型忽略了温度梯度对气相物质输运的影响,这也会对薄膜淀积速率带来影响。

影响化学气相淀积速率的因素除了温度、反应剂浓度之外,化学气相淀积方法、淀积设备种类、反应室结构类型等也对淀积速率有很大影响。

7.2.3 薄膜质量控制

薄膜质量主要是指薄膜是否为保形覆盖,界面应力类型与大小,薄膜的致密性、厚度均匀性、附着性等几方面特性。通过分析薄膜的质量特性,对淀积过程进行控制,从而制备出满足微电子工艺所需的薄膜。

1. 台阶覆盖特性

在制备薄膜之前,通常在衬底上已经进行了多个单项工艺操作,衬底表面不再是平面,存在台阶。而随着超大规模集成电路集成度的不断提高,单元结构尺寸已进入了深亚微米,造成衬底表面微结构的深/宽比也越来越大,因此,薄膜的台阶覆盖性能成为淀积薄膜质量控制的关键问题。淀积薄膜会出现两种台阶覆盖方式——保形覆盖和非保形覆盖(图7.5)。保形覆盖是指无论衬底表面有什么样的微结构图形,在上面淀积的薄膜都有相同的厚度。微电子工艺中多数情况下希望淀积薄膜是保形覆盖。

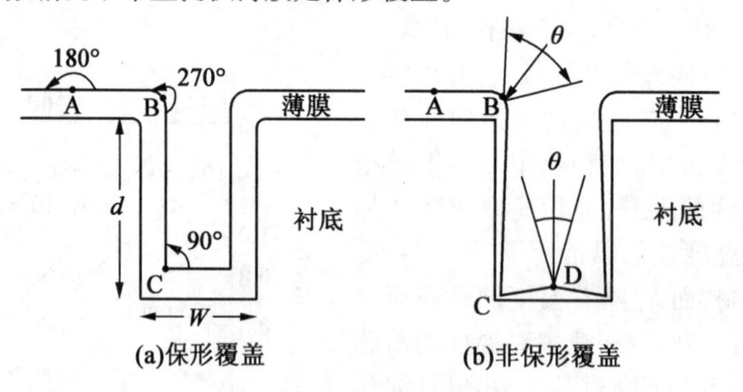

图 7.5 台阶覆盖的两种方式

保形覆盖是由同一衬底不同位置薄膜淀积速率是否均匀一致决定的。由上一小节分析可知 CVD 薄膜淀积速率主要由衬底温度和表面反应剂浓度决定。同一衬底不同位置的温度可以看成是完全相同的,当衬底温度升高时,衬底表面吸附的反应剂和表面反应生成的原子或分子在衬底表面迁移速率就会提高,使得在同一衬底不同位置的分布趋于均匀,淀积的薄膜厚度就会趋于均匀。而表面反应剂浓度的影响较为复杂。反应剂分子(或原子团)是通过气相扩散穿过边界层到达衬底表面的,所以表面反应剂的浓度与同一衬底不同位置的到达角及边界层厚度有关。

到达角(Arrival Angle)是指反应剂能够从各方向到达表面的某一点,这全部方向角就是该点的到达角。在图 7.5 中给出了几个关键点的二维空间的到达角,A 点是 180°、B 点是 270°,C 点是 90°。到达角越大,能够到达该点的反应剂分子(或原子团)数量就越多,该点淀积的薄膜就越厚。图 7.5(b)中非保形覆盖的 B 点淀积的薄膜就比 C 点厚,这两点二维空间的到达角之比为 3:1。

边界层厚度主要受气体压力和气流状态(或流速)等因素影响。常压淀积在气体为层流状态时,同一衬底表面的孔洞或沟槽内部气体边界层比平坦部位要厚,孔洞或沟槽的深/宽比越大,其内部的边界层就越厚。而气体分子常压时的平均自由程很小(约为 10^{-5} cm),分子之间的相互碰撞使得它们的速度矢量完全随机化。所以,在孔洞或沟槽内部,特别是底部角落位置的表面反应剂气体浓度较低,该点淀积的薄膜就较薄,如图 7.5(b)非保形覆盖中的 C 点。

低压淀积,气体仍为层流状态,边界层比常压时要厚,而当反应器内真空度足够高,反应剂原子或分子的平均自由程与孔洞或沟槽的深度相当时,反应剂可以直接穿越边界层入射到孔洞或沟槽底,这时影响表面反应剂浓度的除了与同一衬底不同位置的到达角有关外,还与遮蔽效应有关。由于气体分子自由程较长,分子之间碰撞概率减小,使得气体分子的速度矢量不再随机化,而遮蔽效应(Shadowing)指的就是衬底表面上的图形对反应剂气体分子直线运动的阻挡作用。如图 7.5(b)非保形覆盖中的 D 点,由于遮蔽效应能直接入射到 D 点的入射角为 θ,远小于平面部位(如 A 点的入射角是 180°)。深/宽比越大,孔洞或沟槽内部 D 点的入射角 θ 越小,遮蔽效应越严重。

衬底表面反应剂的输运机制模型如图 7.6 所示,常压和低压两种淀积情况时的输运机制有所不同。

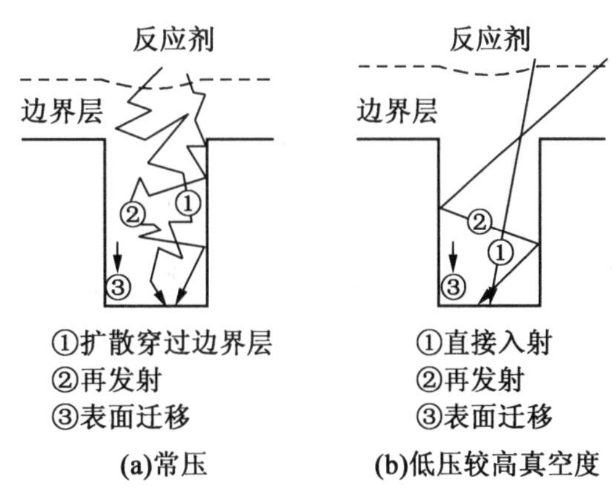

图 7.6　衬底表面反应剂的输运机制模型

在上述分析中对反应剂穿越边界层情况,即图 7.6 中的①扩散穿过边界层或直接入射所示。而反应剂系统和淀积薄膜材料本身对衬底表面反应剂浓度也有影响。反应剂到达衬底表面后可能未被吸附,存在再发射或表面迁移现象。再发射和表面迁移现象对衬底台阶覆盖有利。不同的反应剂系统和薄膜材料的再发射能力和表面迁移特性相差很大。如果反应剂与表面黏滞力低(黏滞系数小),该反应剂穿过黏滞层到达衬底表面之后还会通过再发射或表面迁移进入孔洞或沟槽内的底部角落位置,这使得薄膜的淀积厚度趋于均匀,增强了台阶覆盖效果。如图 7.6 中②再发射及③表面迁移所示。

实际上影响薄膜台阶覆盖情况的因素很多,主要有薄膜种类、淀积方法、反应剂系统和工艺条件(温度、气压、气流)等。对特定薄膜淀积工艺来说,应找出主要影响因素,并综合考虑其他因素带来的影响,从而进行工艺控制,制备出台阶覆盖特性较好的薄膜。

2. 薄膜中的应力

淀积薄膜中通常有应力存在,如果应力过大可能导致薄膜从衬底表面脱落,或导致衬底弯曲,进而影响后面的光刻工艺。因此,有必要分析薄膜中的应力的成因,并通过工艺控制来减小薄膜中的应力。

淀积薄膜中的应力有两种:压应力和张应力(也称拉应力)。薄膜在压应力状态能通过自身的伸展减缓应力,引起衬底向上弯曲;拉应力正好相反,通过自身收缩减缓应力,引起衬底向下弯曲。淀积薄膜中的两种应力如图 7.7 所示。

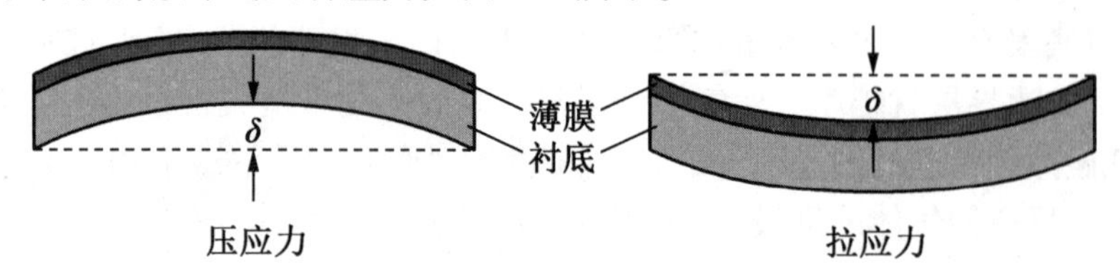

图 7.7　淀积薄膜中的两种应力

CVD 薄膜中的应力按成因划分为本征应力和非本征应力。通常薄膜中两种应力同时存在。本征应力一般来源于薄膜淀积工艺本身，是一个非平衡过程。薄膜淀积时，在衬底表面反应生成的薄膜物分子（或原子）如果缺乏足够的动能或者足够的时间迁移到合适的结点位置（即最低能量状态），而在此之前就又有更多的分子或原子生成，并阻止了这种迁移，分子（或原子）就被“冻结”，由此产生的应力就是本征应力。本征应力可以通过薄膜淀积后的高温退火方法释放。退火过程能提供足够的动能，使分子或原子重新排列，从而减小淀积过程积累下来的本征应力。非本征应力是由薄膜结构之外的因素引起的。最常见的来源是薄膜淀积过程中的温度高于室温，而薄膜和衬底的热膨胀系数不同，薄膜淀积完成之后，由淀积温度冷却到室温，即在薄膜中产生应力。

用 Stoney 公式可计算应力的大小，有

$$\sigma = \frac{\delta}{t} \frac{E}{1-\upsilon} \frac{T^2}{3R^2} \tag{7.10}$$

式中，δ 为衬底中心的弯曲量；t 为薄膜厚度；E 为薄膜材料的弹性模量；υ 为薄膜材料的泊松比；T 为衬底厚度；R 为衬底半径。

由应力分析可知，通过工艺控制能够降低薄膜中的应力，如降低薄膜淀积工艺温度、工艺方法等，甚至能将薄膜内拉应力转化为压应力。

3. 薄膜的致密性

薄膜的致密性主要由淀积过程中衬底工艺温度决定，在工艺温度范围之内，温度越高越有助于固态薄膜物分子（或原子）在衬底表面的迁移、排列，同时也有利于生成的气态副产物分子从表面解析、被排除，从而获得高密度的薄膜。如果工艺温度较低，气态副产物分子吸附在淀积面上，因无法从衬底获取足够能量，解吸难，最终残留在薄膜内；而固态薄膜物分子（或原子）也因无法从衬底获取足够能量，在淀积面上扩散迁移率低，从而导致薄膜密度降低。

如果为提高薄膜密度一味提高衬底温度，当超出工艺温度范围时，衬底表面吸附的反应剂不等化学反应发生就解吸离开衬底，难以淀积成膜。特别是对多晶态薄膜来说，即使成膜，也存在温度升高晶粒尺寸增大，出现薄膜表面变粗糙、平整度差的问题。

对致密性差的薄膜可以通过高温退火来提高其密度。高温退火过程中薄膜内部的气体分子被挥发去除，薄膜分子（或原子）的扩散迁移率也增大，薄膜内的一些空位、孔洞会被扩散来的分子（或原子）填充，从而提高了薄膜的密度。

薄膜淀积速率也对致密性有影响。这主要是因为淀积速率过快时，生成的气态副产物来不及从淀积面解吸；而生成的固态薄膜物分子（或原子）也来不及迁移、排列，就被新生成的分子（或原子）覆盖，因此薄膜致密性差。

4. 薄膜厚度均匀性

薄膜厚度均匀性主要是由薄膜淀积速率的均匀性决定。薄膜淀积速率主要由衬底工艺温度和反应剂浓度决定。反应室内各衬底之间,以及同一衬底不同位置的温度应该均匀一致。而薄膜淀积过程中各反应剂都是通过气相质量输运到达衬底表面的,所以,只有气流成分均匀、流动状态稳定的层流,才能保证衬底表面各反应剂浓度的均匀。而气流成分和流动状态与淀积设备反应器的结构、进气方式、气流速度和气压等有关。

近年来,随着 CVD 技术、设备的发展进步,反应器结构和进气方式设计得更加合理,在薄膜淀积过程中通过工艺控制可以将气流速率和压力维持在合理范围,这在 3.2 节气相外延原理中已做了详细介绍。

5. 薄膜的附着性

在淀积薄膜制备工艺中 CVD 相对于后面第 8 章物理气相淀积而言,薄膜附着性好,与衬底结合得更加牢固。这是因为化学气相淀积工艺制备的薄膜物的分子(或原子)是通过化学反应在衬底表面生成的,自身能量较高,可以迁移到合适位置,与衬底分子(或原子)会形成化学键(或化学吸附)来降低系统自由能,所以薄膜与衬底之间的结合牢固。

另外,升高衬底温度能提高所淀积薄膜与衬底之间的结合力,温度越高薄膜分子(或原子)与衬底分子(或原子)形成的化学键越多,两者之间结合得就越牢固。

7.3 CVD 工艺方法

CVD 工艺方法种类繁多,在微电子工艺特别是集成电路工艺中采用的主要是 APCVD、LPCVD 和 PECVD 三种方法。随着微电子工艺技术向深亚微米、纳米方向发展,有更多种 CVD 工艺方法被应用到微电子工艺技术之中,并获得发展进步。

7.3.1 常压化学气相淀积

常压化学气相淀积(Atmospheric Pressure CVD, APCVD)是最早出现的 CVD 工艺,其淀积过程在大气压力下进行。APCVD 系统结构简单,淀积速率可以超过 0.1 μm/min,较快。目前在淀积较厚的介质薄膜(如二氧化硅薄膜)时,仍被普遍采用。

APCVD 设备和气相外延设备很相似,甚至有些类型的设备可以相互通用。图 7.8 为几种常用的 APCVD 设备的反应器结构示意图。APCVD 的反应器多是采用射频线圈直接对基座(易感器)加热,所以是冷壁式反应器。其中,水平反应器是 APCVD 工艺中应用最早、用途最广的反应器。在这种反应器中,衬底硅片平放在固定的基座上,混合气体平行于衬底表面流动,气体如果从一个方向进入反应器,基座沿着气流方向有一定的倾斜角度,这和气相外延水平反应器类似,目的也是提高气体沿着流动方向的流速,以使边界层厚度沿此方向减薄,从而抵消因反应剂的消耗而带来的基座上衬底表面反应剂浓度的降低,使淀积薄膜的厚度一致。垂直反应器又称立式反应器,有多种类型,其中衬底硅片平放在旋转基座上,气体通过中央的管道流入石英钟罩,废气沿基座的边缘流出。这种反应器对薄膜厚度控制效果良好,试验室用 APCVD 设备通常采用这种类型的反应器。桶形反应器的基座是由旋转平板排列成的一个桶形多面体,它与垂直方向偏离几度,硅片就放在这些平板上,气流方向平行于衬底表面自上向下流动。这种反应器一次能装载较多硅片，又能较好地控制淀积薄膜的厚度，因此也是使用较多的反应器。

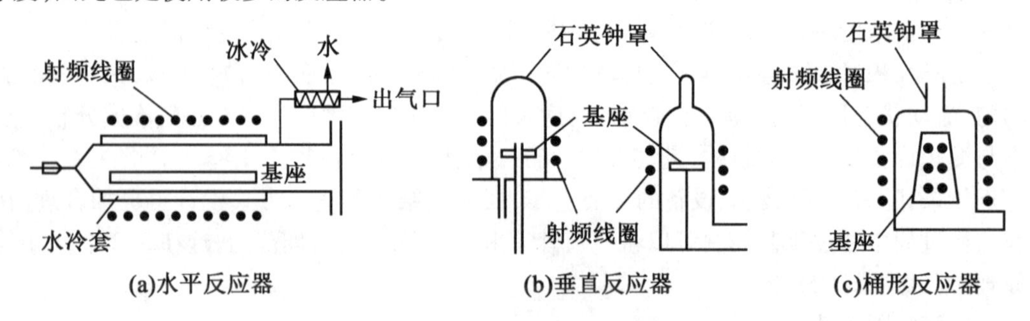

图 7.8　几种常用的 APCVD 设备的反应器结构示意图

目前，APCVD 工艺主要用于二氧化硅薄膜的制备，通常采用可以连续供片的设备进行淀积。连续供片 APCVD 设备示意图如图 7.9 所示。衬底硅片从硅片盒到传送带，连续地通过非淀积区和淀积区，再传送到另一个硅片盒。淀积区和外围的非淀积区通过流动的惰性气体实现隔离。采取冷壁方式加热，当反应剂为硅烷和氧气系统时，衬底温度在 240 ~450 ℃范围内调节。氧气与硅烷气体的流量比为 3:1 以上，用氮气作为稀释气体，化学反应方程为

$$SH_4 + 2O_2 \longrightarrow SiO_2 + 2H_2O$$

尽管设备是冷壁式系统，但在常压下反应剂浓度较高，硅烷和氧气的反应仍可能在气相发生，形成硅的氧化物颗粒，这将造成淀积薄膜质量下降（如表面形态差，密度低等一系列问题）。通过降低反应剂浓度，添加足够剂量的氮气或其他惰性稀释气体，能够避免气相反应的发生，这也会降低淀积速率。而且，硅烷的氧化温度较低，所以当硅烷和氧在气体喷头处相遇时也会有反应发生，即使这些硅氧化物颗粒生长速率很低，但在淀积了若干衬底硅片以后，颗粒将长大到足以剥落，并落在衬底表面上。因此，APCVD 工艺的主要缺点就是有气相反应形成的颗粒物。

APCVD 工艺温度一般控制在气相质量输运限制区，薄膜淀积速率对衬底表面反应剂浓度敏感，对衬底温度控制要求不是很严格，这与冷壁式反应器，衬底温度远高于气流温度，气流的变化会引起衬底温度略有起伏相适合。所以，工艺过程中精确控制反应剂成分、计量和气相质量输运过程，对淀积薄膜质量的提高和获得合理的淀积速率起着重要作用。

对工艺设备来说，合理设计反应剂气体入口是 APCVD 设备发展的关键。图 7.10 为一种新型 APCVD 设备的进气喷嘴，反应剂 A 和 B 之间被排气管道隔开，A 和 B 在距离衬底表面很近的地方才混合，以避免反应剂气相反应形成颗粒物。

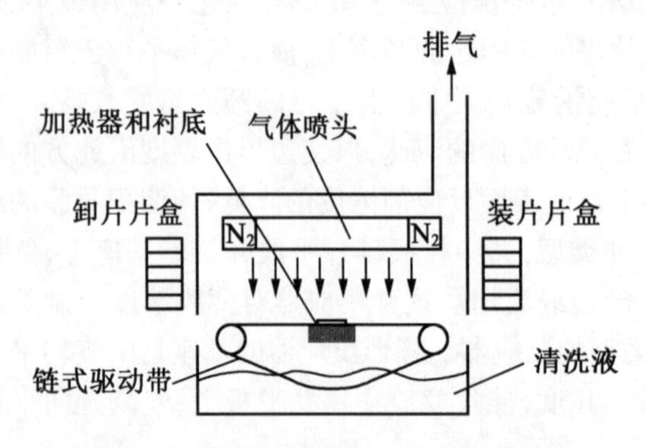

图 7.9　连续供片 APCVD 设备示意图

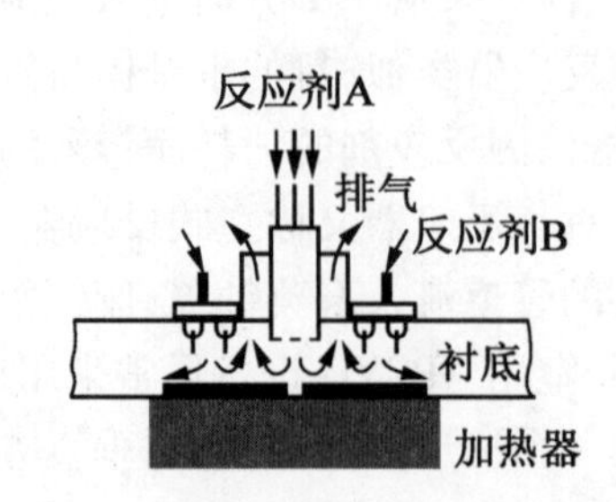

图7.10　一种新型 APCVD 设备的进气喷嘴

7.3.2 低压化学气相淀积

低压化学气相淀积(Low Pressure CVD,LPCVD)是在 APCVD 之后出现的又一种以热激活方式淀积薄膜的 CVD 工艺方法。通常 LPCVD 的反应室气压在 1 ~ 100 Pa 之间调节,主要用于淀积介质薄膜。LPCVD 设备也有多种结构类型,图 7.11 为两类常用的 LPCVD 设备示意图。图 7.12 为中国电子科技集团公司第四十八研究所 LPCVD 设备照片。

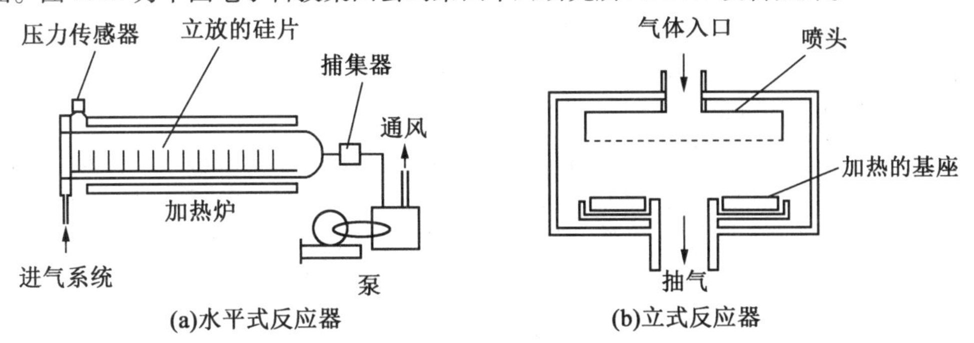

图 7.11 两类常用的 LPCVD 设备示意图

水平式反应器如图 7.11(a)所示,它与 APCVD 的不同之处除了增加了真空系统以外,还使用普通的电阻加热方式,衬底硅片垂直放置在热壁式反应器(即炉管)内,这些都和普通扩散炉一样。水平式 LPCVD 与 APCVD 相比具有以下优点:衬底的装载量大大增加,可达几百个硅片,更适合大批量生产;气体的用量大为减少,节约了原材料;使用结构简单功耗低的电阻加热器降低了生产成本。因此,水平式 LPCVD 更适合作为批量化生产的标准工艺,目前已基本替代 APCVD 被广泛用于介质薄膜的制备。

图 7.12 中国电子科技集团公司第四十八研究所 LPCVD 设备照片

在图 7.11(b)所示的立式反应器中,反应剂气体由喷头进入反应室,直接扩散到硅片表面。新型的 LPCVD 设备多是采用立式反应器结构,一方面硅片是水平摆放在石英支架上,利于批量生产中机械手装卸硅片,另一方面更利于气流的均匀流动反应剂扩散到达衬底硅片表面,淀积的介质薄膜的均匀性好于水平设备。

在水平式 LPCVD 的批量化生产中,由于衬底是密集摆放的,两衬底硅片之间间距一般只有 5 mm 左右,气流中的反应剂是通过硅片和反应室之间的环形空间再扩散到硅片之间的狭窄空隙中,只有反应剂的扩散速率快,扩散时间短,才能保证扩散到每个衬底表面的反应剂浓度均匀。而反应剂气相扩散系数和反应室工作气压成反比,降低气压能加快反应剂的扩散速率;但气压降低衬底表面边界层厚度却有所增加。综合作用是气压降低反应剂扩散速率明显提高,例如,反应室工作气压由常压降至几十帕时,通常反应剂的扩散速率能提高上百倍,极大地缩短了气相质量输运时间。因此,降低工作气压是衬底密集摆放的前提。

由于水平式 LPCVD 多采用热壁式反应器,整个反应室内的温度为相同的高温,反应剂会在气相和室壁面发生反应,造成颗粒物污染。而若把工作气压由常压降至几十帕甚至更低时,反应剂密度大幅降低,分子平均自由程增长,反应剂在气相和室壁面发生反应的现象会明显减少。而且即使有颗粒物出现,也多会被真空抽气系统从反应器中抽走。因此,降低工作气压也是热壁式反应器避免颗粒污染的有效方法。LPCVD 的颗粒污染现象好于 APCVD。

LPCVD 的工艺温度通常是控制在表面反应限制区。因此,薄膜淀积速率对温度非常敏感,而对反应剂浓度的均匀性要求不高。这也是因为反应器工作在低压时气压易于波动,且衬底密集摆放使得片内反应剂浓度的均匀性降低;而热壁式反应器相对更易于控制温度精度的缘故。电阻加热器的控温精度一般在 ±0.5 ℃,高精密的可达 ±0.1 ℃,这完全能满足 LPCVD 对温度的精确控制。

尽管 LPCVD 是将工艺温度控制在表面反应限制区,对反应剂浓度的均匀性要求不是非常严格,但如果气体是从反应器一端进入另一端被排除[图 7.11(a)],随着反应剂的消耗,沿着气流方向反应剂浓度将逐渐降低,因此衬底硅片上淀积的薄膜厚度也沿气流方向变薄,这种现象被称为气缺效应。气缺效应可通过沿气流方向提高工艺温度来消除。即控制加热器沿着气流方向温度逐步提高。这就如同 APCVD 的基座是沿着气流方向有一倾角一样。气缺效应还可通过合理设计分布式气体入口方法来解决,这需要特殊设计的反应器,并限制注入气体所产生的气流交叉效应。另外,增加气体流速,气体入口前端所消耗的反应剂绝对量不变,但比例却降低了,更多的反应剂气体能够输运到下游,在各个衬底硅片上所淀积的薄膜厚度也就相对均匀了。即通过提高反应室的气流速度也能解决气缺效应带来的问题。

影响 LPCVD 薄膜质量和淀积速率的因素主要有温度、工作气体总压、各种反应剂的分压、气流均匀性及气流速度。另外,工艺卫生对薄膜质量也有很大影响,如果薄膜淀积之前反应室颗粒物清理不彻底,或衬底清洗不彻底,就无法获得高质量的淀积薄膜。

7.3.3　等离子体的产生

在微电子工艺中,等离子体技术是多个单项工艺中都常应用的技术(如等离子增强化学气相淀积、溅射、干法刻蚀等),在介绍等离子增强化学气相淀积工艺之前,首先介绍等离子的产生方法及状态特点。

1. 直流气体辉光放电

在通常情况下,气体处于电中性状态,只有极少量的分子受到高能宇宙射线的激发而电离。在没有外加电场时,这些电离的带电粒子与气体分子一样,做杂乱无章的热运动。当有外加电场时,气体放电情况和所加载的电压有关。直流气体辉光放电装置如图 7.13 所示,在一个圆柱形玻璃管内部两端装上两个平板电极,玻璃管内气体的真空度为几至几十帕,当平板电极上加载直流电压时,电路中有电流存在,随着电压变化气体放电呈现出不同方式和特性。

图 7.14 为直流气体辉光放电 $I-V$ 曲线。$I-V$ 曲线的 $a-b$ 段是暗流区。在这个区域气体中自然产生的离子和电子做定向运动,运动速度随着电压的增大而加快,电流也就随着电压增大而线性增大。当电压足够大时,带电粒子的运动速度达到饱和值,这时电流达到某一极大值,再增大电压,电流并不随之增大。因为气体中自然电离分子很少,数量和速度又是基本恒定的,即使再提高电压,迁移到达电极的电子和离子数目也不再变化,所以宏观上

表现出电流微弱，且不稳定，通常仅有 $10^{-16} \sim 10^{-14}$ A，而且这个电流值的大小取决于气体中的电离分子数。气体在此区间导电而不发光，为无光放电，故称暗流区。

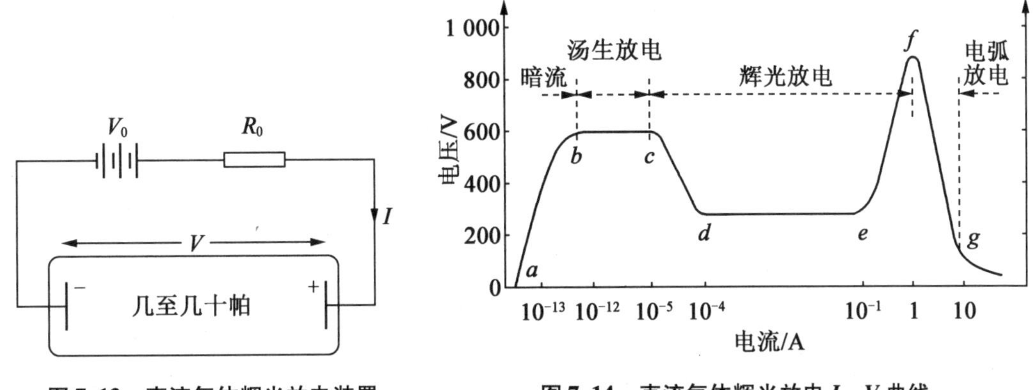

图7.13　直流气体辉光放电装置　　**图7.14　直流气体辉光放电 $I-V$ 曲线**

$I-V$ 曲线的 $b-c$ 段称为汤生放电区。当电压继续升高时，外电路转移给电子和离子的能量逐渐增加，电子的运动速度也随之加快，电子与中性气体分子之间的碰撞不再是低速时的弹性碰撞，而使气体分子电离，产生正离子和电子；同时正离子对阴极的碰撞也将产生二次电子。新产生的电子和原有的电子继续被电场加速，在碰撞过程中有更多的气体分子被电离，使离子和电子数目呈雪崩式倍增，放电电流也就迅速增大。在汤生放电区，极间电压受到电源高输出阻抗和限流电阻的限制而呈现为常数。

无光放电和汤生放电，都是以存在自然电离源为前提，如果不存在自然电离源，则气体放电不会发生，因此，这种放电方式又称为非自持放电。

$I-V$ 曲线的 $c-d-e-f$ 段是辉光放电区。在汤生放电之后，气体突然发生电击穿现象，电路中的电流大幅度增加，同时放电电压显著下降。曲线的 c 点就是所谓放电的着火点，着火点通常是在阴极的边缘和不规则处出现。从 c 点开始进入电流增加而电压下降的 $c-d$ 段，之所以出现负阻现象是因为这时的气体已被击穿，气体内阻将随着电离度的增加而显著下降，这一段是前期辉光放电区。如果再增大电流，那么放电就会进入电压恒定的 $d-e$ 段，也就是正常辉光放电区，电流的增大显然与电压无关，而只与阴极上产生辉光的表面积有关。在这个区域内，阴极的有效放电面积随电流增大而增大，而阴极有效放电区内的电流密度保持恒定。在正常辉光放电区域导电的粒子数目大大增加，在碰撞过程中转移的能量也足够高，因此会产生明亮的辉光，而维持辉光放电的电压较低，且不变。

气体击穿之后，电子和正离子是来源于电子的碰撞和正离子的轰击，即使不存在自然电离源，导电也将继续下去，故这种放电方式又称为自持放电。当气体击穿时，也就是从非自持放电过渡到自持放电的过程。

反常辉光放电区。当整个阴极均成为有效放电区之后，也就是整个阴极全部由辉光所覆盖，只有增大功率才能增大阴极的电流密度，从而增大电流，也就是说放电的电压和电流密度将同时增大，此时进入反常辉光放电区，也就是曲线的 $e-f$ 段。反常辉光放电的特点是两个放电极板之间电压升高时，电流增大，且阴极附近电压降的大小与电流密度和气体真空度有关，因为此时辉光已布满整个阴极，再增加电流时，离子层已无法向四周扩散。这样，正离子层便向阴极靠拢，使正离子层与阴极之间距离缩短，若想再提高电流密度，则必须增大阴极压降使正离子有更大的能量去轰击阴极,使阴极产生更多的二次电子。PECVD、溅射及干法刻蚀等多个微电子单项工艺中应用的等离子体,通常都是选择在气体的反常辉光放电区,因为在此区域电流是随着电压增加而线性增大,相对于正常辉光放电区等离子体中的电子和正离子数量较多,能量密度也就较高。

$I-V$ 曲线的 $f-g$ 段是电弧放电区。随着电流的继续增大,放电电压将再次突然大幅度下降,电流急剧增大,这时的放电现象开始进入电弧放电阶段。

在辉光放电时,整个放电管将呈现明暗相间的辉光强度。图 7.15 为直流辉光放电时各参量的分布。从阿里斯顿暗区到负辉区称为阴极位降区或阴极区。在阴极附近,电子速度很低,电子能量低于气体的最低激发态的激发能,还不能产生碰撞激发,所以该区域没有辐射发光存在,故为暗区。因此,辉光强度低的暗区相当于离子和电子从电场获得能量的加速区;而辉光强度高的亮区相当于不同粒子发生碰撞、复合、电离的区域,在这些区域有光子产生。在阴极附近辉光强度有最大值,被称为负辉光区,它是以被加速的电子与气体分子发生碰撞,使分子电离的区域。

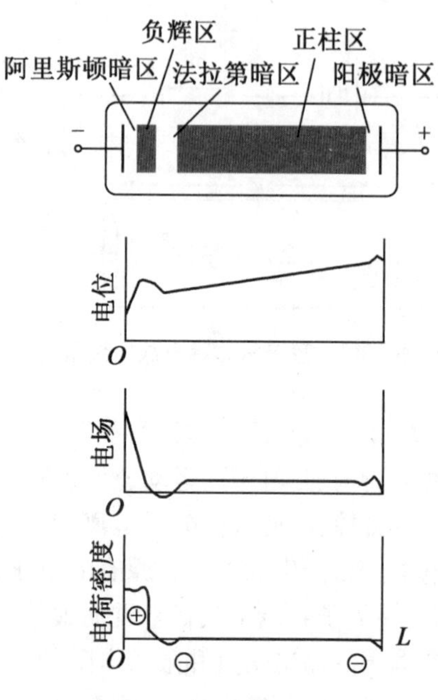

图 7.15 直流辉光放电时各参量的分布

2. 等离子体及其特点

辉光放电时,气体被击穿,有一定的导电性,这种具有一定导电能力的气态混合物是由正离子、电子、光子,以及原子、原子团、分子和它们的激发态所组成的,称为等离子体。如果气体是由原子 A、B 组成的分子 AB,在气体反常辉光放电中出现的过程有如下几种:

分子裂解:$e^{*}+AB \rightleftharpoons A+B+e$

原子电离:$e^{*}+A(B) \rightleftharpoons A^{-}(B^{-})+e+e$

分子电离:$e^{*}+AB \rightleftharpoons AB^{-}+e+e$

原子激发:$e^{*}+A(B) \rightleftharpoons A^{*}(B^{*})+e$

分子激发:$e^{*}+AB \rightleftharpoons AB^{*}+e$

粒子右侧添加符号“ * ”,表示该粒子处于激发态,有较高的能量。在上述过程中还伴随着光子的激发。等离子体内带电粒子所荷正、负电荷的数目相等,宏观上呈电中性。

直流辉光放电形成的等离子体,是物质的一种非热平衡状态的存在形态。其中,电子能量高于周围环境中的其他粒子。例如,真空度约为 1 Pa 的气体,在反常辉光放电时等离子体中电子的平均动能 E 约为 2 eV,这些电子的温度约为 $T_e=E/k=23\ 000$ K。电子温度是描述电子能量的一个概念。相应地,分子和中性原子的温度只有 300 ~ 500 K,电子的能量比周围其他粒子高得多,有时也称其为热电子。

粒子温度不同其运动速度也就不同,粒子的热运动速度 v 可由其温度 T、质量 m 获得,有

$$v=\sqrt{\frac{8kT}{\pi m}} \tag{7.11}$$

电子的平均运动速度约为 9.5×10^5 m/s。而如果辉光放电气体是惰性气体氩，氩的原子质量远大于电子，原子或离子的温度又远低于电子，其平均运动速度约为 5×10^2 m/s。电子与原子(分子)或离子的平均运动速度约差3个数量级。

在辉光放电等离子体中，电子的能量、速度远高于离子的能量与速度。因此电子不仅是等离子体导电过程中的主要载流子，而且在粒子的相互碰撞、电离过程中也起着极为重要的作用。电子和离子的平均运动速度不同使得处于等离子体中包括电极在内的任何物体的电位都低于周围的等离子体，即浸没于等离子中的物体相对于等离子体而言是负电位，这种现象被称为等离子鞘。鞘层厚度和鞘层中电场的分布是鞘层的两个最重要性质，它们决定了离子在鞘层中的受力和运动性质。这是因为电子平均运动速度远快于离子，对于等离子体中的物体来说，电子对其撞击的频率远高于离子，这就相当于物体表面存在一定密度的电子，而表面电子对其他电子又有排斥作用，并增加了离子的撞击频率，最终，在物体表面存在剩余负电荷密度，同时电子和离子的撞击也达到了动态平衡。如图7.15所示，放电管内的正、负极板表面也存在离子鞘，正极板附近电位相对于等离子体有所下降，而负极板附近的电位是离子鞘和负极板电位的叠加。

直流气体辉光放电是以电容方式激发气体，电极必须是导电材料。等离子体的能量密度较低，放电电压较高，电子和离子只占粒子总数的万分之一左右，自持放电需要有二次电子发射来维持。等离子体的电流密度与阴极材料和气体的种类有关，此外，气体的真空度、阴极板的形状及放电管结构对电流密度的大小也有影响。电流密度随气体真空度的增大而增大；凹面形阴极的电流密度要比平板形阴极大。

3. 射频气体辉光放电

采用交变电场代替直流电场激发气体辉光放电时，如果交变电场是50~60 Hz的低频电场，因频率较低，气体辉光放电类似于直流情况，只是阴极和阳极两个电极交替变换极性，在放电过程上是两个不同极性下放电的叠加，而发光强度是一个周期内的平均值。当频率为5~30 MHz的射频时，与直流放电现象相比就很不相同了。国际上通常采用的射频频率多为美国联邦通讯委员会建议的13.56 MHz。

射频气体辉光放电如图7.16所示。在激发装置[图7.16(a)]中所示的玻璃管内，气体真空度范围比直流时略低，L和R极之间加载射频(5~30 MHz)范围的交变电压。因为电场周期性地改变方向，则带电粒子不易因到达电极而离开放电空间，这样就相对地减少了带电粒子的损失。同时在两极之间不断振荡运动的电子可以从高频电场中获得足够的能量并与气体分子碰撞，使得电子和离子浓度高于直流辉光放电时的浓度，因此只要有较低的电场就可以维持辉光放电。而阴极产生的二次电子发射也不再是气体击穿的必要条件。另外，射频电场与直流电场的不同还在于可以通过任何一种类型的阻抗方式与气体耦合，所以电极与气体接触表面可以是导体，也可是绝缘体。

如图7.16(b)所示，由玻璃管内平均电位分布可知，等离子体电位高于两极，这是等离子鞘效应带来的，如果两个电极面积相同，$A_L=A_R$，电势差应相同，有 $V_L=V_R$；如果两电极面积不同，$A_L\neq A_R$，考虑流过等离子体的电流，有

$$\frac{V_L}{V_R}=\left(\frac{A_R}{A_L}\right)^4 \tag{7.12}$$

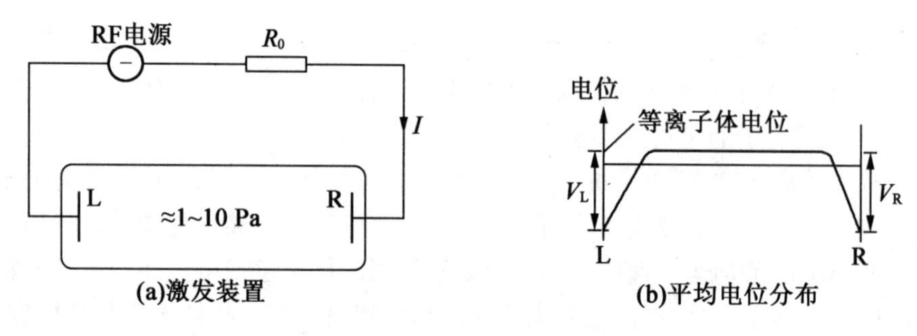

图 7.16　射频气体辉光放电

当前,采用射频气体辉光放电产生等离子体是利用等离子体技术的微电子工艺中最常采用的方法,射频发生器的频率为 13.56 MHz,两个电极与等离子体接触的表面可以是绝缘体,两电极面积之比随具体设备及用途可变化。

射频放电的激发源有两种类型,一种是用高频电场直接激发的,称为 E 型放电;另一种是用高频磁场感应激发的,称为 H 型放电。

4. 高密度等离子体的产生

高密度等离子体(High Density Plasma, HDP)技术是在 20 世纪 80 年代末 90 年代初发展起来的新一代等离子体技术。直流和射频放电产生的等离子体中离子和活性基团的浓度都较低,在微电子工艺需求的推动下,开发了多种产生高密度等离子体的新技术,有电感耦合 HDP、磁控 HDP 和电子回旋共振(ECR)HDP 技术等。高密度等离子体是指其离子浓度超过 10^{11} ions/cm^3。HDP 系统一般都是在简单等离子体发生器上增设电场和磁场,用横向电场和磁场来增加电子在等离子体中的行程,从而使电子和原子(或分子)之间碰撞更加频繁,以增加等离子体中的离子和活性基团。

图 7.17 为磁控 HDP 中电子的被束,是在一个普通等离子发生器上增加横向磁场,在洛伦茨力的束缚下电子在电极附近做圆弧运动,电子所受洛伦茨力 F 为

$$F = qv \times B \tag{7.13}$$

电子的运动速度 v 为常数时,电子运动半径 r 为

$$r = \frac{mv}{gB} \tag{7.14}$$

而离子质量较大,在磁场中的运动半径较大,在完成一周运动之前就发生放电了。

电感耦合 HDP、磁控 HDP 系统和普通等离子系统相比,工作气压低,可达 1 Pa 以下;直流偏压较低,可在几十伏,频率一般为 13.56 MHz。而 ECR 等离子体系统频率高,在 1 GHz 以上,常用的是 2.45 GHz。

ECR 等离子体系统是当前微电子工艺中采用较多的 HDP 系统。在 ECR 等离子体中电子的运动轨迹如图 7.18 所示。设交变电场 $E = E_0\cos\omega t$,电子在电场中左右振荡,磁场使电子上下偏转,电场频率为电子回旋共振频率,有

$$\omega = \omega_0 = \frac{eB}{m} \tag{7.15}$$

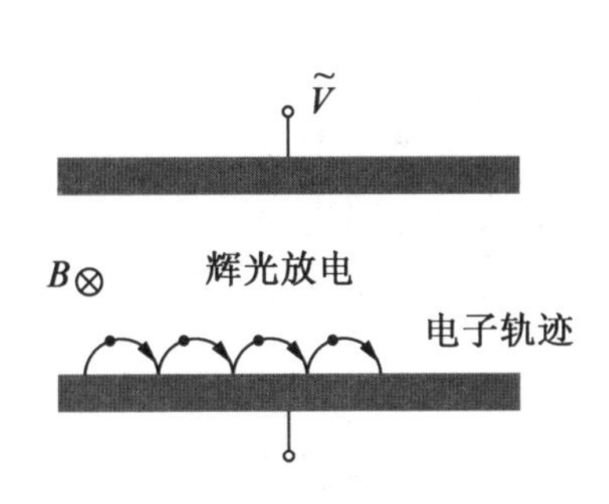

图7.17　磁控HDP中电子的被束

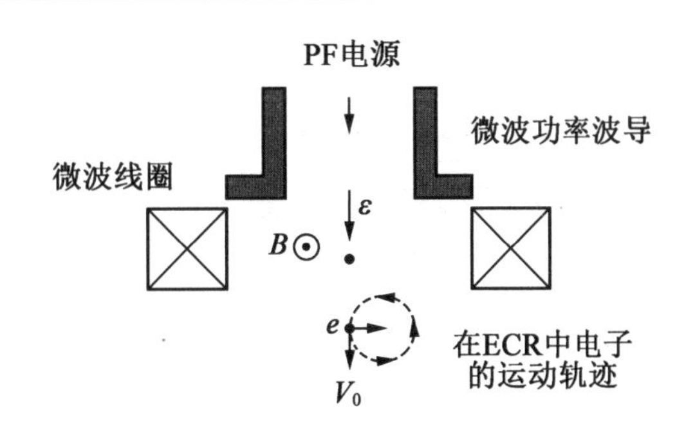

图7.18　在ECR等离子体中电子的运动轨迹

7.3.4　等离子增强化学气相淀积

等离子增强化学气相淀积(Plasma Enhanced CVD,PECVD)是采用等离子体技术把电能耦合到气体中,激活并维持化学反应进行薄膜淀积的一种工艺方法。为了能够在较低温度下发生化学气相淀积,必须利用一些能源来提高反应速率,进而降低化学反应对温度的敏感性。PECVD就是用等离子体来增强较低温度下化学反应速率的。目前,在微电子工艺中,只要是需要在较低温度淀积的介质薄膜或多晶硅薄膜,通常都采用PECVD工艺。

图7.19为典型PECVD淀积室示意图。反应气体从底部中央进入室内,沿径向在衬底上流过。将射频功率通过平行板式电极以电容方式与室内气体相耦合,等离子体就在上电极和下电极之间产生。衬底放置在可旋转、控温的下电极上。这种反应器出现得最早,也是应用最为广泛的反应器。但是,由于衬底是单层平放在下电极上,限制了衬底装载量,因此生产效率较低。

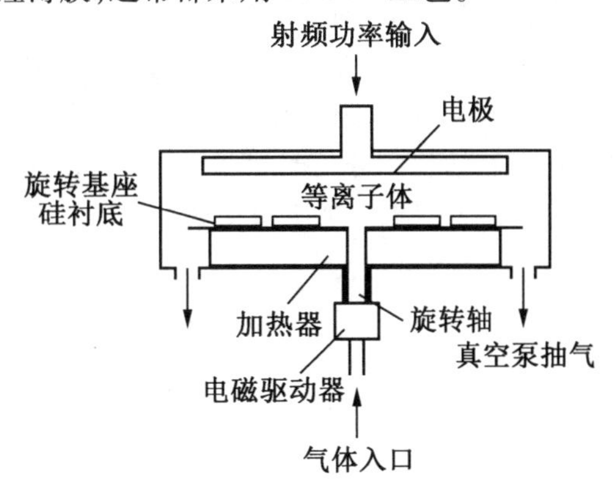

图7.19　典型PECVD淀积室示意图

PECVD除了上述典型设备之外,还有热壁式的设备。图7.20为一种改进型PECVD系统示意图,这类似于从APCVD到LPCVD的改进,是一种改进型的PECVD设备。衬底放在一组平行电极附近,如图7.20(b)所示。由于衬底是垂直放置,衬底之间的空间相当窄。因为相间的电极连接在射频发生器相反的两端,所以在每一个单独的衬底硅片之间都产生等离子体。这种反应器衬底硅片的装载量大大增加了,但是,也会出现气相反应带来的颗粒污染现象,以及气缺效应带来的膜厚不均匀问题。

图7.21为中国科学研究院沈阳科学仪器研制中心制造的PECVD设备。该设备主要是由进出片室系统、淀积室、气路控制系统、电控系统、计算机控制系统、尾气处理及安全保护报警系统组成。该设备将几个淀积室组合,用于不同类型薄膜的淀积。

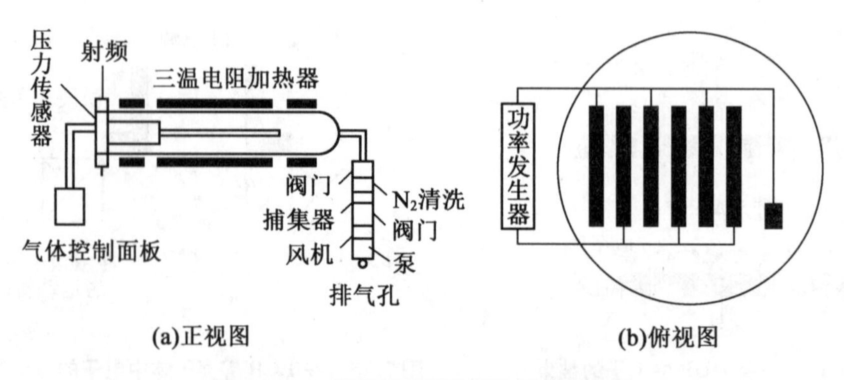

(a)正视图　　(b)俯视图

图 7.20　一种改进型 PECVD 系统示意图

PECVD 主要工艺过程为:将准备好的衬底硅片放在基座上(如图 7.19 的下电极上),关闭淀积室,开启真空泵对淀积室抽真空,同时通冷却循环水,基座升温;当真空度和基座温度达到要求时,将反应气体通入淀积室,调整各种气体的进气流量和工作压力至适当,打开射频功率发生器并调整输出功率,气体辉光放电,薄膜淀积开始。

图 7.21　中国科学研究院沈阳科学仪器研制中心制造的 PECVD 设备

淀积室气体非平衡辉光放电过程中产生的高能电子,在射频电场作用下,在上、下极板之间振荡,碰撞激活气体分子产生中性原子基团或电离物质。以硅烷为例,有如下反应式

裂解:

$$e^* + SiH_4 \longrightarrow SiH_3^* + H^* + e;$$

$$e^* + SiH_3^* \longrightarrow SiH_2^* + H^* + e;$$

$$\vdots$$

电离:

$$e^* + SiH_4 \longrightarrow SiH_4^+ + e + e;$$

$$e^* + SiH_3 \longrightarrow SiH_3^+ + e + e;$$

$$\vdots$$

硅烷裂解为中性原子基团需要的能量比电离为离子所需的能量低得多,如 SiH_4 裂解为 $SiH_3{}^*$ 需要能量是 3.5 eV,而电离成 SiH_4^+ 需要的能量是 12 eV。因此,裂解更容易发生。实际过程中,是由高能电子的温度决定其碰撞硅烷时出现的是硅烷的裂解还是硅烷的电离。在常规 PECVD 的等离子体中,以裂解为主,因此原子基团比离子多得多。

原子基团是非常活泼的激活态物质,一旦形成,就与衬底表面发生相互作用而被吸附。所吸附的原子基团之间发生化学反应生成薄膜物分子,并在衬底表面重新排列。分子向稳定的结点位置的迁移取决于衬底温度。衬底温度越高,所得薄膜的质量越好。因为化学反应是在激活态物质之间发生的,所以能在较低温度下进行。但是,衬底温度会改变激活态物质吸附在表面的趋势,从而改变薄膜的性质。例如,衬底温度会影响薄膜的组成,衬底温度低时,可能有更多的氢留在薄膜中,薄膜的密度和折射系数降低。

离子与衬底的作用主要是对衬底表面的撞击,这有可能使得已淀积物发生反溅,反溅物以不同角度离开时,有一些会淀积在高台阶边缘,从而改善台阶覆盖。溅射也影响薄膜的密度和黏附性。衬底电极与等离子体的电势差对离子与表面的相互作用有影响。电势差可能是由外加偏置电场产生的,也可能是由离子撞击表面使之带电而产生的自偏置。离子与表面相互作用会改变薄膜的性质,例如改变薄膜内应力。

由以上工艺机理可知,PECVD 除了具有较低工艺温度的优势之外,通常所淀积薄膜的台阶覆盖性、附着性也好于 APCVD 和 PECVD。但是,采用 PECVD 得到的薄膜由于淀积温度较低,生成的副产物气体未完全排除,一般含有高浓度的氢,有时也含有相当剂量的水和氮,因此薄膜疏松,密度低。而且薄膜材料多是非理想的化学配比,如制备的氧化膜不是严格的二氧化硅,氮化硅也不是严格的四氮化三硅。如果衬底能够耐受高温的话,通常淀积完成之后进行原位高温烘烤来降低氢的含量,并使薄膜致密,这些烘烤还可以用来控制薄膜应力。

PECVD 是典型的表面反应速率控制淀积方法,因此要想保证薄膜的均匀性,就需要精确控制衬底温度。此外,影响薄膜淀积速率与质量的主要因素还有反应器的结构、射频功率的强度和频率、反应剂与稀释剂气体剂量、抽气速率和衬底温度。

PECVD 法制备的薄膜适合作为集成电路或分立器件芯片的钝化和保护介质薄膜。

7.3.5　淀积工艺方法的进展

CVD 薄膜制备工艺方法的进展,一方面是常规 LPCVD 和 PECVD 技术的进步,这主要表现在工艺设备的发展完善,例如,高密度等离子体化学气相淀积(HDP - CVD)等;另一方面是新工艺方法在微电子工艺中的应用,例如,热丝化学气相淀积(HWCVD)、激光诱导化学气相淀积(LCVD)、金属有机物化学气相淀积(MOCVD)、原子层沉积技术(ALD)等。

1. 高密度等离子体化学气相淀积

高密度等离子体化学气相淀积(High Density Plasma Chemical Vapor Deposition, HDP - CVD)是在 PECVD 基础上发展起来的新技术,在 20 世纪 90 年代中期才被广泛采用。它的主要特点是淀积薄膜的台阶覆盖特性好,即使淀积温度只有 300 ~ 400 ℃,也能在有高深宽比微结构的衬底上制备出有较好台阶覆盖效果的薄膜。因此,被用于集成电路浅槽隔离工艺的介质薄膜淀积,以及多层金属化系统中的层间介质薄膜和低 k 介质薄膜的淀积。

图 7.22 为采用电子回旋共振形成高密度等离子体的 PECVD 设备示意图。微波功率(2.45 GHz)导入等离子体室,工作气体 1 为氮气(N_2)。由于特定磁场的存在,自由电子在等离子室中回旋共振,因此,在等离子室中形成含高密度 N^+ 的等离子体。而工作气体 2 为硅烷(SiH_4),直接进入衬底淀积室,激发形成等离子体。衬底硅片放在淀积室电极上,由于离子鞘现象,相对于等离子体而言电极为低电位,含高密度 N^+ 的等离子体从窗口射入直达衬底,氮和硅烷两等离子体混合,在衬底淀积出氮化硅薄膜,同时 N^+ 的轰击、反溅,使得淀积的氮化硅薄膜可以填充深宽比为 3:1 到 4:1,甚至更大的孔洞和沟槽。

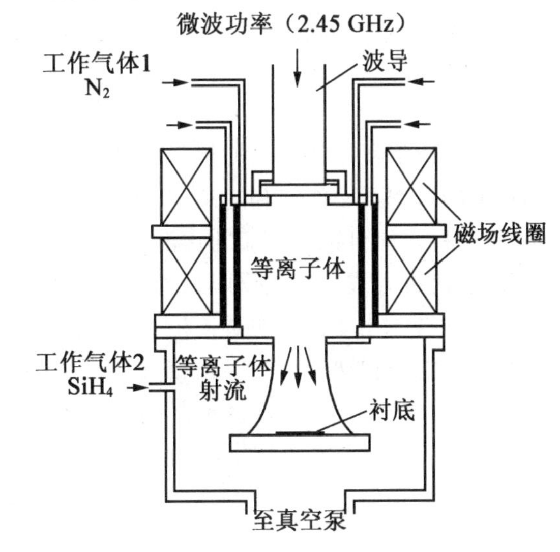

图 7.22　采用电子回旋共振形成高密度等离子体的 PECVD 设备示意图

应用 HDP - CVD 淀积薄膜的质量与速率不仅与等离子源的性质相关,还与反应腔室的结构,以及细节设计有很大关系。

2. 热丝化学气相淀积

热丝化学气相淀积(Hot Wire CVD, HWCVD)是一种采用高温热丝分解前驱气体,通过调节前驱气体组分配比和热丝温度而获得大面积的高质量淀积薄膜的制备方法。

例如,用 $SiH_4(H_2)$ 制备 HWCVD - 多晶硅薄膜。用钨丝作为热丝,热丝温度为1 800 ℃;衬底温度为 250 ℃;淀积室真空度为 42 Pa;衬底与热丝距离为 48 mm。SiH_4 在热丝处分解为游离态的 Si^* 和 H^*;Si 被衬底吸附生成多晶硅;2 个 H^* 生成 H_2 离开。

HWCVD 方法具有设备简单、淀积温度低、不引入等离子体等优点。

3. 激光诱导化学气相淀积

激光诱导化学气相淀积(Laser CVD, LCVD)是用激光束照射淀积室内的反应剂气体,激发并维持化学反应发生,固态生成物淀积在衬底上生成薄膜的一种新技术。通过激光活化反应剂气体使化学反应能在较低温度下进行,即激光能转化为化学能,在这个意义上 LCVD 类似于 PECVD。

LCVD 的最大优点是不直接加热衬底,空间选择性好,甚至可以使薄膜生长限制在衬底的任意微区内,进行选择淀积;而且淀积速率也较快。

4. 金属有机物化学气相淀积

金属有机物化学气相淀积(Metal - Organic CVD, MOCVD)是一种利用低温下易分解和挥发的金属有机化合物作为源进行化学气相沉积的方法,和在 3.4.3 小节中介绍的 MOVPE 方法类似。MOCVD 的淀积温度相对较低,更容易控制薄膜成分,可以在形状复杂的衬底上形成厚度均匀、结构致密、附着力良好的超薄薄膜。

5. 原子层沉积

原子层沉积(Atomic Layer Deposition, ALD)又称单原子层沉积或原子层外延(Atomic Layer Epitaxy),是指通过将气相前驱气体交替脉冲通入反应室,在沉积基体表面化学吸附并发生气 - 固相化学反应而形成沉积薄膜的一种方法(技术)。其中,沉积反应前驱气体物质能否在被沉积材料表面化学吸附是实现原子层沉积的关键。气相物质在基体材料表面化学吸附必须具有一定的活化能,因此能否实现原子层沉积,选择合适的反应前驱气体物质很重要。

原子层沉积是在一个加热反应器中的衬底上连续引入至少两种气相前驱气体物种,化学吸附的过程至表面饱和时就自动终止,适当的过程温度阻碍了分子在表面的物理吸附。基于有序、表面自饱和反应的化学气相薄膜沉积,新一层原子膜的化学反应直接与之前一层相关联,这种方式使每次反应只沉积一层原子。

ALD 技术由于沉积参数高度可控(厚度、成分和结构),优异的沉积均匀性和一致性使其在微纳电子和纳米材料等领域具有广泛的应用潜力。现阶段,该技术可能应用的主要领域包括:晶体管栅极介电层(high - k)和金属栅电极(Metal Gate),集成电路互连线扩散阻挡层、互连线势垒层、互连线铜电镀沉积籽晶层(Seed Layer),DRAM、MRAM 介电层,各类薄膜(<100 nm)等。

7.4　二氧化硅薄膜淀积

CVD 是微电子工艺中用来制备二氧化硅介质薄膜的主要工艺方法之一，主要用于在前期已完成了一些工艺操作过程，衬底表面无法再采用热氧化方法生长，或者衬底无法承受高温的二氧化硅薄膜工艺。在集成电路工艺中，CVD 二氧化硅薄膜的应用极为广泛。

7.4.1　CVD - SiO_2 特性

CVD - SiO_2 是一类淀积介质薄膜，与热氧化制备的二氧化硅结构相同，也是由 Si—O 四面体组成的无定型网络结构。但是，CVD 二氧化硅与热氧化二氧化硅相比，密度略低，硅与氧的数量不是严格的化学计量比，因此，薄膜的电学特性等也就与热氧化二氧化硅有所不同。高温淀积或者在淀积之后进行高温退火，都可以使 CVD 二氧化硅薄膜的特性接近于热氧化生长的二氧化硅的特性。

采用 CVD 方法制备的二氧化硅有多种，通常可以依据掺杂剂种类划分为未掺杂（或称本征）二氧化硅（Undoped Silicate Glass，USG）、掺磷的磷硅玻璃（Phospho Silicate Glass，PSG）、掺硼的硼硅玻璃（Boro Silicate Glass，BSG）和掺硼和磷的硼磷硅玻璃（Borophospho Silicate Glass，BPSG）。也可以依据淀积温度划分为高温、中温、低温二氧化硅。高温 CVD 工艺温度在 900 ℃左右，现已很少采用。当前工艺中主要采用的有低温 CVD - SiO_2，淀积温度在 250 ~ 450 ℃之间；中温 CVD - SiO_2，淀积温度在 650 ~ 750 ℃之间。另外，还可以依据 CVD 工艺方法划分为 APCVD - SiO_2、LPCVD - SiO_2、PECVD - SiO_2。

目前，常用的反应剂有三种：硅烷系统，主要是 SiH_4/O_2、SiH_4/N_2O；正硅酸乙酯[Tetraethoxysilane，记为 TEOS，分子式为 $Si(C_2H_5O)_4$]系统，主要是 TEOS/O_2、TEOS/O_3；二氯硅烷系统，有 SiH_2Cl_2/N_2O。在上述反应剂系统中，硅源 TEOS 与衬底的黏滞系数小，约比硅烷小一个数量级。所以再发射能力和表面迁移能力都强，采用 TEOS 为硅源淀积的二氧化硅薄膜的台阶覆盖特性好于以硅烷为硅源的反应剂系统。需要在有高深宽比微结构的衬底上淀积氧化层时，为了得到更好的台阶覆盖特性，一定要选择 TEOS 为硅源。

CVD - SiO_2 薄膜的质量控制除了在 7.2.3 节中介绍的台阶覆盖、应力等特性之外，作为介质薄膜时，介质电特性很重要；作为掺杂掩模时，抗腐蚀性很重要；作为保护膜时，薄膜成分及稳定性很重要。因此，在不同的应用场合，对 CVD - SiO_2 薄膜质量特性的要求不同，考察指标也就不同，通常与常规考察方法有所区别。如，考察 CVD - SiO_2 薄膜的致密性，通常可由薄膜在氢氟酸腐蚀液中的腐蚀速率来粗略判断，腐蚀速率越快，薄膜密度越低。另外，通常把 CVD - SiO_2 薄膜的光学折射系数 n 与热生长二氧化硅薄膜的折射系数（1.46）的偏差，作为衡量 SiO_2 薄膜质量的一个指标。当薄膜的折射系数 $n > 1.46$ 时. 表明该薄膜是富硅的；当 $n < 1.46$ 时表明是低密度的疏松薄膜。

7.4.2　APCVD - SiO_2

目前，APCVD 方法还是淀积 SiO_2 薄膜常用的工艺方法，采用不同的硅源，淀积工艺条件、淀积速率、薄膜质量以及用途等都有所不同。

1. 用 SiH_4/O_2 淀积 SiO_2

通常采用 SiH_4/O_2 系统低温淀积非掺杂 SiO_2。因为纯 SiH_4 在空气中极其不稳定，可以自燃，为了更安全地使用 SiH_4，通常用氩气或氮气将 SiH_4 稀释到很低的浓度，如体积分数一般为 2% ~10%。

SiH_4/O_2 的化学反应式为

$$SiH_4 + O_2 \longrightarrow SiO_2 + 2H_2$$

这一反应可以在 310 ~450 ℃的低温下进行，以 SiH_4/O_2 为反应剂的 APCVD - SiO_2，工艺温度在 310 ~450 ℃之间时，淀积速率随着温度的升高而缓慢增大，当升高到约 450 ℃时，衬底表面吸附或者气相扩散将限制淀积速率。在温度恒定时，可以通过增加 O_2 对 SiH_4 的气体流量比来提高淀积速率，当增加到一定比例时，又会导致淀积速率下降。因为，衬底表面存在过量的 O_2 会阻止 SiH_4 的吸附和分解。温度不同，获得最大淀积速率时 O_2对 SiH_4 的比例也不同，当淀积的温度升高时，O_2 对 SiH_4 的比例增加才能够获得最大的淀积速率。例如，在 325 ℃时，最大淀积速率时 O_2对 SiH_4 的比例为 3:1，而在 475 ℃，O_2对 SiH_4 的比例为 23:1。以 SiH_4/O_2 为反应剂，APCVD - SiO_2 的淀积速率最大可达 1 400 nm/min，而实际工艺中，通常将淀积速率控制在 200 ~500 nm/min 之间。

最初，以 SiH_4 为硅源淀积的 SiO_2 薄膜是作为多层金属铝布线中铝层之间的绝缘层（记为 ILD）。然而，由于气体在大气压力下其分子的平均自由程很小，且 SiH_4 在整个淀积表面的迁移能力和再发射能力都很差，这种方法的台阶覆盖能力和孔洞或沟槽的填充能力也就很差。因此，对于超大规模集成电路的关键应用来说，APCVD 方法并不适用。

采用 APCVD 方法也可以通过在 SiH_4/O_2 系统中加入 PH_3 来淀积 PSG。图 7.23 给出了典型的 PSG 淀积速率与温度，以及与氧气/氢化物流量比的关系曲线。对高浓度氧气氛，如 $Q(O_2):Q(SiH_4) = 30:1$ 时，淀积速率随温度升高急剧增大，因而很可能是表面反应速率限制。对低浓度氧气氛，如 $Q(O_2):Q(SiH_4) = 2.5:1$ 时，淀积速率实际上随温度升高略有下降。薄膜的磷含量可通过改变 PH_3/SiH_4 比例来控制。

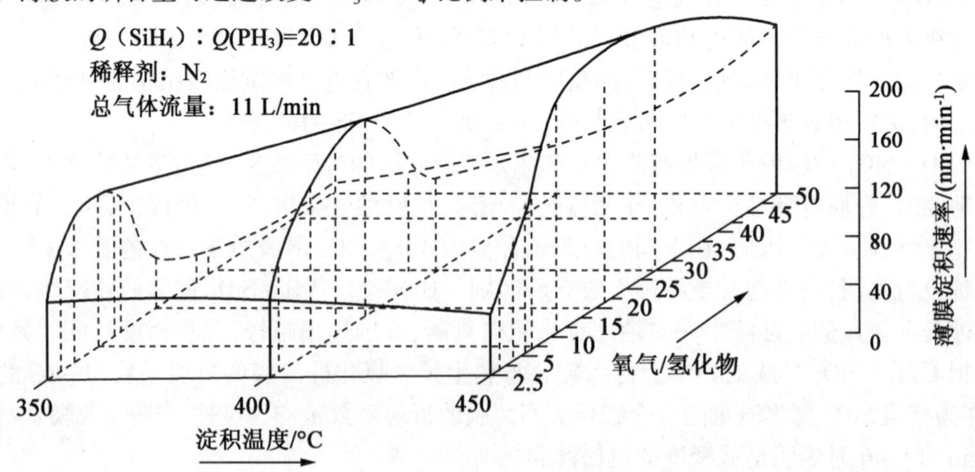

图 7.23 典型的 PSG 淀积速率与温度以及与氧气/氧化物流量比的关系曲线

2. 用 TEOS/O_3 淀积 SiO_2

常用的 APCVD 方法是用 TEOS/O_3 系统来淀积 SiO_2。TEOS 是有机物质，常温时为液态,凝固点:−77 ℃,沸点:168.1 ℃。液态 TEOS 源通常置于源瓶中用载气鼓泡方式携带,同时用自身独立的加热器对源加温,因而进入反应室 TEOS 的浓度受载气流速和加热温度这两个因素控制。臭氧(O_3)包含3个氧原子,它比氧气有更强的反应活性,在较低温度下,O_3 就能使 TEOS 分解,而且可以得到较高的淀积速率。例如,在300 ℃时加入3%的 O_3,淀积速率为100~200 nm/min;而在400 ℃只需要加入1%~2%的臭氧就可以达到这一淀积速率。因此,以 TEOS/O_3 为反应剂的 APCVD 是低温工艺,工艺温度约为400 ℃。TEOS 和 O_3 的反应式为

$$Si(C_2H_5O)_4 + 8O_3 \longrightarrow SiO_2 + 10H_2O + 8CO_2$$

由反应式可知,在 SiO_2 薄膜中会含有水汽,因而针孔密度较高,通常需要高温退火去除潮气,提高薄膜致密度。进行退火,对本工艺方法来说也就增加了能耗。

APCVD 用 TEOS/O_3 来淀积 SiO_2 薄膜的主要优点是以 TEOS 为硅源,在淀积过程中,因 TEOS 与氧化硅的黏滞系数低,表面再发射能力强,对于有高深宽比孔洞和沟槽等微结构衬底的覆盖能力、填充能力优良,薄膜的均匀性就好。这种薄膜的电学特性也较好,可以作为绝缘介质薄膜。如集成电路各单元之间的浅槽隔离工艺中的氧化层介质膜就可以采用 APCVD TEOS/O_3 方法淀积。另外,APCVD 是利用热能激活的 CVD 工艺,用 TEOS/O_3 来低温淀积 SiO_2,避免了常规低温 PECVD(或 HDP−CVD)工艺方法在淀积 SiO_2 薄膜时,由于等离子体的作用,对衬底硅片表面和边角带来的损伤。

通常淀积 SiO_2 薄膜是将 APCVD TEOS/O_3 方法和其他方法结合起来使用,如将 SiH_4/O_2 和 TEOS/O_3 两种方法的连用。这一方面是利用以 TEOS/O_3 为反应剂能改善薄膜的台阶覆盖特性,另一方面能减小 TEOS/O_3 在淀积厚膜时带来的张应力和减弱 TEOS/O_3 对下面膜层的敏感度。

用 TEOS/O_3 方法即可以淀积非掺杂 SiO_2 薄膜,用于金属层之间的绝缘层,也可以掺入 PH_3,形成 PSG,或者再掺入 B_2H_6,形成 BPSG。

7.4.3 LPCVD−SiO_2

在 LPCVD−SiO_2 的工艺过程中,尽管和 APCVD− SiO_2 同样都是以热能来激发和维持化学反应淀积过程的,但是,LPCVD 方法更利于在大批量衬底上淀积 SiO_2 薄膜。因此,在实际生产中 LPCVD−SiO_2 工艺采用得更多。例如,在超大规模集成电路多层金属化工艺中,LPCVD−SiO_2(掺杂或者不掺杂)有许多应用。可以做 ILD、浅槽隔离的填充物和侧墙等。

1. 用 TEOS、TEOS/O_2 淀积 SiO_2

在中等温度用 TEOS 淀积 LPCVD−SiO_2 薄膜具有更好的保形性,这也是目前最常用的 SiO_2 薄膜中温工艺。低压下,温度控制在650~750 ℃之间,热分解 TEOS,淀积非掺杂 SiO_2 的速率约为25 nm/min。当温度低于600 ℃时,淀积速率降得太低,所以实际淀积温度在675~695 ℃之间。

化学反应式为

$$Si(OC_2H_5)_4 \longrightarrow SiO_2 + 4C_2H_4 + 2H_2O$$

在 TEOS 反应剂中也可加入 O_2,而且足够的 O_2 还能改变所淀积 SiO_2 薄膜的内部应力,使其从较大的张应力转变到一个较小的压应力状态。由于气体分子 O_2 在衬底表面的快速扩散,可以制作均匀性优异的 SiO_2。在650~800 ℃之间,淀积速率随着温度升高而呈指数

增加，激活能为 19 eV。淀积速率也依赖于 TEOS 的分压。在较低的分压时，淀积速率与分压呈线性关系；当吸附在衬底表面的 TEOS 饱和时，淀积速率开始趋向饱和。

LPCVDTEOS 作为中温工艺，比低温工艺淀积的 SiO_2 薄膜致密度高。

在反应气体 TEOS/O_2 中添加以 H_2 为稀释气体的 PH_3 或 PH_3/B_2H_6 杂质气体[B_2H_6 有时用三甲基硼(TMB)代替]，可以淀积 PSG 或 BPSG 薄膜。PH_3 的加入通常会增大淀积速率(图 7.24)，而对薄膜均匀性无影响。

化学反应式为

$$Si(C_2H_5O)_4 + 12O_2 \longrightarrow SiO_2 + 8CO_2 + 10H_2O$$

$$4PH_3 + 5O_2 \longrightarrow 2P_2O_5 + 6H_2$$

$$2B_2H_6 + 3O_2 \longrightarrow 2B_2O_3 + 6H_2$$

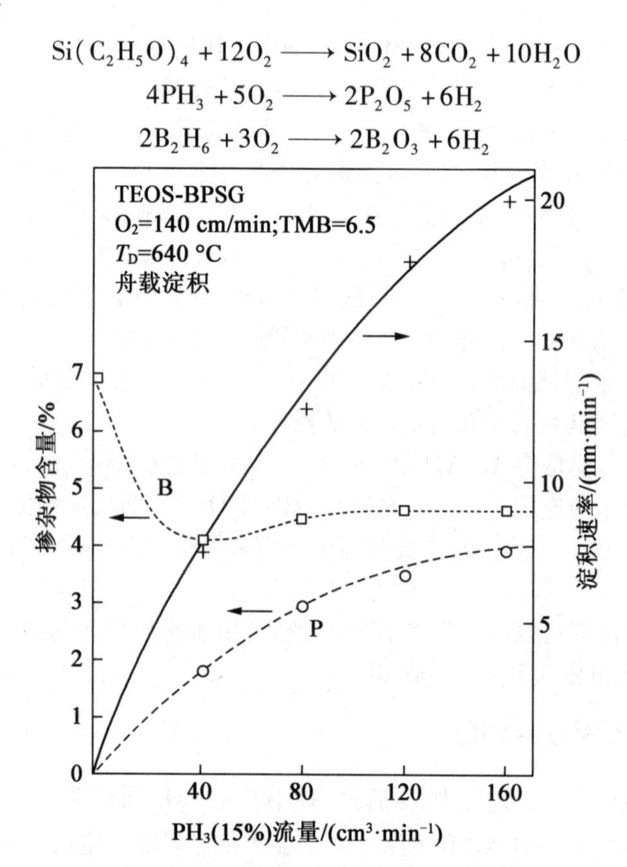

图 7.24　掺杂 LPCVD－SiO_2 淀积速率

2. 用硅烷类为硅源淀积 SiO_2

以 LPCVD 方法采用 SiH_4/O_2 来淀积 SiO_2，和以 APCVD 方法相类似，也可以在反应气体中添加以 H_2 为稀释气体的 PH_3 或 PH_3/B_2H_6 杂质气体来淀积 PSG 或 BPSG 薄膜。但是，LPCVD 是热壁反应器，而 SiH_4 低温就可分解，在进入 LPCVD 反应器的有用部分之前，SiH_4 就会发生气相反应产生颗粒被消耗掉。因此，低温 LPCVD 采用 SiH_4/O_2 来淀积 SiO_2 已很少使用。

二氯硅烷比硅烷难以分解，通常 SiH_2Cl_2/N_2O 系统被用于 LPCVD－SiO_2 中，工艺温度约为 900 ℃。这一工艺温度接近于热氧化温度，薄膜的均匀性和台阶覆盖能力都很好，HF 的腐蚀速率、密度，以及电学性质和光学性质也接近于热生长的氧化层。薄膜中不含氢，而含有氯。SiH_2Cl_2/N_2O－SiO_2 是高温工艺，在使用中受温度限制。但是，可以在有非硅表面的衬底上淀积高质量的氧化层。

化学反应式为

$$SiH_2Cl_2 + 2N_2O \longrightarrow SiO_2 + HCl + 2N_2$$

7.4.4　PECVD - SiO_2

用PECVD方法制备氧化层，是利用等离子体对化学反应的增强作用来促进薄膜在低温的淀积，因此，PECVD - SiO_2 是低温工艺。使用的反应剂以硅源来划分有 SiH_4 系列和TEOS系列。在反应剂中可以掺入含B或者P的气体形成PSG或者BPSG。与APCVD - SiO_2 相比，PECVD - SiO_2 薄膜应力小，更不容易开裂；保形性好，更均匀，针孔也更少。但是，离子对衬底的轰击作用也限制了它在一些对等离子体敏感衬底上的应用。

1. 用 SiH_4 为硅源淀积 SiO_2

O_2、N_2O 和 SiH_4 在等离子体状态下低温反应淀积 SiO_2。

当硅烷进入反应室将会发生分解反应

$$SiH_4(g) \rightleftharpoons SiH_2(g) + H_2(g)$$

通常情况下不用 SiH_4/O_2 的混合等离子体进行反应制备 SiO_2，这是因为氧等离子体反应活性很强，在气相氧等离子体就和 SiH_2 发生反应产生 SiO_x 的颗粒污染，使薄膜的质量变差。例如，颗粒落在薄膜上产生针孔。

SiH_4/N_2O 的混合气体能生成更均匀的膜，反应式为

$$SiH_4(g) + 2N_2O(g) \longrightarrow SiO_2(s) + 2N_2(g) + 2H_2(g)$$

尽管在淀积的薄膜中含有少量的H和N，而薄膜成分分析值接近 SiO_2 化学计量比。H能够以Si—H、Si—O—H、H—O—H的形式存在于薄膜中，因此以 SiH_4/N_2O 制备的PECVD—SiO_2 薄膜一般很少在MOS晶体管及电路中使用，这时因为O—H基团对MOS结构电学特性有不良影响。

图7.25为各种因素对采用 SiO_2/N_2O 制备的PECVD - SiO_2 薄膜特性的影响。

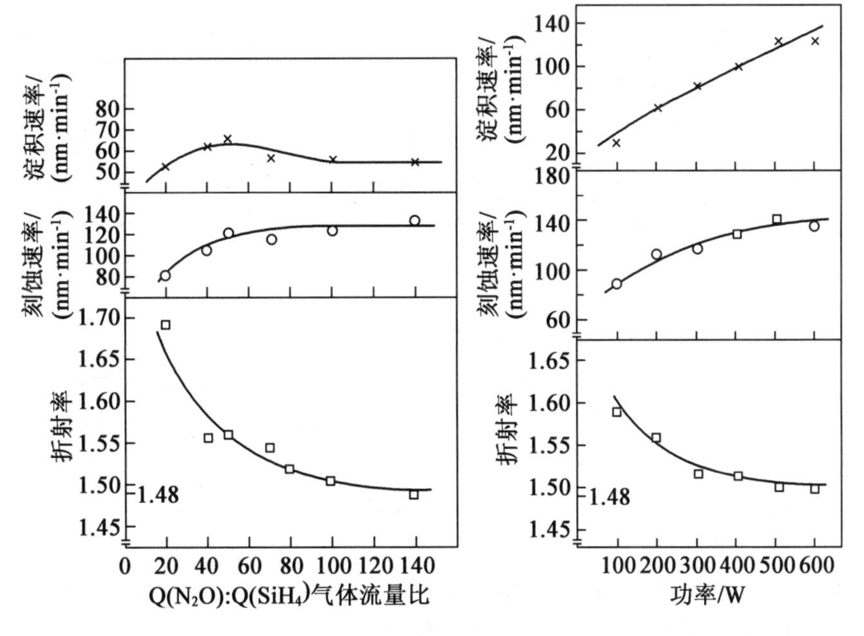

图7.25　各种因素对采用 SiO_2/N_2O 制备的PECVD - SiO_2 薄膜特性的影响

2. 用 TEOS 为硅源淀积 SiO_2

同样可以用 TEOS 源淀积 PECVD - SiO_2 薄膜，记为 PETEOS。这种 SiO_2 薄膜中会存在残余碳污染，如果在气体入口 O_2/TEOS 流量比足够大的情况下，残余碳污染很小；而薄膜的折射率和介电常数适当。PETEOS 衬底温度同样低于 400 ℃，所淀积薄膜的应力可以在较宽范围内得到控制。PSG 和 BPSG 中的掺杂剂通常使用有机化合物（如四丁基磷烷和硼酸三甲酯），以减少氢化物的使用。

PETEOS - SiO_2 薄膜不能直接用来填充窄间隔的金属线，因为薄膜中会产生空洞。通常采用 PETEOS 和 APTEOS 或者 HDP - CVD 相结合的方法制备有良好的间隙覆盖能力的 SiO_2 薄膜。PETEOS 方法淀积 SiO_2 的速度相对较高，这对于提高生产效率有利。

7.4.5　CVD - SiO_2 应用

不同种类、不同工艺方法，以及不同温度淀积的 CVD - SiO_2，其质量和特性不尽相同，相应的用途也就有所不同。如图 7.26 所示，CVD - SiO_2 薄膜在 CMOS 电路制作工艺中的主要应用：金属沉积前的介电质层（Pre - Metal Dielectric，PMD），多层布线中多晶硅与金属层之间；金属层间介电质层（Inter - Metal Dielectric，IMD）；扩散和离子注入工艺中的掩模；防止杂质外扩的覆盖层、钝化层、浅沟槽绝缘（Shallow Trench Isolation，STI）、侧壁间隔层等。

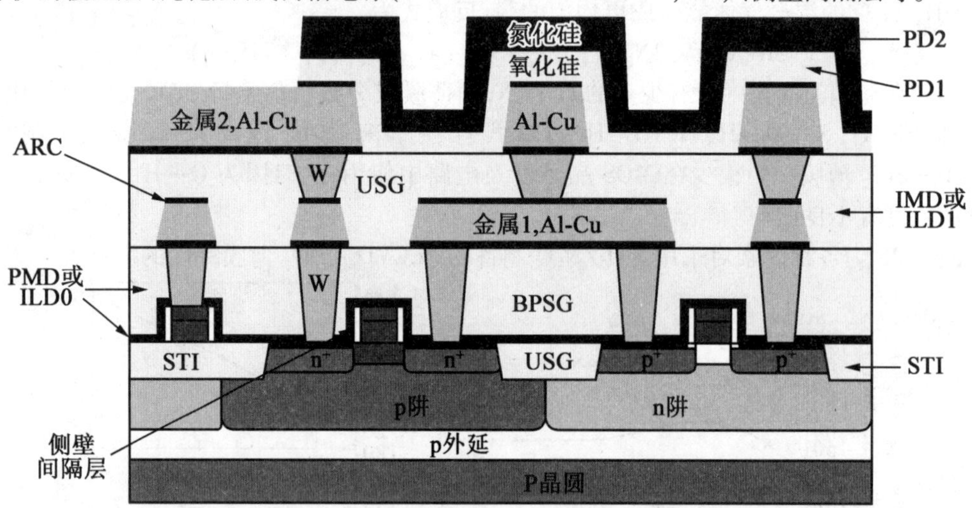

图 7.26　CVD - SiO_2 薄膜在 CMOS 电路制作工艺中的主要应用

当硅晶圆表面工艺完成后，金属沉积前的介电质层（PMD）是第一个在晶圆表面沉积的介电质层。对 PMD 的要求是介电常数低、能阻挡可移动离子、无空洞间隙填充，以及表面平坦化。常用的金属沉积前的介电质层一般为掺杂的二氧化硅，如 PSG 或 BPSG 等。在 CVD - SiO_2 中掺入磷，或者掺入硼、磷能够降低氧化层的软化温度，就是利用这一特性，CVD - PSG 和 CVD - BPSG 成为超大规模集成电路平坦化工艺技术的一个重要的工艺环节。

在淀积二氧化硅的气体中同时掺入含磷的杂质气体如磷烷（PH_3），可以获得 CVD - PSG。由于 PSG 中包含 P_2O_5 和 SiO_2 两种成分，所以它是一种二元玻璃网络体。它的性质与未掺杂 CVD - SiO_2 有所不同，应力有所减小，台阶覆盖特性也有所改善。而且 PSG 可以吸收碱性离子，但对水汽的阻挡能力变差，因为薄膜中的 P_2O_5 遇水汽会水解为磷酸。PSG 的最大特点是软化温度低于未掺杂 CVD - SiO_2。依据掺入磷的浓度和制备工艺条件的变化，PSG 软化温度可以在 1 000 ~ 1 100 ℃之间，而 USG 的软化温度在 1 400 ℃左右。之所以软化温度会降低，是因为 P 进入 SiO_2 中成为一种网络形成杂质，P 替代 Si 与 O 成键，P—O 没有 Si—O 键键能高，因此掺入磷的二氧化硅薄膜的软化温度下降。

在表面不平坦的衬底上淀积 PSG 之后，可以通过在软化温度的退火使已软化的 PSG 发生回流，从而降低 PSG 表面台阶的尖角，使衬底表面趋于平坦，以利于后面的工艺过程。图 7.27 为不同 $w(P)$ 的 SiO_2 经过 20 min、1 100 ℃的退火回流后的 SEM。可以看出，经过退火回流，PSG 表面台阶的尖角随着磷的质量分数的增大，逐渐消失，趋于平坦了。

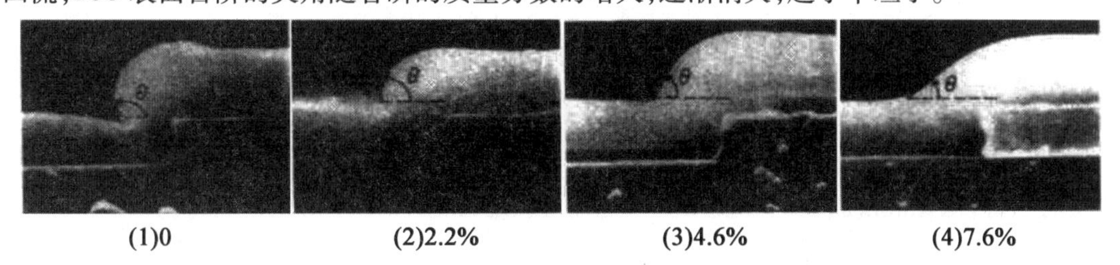

(1)0　(2)2.2%　(3)4.6%　(4)7.6%

图 7.27　不同 $w(P)$ 的 SiO_2 经过 20 min、1 100 ℃的退火回流后的 SEM

PSG 在磷的质量分数较高时，有很强的吸潮性，因此，氧化层中磷的质量分数一般被限制在6% ~8% 之间，以减少磷酸的形成，从而减少对薄膜下方材料的腐蚀。CVD - PSG 之后再高温退火回流，这是超大规模集成电路工艺中一种重要的平坦化工艺技术。

在淀积磷硅玻璃的反应气体中再掺入硼源（如 B_2H_6），可以形成 B_2O_3—P_2O_5—SiO 三元氧化物薄膜系统，即 CVD - BPSG。BPSG 较 PSG 有更低的软化温度。BPSG 的流动性取决于薄膜的组分、退火工艺温度、时间，以及环境气氛。BPSG 薄膜的回流平坦化退火温度一般在 850 ℃，最低可达 750 ℃。试验表明，在 BPSG 中，当磷的质量分数达到 5% 之后，即使再增加磷的质量分数也不会降低 BPSG 的回流温度了。而硼的质量分数增大 1%，所需回流温度降低约 40 ℃。当硼的质量分数超过 5% 时，将发生结晶，形成硼酸根 B_2O_3 及磷酸根 P_2O_5 的晶粒沉淀，薄膜的吸潮性增强，并且变得非常不稳定，甚至导致在回流过程中生成难溶性的 BPO_4，成为玻璃体中的缺陷。因此，BPSG 中硼的质量分数也不应超过 5%。PSG 和 BPSG 都可作为制备金属化系统之前的绝缘层，然后高温回流。PSG 回流条件为 950 ℃，15 ~ 30 min；BPSG 回流条件为 800 ℃，60 min。回流使掺杂的氧化层表面平坦、致密，且坚固。一个平坦的表面对于下一步的淀积薄膜或光刻图形都有利。

而金属层间介电质层（Intermetal Dielectrics，IMD）的沉积是在金属层制作之后作为各个金属栅（Gate Metal）之间的绝缘介质，多采用未掺杂的硅玻璃（USG）作为介质层材料，因为已经有金属互连层（如 Al）的沉积，此时的沉积过程要求温度低于 450 ℃，且具有很好的孔洞填充能力，因此通常采用高密度等离子体化学气相淀积（HDP）工艺进行。对于后段的工艺步骤而言，具有均匀平坦的 IMD 是非常重要的。现有回流平坦化工艺技术已逐渐被化学机械抛光（Chemical Mechanical Polishing，CMP）技术所取代。

在 CVD - SiO_2 中除了故意掺入的杂质之外，以 PECVD 方法淀积的氧化硅中通常还含有一定浓度的氢，甚至会含有氮，氧与硅的剂量不是严格的化学计量比。氢和氮在氧化硅中都不是网络形成杂质。氢在 Si—O 四面体网络中以 Si—H、Si—O—H、Si—O—OH 形式存在，而氮则以 N—O 等形式存在,这都将导致氧化硅密度下降、薄膜质地疏松和稳定性降低。可以通过高温退火来排除氢的存在,使薄膜致密化,但是氮较难去除。

另外,即使是相同种类、同种淀积方法,淀积温度也相近,但所采用的反应剂不同时,淀积的二氧化硅薄膜的特性也有所不同,如在 7.2.3 节中介绍的反应剂到达衬底后的再发射特性和表面迁移特性直接关系到薄膜台阶覆盖能力。而反应剂,特别是其中的硅源,它与衬底表面的黏滞系数相差很大,黏滞系数越小其再发射和表面迁移能力就越强,薄膜的台阶覆盖能力也就越强。这在实际工艺及应用中也必须考虑。

7.5　氮化硅薄膜淀积

在微电子工艺中常用的介质薄膜还有氮化硅薄膜,特别是在一些不适合使用二氧化硅薄膜的场合,氮化硅薄膜被广泛使用。氮化硅薄膜通常是采用 CVD 工艺制备。

7.5.1　氮化硅薄膜性质与用途

二氧化硅介质薄膜是构成整个硅平面工艺的基础,但它也存在一些缺点,如二氧化硅的抗钠性能差,薄膜内的正电荷会引起 p 型硅的反型、沟道漏电等现象;抗辐射性能也差。因此,在某些情况下采用氮化硅或其他材料的介质薄膜来代替二氧化硅薄膜。

微电子工艺中使用的氮化硅薄膜是非晶态薄膜,将其理化等特性与二氧化硅薄膜进行比较,可以理解它在微电子工艺中的广泛用途。

(1)氮化硅薄膜抗钠、耐水汽能力强,钠和水汽在氮化硅中的扩散速率都非常慢,且钠和水汽难以溶入其中。另外,薄膜硬度大,耐磨耐划;致密性好,针孔少。因此氮化硅作为微电子芯片最外层钝化膜和保护膜有优势。

(2)氮化硅的化学稳定性好,耐酸、耐碱特性强,在较低温度下与多数酸碱不发生化学反应,室温下几乎不与氢氟酸或氢氧化钾反应。因此常作为集成电路浅沟隔离工艺技术的 CMP 的停止层。

(3)氮化硅薄膜的掩蔽能力强,除了对二氧化硅能够掩蔽的 B、P、As、Sb 有掩蔽能力外,还可以掩蔽 Ga、Ln、ZnO,因此能作为多种杂质的掩蔽膜。

(4)氮化硅有较高的介电常数,为 6~9,而 CVD 二氧化硅只有约 4.2,如果代替二氧化硅作为导电薄膜之间的绝缘层,将会造成较大的寄生电容,降低电路的速度,因此不能采用,但这适合作为电容的介质膜,如在 DRAM 电容中作为叠层介质中的绝缘材料。

(5)在微电子工艺的某些场合需要进行选择性热氧化,如 MOS 器件或电路的场区氧化。氮化硅抗氧化能力强,因此可作为选择性热氧化的掩模。

(6)氮化硅无论是晶格常数还是热膨胀系数,与硅的失配率都很大,因此,在 Si_3N_4/Si 界面硅的缺陷密度大,成为载流子陷阱和复合中心,影响硅的载流子迁移率,从而影响元器件性质;而且氮化硅薄膜应力较大,直接淀积在硅衬底上易出现龟裂现象。因此,通常在硅衬底上淀积氮化硅之前先制备一薄氧化层作为缓冲层。

微电子工艺中使用的氮化硅薄膜都是采用 CVD 工艺制备的,主要是 LPCVD 和 PECVD 两种方法。LPCVD - Si_3N_4 工艺温度较高,在 700~850℃之间,是中温工艺;而 PECVD -

Si_3N_4 工艺温度较低，在200～400℃之间，是低温工艺。工艺温度越高制备的氮化硅薄膜的质量就越好。工艺温度越高，薄膜的密度就越大（2.8～3.2 g/cm^3），硬度就越高；抗钠、耐腐蚀性也就越强。因此，LPCVD－Si_3N_4 又被称为硬（质）氮化硅，而 PECVD－Si_3N_4 又被称为软（质）氮化硅。

LPCVD－Si_3N_4 比 PECVD－Si_3N_4 有更好的化学计量比。PECVD－Si_3N_4 中通常含有相当数量的H原子（原子数分数在10%～30%之间），以H—N形式存在于薄膜中。因此，有时又将PECVD方法淀积的氮化硅的化学式记为 $Si_xN_yH_z$。LPCVD和PECVD都是低压工艺，如果反应器及气体管道有些许泄漏，使空气进入的话，或者是反应气体中含有微量的氧气的话，薄膜中还会含有氧原子，以Si—O形式存在于薄膜中。不同工艺方法制备的氮化硅薄膜的用途有所不同，对其质量要求也就有所不同。

另外，考察 Si_3N_4 薄膜的致密度，和CVD－SiO_2 薄膜一样，通常可以通过薄膜在氢氟酸腐蚀液中的腐蚀速率来粗略判断。腐蚀速率越快，薄膜密度越低，有氧存在，腐蚀速率也会加快。Si_3N_4 薄膜的光学特性——折射率也作为衡量其质量的一个指标。符合化学计量比、致密度高的 Si_3N_4 的折射率为 $n=2.0$。当薄膜的折射率 $n>2.0$ 时，n 值越大，表明该薄膜中硅含量越高，薄膜富硅；反之，则说明致密度低，是由于薄膜中存在氧，随着氧含量的增加折射率降低。

7.5.2　LPCVD－Si_3N_4

LPCVD是制备 Si_3N_4 薄膜的主要方法之一，它也是中温工艺，比APCVD－SiO_2 中温工艺温度要高约100 ℃，有较好的台阶覆盖特性和较少的粒子污染。然而APCVD－Si_3N_4 薄膜的内应力大，约为 10^5 N/cm^2，几乎比LPCVD－SiO_2 高出一个数量级。高应力可使厚度超过200 nm的氮化硅薄膜发生龟裂。

LPCVD－Si_3N_4 一般是作为杂质扩散的掩模和选择性氧化的掩模。另外，在一些特殊场合，作为腐蚀掩模，如在进行单晶硅的KOH各向异性腐蚀时，多采用氮化硅作为腐蚀掩模。

LPCVD－Si_3N_4 的主要工艺流程为：准备→清洗→摆片→升温和抽真空→生长→停炉。

在淀积之前对反应室必须进行清理准备，去除以往使用时在石英舟和反应室器壁上吸附的颗粒物，这和外延工艺的前处理一样。

LPCVD多为热壁式反应器，硅片垂直密集地摆放在石英舟上。为使各处反应气体分压相等，以保证淀积薄膜的厚度均匀，硅片摆放方向、间距应严格一致。升温的同时抽真空，真空度和温度达到控制要求之后，先通入稀释气体，一般是氮气，将反应器中的残余空气排出，再通入反应气体；反应气体一般需要稀释，以降低淀积速率，使其可控。

淀积LPCVD－Si_3N_4 薄膜常用的硅源主要有 SiH_2Cl_2 和 SiH_4。

1. 以 SiH_2Cl_2 或 $SiCl_4$ 为硅源淀积 Si_3N_4

SiH_2Cl_2 或 $SiCl_4$ 是LPCVD－Si_3N_4 使用较多的硅源，工艺温度在700～850 ℃之间，气体压力在10～100 Pa之间，和 SiH_2Cl_2 或 $SiCl_4$ 反应的气体主要是 NH_3。

化学反应式如下：

$$3SiCl_2H_2(g)+4NH_3(g)\longrightarrow Si_3N_4(s)+6HCl(g)+6H_2(g)$$

$$SiCl_4(g)+4NH_3(g)\longrightarrow Si_3N_4(s)+2Cl_2(g)+3H_2(g)$$

在淀积过程中必须输入足够量的 NH_3 以保证所有的 SiH_2Cl_2 都被消耗掉。如果 NH_3 不够充足，薄膜就会变成富硅型。因此，淀积时使用过量的 NH_3 气体。

Si_3N_4 薄膜的淀积速率随着各种气体总压，或者 SiH_2Cl_2 分压的增大而增大，随着 NH_3:SiH_2Cl_2 的体积比的增大而降低。在 700 ℃时，可以得到 10 nm/min 的淀积速率。温度升高，淀积速率增大。在工艺温度范围内，薄膜淀积速率受表面反应速率限制。因此，如果反应气体是从一端进入反应室的，考虑到气缺效应，沿着气流方向反应室要有适当升高的温度梯度。图 7.28 所示为气体由进口流向出口时，有无温度梯度对所淀积的 LPCVD – Si_3N_4 薄膜厚度的影响。

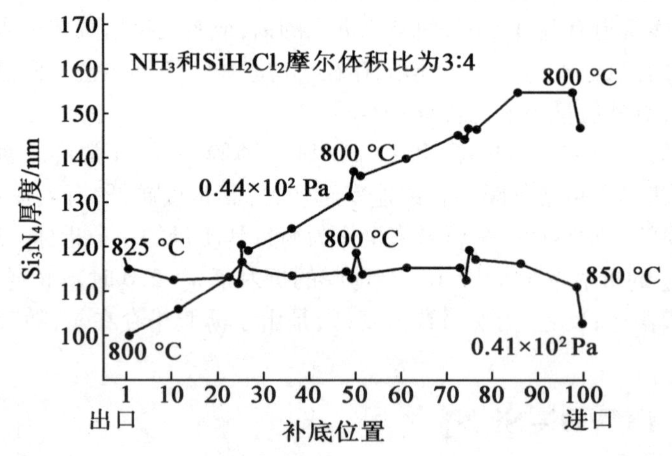

图 7.28 气体由进口流向出口时，有无温度梯度对所淀积的 LPCVD – SiN_4 薄膜厚度的影响

影响氮化硅质量的因素主要有工艺温度、总气压、反应剂分压、反应剂气体比例和反应室（炉）的温度梯度。

2. 以 SiH_4 为硅源淀积 Si_3N_4

尽管使用硅烷存在安全问题，但目前它还是一种 LPCVD – Si_3N_4 常用的硅源。和 SiH_4 反应的氮源主要是 NH_3 或 N_2 气体。SiH_4 一般用 H_2 或 N_2 稀释（或为载气），工艺温度控制在 700 ~ 850 ℃之间，气体压力在 10 ~ 100 Pa 之间。化学反应方程式为

$$3SiH_4(g) + 4NH_3(g) \longrightarrow Si_3N_4(s) + 12H_2(g)$$

$$3SiH_4(g) + 2N_2(g) \longrightarrow Si_3N_4(s) + 2H_2(g)$$

所淀积薄膜的成分和性质都是通过气流中氨和硅烷的比例来控制。通常 NH_3 与 SiH_4 的摩尔体积比为 150 以上，生长速率在 10 ~ 20 nm/min 之间。图 7.29 为以 LPCVD – Si_3N_4 的淀积速率与摩尔体积、温度的关系。由图 7.29 可知淀积温度控制在表面反应限制区，温度对淀积速率的影响很大。以 SiH_4/NH_3 为反应剂系统的 LPCVD – Si_3N_4 典型工艺条件为温度 825 ℃，压力为 0.9×10^2 Pa。

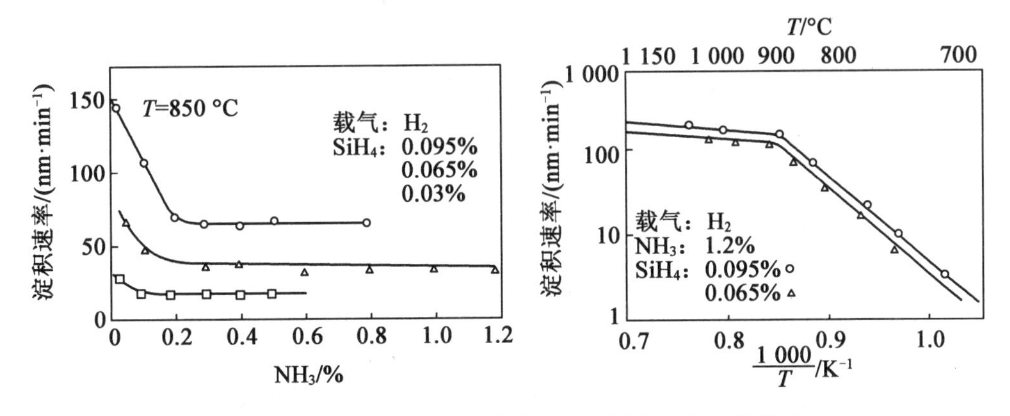

图7.29　LPCVD－Si_3N_4 的淀积速率与浓度、温度的关系

7.5.3　PECVD－Si_3N_4

PECVD是制备低温氮化硅的主要方法，反应剂主要为 SiH_4 和 NH_3（或 N_2），通常工艺温度在200～400 ℃、压力在10～100 Pa之间调控。目前，在塑封集成电路芯片的最外层通常都是采用PECVD淀积一层氮化硅作为保护膜。

1. 用 SiH_4/NH_3 淀积 Si_3N_4

以 SiH_4/NH_3 作为反应剂来淀积氮化硅，一般将 NH_3 与 SiH_4 的体积比控制在(5～20)∶1之间，薄膜的淀积速率为20～50 nm/min。化学反应方程式为

$$SiH_4(g)+NH_3(g)\longrightarrow Si_xN_yH_z(s)+H_2(g)$$

对PECVD－Si_3N_4 薄膜进行红外光谱分析显示，薄膜中含有相当数量以Si—H和N—H形式存在的H。当衬底温度在300 ℃以下时，以 SiH_4/NH_3 为反应剂淀积的氮化硅膜中氢的质量分数为18%～22%。大量氢的存在对于集成电路或器件是有害的，例如MOS晶体管会出现明显的阀值电压漂移现象。同时，氢的大量存在对薄膜的耐蚀特性也有影响，使其在氢氟酸缓冲溶液（BHF）中的腐蚀速率明显增快。图7.30为 NH_3 对PECVD－Si_3N_4 的影响。

2. 用 SiH_4/N_2 淀积 Si_3N_4

以 SiH_4/N_2 为反应剂淀积氮化硅时，如果其他的工艺条件与以 SiH_4/NH_3 为反应剂时相同，则 N_2 与 SiH_4 的体积比需要为(100～1 000)∶1。这是因为 N_2 的等离子化速率比 SiH_4 慢得多，只有等离子化的反应剂之间的化学反应才能在低温下进行，所以气体 N_2 的体积分数应远高于 SiH_4。另外，由于 N_2 比 NH_3 更难以分解，薄膜的淀积速率也较低。反应式为

$$SiH_4(g)+N_2(g)\longrightarrow Si_xN_yH_z(s)+H_2(g)$$

实际上，由 SiH_4/N_2 制备的氮化硅薄膜中氢的质量分数较小，在7%～15%之间，但薄膜中还会含有少量的氮气分子。因此，使用氮气代替氨气淀积的薄膜的致密度有所提高。但击穿电压有所降低，台阶覆盖性也较差。

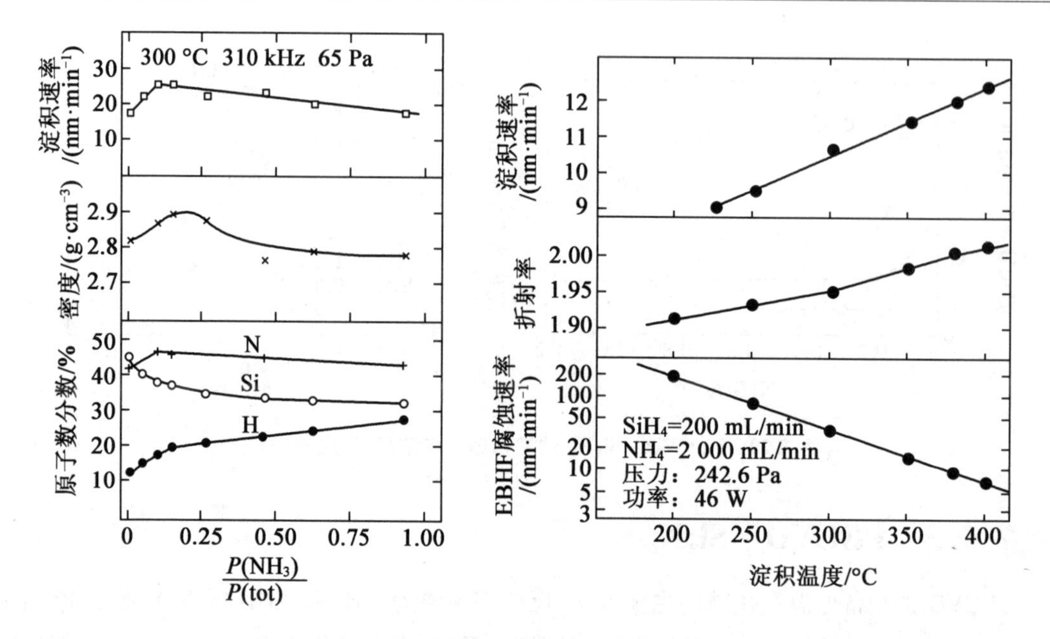

图 7.30　NH_3 对 PECVD - Si_3N_4 的影响

近年来,高密度等离子体技术也被应用到氮化硅薄膜制备中(如电子回旋共振技术)。HDP - CVD 的应用使得 N_2 的等离子化速率加快,可以在较低温度下,在无离子轰击衬底的情况下就形成 N 原子。因此,以 SiH_4/N_2 为反应剂采用 HDP - CVD 方法可以在低于 200 ℃时淀积 Si_xN_y。

以 SiH_4 为硅源制备的 PECVD - Si_3N_4 薄膜的性质,以及淀积速率都与具体淀积条件密切相关,如电场频率、功率,气体压力、衬底温度、反应气体分压、反应器的几何形式、电极结构与材料和抽气速率等。其中,有些参数的影响是可预见的,例如在一定范围内,功率、温度和反应剂分压增大,淀积速率增大;衬底温度升高薄膜质量将提高等。而某些参数的影响至今还无法科学地解释,如低频等离子体,频率为 50 kHz 时,淀积的 Si_3N_4 薄膜的内应力为压应力,约为 2×10^8 Pa;而高频等离子体,频率为 13.56 MHz 时,淀积薄膜的内应力则为张应力,约为 4×10^3 Pa。

7.5.4　PECVD - SiON

随着 VLSI 技术的飞速发展,对于优质薄介电薄膜需求日益迫切。其中氮氧硅化合物(SiON)薄膜材料由于组成和结构的变化,而表现出介于单相 SiO_2 和 Si_3N_4 的性质,具有优良的光电性能、力学性能和化学稳定性,且具有高的击穿电场和强的抗辐射能力。而 SiON 中的氮对 PMOS 多晶硅中硼元素有较好的阻挡作用,从而有效防止离子注入及随后的热处理过程中硼元素穿过栅氧层进入沟道。在 CMOS 技术从 0.18 μm 工艺到 45 nm 技术代际推进过程中起到重要作用。

对于氮氧化硅主要采用高质量二氧化硅薄膜进行的氮掺杂或者热氮化处理工艺制作,温度较高,折射率变化范围小(1.67 ~ 1.75),并且折射率的改变与氮化时间无关;而 PECVD 法能在较低的样品温度下淀积形成 SiO_xN_y 薄膜,采用的是 SiH_4、N_2O、NH_3 混合气体制作 SiON 层间绝缘层,反应过程表达式

$$SiH_4 + N_2O + NH_3 \xrightarrow{200 \sim 500\ ℃} SiO_xN_y + N_2 + H_2$$

随着 CMOS 工艺技术发展，其他的物理或化学沉积方式，如原子层沉积、等离子体氮化、低能离子注入技术等也被采用到 SiON 薄膜制作中，对于氮的含量以及在薄膜中的存在位置与控制精度的要求越来越高。

7.6　多晶硅薄膜淀积

在微电子工艺中，多晶硅（Poly－Si）薄膜的用途非常广泛。多晶硅薄膜一般采用 CVD 工艺制备，其中，LPCVD 是最常采用的方法。

7.6.1　多晶硅薄膜的性质与用途

多晶硅是由大量单晶硅颗粒（称晶粒）和晶粒间界（又称晶界）构成的。微电子工艺中的多晶硅薄膜，晶粒尺寸通常在 100 nm 左右，晶界宽度在 0.5～1 nm 之间。不同的制备工艺，不同的薄膜厚度，多晶硅的晶粒和晶界尺寸略有不同。尽管在多晶硅薄膜中的晶粒可能是各种取向的都有，但通常存在优先方向。优先方向也是与制备工艺和薄膜厚度有关。多晶硅薄膜的特性与单晶硅相似，但晶界的存在使得它又具有一些特有性质。

常用的多晶硅薄膜既有未掺杂的本征多晶硅，也有不同掺杂类型、不同掺杂浓度的 n 型或 p 型多晶硅。多晶硅的掺杂特性与单晶硅有所不同。晶界是具有高密度缺陷和未饱和悬挂键的区域，对杂质扩散和杂质分布都产生重要影响。在晶界上，掺杂原子的扩散系数明显高于晶粒内部的扩散系数，杂质沿着晶界的快速扩散使得整个多晶硅的杂质扩散速率明显增大。同样，杂质的分布也受到晶界的影响。相同温度下，晶界上杂质的固溶度通常高于晶粒内部，在晶粒/晶界之间出现杂质的分凝现象，分凝系数通常小于 1。

多晶硅的导电特性与单晶硅也有所不同。在晶粒内部的掺杂原子和在单晶硅中一样是占据替位位置，有电活性；而晶界上的硅原子是无序状态，掺杂原子多数是无电活性的，且晶粒/晶界之间的杂质分凝导致晶界上杂质浓度高于晶粒内部，因此，在相同掺杂浓度下，多晶硅中有电活性的杂质浓度低于单晶硅，导电能力也就低于单晶硅。另外，晶界上大量的缺陷和悬挂键是载流子陷阱，晶粒中的载流子若陷入晶界之中，对电导就不再起作用。同时晶界上的电荷积累还会造成晶粒边界周围形成载流子耗尽的区域，使其能带发生畸变，产生势垒，降低了多晶硅中载流子的有效迁移率，这也引起导电能力下降。图 7.31 为掺磷多晶硅和单晶硅的电阻率曲线。图 7.31 表明掺杂浓度相同的多晶硅的电阻率的确大于单晶硅，特别在相同的中等掺杂浓度时，多晶硅的电阻率比单晶硅高得多。随着掺杂浓度的增大两者的数值逐渐接近，即重掺杂多

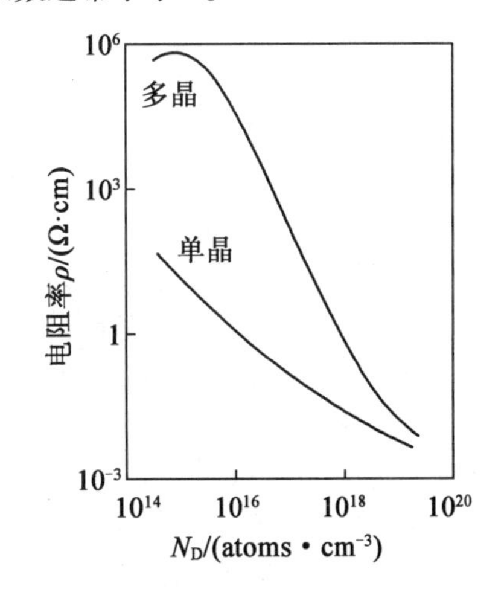

图 7.31　掺磷多晶硅和单晶硅的电阻率曲线

晶硅的电阻率和单晶硅相差不大。而本征多晶硅的电阻率很高,通常称为半绝缘多晶硅。多晶硅的电阻率和晶粒尺寸有关。晶粒越小晶界所占多晶硅的比重就越大,导电能力下降就越多,电阻率也就越高。

多晶硅薄膜耐高温,与高温热处理工艺有很好的兼容性,而且可以通过热氧化工艺在其表面生长氧化层。多晶硅与热生长氧化层的接触性能良好,界面态密度很低。并且与硅衬底兼容性好,在陡峭的台阶上淀积的多晶硅薄膜有很好的保形覆盖特性,且薄膜应力较小,一般是压应力,在$(1\sim5)\times10^4\ \mathrm{N/cm^2}$之间。

基于以上特点,多晶硅薄膜在微电子工艺中有许多重要应用。高掺杂的多晶硅薄膜在MOS集成电路中被普遍作为栅电极和互连引线。在多层互连工艺中,可以使用多层多晶硅技术,并且可以在多晶硅上热生长或者淀积一层二氧化硅,以保证层与层之间的电学隔离。在自对准工艺技术中,利用多晶硅的耐高温特性可用其作为扩散掩模。低掺杂的多晶硅薄膜在SRAM中用于制作高值负载电阻;也可以用于介质隔离技术,作为深槽(或浅槽)隔离中的填充物。

本征多晶硅薄膜随着晶粒尺寸的减小,晶粒进入了纳米尺度时电阻率迅速增大,可以达到$3\times10^6\ \Omega\cdot\mathrm{cm}$,成为半绝缘薄膜。早期,将这种半绝缘薄膜称为非晶硅薄膜,记为$\alpha-\mathrm{Si:H}$,其中的H主要是这种薄膜多采用PECVD方法制备,薄膜中含有氢的缘故。该薄膜被广泛用于微电子工艺中,作为高压器件的高阻层和场成形层及表面钝化膜。实际上,这种半绝缘薄膜硅晶粒尺度是在纳米量级。近年来,随着纳米科技的发展,对纳米多晶硅薄膜的研究报道不断增加,用途也在不断拓展。

7.6.2 CVD 多晶硅薄膜工艺

以CVD工艺制备的多晶硅薄膜厚度均匀、晶粒尺寸适中,台阶覆盖特性好,因此,在微电子工艺中CVD工艺被普遍采用,特别是其中可以大批量、经济性生产的LPCVD方法使用得最普遍。

通常LPCVD多晶硅是在575～650 ℃的温度范围内,用硅烷在低压热壁式反应器中进行淀积的。化学反应方程式为

$$\mathrm{SiH_4(a)}\longrightarrow\mathrm{SiH_2(a)}+\mathrm{H_2(g)}$$

$$\mathrm{SiH_2(a)}\longrightarrow\mathrm{Si(s)}+\mathrm{H_2(g)}$$

硅烷被吸附在衬底上之后,分解生成硅,硅在衬底上迁移、排列形成多晶硅薄膜。实际工艺的淀积速度主要是受衬底表面氢的解吸附限制。淀积速率主要依赖于气体压力、温度和硅烷分压。典型的淀积速率在10～100 nm/min之间。在图7.3中给出了实测得到的多晶硅薄膜淀积速率与硅烷气流速率的关系曲线。图7.32是实测得到的不同温度下多晶硅薄膜淀积速率与炉体内气体压力的关系曲线。由图7.32中曲线可知淀积速率分别随硅烷气流速率、温度、压力的上升而加快。

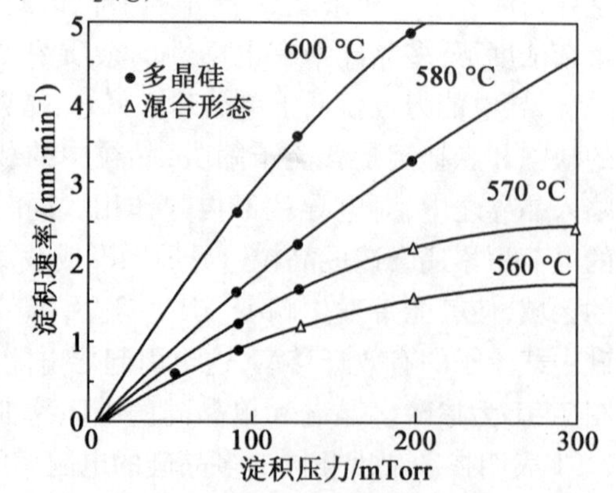

图7.32 不同温度下多晶硅淀积速率与炉体内气体压力的关系曲线

多晶硅薄膜质量(如结构、表面形态等特性)也依赖于淀积温度、压力、硅烷分压,以及随后的热处理过程。

常用的 LPCVD 是水平炉管式反应器,气体通过管道从炉管前端流入,尾端抽出,因此会出现气缺现象。通常将炉管温度从前端到后端设置一定温度梯度,通过提高淀积速度来补偿硅烷的消耗。然而,随着温度的缓慢升高,对衬底上处于不同位置淀积的薄膜也会带来影响,在炉管后端衬底上淀积的多晶硅的晶粒尺寸比在前端的大。通常是通过高温退火来消除片间多晶晶粒尺寸差异的,退火之后晶粒尺寸、结构就会趋于一致。在一批 100 片大直径硅片上淀积的多晶硅薄膜的厚度均匀性通常约为 5%。近年来,分布式入口的 LPCVD 反应器越来越多地被用于多晶硅薄膜的淀积,气缺现象已得到了很好解决。

LPCVD 多晶硅工艺控制的关键是应避免颗粒污染,硅烷必须用氢气或氮气稀释,彻底避免氧气进入反应器和管路。如果硅烷气体分压过高,淀积速率过快,未被吸附就在气相发生分解,这会带来颗粒污染,甚至形成粗糙的多孔硅薄膜。

在温度低于 580 ℃时淀积的薄膜基本上是非晶态,在高于 580 ℃时淀积的薄膜基本上是多晶态。在 580 ~ 600 ℃范围内淀积的薄膜倾向于〈311〉晶向;而低温淀积的非晶态薄膜在 900 ~ 1 000 ℃范围内重新晶化时,晶粒更倾向于〈111〉晶向,而且再结晶时,晶粒的结构与尺寸重复性非常好。另外,以较慢的淀积速率,如 580 ℃时,约 5 nm/min;600 ℃时,约 10 nm/min,直接淀积的非晶薄膜的表面更为平滑,而且这个平滑表面在经历 900 ~ 1 000 ℃退火后仍然保持平整。晶粒的平均粒度随着薄膜的厚度增大呈指数增大。

在某些特殊场合需要制备大粒度多晶硅时,可用连续激光(或其他辐射束)熔化小粒度的多晶硅,再结晶,就生成大粒度的多晶硅,晶粒粒度增大,载流子的迁移率升高,再结晶重掺杂薄膜中载流子的迁移率能增加约一倍。对于轻掺杂薄膜,利用辐射束再结晶来增加晶粒体积,也会显著降低电阻率。

7.6.3 多晶硅薄膜的掺杂

在微电子工艺中实际应用的主要是掺杂多晶硅薄膜,特别是重掺杂多晶硅薄膜。多晶硅薄膜的掺杂可以在 CVD 淀积过程中直接进行气相掺杂,也可以在薄膜淀积完成之后通过离子注入或扩散进行掺杂。

1. 直接掺杂

在 LPCVD - polySi 薄膜生长过程中,直接在硅源和稀释气体中加入含所需杂质元素的掺杂剂,如磷烷(PH_3)、砷烷(AsH_3)、乙硼烷(B_2H_6)等,进行薄膜淀积中的原位掺杂。为了掺入杂质剂量的准确,一般将掺杂剂用氢气稀释为 0.02% ~0.03%。这种掺杂方式和硅的气相外延工艺的掺杂相似。

直接掺杂方法对多晶硅薄膜的生长动力学特性和薄膜的结构、形貌都有显著的影响。而且 p 型和 n 型杂质的直接掺入对多晶硅薄膜淀积速率的影响并不相同。

例如,制备 p 型多晶硅,通常是在硅源气体中加入 B_2H_6,当 B 与 Si 的原子比由零增至 2.5×10^{-3} 时,多晶硅薄膜淀积速率单调增大,最大可增至原速率的二倍,薄膜的电阻率由 500 Ω · cm 降至 0.01 Ω · cm;当 B 与 Si 的原子比超过 2.5×10^{-3} 时,多晶硅薄膜淀积速率不再变化。当 B 与 Si 的原子比超过 3.5×10^{-3} 时,淀积的多晶硅薄膜表面就变得粗糙不平了。而制备 n 型多晶硅,通常是在硅源气体加入 PH_3 或 AsH_3,n 型掺杂剂的加入都会使薄膜淀积速率下降，PH_3 使淀积速率降低得较慢。当 P 与 Si 的原子比为 2×10^{-3} 时，生长速率由 0.5 μm/min 降至 0.2 μm/min，电阻率由 500 Ω·cm 降至 0.02 Ω·cm，再增加 PH_3 淀积速率和电阻率就不再变化了。用直接掺杂方法得不到重掺杂的 n 型多晶硅薄膜。

另外，掺杂剂为 PH_3 时多晶硅薄膜的厚度均匀性变差，在硅片边缘尤其如此。直接掺杂尽管方法简单，但杂质源和硅源的化学动力学性质不同，导致薄膜生长过程更加复杂，并且难以获得重掺杂的 n 型多晶硅，因此，目前采用得并不多。

2. 两步工艺

制备掺杂多晶硅薄膜通常是采取两步工艺：先 LPCVD 本征多晶硅薄膜，然后再进行离子注入或扩散掺杂。

离子注入掺杂的优点是可以精确控制掺入杂质的剂量，适合不同掺杂浓度的多晶硅薄膜。选择合适的注入能量可以使杂质浓度的峰值处于多晶硅薄膜的中部，在随后的退火过程中，掺入杂质被激活，并发生杂质再分布。退火方法有高温退火和快速退火。高温退火工艺条件：约 900 ℃，30 min。目前多是采用快速退火方法，在约 1 150 ℃，不到 30 s，注入杂质就被激活，杂质在多晶硅薄膜中再分布。快速退火持续时间很短，避免了衬底硅中的杂质再分布。

而本征多晶硅薄膜的扩散掺杂，工艺温度在 900 ~ 1 000 ℃范围，制备 n 型多晶硅薄膜的掺杂剂主要是 $POCl_3$、PH_3，掺杂浓度可达 10^{21} atoms/cm^3。扩散掺杂方法的优点是薄膜中掺入的杂质浓度很高，可以超过单晶硅的固溶度，这是因为在晶粒/晶界之间存在杂质分凝，由此可以获得较低电阻率多晶硅薄膜。

多晶硅薄膜厚度在纳米与微米之间，通常为几十纳米，而杂质在晶界中的快速扩散，使得杂质在多晶硅薄膜中的扩散速率很快。扩散掺杂的缺点是工艺温度较高，而晶粒粒度随着衬底温度升高而增大，由此增大了薄膜表面的粗糙度。扩散和离子注入掺磷多晶硅的电阻率曲线如图 7.33 所示。

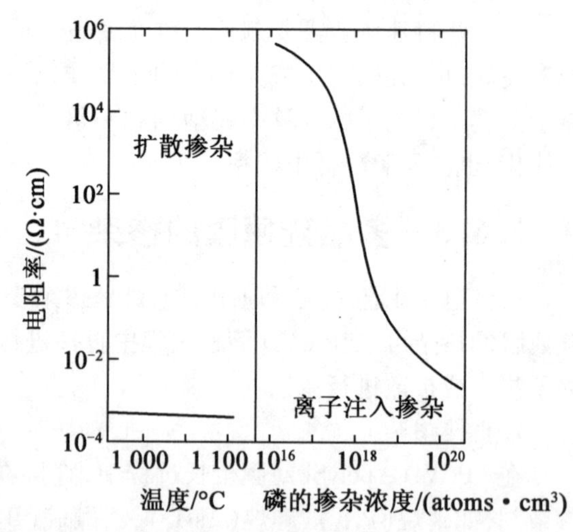

图 7.33 扩散和离子注入掺磷多晶硅的电阻率曲线

目前，重掺杂多晶硅的杂质为砷或硼时，极限电阻率约为 2×10^{-3} Ω·cm；而杂质为磷时极限电阻率更低，约为 0.05×10^{-6} Ω·cm，这个值基本代表了多晶硅电阻率的极限。

薄膜淀积之后的离子注入掺杂或扩散掺杂对多晶硅微观结构和形貌，特别是晶粒粒度的大小也有重要的影响。LPCVD 多晶硅可以用离子注入，固态或液态（如 $POCl_3$）扩散，以及添加法进行 N^+ 掺杂。以 LPCVD 方法制备本征多晶硅薄膜，再以扩散方法掺杂得到的多晶硅薄膜的电阻率通常低于 1 Ω·cm。

7.7　CVD 金属及金属化合物薄膜

由于 CVD 工艺制备的薄膜具有台阶覆盖特性好,工艺温度较低等优点,因此,在微电子互连系统中使用的金属、金属硅化物和氮化物薄膜的 CVD 工艺也不断被开发出来,如 CVD 钨、硅化钨及氮化钛已被应用于超大规模集成电路的生产工艺中。

7.7.1　钨及其化学气相淀积

在微电子工艺中,难熔金属钨(W)、钛(Ti)、钽(Ta)、钼(Mo)等被普遍用于金属互连系统,其中 W 在集成电路多层互连技术中使用得最为广泛。主要有两方面用途,其一是作为连接两层金属之间通孔的填充插塞(Plug);其二是作为局部互连材料。图 7.34 为上、下导电层使用“钉头”和“插塞”电连接。

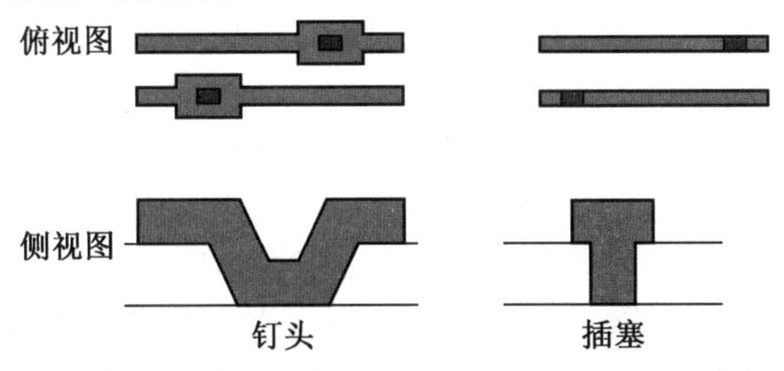

图 7.34　上、下导电层使用“钉头”和“插塞”电连接

在多层互连系统中,上下两层金属之间电连接通孔的填充方式有“钉头”和“插塞”,从图 7.34 中可以看出“插塞”所占面积小,更适合在超大规模集成电路中采用。CVD－W 有较好的台阶覆盖能力和通孔填充能力,CVD 工艺制备的钨插塞可以填充孔径较小、深宽比较大的通孔。

而钨作为局部互连材料是因为它在所有金属当中熔点最高——可达 3 410 ℃。而且,除了具有较高的热稳定性之外,还具有较低的电阻,在 20 ℃时的体电阻率为 5.5 μΩ·cm,比 Ti(42 μΩ·cm)低得多,和 Mo(2.8 μΩ·cm)相当,只有重掺杂多晶硅薄膜电阻率的 1/200。但是,和铝、铜等低阻导电金属相比,其电阻率还是较高,不适合作为互连系统的导电层,因此,只在某些需要难熔导电层的场合作为局部互连材料。

目前,CVD－W 采用的工艺方法为冷壁式低压工艺。可以采用的钨源主要有 WF_6、WCl_6 和 $W(CO)_6$。其中,WF_6 被使用得最多,其沸点为 17 ℃,直接输入 CVD 反应器可以精确控制流量,输气管道需要加热保温,以防止 WF_6 的凝聚。WCl_6 的熔点为 275 ℃,在室温下,WCl_6 和 $W(CO)_6$ 一样,都是高蒸气压的固体。

以 WF_6 为钨源,采用冷壁式 LPCVD 工艺制备钨薄膜的方法有两种——选择淀积和覆盖淀积。

选择淀积的衬底温度约为 300 ℃,WF_6 与衬底表面裸露的 Si 发生还原反应,而有氧化层或氮化硅的区域不发生反应。硅表面要相当洁净,自然生长的本征氧化层厚度必须小于 1 nm,每生成 1 个单位体积的 W,大约消耗 2 个单位体积的 Si,反应的副产物 SiF_4 以气体形式被排除。当淀积的薄膜厚度为 10 ~ 15 nm 时，WF_6 就很难以扩散的方式穿过钨薄膜，反应自动停止。

化学反应式为

$$2WF_6(g) + 3Si(s) \longrightarrow 2W(s) + 3SiF_4(s)$$

钨薄膜与二氧化硅、氮化硅的附着性能不好，在衬底表面是二氧化硅、氮化硅的地方不能成膜。而钨薄膜与硅、金属以及硅化物附着性能良好，在衬底表面是硅、金属以及硅化物的地方可以成膜。此外，选择淀积还可以用 H_2 还原 WF_6，在衬底进行选择淀积。

化学反应式为

$$WF_6(g) + 3H_2(g) \longrightarrow W(s) + 6HF(s)$$

这一反应控制衬底温度低于 450 ℃，H_2 过量。此时，钨薄膜的生长速率由表面反应速率控制，W 在衬底的二氧化硅或氮化硅表面不能成核，特别是温度较低时。只在衬底的硅、金属及硅化物表面成核，从而有选择地生长形成钨薄膜。

选择淀积钨尽管有许多优点，但由于选择性较差以及对衬底造成损伤等问题没有完全解决，因此选择性 CVD - W 还没有得到广泛的采用。

覆盖淀积，如果衬底表面没有二氧化硅或氮化硅这类钨原子难以成核的部分，可直接用 WF_6/H_2 作为反应剂，采用 LPCVD 方法在整个衬底上淀积覆盖式钨膜。但通常硅衬底已进行了多个工艺操作，部分表面已有氧化层，这时进行覆盖淀积比选择淀积更复杂，首先要在衬底上淀积一层附着层（如 TiN），然后在附着层上再淀积钨膜。

覆盖淀积用来还原 WF_6 的除了 H_2 之外，还使用 SiH_4。用 WF_6/SiH_4 淀积能在更多种材料表面上形成钨膜，如在 TiN 上成膜。淀积过程中 WF_6 必须过量，否则得不到钨膜，而是生成 WSi_x 薄膜，衬底温度约为 300 ℃。

化学反应式为

$$2WF_6(g) + 3SiH_4(g) \longrightarrow 2W(s) + 3SiF_4(g) + 6H_2(g)$$

钨薄膜的应力较低，一般低于 $5 \times 10^4\ N/cm^2$，具有很强的抗电迁移能力。

金属薄膜通常是多晶态，金属离子在晶粒内部规则排列，在晶界上存在空位等大量缺陷，基本是无序状态。当不存在外电场时，金属离子可以通过空位而变换位置，即自扩散运动。自扩散的结果并不会产生质量输运。当有电流通过金属导体时，由于电场的作用使得金属离子产生了定向运动，特别是在晶界上。金属离子的定向迁移在局部区域由质量堆积而出现小丘或晶须，或由质量亏损出现空洞，从而造成互连性能退化或失效。这称之为金属的电迁移现象。因此，金属薄膜的抗电迁移能力是其重要的性能指标。

另外。当温度超过 400 ℃时，钨膜会被空气中的氧气所氧化。温度高于 600 ℃时，钨与硅接触会形成钨的硅化物。

7.7.2 金属化合物的化学气相淀积

在微电子工艺中用到多种金属化合物薄膜，例如，在多晶硅/难熔金属硅化物（Polycide）多层栅结构中应用的金属硅化物（如 WSi_x、TaSi、$MoSi_2$ 等）；在金属多层互连系统中的附着层和（或）扩散阻挡层的氮化物（如 TiN 等）。由于 LPCVD 工艺要求的真空度不高，适合大批量生产，淀积的薄膜比 PVD 薄膜的台阶覆盖性更好，因此，金属化合物薄膜已由传统的 PVD 工艺，到开始采用 LPCVD 工艺。例如，LPCVD - WSi_x、LPCVD - TiN 薄膜已被广泛应用,成为集成电路的标准工艺。

1. LPCVD - WSi_x 淀积

WSi_x 薄膜在 Polycide 的存储器芯片中被用作字线和位线,WSi_x 也可作为覆盖式钨的附着层。WSi_x 是在集成电路工艺中被应用最多的硅化物。通常 WSi_x 薄膜采用 LPCVD 工艺制备。

LPCVD - WSi_x 一般用 WF_6/SiH_4 作为反应剂,300 ~ 400 ℃、6.7 ~ 40 kPa 下,在冷壁式反应器中淀积。工艺方法与 CVD - W 相似,但需要增大 SiH_4 流量,过量的 SiH_4 生长的薄膜就是 WSi_2。化学反应式为

$$WF_6(g) + 2SiH_4(g) \longrightarrow WSi_2(s) + 6HF(s) + H_2(s)$$

在薄膜淀积过程中,WSi_2 生成的同时也伴随着过量的 Si 集结在晶界处,所以化学式用 WSi_x 来表示。然而,如果 $x<2$,在后面的高温工艺过程中,WSi_x 薄膜易于从多晶硅上碎裂剥离;当 $x>2$ 时,硅化物薄膜中将含有过量的硅,可以避免薄膜碎裂剥离,从而避免损耗下方的多晶材料。因此,在实际淀积 WSi_x 的工艺中,SiH_4/WF_6 流量比超过 10,以保证可以获得,$x=2.2 \sim 2.6$ 的 WSi_x。在这种情况下淀积的 WSi_x 有较高的电阻率,约为 500 μΩ · cm。如果在 900 ℃温度下进行快速退火,电阻率可降低至大约 50 μΩ · cm。CVD - WSi_x 的电阻率还依赖于 x 的大小,当含硅量增大时,即 x 比较大时,薄膜的电阻率也增大。

上述工艺方法制备的 WSi_x 薄膜中,含有较高浓度的 F。如果反应剂中的 SiH_4 改用 DCS (SiH_2C1_2),在 570 ~ 600 ℃范围淀积,能降低 F 的含量。

近年来,随着 CVD 技术的发展,出现了集多晶硅淀积、多晶硅掺杂、硅化物淀积于一体的多功能淀积系统。在这种淀积系统中能将 Polycide 结构连续淀积完成。

2. CVD - TiN 淀积

微电子工艺中使用的 TiN 薄膜是金属键型薄膜,具有很高的热稳定性(熔点可达 2 950 ℃)、低脆性、界面结合强度高、导电性能好(电阻率只有 25 ~ 75 μΩ · cm)等特点。另外,杂质在氮化钛中的扩散激活能很高,例如,Cu 在 TiN 中的扩散激活能是 4.3 eV,而在金属中的扩散激活能一般只有 1 ~ 2 eV;硅也无法透过 TiN 薄膜。因此,TiN 薄膜在多层互连系统中可以作为扩散阻挡层和(或)附着层使用。在铝互连系统中,TiN 是扩散阻挡层,防止硅/铝间的扩散;而在铜多层互连系统中,对于铜(或钨),TiN 即是附着层,又是扩散阻挡层。铜与硅及二氧化硅的附着性不好,TiN 起黏结作用,且 TiN 又可阻挡硅/铜间的扩散。

TiN 的淀积既可以采用 PVD 又可以采用 CVD。PVD 是淀积金属及金属化合物的传统工艺,以 PVD 方法淀积的 TiN 薄膜会形成柱状的多晶结构,而杂质在晶界上扩散速率快,这将降低其阻挡作用。采用 CVD 工艺更有优势,所淀积的 TiN 薄膜即不是柱状多晶结构,对衬底表面高深宽比微结构又有良好的台阶覆盖特性。

CVD - TiN 可以用 $TiCl_4/NH_3$ 为反应剂,在 600 ℃以上的热壁式 LPCVD 反应器中淀积。化学反应式为

$$6TiCl_4(g) + 8NH_3(g) \longrightarrow 6TiN(s) + 24HCl(g) + N_2(g)$$

用 $TiCl_4/NH_3$ 为反应剂生成的 TiN 薄膜质量高,保形性好。但淀积温度在 600 ℃以上,如果衬底表面已有铝膜,将无法耐受如此高温;而且 TiN 薄膜中含 Cl,Cl 的摩尔分数约为 1%,Cl 的存在会对铝膜有腐蚀作用。因此,对于铝互连系统不能用 $TiCl_4/NH_3$ 作为反应剂制备 LPCVD - TiN 薄膜。

近年来,CVD - TiN 开始使用金属有机化合物源,如四二甲基氨基钛:$Ti[N(CH_3)_2]_4$,记

为 TDMAT;四二乙基氨基钛:$Ti[N(CH_2CH_3)_2]_4$,记为 TDEAT。淀积反应可以在低于 500 ℃下进行,而且没有 Cl 的混入。通常以 $TDMAT/NH_3$ 作为反应剂,化学反应方程式为

$$6Ti[N(CH_3)_2]_4(g) + 8NH_3(g) \longrightarrow 6TiN(s) + 24HN(CH_3)_2(g) + N_2(g)$$

以 $Ti[N(CH_3)_2]_4$ 类金属有机化合物作为 CVD - TiN 的反应剂是近几年才被发明的,这种 CVD 方法也被称为金属有机物化学气相淀积(Metal - Organic CVD, MOCVD)。

7.7.3　CVD 金属及金属化合物的进展

从 20 世纪 80 年代起,随着集成电路的发展,为满足其多层互连技术的需求,对金属及金属化合物的 CVD 工艺进行了不断地探索与开发。除了前述的 W、WSi_x、TiN 薄膜的 CVD 工艺被成功开发应用之外,传统上使用 PVD 工艺制备的 Cu、Al、Ti 等金属及金属化合物薄膜的 CVD 工艺也取得了进展,开发出一些新型金属有机化合物 CVD 源。工艺方法除了冷壁式 LPCVD,还采用了新开发源的 MOCVD 方法。近年来,有些金属及金属化合物的 CVD 工艺已投入了实际工业生产。

金属及金属化合物使用 CVD 工艺制备,目的是获得厚度均匀、表面平坦,台阶保形覆盖和附着性更好的薄膜。另外,一些 CVD 金属及金属化合物还可以实现选择淀积。但是,目前多数金属及金属化合物的 CVD 工艺并不十分成熟,还处于实验室研究阶段。

1. CVD - Cu

从 20 世纪 80 年代末 CVD - Cu 工艺技术就开始被广泛研究。最初是寻找合适的铜源——化学反应剂,以及最佳淀积条件。铜的无机化合物,例如,以 $CuCl_2$ 作为源时,由于淀积温度较高,不适合在前期已进行了多个工艺操作的衬底上制备铜互连布线。因此,铜源的开发主要是集中在铜的有机物上。当前主要是采用二价和一价铜的有机物作为源。二价铜有机物是早期主流源,通式为 Cu^2(b - diketonnate),例如 $Cu(acac)_2$,用 H_2 作还原剂的化学反应式为

$$Cu^2(b - diketonnate) + H_2 \longrightarrow Cu(s) + 2(b - diketonnate)$$

二价铜有机物源多是固态,在化学反应中,源面积的变化,使得淀积速率不易控制,重复性差,但固态源室温时稳定,易于存储。

近几年来,一价铜有机物源开始出现并受到重视而逐渐成为主流,其通式为 (b - diketonnate)Cu^1L_n,其中,L_n 代表有机基团,L 可以是路易斯碱(lewisbase),或为烯(或炔)类,如 tms(trimethylsilane)、cod(1,5 - cyclooctadiene)。一价铜有机物源一般是液态,有较高的蒸气压,可以在较低温度(如 200 ℃)淀积铜膜,不需要其他还原剂。化学反应式为

$$2(b - diketonnate)Cu^1L_n \longrightarrow Cu(s) + 2(b - diketonnate) + 2nL$$

一价铜源在室温较不稳定,不利于存储。而且当 b - diketonnate 是有机大分子基团时,(如含有 F、C、O 等),淀积的铜薄膜中也会含有这类物质,将会影响铜膜性质。

CVD - Cu 冷壁式 LPCVD 设备示意图如图 7.35 所示。液态源由流量计控制流量并在蒸馏器中进一步被稀释,进入反应器后被衬底吸附、分解,生成 Cu 薄膜,而分解产生的其他气态物质则被抽气系统排出反应器。

目前 CVD - Cu 也发展出选择淀积方法,它是在反应器中加入 Silylating 试剂(如 HMDS),以使衬底表面的氧化层或氮化硅含亲水的基团(如羟基),从而阻止 Cu 在衬底上有氧化层或氮化硅的位置成核、生长出 Cu 膜,而只选择有金属、金属硅化物的位置成核,生长

出 Cu 薄膜。

2. CVD – Al

对 CVD – Al 的研究从 20 世纪 80 年代初就开始了,但仍处于实验室研究阶段。目前,CVD – Al 也有覆盖淀积和选择淀积两种制备方法。

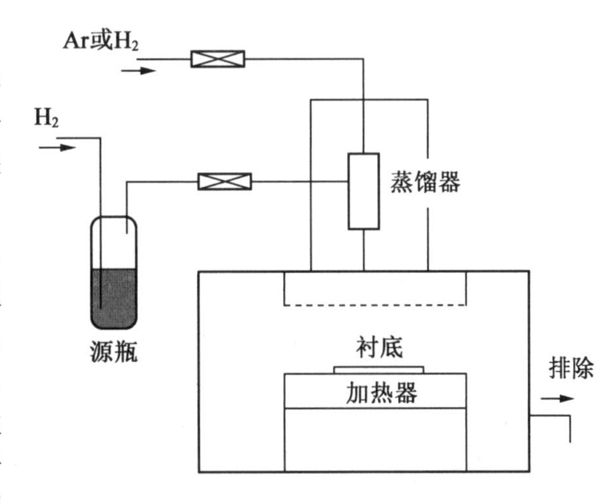

图 7.35　CVD – Cu 冷壁式 LPCVD 设备示意图

早期的 CVD – Al 主要是覆盖淀积,这种 Al 膜有极好的保型覆盖特性、电阻率低,与衬底硅和氧化层的附着性良好。但是,这种覆盖式 Al 膜的表面较为粗糙,会给光刻工艺带来问题。常用的铝源主要为 TMA[分子式为 $Al_2(CH_3)_6$],在低于 300 ℃时就能热分解淀积。之后不久,开发出了选择淀积 Al 膜,铝源采用金属有机化合物 TIBA[分子式为$Al(C_4H_9)_3$]。TIBA 在 250 ℃热分解,只在衬底表面是硅或金属的地方成核、生长、形成 Al 膜,可以很好地填充 0.4 μm 大小的接触孔,但是,TIBA 蒸气压较低,淀积速率较慢。另外,前述 WF_6 在选择淀积中会与硅发生反应淀积 W,而 TIBA 则不会,因此可保证硅表面免受损伤。而且,如果薄膜是在比较好的成核层上进行淀积,表面粗糙的缺点也会明显地得到改善。

目前,还有两种铝有机化合物源也被看好,分别是 DMAH[分子式为 $AlH(CH_3)_2$]和 DMEAA[分子式为$(CH_3)_2C_2H_5N(AlH_3)$],二者都可以在低于 200 ℃时淀积铝膜。

尽管使用有机化合物金属源具有淀积温度低等优点,但是,都存在安全问题。所有铝有机化合物源都是有毒物质,且易燃,接触到水会发生爆炸。因此,在使用和储存过程中必须低温密封,操作方法合理。而且,它们是极易反应的化合物,当室温放置等待注入反应器时,必须采取措施保证其稳定。

本 章 小 结

本章在对 CVD 过程进行分析的基础上介绍了 CVD 工艺的原理及淀积薄膜质量的控制方法。详细介绍了常用的 3 种 CVD 工艺方法:APCVD、LPCVD 和 PECVD,简述了 CVD 工艺的发展趋势。对常采用 CVD 工艺制备的二氧化硅、氮化硅、多晶硅、金属及化合物薄膜的性质、用途和 CVD 制备方法做了介绍。

第 8 章　物理气相淀积

物理气相淀积(Physical Vapor Deposition, PVD)是微电子工艺中一种重要的薄膜制备工艺,主要有真空蒸镀和溅射两种工艺方法,多数金属、合金及金属化合物薄膜多采用物理气相淀积工艺来制备。

8.1　PVD 概述

物理气相淀积是指利用物理过程实现物质转移,将原子或分子由(靶)源气相转移到衬底表面形成薄膜的过程。忽略气相过程时又称物理淀积。

PVD 相对于 CVD 而言工艺温度低,衬底温度可以从室温至几百摄氏度范围;工艺原理简单,能用于制备各种薄膜。但是,所制备薄膜的台阶覆盖特性、附着性、致密性不如 CVD 薄膜。PVD 工艺主要被用于芯片制作后期的金属类薄膜的制备,如芯片的金属接触电极,互连系统中的金属布线、附着层和阻挡层合金及金属硅化物,以及其他用 CVD 工艺难以淀积的薄膜等。

在微电子工艺中常用的 PVD 方法主要有两种:蒸镀(又称真空蒸镀)和溅射。真空蒸镀是在高真空环境加热原材料使之汽化,源气相转移到达衬底,在衬底表面凝结形成薄膜的工艺方法。真空蒸镀又可以按照对材料源的不同加热方法划分为:电阻蒸镀、电子束蒸镀、激光蒸镀等;按照对衬底是否加热划分为冷蒸、热蒸。溅射是在一定的真空环境电离气体,使之形成等离子体,荷正电的气体离子轰击靶阴极,逸溅出的靶原子等粒子气相转移到达衬底表面形成薄膜的工艺方法。溅射通常按照激发气体等离子化的电(磁)场划分为直流溅射、射频溅射、磁控溅射等。图 8.1 为两种 PVD 方法制备薄膜的示意图。

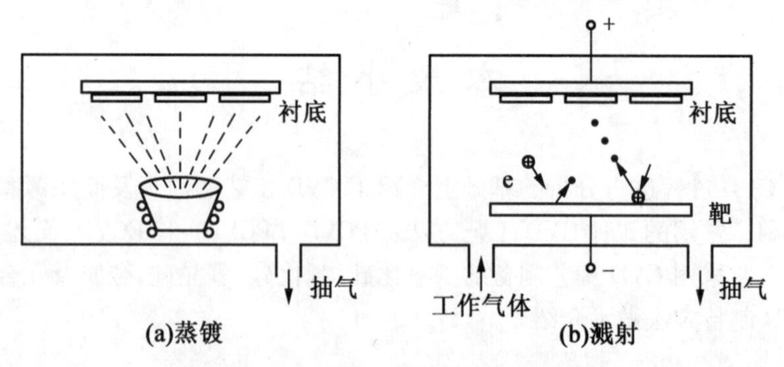

图 8.1　两种 PVD 方法制备薄膜的示意图

真空蒸镀是最早被用于金属薄膜制备工艺的 PVD 工艺方法,曾长期作为微电子分立器件内电极和集成电路互连布线的金属薄膜的制备工艺。它具有设备简单、易于操作、所制备薄膜纯度高、成膜速率快、生长机理简单等优点。但是,也存在薄膜的附着性、工艺重复性、台阶覆盖性不够理想等缺点。

随着集成电路单元尺寸的缩小，对作为互连布线的金属薄膜的台阶覆盖能力和附着能力等要求也在不断提高，因而，在大多数微电子工艺中，真空蒸镀工艺已逐渐被相对而言有较好台阶覆盖能力和附着能力的溅射工艺或 CVD 工艺所取代。

而蒸镀薄膜台阶覆盖能力差的特点，又是它在光刻剥离技术中一直被普遍采用的关键。光刻剥离技术是在淀积薄膜之前，先在衬底上进行光刻，制备出光刻胶（或其他作为牺牲层材料）的图形，然后，用蒸镀方法将金属等薄膜淀积在已有图形的光刻胶层表面上，光刻胶图形的台阶较高时，蒸镀金属会在台阶侧壁底角处断裂，用光刻胶剥离液去胶时，只要由裂纹浸入的剥离液将光刻胶溶解，胶膜顶面上的金属层也就被剥离掉了，从而直接获得有图形的薄膜。光刻剥离的薄膜一般是难以通过光刻腐蚀形成图形的难熔金属或多层金属薄膜，而采用了蒸镀工艺的光刻剥离技术就解决了这个问题。

随着蒸镀设备和工艺技术的发展进步，目前，常用的电子束蒸镀方法在微电子生产及科研方面的薄膜制备中仍有广泛应用。

溅射是当前微电子工艺中制备金属、合金和金属硅化物薄膜时常采用的 PVD 方法，这种方法几乎可以制备任何固态物质的薄膜。与蒸镀相比，溅射薄膜具有附着性好，台阶覆盖能力较强、在淀积多元化合金薄膜时，化学成分更容易控制等优点；但也存在薄膜淀积速率较低、衬底温度升高、设备更复杂造价较高等缺点。随着溅射设备、高纯靶材、高纯气体和工艺技术的发展进步，溅射薄膜的质量也得到了很大的改善，其中，以当前常用的磁控溅射方法制备薄膜的淀积速率和薄膜质量也获得了很大提高。

在微电子芯片中金属薄膜的最重要用途是作为分立器件和集成电路金属化系统的导电层，因此，导电性能优良是其首要条件。在综合了电学性能、工艺性能等多方面情况下，长期以来铝金属化系统成为首选，而铝金属化系统中的铝及铝合金薄膜主要是采用 PVD 工艺制备。随着微电子科技的进步，超大规模集成电路的多层互连系统对金属互连布线的导电性、抗电迁移能力的要求越来越高，金属铜作为互连布线的优势显现出来，目前在超大规模集成电路中铜多层互连系统已逐渐取代铝多层互连系统，而铜多层互连系统中的铜及其阻挡层、附着层等化合物薄膜主要也是采用 PVD 工艺制备。另外，在微电子工艺中使用的其他金属、合金及化合物薄膜也多采用 PVD 工艺制备。

8.2　真空系统及真空的获得

微电子芯片制造的多个单项工艺是在真空系统中进行的，如 PVD 中的真空蒸镀就要求在高真空系统中进行薄膜淀积，溅射也要求在有一定真空度的系统中完成，而前述的 MBE 更是在超高真空度下进行的外延层生长。因此，微电子工艺中获得和保持一定的真空度非常重要，例如真空蒸镀工艺，蒸镀系统的真空度是保证所制备薄膜性能、质量的必备条件。

8.2.1　真空系统简介

真空室的真空度是指室内气体压力，它通过真空泵抽吸室内气体获得。而需要在一定真空度条件下进行的工艺过程，通常一面用真空泵抽吸真空室内气体，一面又需要向室内通入工艺气体，二者平衡，真空室就维持在某一真空度上。

气体具有可压缩性，气体的量通常用压力与体积的乘积（$p \times V$）表示，单位时间内流过管

道某一截面气体的量被称为气体流量 Q,其量纲是压力×体积/时间。有

$$Q=\frac{\mathrm{d}(pV)}{\mathrm{d}t} \tag{8.1}$$

当不考虑气体种类、成分(如为空气)时,气体流量通常用标准体积来衡量,也就是相同气体在 0 ℃和 1 atm 下所占据的体积。例如,1 标准升就是在 273 K,1 atm 下占据 1 L 空间的那么多气体。由于 1 mol 气体在标准条件下是 22.4 L,则 1 标准升是 1/22.4 mol。1 标准升每分钟的流量 Q 是指 $1\ \mathrm{atm\cdot L\cdot min^{-1}}$(记为 slm);流量单位还常用 $1\ \mathrm{atm\cdot cm^3\cdot min^{-1}}$(记为 sccm)。

图 8.2 为一个简单真空系统示意图。入口气体的流量为 Q,假定工艺气体以均匀压力 p_1 流过真空室,用导率为 C 的导管将其和真空泵相连,为控制真空室的气压安装截流阀,而泵的入口压力为 p_2。气体通过导管被排出,气体导管的导率 C 定义为

$$C=\frac{Q}{p_1-p_2} \tag{8.2}$$

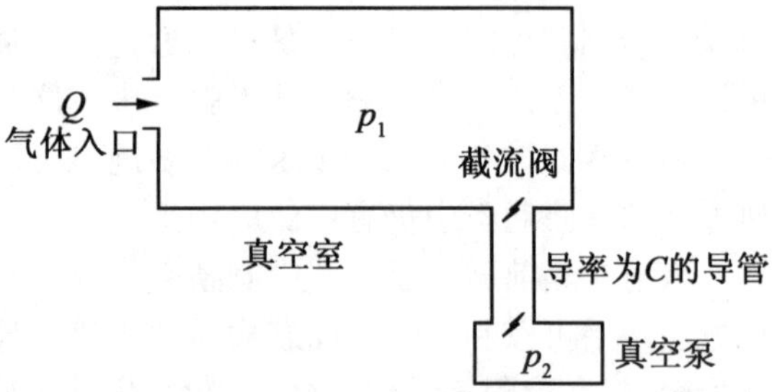

图 8.2　简单真空系统示意图

和电导率一样,并联时气体导率是简单相加,串联时气体导率是倒数相加,气体导率的计算超出了本书的范围,在此不做详述。

要保持真空室气体压力接近泵入口的压力,就要求导管有大的导率,而波纹、弯曲、狭窄部分都会减小导管的气体导率。要提高气体导率,系统必须具有大的管道直径,且真空泵必须放置在接近真空室的地方。

真空泵的抽速 S_p 是其主要参数,是指单位时间排出气体的体积,有

$$S_\mathrm{p}=\frac{Q}{p}=\frac{\mathrm{d}V}{\mathrm{d}t} \tag{8.3}$$

由式(8.3)可知,真空泵的抽速通常不是常数,而是取决于真空泵入口处的气压,在图 8.2 中真空泵的抽速为

$$S_\mathrm{p}=\frac{Q}{p_2}$$

例如,有一个抽速为 1 000 L/min 的泵,在泵入口压力为 1 atm 时,每分钟能抽出的气体,即流量为 1 000 slm。如果在泵入口压力为 0.1 atm 时,在此压力下仍保持抽速为 1 000 L/min,而泵能排出的最大气体流量变成 100 slm。

实际上,在真空系统中通入的气体通常并不是空气,有些是工艺气体,如 CVD 工艺中的反应剂气体,反应剂将参与化学反应,如果只给出与$(P\times V)$相关的流量,并不能满足工艺上对进入真空室反应剂的计量。因此,气体的流速(量)常采用质量流量 q_m 来表征,若气体质量为 G(分子量为 M,密度为 ρ 的气体)时,有

$$q_\mathrm{m}=\frac{\mathrm{d}G}{\mathrm{d}t} \tag{8.4}$$

8.2.2　真空的获得方法

在微电子工艺中不同的工艺方法要求的真空度范围不同,通常将真空度大致划分为四个级别。在不同的真空度范围,气体分子也处于不同的运动状态,这对于具体的工艺过程有

重要影响。

大部分微电子工艺设备工作在粗真空或中真空范围。为了获得洁净的工艺环境，真空室在通入工艺气体之前，通常将室内基压抽吸到高真空度或超高真空度范围。如蒸镀工艺，先将真空室的基压抽吸达到高真空度范围，镀膜开始后原材料的蒸发使得真空室的真空度降至中真空度范围；溅射工艺，真空室的基压也多在高真空度范围，通入工艺气体后气体等离子化，继而开始溅射，此时的真空度通常在低、中真空度范围。在表 8.1 中给出了气体真空度划分和气体分子的运动特点。

表 8.1　气体真空度划分和气体分子的运动特点

真空度划分	压力		分子运动特点	
	/Pa (1 Pa = 1 N/m^2)	/Torr (1 Torr = 133 Pa)	条件	运动状态
低真空	$10^5 \sim 10^2$	$760 \sim 1$	$d \gg \bar{\lambda}$	黏滞流
中真空	$10^2 \sim 10^{-1}$	$1 \sim 10^{-3}$	d 和 $\bar{\lambda}$ 尺寸接近	中间流
高真空	$10^{-1} \sim 10^{-5}$	$10^{-3} \sim 10^{-7}$	$d \ll \bar{\lambda}$	分子流
超高真空	$< 10^{-5}$	$< 10^{-7}$	$d \ll \bar{\lambda}$	分子流

注：d 是指真空室的特征尺寸，如直径；$\bar{\lambda}$ 是气体分子平均自由程。

在 MKS 单位制中，气体压力以帕(Pa)为基本单位，在有些书籍和真空设备中也常用托(Torr)表示，1 Pa = 133.32 Torr。真空度与大气压(atm)的换算关系：1 atm = 0.1 MPa，1 atm = 760 Torr。

以物理方法抽取真空室气体提高室内真空度的设备称为真空泵，要获取不同的真空度范围，所采用的真空设备不同。

低、中真空的获得通常采用机械泵。这类泵是通过活塞、叶片，或者柱塞的机械运动将气体正向移位，其过程可以概括为三个步骤：先是捕捉一定体积的气体，再对所捕捉的气体进行压缩，最后排出气体。这类泵是通过压缩气体进行工作的，因此又被称为压缩泵。压缩泵气体出口和入口的压力比值被称为压缩比，压缩比是这类真空泵的重要参数。例如，如果排出气体的压力是 1 atm，压缩比是 100∶1时，此泵能实现的最低压力是 0.01 atm(1 kPa)；若要在气体入口和出口之间产生更高的压力差，可以用多个压缩泵串联，即多级连接来实现。

图 8.3 为旋转叶片式机械泵的剖视图，机壳内偏心的转子转动，叶片由入口端捕捉的气体，随着叶片转动和气体通道体积的缩小被压缩，当叶片转至气体出口端时出口阀打开，气体被排出。在机壳内装有泵油，一是用来封闭机壳和叶片之间的空隙，避免气体由高压出口进入低压入口；二是起润滑作用。机械泵是初级真空设备，一般工作在一个大气压下，入口端的极限真空度可达 10^{-1}Pa。图 8.4 为微电子工艺中使用最多的机械泵的照片。

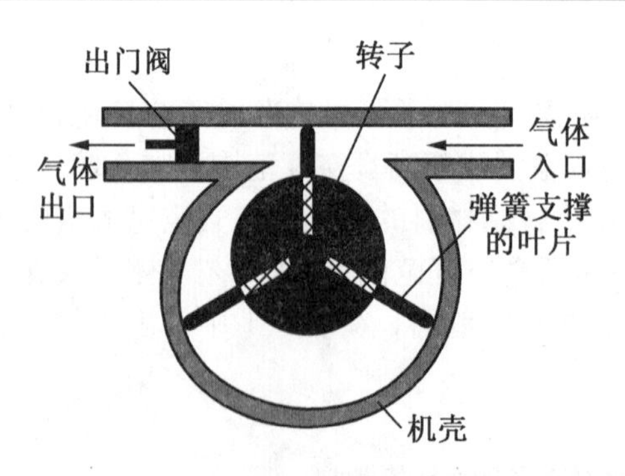

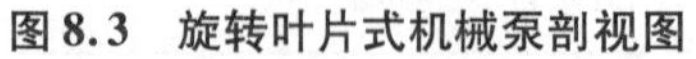
图 8.3　旋转叶片式机械泵剖视图

图 8.4　微电子工艺中使用最多的机械泵的照片

高真空、超高真空的获得通常是在初级泵气体入口端串接次级泵，即由两级或三级，甚至更多级泵系统构成。微电子工艺中常用的次级泵是扩散泵，其剖面如图 8.5 所示。扩散泵的工作方式是通过加热器为泵体底部的扩散泵油加热使之挥发，蒸气流从中央叠塔上部的孔洞喷出，碰到已被水冷的泵体后立即凝结回流至泵体底部，如此循环。而从气体入口流入的气体分子扩散到泵油蒸气流中，并被裹挟在泵油中流向泵体下部浓集，之后被与气体出口相连的初级泵抽走。扩散泵是通过泵油向气体分子转移动量，从而实现气体分子被抽吸排出的。扩散泵的压缩比可达 10^8，一般工作在 $1\sim10^{-6}$ Pa 真空度范围。如果气体入口压力在分子流范围，扩散泵有很高的抽速。大多数扩散泵是不能暴露在大气中的，否则泵油会和空气中的氧气发生化学反应被氧化而失效。扩散泵在使用不当的情况下，油蒸气不是在泵中凝结，而是回流进入真空室或后级泵，造成污染。扩散泵系统可以使用隔离或者冷阱来清除大多数回流的泵油，因为这个原因，当需要非常高的洁净度的时候，一般不采用扩散泵。

与扩散泵类似的还有分子泵。分子泵是利用高速旋转的转子把动量传输给气体分子，使之获得定向速度，从而被压缩、被驱向排气口后为前级泵抽走的一种真空泵。分子泵有三种：(1)牵引分子泵，气体分子与高速运动的转子相碰撞而获得动量，被驱送到泵的出口。(2)涡轮分子泵，是靠高速旋转的动叶片和静止的定叶片相互配合来实现抽气的。这种泵通常在分子流状态下工作。涡流分子泵剖视图如图 8.6 所示。(3)复合分子泵，是由涡轮式和牵引式两种分子泵串联组合起来的一种复合型的分子真空泵。分子泵相对于扩散泵来说，更清洁。

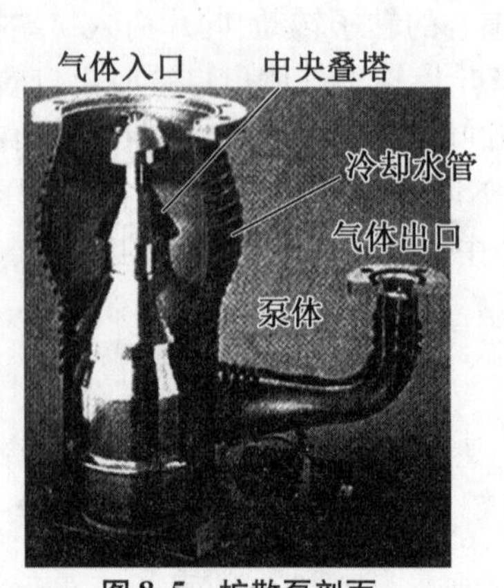

图 8.5　扩散泵剖面

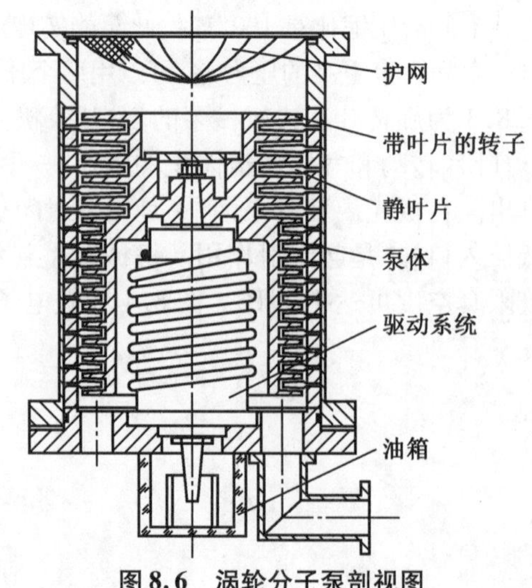

图 8.6　涡轮分子泵剖视图

在微电子工艺中为获得清洁的超高真空，三级泵还常采用气体吸附泵（如低温泵、钛升华泵等）。

8.2.3　真空度的测量

真空系统中的气体压力，即真空度可以用多种不同的真空计（又称真空规）来测量。在微电子工艺中常用的真空计主要是热偶规、电离规、电容压力计，以及复合真空计。

（1）电容压力计属于机械类的规表，依靠待测真空室和参考容积之间的压力差异来产生机械上的偏移，电容压力计就是捕捉薄的金属隔膜的偏移。电容压力计无污染，与被测工艺气体种类无关，测量范围是低真空度。

（2）热偶规是利用热电偶的电势与加热元件的温度有关，而元件的温度又与气体的热传导有关的原理来测量真空度的真空计。图8.7为热偶规构造原理图。如图8.7所示，恒定电流通过加热丝，使之加热，热的加热丝通过气体热传导对外散热，真空度越高气体散热越慢，加热丝温度也就越高；反之，温度就越低。用热电偶测出加热丝的温度，从而得出真空室的真空度。热偶规的测量范围是低、中真空度。

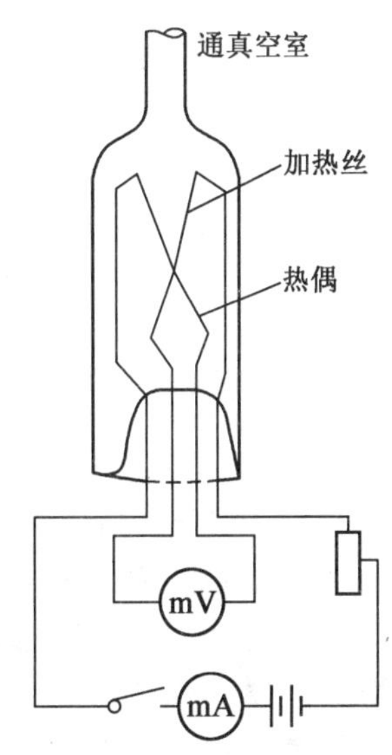

图8.7　热偶规构造原理图

（3）电离规又称热阴极电离计，由筒状收集极、栅网和位于栅网中心的灯丝构成，筒状收集极在栅网外面。热阴极发射电子电离气体分子，离子被收集极收集，根据收集的离子流的大小来测量气体压强。热阴极在真空度低于10^{-2} Pa的空气中可能被氧气氧化而熔断，因此电离规的测量范围是真空度高于10^{-2} Pa的高、超高真空度。

（4）复合真空计，由热偶真空计与热阴极电离真空计组成，测量真空度范围为$10^5 \sim 10^{-5}$ Pa。

（5）B－A规是一种阴极与收集极倒置的热阴极电离规。收集极是一根细丝，放在栅网中心，灯丝放在栅网外面，因而减少软X射线影响，延伸测量下限，可测超高真空度。

8.3　真空蒸镀

真空蒸镀（Vacuum Evaporation）又被称为真空蒸发，是把装有衬底的真空室抽吸至高真空度，然后加热原材料使其蒸发或者升华，形成源蒸气流入射到衬底表面，最终在衬底凝结形成固态薄膜的一种工艺技术。

8.3.1　工艺原理

以真空蒸镀方法制备薄膜，可将其分解为3个基本过程：蒸发过程、气相输运过程、成膜过程。通过分析这3个基本过程来看蒸镀薄膜的工艺原理。

1. 蒸发过程

蒸发过程是蒸发源原子(或分子)从固体或液体表面逸出成为蒸气原子的过程。固态物质受热(或其他能量)激发,温度升高至熔点,熔化,再升至沸点,蒸发;或者由固态直接升华为气态。

对大多数金属及化合物源而言,需要加热至熔化之后才能有效地蒸发;只有少数原材料(如 Mg、Cd、Zn 等)是直接升华的。

在任何温度条件下,固态(或液态)物质周围环境中都存在着该物质的蒸气,平衡时的蒸气压强被称为该物质的平衡蒸气压,又称饱和蒸气压。只有当周围环境中该物质的蒸气分压低于它的平衡蒸气压时,才可能有该物质的净蒸发。任何物质的平衡蒸气压都是温度的函数,随着温度升高而迅速增大。图 8.8 为微电子工艺中常用金属的实测平衡蒸气压温度曲线。

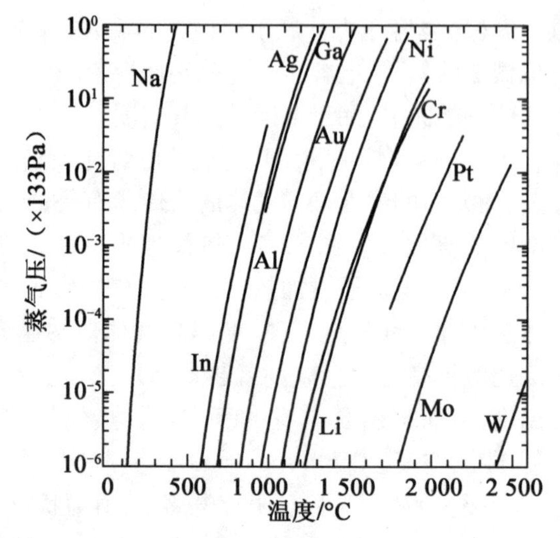

图 8.8　常用金属的实测平衡蒸气压温度曲线

液相物质的平衡蒸气压 p_e 也可以由计算得到

$$p_e = 3 \times 10^{12} \sigma^{\frac{3}{2}} T^{-\frac{1}{2}} e^{\frac{\Delta H_V}{NkT}} \tag{8.5}$$

式中,σ 为液态物质表面张力;T 为绝对温度;ΔH_V 为蒸发焓,是物质从液态到气态的变化过程中(温度不变化)所吸收的热量,又被称为汽化潜热;N 为阿伏伽德罗常数;k 为玻耳兹曼常数。

在蒸镀真空室中,源被加热,只有当处于加热温度的源的平衡蒸气压值高于室内源蒸气的分压时才会有净蒸发。图 8.9 为蒸镀真空室示意图。真空室内源的加热温度越高,其平衡蒸气压就高于室内源蒸气分压越多,蒸发速率也就越快。为了获得合理的源蒸发速率,工程上规定在平衡蒸气压为 1.333 Pa 时的温度为该物质的蒸发温度。例如,铝的蒸发温度是 1 250 ℃;而难熔金属钨的蒸发温度超过3 000 ℃,因而蒸发钨这类难熔金属必须提供更多能量将其加热到很高的温度。

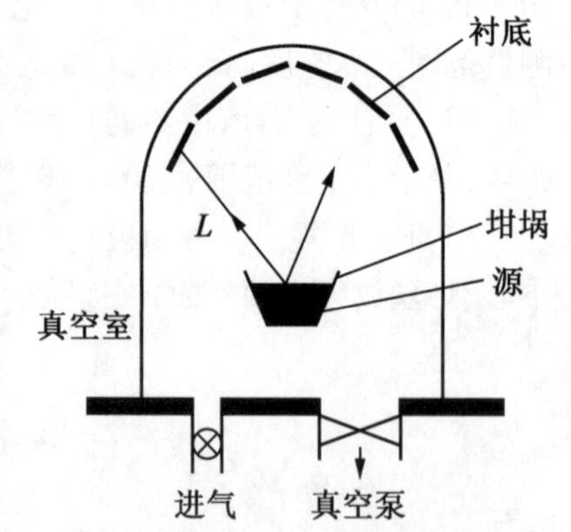

图 8.9　蒸镀真空室示意图

源的蒸发速率可以通过气体动力学原理推导得出。

真空度就是由气体分子热运动过程中轰击室壁面产生的压力。由此可以推导得出真空度为 p、分子量为 M 的气体单位时间单位面积的分子流通量 J_n,即

$$J_n = \sqrt{\frac{p^2}{2\pi kTM}} \tag{8.6}$$

源被蒸发时,假设在坩埚内的源都已经熔化,且温度均匀为蒸发温度 T_e,此温度的平衡蒸气压为 p_e,坩埚开口面积恒定为 A。由式(8.6),再乘上源的原子量,并将原子数转化为质量,可得到坩埚内原材料的质量消耗率 R_{ML},有

$$R_{\mathrm{ML}} = \sqrt{\frac{M}{2\pi k}}\frac{p_{\mathrm{e}}}{\sqrt{T_{\mathrm{e}}}}A \tag{8.7}$$

由式(8.7)可知源的蒸发速率与原材料、蒸发温度、蒸发面积有关。以铝为例,在规定蒸发温度(1 250 ℃)时,单位蒸发面积的质量消耗率为 0.775 g/(cm^2 · s)。

2. 气相输运过程

气相输运过程是源蒸气从源到衬底表面之间的质量输运过程。蒸气原子在飞行过程中可能与真空室内的残余气体分子发生碰撞,两次碰撞之间飞行的平均距离称为蒸气原子的平均自由程($\bar{\lambda}$)。

基于气体动力学原理,可得$\bar{\lambda}$与真空室压力(真空度)p 的关系式,为

$$\bar{\lambda} = \frac{kT}{\sqrt{2}\pi d^2 p} \tag{8.8}$$

式中,d 为原子半径;$\bar{\lambda}$与 p 成反比。

真空室的真空度越高,蒸气原子的平均自由程就越大。在图 8.9 中源到衬底表面的距离为 L,为避免从源到衬底表面蒸气原子因碰撞被散射或能量降低,应有$\bar{\lambda} > L$。因此,蒸镀时必须保持室内真空度足够高,使得从源逸出的原子以直线形式到达衬底表面。假设到达衬底的所有蒸气原子都吸附并保留在衬底表面,且到达各衬底表面的原子流通量也应相等。那么到达衬底表面的这些原子占从源蒸发的全部原子的比应是一常数(设为 K);由图 8.10 所示的几何 - 空间关系进行推导,可得

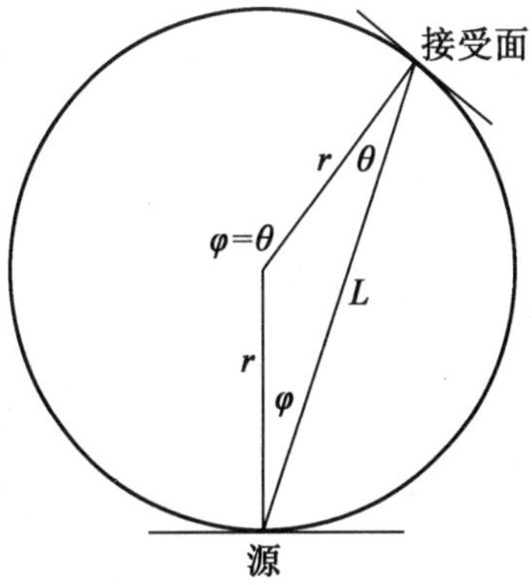

图 8.10　源和接受面的几何 - 空间关系

$$\frac{\cos\theta\cos\varphi}{\pi L^2} = K \tag{8.9}$$

式中,θ、φ 分别为源表面和衬底表面的方向角,当蒸发源表面和衬底接受面在同一半径为 r 球体的球面上时,有

$$\cos\theta = \cos\varphi = \frac{L}{2r} \tag{8.10}$$

综合式(8.7)、式(8.9)和式(8.10)可得淀积速率 R_{d},为

$$R_{\mathrm{d}} = \sqrt{\frac{M}{2\pi k\rho^2}} \cdot \frac{P_{\mathrm{e}}}{\sqrt{T_{\mathrm{e}}}} \cdot \frac{A}{4\pi r^2} \tag{8.11}$$

在式(8.11)中,薄膜淀积速率等于到达衬底单位面积上蒸气原子的质量速率除以膜的质量密度(ρ)。且式(8.11)第一项由蒸发原材料决定,第二项取决于蒸发温度,第三项是蒸发源和衬底几何和空间位置决定的。

3. 成膜过程

成膜过程是到达衬底的蒸发原子在衬底表面先成核再成膜的过程。蒸镀工艺中的“镀”字指的就是成膜过程。

当蒸气原子飞达衬底与表面碰撞时，或是一直附着在衬底上，或是吸附后再蒸发而离开。蒸气原子从加热器获取的动能很低，如铝在规定蒸发温度的动能为0.1～0.2 eV/原子；且衬底温度也较低，一般控制在室温至几百℃范围，蒸气原子并不能从衬底获取能量。因此，从衬底表面再蒸发而离开的原子很少。而在衬底上附着的原子由于扩散运动，将在表面移动，如果碰上其他原子便凝聚成团，当原子团达到临界大小时就趋于稳定，这就是成核过程。成核最易发生在表面应力高的结点位置，因为在结点位置核的自由能会降低。随着蒸气原子的进一步淀积，岛状的原子团（核）不断扩大，直至延展成为连续的薄膜，这就是由核成膜的过程。

真空蒸镀所淀积的薄膜一般是多晶态或无定形薄膜。

在式（8.11）得出的薄膜淀积速率是假设到达衬底的蒸发原子全部形成薄膜，由成膜过程来看，存在衬底的再蒸发现象，则应加上蒸镀系数f，因此，薄膜淀积速率R为

$$R = f\sqrt{\frac{M}{2\pi k\rho^2}}\,\frac{P_e}{\sqrt{T_e}}\,\frac{A}{4\pi r^2} \tag{8.12}$$

蒸镀系数f值的大小视具体工艺在0～1之间变化。

8.3.2 蒸镀设备

真空蒸镀设备有多种类型，不同工艺方法采用的设备也有所不同。而且，随着工艺技术的发展，蒸镀设备推陈出新发展非常迅速。尽管如此，所有蒸镀设备都是由真空室、真空系统、监测系统及控制台4部分组成。如图8.11为真空蒸镀系统示意图。

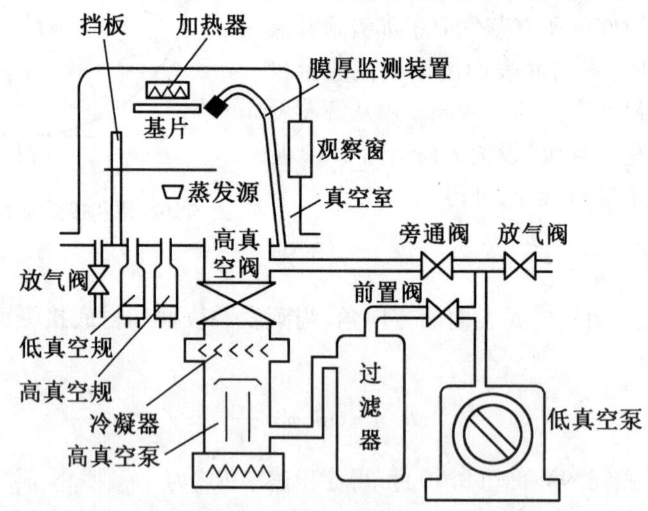

图8.11 真空蒸镀系统示意图

当前常用蒸镀系统的主要组成部分如下：

（1）真空室。

真空室是蒸镀系统的核心部分，主要是为蒸发过程提供真空环境，由金属钟罩和平台构成，其极限真空度应在10^{-4} Pa以上。真空室内主要有源加热器、挡板、衬底支架及其控温装置等。另外，监测系统的探头（如膜厚检测装置等）也在真空室内。

源加热器是为源提供能量使其蒸发的装置。早期使用电阻加热器，随着技术进步出现

了电感加热器、电子束加热器和激光加热器等。通常蒸镀系统中都有多个加热器,这样可以在不打开高真空室的情况下就顺次或同时蒸发多种不同的原材料。

挡板是用来开启或关断到达衬底源蒸气流的快门。为获得纯净的镀膜,应在源蒸发数秒之后再打开挡板,而在停止源蒸发数秒之前就关断挡板。

衬底支架及其控温装置是用来摆放衬底硅片的支架,它有转动功能,以获得厚度均匀的薄膜;控温装置能为衬底加热、控温,衬底温度通常控制在几十至几百℃范围。

(2)真空系统。

真空系统主要包括多级真空泵、各种阀门、检测不同真空度范围的各种真空规,以及管路。

真空蒸镀工艺要求真空室基压在高真空度范围,通常真空度小于 10^{-4} Pa。要获得这样高的真空度需要采用多级真空泵,最常采用一个机械泵和一个扩散泵的串联系统。机械泵是初级泵,多使用油封式旋转叶片泵,工作气压在常压至 10^{-2} Pa 范围;扩散泵是次级泵,多使用靠“定向油蒸气流”来排出气体的油扩散泵,油扩散泵工作气压在 $10^{-4}\sim10^{1}$ Pa 范围,在大气压和低真空度时不能使用,否则泵油会被氧化。

真空规是用于测量真空度的仪表,不同的真空度范围用不同的真空规测量,蒸镀系统低真空度时常用热偶规测量,测试范围从常压至 10^{-1} Pa;高真空度时用电离规测量,测试范围 $10^{-4}\sim10$ Pa。

阀门和管路部分必须使用高真空专用阀门和管路,如真空室进气阀使用针孔阀等。

(3)监测系统及控制台。

监测系统是由对薄膜厚度、淀积速率、薄膜结构、成分等进行实时监测的装置所组成,配备的装置种类越多,系统功能就越强,设备构造也就越复杂、造价也就越昂贵。蒸镀设备最常配置的是石英测厚(速)仪,仪器的石英晶体谐振板在谐振频率下振荡,当其表面淀积了薄膜时,谐振板质量的增加使得频率发生偏移,通过测量频率的偏移可以得出薄膜厚度和淀积速率。

控制台是任何蒸镀系统必不可少的组成部分,主要包括电控部分和机械部分,是进行真空蒸镀的操作平台。

在真空蒸镀设备中,源加热器是设备的核心部分,加热方式代表了蒸镀工艺的发展水平,工艺方法也往往按照加热方式的不同来划分,如用电阻器加热源的蒸镀被称为电阻蒸镀,用电子束加热器加热源的蒸镀被称为电子束蒸镀等。

当前,蒸镀设备主要采用的加热器类型及性能特点如下:

①电阻加热器。利用电功率为源提供能量,使其蒸发。加热器材料多为难熔金属(如钨、钼、钽等),制成螺旋式、锥形篮式、舟式、坩埚式等式样。各种形状的电阻加热器结构如图 8.12 所示。

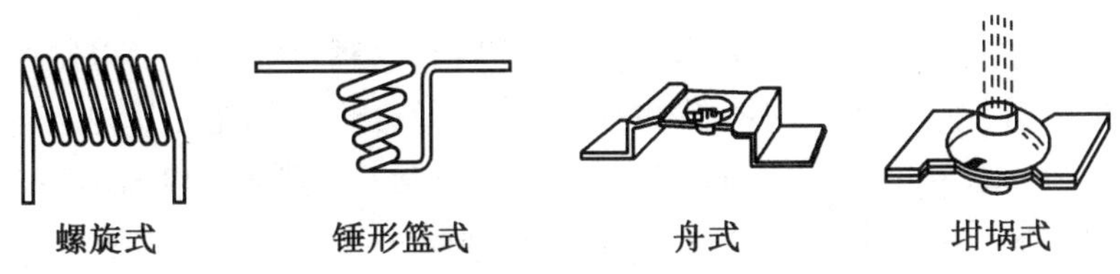

图 8.12 各种形状的电阻加热器结构

选择加热器材料时应考虑材料熔点应高，饱和蒸气压应低，化学性能应稳定。而加热器的形状应视蒸发源形状而定，丝状的源（如铝丝、金丝），可以挂在螺旋式加热器上；颗粒状或块状的源（如铬粒），可以放置在锥形篮式加热器上；粉末状源（如银粉），可以摆放在舟或坩埚式加热器上。

蒸发源对加热器材料是否浸润也非常重要。源在加热器上受热熔化后有扩展倾向时，即浸润性好，蒸发面大，被认为是面蒸发。而源受热熔化后不能在加热器上扩展时，即浸润性差，被认为是点蒸发。在浸润的情况下，蒸发源与加热器材料相容，因而蒸发状态稳定，特别对丝状蒸发源来说，浸润性更重要，如果浸润性差，熔化的源易于从加热器上脱落。例如，银丝用钨丝制成的螺旋式加热器蒸镀时，熔融银对钨的浸润性差，非常容易脱落，因此，一般使用钼舟作为镀银的加热器。

电阻加热器结构简单、使用方便，但不能用于蒸镀某些难熔金属和高熔点氧化物材料，加热器材料的痕量挥发会给所制备的薄膜带来污染，高温加热器甚至会熔断。

②电感加热器。利用电感在导电的金属源中产生的涡流电功率来对源加热的。电感加热器示意图如图 8.13 所示。电感加热器一般由氮化硼（BN）制成坩埚，金属线圈绕在坩埚上，在这个线圈上加载射频功率，坩埚内的原材料中就感应出涡流电流，电热使源蒸发。线圈本身用水冷，保持温度低于 100 ℃，有效地避免了线圈材料的损耗。

电感加热器可以用于蒸发难熔金属（如钛、钨、钼、钽、铂等）。相对于电阻加热器而言，蒸镀薄膜纯净，但电感加热器功耗更大。

③电子束加热器。利用高能电子束轰击原材料，以此为源提供能量使其蒸发的。图 8.14为电子束加热器示意图。从坩埚下面的电子枪中喷射出有一定强度的高能电子束，用强磁场将束流弯曲 270°使之轰击蒸发源表面，原材料受电子束轰击，获得能量，蒸发。

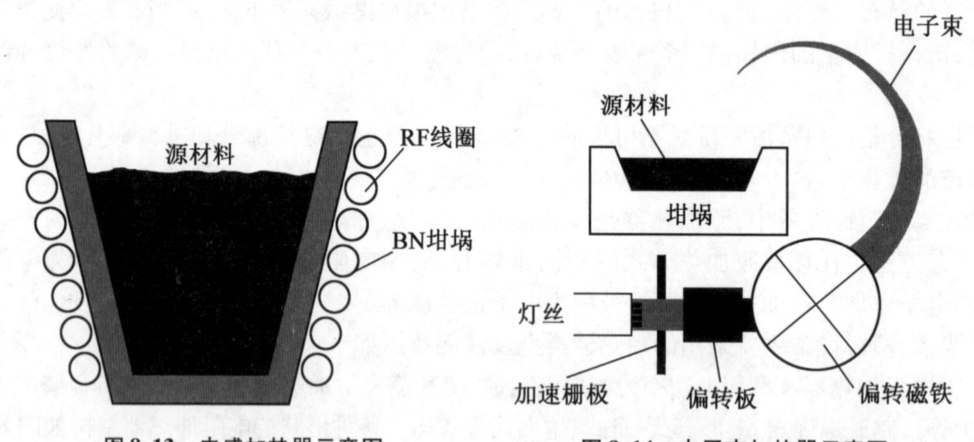

图 8.13　电感加热器示意图　　图 8.14　电子束加热器示意图

采用电子束加热器的蒸镀一般被称为电子束蒸镀，这种蒸镀方法可以制备的薄膜材料范围很广，难熔金属、在蒸发温度不分解的化合物，以及合金等都能容易地从电子束中获取能量而蒸发（如钨、铂、氮化钛等）。而且电子束蒸镀所制备的薄膜较电阻加热方法制备的薄膜更纯净。但是，采用电子束加热器蒸发所制备的薄膜，特别要注意辐射对衬底的损伤。辐射是由于蒸发原子在获取电子束能量时有电子跃迁至激发态能级，当其退回基态能级而产生的，由于 X 射线能损伤衬底和电介质，电子束蒸镀不可用于对辐射损伤灵敏的衬底。

8.3.3 蒸镀工艺

采用真空蒸镀工艺淀积薄膜,应从薄膜特性、衬底情况,以及设备条件,这三个方面入手来确定具体工艺参数和工艺方法。

(1)薄膜特性。

了解所淀积薄膜的材料特性,主要有薄膜材料成分,各种成分的熔点、沸点、分解温度、平衡蒸气压温度曲线(图 8.8)、相图等。确定蒸发方法和温度。

对于单质材料,由平衡蒸气压温度曲线就能确定源大致的蒸发温度。

对于多组分材料,应先确定蒸发方法,然后再确定蒸发温度。图 8.15 为蒸发多组分薄膜的方法。多组分蒸发主要有三种方法:单源蒸发、多源同时蒸发和多源顺次蒸发。

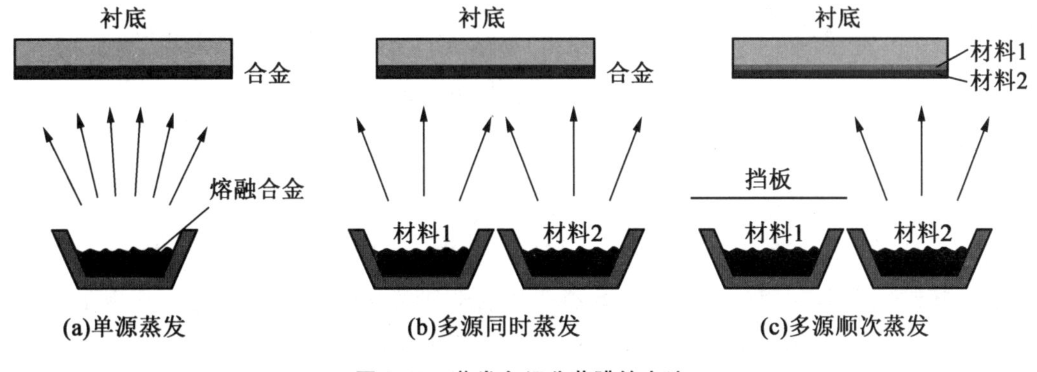

图 8.15 蒸发多组分薄膜的方法

如果原材料各组分的平衡蒸气压接近,采用单源蒸发方法,取各组分的规定蒸发温度的平均值作为试蒸发温度,再由试验确定蒸发温度。

当各组分的平衡蒸气压和蒸发温度相差很大时,若还采用单源蒸发,所淀积的薄膜是随着膜厚而改变组分的混合物。例如 TiW,当蒸发温度为 2 500 ℃时,Ti 的蒸气压是133.3 Pa,而 W 的蒸气压仅有 4×10^{-6} Pa。开始时蒸发出的主要材料不会是 TiW,而几乎是纯钛蒸气,坩埚中剩下的熔料组分随着蒸发而缓慢地变化,蒸气成分也在变化,最后几乎是纯钨蒸气,淀积的薄膜也将是随着膜厚而变化的 Ti 和 W 的混合物。

多源同时蒸发方法是将原材料各组成成分放入多个坩埚同时加热蒸发来淀积某种合金薄膜。还是以 TiW 为例,用两个坩埚,一个放入 W,另一个放入 Ti,在不同的温度下蒸发。虽然对于单源蒸发而言,这是一个重大改进,但为使 W 和 Ti 有相同的淀积速率,两个坩埚的蒸发温度的确定和蒸发温度的控制都必须极为精准,这是共同蒸发方法的难题所在。通常基于蒸发速率公式来确定 Ti、W 的试蒸发温度,在进行了试验调整之后才能最终确定蒸发温度。

多元顺次蒸发是共同蒸发的一种替代方法。可以在多源系统中用打开与关闭挡板的方法来实现多种成分的顺次交替淀积,淀积完成后,高温退火让各组分互相扩散,从而形成合金。这种方法要求衬底必须能承受退火温度。

(2)衬底情况。

进行蒸镀之前,必须对衬底硅片已进行完的工艺操作有所了解,掌握衬底耐温情况,从而确定采取冷蒸还是热蒸。冷蒸是指衬底不加热的蒸镀方法，相应地，热蒸是指衬底加热的蒸镀方法。进行热蒸时，衬底加热温度不能超过其所能耐受温度。

例如，以光刻剥离技术制备金属铂的薄膜图形。蒸镀前在衬底表面已有了光刻胶图形，蒸镀铂薄膜时，通常采取冷蒸方法，希望所蒸镀的铂薄膜在光刻胶的台阶处断裂，以利于光刻胶剥离液从断裂口浸入溶解胶膜，从而剥离去掉光刻胶顶的铂薄膜。图 8.16 为光刻剥离 Pt 示意图。因为冷蒸方法薄膜台阶覆盖性不好而适于剥离工艺，而且对衬底加热会增加胶中残余溶剂的进一步挥发，影响真空室的真空度，且过分干燥的胶膜也难以溶解剥离。

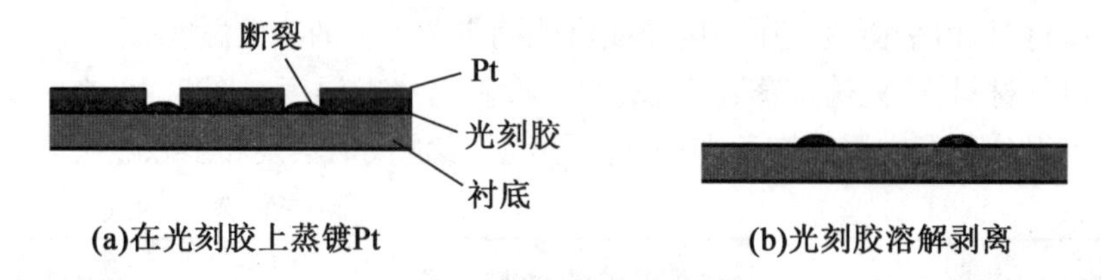

图 8.16　光刻剥离 Pt 示意图

(3)设备条件。

所用蒸镀设备的情况，确定可蒸镀的薄膜及操作方法。电子束蒸镀设备是当前使用最多的设备，它可以制备的薄膜材料范围广泛(如常用金属、难熔金属、合金、化合物等)。但是，电子束蒸镀对衬底有辐射损伤，MOS 器件和电路对辐射损伤敏感，不能采用电子束蒸镀工艺来制备它的金属化系统。此时可以采用电感蒸镀设备。而常用金属薄膜，如果对薄膜纯度要求不高，通常使用结构简单的电阻蒸镀设备就能满足要求。

在按照上述三方面确定了蒸镀薄膜工艺的方法、条件之后，尽管薄膜、衬底、设备有所不同，具体工艺有所差异，但都有如下的工艺步骤：准备→抽真空→预蒸→蒸发→取片。

①准备。将清洗干净的衬底摆放在支架上，试旋转衬底；源装在加热器内，根据源选择加热器，例如铝丝用钨丝加热器，银粉用钼舟加热器，高熔点材料采用电子束加热等。

②抽真空。打开真空系统，抽真空至基压达 10^{-4} Pa 以上，再打开衬底加热器对衬底烘烤，使衬底及真空室壁面吸附气体解吸，再对衬底表面进行电子束流的轰击，以去除衬底光刻窗口本征生长的氧化层或所吸附物质，清洁衬底表面，进一步提高真空室的真空度。

③预蒸。不开挡板，加热源蒸发，以去除源表面的氧化物等不纯物质。

④蒸发。打开挡板开始蒸镀，源加热功率应适当(使坩埚温度控制在蒸发工艺温度)。功率过高，蒸发速率过快，所淀积的薄膜晶粒长大、表面不平整；功率过低，薄膜疏松、与衬底黏附不牢。薄膜厚度满足要求立即关闭挡板，完成蒸镀。

⑤取片。蒸镀完毕不要立即取出衬底硅片，必须等温度降至室温附近再停止抽真空，停机取片，以避免高温薄膜遇空气氧化或吸附空气中杂物。

考虑使用方便起见，工程上直接将蒸发物质、蒸发温度和蒸发速率之间关系绘制成为诺漠图，需要时应查阅相关资料。

8.3.4　蒸镀薄膜的质量及控制

蒸镀工艺主要是在制备微电子器件内电极或集成电路互连布线，以及光刻剥离技术时的金属或合金薄膜时被采用，这时衬底表面多已覆盖有厚的氧化介质层或光刻胶，并有光刻形成的接触孔窗口。因此,蒸镀薄膜的台阶覆盖特性非常重要,对内电极或互连布线而言,希望所淀积薄膜的台阶覆盖特性好,是保形覆盖;而对光刻剥离技术中的金属薄膜而言,希望所淀积薄膜是非保形覆盖,在窗口台阶处的薄膜发生了断裂。另外,蒸镀薄膜的附着性、致密性、成分,以及微观结构等特性也都重要。

影响蒸镀薄膜上述特性,特别是台阶覆盖特性的因素主要有真空度、衬底温度、真空室的几何形状、蒸发速率和加热方式等。

1. 真空度

真空度对薄膜质量的影响很大。从整个蒸镀过程来看,真空室内的真空度(指的是基压)是所淀积薄膜纯度、致密度高低的关键。这是基于以下几个理由:

(1)源被蒸发时,蒸发原子在真空室的输运应为直线运动。如果真空度低,蒸气原子的平均自由程较短,当其小于从源到衬底的距离时,蒸发原子不断地与残余气体分子碰撞,运动方向不断被改变,能量也受到损失,因此很难保证淀积在衬底上,即使淀积在衬底上也因原子自身能量低,在衬底表面的扩散迁移率下降,所淀积的薄膜就疏松,密度降低。

(2)如果真空度低,真空室残余气体中含有的氧气(或水汽)会与在气相输运中的蒸发原子发生化学反应,使其氧化;同时,氧气(或水汽)也可能与加热衬底表面所吸附的蒸发原子发生化学反应,使其氧化,结果蒸镀的薄膜成为源的氧化物薄膜。例如,在较低真空度时蒸镀金属铝,结果得到的是氧化铝薄膜。

(3)如果真空度低,真空室残余气体中含有的杂质原子(或分子)也会淀积到衬底上,进入薄膜之中,从而严重地影响蒸镀薄膜的纯度。

因此,真空蒸镀必须在高、超高真空度下进行。

2. 台阶覆盖特性

台阶覆盖特性对蒸镀薄膜而言很重要。微电子工艺通常希望所淀积薄膜的保形覆盖能力强,前文中已提过真空蒸镀制备的薄膜存在台阶覆盖能力较差的问题。图8.17为在表面深宽比为1的微结构衬底上,蒸镀薄膜的台阶覆盖特性。

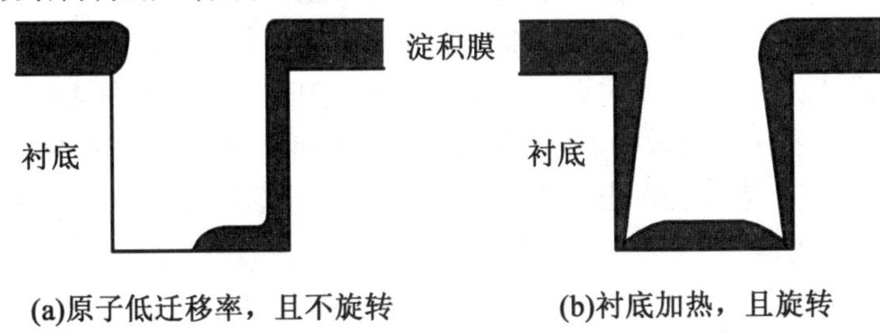

(a)原子低迁移率,且不旋转　　(b)衬底加热,且旋转

图8.17　在表面深宽比为1的微结构衬底上蒸镀薄膜的台阶覆盖特性

通过衬底加热和衬底旋转能够改善真空蒸镀的台阶覆盖特性。这是因为当衬底温度低时,被吸附原子在衬底表面的扩散迁移率很低,而蒸发原子是直线到达衬底的,如果衬底不转动,在不平坦衬底上,高形貌差将投射出一定的阴影区,所淀积的薄膜也就不能全覆盖,如图8.17(a)所示。如果衬底被加热,蒸发原子在衬底表面的扩散速率就会有所提高,若此时旋转衬底,阴影区就会减少甚至消失,淀积薄膜就能实现全覆盖,如图8.17(b)所示。

然而,当衬底加热时,衬底所淀积薄膜物质的平衡蒸气压也随着温度升高而增大,使得到达衬底的原子再蒸发返回气相的比例增大,衬底温度过高时甚至不能成膜。而且,衬底温度过高所淀积的多晶薄膜的晶粒尺寸也会增大，这样薄膜表面平整度变差，进而影响到后续的光刻工艺。另一个需要注意的问题是如果淀积合金薄膜，各组分原子在衬底表面的扩散系数可能有很大差别，使得在深宽比大的微结构底部的薄膜成分不同于结构顶部的成分。因此，衬底加热温度应依据所淀积薄膜的材料特性来综合考虑，通常在几百摄氏度范围内。

对于衬底旋转，除了可以改善衬底的高形貌差投射出阴影区的薄膜覆盖问题之外，还可以改善所淀积薄膜厚度的均匀性。在 8.3.1 节对源气相输运过程进行分析中曾得出，假如蒸镀源与各衬底硅片是在同一球体的球面位置上，所淀积在各硅片上薄膜厚度的均匀性就好。基于此，在当今的真空蒸镀系统中，衬底支架设计为半球形的夹具机构，坩埚表面也位于该球的表面位置上，衬底夹具机构可做行星式转动，且转动过程中也一直保持夹具上的衬底和坩埚内的液面在球面上。这样的夹具机构改善了薄膜厚度的均匀性，却也增加了真空室设备的复杂性。

尽管进行了衬底加热和旋转后，真空蒸镀工艺的薄膜保形性会有所改善，但是并不能彻底解决蒸镀薄膜台阶覆盖性较差这一问题。衬底表面有微结构时，在台阶侧壁上的淀积速率仍低于平坦表面，台阶底部会成为轴向对称的中间厚、角落薄的薄膜，如图 8.17(b)所示。

另外，在光刻剥离技术中，为利于淀积在光刻胶上的金属或合金薄膜的剥离，通常尽量降低蒸镀时衬底温度(如采取冷蒸方法)。

3. 蒸发速率

蒸发速率也对薄膜质量有重要影响。提高源的蒸发速率，有利于减少真空室残余气体对源蒸气和衬底表面的碰撞，能提高所淀积薄膜的纯度和与衬底的结合力，以及表面质量。但是，如果蒸发速率过快，蒸气原子气相输运中的相互碰撞会加剧，动能就有所降低，甚至会引起蒸气原子气相结团后再淀积，这将导致出现薄膜表面不平坦等质量问题。由于源的平衡蒸气压是随着加热温度上升而快速增大，因此影响源蒸发速率的主要因素是加热温度和蒸发面积。蒸发源的加热温度是由加热器功率决定的，因此加热方式也会带来影响。通常蒸镀时通过控制加热器功率使源的蒸气压在 1 ~ 10 Pa 范围变化。

实际上，采用蒸镀工艺制备薄膜时，必须考虑薄膜的具体应用需求。例如，要求薄膜的纯度高，而影响薄膜纯净度特性的主要因素为真空室基压、加热方式和蒸镀工艺操作中挡板开启、关闭时间等；要求薄膜与衬底黏附牢固，对此特性带来影响的主要因素为衬底加热温度和蒸发速率等。因此，应综合考虑多方面因素来确定蒸镀薄膜工艺控制方法和条件，从而获得满足质量要求的薄膜。

8.4 溅 射

溅射(Sputter)现象是 1852 年在气体辉光放电中第一次被观察到的，在 20 世纪 20 年代，Langmuir 将其发展成为一种薄膜淀积技术。溅射工艺就是利用气体反常辉光放电时气体等离子化产生的离子对阴极靶轰击，导致靶原子等颗粒物飞溅出来落到衬底表面，进而形成薄膜的一种 PVD 薄膜制备工艺。

8.4.1　工艺原理

溅射工艺原理较为复杂,影响薄膜淀积的因素很多。从机理上分析,可以将整个溅射分解为4个过程进行讨论:等离子体产生过程、离子轰击靶过程、靶原子气相输运过程,以及淀积成膜过程。

1. 等离子体产生过程

等离子体产生过程是指在一定真空度的气体上通过电极加载电场,气体被击穿形成等离子体,出现辉光放电现象,即有气体原子(或分子)被离子化的过程。在7.3.3节中已详细介绍了等离子体的产生过程。图8.18为离子轰击物体表面时可能发生的物理过程。

传统的直流平行板式溅射装置中都是将靶安装在阴极板上,而衬底放置在阳极板上[图8.1(b)]。溅射工艺就是使等离子体中的离子轰击靶,溅射出的靶原子飞落到衬底上,从而淀积形成薄膜。因此,离子浓度的高低直接关系到薄膜淀积速率的快慢。为此,大多数溅射工艺中真空室内气体压力都较高,通常控制在1~100 Pa之间。而离子是自由电子碰撞气体原子(或分子)时,转移能量高于电离能从而离化成离子的。不同气体的电离能不同,表8.2给出了微电子工艺中常用气体原子的第一与第二电离能。

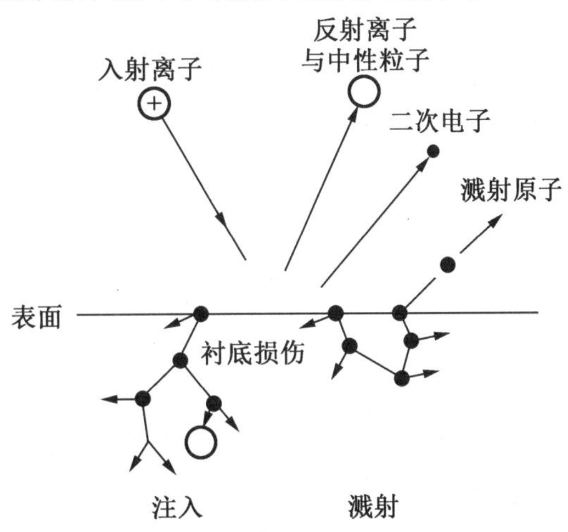

图8.18　离子轰击物体表面时可能发生的物理过程

表8.2　微电子工艺中常用气体原子的第一与第二电离能表

原子	第一电离能/eV	第二电离能/eV
氦(He)	24.586	54.416
氮(N)	14.534	29.601
氧(O)	13.618	25.116
氩(Ar)	15.759	27.629

等离子体中离子浓度主要和工作气体的气压有关。在原子电离概率相同时,升高工作气体压力,离子浓度也相应升高。而在相同气压下,原子电离概率主要是由激发等离子体的电(磁)场特性决定。升高两个极板之间的电压,电子在电场中获得的能量增大,在轰击原子时可转移的能量也增大,原子电离概率增大。直流电场,电子向阳极迁移并在阳极板上消失。

实际应用的溅射装置通常是在两极板上加载交变电场,而在交变电场中的电子会在两个极板之间振荡,因此与气体原子碰撞使之电离的概率远高于直流电场情况。射频溅射就是用13.56 MHz的交流电场击穿气体使其等离子体化的溅射方法。

如果在等离子体内加上磁场,磁场方向与电场方向不平行时,自由电子在电场E与磁场B的共同作用下朝着$E \times B$所指的方向漂移(简称$E \times B$漂移),其运动轨迹由直线变为曲线,延长了到达阳极消失之前的运动距离,增大了与原子的碰撞并使之电离的概率。因此磁控溅射就是一种用特定磁场束缚并延长电子的运动路径,改变电子的运动方向,从而提高气体电离概率和有效利用电子能量的溅射方法。

2. 离子轰击靶

离子轰击靶过程是指等离子体中的离子在电场作用下加速轰击阴极靶,靶原子(及其他粒子)飞溅离开靶表面的过程。如图 8.18 所示,在离子轰击固体表面时,可能发生的一系列物理现象。即可能发生四种现象,而溅射现象仅仅是离子对固体表面轰击时可能发生的现象之一。

究竟会出现哪一种现象主要取决于入射离子的能量。(1)能量很低的离子会从表面简单地反弹回气相;(2)能量低于 10 eV 的离子会吸附于固体表面,以热(声子)形式释放其能量;(3)能量大于 10 keV 的离子,将穿越固体表面数层原子,释放出大多数能量,改变了衬底的物理结构,成为注入离子;(4)而能量在 10 eV ~ 10 keV 之间时,离子的一部分能量以热的形式释放,其余部分能量转化为与表层原子碰撞造成原子逸出时的动能,逸出原子携带的能量在 10 ~ 50 eV 之间。从固体表面逸出颗粒物质的机理相当复杂,涉及化学键的断裂和物理位移耦合作用。

离子轰击靶的过程中,从阴极靶逸出的粒子主要是原子,占总量的 95%,其余是双原子(或分子)。衡量溅射效率的参数是溅射率,即入射一个离子所溅射出的原子个数,又称为溅射产额。溅射率越高可淀积到衬底的原子就越多,薄膜淀积速率就越快。逸出靶的原子流密度为

$$F = Sj^{+} \tag{8.13}$$

式中,F 为靶原子流密度;S 为溅射率(atoms/ion);j^{+} 为轰击靶的离子浓度,离子浓度可以由靶电流得出。

影响溅射率的因素主要有:(1)入射离子,包括入射离子的能量、入射角、靶原子质量与入射离子质量之比、入射离子种类等;(2)靶,包括靶原子的原子序数、靶表面原子的结合状态、结晶取向以及靶材是纯金属、合金或化合物等;(3)温度,一般认为在和升华能密切相关的某一温度内,溅射率几乎不随温度变化而变化,当温度超过这一范围时,溅射率有迅速增加的趋向。此外,根据物质的微观理论,当气体正离子撞击靶时,除了溅射原子之外,靶上还会有其他粒子的发射,并产生辐射。所有这一切过程都会影响薄膜的性质。

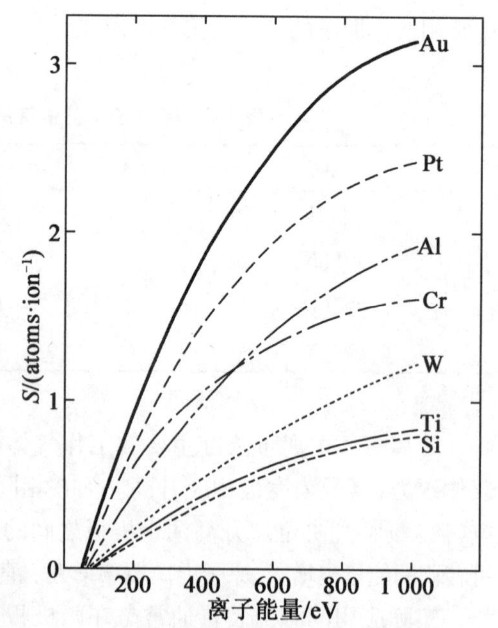

图 8.19　氩等离子体中不同种类靶材的溅射率与垂直入射氩离子能量的关系曲线

图 8.19 为氩等离子体中不同种类靶材的溅射率与垂直入射氩离子能量的关系曲线。对于每一种靶材,都存在一个能量阈值,低于此阈值,不会发生溅射。典型的阈值能量在 10 ~ 30 eV 范围内。能量略大于阈值时,溅射率随能量的平方增大,直到 100 eV 左右;此后,随能量线性增大,至 750 eV 左右;750 eV 以上,只是略有增大。最大溅射率一般在 1 keV 左右。再增大能量将发生离子注入。

溅射率与入射离子种类的关系，总的来说是随着离子质量增大而增大。图 8.20 为溅射率与轰击离子的原子序数的关系曲线。由曲线可知，对于填满或接近填满价电子壳层的轰击离子，溅射率大。惰性气体离子(如 Ar、Kr 和 Xe)有较大的溅射率。在溅射工艺中通常选 Ar 为工作气体，另一个原因是惰性气体离子可以避免与靶材起化学反应。

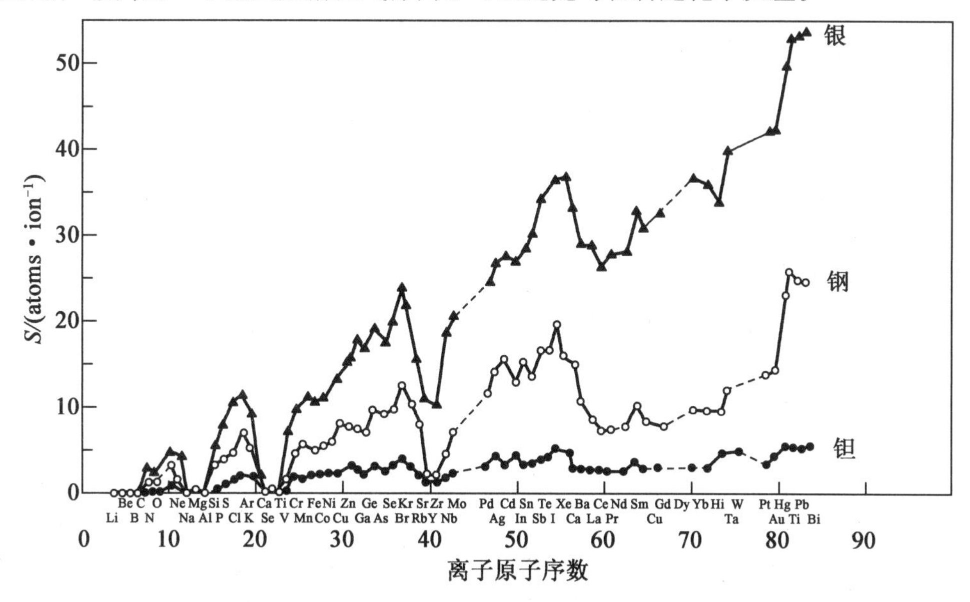

图 8.20　溅射率与轰击离子的原子序数的关系曲线(能量为 45 keV)

入射离子在轰击靶时的入射角度也对溅射率有影响。入射角是指离子入射方向与靶表面法线之间的夹角。在低离子能量情况下，随着入射角的增大，溅射率以 $l/\cos\theta$ 规律增大，即倾斜入射有利于提高溅射率，当入射角接近 80°时，溅射率迅速下降。溅射率对角度的依赖性与靶材也密切相关。如金、铂和铜等高溅射率的靶材一般与入射角度关系不大，而 Ta 和 Mo 等低溅射率的靶材与入射角度有明显关系。

3. 靶原子气相输运

靶原子气相输运过程是指从靶面逸出的原子(或其他粒子)气相质量输运到达衬底的过程。

常规溅射工艺，由于平板式溅射装置真空室内气体压力较高，尽管两极板之间的距离较近(一般在 10 cm 左右)，靶原子在到达衬底表面前仍会发生多次与气体(等离子体)粒子的碰撞，结果，衬底表面某点所到达的靶原子数与该点的到达角有关。而对于高离子浓度的磁控溅射工艺，真空室内气压低，可达高真空度范围，气体靶原子的平均自由程大于从靶面到衬底之间的距离，因此，以一定角度从靶面逸出的靶原子，气相输运轨迹是直线，衬底表面某点所到达的靶原子数受遮蔽效应限制。

4. 淀积成膜

淀积成膜过程是指到达衬底的靶原子在衬底表面先成核再成膜的过程。和蒸镀的成膜过程一样，当靶原子碰撞衬底表面时，或是一直附着在衬底上，或是吸附后再蒸发而离开。与蒸镀相比，溅射的一个突出特点是入射离子与靶原子之间有较大的能量传递，逸出的靶原子从撞击过程中获得了较大动能，其数值一般为 10 ~ 50 eV。相比之下，在蒸发过程中源原子所获得的动能一般只有 0.1 ~ 1 eV。由于能量增大可以提高淀积原子在衬底表面上的迁移能力，改善薄膜的台阶覆盖能力和附着力，因此，溅射薄膜的台阶覆盖特性和附着性都好于蒸镀薄膜。

另外，溅射工艺的衬底温度通常为室温，但随着溅射淀积的进行，受二次电子的轰击，衬底的温度将有所升高。通常溅射制备的是多晶态或无定形态薄膜。

8.4.2　直流溅射

直流溅射(DC Sputtering)又称阴极溅射或者二极溅射，它是最早出现并被用于金属薄膜制备的溅射方法。

20 世纪 60 年代初，贝尔实验室(Bell Lab.)及西电公司(Western Electric)开发出了直流连续溅射装置(图 8.21)。

直流溅射是利用金属、半导体靶制备金属或半导体薄膜的有效方法。典型的溅射条件为：采用 Ar 为工作气体，工作气压为 10 Pa，溅射电压为 3 kV，靶电流密度为 0.5 mA/cm^2，薄膜淀积速率一般低于 0.1 μm/min。

通常直流溅射的薄膜淀积速率 R 和加载的溅射电功率 W 成正比，和从靶到衬底的距离 d 成反比，有

$$R \propto \frac{W}{d} = \frac{I^2}{d} \tag{8.14}$$

另外，工作气体的气压对薄膜淀积速率以及薄膜质量也有很大的影响。薄膜淀积速率与工作气体气压的关系如图 8.22 所示。在工作气体的气压较低时，靶阴极鞘层的厚度较大，原子电离过程多发生在距离靶较远的地方，因而离子运动至靶面的概率较小。同时，因电子平均自由程较长，电子在阳极上消失的概率就较大；而离子轰击阴极时发射二次电子的概率也相对较小。这些都使得工作气体的气压越低，原子电离成为离子的概率就越低，在低于 1 Pa 时甚至不易发生自持放电。因此，薄膜淀积速率随着工作气体的气压降低而迅速下降。而随着工作气体的气压升高，电子的平均自由程减小，原子的电离概率增大，溅射放电电流增大，薄膜淀积速率提高。但工作气体的气压升高达某一值时，飞溅出来的靶原子在飞向衬底的过程中将会受到过多的散射，因而淀积到衬底上的概率反而会下降。因此，随着工作气体的气压变化，淀积速率会出现一个极大值。

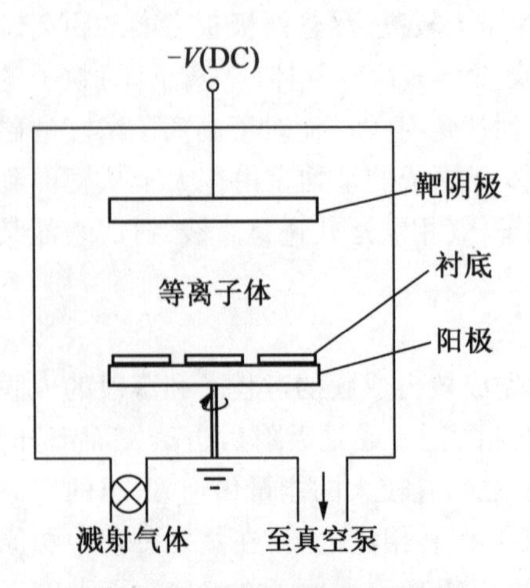

图 8.21　直流溅射装置示意图

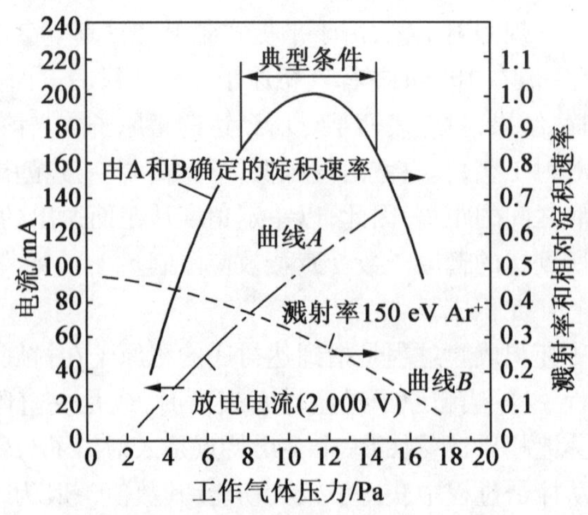

图 8.22　薄膜淀积速率与工作气体气压的关系

工作气体的气压较低时,因原子的平均自由程较长,到达衬底表面的靶原子没有被多次碰撞而消耗过多能量,在衬底表面的扩散迁移能力也较强,这提高了所淀积薄膜的致密度。相反,工作气体的压力较高时,原子气相碰撞散射增加,使得到达衬底的原子能量降低显著,不利于所淀积薄膜的致密化。

直流溅射设备简单,存在各工艺参量不能独立控制的问题,包括阴极电压、电流,以及工作气体的气压。另外,直流溅射工作气体的气压也较高(在 10 Pa 左右),溅射速率较低,这不利于减小气氛中的杂质对薄膜的污染和溅射效率的提高,因此,随着溅射技术的发展以及各种先进工艺方法的出现和成熟,直流溅射已被其他溅射方法所替代,当前已很少采用。

直流溅射最大的局限是不能用于淀积绝缘体薄膜,这是因为当离子轰击靶阴极时,正离子可以从阴极表面获得一个电子成为中性原子。若阴极是导体,损失的电子由电传导补充,靶阴极表面保持负电位;若是绝缘体,靶阴极表面失去的电子不能得到补充,因为从绝缘体的内部到表面是不发生电传导的。因此,随着轰击的进行,靶表面将会积累大量正电荷,电位上升,结果造成离子不再继续对靶轰击。而且阴阳两极的电位差就降至低于维持气体击穿值,气体放电现象将消失。在实际辉光放电中,绝缘体靶表面这个正电荷积累的时间为1 ~10 μs。

8.4.3　射频溅射

射频溅射(RF Sputtering)是指激发气体等离子化的电场是交变电场的溅射方法。1966 年首先由 IBM 公司研发出了射频溅射技术,它可以溅射绝缘介质。这一溅射方法的出现解决了用直流溅射工艺无法制备不导电化合物薄膜的问题。

射频是无线电波发射范围的频率,为了避免干扰电台工作,溅射专用频率规定为 13.56 MHz。在射频电源交变电场作用下,气体中的电子随之发生振荡,致使气体等离子化。而安装靶的和放置衬底的两个电极上连接的是射频电源,对于绝缘介质靶,当靶在射频电压的正半周时,电子流向靶面,中和其表面积累的正电荷,并且积累电子,使其表面呈现负偏压,导致在射频电压的负半周期时吸引正离子轰击靶材,从而实现溅射。

既然射频溅射的两个电极是连接在交变的射频电源上,应该就没有阴、阳极分别了。而实际上,这两个电极是不对称的。图 8.23 为射频溅射装置示意图。如图 8.23 所示,放置衬底的电极与真空室外壳相连并接地,另一个电极安装靶。放置衬底的电极相对于安装靶的电极而言,面积大得多。基于离子鞘效应,两个电极的电位都低于等离子体的电位,而且鞘层电压和电极面积的四次方成反比,结果面积大的电极与等离子体电位接近,成为阳极;而面积小的电极远低于等离子体的电位,成为阴极。因此,放置衬底的电极几乎不受离子轰击;而靶电极相对于等离子体而言,一直处于低得多的负电位,会持续受到离子的轰击。于是,不管是绝缘体薄膜,还是导体或者是半导体薄膜都可以采用射频溅射方法制备。

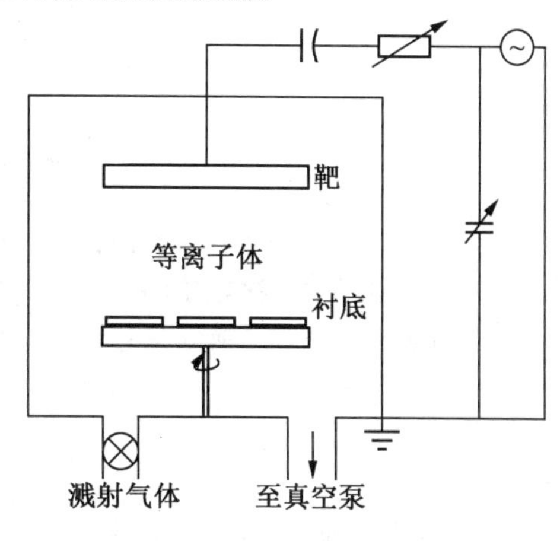

图 8.23　射频溅射装置示意图

在射频溅射装置中,电子在两电极板之间振荡,容易从射频电场中吸收能量,因此,电子与工作气体原子(或分子)的碰撞并使之电离的概率都较大。由此带来气体击穿放电时的电源电压显著降低,工作气体的气压也可以显著降低。

典型的工艺条件:采用 Ar 作为工作气体,工作气体的气压约为 1 Pa,射频功率为 300 ~ 500 W,频率为 13.56 MHz,薄膜淀积速率在 0.01 ~0.1 μm/min 之间。

射频溅射薄膜淀积速率仍较低,设备较直流溅射复杂,且大功率的射频电源不仅价格较高,而且存在辐射污染等问题。目前,在微电子工艺中实际使用射频溅射方法的并不多,只有当薄膜是绝缘介质时才被采用。

8.4.4　磁控溅射

磁控溅射(Magnetron Sputtering)是在 20 世纪 70 年代发展起来的溅射技术。1974 年 Chapin 发明了适用于工业应用的平面磁控溅射靶,这一发明推动了磁控溅射进入生产领域。目前,磁控溅射已成为微电子工艺中实际应用最多的 PVD 薄膜制备方法。

磁控溅射是在阴极靶面上建立与电场正交的环形磁场,以控制离子轰击靶面所产生的二次电子的运动轨迹。二次电子被局限于靶面附近,呈现螺旋状环形运动轨迹。图 8.24 为磁控溅射靶表面的磁场和电子运动的轨迹。

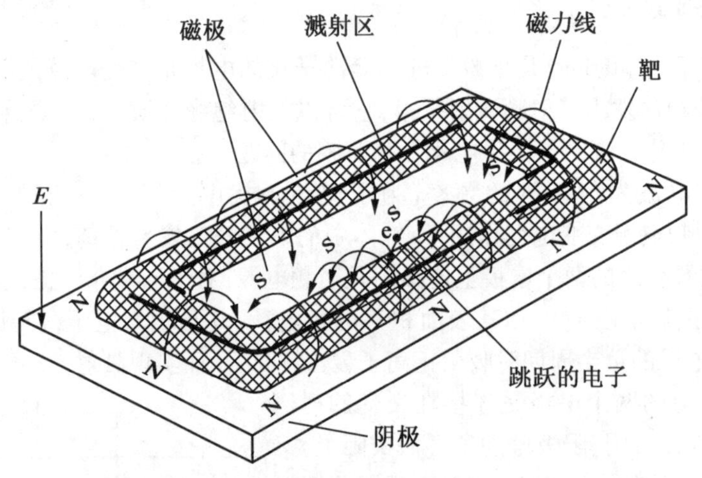

图 8.24　磁控溅射靶表面的磁场和电子运动的轨迹

实际上,多数溅射装置都有附加磁场,以延长电子飞向阳极的行程。只不过磁控溅射所采用的环形磁场对二次电子的控制更加严密。

在电场 E 中以某一速度 v 运动的带电粒子受磁场 B 洛伦茨力的作用发生环形运动,运动半径为

$$r = \frac{mv_{\perp}}{qB} = \frac{mv\sin\theta}{qB} \tag{8.15}$$

式中,m 为带点粒子质量;$v_{\perp}$ 为带电粒子与磁场垂直的速度分量;q 为粒子所带电量;θ 为带电粒子运动速度与磁场的夹角。

磁控溅射靶延长了二次电子的运动路径,增加了电子与气体原子(或分子)的碰撞次数,极大地提高了等离子体中的离子浓度。在直流等离子系统中,典型离子密度是 0.000 1%,而在磁控等离子系统中,离子密度可达 0.03%。由此带来如下优点:

(1)提高了溅射效率,使薄膜的淀积速率也有大幅度提高,薄膜淀积速率与直流溅射相比提高了一个数量级。

(2)可以降低系统内工作气体的气压,如当工作气体的气压在 10^{-5} Pa 时都能形成等离子体,这使所淀积薄膜的纯度有所提高。

(3)被磁场束缚的二次电子在与气体粒子多次碰撞之后能量迅速降低,被复合消失掉,这就显著地减少了高能二次电子对安装在阳极上的衬底的轰击,降低了由此带来的衬底损伤和温升。

磁控溅射技术发展迅速,目前已有多种类型的磁控溅射设备和相应的工艺方法被广泛应用。按电场划分有直流、中频和射频磁控溅射;按可安装靶的数量划分有单靶和多靶;按靶与磁场几何结构划分又有同轴型、平面型和 S 枪型等多种。

8.4.5　其他溅射方法

溅射工艺有多种方法,除了前述的直流、磁控、射频溅射之外,反应溅射、偏压溅射、离子束溅射等方法在微电子工艺中应用得也越来越多,工艺技术也在不断完善。而不同的溅射方法相结合又不断构建出新式方法,如射频技术和反应溅射相结合出现了射频反应溅射方法。各种溅射方法的用途与所制备的薄膜的特性也有所不同。

1. 反应溅射

采用溅射工艺制备化合物薄膜时,所淀积薄膜的成分与化合物靶材的成分是有较大偏差的。例如,采用氧化物靶溅射制备氧化物薄膜时,氧化物薄膜的组成通常出现氧元素不足的现象。如果在溅射时,在工作气体中适当地添加氧气,就能补充不足的氧,制备出与靶相同化学配比的氧化物薄膜。

如果主动地把活性气体(如 O_2、N_2、CH_4 等)通入等离子体中,由活性气体和惰性工作气体(通常为 Ar)的比例来控制所制备薄膜的组成和性质,这种方法就是反应溅射。反应溅射方法主要被用于制备绝缘化合物薄膜。

反应溅射设备可以是普通的直流溅射或磁控溅射设备,但必须有两个气体引入口,衬底加热温度应在 500 ℃以上。活性气体与氩气的混合比与溅射薄膜组成成分和工作气压有关,总气压与相应的直流溅射或射频溅射方法的工作气压相当。

以反应溅射方法淀积化合物薄膜,一般认为化合物薄膜形成过程中的化学反应不是在靶上或等离子体中进行的,而是在活性气体与溅射原子到达衬底后发生的。例如,钽靶在氧和氩的混合气体中溅射,在衬底上并不是马上就形成了五氧化二钽(Ta_2O_5)之类的化合物,而是大部分氧原子进入钽的晶界。当衬底温度相当高,薄膜中氧原子的量也足够多时才能形成氧化钽。团此,氧气分压必须相当高。

目前,应用反应溅射制备的化合物薄膜主要有:氧化物、氮化物、碳化物等。

2. 偏压电极

偏压电极是将衬底放置在离阳极极板一段距离的衬底极板上,并在该极板上加载 100 ~ 500 V 的直流负偏压。偏压溅射装置示意图如图 8.25 所示。

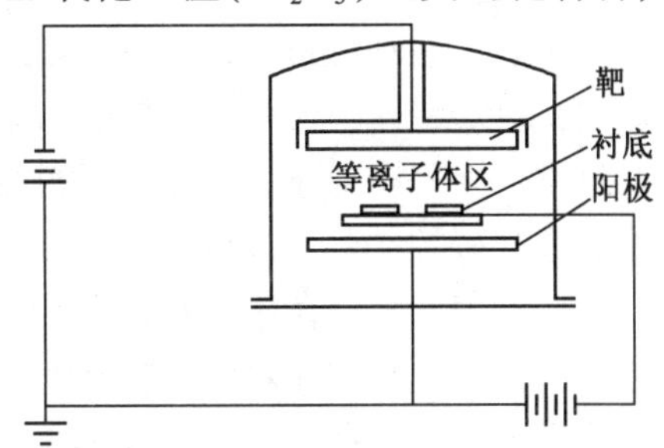

图 8.25　偏压溅射装置示意图

在薄膜淀积过程中，衬底受到一定数量的正离子轰击，可以提高原子在薄膜表面的扩散和参加化学反应的能力，提高薄膜的密度和成膜能力，抑制柱状晶生长和细化薄膜晶粒等；还可以改变薄膜中的气体含量，将淀积过程中吸附在衬底表面的气体轰掉。因此使薄膜的纯度、致密度、附着力有所提高。另外，偏压对薄膜的组织结构等性质也有影响，利用偏压还可以改变薄膜的硬度、介电常数、对光的折射率等性质。

但是，某些气态原子又可能因为偏压下的高能离子轰击而被深埋在薄膜中，也可能诱发各种缺陷。总之，偏压溅射是改善溅射淀积形成的薄膜组织及性能的最常用，而且也是最有效的方法之一。

3. 离子束溅射

离子束溅射利用低能量聚焦离子束对靶表面进行轰击，靶原子被溅射出来，并以纳米尺寸的粒子有序淀积形成厚度为几至几百纳米的薄膜。它与直流、射频及磁控溅射方法相比具有独特的优点：所制备的薄膜面积大、致密、平整光洁、无污染、内应力小、几乎无缺陷。离子束溅射是当前和未来获得高质量的单质、合金或绝缘介质的单层和多层薄膜的最有前途的薄膜制备方法。

离子束溅射设备的工作参数的独立控制自由度大，可以有效监控薄膜生长过程，实施离子束预清洗衬底，能提高薄膜致密度和减小空隙度，改变薄膜应力的性质和大小，制备具有小晶粒尺寸及低缺陷密度的薄膜。

4. 三极溅射和四电极溅射

三极溅射是在二极直流溅射设备的基础上增加一个发射电子的热阴极，即构成了三极溅射设备。由于热阴极发射电子的能力较强，因而放电气压可以维持在较低的水平上，这利于提高淀积速率、减少气体杂质的污染。

三极溅射设备典型的工作条件：工作气压为 0.5 Pa，溅射电压为 1 500 V，靶电流密度为 2.0 mA/cm^2，薄膜淀积速率约为 0.3 μm/min。

三极溅射方法的缺点是难以获得大面积且分布均匀的等离子体，且提高薄膜淀积速率的能力有限，因而这种设备并未获得广泛应用。

与三级溅射类似的方法还有四极溅射，是在三级设备上再增加一个辅助阳极。通过提高辅助阳极的电流密度即可提高等离子体中离子的浓度，从而提高薄膜的淀积速率。而且轰击靶的离子流又可以得到独立的调节。

8.4.6 溅射薄膜的质量及改善方法

溅射工艺和蒸镀工艺一样，也多是在制备微电子器件内电极或集成电路互连系统的金属、合金以及硅化物薄膜时使用。因此，要求溅射工艺制备的薄膜保形覆盖特性、附着性以及致密性要好。对于金属薄膜最好能够控制其多晶态晶粒结构；对于合金或硅化物薄膜最好能够准确控制其组成成分。

1. 溅射与蒸镀薄膜质量的比较

(1)溅射薄膜的保形覆盖特性好于蒸镀薄膜。溅射逸出的靶原子到达衬底后一旦被吸附将沿着表面扩散，聚集成核，如果在表面的扩散迁移率高，就能形成平滑的保形性好的连续薄膜。而吸附在衬底表面原子的扩散迁移率是由衬底温度和原子自身能量高低决定的。从靶面逸出的溅射原子比从源蒸发原子的动能高 1 ~2 个数量级，即使在到达衬底之前溅射原子与等离子体碰撞能量有所损失，但相对于在高真空下直线到达衬底的蒸发原子能量仍高得多，特别是磁控溅射原子也是在高真空下直线到达衬底的，原子能量更高。因此，即使是在常温衬底上溅射的薄膜也有较好的台阶覆盖特性。

(2)溅射薄膜附着性好于蒸镀薄膜。由于溅射原子能量远高于蒸发原子能量，淀积成膜过程中，通过能量转换产生的热能较高，从而增强了溅射原子与衬底的附着力。

(3)溅射薄膜较蒸镀薄膜密度大，针孔少。这也是因为溅射原子能量较高，使得其在衬底扩散迁移能力强，经充分扩散，所淀积的薄膜也就致密了。

(4)溅射薄膜的淀积速率较蒸镀慢，膜厚可控性和重复性较好。由于溅射时的放电电流和靶电流可分别控制，通过控制靶电流则可控制淀积速率。因此，溅射薄膜的膜厚可控性和多次溅射的膜厚的再现性好。

(5)当前常用的磁控溅射也在高真空度下进行，因此薄膜纯度较高。溅射过程中对衬底辐射造成的缺陷远少于电子束蒸镀，而且不存在蒸镀时无法避免的坩埚污染现象。

(6)溅射工艺需要有与薄膜成分相适应的高纯度靶材，因此这也限制了溅射工艺在制备一些较特殊材质薄膜时的应用，而电子束蒸镀工艺在这方面有优势。

综上所述，溅射薄膜技术优越，已成为大多数微电子工艺中制备淀积薄膜的最佳选择，特别是在超大规模集成电路工艺中，溅射已取代真空蒸镀成为制备金属、合金，以及金属硅化物等薄膜的标准工艺。

2. 保形覆盖特性的改善

尽管相对于真空蒸镀而言溅射薄膜的保形覆盖特性有所提高，但在制备超大规模集成电路的高密度互连系统中的金属、合金及化合物薄膜时，其台阶覆盖特性依旧是主要问题。

溅射薄膜在光刻窗口处的淀积情况是最能显示其保形覆盖特性的。图8.26为常温下的磁控溅射薄膜台阶覆盖随时间增加而变化的剖视图。磁控溅射衬底吸附原子有较高的扩散迁移率，但在台阶的上由于到达角大(270°)，淀积膜较厚，趋向于形成凸起；而接触孔底角由于到达角小(90°)，且又存在遮蔽效应，淀积膜较薄，趋向于形成凹陷。

目前，改善溅射薄膜的保形覆盖特性的方法主要有：充分提高衬底温度、在衬底上加射频偏压、采用强迫填充技术、采用准直溅射技术。

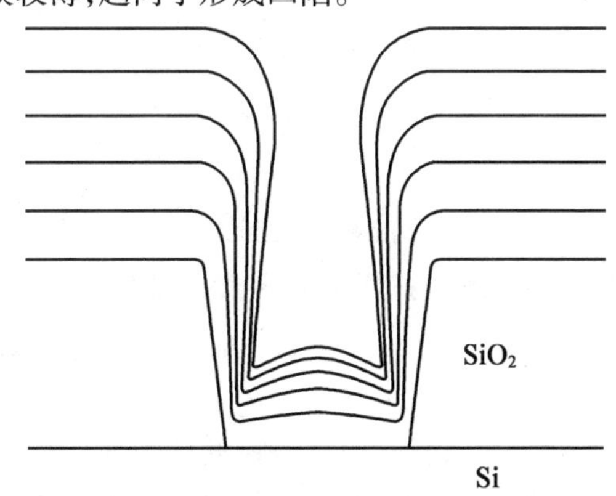

图8.26　常温下的磁控溅射薄膜台阶覆盖随时间增加而变化的剖视图

(1)为改善溅射薄膜的保形覆盖特性，可以采取加热衬底，升高衬底温度的方法，以增强衬底所吸附溅射原子的表面扩散迁移率。但同时也要考虑衬底温度升高，金属多晶态薄膜的晶粒尺寸也随之长大，使薄膜表面变得粗糙；而且衬底温度升高也会带来薄膜与衬底、薄膜与薄膜之间的互扩散增强现象；另外，溅射淀积薄膜时，靶的辐照加热和高能二次电子轰击产生的大量热都会使衬底温度升高。因此，必须综合考虑各方面因素后再确定衬底的温度，并对其进行有效控制。

(2)为改善溅射薄膜的保形覆盖特性，可以在衬底圆片上加载射频偏压，如果偏压足够大,圆片将被高能离子轰击,这将有助于溅射材料的再淀积,可以在一定程度上改善薄膜的台阶覆盖特性。

(3)强迫填充技术,是指在有高纵横比的微小光刻接触孔的圆片上溅射薄膜时,有意使金属薄膜在接触孔顶拐角处产生明显的尖端,直至两个尖端相接触,则淀积发生在接触孔覆盖膜的顶面,工作气体(通常是 Ar)被密封于接触孔的空洞内。此时,接触孔内的薄膜台阶覆盖特别差。为了修正这种状况,把衬底放入一个压力容器中,加热,加压到几个大气压,如果压力超过加热金属的抗曲强度,密封层就会塌陷下去,推动金属向下进入接触孔(图 8.27)。强迫填充仅对一定范围的接触孔尺寸有效,它不能改善在孤立台阶上的金属薄膜的保形覆盖特性。

(4)准直溅射技术,是在高真空溅射时,在衬底正上方插入一块有高纵横比孔的平板,称为准直器(图 8.28)。

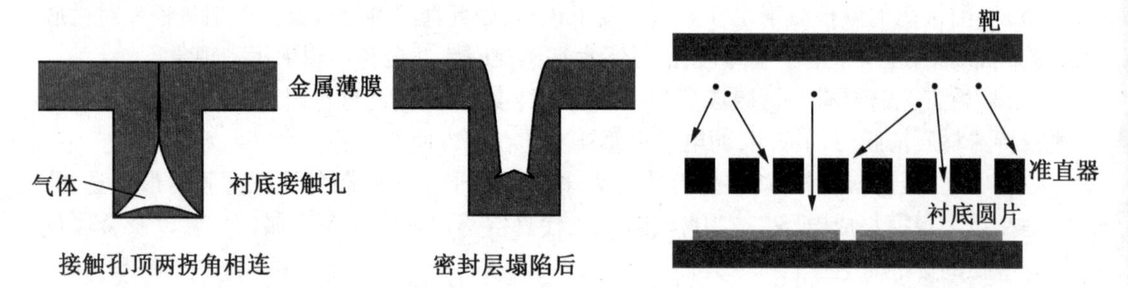

图 8.27　强迫填充技术　　图 8.28　准直溅射技术

溅射原子的平均自由程足够长,则在准直器与衬底之间几乎不会发生碰撞。因此只有速度方向接近于垂直衬底表面的溅射原子才能通过准直器上的孔,到达衬底表面,而且这些原子更可能淀积在接触孔的底部,这样就不会因接触孔顶两拐角的接近(甚至接触),造成到达孔底部溅射原子过少,从而出现孔底角处薄膜太薄、甚至不相连的现象(图 8.29)。

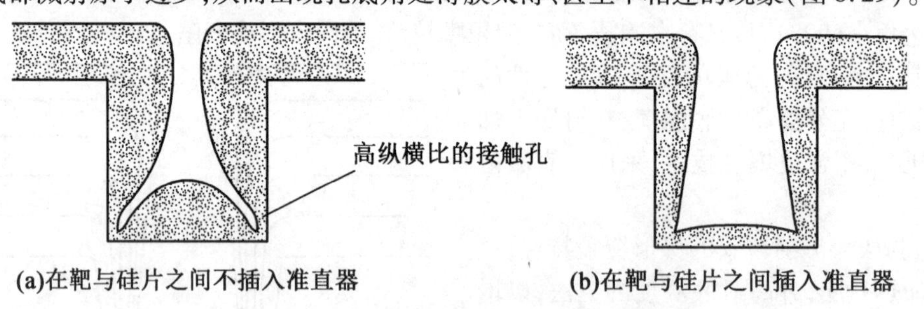

(a)在靶与硅片之间不插入准直器　　(b)在靶与硅片之间插入准直器

图 8.29　接触孔中溅射薄膜的淀积情况

使用准直器会明显地降低淀积速率,不过对于厚度很小的薄膜,如互连系统中的阻挡层,厚度在 25 ~ 40 nm 之间,淀积速率的降低还是可接受的。尽管准直器已被广泛使用,但它还是存在一些问题。更高纵横比的接触孔需要更高纵横比的准直器,因而相应地淀积速率更低;淀积在准直器上的材料堆积起来,直到变得很厚,成片剥落,它可能落在衬底表面,沾污衬底。通常准直器是用金属铝制作的带有环形或多边形孔阵列的厚板,板孔纵横比为(1:1) ~ (3:1),准直器应接地。

实际上,影响薄膜质量特性的因素主要是溅射方法,加载电(磁)场的特性,淀积时的衬底温度、工作气体气压，以及靶材和气体的纯度等。综合考虑溅射薄膜的用途和影响薄膜质量的各种因素，对这些因素进行合理控制才能溅射获得满足实际需求的薄膜。

8.5　PVD 金属及化合物薄膜

在微电子器件和集成电路中使用金属薄膜的场合很多，有导电性能良好的铝、铜、金、银等，多是作为与硅接触的内电极和（或）互连布线；有与硅接触势垒高且不发生互扩散的镍、铂、镉、镍铬和钨等，可作为扩散阻挡层或势垒层；还有一些金属薄膜与硅或二氧化硅的附着特性好（如钛、铬等）可作为黏附层。而化合物薄膜多是作为扩散阻挡层或势垒层（如氮化钛、硅化钨等）。这些薄膜都可以采用 PVD 工艺制备。另外，有些 CVD 工艺难以淀积的薄膜也可以采用 PVD 工艺来制备。

8.5.1　多层金属

单层金属无法满足器件与集成电路的内电极和互连布线要求时，常采用多层金属。可以根据需要来确定金属薄膜的层数。各层的主要作用如下：

欧姆接触层是指能与衬底形成良好欧姆接触的金属层。欧姆接触层一般只有几百埃米厚，常用金属有：钛（Ti）、铂（Pt）、铝（Al）、镉（Pd）、锌（Zn）等。

黏附层是当欧姆接触层与硅和二氧化硅之间的黏附附性不好时，还需要在欧姆接触层与硅和二氧化硅之间先淀积一层黏附层。黏附层也只需几百埃米厚。常用金属有：钛（Ti）、铬（Cr）、铝（Al）、锆（Zr）等。

过渡层就是阻挡层，是用来阻挡上层金属扩散进入硅和二氧化硅，形成硅化物；或着阻挡上下两层金属互扩散产生高阻物的阻挡层。过渡层金属应与硅之间的合金化温度高，和上下两层都不产生高阻物，且致密度高无针孔，厚度为 1 kÅ ~2 kÅ。常用金属有：钯（Pd）、钨（W）、钼（Mo）、镍（Ni）及镍铬合金（NiCr）。

导电层的电阻率应低，抗电迁移性能要好，理化性质稳定，容易压焊引线，导电层厚度约为 1 μm。常用金属有：金（Au）、铝（Al）、银（Ag）、铜（Cu）等。

例如，NMOS 电路的互连系统是采用 PtSi - Ti - Pt - Au 多层金属系统。该系统工艺为：

（1）溅射 Pt，然后 700 ℃热处理形成 PtSi 欧姆接触层。

（2）溅射 Ti，作为黏附层，把 Si 与上面的 Pt 黏合起来。

（3）溅射 Pt，作为过渡层，防止 Ti 与 Au 形成高阻物。

（4）真空蒸镀 Au，作为导电层实现各元件的互连，且利于键合外电极。

多层金属系统工艺复杂，实际使用时应尽量减少层数。多数场合用二层或三层就能起到与上面四层相同的作用（如 Ti - Au 系统、Cr - Ni - Ag 系统、Al - Pt - Au 系统等）。

8.5.2　铝及铝合金薄膜淀积

在微电子工艺中铝膜是使用最早、用途最广、也是最重要的金属薄膜。块状金属铝的电阻率为 2.7 μΩ · cm，铝膜的电阻率略高于块状材料，1 μm 厚铝膜的电阻率约为 3 μΩ · cm，具有良好的导电性能。铝膜通常作为与硅接触的内电极和互连布线。

制作铝膜内电极时，为了与衬底硅能形成良好的欧姆接触，通常淀积之后再在 520 ℃左右退火。退火过程中，硅－铝互扩散，在界面硅一侧出现铝的“尖楔”，由于集成电路的源漏结或发射结都很浅，“尖楔”现象可能导致结穿通，性能下降甚至失效。图 8.30 为铝尖楔现象引起的 pn 结的穿通。由铝－硅相图（图 1.16）可知，在 520 ℃时，硅在铝中的固溶度为 1%，因此界面处的硅向铝中扩散，而留下的位置又被铝填充，进而形成铝“尖楔”。为了避免“尖楔”现象，可使用硅的原子百分数为 1% 左右的硅铝合金作为内电极材料。另外，铝（包括铝硅合金）薄膜的抗电迁移特性差，在铝硅中再掺入硅原子百分数 2% 左右的铜可以改善，从而提高互连布线的可靠性。从 20 世纪 80 年代末开始就普遍采用铝硅铜合金薄膜作为集成电路的互连布线。

铝薄膜的制备通常采用 PVD 工艺，其中真空蒸镀是最早采用的方法，从早期的电阻真空镀铝，到电子束真空镀铝，再到当前普遍采用的磁控溅射淀积铝。而真空蒸镀工艺难以淀积成分准确的合金薄膜，因此，铝合金薄膜大都采用磁控溅射工艺制备。

1. 电阻真空镀铝

常压下，铝熔点为 660.4 ℃，沸点为 2 467 ℃，在 1 250 ℃时的平衡蒸气压为 1.333 Pa，所以 1 250 ℃是工程上规定的蒸发温度（图 8.8），这一温度并不高，所以长期以来铝膜都是使用电阻加热方法淀积的。

铝源在蒸发过程中是先熔化，再汽化挥发。熔融铝能浸润钨丝，因此可以采用钨丝作为镀铝的电阻加热器。常用的钨丝加热器的形状和铝丝源的摆放方式如图 8.31 所示。

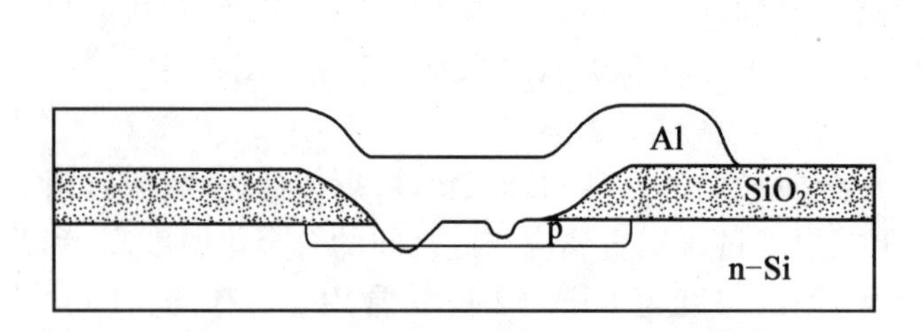

图 8.30　铝尖楔现象引起的 pn 结的穿通

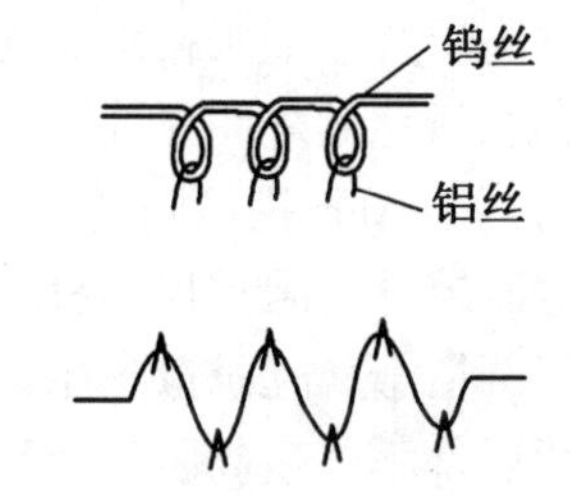

图 8.31　常用的钨丝加热器的形状和铝丝源的摆放方式

蒸发源铝丝的纯度应在 5N 以上。衬底温度在 150～200 ℃之间。铝丝表面在常温常压环境会有一层致密的氧化层（Al_2O_3），应预蒸发数秒待氧化层挥发完毕之后，再开启挡板淀积铝膜；钨丝加热器在熔融铝全部蒸发完的瞬间高温下与铝生成四铝化钨，为避免将其淀积在铝膜上，应在熔融铝全部蒸发完之前的就闭合挡板。加热器钨丝的纯度也对所镀铝膜的纯度带来影响，钨丝中通常含有痕量的钠。

通常淀积 1 μm 厚的铝膜，耗源约为 1 g，淀积速率约为 0.8 μm/min。

电阻真空镀铝工艺方法简单，容易操作，但是镀膜纯净度不高，衬底附着和台阶覆盖特性也较差，目前只是在对铝膜质量要求不高的场合使用。

2. 电子束真空镀铝

电子束真空镀铝，源（也称靶）为铝粉末或铝锭，通常采用水冷式石墨（或紫铜）坩埚装源。铝锭放在坩埚中，由于水冷散热快，当坩埚中心的铝熔化时，其边缘铝仍处于固态，这样可以避免铝与坩埚反应带来的铝膜纯净度的降低。硅片装在行星式夹具上。夹具通常是由三个球面盘构成，蒸镀时既公转又自转，以使所淀积的铝膜厚度均匀，并改善台阶覆盖特性。

电子束真空镀铝的典型工艺参数：基压为 2.6×10^{-4} Pa；衬底温度为 120 ℃；蒸距为 45 cm；淀积速率为 0.12～0.15 μm/min；电子枪电压为 9 kV；电流为 0.2 A。

电子束镀铝较钨丝电阻加热器镀铝，可以减少钨丝加热器引入的杂质，可以减少 1～2 个数量级的钠，提高铝膜的质量。目前，电子束真空镀铝仍被普遍用于微电子器件的生产工艺中。

3. 磁控溅射铝及铝合金薄膜

集成电路工艺对溅射用铝及铝合金靶的质量要求很高，除了纯度在 5N 以上外，还要求铝硅、铝合金靶成分必须准确、均匀。各种成分的铝及铝合金靶（如 Al、$AlSi_1$、$AlCu_{0.5}$、$AlSi_1Cu_{0.5}$ 等），要求金属杂质的质量分数 $\leqslant 5\times10^{-6}$。图 8.32 为两种形状的铝及铝合金靶。

(a)78 mm铝及铝合金靶

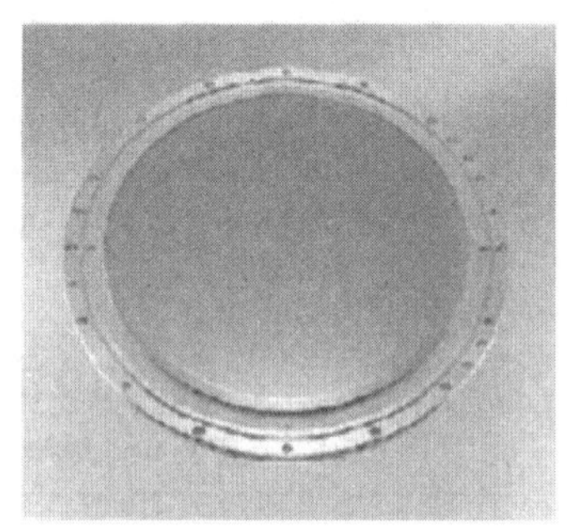

(b)200 mm铝及铝合金靶

图 8.32　两种形状的铝及铝合金靶

磁控溅射铝及铝合金的典型工艺参数：基压为 1.3×10^{-4} Pa；衬底温度为 200 ℃；靶－衬底距离为 5 cm；阴极电压为 420 V；电流为 13 A；工作气体为高纯 Ar，纯度在 5N 以上，气压为 0.13～1.3 Pa；溅射角为 5°～8°；溅射速率为 0.8～1 μm/min。

磁控溅射铝膜的附着力、致密性、台阶覆盖特性，以及薄膜厚度的可控性和重复性都好于真空蒸镀铝膜。磁控溅射工艺也适合淀积铝合金薄膜，用磁控溅射淀积的铝合金薄膜其薄膜的组成成分与相应的靶材的组成成分变化不大。表 8.3 为由复合靶溅射的铝合金薄膜的组成。

表 8.3　由复合靶溅射的铝合金薄膜的组成

合金靶材	检测成分	靶/%	薄膜/%
AlSi	Si	0.5～1.0	0.86
AlSi	Si	2	2.8
AlCu	Cu	3.9～5.0	3.81
AlSi	Si	2	2±0.1
AlSiCu	Si	4	3.4

当前，磁控溅射工艺已成为制备铝及铝合金薄膜的首选方法，被普遍用于实际生产工艺之中。

8.5.3　铜及其阻挡层薄膜的淀积

铜互连系统是继铝互连系统之后被广泛应用于超大规模集成电路的金属互连系统。表8.4为几种常用互连金属材料特性。由表8.4可知铜的电阻率很低，只有铝的40%～45%；而铜的抗电迁移性高，实际上比铝能高出两个数量级。但是，早期的集成电路并不使用铜制作互连布线，这主要是因为两方面原因，其一是铜中毒(污染)问题，铜在硅和二氧化硅中都是快扩散杂质，在较低温度(如120 ℃)与硅接触时，就能扩散进入硅，且铜在硅中是深能级杂质，对硅中的载流子具有较强的陷阱效应，从而改变硅衬底的电学特性，这种现象被称之为铜中毒；其二是铜膜的图形刻蚀难，至今尚未找到适合的刻蚀剂与刻蚀方法。随着材料与工艺技术的发展进步，各种铜的扩散阻挡层被研究应用(如氮化钛、氮化钽、金属钽等)，解决了铜中毒问题；而镶嵌工艺和化学机械抛光(CMP)技术的结合解决了铜图形刻蚀难问题。20世纪末在IBM公司、TI公司已将研制出的铜互连系统技术应用于存储器电路之中。当前，铜已逐渐取代铝成为超大规模集成电路的互连布线。

表8.4　几种常用互连金属材料特性

特性	Al	Au	Ag	Cu
电阻率/(μΩ · cm)	2.7	2.35	1.59	1.67
熔点/℃	660.4	1 063	960	1 083
沸点/℃	2 467	2 807	1 750	2 595
相对原子质量	26.98	196.96	107.86	63.54
维氏硬度	15	20～30	25	51
热导率/($W \cdot cm^{-1}$)	2.38	3.15	4.25	3.98
抗电迁移性	低	高	很低	高
抗腐蚀性	高	很高	低	低

在铜互连系统中，阻挡层一方面起阻挡铜向硅中的扩散作用，另一方面与硅、铜都有良好的附着特性而作为黏附层，解决了铜与硅、二氧化硅附着性差的问题。氮化钛、氮化钽、金属钛、钽这类金属、金属化合物阻挡层本身具有较好的导电性，金属钛、钽还可以与接触孔硅形成低阻的欧姆接触。

氮化钛(TiN)、氮化钽(TaN)这类氮化物通常采用反应磁控溅射方法制备。以TaN为例，典型的工艺条件：采用Ta靶，N_2为活性反应气体，Ar为工作气体，溅射室的基压为3×10^{-4} Pa，Ar与N_2的气体流量比为19:1，衬底温度为400 ℃，淀积速率约为0.18 μm/min。TaN、TiN等氮化物薄膜的溅射方法都基本相同。

TaN淀积速率受电源功率、衬底温度，以及Ar与N_2的气体流量比影响。而Ar与N_2的气体流量比的变化还直接影响淀积薄膜的组成及电阻率。图8.33为N_2分压对Ta的溅射物电阻率的影响。如图8.33所示，改变活性气体氮的分压，薄膜由$Ta \rightarrow Ta_2N \rightarrow TaN$，电阻率增加至240 μΩ · cm后基本稳定。

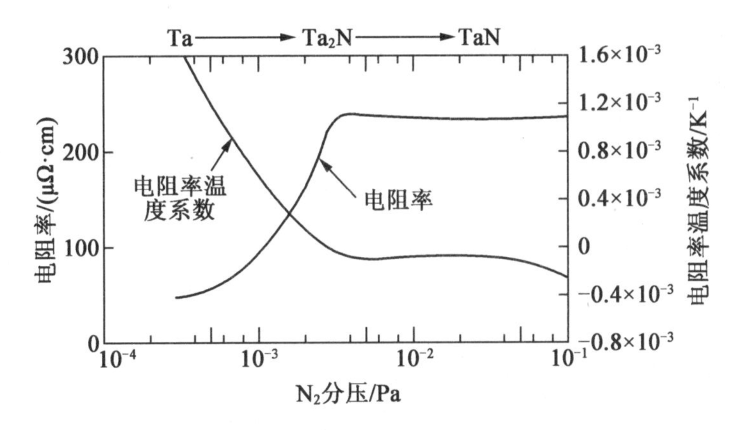

图 8.33　N_2 分压对 Ta 的溅射物电阻率的影响

在铜互连系统技术中，铜互连布线薄膜是采用两种不同工艺形成的，通常先采用 PVD 工艺制备 Cu 种子层，再通过化学镀（或电镀）方法加厚 Cu，形成铜互连布线膜。图 8.34 为铜互连技术中的阻挡层和铜种子层。采用两步工艺淀积是因为在厚的介质薄膜之上的接触孔窗口是高深宽比的小孔，采用 PVD 工艺或者是 CVD 工艺都无法在接触孔中淀积无空洞全填充的铜。而这种两步工艺能实现铜的小孔无空洞的全填充。

采用 PVD 工艺淀积的铜种子层的台阶覆盖特性非常重要，必须为保形覆盖，所以多采用磁控溅射工艺方法。溅射用铜靶纯度要求很高，杂质的含量应低于 1×10^{-6}。300 mm 铜靶形状如图 8.35 所示。溅射工艺与磁控溅射铝相似。

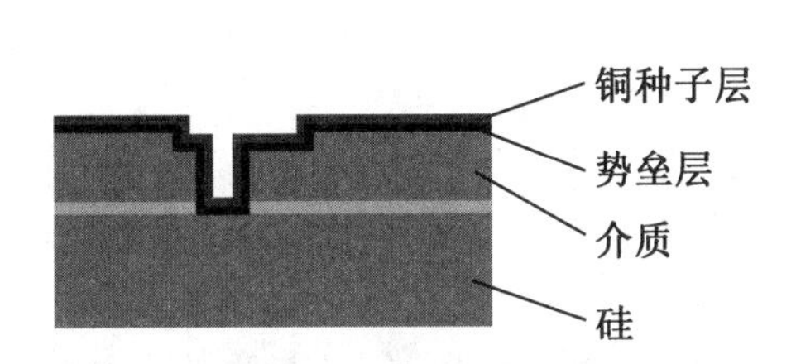

图 8.34　铜互连技术中的阻挡层和铜种子层

图 8.35　300 mm 铜靶形状

当前，铜溅射方法还是 PVD 薄膜淀积领域的研究热点。有研究报道采用射频等离子体增强非平衡磁控溅射方法来淀积铜薄膜。该方法是将非平衡磁控溅射与射频电感耦合等离子体（ICP）增强电离技术结合起来，形成一种高效高电离度的淀积技术。应用这种技术可使所溅射铜原子的电离度达到 95%，定向控制铜离子流，使其有效填充接触孔，从而实现通过溅射直接形成铜互连层的淀积。

8.5.4　其他金属薄膜和化合物薄膜

在微电子工艺中常用的多层金属薄膜多采用 PVD 工艺制备。有些场合的氧化物薄膜或难熔硅化物薄膜，以及其他以 CVD 方法难以制备的薄膜也都采用 PVD 工艺制备。PVD 在微电子工艺中也被用于制备化合物薄膜（如介质薄膜、难熔金属硅化物薄膜）。

早期的芯片制作中，最外层的二氧化硅薄膜作为钝化和保护膜，采用电子束蒸镀方法来制备。这主要是由于 PVD 工艺衬底温度较低,甚至可以在室温进行淀积。以真空蒸镀工艺制备这类钝化膜、保护膜最关键的问题是所淀积化合物成分与源成分可能有较大差异;还必须要考虑在蒸发温度下化合物不能发生分解。当前,磁控溅射也被广泛用于制备这类能起到钝化作用、保护作用的化合物薄膜(如采用磁控溅射工艺制备氧化物或氮化物薄膜),而高纯度靶材的获取是溅射工艺中最受关注的问题。

在制备内电极或互连系统时起隔离作用和(或)势垒作用的难熔金属硅化物薄膜通常也采用溅射工艺来制备。

溅射工艺具有的开放式多技术融合,以及方法简单适应性强的特点,使得其在微电子工艺中被用于制备以其他方法难以淀积的所有薄膜。

本章小结

本章首先简要介绍了真空系统的相关知识,如何获得真空度、如何检测真空度,为在真空条件下进行的各单项工艺做了的必要的知识储备。然后,详细介绍了真空蒸镀和溅射两种 PVD 薄膜制备工艺的原理和主要方法,对比介绍了提高薄膜质量的控制措施。最后,对常采用 PVD 工艺制备的铝、铜金属互连系统中的铝及铝合金、铜及其阻挡层薄膜,以及多层金属薄膜和化合物薄膜的性质、用途和具体制备工艺做了较详尽的介绍。

习　题

1. CVD 薄膜的应力与其淀积温度有关吗?请解释。

2. 比较 APCVD、LPCVD 和 PECVD 三种方法的主要异同。

3. 有一特定 LPCVD 工艺,在 700 ℃下受表面反应速率限制,激活能为 2 eV,在此温度下淀积速率为 100 nm/min。试问 800 ℃时的淀积速率是多少?如果实测 800 ℃的淀积速率值远低于所预期的计算值,可以得出什么结论?可以用什么方法证明?

4. LPCVD 氮化硅薄膜在 KOH 水溶液中的腐蚀速率非常慢,因此常作为硅片定域 KOH 各向异性腐蚀的掩蔽膜,而 PECVD 氮化硅薄膜在 KOH 水溶液中的腐蚀速率快。怎样才能用已淀积的 PECVD 氮化硅薄膜作为 KOH 各向异性腐蚀的掩蔽膜?

5. 标准的卧式 LPCVD 的反应器是热壁式的炉管,衬底硅片被竖立装在炉管的石英舟上,反应气体从炉管前端进入后端抽出,从炉管前端到后端各硅片淀积薄膜的生长速率会降低,那么每个硅片边缘到中心淀积薄膜的生长速率将怎样?如何改善硅片之间和硅片内薄膜厚度的均匀性?

6. 等离子体是如何产生的?PECVD 是如何利用等离子体的?

7. SiO_2 作为保护膜时为什么需要采用低温工艺?目前低温 SiO_2 工艺有哪些方法?它们降低制备温度的原理是什么?

8. 比较 APCVD、LPCVD、PECVD 的主要优缺点。

9. PEVCD 法为何能在较低温度淀积氮化硅薄膜。

10. 磁控溅射主要有哪几种?特点是什么?

第4篇　光刻技术

光刻技术决定了集成电路的加工尺寸，以及芯片功耗与性能，从20世纪60年代初半导体平面工艺开发至今，仍继续遵循摩尔(Moore)定律预测的趋势并保持着强劲的发展态势，而光刻技术的进步与发展是超大规模集成电路技术发展的主要推动力之一。在半导体制造技术中，最为关键的是用于电路图形生成和复制的光刻技术。光刻技术贯穿半导体器件和集成电路制造技术的始终，光刻的最小图形分辨率从20世纪70年代的4 ~6 μm提高到20世纪80年代初的1 μm。当时人们预测光学曝光的极限分辨率为0.5 μm，光学曝光的寿命最多只能延续到1985年，之后就需要用其他曝光技术来替代光学曝光，例如电子束曝光或X射线曝光。然而光刻技术本身不断地改进与革命，使这一技术不断突破极限，目前台积电5 nm工艺已经量产，未来3 nm集成电路也将实现量产。大尺寸、细线宽、高精度、高效率、低成本成为集成电路产品发展的趋势。

现代超大规模集成电路的全部制造过程涉及几十次乃至上百次光刻工序。实现高度集成的关键是能够将越来越小的电路图形成像到硅基片表面。光刻技术在整个产品制造中是重要的经济影响因子，光刻成本占据整个制造成本的30% ~40%，耗费时间约占整个硅片工艺的40% ~60%。所以说光刻技术的先进程度也就决定了半导体制造技术水平的高低。随着集成度的不断提高，光刻技术也面临着越来越多的难题。

一般来说，在ULSI中对光刻技术的基本要求包括5个方面：(1)高分辨率。随着集成电路集成度的不断提高，加工的线条越来越精细，要求光刻的图形具有高分辨率。在集成电路工艺中，通常把线宽作为光刻水平的标志，一般也可以用加工图形线宽的能力来代表集成电路的工艺水平。(2)高灵敏度的光刻胶。光刻胶的灵敏度通常是指光刻胶的感光速度。在集成电路工艺中为了提高产品的产量，希望曝光时间越短越好。为了减小曝光所需的时间，需要使用高灵敏度的光刻胶。光刻胶的灵敏度与光刻胶的成分以及光刻工艺条件都有关系，而且伴随着灵敏度的提高往往会使光刻胶的其他属性变差。因此，在确保光刻胶各项属性均为优异的前提下，提高光刻胶的灵敏度已经成为重要的研究课题。(3)低缺陷。在集成电路芯片的加工过程中，如果在器件上产生一个缺陷，即使缺陷的尺寸小于图形的线宽，也可能会使整个芯片失效。通常芯片的制作过程需要经过几十步甚至上百步的工序，在整个工艺流程中一般需要经过数十次的光刻，而每次光刻工艺中都有可能引入缺陷。在光刻中引入缺陷所造成的影响比其他工艺更为严重。由于缺陷直接关系到成品率，所以对缺陷的产生原因和对缺陷的控制就成为重要的研究课题。(4)精密的套刻对准。集成电路芯片的制造需要经过多次光刻，在各次曝光图形之间要相互套准。为了保证设计在上下两层的电路能可靠连接，当前层中的某一点与参考层中的对应点之间的对准偏差必须小于图形最小间距的1/3。这种要求单纯依靠高精度机械加工和人工手动操作已很难实现，通常要采用自动套刻对准技术。(5)对大尺寸硅片的加工。集成电路芯片的面积很小，即便对于ULSI的芯片尺寸也只有1 ~2 cm^2。为了提高经济效益和硅片利用率，一般采用大尺寸的硅片，也就是在一个硅片上一次同时制作很多完全相同的芯片。采用大尺寸的硅片带来了一系列的技术问题。对于光刻而言，在大尺寸硅片上满足前述的要求难度更大。而且环境温度的变化也会引起硅片的形变(膨胀或收缩)，这对于光刻也是一个难题。

本篇包括三方面内容：第9章光刻工艺，介绍硅片上薄膜图形复制工艺；第10章光刻技术，介绍光刻工艺所用光刻版、光刻胶、光刻设备及光刻技术发展趋势；第11章刻蚀技术，介绍干法和湿法薄膜刻蚀工艺。

第9章　光刻工艺

光刻(Photolithography)就是利用光化学反应原理,将一系列平面二维图形(掩模版)转移到覆盖在半导体衬底表面的对光辐照敏感薄膜材料(光刻胶)上,并且可以精确对准层与层之间的相对位置的工艺过程。

9.1　概　述

光刻工艺是微电子工艺中最重要的单项工艺之一。用光刻图形来确定分立器件和集成电路中的各个区域(如注入区、接触窗口压焊区等)。由光刻工艺确定的光刻胶图形并不是最后器件的构成部分,仅是图形的印模,为了制备出实际器件的结构图形,还必须再一次把光刻胶图形转移到光刻胶下面组成器件的材料层上,即通过刻蚀工艺来实现对非掩模部分进行选择性去除的图形转移。

光刻工艺的目标是根据电路设计的要求,生成尺寸精确的特征图形,并且在衬底表面的位置正确且与其他部件的关联正确。在集成电路中,光刻的最小线条尺寸是其发展水平的标志。表9.1为每一个技术节点允许的套刻误差。表9.1显示各种器件在每一技术节点的关键尺寸及套刻误差。

表9.1　每一个技术节点允许的套刻误差

(计划)量产的年份	2011	2012	2013	2014	2015	2016	2017	2018	2019	2020	2021	2022	2023	2024	2025	2026
DRAM 器件半周期/nm	36	32	28	25	23	20	18	16	14	13	11	10	8.9	8	7.1	6.3
套刻误差(3σ)/nm	7.1	6.4	5.7	5.1	4.5	4	3.6	3.2	2.8	2.5	2.3	2	1.8	1.6	1.4	1.3
Flash 器件半周期/nm	22	20	18	17	15	14.2	13	11.9	10.9	10	8.9	8	8	8	8	8
套刻误差(3σ)/nm	7.2	6.6	6.1	5.6	5.1	4.7	4.3	3.8	3.6	3.3	2.9	2.6	2.6	2.6	2.6	2.6
逻辑器件 MI 半周期/nm	38	32	27	24	21	18.9	16.9	15	13.4	11.9	10.6	9.5	8.4	7.5	7.5	7.5
套刻误差(3σ)/nm	7.6	6.4	5.4	4.8	4.2	3.8	3.4	3	2.7	2.4	2.1	1.9	1.7	1.5	1.5	1.5

9.2　基本光刻工艺流程

一个复杂的三维集成电路结构可以通过设计,分解为多层二维平面结构,每一层平面二维结构(Layout)构成一个二维掩模图形。通过掩模版制作工艺把刻到镀有金属层的石英板上,形成透光与不透光部分的掩模图形,这个石英板称为光刻掩模版(Photomask)。光刻的目的就是把掩模版上的图形经过曝光显影之后成像到光刻胶上,之后利用图形转移技术将光刻胶的图形转移到衬底材料上。图 9.1 为光刻工艺的基本流程。

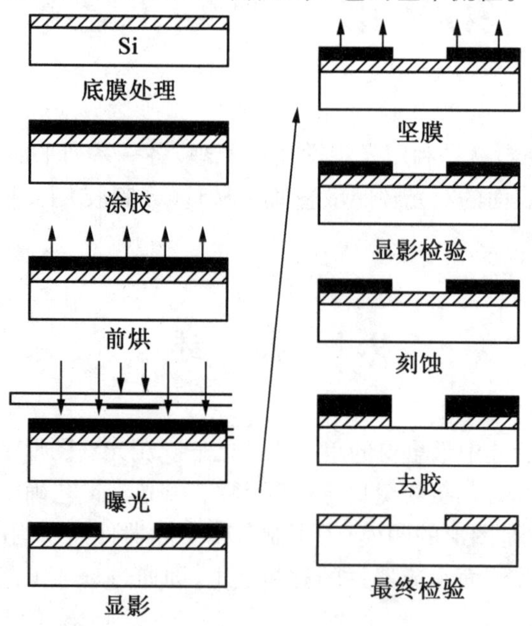

图 9.1　光刻工艺基本流程

一般的光刻工艺要经历底膜处理、涂胶、前烘、对准和曝光、显影、坚膜、显影检验、刻蚀、去胶、最终检验工序。下面依次介绍光刻工艺中各个步骤的简要过程,而图 9.1 中后面的刻蚀等工序在第 11 章刻蚀技术中介绍。

9.2.1　底膜处理

底膜处理是光刻工艺的第一步,其主要目的是对硅衬底表面进行处理,以增强衬底与光刻胶之间的黏附性。硅片制造过程中许多问题都是由于表面污染物(颗粒、有机物、工艺残余、可动离子)和缺陷造成的,因此硅片表面的处理对于集成电路制造成品率是非常重要的。

底膜处理包括以下过程:

1. 清洗

清洗(Cleaning)使硅片表面洁净、干燥,这样的衬底表面才能与光刻胶形成良好的接触。方法:湿法清洗 + 去离子水冲洗。

2. 烘干

衬底表面容易吸附湿气,从而会影响光刻胶的黏附性,所以需将衬底表面烘干(Pre - Baking)。方法:热板 150 ~ 250 ℃,1 ~ 2 min,N_2 保护;

3. 增黏处理(Priming)

为了使衬底与光刻胶之间黏附良好,需在烘干后的衬底表面涂上一层增黏剂,使衬底片和光刻胶之间的黏着力增强,称之为涂底。方法:(1)气相成底膜的热板涂底:HMDS(六甲基二硅氮烷)蒸气淀积,200 ~ 250 ℃,30 s;优点:涂底均匀、避免颗粒污染;(2)旋转涂底。缺点:颗粒污染、涂底不均匀、HMDS 用量大。

9.2.2　涂胶

经过涂底之后,就可以进行涂胶(Spin-on PR Coating)。在涂胶之前先把硅片放在一个平整的金属托盘上。托盘表面有小孔与真空管相连,硅片就被吸在托盘上,这样硅片就可以与托盘一起旋转。涂胶工艺一般包括三个步骤:(1)将光刻胶溶液喷洒到硅片表面上;(2)加速旋转托盘(硅片),直至达到需要的转速;(3)达到所需的转速后,保持一定时间的旋转。或者先使托盘达到一定的转速,再把光刻胶溶液喷洒到硅片表面上,之后再加速到所需的转速并保持一定时间的旋转。由于硅片表面的光刻胶是借着旋转过程中离心力的作用而向硅片的外围移动,因此涂胶也被称为甩胶。液态的光刻胶在离心力的作用下,由轴心沿径向飞溅出去,而黏附在硅片表面的光刻胶受黏附力的作用被留下来。经过涂胶之后,最初喷洒的光刻胶中,留在硅片表面上的不到1%,其余的都被甩掉。最终光刻胶的膜厚除了与光刻胶本身的黏性有关之外,还与转速有关。通常涂胶后光刻胶的膜厚可以视为与转速的平方根成反比。在旋转过程中,光刻胶中所含的溶剂不断挥发,从而使光刻胶变得干燥,同时也使光刻胶的黏度增加。因此,转速提升得越快,光刻胶薄膜的均匀性就越好。对于同样的光刻胶,硅片的转速越快,光刻胶层的厚度也将越薄,而且光刻胶膜的均匀性就越理想。但如果转速太高,当硅片中心定位不准时,就会造成硅片被甩出的情况,所以一般较大的硅片对应的转速比较小。涂胶工艺示意图如图 9.2 所示。在涂胶过程中需要注意的是,没有进行前烘的光刻胶仍然是黏性的,容易黏附微粒。因此,涂胶的过程应始终在超净环境中进行。同时喷洒的光刻胶溶液中不能含有空气,因为气泡的作用与微粒相似,都会在光刻工艺中引起缺陷。

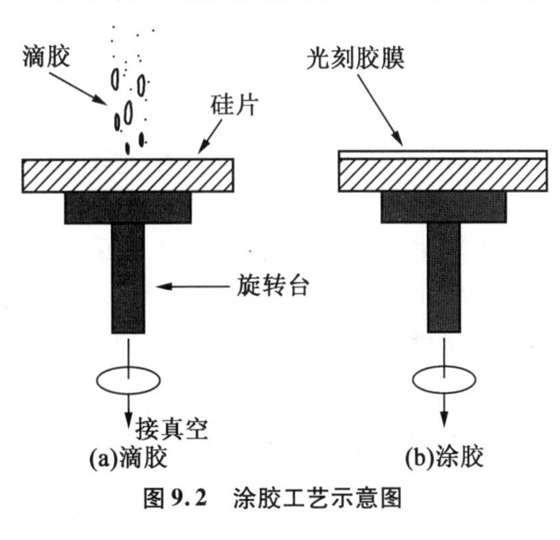

图 9.2　涂胶工艺示意图

9.2.3　前烘

涂胶完成后,仍有一定量的溶剂残存在胶膜内,若直接曝光,会影响图形的尺寸及完好率。因此,涂胶后,需经过一个高温加热的步骤,即前烘(也称软烘,Soft Baking),它对后序的一些工艺参数有很大的影响。

前烘就是在一定的温度下,使光刻胶膜里面的溶剂缓慢地、充分地逸出来,使光刻胶膜干燥,其目的是增加光刻胶与衬底间的黏附性,增强胶膜的光吸收和抗腐蚀能力,以及缓和涂胶过程中胶膜内产生的应力等。液态的光刻胶中,溶剂的成分占 65% ~85%(质量分数)。经过甩胶之后,虽然液态的光刻胶已经成为固态的薄膜,但仍含有 10% ~30%(质量分数)的溶剂,容易沾染上灰尘。通过在较高温度下进行烘焙,可以使溶剂从光刻胶内挥发出来(前烘后,光刻胶中溶剂降至 5%(质量分数)左右),从而降低灰尘的沾污。前烘同时可以减轻因高速旋转形成的薄膜应力,从而提高光刻胶的附着性。如果不减小应力,就会使光刻胶分层的趋势增加。在前烘过程中,由于溶剂的挥发,光刻胶的厚度也会减薄,一般减小的幅度为10% ~20%。

另外,光刻胶的显影速度受光刻胶中溶剂含量的影响。对于曝光后的光刻胶,如果其中溶剂的含量比较高,显影时光刻胶的溶解速度就比较快。如果光刻胶没有经过前烘处理,那么曝光区和未曝光区的光刻胶由于溶剂的含量都比较高,在显影液中都会溶解(区别只是溶解速度不同)。对于正胶来说,就会导致非曝光区的光刻胶被溶解而变薄,从而使光刻胶的保护能力下降。但是,人们并不希望在前烘时除去所有的溶剂。在重氮醌/酚醛树脂(DlazoQuinone/No-volac,DQN)光刻胶中需要剩余一定的溶剂,以便使感光剂重氮醌(DlazoQuinone,DQ)转变为羧酸。

前烘的温度和时间需要严格地控制,一般需在80~110 ℃的红外灯下或烘箱内烘烤5~10 min。如果前烘的温度太低,除了光刻胶层与硅片表面的黏附性变差之外,曝光的精确度也会因为光刻胶中溶剂的含量过高而变差。同时,太高的溶剂浓度将使得显影液对曝光区和非曝光区光刻胶的选择性下降,导致图形转移效果不好。如果过分延长前烘时间,又会影响产量。另外,前烘温度太高,光刻胶层的黏附性也会因为光刻胶变脆而降低。而且,过高的烘焙温度会使光刻胶中的感光剂发生反应,这就会使光刻胶在曝光时的敏感度变差。由于热能也能使光刻胶内树脂发生交联而不溶解,因此前烘不能过分,但也不能烘烤不足,不然会在显影时发生脱胶和图形畸变等现象。

前烘通常采用干燥循环热风、红外线辐射以及热平板传导等热处理方式。在ULSI工艺中,常用的前烘方法是真空热平板烘烤。真空热平板烘烤可以方便地控制温度,同时还可以保证均匀加热。在热平板烘烤中,热量由硅片的背面传入,因此光刻胶内部的溶剂将向表面移动而离开光刻胶。如果处于光刻胶表面的溶剂的挥发速度比光刻胶内部溶剂的挥发速度快,当表面的光刻胶已经固化时,再继续进行烘焙,光刻胶表面将会变得粗糙,使用平板烘烤就可以解决这个问题。

9.2.4 对准和曝光

对准和曝光(Alignment and Exposure)是使光刻掩模版与涂上光刻胶的衬底对准,用光源经过光刻掩模版照射衬底,使接收到光照的光刻胶的光学特性发生变化。

曝光中要特别注意曝光光源的选择和对准:

1. 曝光光源

紫外(Ultra-Violet ,UV)光用于光刻胶的曝光是因为光刻胶材料与这个特定波长的光反应。波长也很重要,因为较短的波长可以获得光刻胶上较小尺寸的分辨率。现今最常用于光学光刻的两种紫外光源是:汞灯和准分子激光。

2. 对准

对准是指光刻掩模版与光刻机之间的对准,二者均刻有对准标记[Align Mark,位于切割槽(Scribe Line)上],使标记对准即可达到光刻掩模版与光刻机的对准。为了成功地在硅片上形成图案,必须把硅片上的图形正确地与投影掩模版上的图形对准。只有每个投影的图形都能正确地和硅片上的图形匹配,集成电路才有相应的功能。

为了实现这个目标,对准就是确定硅片上图形的位置、方向和变形的过程,然后利用这些数据与投影掩模图形建立起正确关系。对准必须快速、重复、正确和精确。对准过程的结果，或者每个连续的图形与先前层匹配的精度，被称作套准精度（也称为套准，Overlay）。套准是测量对准系统把版图套难到硅片上图形的能力。套准容差描述要形成的图形层和前层的最大相对位移。一般而言，套准容差大约是关键尺寸的1/3。

3. 曝光

在实际操作中，曝光时间是由光刻胶、胶膜厚度、光源强度及光源与片子间距离来决定的，一般以短时间强曝光为好。曝光时间要严格控制，时间太长，显影后的胶面呈现出皱纹，使分辨率降低，图形尺寸变化，边缘不齐。时间太短，光刻胶交联不充分，显影时部分被溶解，胶面发黑呈枯皮状，抗蚀性大大降低。

在曝光过程中，在曝光区与非曝光区边界将会出现驻波效应，由于驻波效应将在这两个区域的边界附近形成曝光强弱相间的过渡区，这将影响显影后所形成的图形尺寸和分辨率。为了降低驻波效应的影响，在曝光后需要进行烘焙，称为曝光后烘焙（Post Exposure Bake，PEB）。进行后烘的目的是提高光刻胶的黏附性并减少驻波。在光刻胶的产品说明书中，生产商会提供后烘的时间和温度。

9.2.5　显影

经过曝光和曝光后烘焙之后，就可以进行显影。在显影过程中，正胶的曝光区和负胶的非曝光区的光刻胶在显影液中溶解，而正胶的非曝光区和负胶的曝光区的光刻胶则不会在显影液中溶解（或很少溶解）。这样，曝光后在光刻胶层中形成的潜在图形，经过显影便显现出来，形成三维光刻胶图形，这一步骤称为显影（Development）。

通常有3种显影方法：浸没式显影（Immersion Development）、连续喷淋显影（Continuous Spray Development）和静态旋覆浸没式显影（Puddle Development）。浸没法最简单，不需要特殊设备，把硅片浸入显影液池内一定时间，然后取出清洗掉残留的显影液即可；喷淋法是将显影液喷淋到高速旋转的硅片表面，清洗和干燥也是在硅片旋转过程中完成的；静态旋覆浸没式搅拌法综合了浸没法与喷淋法的特点，先将硅片表面覆盖一层显影液并维持一段时间，然后高速旋转硅片并同时喷淋显影液，最后的清洗和干燥也是在旋转中进行的。喷淋法与静态旋覆法都需要专门的显影设备。显影后所留下的光刻胶图形将在后续的刻蚀或离子注入工艺中作为掩模，因此，显影也是一步重要工艺。严格地说，在显影时曝光区与非曝光区的光刻胶都有不同程度的溶解。曝光区与非曝光区的光刻胶的溶解速度反差越大，显影后得到的图形对比度越高。常见的光刻显影工序效果示意图如图9.3所示。

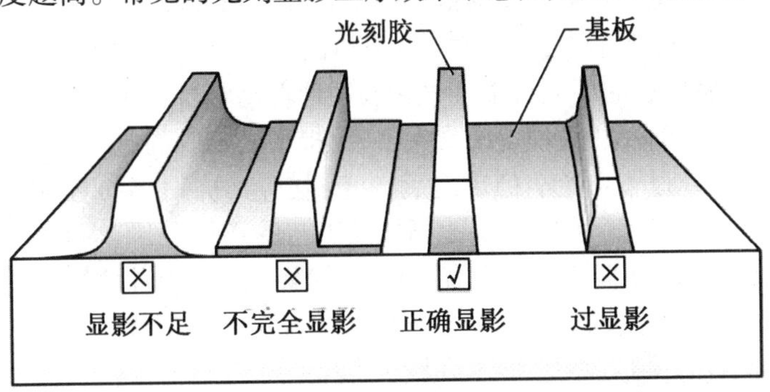

图9.3　光刻显影工序效果示意图

影响显影效果的主要因素包括:(1)曝光时间;(2)前烘的温度和时间;(3)光刻胶的膜厚;(4)显影液的浓度;(5)显影液的温度;(6)显影液的搅动情况等。

正胶经过曝光以后成为羧酸,可以被碱性的显影液中和,反应生成的胺和金属盐可以快速溶解于显影液中。非曝光区的光刻胶由于在曝光时并未发生光化学反应,在显影时也就不存在这样的酸碱中和,因此非曝光区的光刻胶被保留下来。经过曝光的正胶是逐层溶解的,中和反应只在光刻胶的表面进行,因此正胶受显影液的影响相对比较小。对于负胶来说,非曝光区的负胶在显影液中首先形成凝胶体,然后再分解掉,这就使得整个的负胶层都被显影液浸透。在被显影液浸透之后,曝光区的负胶将会膨胀变形。因此,相对来说,使用正胶可以得到更高的分辨率。另外,为了提高分辨率,目前每一种光刻胶几乎都配有专用的显影液,以保证高质量的显影效果。

9.2.6 坚膜

和前烘一样,坚膜(Hard Baking)也是一个热处理步骤。就是在一定的温度下,对显影后的衬底进行烘焙。坚膜的主要作用是除去光刻胶中剩余的溶剂,增强光刻胶对硅片表面的附着力,同时提高光刻胶在刻蚀和离子注入过程中的抗蚀性和保护能力。通常坚膜的温度要高于前烘和曝光后烘烤温度,也称为光刻胶的玻璃态转变温度。在这个温度下,光刻胶将软化,成为类似玻璃体在高温下的熔融状态。这将使光刻胶的表面在表面张力的作用下圆滑化,并使光刻胶层中的缺陷(如针孔)因光刻胶表面的圆滑化而减少,并可借此修正光刻胶图形的边缘轮廓。

通过坚膜,光刻胶的附着力会得到提高,这是由于除去了光刻胶中的溶剂,同时也是热融效应作用的结果,因为热融效应可以使光刻胶与硅片之间的接触面积达到最大。较高的坚膜温度可使坚膜后光刻胶中的溶剂含量更少,但增加了去胶时的困难。而且,如果坚膜的温度太高(170~180 ℃以上),由于光刻胶内部拉伸应力的增加会使光刻胶的附着性下降,因此必须适当地控制坚膜温度。

在坚膜之后还需要对光刻胶进行光学稳定。通过光学稳定,使光刻胶在干法刻蚀过程中的抗蚀性得到增强,而且还可以减少在离子注入过程中从光刻胶中逸出的气体,防止在光刻胶层中形成气泡。光刻胶的光学稳定是通过 UV 辐照和加热来完成的。正胶在受到 UV 辐照之后,DQ 与酚醛树脂都会形成交叉链接。由于正胶吸收紫外光的能力很强,所以开始辐照时的 UV 主要被表层的光刻胶吸收。经过 UV 辐照和适度的热处理(110 ℃)之后,在光刻胶图形的表面上发生交联形成一层薄的硬壳。在表面形成硬壳之后,进一步的高温和 UV 照射过程可以使内部的光刻胶继续交联。在加热的同时,需要保持 UV 照射。而光学稳定过程中,在光刻胶表面形成的硬壳可以使光刻胶图形在高温过程中不会变形。

光学稳定可以使光刻胶产生均匀的交叉链接,提高光刻胶的抗刻(腐)蚀能力,进而提高刻蚀工艺的选择性。经过 UV 光学稳定之后的光刻胶,其抗刻(腐)蚀能力可以增强 40%。由于热稳定性得到了提高,就可以扩大刻(腐)蚀工艺的适用范围,而且使抗刻(腐)蚀能力更强。但是 UV 光学稳定处理并不是没有缺点,去除经过 UV 处理的光刻胶需要进行额外的一步工艺——光刻胶首先经过氧等离子体的灰化,然后通过湿法除去。

9.2.7 显影检验

在显影和烘焙之后就要完成光刻掩模工艺的第一次质检,通常称为显影检验。检验的目的是区分那些有很低可能性通过最终掩模检验的衬底;提供工艺性能和工艺控制数据;以及分拣出需要重做的衬底。

一般要通过光学显微镜、扫描电子显微镜(SEM)或者激光系统来检查图形的尺寸是否满足要求。需要检测的内容包括:(1)掩模版选用是否正确;(2)光刻胶层的质量是否满足要求(光刻胶有没有污染、划痕、气泡、条纹等);(3)图形的质量(有好的边界,图形尺寸和线宽满足要求);(4)套准精度是否满足要求。如果不能满足要求,可以返工。因为经过显影之后只是在光刻胶上形成了图形,只需去掉光刻胶就可以重新进行上述各步工艺。

9.2.8　刻蚀

经过前面的一系列工艺已将光刻掩模版的图形转移到光刻胶上。为了制作集成电路元器件,需将光刻胶上的图形进一步转移到光刻胶下层的材料上。这个任务就由刻蚀来完成。

刻蚀就是将涂胶前所淀积的薄膜中没有被光刻胶(经过曝光和显影后的)覆盖和保护的那部分去除掉,达到将光刻胶上的图形转移到其下层材料上的目的。

光刻胶的下层薄膜可能是二氧化硅、氮化硅、多晶硅或者金属材料。材料不同或图形不同,刻蚀的要求不同。

实际上,光刻和刻蚀是两个不同的加工工艺,但因为这两个工艺只有连续进行,才能完成真正意义上的图形转移,而且在工艺线上,这两个工艺经常放在同一工序中,因此有时也将这两个步骤统称为光刻。刻蚀工艺的具体内容见第11章。

9.2.9　去胶

光刻胶除了在光刻过程中用作从光刻掩模版到衬底的图形转移媒介,还用做刻蚀时不需刻蚀区域的保护膜。当刻蚀完成后,光刻胶已经不再有用,需要将其彻底去除,完成这一过程的工序就是去胶。此外,刻蚀过程中残留的各种试剂也要清除掉。

在集成电路工艺中,去胶的方法包括湿法去胶和干法去胶,在湿法去胶中又分为有机溶液去胶和无机溶液去胶。

使用有机溶液去胶,主要是使光刻胶溶于有机溶液中,从而达到去胶的目的。有机溶液去胶中使用的溶剂主要有丙酮和芳香族的有机溶剂。无机溶液去胶的原理是利用光刻胶本身是有机物的特点(主要由碳和氢等元素构成的化合物),通过使用一些无机溶液(如 H_2SO_4 和 H_2O_2 等),将光刻胶中的碳元素氧化成为二氧化碳,这样就可以把光刻胶从硅片的表面上除去。不过,由于无机溶液会腐蚀 Al,因此去除 Al 上的光刻胶必须使用有机溶液。

干法去胶则是用等离子体将光刻胶剥除。以使用氧等离子体为例,硅片上的光刻胶通过在氧等离子体中发生化学反应,生成的气态的 CO、CO_2 和 H_2O 可以由真空系统抽走。相对于湿法去胶,干法去胶的效果更好,但是干法去胶存在反应残留物的沾污问题,因此干法去胶与湿法去胶经常搭配进行。

9.2.10　最终检验

在基本的光刻工艺过程中,最终步骤是检验。衬底在入射白光或紫外光下首先接受表面目检,以检查污点和大的微粒污染。之后是显微镜检验或自动检验来检验缺陷和图案变形。对于特定的光刻版级别的关键尺寸的测量也是最终检验的一部分。对光刻质量的检测手段主要有：

1. 显微镜目检

显微镜目检在微米、亚微米工艺中普遍采用。常见的光刻缺陷有：(1)掩模版上的图形有缺陷(如铬膜剥落、划伤、脏污等)或曝光系统设备上的不稳定(如透镜缺陷、焦距异常等)，就会在图形转移时将缺陷也转移到光刻胶图形上。(2)硅片受到污染，表面有微粒；(3)涂胶、曝光、显影条件发生变化，造成图形畸变。

在深亚微米工艺中，已逐渐采用全自动图像对比来检查光到胶图形的缺陷，以取代人工作业。

2. 线宽控制

集成电路的图形尺寸都是由设计准则决定的，而特征尺寸(如栅极的长度)更是决定器件性能的重要参数指标。因此，保证转移到光刻胶膜上的图形尺寸完全符合设计要求，就需要在光刻工艺的各道工序中找出最佳的工艺条件。

在光刻流程中经常要对线宽(指特征尺寸)进行测量。测量值以统计学的标准差来表示，并制成图表。倘若曲线走势异常，就要马上进行干预。

3. 对准检查

在芯片制造的整个工艺过程，有多层图形的叠加，每一层图形就要进行一次光刻，图形与图形之间都有相对位置关系，这也是由设计规则中的套准允许精度来决定的。有了这些相对位置关系，才能制造出性能优良的产品。所以在每一次光刻显影之后，都要检查本次图形与存在图形的对准情况。造成失准的原因可能是：(1)光刻设备的对准系统状态发生变化。(2)设备与设备之间存在差异。当发生失准后，就需对机台的某些参数做一些调整。

9.3 光刻技术中的常见问题

半导体器件和集成电路的制造对光刻质量有如下要求：一是刻蚀的图形完整，尺寸准确，边缘整齐陡直；二是图形内没有针孔；三是图形外没有残留的被腐蚀物质。同时要求图形套刻准确，无污染等。但在光刻过程中，常出现浮胶、毛刺、钻蚀、针孔和小岛等缺陷。下面就光刻缺陷产生的原因做简要的讨论。

9.3.1 浮胶

浮胶就是在显影和腐蚀过程中，由于化学试剂不断浸入光刻胶膜与 SiO_2 或其他薄膜间的界面，所引起的光刻胶图形胶膜皱起或剥落的现象。所以，浮胶现象的产生与胶膜的黏附性有密切关系。

显影时产生浮胶的原因有：

(1)涂胶前基片表面沾有油污、水汽，使胶膜与基片表面黏附不牢。

(2)光刻胶配制有误或胶液陈旧，不纯，胶的光化学反应性能不好，与基片表面黏附能力差，或者胶膜过厚，收缩膨胀不均，引起黏附不良。

(3)烘焙时间不足或过度。

(4)曝光不足。

(5)显影时间过长,使胶膜软化。

腐蚀时产生浮胶的原因:

(1)坚膜时胶膜没有烘透,膜不坚固。

(2)腐蚀液配方不当。例如,腐蚀 SiO_2 的氟化氢缓冲腐蚀液中,氟化铵太少,化学活泼性太强。

(3)腐蚀温度太低或太高。

9.3.2　毛刺和钻蚀

腐蚀时,如果腐蚀液渗透光刻胶膜的边缘,会使图形边缘受到腐蚀,从而破坏掩蔽扩散的氧化层或铝条的完整性。若渗透腐蚀较轻,图形边缘出现针状的局部破坏,习惯上就称为毛刺;若腐蚀严重,图形边缘出现“锯齿状”或“绣花球”样的破坏,称为钻蚀。当 SiO_2 等掩蔽膜窗口存在毛刺和钻蚀时,扩散后结面就很不平整,影响结特性,甚至造成短路。同时,光刻的分辨率和器件的稳定性、可靠性也会变坏。

产生毛刺和钻蚀的原因有:

(1)基片表面存在污物、油垢、小颗粒或吸附水汽,使光刻胶与氧化层黏附不良,引起毛刺或局部钻蚀。

(2)氧化层表面存在磷硅玻璃,与光刻胶黏附不好,耐腐蚀性能差,引起钻蚀。

(3)光刻胶过滤不好,存在颗粒状物质,造成局部黏附不良。

(4)对于光硬化型光刻胶,曝光不足,显影时产生溶钻,腐蚀时造成毛刺或钻蚀。

(5)显影时间过长,图形边缘发生溶钻,腐蚀时造成钻蚀。

(6)掩模图形的黑区边缘有毛刺状缺陷。

9.3.3　针孔

在氧化层上,除了需要刻蚀的窗口外,在其他区域也可能产生大小一般在 1 ~ 3 μm 的细小孔洞。这些孔洞,在光刻工艺中称为针孔。

针孔的存在,将使氧化层不能有效地起到掩蔽的作用。在器件生产中,尤其在集成电路和大功率器件生产中,针孔是影响成品率的主要因素之一。它产生的原因有:

(1)氧化硅(或其他)薄膜表面有外来颗粒(如硅渣、石英屑、灰尘等)或胶膜与基片表面未充分沾润,涂胶时留有未覆盖的小区域,腐蚀时产生针孔。

(2)光刻胶含有固体颗粒,影响曝光效果,显影时易剥落,造成腐蚀时产生针孔。

(3)光刻胶膜本身抗蚀能力差,或胶膜太薄,腐蚀过程中局部蚀穿,造成针孔。

(4)前烘不足,残存溶剂阻碍光刻胶交联;或前烘骤热,溶剂挥发过快,引起鼓泡穿孔,造成针孔。

(5)曝光不足,交联不充分,或时间过长,胶层发生皱皮,腐蚀液穿透胶膜,在 SiO_2 表面产生腐蚀斑点。

(6)腐蚀液配方不当,腐蚀能力太强。

(7)掩模版透光区存在黑斑,或沾有灰尘,曝光时局部胶膜未曝光,显影时被溶解,腐蚀时产生针孔。

9.3.4　小岛

小岛,是指在应该将氧化层刻蚀干净的扩散窗口内,还留有没有刻蚀干净的氧化层局部区域,它的形状不规则,很像“岛屿”,尺寸一般比针孔大些,习惯上称这些氧化层“岛屿”为小岛。

小岛的存在,使扩散区域的某些局部点,因杂质扩散受到阻碍而形成异常区。它使器件击穿特性变坏,漏电流增大,甚至极间穿通。它产生的原因有:

(1)掩模版上的针孔或损伤,在曝光时形成漏光点,使该处的光刻胶膜感光交联. 保护了氧化层不被腐蚀,形成小岛。

(2)曝光过度,或光刻胶存放时间过长,性能失效,使局部区域光刻胶显影不净,仍留有观察不到的光刻胶膜。其在腐蚀时起阻碍作用,引起该处氧化层腐蚀不完全而形成小岛。

(3)氧化层表面有局部耐腐蚀的物质(如硼硅玻璃等)。

(4)腐蚀液中存在阻碍腐蚀作用的物质。

消除光刻缺陷的方法,主要是针对上述可能的原因,找出切实可行的途径,通过试验求得解决。此外,还可采用等离子腐蚀代替湿式化学腐蚀,以克服浮胶和钻蚀;采用二次涂胶,或在蒸铝前用低温淀积法,在 SiO_2 表面再淀积一层 SiO_2,换版套刻减少针孔,以及采用两次刻蚀的方法,消除或减少由于掩模不好所产生的小岛等。

本 章 小 结

本章首先论述了一般的光刻工艺流程,包括底膜处理、涂胶、前烘、对准和曝光、显影、坚膜、显影检验、刻蚀、去胶、最终检验等工序。最后介绍了光刻技术中的常见问题,包括浮胶、毛刺和钻蚀、针孔以及小岛。

第10章 光刻技术

光刻是一个复杂的物理与化学过程,它涉及光学成像系统、光刻胶的特性、曝光方式与光刻胶的工艺条件、光学掩模的设计与制作等一系列相关技术。影响光刻工艺过程的主要因素为掩模版、光刻胶和光刻机。本章主要介绍光刻胶的特性、曝光方式及其工作原理、光学分辨率增强技术、从深紫外到极紫外以及 X 射线和电子束曝光新技术和光学掩模的设计与制作。除了传统的投影式曝光技术之外,还对光刻技术的发展和一些非传统曝光技术进行了介绍,包括近场曝光技术、干涉曝光技术与无掩模曝光技术。

10.1 概 述

光刻工艺贯穿半导体器件和集成电路制造工艺的始终,光刻的最小线条尺寸是其发展水平的标志。从微电子集成电路技术发展对光刻曝光技术的需求,经历了早期的汞灯多波长曝光技术, DUV 光学曝光、193 nm 浸没式曝光、13 nm EUV 曝光、电子束曝光,以及 X 射线曝光、离子束曝光和纳米印制光刻技术等。

光刻系统的主要指标包括分辨率 R(Resolution)、焦深(Depth of Focus,DOF)、对比度(Contrast,CON)、特征线宽(Critical Dimension,CD)控制、对准和套刻精度(Alignment and Overlay)、产率(Throughout)以及价格。

1. 分辨率

分辨率是指一个光学系统精确区分目标的能力。微图形加工的最小分辨率是指光刻系统所能分辨和加工的最小线条尺寸或机器能充分打印出的区域。分辨率是决定光刻系统最重要的指标,能分辨的线宽越小,分辨率越高。其由瑞利定律决定,即

$$R = \frac{k\lambda}{\mathrm{NA}} \tag{10.1}$$

式中,k 为分辨率系数,通过设计取值区间 0.2 ~ 0.8;λ 为曝光光源的波长;NA 为光学系统的数值孔径(Numerical Aperature,NA),在 0.15 ~ 1.44 范围变化。

由式(10.1)可知,提高光刻分辨率的途径为:(1)减小曝光光源波长 λ(其中,光刻加工极限值$\leqslant\lambda/2$,即半波长的分辨率);(2)增加数值孔径;(3)优化光刻系统设计,减小分辨率系数 k 及分辨率增强技术。最常见的光刻技术代际进步的标志都是通过降低曝光光源波长的方法,λ 从 436 nm 减小到 13.5 nm,相应的分辨率也从数十纳米提高到 5 nm。表 10.1 为光刻代际技术进步及相关特征尺寸,表 10.2 为不同光源对应的技术参数。

表 10.1 光刻代际技术进步及相关特征尺寸

	第一代	第二代	第三代	第四代	第五代	第六代
时间	1965——1975	1975—1985	1985—1995	1995—2005	2005—2015	2015—2025
主流光刻技术光源	汞灯	g 线	i 线	KrF	ArF	EUV,EBL
光源波长/nm	多波长	436	365	248	193 Immersion DPT	13.5
特征尺寸/μm	3 ~ 12	1 ~ 3	0.35 ~ 1	0.065 ~ 0.35	0.022 ~ 0.065	0.007 ~ 0.022
存储器 Bit	≤1 k ~ 16 k	16 k ~ 1 M	1 M ~ 64 M	64 M ~ 1 G	1 G ~ 16 G (芯片组)	16 G ~ ≥1 T (芯片组)
CPU 产品(Intel)	4004 ~ 8080	8086 ~ 286	386 ~ 486	Pentium (奔腾)	Core(酷睿)	
CPU 字长/位	4 ~ 8	8 ~ 16	16 ~ 32	32 ~ 64	64	
CPU 晶体管数	10^3	$10^4 \sim 10^5$	$10^5 \sim 10^6$	$10^6 \sim 10^7$	$10^8 \sim 10^9$ 多核架构	多核架构
CPU 时钟频率/MHz	$10^{-1} \sim 10^0$	$10^0 \sim 10^1$	$10^1 \sim 10^2$	$10^2 \sim 10^3$	非主频标准	非主频标准
Wafer 直径/in	2 ~ 4	4 ~ 6	6 ~ 8	8 ~ 12	8 ~ 12	8 ~ 16
主流设计工具	手工	LE ~ P&R	P&R ~ Synthesis	Synthesis ~ DFM	SoC、IP	SoC、IP、SiP
主要封装形式	TO ~ DIP	DIP	DIP ~ QFP	DIP、QFP、 BGA	多种封装、SiP	SiP、3D

表 10.2 不同光源对应的技术参数

光源	波长 λ/nm	术语	k_1	NA	技术节点
汞灯	436	g 线	0.8	0.15 ~ 0.45	>0.5 μm
汞灯	365	i 线	0.6	0.35 ~ 0.60	0.5/0.35 μm
KrF(激光)	248	DUV	0.3 ~ 0.4	0.35 ~ 0.82	0.25/0.13 μm
ArF(激光)	193	193DUV	0.3 ~ 0.4	0.60 ~ 0.93	90/65…28 nm
F_2(激光)	157	VUV	0.2 ~ 0.4	0.85 ~ 0.93	
等离子体	13.5	EUV	0.74	0.25 ~ 0.7	22/7 nm

由于技术发展和资金规模的限制,光刻机所用光源波长的减小速度远远慢于电路特征尺寸的减小速度。而且随着生产工艺的演进,光刻波长与特征尺寸两者之间的差距越来越小。图 10.1 为不同曝光条件下成像效果图。

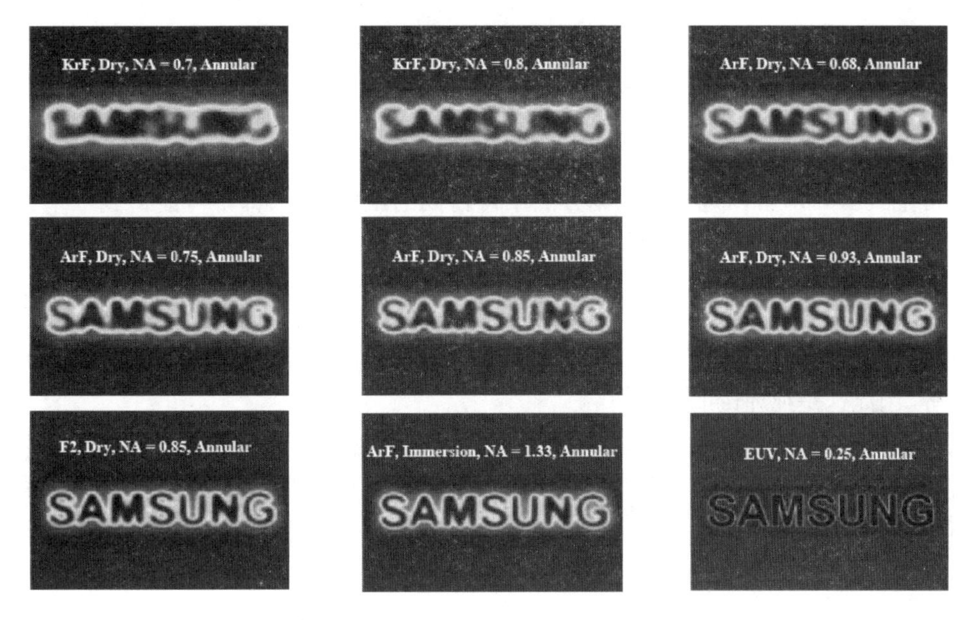

图 10.1 不同曝光条件下成像效果图

2. 光刻分辨率

光刻分辨率指由光刻工艺得到的光刻胶图形能分辨线条的最小线宽 L，也采用 1 mm 内能分辨的最多线条对数表示。常用线条宽度与线条间距相等的情况，如图 10.2 所示。标志分辨率水平，即 1 mm 内能清晰可辨的线条宽度与线条间距的线对数，则

$$R' = \frac{1}{2L} \tag{10.2}$$

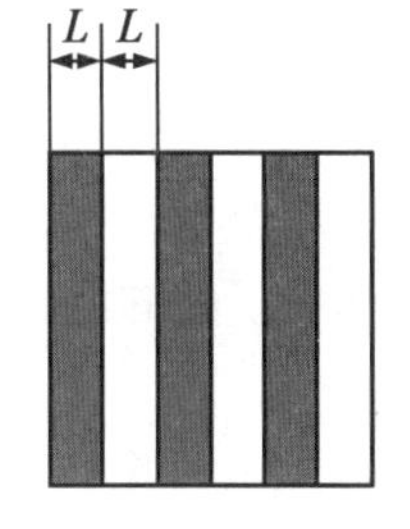

图 10.2 光刻分辨率示意图

光刻分辨率主要是由光刻系统分辨率决定，与光刻版、光刻胶，以及工艺操作等有关，是决定芯片最小特征尺寸的最主要因素。在光学系统分辨率表达式(10.1)中，如果在分辨率系数 k 中包含光刻版、光刻胶，以及工艺操作等因素，光刻分辨率也可用瑞利定律表达。从量子物理的角度看，光刻分辨率存在物理极限，由衍射决定。

设有一物理线度 L，为了测量和定义它，必不可少的误差为 ΔL，根据量子理论的海森堡不确定关系式则有

$$\Delta L \cdot \Delta p \geqslant h \tag{10.3}$$

式中，h 为普朗克常数；Δp 为粒子动量的不确定值。对于曝光所用的粒子束，若其动量的最大变化是 $-p \sim +p$，则 $\Delta p = 2p$，代入式(10.3)，则有

$$\Delta L \geqslant \frac{h}{2p} \tag{10.4}$$

ΔL 在这里表示分清线宽 L 必然存在的误差。若 ΔL 就是线宽，那么它就是物理上可以得到的最细线宽，因而最高的分辨率

$$R_{\max} = \frac{1}{2\Delta L} \leqslant \frac{p}{h} \tag{10.5}$$

不同的粒子束，因其能量、动量不同，则 ΔL 也不同。对于光子

$$p = h/\lambda \tag{10.6}$$

其中 λ 为光子的波长代入到式(10.4),得到

$$\Delta L \geqslant \frac{\lambda}{2} \tag{10.7}$$

通常把式(10.7)看作是光学光刻方法中可得到的最细线条,即不可能得到一个比 $\lambda/2$ 还要细的线条。由于光的波动性所显现的衍射效应限制了线宽 $\geqslant \lambda/2$,因此最高分辨率为

$$R_{\max} \leqslant \frac{1}{\lambda} \tag{10.8}$$

这是仅考虑光的衍射效应而得到的结果,没有涉及光学系统的误差以及光刻胶和工艺的误差等,因此这是纯理论的分辨率。

式(10.5)是关于光束的纯理论线宽限制,但它对其他的粒子束同样适用。德布罗意指出,任何粒子束都具有波动性,即所谓物质波,其粒子束波长 λ 与质量 m、动能 E 的关系描述如下:粒子束的动能 E 为

$$E = \frac{1}{2}mv^2 \tag{10.9}$$

式中,v 为粒子束的运动速度,则其动量 p 为

$$p = mv \tag{10.10}$$

由式(10.6)、式(10.9)、式(10.10)可以得到

$$\frac{h}{\lambda} = \sqrt{2mE} \tag{10.11}$$

因此粒子束的波长 λ 为

$$\lambda = \frac{h}{\sqrt{2mE}} \tag{10.12}$$

由式(10.7)与式(10.12)可求用粒子束光刻可获得的最细线宽为

$$\Delta L \geqslant \frac{h}{2\sqrt{2mE}} \tag{10.13}$$

从式(10.13)中可以得到这样的结论:当 E 一定时,粒子质量越大,ΔL 越小,分辨率越高;当 m 一定时,动能越高,ΔL 越小,分辨率越高。

3. 焦深(DOF)

焦深表示一定工艺条件下,能刻出最小线宽时像面偏离理想焦面的范围。焦深越大,对光刻图形的制作越有利。

$$\text{DOF} = \frac{k_2\lambda}{(\text{NA})^2} \tag{10.14}$$

其中 k_2 就是一个与工艺相关的参数,所以在实际的光刻工艺中,焦深是与特征线宽的变化范围,曝光剂量变化范围,以及要求最后光刻胶倾斜角度、光刻胶损失等技术参数有关。图 10.3 为光刻系统中焦深示意图,在 IC 技术中,焦深通常只有 1 μm,甚至更小。

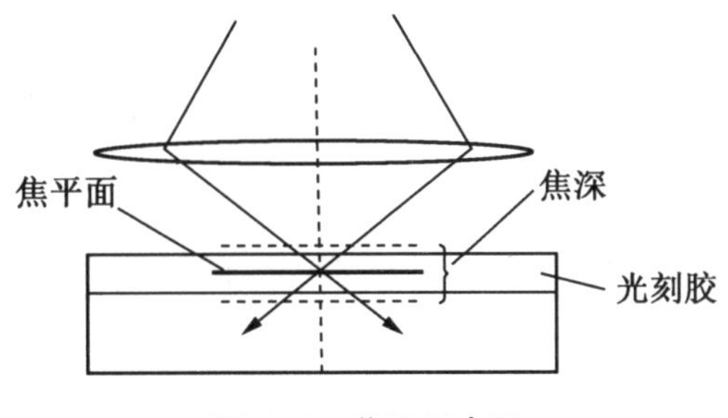

图 10.3　焦深示意图

4. 对比度

对比度(CON)是评价光刻胶成像图形质量的重要指标,直接影响到曝光后的光刻胶膜的倾角和线宽。对比度越高,光刻出来的微细图形越好。图 10.4 为曝光过程中掩模版与硅平面上的光强分布。

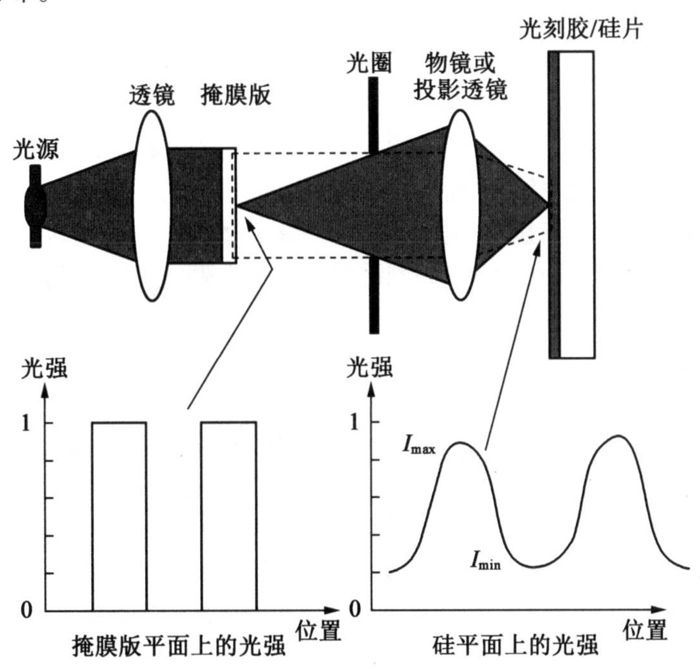

图 10.4　曝光过程中掩模版与硅平面上的光强分布

一般通过调制传递函数来描述曝光图形质量,定义表达式为

$$CON=\frac{I_{max}-I_{min}}{I_{max}+I_{min}} \tag{10.15}$$

其中,I_{max} 为曝光图形上的最大辐照强度;I_{min} 为曝光图形上的最小辐照强度。一般要求 CON >0.5,与尺寸有关。尺寸控制的要求是以高准度和高精度在完整硅片表面产生器件特征尺寸。

10.2　光刻胶

光刻胶(又称光致抗蚀剂),是光刻时接受图像的介质,其主要成分是一大类具有光敏化学作用的高分子聚合物材料,通常包含有三种成分:

(1)感光材料。感光材料一般为复合物(简称 PAC 或感光剂),是光刻胶的主体,又称光敏剂。感光材料在受光辐照之后会发生光化学反应。对于正性光刻胶,PAC 在曝光前作为一种抑制剂,降低光刻胶在显影溶液中的溶解速度;而暴露于光线时有化学反应发生,使抑制剂变成了感光剂,从而增加了胶的溶解速率。

(2)聚合物材料(也称为树脂)。聚合物材料在光的辐照下不发生化学反应,其主要作用是保证光刻胶薄膜的附着性和抗腐蚀性,同时也决定了光刻胶薄膜的其他一些特性(如光刻胶的膜厚、弹性和热稳定性)。

(3)溶剂(如丙二醇一甲基乙醚,简称 PGME)。溶剂的作用是可以控制光刻胶力学性能(如基体黏滞性),并使其在被涂到硅片表面之前保持为液态。

另外还有一些特殊添加剂成分,用于控制和改变光刻胶的化学性质或光刻胶的光响应特性。总之,光刻胶具有光化学敏感性,通过紫外光、准分子激光、电子束、离子束、X 射线等光源的照射或辐射,经过曝光、显影、刻蚀等工艺,将掩模版图案转移到硅片表面顶层的光刻胶中,在后续工艺中,保护下面的材料(如刻蚀或离子注入阻挡层),最终将设计好的微细图形从掩模版转移到待加工基片。

10.2.1　光刻胶分类

光刻胶具有不同的分类标准。按照曝光波长分类,光刻胶可分为光学光刻胶、电子束光刻胶、离子束光刻胶、X 射线光刻胶等。其中光学光刻胶根据曝光光源的响应波长不同,分为紫外光刻胶(300 ~ 450 nm)、深紫外光刻胶(160 ~ 280 nm)、极紫外光刻胶(EUV,13.5 nm),用途非常广泛。不同曝光波长的光刻胶,其适用的光刻极限分辨率不同,通常来说,在使用工艺方法一致的情况下,波长越小,加工分辨率越佳。按曝光波长分类的光刻胶见表 10.3。

表 10.3　按曝光波长分类的光刻胶

类型	曝光波长	集成电路尺寸	原料
紫外光刻胶	G 线　436 nm	>0.5 μm	酚醛树脂和重氮萘醌化合物
	I 线　365 nm	0.35 ~ 0.5 μm	
深紫外光刻胶	KrF　248 nm	0.15 ~ 0.25 μm	聚对羟基苯乙烯及其衍生物和光致产酸剂
	ArF　193 nm	65 ~ 130 nm	聚酯环族丙烯酸酯及其共聚物和光致产酸剂
极紫外光刻胶	EUV　13.5 nm	<22 nm	非化学放大(Non - CA)聚合物体系、分子玻璃体系(Molecular Glass)和聚合物(或小分子)PAG 体系

光刻胶曝光波长由 G 线(436 nm)→I(365 nm)→KrF(248 nm)→ArF(193 nm)→EUV(13.5 nm)的方向移动,随着曝光波长的缩短,光刻胶所能达到的极限分辨率不断提高,光刻得到的线路图案精密度更佳,而对应的光刻胶的价格也更高。

按照感光树脂的化学结构分类,光刻胶可以分为:(1)光聚合型,采用烯类单体,在光作用下生成自由基,进一步引发单体聚合,最后生成聚合物,具有形成正像的特点;(2)光分解型,采用含有叠氮醌类化合物的材料,其经光照后,发生光分解反应,可以制成正性胶;(3)光交联型,采用聚乙烯醇月桂酸酯等作为光敏材料,在光的作用下,分子中的双键打开,链与链之间发生交联,形成一种不溶性的网状结构从而起到抗蚀作用,可以制成负性光刻胶。

依照曝光区在显影中被去除或保留来划分,光学光刻胶可以分为正性光刻胶和负性光刻胶。正性光刻胶曝光后,曝光部分溶解于显影液,形成的图形与掩模版图形相同;负性光刻胶曝光后固化,未曝光部分溶解于显影液,形成的图形与掩模版图形相反。用于远紫外线的胶目前多还处在研究阶段。表 10.4 给出了两种光刻胶类型的优缺点对比。

表 10.4　两种光刻胶类型的优缺点对比

类型	优点	缺点
正性光刻胶	高分辨率,耐热好,去胶方便台阶覆盖好,对比度好,抗干法刻蚀性强	黏附性和机械强度较差且成本高
负性光刻胶	对基片有很好的黏附能力,抗酸抗碱,感光速度快	在曝光区域发生交联,溶解能力减弱,显影时容易变形和膨胀,分辨率受限制

当前常用的正胶为 DQN,其主要成分为光敏剂的重氮醌(DQ)、碱溶性的酚醛树脂(N)和溶剂二甲苯等。响应波长为 330 ~ 430 nm,显影液是氢氧化钠等碱性物质。曝光的重氮醌退化,与树脂一同易溶于显影液,未曝光的重氮醌和树脂构成的胶膜难溶于碱性显影液。但是,如果显影时间过长,胶膜均溶于显影液,所以,用正胶光刻要控制好工艺条件。正胶的优势在于显影容易,且图形边缘齐整,无溶胀现象,光刻的分辨率高,光刻最后的去胶也较容易。

正胶是目前在光刻中用得最多的光刻胶。用于正版光刻,曝光后,透光窗口处的胶膜被显影液除去。正胶光刻示意图如图 10.5 所示。

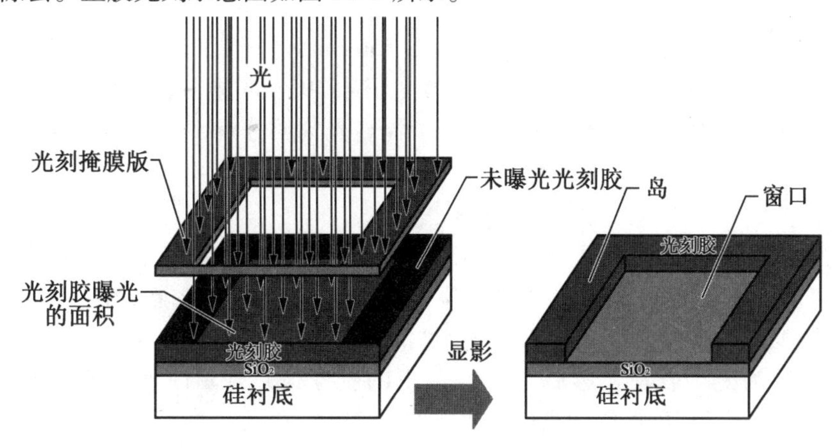

图 10.5　正胶光刻示意图

负胶是使用最早的光刻胶,用于阴版光刻。曝光后,透光窗口处的胶膜保留,未曝光的胶膜被显影液除去,图形反转(图 10.6)。负胶多数由长链高分子有机物组成。例如,由顺聚异戊二烯和对辐照敏感的交联剂以及溶剂组成的负胶,响应波长为 330 ~ 430 nm,显影液是有机溶剂(如二甲苯等)。曝光的顺聚异戊二烯在交联剂作用下交联,成为体形高分子并固化,不再溶于有机溶剂构成的显影液,而未曝光的长链高分子溶于显影液,显影时被去掉。

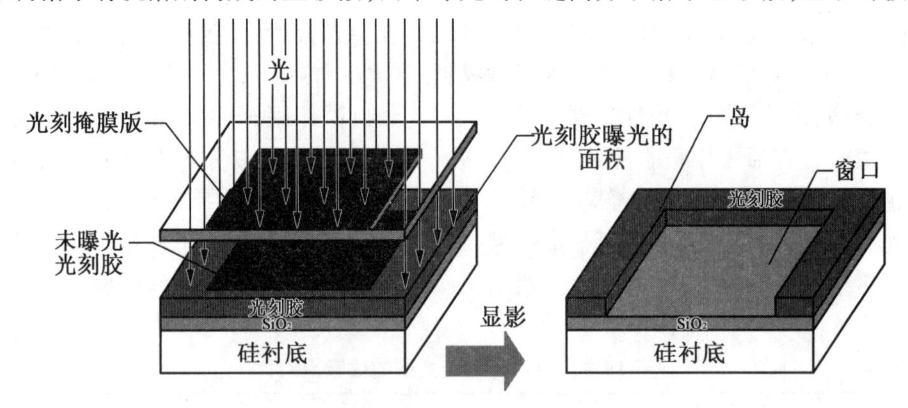

图 10.6　负胶光刻示意图

负胶显影后保留区的胶膜是交联高分子,在显影时,吸收显影液而溶胀。另外,交联反应是局部的,边界不齐,所以图形分辨率下降。光刻后硬化的胶膜也较难去除。但与正胶相比,负胶抗蚀性强于正胶。

10.2.2　光刻胶的一般特性

光刻胶的性能关系到光刻分辨率的大小,光刻加工分辨率关系到芯片特征尺寸大小,所以表征光刻胶性能主要有以下几个指标:

1. 响应波长

响应波长是能使光刻胶结构发生变化的光(或射线)的波长。光刻胶聚合物分子的断链或交链是通过吸收特定波长光辐射能量完成的。一种光刻胶通常只在某一特定波长范围内使用,因此 G 线与 I 线光刻胶一般不能通用,且 G 线或 I 线光刻胶完全不能用于深紫外曝光。

汞灯作为光源时所用胶的响应波长是为 400 ~ 550 nm,是紫光;氙 - 汞灯作为光源采用近紫外胶,响应波长在 360 nm 附近;ArF 激光为光源的 193 nm 光刻,采用深紫外胶,响应 193 nm 波长电子束光刻胶对电子束有响应。为了提高光刻的分辨率,光刻胶在向短波方向发展。

2. 灵敏度

光刻胶的灵敏度是指单位面积上入射的使光刻胶全部发生反应的最小光能量或最小电荷量(对电子束胶)。灵敏度以 mJ/cm^2 为单位。提供给光刻胶的光能量值通常称为曝光量。正胶的灵敏度定义为光刻胶通过显影完全被清除所需要的曝光量,如图 10.7(a)中 D_p;负胶的灵敏度定义为光刻胶在显影后有 50% 以上的胶厚得以保留时所需的曝光量,如图 10.7(b)中 D_g^x。灵敏度越高,需要的光(或射线)能量越小,曝光时间越短;灵敏度太低会影响生产效率,所以通常希望光刻胶有较高的灵敏度。但灵敏度太高会影响分辨率,通常负胶

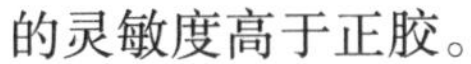
的灵敏度高于正胶。

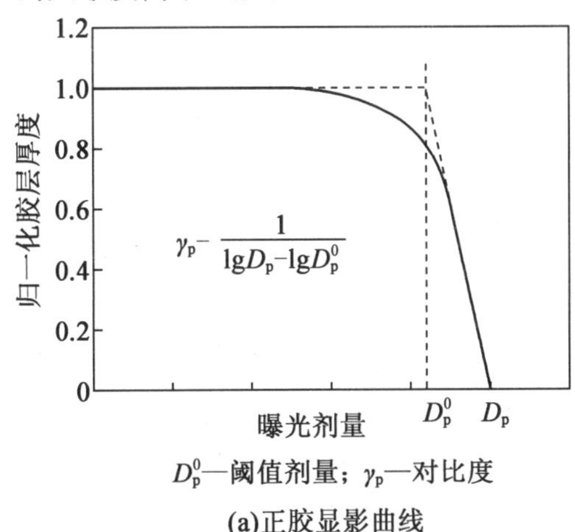

D_p^0—阈值剂量；γ_p—对比度

(a)正胶显影曲线

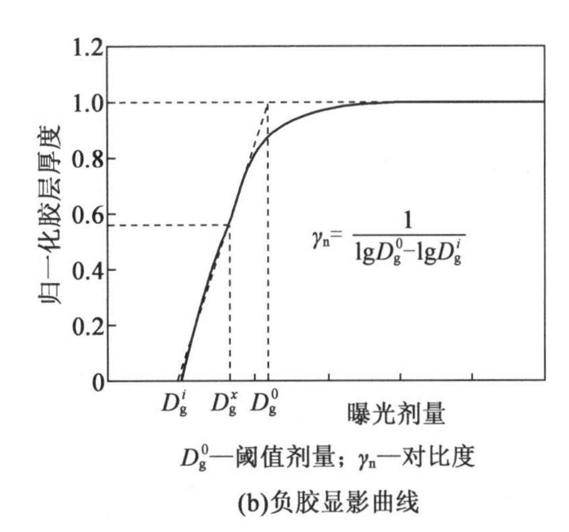

D_g^0—阈值剂量；γ_n—对比度

(b)负胶显影曲线

图 10.7　正胶与负胶的灵敏度与对比度的定义

3. 对比度

对比度高的光刻胶所得到的曝光图形具有陡直的边壁和较大的图形高宽比。对比度的定义如图 10.7 中的显影曲线所示，该曲线也称为对比度函数。显影曲线上的横坐标表示曝光剂量，纵坐标代表显影后胶膜留下的厚度(归一化值)。显影曲线的斜率越大，光刻胶的对比度越高。对比度直接影响光刻胶的分辨能力，对比度越大，剖面越陡。虽然曝光时间越长，曝光能量越大，剖面越陡，但是生产效率太低。图 10.8 为不同对比度的光刻胶形成的剖面形状。在同样的曝光条件下，由于光刻胶的对比度不同而形成了完全不同的曝光结果，剖面形状除了和对比度有关外，还与光在胶层里的吸收及光的散射等有关。

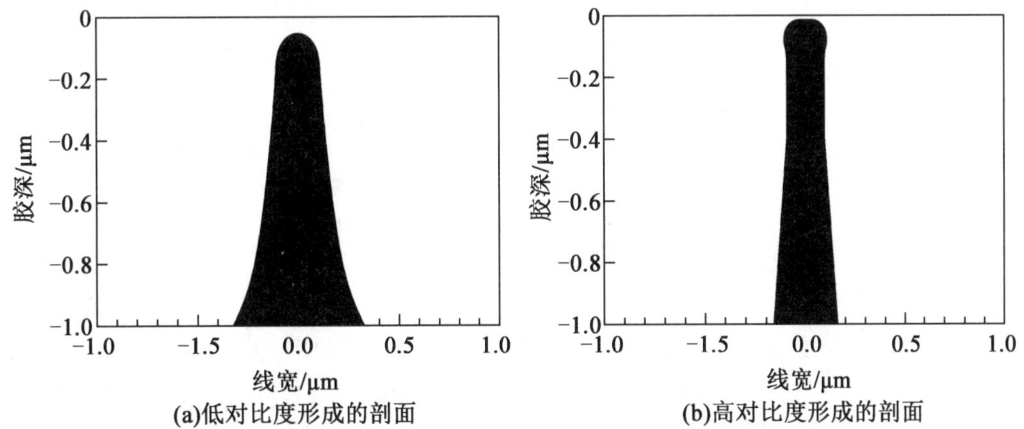

(a)低对比度形成的剖面　　(b)高对比度形成的剖面

(负型胶，相同曝光与显影条件，计算机模拟结果)

图 10.8　不同对比度的光刻胶形成的剖面形状

4. 抗蚀性

如果光刻胶图形将作为等离子体刻蚀掩模，就需要有较高的抗刻蚀性。这一性能通常是以光刻胶的刻蚀速率与衬底材料的刻蚀速率之比来表示。例如，某一光刻胶与硅的抗蚀比为 10,这说明当基底硅的刻蚀速率为 1 μm/min 时,光刻胶的刻蚀速率只有 100 nm/min。抗刻蚀比的高低也决定了要涂多厚的胶才能实现对衬底材料某一深度的刻蚀。

5. 分辨率

光刻胶的分辨能力是一个综合指标。影响分辨能力的因素有 3 个方面:

(1)曝光系统的分辨率。

(2)光刻胶的相对分子质量、分子平均分布、对比度与胶厚。

(3)显影条件与前后烘烤温度。

一般薄胶层容易获得高分辨图形,但胶层厚度必须与胶的抗蚀性综合加以考虑。正型胶的过量显影或负型胶的显影不足都会影响分辨率。烘烤温度过高,使胶软化流动,也会破坏曝光图形的分辨率。

6. 曝光宽容度

如果光刻胶在偏离最佳曝光剂量的情况下,曝光图形的线宽变化较小,则说明此光刻胶有较大的曝光宽容度(Exposure Latitude)。一般曝光宽容度定义为偏离标准线宽 ±10% 的曝光剂量范围。图 10.9 为两种胶形成的线宽随曝光剂量的变化。设计线宽为0.45 μm。可见,图 10.9 中 A 型胶比 B 型胶有更大的曝光宽容度。在理想情况下,曝光剂量是一个参数,整个硅片都受到统一照射,但实际生产中,曝光机光源的能量可能会受到外界因素的影响而变化,曝光宽容度大的胶受曝光能量浮动或不均匀的影响较小。

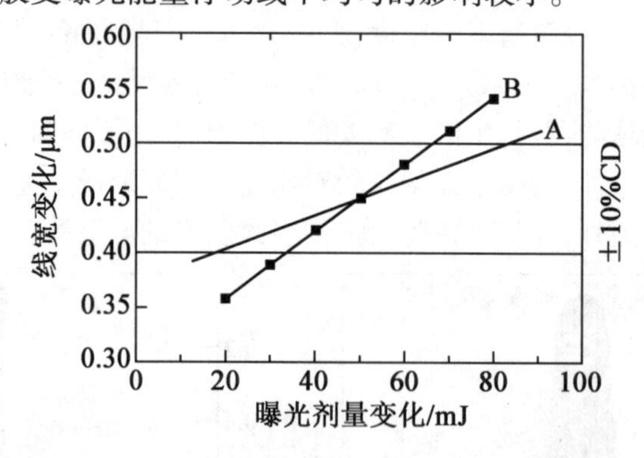

(曝光宽容度定义为偏离标准线宽 ±10% 的曝光剂量范围)

图 10.9 两种胶形成的线宽随曝光剂量的变化

7. 工艺宽容度

前、后烘烤的温度、显影时间、显影液浓度与温度都会对最后的光刻胶图形产生影响。每一套工艺都有相应的最佳工艺条件。但当这些条件偏离最佳值时,要求光刻胶的性能变化尽量小,即有较大的工艺宽容度(Process Latitude)。这样的胶对工艺条件的控制有一定的宽容性,因而可获得较高的成品率。

8. 黏滞性

对于液体光刻胶来说,黏滞性是评价其流动特性的定量指标。黏滞性与时间相关,因为它会在使用中随着光刻胶中溶剂的挥发而增大。黏滞性非常重要,因为硅片表面具有各种形貌,例如台阶和狭缝,在这些地方,它会影响光刻胶的厚度和均匀性。随着黏滞性增大,光刻胶流动的趋势变小,它在硅片上的厚度增大,分辨率下降,但是抗蚀能力增强。因此,选择胶的黏度时应根据需要来确定。

9. 黏附性

光刻胶的黏附性描述了光刻胶黏着于衬底的强度。光刻胶必须黏附于许多不同类型的表面,包括硅、多晶硅、二氧化硅(掺杂的和未掺杂的)、氮化硅和不同的金属。光刻胶黏附性的不足会导致硅片表面上的图形变形。光刻胶的黏附性必须保证光刻胶经受住曝光、显影和后续的工艺(如刻蚀和离子注入)条件。

10. 光刻胶的膨胀

在显影过程中,如果显影液渗透到光刻胶中,光刻胶的体积就会膨胀,这将导致图形尺寸发生变化,这种膨胀现象主要发生在负胶中。由于负胶存在膨胀现象,对于光刻小于3 μm 图形的情况,基本使用正胶来代替负胶。正胶的分子量通常都比较低,在显影液中的溶解机制与负胶不同,所以正胶几乎不会发生膨胀。

因为正胶不膨胀,分辨率就高于负胶。另外,减小光刻胶的厚度有助于提高分辨率。因此使用较厚的正胶可以得到与使用较薄的负胶相同的分辨率。在相同的分辨率下,与负胶相比可以使用较厚的正胶,从而得到更好的平台覆盖并能降低缺陷的产生,同时抗干法刻蚀的能力也更强。

11. 微粒数量和金属含量

光刻胶的纯净度与光刻胶中的微粒数量和金属含量有关。为了满足对光刻胶中微粒数量的控制,光刻胶在生产过程中需要经过严格的过滤和超净的包装。通过严格的过滤和超净的包装,可以得到高纯度的光刻胶。此外,即便得到了高纯度的光刻胶,在使用前仍然需要进行过滤。因为即便在生产过程中光刻胶已经经过了过滤和密封包装,随着存储时间的增加,光刻胶中的微粒数量还会继续增加。过滤的精度越高,相应的成本也越高。光刻胶的过滤通常是在干燥的惰性气体(如氮气)中进行的。根据需要选择过滤的级别,一般直径在0.1 μm 以上的微粒都需要除去。

光刻胶的金属含量主要是指钠和钾在光刻胶中的含量。因为光刻胶中的钠和钾会带来污染,降低器件的性能。通常要求光刻胶的金属含量越低越好,特别是钠需要达到50万分之一原子。这种低浓度的钠和钾可以通过原子吸收光谱分光光度计来测量。

12. 储存寿命

光刻胶中的成分会随时间和温度而发生变化。通常负胶的储存寿命比正胶短(负胶易于自动聚合成胶化团)。从热敏性和老化情况来看,DQN 正胶在封闭条件下储存比较稳定。如果储存得当,DQN 正胶可以保存6~12个月。在存储期间,由于交叉链接的作用,DQN 正胶中的高分子成分会增加,这时 DQN 感光剂不再可溶,而是结晶成沉淀物。另一方面,如果保存在高温的条件下,光刻胶也会发生交叉链接。这两种因素都增加了光刻胶中微粒的浓度,所以光刻胶在使用前需要经过过滤。采用适当的运输和存储手段,在特定的条件下保存以及使用前对光刻胶进行过滤,这都有利于解决光刻胶的老化问题。

随着器件电路密度持续缩小其关键尺寸,为了将亚微米线宽图形转移到硅片表面,相关技术得到了改善。这些改善包括:

(1)更好的图形清晰度(分辨率)。

(2)对半导体硅片表面更好的黏附性。

(3)更好的均匀性。

(4)增加工艺宽容度(对工艺可变量敏感度降低)。

10.2.3 其他光刻胶

用于电子束曝光、离子束曝光、X 射线曝光的光刻胶,除了有机胶外,也出现了无机胶。光刻胶的发展使光刻工艺水平得以提高。

1. 电子束光刻胶

电子束光刻胶也是涂在衬底表面用来实现图形传递的物质,通过电子束曝光使得光刻胶层形成所需要的图形。通常用于非光学光刻中的光刻胶由长链碳聚合物组成。在相邻链上碳聚合物接受电子束照射的原子会产生移位,导致碳原子直接键合,这一过程称为交联。高度交联的分子在显影液中溶解较慢。根据聚合物照射前后发生交联还是化学键断裂可以将电子束光刻胶分为正性胶和负性胶:如果光刻胶在曝光后,其聚合物发生化学键断裂,而分裂为容易溶于显影液的分子,则为正性光刻胶;反之,当曝光后光刻胶中的交联占优势,光刻胶由小分子交联聚合为大分子,曝光后的光刻胶难溶解于显影液,则为负性光刻胶。当光刻胶显影后,通过金属化/剥离或刻蚀/去胶工艺就可以将所需图形转移到衬底上。

常用的正性电子束抗蚀剂有 PMMA(聚甲基丙烯酸甲酯)胶,是最早研制的,具有很高的分辨率,可达 10 nm,但灵敏度较低。PMMA 胶的典型工艺条件是在 165 ~ 180 ℃,前烘 30 ~ 60 min。显影液为体积比为(1:3) ~ (1:1)的 MIBA(甲基异丁基甲酮)和 IPA(异丙醇)。显影后浸泡 IPA 30 s 即可将显影区域去除。EBR - 9 是丙烯酸盐基类抗蚀剂,灵敏度比 PMMA 高 10 倍(20 kV 电子束),但分辨率仅为 PMMA 的 1/10,最小分辨率只有 0.2 μm。具有曝光速率快、寿命长、显影时不溶胀等优点,广泛用于掩模制造中。其他的正性光刻胶还有高分辨率的 ZEP、PBS 等。但相对 PMMA 而言,灵敏度更高的光刻胶则分辨率要略低一些。负性光刻胶有更好的灵敏度,但容易在显影过程中膨胀放大,使图形失真,且其分辨率也比正胶低。

2. X 射线光刻胶

由于 X 射线具有很强的穿透能力,深紫外波段的光刻胶对 X 射线的吸收率很低,只有少数入射的 X 射线能对光化学反应做贡献,通常深紫外曝光的光刻胶在 X 射线波段灵敏度都非常低,其曝光效率要下降 1 ~2 个数量级。因此,提高 X 射线光刻胶的灵敏度是光刻胶发展的重要方向。提高 X 射线光刻胶灵敏度的主要方法是,在光刻胶合成时添加在特定波长范围内具有高吸收峰的元素,从而增强光化学反应。具体地说,针对特定的 X 射线波长,可以通过在光刻胶中掺入特定的杂质来大幅度提高光刻胶的灵敏度。例如,在电子抗蚀剂中加入铯、铊等,能增加抗蚀剂对 X 射线的吸收能力,使之可以作为 X 射线抗蚀剂(如 PMMA)。

3. 化学放大胶

深紫外曝光(248 nm 和 193 nm 波长)采用的是一种化学放大型光刻胶(Chemically Amplified Photoresists)。化学放大胶含有一种称为“光酸酵母”(Photo Acid Generator,PAG)的物质。化学放大胶的工作原理是利用光学能量使 PAG 分解,释放少量的光酸。然后通过后烘烤(PEB),诱发级联反应而产生更多的光酸。每个初始光酸分子在 PEB 过程中可以诱发 800 ~1 200 个光酸分子,大量的光酸使光刻胶的曝光部分变成可溶(正型胶)或不可溶(负型胶)。由于主要的化学反应是在 PEB 过程中发生的,只需要较低的曝光能量来产生初始的光酸,因此这一类胶有很高的灵敏度。化学放大胶的概念在1982年就已提出,但真正蓬勃发展是在20世纪90年代初,到了20世纪90年代中期,一系列商业化学放大胶已开发出来。试验证明,这一类胶不但有很高的灵敏度,而且具有很高的对比度和分辨能力,抗刻蚀性能也很好。

4. 特殊光刻胶

除了大规模集成电路生产中使用的光刻胶之外,还有一些为其他特殊应用开发的光刻胶,例如用于微机械制作的厚光刻胶、可进行电镀涂覆的光刻胶和彩色光刻胶。在集成电路平面工艺中,光刻胶涂覆在平面衬底材料上。但有些应用需要在高低起伏差别很大的衬底上制作图形,例如制作MEMS器件和微光电器件的封装结构等。在这种情况下,通常的甩胶方法已不再适用。美国Shipley公司(现属于Rohm and Haas公司)开发了一种可以通过电法涂覆的负型光刻胶(EAGLE系列光刻胶)。只要衬底表面导电,不管表面形貌差别多大,都可以涂覆均匀的光刻胶层。彩色光刻胶是一类添加了染料的负型光刻胶。彩色光刻胶分红、绿、蓝3种,主要应用于制作摄像机芯片上的滤色器(Color Filter)。通过曝光显影可以将红、绿、蓝3种胶制成与摄像芯片像素同样大小的滤色片,实现彩色摄像。

10.3　光学曝光的方式与系统

光刻技术可利用可见光(Visible)、近紫外光(Near Ultra - Violet, NUV)、中紫外光(Mid UV, MUV)、深紫外光(Deep UV, DUV)、真空紫光外光(Vacuum UV,VUV)、极紫外光(Extreme UV,EUV)、X射线(X - Ray)等光源对光刻胶进行照射;或者用高能电子束(25～100 keV)、低能电子束(约100 eV)、Ga^+聚焦离子束(10～100 keV)对光刻胶进行照射。各光源的相关波长范围如图10.10所示。

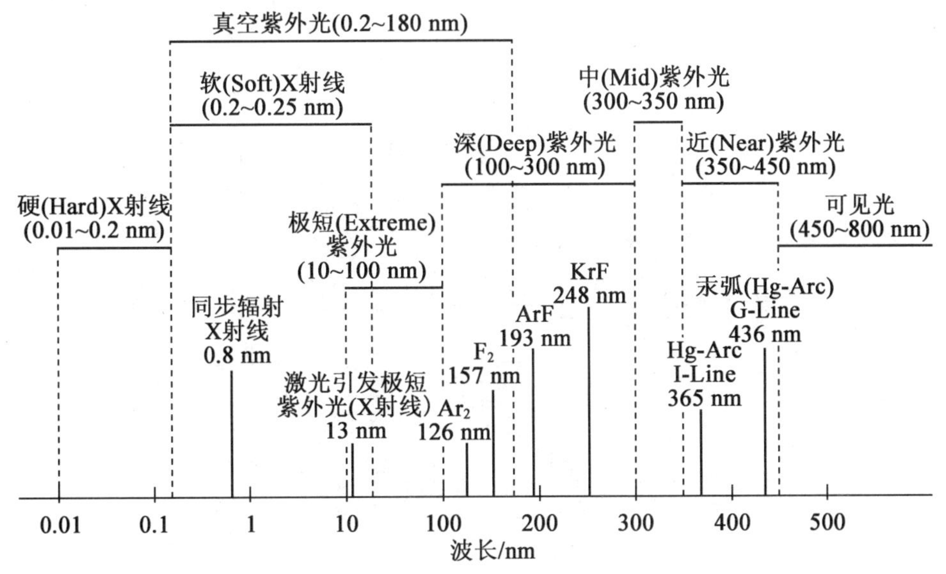

图10.10　各光源的相关波长范围

紫外(UV)光源和深紫外(DUV)光源是目前工业上普遍应用的曝光光源。以 UV 和 DUV 光源发展起来的曝光方法主要有接触式曝光、接近式曝光和投影式曝光三种不同曝光方式,如图 10.11 所示。

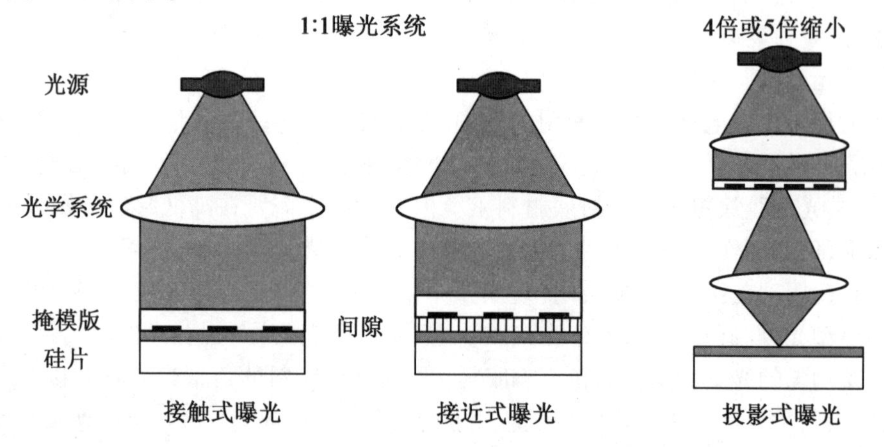

图 10.11　三种不同曝光方式

10.3.1　接触式曝光与系统

接触式曝光采用的接触式光刻机是 SSI 时代直到 20 世纪 70 年代的主要光刻手段。图 10.12 为接触/接近式光刻机系统,多用于线宽尺寸约 5 μm 及以上的生产方式中。由于接触式曝光过程中掩模版与硅片上光刻胶紧密接触,可在硅片表面形成高分辨率的图形。致命缺点是会造成掩模版的损伤,这种损伤可能是接触摩擦对掩模图形的破坏,也可能是部分光刻胶由于接触而黏附到掩模上,造成接触式曝光的掩模版的使用寿命极低。然而,接触光刻非常依赖于操作者,这就引入了重复性和控制问题,目前已不再用于大规模集成电路的生产。

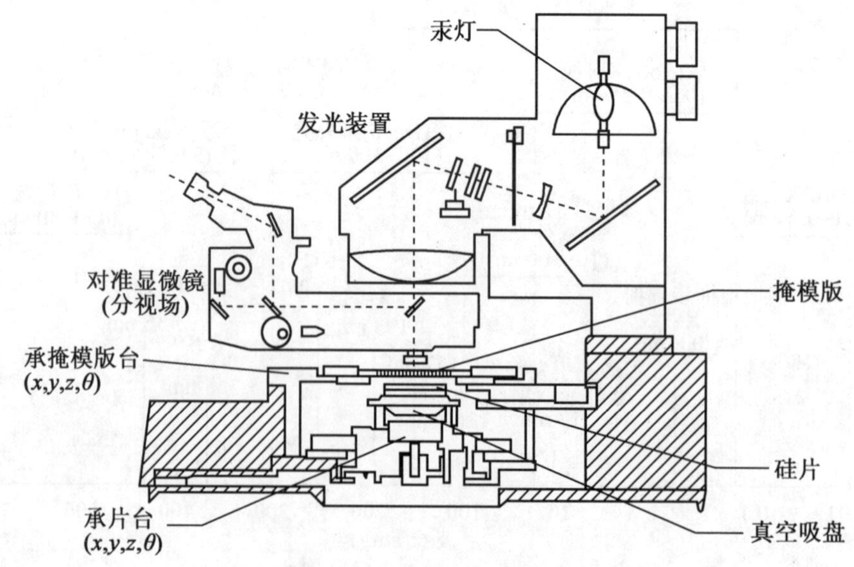

图 10.12　接触/接近式光刻机系统

10.3.2　接近式曝光与系统

接近式曝光装置示意图如图 10.13 所示。它由 4 部分组成：光源和透镜系统、掩模版、硅片（样品）以及对准台。汞灯发射的紫外光由透镜变成平行光，平行光通过掩模版后在光刻胶膜上形成图形的像。掩模版与硅片之间有一小的间隙 s，通常 $s = 5\ \mu\text{m}$。所以称这种方法为接近式。在分辨率的讨论中得知光学方法的理论分辨率为 $1/\lambda$。但在接近式的系统中由于掩模版和硅片间有一小间隙 s，必须考虑这种具体情况下衍射对分辨率的限制。

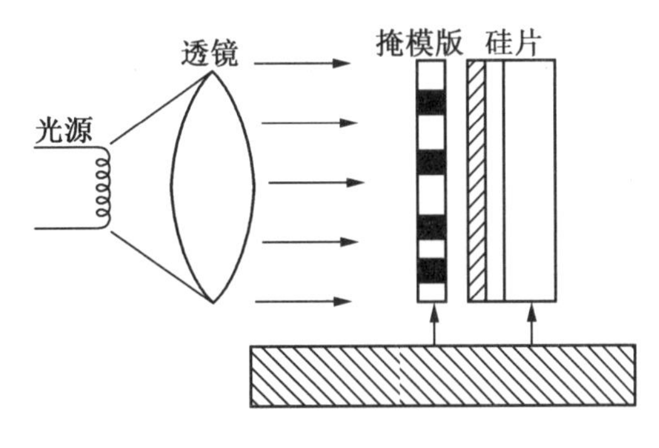

图 10.13　接近式曝光装置示意图

设有一光屏 BB'，上面有宽度为 a 的狭缝，如图 10.14 所示，这相当于掩模版。狭缝的长度不限，其方向垂直于图面。当光线通过 BB' 则在与其相距 s 的 EE' 面（即硅片及其胶膜）上成像。因衍射效应，光强分布如 GG' 所示。为了描述衍射现象，插入一个透镜 L。如果没有衍射则光线通过 L 会聚于一点；如有衍射，则呈 GG' 分布。这里计算一级衍射极小的像宽度 Δx。

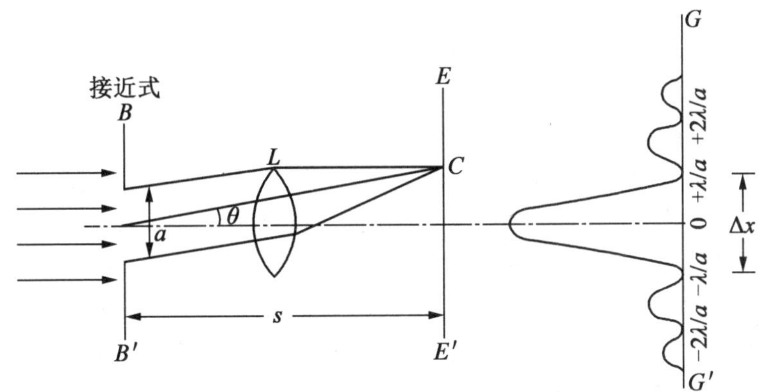

图 10.14　接近式曝光衍射示意图

设在 EE' 上有一点 C，则狭缝上下两边的光线到达 C 点的光程差

$$\Delta = a\sin\theta \tag{10.16}$$

其中，θ 为出射光线与轴线的夹角。初位相 δ 与光程差 Δ 的关系为

$$\delta = \frac{2\pi\Delta}{\lambda} \tag{10.17}$$

所以

$$\delta = \frac{2\pi a\sin\theta}{\lambda} \tag{10.18}$$

从式(10.18)易知：

(1) $\theta = 0$，则 $\delta = 0$，此时对应于衍射图形的极大位置。

(2) $\delta = \pm 2k\pi\ (k = 0, 1, 2, \cdots)$，对应于衍射图形的极小位置。$k = 1$ 相对应于第一个极

小。第一个极小在中心对称的位置一边一个，以 C 点为第一极小，则由式(10.18)得

$$\pm 2k\pi = \frac{2\pi a \sin\theta}{\lambda} \tag{10.19}$$

因 $k=1$，式(10.19)可改写为

$$\sin\theta = \pm\frac{\lambda}{a} \tag{10.20}$$

由图 10.14 中得知，C 点偏离中心的距离为 $x/2$，并有

$$\frac{x}{2} = s \cdot \sin\theta \tag{10.21}$$

从式(10.20)和式(10.21)得到

$$\frac{x}{2} = \frac{s\lambda}{a} \tag{10.22}$$

令 $x=a$，即像与狭缝尺寸相同，没有畸变，则有

$$a = \frac{1.4}{\sqrt{s\lambda}} \tag{10.23}$$

式(10.23)表示没有畸变时用接近式曝光可以得到的最细线宽。因此分辨率为

$$R = \frac{1}{2.8\sqrt{s\lambda}} \tag{10.24}$$

设 $s=5\times10^{-4}$ cm，$\lambda=400$ nm。则得到 $a=2$ μm，$R=250$ 线对。实际上 $s>5$ μm，因此只能用到 3 μm 以上的工艺。

接近式曝光采用的接近式光刻机是从接触式光刻机发展而来的，并且在 20 世纪 70 年代的 SSI 时代和 MSI 早期同时普遍使用。这些光刻机如今仍然在生产量小的实验室或较老的生产分离器件的硅片生产线中使用，它们适用的线宽尺寸为 2 ~4 μm。

接近式光刻可以缓解接触式光刻机的沾污问题，它是通过在光刻胶表面和掩模版之间形成可以避免颗粒的间隙实现的。尽管间距大小被控制，接近式光刻机的工作能力还是被减小了。因为当紫外光线通过掩模版透明区域和空气时就会发散(图 10.15)。这种情况减小了系统的分辨能力，减小线宽关键尺寸就成了主要问题。

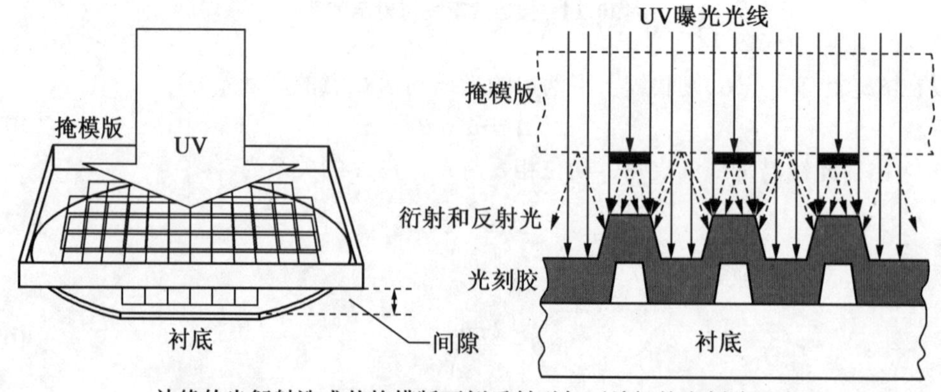

图 10.15　接近式光刻机上的边缘衍射和表面反射

10.3.3　投影式曝光与系统

投影式曝光系统示意图如图 10.16 所示。光源光线经透镜后变成平行光，然后通过掩模版并由第二个透镜聚焦投影在硅片上成像，硅片支架和掩模版间有一对准系统。投影曝光系统的分辨率主要是受衍射限制。

图 10.17 为投影曝光原理示意图，其中 f 为透镜的焦距，D 为透镜的直径；2α 为像点的张角。根据瑞利定义的分辨标准，透镜系统对物像的分辨能力，即两个像点能够被分辨的最小间隔 δy 为

$$\delta y = 1.22\frac{\lambda}{D}f \tag{10.25}$$

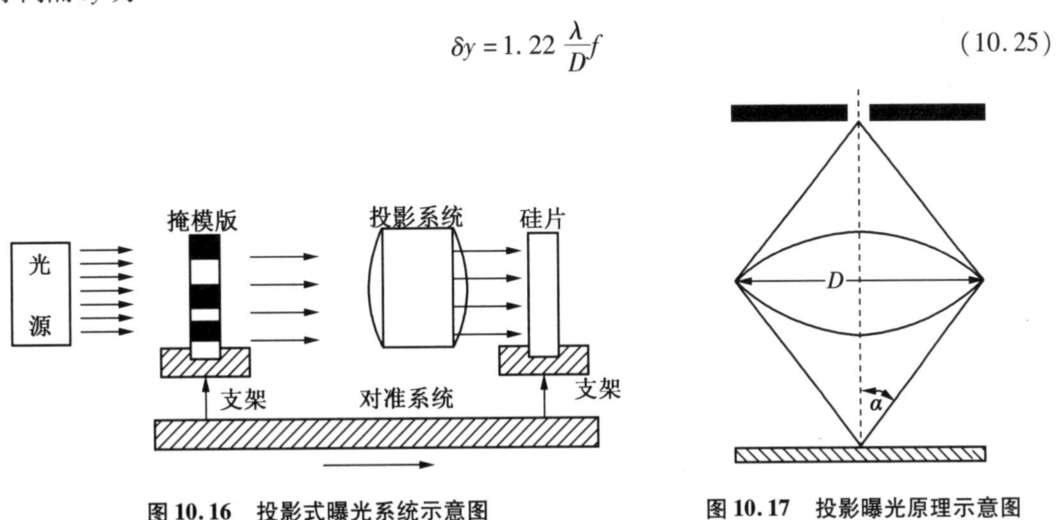

图 10.16　投影式曝光系统示意图　　图 10.17　投影曝光原理示意图

在多个光学元件组成的系统中，常引入数值孔径 NA 描述透镜性能

$$\mathrm{NA} = n\sin\alpha \tag{10.26}$$

其中，n 为透镜与硅片间介质的折射率，并有

$$n\sin\alpha = \frac{D}{2f} \tag{10.27}$$

由此可知，透镜的几何直径越大，其数值孔径 NA 越大，焦距越小数值孔径 NA 也越大。由式(10.25)和式(10.27)可得

$$\delta y = 0.61\frac{\lambda}{\mathrm{NA}} \tag{10.28}$$

通常情况 $\mathrm{NA} = 0.2 \sim 0.45$，若取 $\mathrm{NA} = 0.40$，$\lambda = 400$ nm，则 $\delta y = 0.61$ μm。所以投影光刻可以达到亚微米水平。根据这一公式能够判断如何提高投影式曝光的分辨率。从光学成像的角度分析，提高分辨率可以通过减少照明光的波长和增加透镜数值孔径来实现。

投影式曝光的两个突出优点是：(1)样品与掩模版不接触，所以免去了接触磨碰引入的工艺缺陷；(2)掩模版不易破损，所以可对掩模版做仔细整修去除缺陷，提高掩模版的利用率。由于投影光刻的这些突出优点，已使它成为≤3 μm 光刻的主要应用手段。

扫描投影曝光是利用反射镜(基于反射的光学系统)系统把有 1∶1图像的整个掩模图形投影到硅片表面。由于掩模版是 1 倍的，图像就没有放大和缩小，并且掩模版图形和硅片上的图形尺寸相同。紫外光线通过一个狭缝聚焦在硅片上，能够获得均匀的光源(图 10.18)。

掩模版和带胶硅片被放置在扫描架上,并且同步地通过窄紫外光束对硅片上的光刻胶曝光。由于发生扫描运动,掩模版图像最终被完全复制到硅片表面。扫描投影光刻机的一个主要挑战是制造良好的包括硅片上所有芯片的1倍掩模版。如果芯片中有亚微米特征尺寸,那么掩模版上也有亚微米尺寸。由于亚微米特征尺寸的引入,使这种光刻方法很困难,因为掩模不能做到无缺陷。

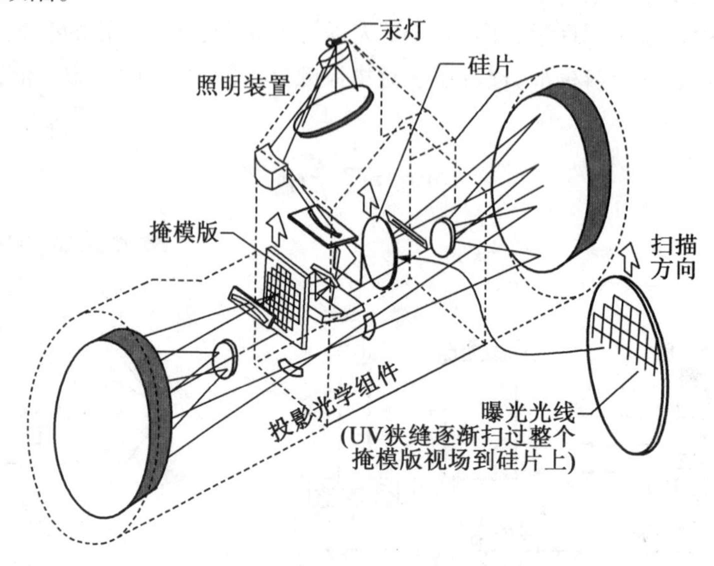

图 10.18　扫描投影光刻机

扫描投影光刻机在20世纪70年代末80年代初是占据主导地位的光刻设备。这些光刻机现在仍在较老的硅片生产线中使用。它们适用于线宽大于1 μm的非关键层。

20世纪90年代用于硅片制造的主流精细的曝光方式是分步重复投影式曝光。分步重复投影曝光一次只投影一个曝光场(这可能是硅片上的一个或多个芯片),然后步进到硅片上另一个位置重复曝光,这种设备称为分步重复投影光刻机(简称步进光刻机)。步进光刻机最早是在20世纪80年代后期主导了IC制造业,主要用来形成关键尺寸小到0.35 μm(常规I线光刻胶)和0.25 μm(深紫外光刻胶)的图形。步进光刻机使用投影掩模版,上面包含了一个曝光场内对应的一个或多个芯片的图形。步进光刻机的光学投影曝光系统利用折射光学系统把掩模版图形投影到硅片上。

光学步进光刻机的一大优势在于它具有使用缩小透镜的能力。传统上,I线步进光刻机的投影掩模版图形尺寸是实际像的4倍、5倍或10倍(最初步进光刻机使用10倍版,后来是5倍和4倍)。使用5倍版的光刻机需要一个5:1的缩小透镜把正确的图形尺寸成像在硅片表面。这个缩小的比例使得投影掩模版的制造变得更容易,因为投影掩模版上的特征图形是硅片上最终图形的5倍。不过不缩小的投影光刻机的好处是成本低并可用于非关键图形制造。

在曝光过程的每一步,这种步进光刻机都会依次把投影掩模版图形通过投影透镜聚焦到硅片下一个位置并重复全部过程。通过继续这个过程,步进光刻机最终会通过连续的曝光步骤把所有芯片阵列复制到硅片表面(图10.19)。由于步进光刻机一次只曝光硅片的一小部分(例如,对于一个较大的微处理器芯片,在硅片上一个曝光场内只有一个芯片),所以对硅片平整度和几何形状变化的补偿变得容易。

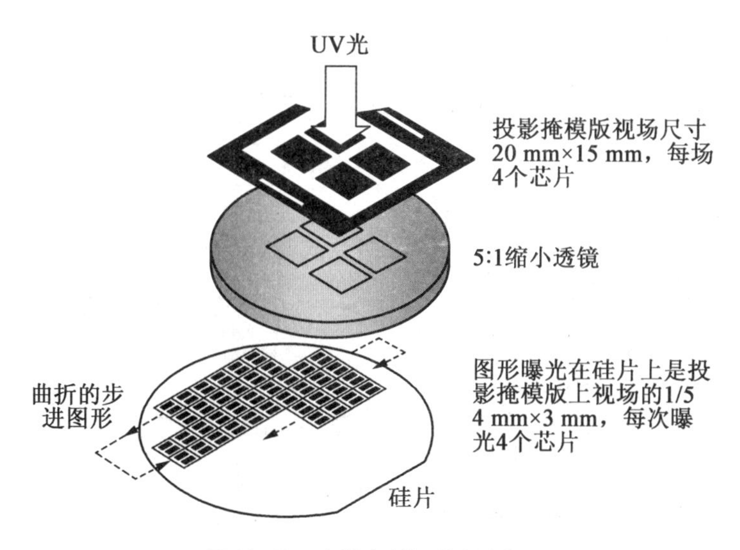

图 10.19　步进光刻机的曝光场

步进光刻机使用传统的汞灯照明光源(对于 G 线波长是 436 nm,H 线波长是 405 nm,I 线波长是 365 nm),线宽可以小到 0. 35 μm。为了获得 248 nm 深紫外波长的光源,汞灯被 KrF 准分子激光器所取代,使这种设备能够形成 0. 25 μm 线宽的图形。通常深紫外步进光刻机被用于形成关键层的图形,而传统的 I 线曝光方法被用于非关键层。这种混合匹配式光刻方法用来减少生产成本。

随着关键尺寸的减小和硅片尺寸的增加,提出了增大曝光场尺寸和改进光刻机光学系统的要求。这反过来要求更加复杂的光刻透镜的设计和制造,单个光刻机中透镜系统的费用就超过一百万美元。这个费用把传统分步重复式曝光场范围限制为 22 mm × 22 mm。

步进机的主要缺点是产量问题。步进机典型工作效率为 20 ~ 50 片/h。系统的产量 T 为

$$T = \frac{1}{O + n \cdot [E + M + S + A + F]} \tag{10.29}$$

式中,O 为包括装片/卸片、预对准、移动圆片进出机台和执行全局对准所用时间;n 为每一圆片上的芯片数;E 为曝光时间;M 是每次曝光工作台移动时间;S 为工作台稳定时间,A 是逐场对准时间(若使用);F 为自动聚焦时间(若使用)

总时间中的一些项目是可以与前一圆片曝光同时进行的,以减小或取消 O 项。因为 M 通常是 50 ~ 100,括号内的总时间对于步进机的商业成功很关键。作为可实用的工具,它应为 2 s 或更少。

如前所述,为了解决曝光视场尺寸和镜头成本的矛盾,在光刻曝光设备上的发展使用了一种被称为步进扫描投影光刻的技术。步进扫描光学光刻系统是一种混合设备,融合了扫描投影光刻机和分步重复光刻机技术,是通过使用缩小透镜扫描一个大曝光场图像到硅片上的一部分实现的。一束聚焦的狭长光带同时扫过掩模版和硅片(图 10. 20)。这种光刻机的标准曝光场子尺寸是 26 mm × 33 mm,使用 6 in 投影掩模。一旦扫描和图形转印过程结

束,硅片就会步进到下一个曝光区域重复扫描过程。扫描投影光刻机可以达到近 100 片/h。

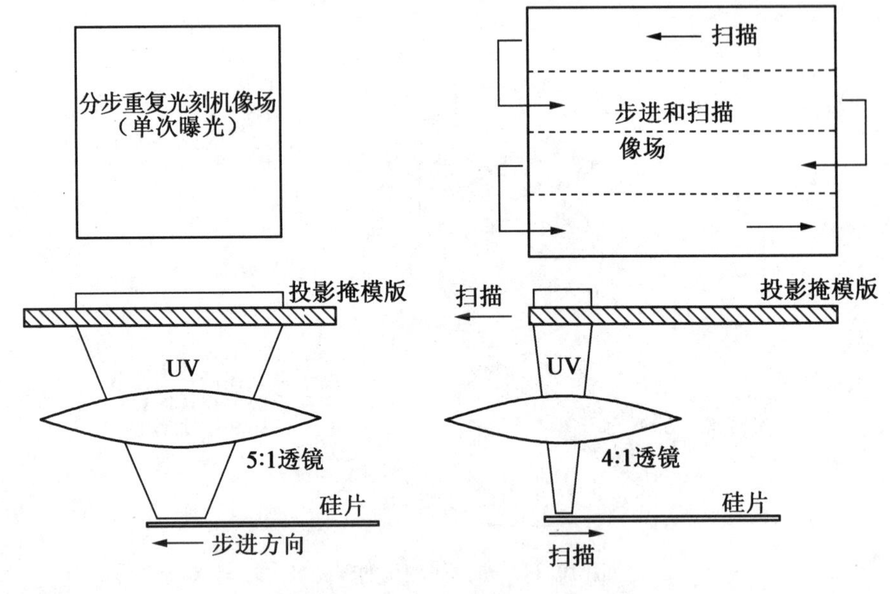

图 10.20　步进扫描光刻机的曝光场

使用步进扫描投影光刻机曝光硅片的优点是增大了曝光场,可以获得较大的芯片尺寸。透镜视场只要是一个细长条形就可以了,就像较早的整片扫描投影光刻机那样。在步进到下一个位置前,它通过一个小的,校正好的 26 mm × 33 mm 像场扫描一个缩小的掩模版(通常是 4 倍)。大曝光场的另一个主要优点是有机会在投影掩模版上多放几个图形,因而一次曝光可以多曝光些芯片。

步进扫描投影光刻机的另一个重要优点是具有在整个扫描过程调节聚焦的能力,使透镜缺陷和硅片平整度变化能够得到补偿。这种改进扫描过程中的聚焦控制使整个曝光场内的 CD 均匀性控制得到改善。

步进扫描投影光刻机最主要的挑战是增加了机械容许偏差控制的要求,因为要对硅片和投影掩模版载台的运动进行同步控制。步进光刻机只需要把硅片快速移动到一个新位置,一台步进扫描光刻机却必须把硅片和投影掩模版同时沿相反方向精确地移动。这些扫描和步进执行过程中,定位容差不超过几十纳米。

10.4　光学分辨率增强技术

随着半导体产业发展的不断加速,芯片制造商既要追求器件高性能又要考虑加工成本的经济性,以跟上摩尔定律预测的趋势。光学光刻采用各种光学分辨率增强技术,不断突破了传统光学理论所预言的分辨极限的限制。在不增大数值孔径和不缩短曝光波长的前提下,通过改变光波波前提高光刻分辨率。光学曝光中增强分辨率的主要技术手段见表 10.5。

表10.5　光学曝光中增强分辨率的主要技术手段

波前工程	分辨率增强技术
光学照明系统	离轴照明技术
光学成像系统	空间滤波技术
掩模版	移相掩模技术、光学邻近效应校正技术
光刻胶工艺	表面成像技术、抗反射涂层技术、多次曝光技术

10.4.1　离轴照明技术

离轴照明技术(Off - Axis Illumination)是指在投影光刻机中所有照明掩模的光线都与主光轴方向有一定夹角,照明光经过掩模衍射后,通过投影光刻物镜成像时,仍无光线沿主光轴方向传播。离轴照明技术被认为是最有希望拓展光学光刻分辨率的一种技术之一。它能大幅提高投影光学光刻系统的分辨率和增大焦深。目前已经应用到IC生产的248 nm和193 nm光学光刻成像系统中,ASML、Nikon和Canon公司都在其投影光刻机上采用了离轴照明技术。离轴照明的种类有:二极照明、四极照明、环形照明等。空间照明方式的比较如图10.21所示。

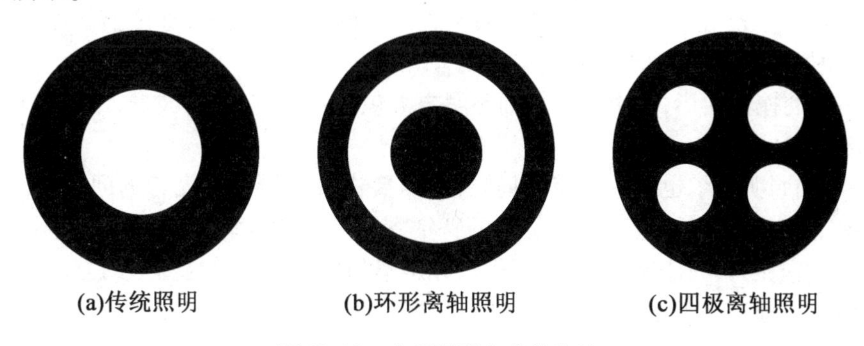

图10.21　空间照明方式的比较

Rayleigh在1896年分析相干成像和非相干成像时,发现了离轴照明在合适的空间孔径之间能产生类似于相移掩模所产生的相位偏移,后来离轴照明技术就被广泛用于显微镜的照明系统中。在20世纪80年代末,离轴照明技术被首次用于光刻技术。Mack和Fehrs等首先提出环形照明用于光刻:在照明系统的积分透镜后设置环形带通光的相干片,将中心部分的低频光挡掉,形成离轴光照明,在曝光波长为248 nm的投影光学光刻系统中实现了分辨率为0.25 μm和焦深为2.4 μm的黑白线条图形,之后又便用四极照明和环形照明做光刻试验。日本的许多公司最先在投影光刻机上使用四极照明,在积分透镜的出口处加入具有4个透光孔的相干片,穿过相干片的四束光通过聚光镜后,以一定倾斜角度照射到掩模上,形成离轴照明。在I线投影光刻机上利用四极照明,能将分辨率从0.5 μm提高到0.35 μm,焦深从0.9 μm增大到1.8 μm;在深紫外投影光刻机上,能将分辨率从0.4 μm提高到0.3 μm,焦深增大到1.5 μm。以后又提出将OAI、相移掩模和光瞳滤波等技术结合起来进行光刻试验研究的方案,使光刻分辨率进一步提高。

离轴照明技术采用倾斜照明方式,用从掩模图形透过的0级光和其中一个1级衍射光成像,为双光束成像,与传统照明情况下的三光束或多光束成像相比,不但提高了分辨率,而且明显改善了焦深。传统照明与 OAI 原理示意图如图10.22所示。

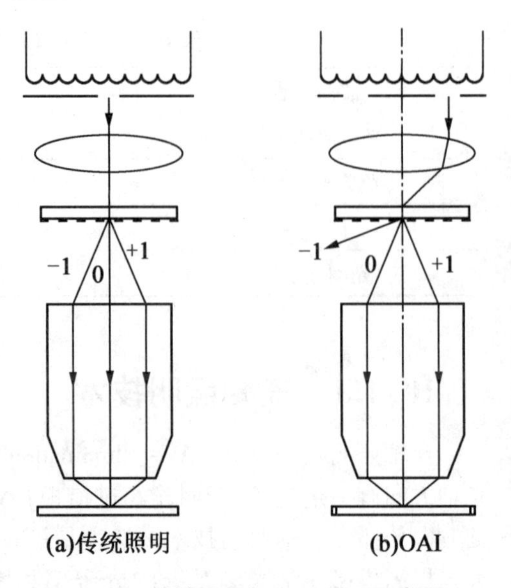

图 10.22　传统照明与 OAI 原理示意图

部分相干照明(σ)时,传统光刻截止分辨率为 $R_{传统} = \lambda/2NA(1+\sigma)$。离轴照明时,所照明光都与主光轴有一定的夹角,光经过掩模衍射,由投影透镜成像时,系统截止频率为

$$R_{离轴} = \frac{\lambda}{2NA(1+\sigma)+\theta} \quad (10.30)$$

式中,θ 为照明倾斜角。显然离轴照明技术有利于提高分辨率。

离轴照明同样可改善焦深。传统照明时,由于掩模衍射,有 0 级、±1 级三束光参与成像,在理想焦平面内这三束光的位相差(即光程差)为零。但离焦时,1 级光相对 0 级光的相位不为零,其大小取决于离焦量和 1 级光在光瞳上的径向位置,对比度因相位差而受到影响。倾斜照明时 0 级光与一束 1 级衍射光参与成像,如果使这两束光与主光轴夹角相等,则离焦时它们之间的位相差为零,理论上不存在有离焦引起的像差。因此离轴照明的焦深有大幅度改善。

根据不同的掩模图形,可采用的离轴照明方案包括:二元振幅滤波型、二元位相光栅型、变透过率弱离轴照明。

但是,离轴照明技术也具有一定的局限性,需要进一步研究和完善的问题有:光刻图形的边缘情况不理想;对于接近分辨率极限的特征图形邻近效应较严重;能量利用率低;照明均匀性差;对离散线条的像质改进作用不大;分辨率和焦深的改进与图形的方向和疏密有关等等。这些缺点都有待于通过进一步研究尽可能排除。

10.4.2　移相掩模技术

移相掩模技术(Phase Shift Mask)的基本原理是在光掩模的某些透明图形上增加或减少一个透明的介质层,称为移相器,使光波通过这个介质层后产生 180°的位相差,与邻近透明区域透过的光波产生干涉,抵消图形边缘的光衍射效应,从而提高图形曝光分辨率。移相掩模技术被认为是最有希望拓展光学光刻分辨率的技术之一。已经证明,移相掩模比传统的由完全透光区和完全不透光区组成的二元掩模能明显提高分辨率和改善焦深。目前已广泛应用到 248 nm 和 193 nm 光刻曝光的 IC 器件生产中。

通过移相层后光波与正常光波产生的相位差

$$Q = \frac{2\pi d}{\lambda}(n-1) \quad (10.31)$$

式中,d 为移相器厚度;λ 为光波波长;n 为移相器介质的折射率。

移相层材料有两类,一类是有机膜,以抗蚀剂为主(如 PMMA 胶);另一类是无机膜(如二氧化硅)。

当所需的曝光临界尺寸接近或小于曝光光线波长时,由于光衍射产生的邻近效应的作用,应用普通的掩模版进行曝光将无法得到所需的图形,硅片上图形的特征尺寸将大于所需尺寸。移相掩模技术就是通过对掩模版结构进行改造,从而达到缩小特征尺寸的目的。

图 10.23 给出了常规掩模和加入移相器后的光强分布。对于常规掩模,当掩模版中不透光区域的尺寸小于或接近曝光光线波长时,由于光的衍射作用,不透光区域所遮挡的抗蚀剂也会受到照射。当透光的两个区域距离很近时,从这两个区域衍射而来的光线在不透光处发生干涉。由于两处光线的相位相同,干涉后使得光强增加。当光强达到或超过抗蚀剂的临界曝光剂量时,不透光处的抗蚀剂也会发生曝光。这样相邻的两个图形之间将无法分辨。加入 180°移相器后,在不透光区域发生干涉的两部分光线之间有 180°的相移,在干涉时该部分的光强将不会加强,反而由于相位相反而减弱。这样不透光区域的抗蚀剂就不会发生曝光的现象,两个相邻的图形之间就可以区分,从而达到了提高分辨率的目的。

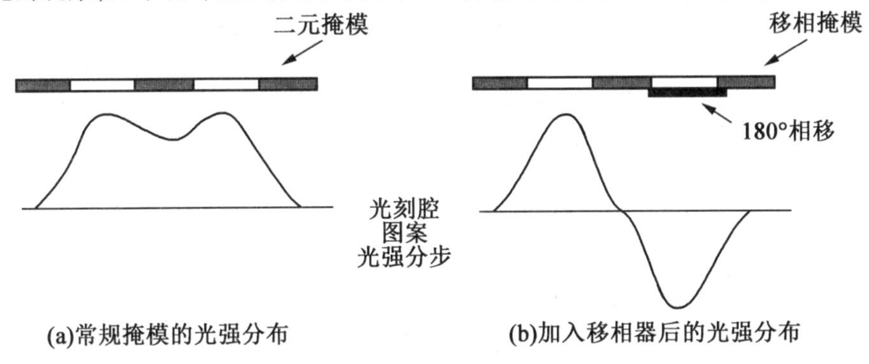

图 10.23　常规掩模和加入移相器后的光强分布

事实上,在实际的曝光过程中采用的移相掩模并不像图 10.23 所表示的那样简单。例如移相层在曝光过程中会造成光强的损耗,这样会使得移相与不移相的部分的光强不平衡,造成整个硅片上的剂量分配不平衡。因此对于移相层材料的选择很重要。同时,实现移相掩模的方法也很多。移相掩模技术最初由 Levenson 在 1982 年提出,20 世纪 90 年代初以来得到了迅速发展,其种类繁多,功能各异。移相掩模的主要类型有:交替式 PSM、衰减型 PSM、边缘增强型 PSM、无铬 PSM 和混合 PSM。

10.4.3　光学邻近效应校正技术

光学邻近效应校正技术(Optical Proximity Correction,OPC)是指在光刻过程中,由于掩模上相邻微细图形的衍射光相互干涉而造成像面光强分布发生改变,使曝光得到的图形偏离掩模设计所要求的尺寸和形状。光学邻近效应现象示意图如图 10.24 所示。这些畸变将对集成电路的电学性质产生较大的影响。光刻图形的特征尺寸越接近于投影光刻系统的极限分辨率,邻近效应就越明显。

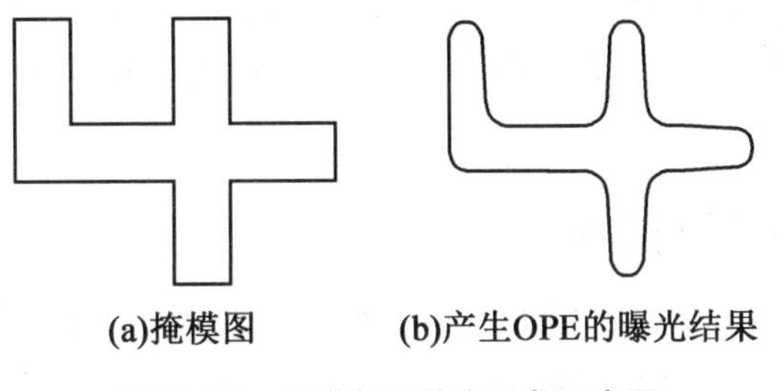

图 10.24　光学邻近效应现象示意图

光学邻近效应校正技术,是在掩模设计时采用将图形预先畸变的方法对光学邻近效应加以校正,使光刻后能得到符合设计要求的电路图形。图 10.25 为线条偏置法校正光学邻近效应的掩模图形。不同的图形结构有不同的校正方法。到目前为止,已经有一些标准的光学邻近效应校正结构用于集成电路掩模图形的设计制作中,用以提高光刻分辨率,从而增加硅片表面电路设计的密度,满足芯片集成度不断提高和特征尺寸不断缩小的需求。

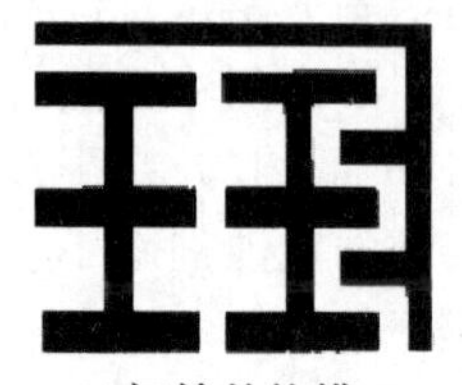
(a)初始的掩模

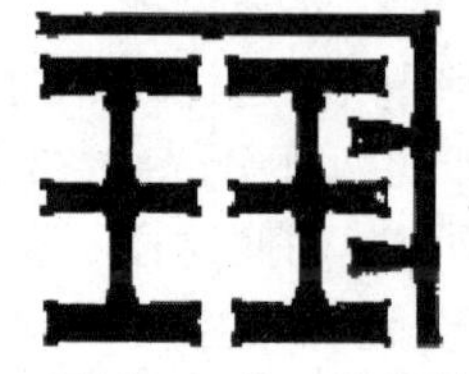
(b)经过OPC修正的掩模

(c)初始掩模曝光的光刻胶图形

(d)OPC掩模曝光的光刻胶图形

图 10.25　线条偏置法校正光学邻近效应的掩模图形

光学邻近效应校正的种类有:线条偏置法、形状调整法、加衬线法、微型灰度法。例如,根据线条在掩模中的结构对它的局部宽度进行调整,或者在线条两边或内部根据周围图形排布情况增加透光或不透光的辅助线条,以有效保证线宽的同一性;预增长线条在掩模上的长度,或者在线条线端上加锤头状辅助图形等,以减小线端的回缩;对拐角图形依其凸凹状况在掩模上加辅助小图形做增添或挖补修正,以改善图像在硅片上的形状,使之符合设计电路的要求。在相同的生产条件下使用这种技术后,能用现有的光刻设备制造出具有更小特征尺寸的集成电路。特征尺寸 CD 减小到小于曝光波长时,光学邻近效应校正技术就成为必不可少的需求。原则上说,邻近效应不能完全校正,只能做到适当补偿。

各种光学邻近效应校正方法从校正结果来看各有其适用的范围。线条偏置法较为简单易用,但基本上是利用经验来预畸变掩模,在离焦的情况下其校正效果受到限制,与灰阶掩模和灰阶编码掩模相比,其掩模设计加工和投影曝光工艺又相对简单。添加亚分辨辅助线条法可有效地调整像面光强分布,对于减小密集的和孤立的图形的 CD 偏差以及改善线端部缩短和角部圆化是相对简单而有效的方法,当掩模设计和加工精度较高时,可收到较好的校正效果。灰阶掩模和编码灰阶掩模的优点在于可实现邻近效应的精细校正,设计也较为灵活,并具有辅助线条和偏置方法的优点,但编码制作精度要求高,掩模的加工时间相对要长一些,不易控制,并需加大曝光剂量,因此一般在精细邻近效应校正时应用。

总之,邻近效应的校正应根据对光刻图形质量及曝光焦深的不同要求,并考虑掩模加工工艺的难易程度来灵活选择校正方法,并通过优化抗蚀剂工艺,控制曝光量和调整掩模偏差减小光学邻近效应。光学邻近效应校正掩模的优化设计至关重要,一般采用上述 OPC 校正方法,预先设计出一个初始 OPC 掩模,用光刻模拟软件进行仿真计算,比较模拟结果与实际所需要的光刻胶图形,再对初始 OPC 掩模进行结构修正,之后再模拟、比较和再修正,直到得到满意的 OPC 掩模。

10.4.4　光瞳滤波技术

光瞳滤波技术(Pupil Filtering Technology)就是利用滤波器适当调整投影光学光刻成像系统的光瞳处掩模频谱的零级光与高频光的振幅或相位的关系,使高频光部分尽量多的通过,减少低频光的通过,从而提高光刻图形成像对比度,达到提高光刻分辨率和增大焦深的目的。光瞳滤波的种类有:振幅滤波、相位滤波和复合滤波。

光瞳滤波技术在光学领域用于改善成像图形质量早就得到了广泛的应用。1991年,Hirosh. Fukuda等在光学投影光刻机光学系统的光瞳处加入了使光能透过率按一定规律变化的滤波器,使孔状图形的分辨率比在传统方法下提高了20%的同时,焦深也提高了1倍;对于一般的图形,使分辨率在瑞利判据极限下,焦深提高50%~70%。1993年,T. Horiuchi等将振幅滤波和环形离轴照明技术相结合,在曝光波长为365 nm,数值孔径NA为0.52,部分相干因子$\sigma=0.6$的条件下,使焦深提高到0.8 μm,并得到了对比度很好的0.15 μm线条。1998年,Rosemarle Hild等研究了不同透过率函数的几种滤波器,以及滤波对周期图形的影响,得到焦深和分辨率都提高了的图形。1999年,Chin C. Hsia等结合滤波和离轴照明技术,在曝光波长λ为248 nm,数值孔径NA为0.55,部分相干因子$\sigma=0.8$的条件下,得到了图形质量很好的0.15 μm的线条。2000年,Hoyoung Kang等利用滤波方法分别得到了250 nm的孤立孔和210~220 nm的接触孔图形。近年来,随着光刻分辨率的不断提高,日本、美国等国家在光瞳滤波技术方面进行了大量的研究工作。光瞳滤波技术虽然是一种有着广阔应用前景的分辨率增强技术,但仍有许多问题需要解决:

(1)不同的掩模图形对应不同的最优滤波器,这要求滤波器在光瞳面上易于取放。

(2)滤波器在光瞳面内与掩模频谱的精确对准问题。

(3)滤波器对强紫外光长时间的吸收和反射引起的热量问题。

(4)滤波器的材料和移相器的制造还需做大量研究。

DRAM以平均每三年产品集成度翻两番的速度增长,起着半导体加工技术的先导作用。图10.26为采用不同分辨率增强技术所制备的DRAM及其相应集成度水平。2020年,三星采购EUV设备用于最新一代的DRAM生产线,用于生产10 nm级DRAM。

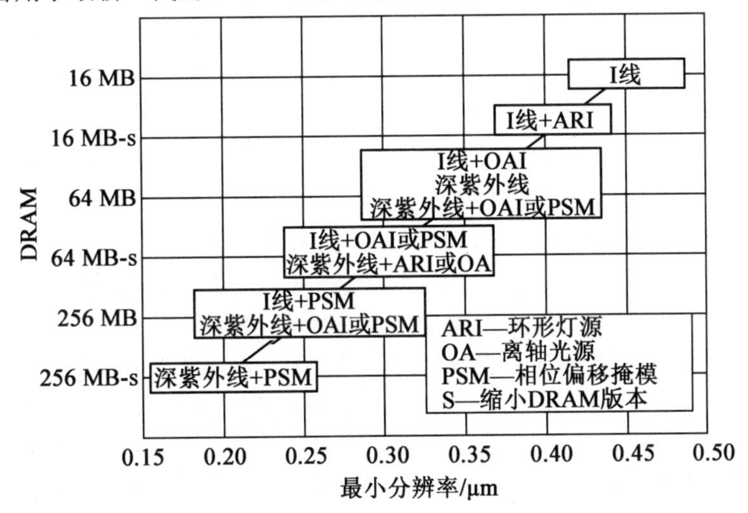

图10.26 采用不同分辨率增强技术所制备的DRAM及其相应集成度水平

10.5　曝光新技术

10.5.1　深紫外曝光技术

投影式曝光的成像过程是将掩模图形成像到硅片表面,而掩模图形的成像是曝光机照明光源透过掩模形成的光波衍射图形。因此,投影式曝光分辨率式(10.1)中的 λ 就是照明光源的波长,它直接影响曝光的分辨率。早期光学曝光采用汞灯作为光源。汞灯是一种宽频光源,在不同波长有不同峰值,如 G 线 436 nm 波峰,I 线 365 nm 波峰。对于微米量级的集成电路工艺,多采用 G 线光刻;微米以下工艺需要 I 线光刻。汞灯光源目前仍广泛应用于接触式曝光机中。随着集成度越来越高,I 线工艺已经不能胜任。但汞灯光源中更短波长的谱线能量极低,不适用于作为短波光学曝光的光源,由此开发出准分子激光器(Excimer Laser)作为光源的深紫外曝光(Deep UV Lithography,DUV)技术,其中技术最成熟且性能最稳定的主要是:KrF 准分子激光器(248 nm);ArF 准分子激光器(193 nm)。

当然还有更短波长的准分子激光器光源,如采用纯 F_2 准分子激光器(157 nm),甚至有采用纯 H_2 准分子激光器(126 nm)。

半导体制造工业投入了大量人力物力研究开发 157 nm 的光学曝光技术,但 157 nm 的光学曝光技术面临 3 个关键技术难题:光学透镜材料、掩模保护膜(Pellicle)材料和光刻胶材料。这些技术难题都起因于材料对 157 nm 以下光波长的强吸收作用而不再适用,只有采用氟化钙晶体作为透镜材料。而氟化钙晶体不是像熔融石英那样的玻璃态材料,光透射氟化钙晶体会产生双折射效应(Birefringence),即入射光被一分为二。这种双折射效应会对入射光的不同极化分量产生不同的折射方向和相位差,从而导致成像模糊(Image Blur)。为了尽量减小这种效应,要求在氟化钙晶体生长过程中尽量控制使其各向同性化,即尽量减少其晶体特征。这是一个非常难以实现的目标。

掩模保护膜是一项集成电路制造中普遍采用的技术。所有光学掩模都必须有一层塑料透明膜保护,以防止灰尘颗粒落到掩模表面,造成光学成像缺陷。传统保护膜对 157 nm 波长吸收太强而无法使用。光刻胶也有同样的问题,为 248 nm 和 193 nm 光源开发的光刻胶因为强吸收作用而不再适用于 157 nm 光源。要解决以上技术难题所需要的研究开发投资巨大,而 157 nm 的波长只能将集成电路的最小电路尺寸延伸一代。

另一方面,对极紫外(Extreme UV,EUV)曝光技术和浸没式曝光(Immersion Lithography)技术的早期开发证明,以 193 nm 波长为主的深紫外浸没曝光技术发展迅速,可用于 32 nm 集成电路的生产,而更小电路尺寸可以由 EUV 曝光技术实现。因此,到 2004 年集成电路制造工业已经达成共识:终止 157 nm 曝光技术的开发,全力投入极紫外曝光技术的开发。

10.5.2　极紫外曝光技术

极紫外光刻技术采用波长为 13.5 nm 的光源,已经不是严格意义上的光,而是一种软 X 射线。为了与穿透力更强的硬 X 射线区别,半导体工业界普遍把 13.5 nm 波长的极紫外曝光仍归为光学曝光技术一类。这同时也因为极紫外曝光与传统光学曝光技术很相近,也是将掩模图形投影成像到硅片表面。然而,EUV与传统DUV技术有本质的不同。极紫外波长几乎被所有材料吸收,传统的折射式透镜成像已完全不适用所有光学元件包括掩模本身都必须是反射式。图10.27为极紫外曝光系统示意图。由光源发出的极紫外辐射由一组反射镜收集并投射到反射式掩模上,被反射的掩模图形由另一组反射镜会聚缩小,然后投射到硅片上实现极紫外光刻胶的曝光。EUV曝光尽管具有短波长曝光的优点,但其技术难度远远大于以投影光学为基础的DUV曝光技术。经济方面的考虑也不容忽视,传统DUV曝光系统的造价一般在2 000万美元左右,而EUV曝光系统的造价在5 000万美元以上,在22 nm集成电路工艺中显示出它的优势。

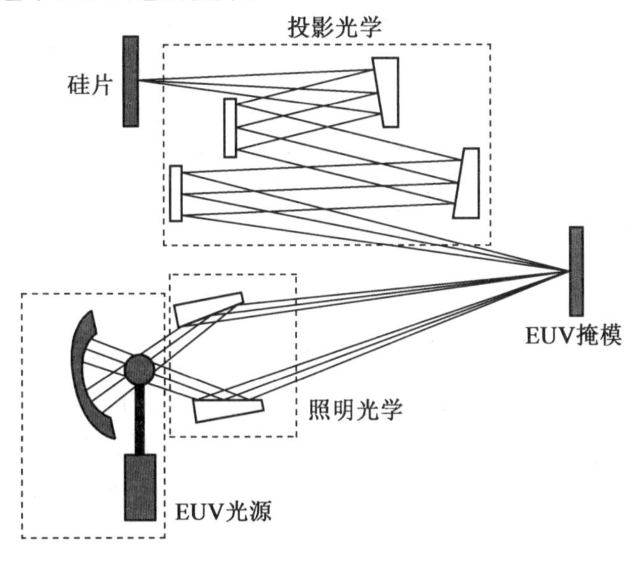

图10.27　极紫外曝光系统示意图

10.5.3　电子束曝光

电子束曝光、离子束曝光、X射线曝光等光刻技术都几乎不受光的衍射极限限制,可以作为分辨率达亚微米的超大规模集成电路的光刻技术。它们在20世纪70年代就已出现,但是由于生产效率低、设备复杂、价格昂贵,直到20世纪90年代电子束光刻才被普遍用于超大规模集成电路的生产之中,现在已成为超大规模集成电路制版的标准工艺技术。

电子束曝光是利用某些高分子聚合物对电子敏感而形成曝光图形的。称其为“曝光”完全是将电子束辐照与光照类比而来的。电子本身是一种带电粒子,根据德布罗意的物质波理论,电子是一种波长极短的波,电子波长的计算公式为

$$\lambda_e = \frac{1.226}{\sqrt{E}}\ \text{nm} \tag{10.32}$$

式中,E为电子束能量。当电子束能量为100 eV时,其波长只有0.12 nm。电子束能量越高,波长越短。

电子束曝光的原理是用具有一定能量的电子与光刻胶碰撞作用,发生化学反应完成曝光。具有一定能量的电子束进入光刻胶中,与光刻胶薄膜发生碰撞时,主要会发生三种情况:(1)电子束穿过光刻胶层,既不发生方向的变化也没有能量的损失;(2)电子束与光刻胶

分子碰撞发生弹性散射,碰撞后方向发生改变,但是碰撞过程不损失能量;(3)电子束与光刻胶分子发生非弹性散射,不但发生方向改变,而且又有能量的损失。正是这部分通过碰撞传递的能量使抗蚀剂的聚合物分子的分子链产生变化。因此电子在固体材料中的散射过程是:电子不断与固体中的原子发生弹性散射从而不断改变其飞行方向,在两次弹性散射之间,入射电子与固体材料中的电子发生非弹性散射碰撞能量转移给固体材料中的电子。

典型的电子散射轨迹如图 10.28 所示。图 10.28 中显示了从表面同一点入射的 50 个电子在固体内散射的轨迹。由此可知,散射使单点入射的电子束在抗蚀剂内扩散成很大范围。由于电子在散射沿途将能量留在抗蚀剂内,因此,电子能量在抗蚀剂中的横向分布总是大于电子束曝光的图形,这相当于入射电子束在抗蚀剂中被展宽。造成电子束展宽的散射称为前向散射(Forward Scattering)。由于抗蚀剂与硅为两种不同材料,电子在材料界面会形成反射。在界面反射的电子重新进入抗蚀剂会对抗蚀剂曝光。图 10.29 为电子束散射效应计算示意图。从图 10.29 中可以看到部分电子反射回到抗蚀剂层中,这部分电子称为背散射电子(Back Scattering)。电子散射与入射电子能量利衬底材料性质有关。电子在抗蚀剂中的前向散射与入射电子能量有关,背散射则不仅与电子能量有关,而且与衬底材料有关。电子进入光刻胶之后发生的弹性散射,是因为电子受到核屏蔽电场作用起的方向偏转,绝大多数情况下偏转角小于90°。其中有一些电子会损失 1 ~ 10 meV 能量,可以看成没有能量变化,所以可以归于弹性散射。在非弹性散射的情况下,散射角 θ 与入射电子的能量损失有关。通过对散射过程的模拟可以发现:对于一束能量相同、均匀平行的电子束(其能量为 E),在进入到光刻胶层之后,如果电子的能量不是很高,那么散射是随机发生的,并且,每一次的碰撞与其先前的情况无关。一般来说,经过散射之后,电子束散开的距离约为入射深度的一半,如图 10.29 所示。

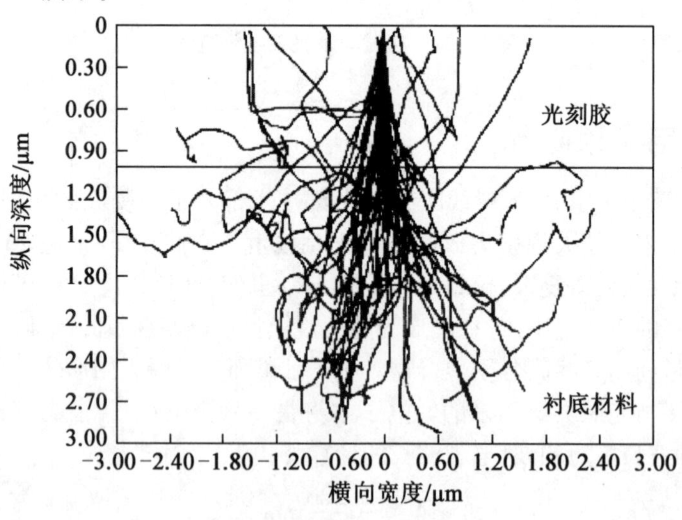

(入射电子能量:20 eV;硅衬底)

图 10.28　电子散射轨迹

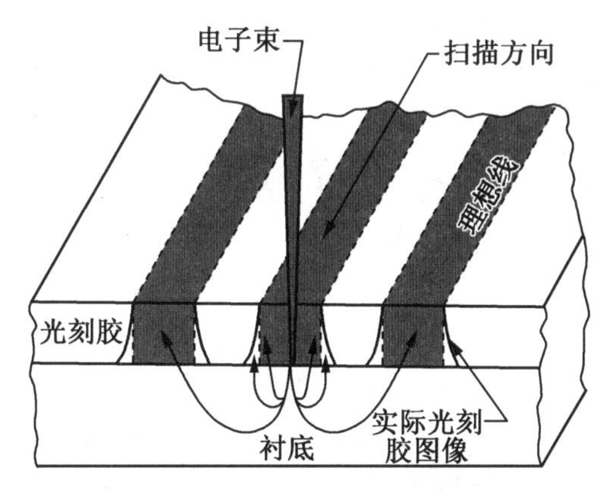

图 10.29　电子束散射效应计算示意图

电子散射对曝光图形的影响是造成所谓的"邻近效应"。如果相邻两个曝光图形靠得非常近,则由于电子散射形成的曝光能量分布将会延伸到相邻的图形区域内,使曝光图形发生畸变。即使在同一图形内,散射也会使图形边缘处的能量低于中间部分的能量。所以邻近效应主要表现在两方面,即图形之间(Intershape)与图形之中(Intrashape)的邻近效应。因此,在电子束曝光中,限制分辨率的不是电子波长,而是各种电子像差和电子在抗蚀剂中的散射。

目前,电子束曝光系统主要有以下几类:(1)改进的扫描电镜(SEM);(2)高斯扫描系统;(3)成型束系统。

改进的扫描电镜技术是从电子显微镜演变过来的,通过对电子束进行聚焦,从而在光刻胶上形成图形。由扫描电镜改进的电子束曝光系统,其分辨率取决于所选用的 SEM,由于其工作台的移动较小,一般只适用于研究工作。

高斯扫描系统通常有两种扫描方式:(1)光栅扫描系统,采用高速扫描方式对整个图形场进行扫描,利用快速束闸,实现选择性曝光。(2)矢量扫描方式,只对需曝光的图形进行扫描,没有图形部分快速移动跳过。曝光时,首先将图形分割成场,台面在场间移动,每个场可以再分割成子场。该系统最大的特点是采用高精度激光控制台面,分辨率可以达到几纳米。

在成型束系统中,需要在曝光前将图形分割成矩形,通过上下两直角光阑的约束形成矩形束。上光阑像通过束偏转投射到下光阑来改变矩形束的长和宽。成型束的最小分辨率一般大于 100 nm,但曝光效率高。

电子束光刻系统一般有两种类型:直写式与投影式。直写式就是直接将会聚的电子束斑打在表面涂有光刻胶的衬底上,不需要光学光刻工艺中掩模版;投影式则是通过高精度的透镜系统将电子束通过掩模图形平行地缩小投影到表面涂有光刻胶的衬底上。由于直写式曝光技术所具有的超高分辨率,无须昂贵的投影光学系统和费时的掩模制备过程,在微纳加工方面有着巨大的优势。但由于直写曝光过程是将电子束斑在表面逐点扫描,每一个图形的像素点上需要停留一定的时间,限制了图形曝光的速度。在产能上的瓶颈使得它在微电子工业中一般只作为一种辅助技术而存在,主要应用于掩模制备、原型化、小批量器件的制备和研发。但直写式电子束曝光系统在纳米物性测量、原型量子器件和纳米器件的制备等科研应用方面已显示出重要的作用。

10.5.4　X 射线曝光

X 射线是指 0.01 ~ 10 nm 波长范围内的电磁波谱，在 1895 年由伦琴发现，早期的应用主要是医学成像，在 20 世纪 70 年代初提出用于光学曝光。X 射线可以分为软 X 射线（Soft X Ray）和硬 X 射线（Hard X Ray）。软 X 射线又可以称为极紫外，而 X 射线曝光主要是指硬 X 射线。X 射线无法像光波那样聚焦，因为 X 射线在所有材料中的折射率都接近于 1。无论是从真空进入某种材料还是从一种材料进入另一种材料，X 射线都不能够被折射。因此 X 射线只能用做 1:1 邻近式曝光，而不能做缩小投影曝光。图 10.30 为 X 射线邻近式曝光装置的示意图，X 射线平行束照射到 X 射线掩模上。

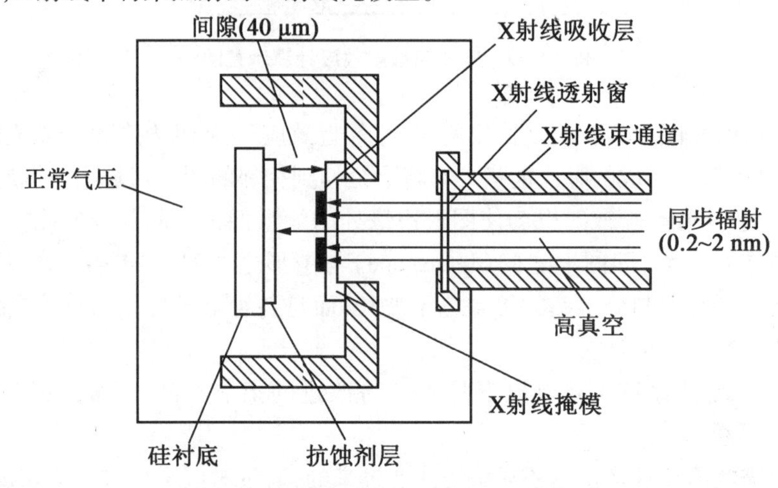

图 10.30　X 射线邻近式曝光装置的示意图

X 射线曝光与光学曝光本质上的区别在于曝光掩模的形式不同。由于 X 射线的强穿透能力，低原子序数材料对 X 射线来说是透明的，而高原子序数材料（如金、钨、钽或重金属合金）可以有效地阻挡 X 射线。因此 X 射线掩模是在低原子序数材料（如硅或碳化硅的载模）上，沉积高原子序数材料的图案。对于波长为 1 nm 的 X 射线，硅膜片的厚度为 1 ~ 2 μm。重金属吸收层的厚度为 300 ~ 500 nm，光刻胶的曝光深度为 1 μm。X 射线掩模与曝光样品表面的间隙在 5 ~ 50 μm 之间，因为 X 射线掩模的机械强度很差，不能允许与曝光表面有任何机械接触。

X 射线虽然波长很短，但并不能获得与波长相对应的曝光分辨率。这主要是因为高能量 X 射线会在光刻胶聚合物材料中产生大量光电子和俄歇电子，这些低能电子会对光刻胶产生曝光作用，而且在光刻胶中它们会在一定范围内散射，扩大 X 射线的曝光范围，使实际的分辨率降低。X 射线曝光还存在衍射效应，尤其是相干性好的 X 射线光源，这种效应尤其明显。另外经济成本方面，高亮度 X 射线光源只能通过同步辐射源获得，建造同步辐射源的成本超过数亿美元。

10.5.5　离子束曝光

聚焦离子束曝光（Focused Ion Beam Lithography，FIBL）是一种类似于电子束曝光的技术，它是在聚焦离子束技术基础上将原子离化后形成离子束的能量控制在 10 ~ 200 keV 范围内,再对抗蚀剂进行曝光,从而获得微细线条的图形。其曝光机理是离子束照射抗蚀剂并在其中沉积能量,使抗蚀剂起降解或交联反应,形成良溶胶或非溶凝胶,再通过显影,获得溶与非溶的对比图形。按照曝光方式的不同,离子束曝光分为聚焦方式和掩模方式两种。

聚焦离子束系统截面示意图如图 10.31 所示。离子束从液态金属离子源(Liquid Metal Ion Source,LMIS)引出,在抽取器线圈中产生的磁场从发射源中抽取出离子,经过上透镜校准成平行束后,离子束通过质量分离器。质量分离器只允许所需要的固定荷质比的离子通过。质量分离器下方有一个又细又长的引流管,用来去除不完全垂直向下的离子。下透镜被放在引流管中,它有助于减小离子束斑和提高聚焦。在下透镜下面放置一个静电偏转器来控制打到基底离子的最终轨迹。在基体上方有一个带孔的平台,以让离子束从中穿过。此平台是一个多通道平台,有助于记录二次电子散射从而可以检测。掩模方式则是通过掩模版来实现图形的曝光复印的,类似于利用掩模版电子束曝光方法。

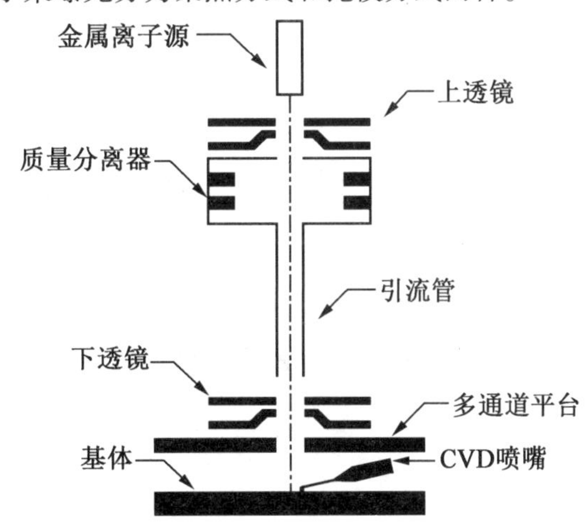

图 10.31　聚焦离子束系统截面示意图

离子束曝光有非常高的灵敏度,由于离子质量大,射入抗蚀剂后所受到的阻挡作用很大,离子在抗蚀剂层内的射程要比电子短得多,离子能量能被抗蚀剂充分吸收。所以应用相同的抗蚀剂时,离子束曝光灵敏度比电子束曝光灵敏度可高出一个数量级以上,曝光时间可缩短许多。因为在固体材料中的能量转移的效率远远高于电子,常用的电子束曝光抗蚀剂对离子的灵敏度要比对电子束高 100 倍以上;另外离子束曝光几乎没有邻近效应。由于离子本身的质量远大于电子,离子在抗蚀剂中的散射范围要远小于电子,并且几乎没有背散射效应,易于获得高精度微细图形。

聚焦离子束投影曝光的另一个优点是通过控制离子能量可以控制离子的穿透深度,焦深大,从而控制抗蚀剂的曝光深度。离子源发射的离子束具有非常好的平行性,离子束投影透镜的数值孔径只有 0.001,其焦深可达 100 μm,也就是说,硅片表面任何起伏在 100 μm 之内,离子束的分辨力基本不变;而光学曝光的焦深只有 1 ~2 μm。

10.6　光刻掩模版的制造

掩模版就是将设计好的特定几何图形通过一定的方法以一定的间距和布局做在基版上,供光刻工艺中重复使用。制造商将设计工程师交付的标准制版数据传送给一个称为图形发生器的设备,图形发生器会根据该数据完成图形的产生和重复,并将版图数据分层转移到各层光刻掩模版(为涂有感光材料的优质玻璃板)上,这就是制版工艺。每层版图对应于不同的光刻掩模版,并对应于不同的工艺步骤。

光刻掩模版质量的优劣直接影响光刻图形的质量。在芯片制造过程中需要经过十几乃至几十次的光刻,每次光刻都需要一块光刻掩模版,每块光刻掩模版的质量都会影响光刻的质量。因此要有高的成品率,就必须制作出高质量的光刻掩模版。

结构简单的微电子器件,一般可以采用手工方法和光学照相技术制版。随着超大规模集成电路线条尺寸不断缩小和结构日益复杂,集成电路等复杂结构的掩模版都采用自动方式和电子束技术进行制版。

接触式曝光中,掩模版与晶圆直接接触。在投影式曝光中,掩模版作为一个光学元件位于会聚透镜(Condenser lens)与投影透镜(Projection lens)之间,它并不与晶圆有直接接触。掩模上的图形缩小4~10倍(现代光刻机一般都是缩小4倍)后投射在晶圆表面。为了区别于接触式曝光中使用的掩模,投影式曝光中使用的掩模又被称为倍缩式掩模(Reticle)。表10.6为掩模与倍缩式掩模的区别。目前大型集成电路光刻工艺中使用的都是步进扫描式光刻机,采用的都是与之配套的倍缩式掩模。

表10.6　掩模与倍缩式掩模的区别

	掩模	倍缩式掩模
光刻机	接触式(Contact), 邻近(Proximity)式曝光	大型步进式光刻机(Stepper)
掩模上与晶圆上图形尺寸的比例	1:1	4:1(5:1、10:1)
技术特点	曝光时掩模紧贴光刻胶	1. 可以使用保护膜(Pellicle),以减少外来物对成像的影响; 2. 可以实现相位移动(Phase shift),以提高成像的对比度

10.6.1　制版工艺简介

图10.32为掩模版的制作流程。当设计人员将线路设计好且测试逻辑模式无误后,将此线路交由计算机辅助设计人员,转换为集成电路制造图形,并对布局排列做出最佳的安排,检查没有问题后,再将储存的图形转换成磁带数据,交给掩模版制造工段,作为制作掩模版的根据。

硅平面晶体管或集成电路掩模版的制作,一般来讲,要经过原图绘制(包括绘总图和刻分图)、初缩、精缩兼分步重复、复印阴版和复印阳版等几步。掩模版制造人员根据图形产生的磁带数据,再加上不同的应用需求及规格,会选用不同的制作流程。图10.33为一般集成电路的制版工艺流程示意图。

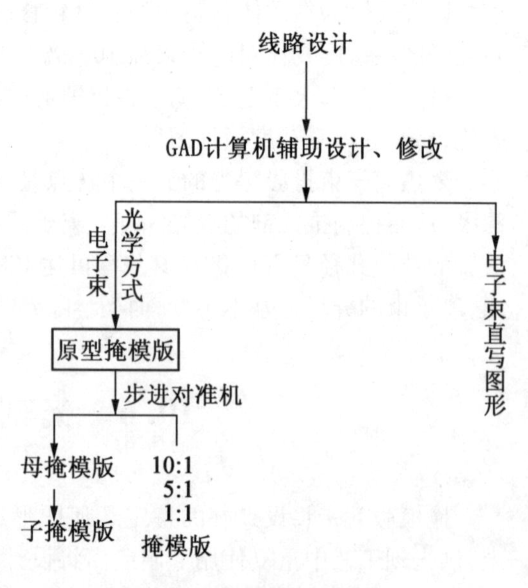

图10.32　掩模版的制作流程

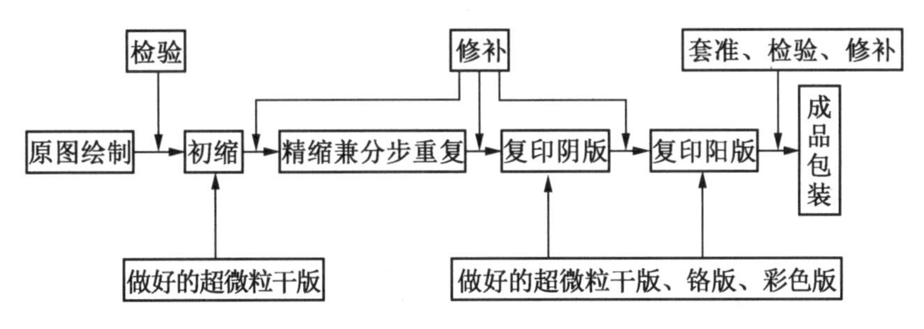

图10.33　一般集成电路的制版工艺流程示意图

(1)版图绘制。在版图设计完成后,一般将其放大100～1 000倍(通常为500倍),在坐标纸上画出版图总图。

(2)刻分层图。生产过程中需要几次光刻版,总图上就含有几个层次的图形。为了分层制出各次光刻版,首先分别在表面贴有红色膜的透明聚酯塑料胶片(称为红膜)的红色薄膜层上刻出各个层次的图形,揭掉不要的部分,形成红膜表示的各层次图形。这一步又称为刻红膜。

(3)初缩。对红膜图形进行第一次缩小,得到大小为最后图形10倍的各层初缩版。其过程与照相完全一样。

(4)精缩兼分布重复。一个大圆片硅片上包含有成百上千的管芯,所用的光刻版上就应重复排列有成百上千个相同的图形。因此本步任务有两个:首先将初缩版的图形进一步缩小为最后的实际大小,并同时进行分布重复。最后得到可用于光刻的正式掩模版。直接由精缩和分步重复得到的称为母版。

(5)复印。在集成电路生产的光刻过程中,掩模版会受磨损产生伤痕。使用一定次数后就要换用新掩模版。因此同一掩模工作版的需求数量很大,若每次工作版都采用精缩得到母版很不经济。因此在得到母版后要采用复印技术复制多块工作掩模版供光刻用。

10.6.2　掩模版的基本构造及质量要求

掩模版作为图形转移的媒介,以铬版为例,关键在于有无铬膜的存在,有铬膜的地方,光线不能穿透,反之,则光可透过石英玻璃而照射在涂有光刻胶的晶片上,晶片再经过显影,就能产生不同的图形。铬膜掩模版的基本构造如图10.34所示,以具有低热胀系数、低钠含量、高化学稳定性及高透光性等特质的石英玻璃为基底,其上镀有约100 nm的不透光铬膜作为工作层及约20 nm的氧化铬来减少光反射,增加工艺的稳定性。

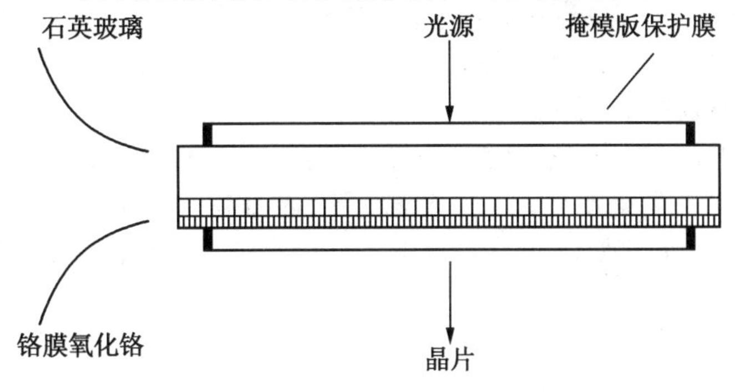

图10.34　掩模版的基本构造

由于掩模版可用于大量的图形转移,所以掩模版上的缺陷密度将直接影响产品的优品率。如果假设缺点的分布是随机的,则优品率的表达式为

$$Y = \left(\frac{1}{1 + D_0 A}\right)^n \tag{10.33}$$

式中,D_0 为单位面积的缺点数;A 为掩模版圆形面积;n 为重要掩模版层数。

掩模版上的缺陷一般来自两个方面:一是掩模版图形本身的缺陷,大致包括针孔、黑点、黑区突出、白区突出、边缘不均及刮伤等,此部分皆为制作过程中所出现的,目前利用目检或机器原形比对等方式来筛选;另一方面是指附着在掩模版上的外来物,为解决此问题,通常在掩模版上装一层保护膜,当外来物掉落在保护膜上时,因保护膜上物体的聚焦平面与掩模版图形的聚焦平面不同,因此可使小的外来物不能聚焦在晶片上,而不产生影响。图10.35为掩模版保护模功能示意图。

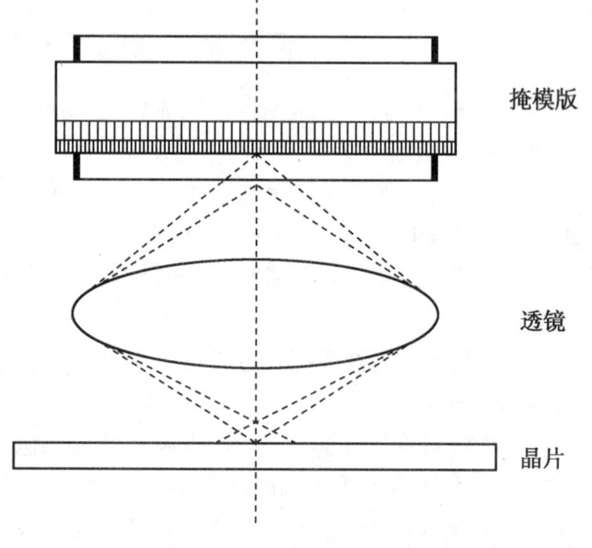

图 10.35　掩模版保护模功能示意图

为了得到好的光刻效果,掩模版的质量必须满足光刻工艺的一定要求。集成电路生产中,光刻工艺对掩模版的质量要求归纳有如下几点:

(1)构成图形阵列的每一个微小图形要有高的图像质量,即图形尺寸要准确,尽可能接近设计尺寸的要求,且图形不发生畸变。

(2)图形边缘清晰、锐利,无毛刺,过渡区要小,即充分光密度区(黑区)应尽可能陡直地过渡到充分透明区(白区)。图形区内应有掩蔽作用,图形区外应完全透过紫外线或对光吸收极小。图形内应无针孔,图形外应无黑点。一些特殊器件对过渡区的要求更加苛刻。

(3)整套掩模中的各块掩模能很好地套准,对准误差要尽量地小。

(4)图形与衬底要有足够反差(光密度差),一般要求2.5以上,同时透明区应无灰雾。

(5)掩模应尽可能做到无针孔、小岛、划痕等缺陷。

(6)版面平整、光洁、结实耐用。版子要坚固耐磨,不易变形。图形应不易损坏。由于掩模版在光刻时可能要与硅片接触并发生摩擦,极易损坏,如果掩模版不坚固耐磨,则其使用寿命很短,经常更换新版很不经济。

随着晶体管向高频、微波、大功率等方面的发展和集成电路向高频、高速和大规模等方向发展,光刻图形越来越复杂,线条尺寸越来越小,因而对掩模版的要求也越来越高。常用的掩模版有超微粒干版、铬版、彩色版等。但由于超微粒干版耐磨性较差,针孔也较多,已很少采用,所以下面将主要讨论铬版和彩色版的制备技术。

10.6.3　铬版的制备技术

在半导体器件和集成电路生产中，光刻用的金属化掩模有硫化铅版、镍铬版、铬版、铅版等。其中硫化铅版牢固度很差，镍铬版、铅版虽然耐磨性很好，但工艺不够成熟。被普遍采用的还是金属铬版。铬版工艺较为成熟，而且它还有许多优点，适合作为掩模用于光刻。

铬版工艺的特点如下：

(1)由于金属铬膜与相应的玻璃衬底有很强的黏附性能，因此牢固度高，而且金属铬质地坚硬，使得铬版非常耐磨，使用寿命很长。

(2)图形失真小，分辨率极高。

(3)铬膜的光学密度大，0.08 μm 厚的铬膜就可达到4 μm 乳胶膜的光学密度，由于衬底是透明玻璃，所以反差极好。

(4)金属铬在空气中十分稳定，实践证明，铬版掩模经长时间使用，其图形的尺寸变化较小而且制作时出现的缺陷很少。

铬版制备工作中有两部分内容，其一是蒸发镀膜，即在玻璃基片上蒸发铬膜的工艺，其设备及工艺方法基本上与真空蒸铝相同；其二是光刻技术。

在这里对制备铬版中的蒸发与光刻技术中特殊性问题予以简要说明。

1. 玻璃基板的选择与制备

铬版的质量同所用的玻璃衬底有着密切的关系。铬版的某些缺陷往往是由于玻璃基片表面的缺陷引起的，而这些表面缺陷在清洗过程中是无法消除的。它们可以使铬版膜蒸发不上，或者覆盖在表面而黏附不牢，或者结合上却很难腐蚀掉。所以对玻璃基板进行严格挑选是获得完美铬膜的必要条件，是制取高质量铬版不可忽视的一环。

(1)基板玻璃的选择。为保证版的质量，玻璃衬底必须满足如下要求：

①热膨胀系数。要求越小越好，对于白玻璃，要求$\leq 9.3\times10^{-6}\ K^{-1}$；对于硼硅玻璃，要求$\leq 4.5\times10^{-6}\ K^{-1}$；对于石英玻璃，要求$\leq 0.5\times10^{-6}\ K^{-1}$。

②透射率。在 360 nm 以上的波长范围内，透射率在 90% 以上。

③化学稳定性。掩模版在使用和储存过程中，很难绝对避免与酸、碱、水和其他气氛接触。它们对玻璃都有不同程度的溶解力。

④选择方法。表面光泽，无凸起、凹陷、划痕和气泡，版面平整。厚度适中、均匀。对于接触式曝光，为能承受接触复印压力，厚度应在 3 mm 以上。

铬膜与玻璃之间的黏附牢度与玻璃性质有关。据称，铝硼硅酸盐玻璃有极好的黏附性能。此外，玻璃的热膨胀系数与铬膜的热膨胀系数之间的不匹配也会造成膜的损伤，所以要尽量选配热膨胀系数一致的玻璃。现有的磨光玻璃和优质的窗玻璃都可以选用作为玻璃基板的材料。用不同试剂浸泡同种玻璃，浸泡 24 h，比较其损失的质量分数，选择质量分数小的。

(2)玻璃基板的制备。挑选好的制版玻璃，通过切割、铣边、倒棱、倒角、粗磨、精磨、厚度分类、粗抛、精抛、超声清洗、检验、平坦度分类等工序后，制成待用的衬底玻璃。

2. 铬膜的蒸发

铬版通常采用纯度 99% 以上的铬粉作为蒸发源，把其装在加热用的钼舟内进行蒸发。蒸发前应把真空度抽至 10^{-3} mmHg 以上，被蒸发的玻璃需加热。其他如预热等步骤与蒸铝工艺相似。

3. 蒸发后对铬膜的质量检查

从真空室中取出蒸好的铬版，用丙酮棉球擦洗表面，然后放在白炽灯前观察。检查铬层是否有针孔，厚度是否均匀，厚薄是否适当。如果铬膜太厚，腐蚀时容易钻蚀，影响光刻质量。太薄则反差不够高。铬膜的厚度可用透过铬版观察白炽灯丝亮度的方法，根据经验判断；精确的厚度必须用测厚仪测量。铬膜质量不好的常见毛病是针孔，产生原因主要是玻璃基片的清洁度不够好、有水汽吸附、铬粉不纯、表面存在尘埃等。

4. 铬膜质量

(1) 膜厚。一般铬膜厚度控制在 100 nm 左右，通常是利用透光量随膜厚的变化这一特点来控制其厚度。若铬膜太薄，则会因反差不够而漏光，这就影响了光刻的质量；反之，若铬膜太厚则会由于图形边缘光的散射降低了分辨率。此外，由于表面张力的关系，容易产生针孔。

(2) 均匀性。钼舟加热器在真空蒸发时会使蒸发物质出现方向性，这就影响了铬膜厚薄的均匀性。因此，生产中就需通过选择一定的加热器形状和尺寸，以及调节玻璃与蒸发源之间的位置和距离或采用蒸发源均匀分布的方法，以获得厚薄均匀的铬膜。

(3) 针孔。影响铬膜针孔的因素很多，其中玻璃表面的不清洁是一个最基本的原因。因此，除了应保持恒温干燥箱、真空室的高度清洁外，还必须对玻璃进行严格的表面清洁处理。此外，蒸发源的纯度也是一个十分重要的因素。加热器中的杂质可能会沾污蒸发源或直接沉积到玻璃上而沾污沉积层，而且加热器的热辐射也可能会使其附近部分的温度升高而放出吸附的杂质沾污沉积层。

由于表面张力的关系，铬膜太厚也会产生针孔。当铬版突然冷却时也会由于铬与玻璃的膨胀系数不一而引起针孔，因此，一般最好采用自然冷却的方法。另外，真空度的突然降低（如取铬版时），对真空室快速放气，也会产生针孔。

(4) 牢固度。①铬版的牢固度（耐磨及与玻璃的附着力）基本上取决于玻璃的表面清洁程度，因此，对玻璃的表面必须进行严格的清洁处理。②蒸发的速率越快则铬原子越能以密集的原子云飞向玻璃，并形成光亮而密实的膜层。如果蒸发的速率很慢，则铬原子与气体分子的碰撞机会也越多，结果铬原子便易氧化以致铬膜被氧化，这是不希望的。③必须指出真空度对铬层的影响很大。实践证明，真空度越高则铬与玻璃的结合就越牢。其次，还应注意必须保持恒定的真空度进行蒸发。④由于空气中含有大量的灰尘，清洁的玻璃稍一暴露在大气中便很容易受到污染，但是在沉积膜层之前在真空室中加热玻璃便可较为有效地除去这种污染，并且还可使铬膜与玻璃结合得更好，对膜的结构也有好处。不过在真空度不高的时候，预热却很易引起表面的氧化，严重时玻璃甚至会发生形变，因此，必须适当地选择玻璃的预热温度，以避免表面氧化的现象出现，一般预热到 400 ℃即可。⑤蒸发时先用"挡板"挡住玻璃，这是为了避免杂质沉积到玻璃上，在适当的时候才打开"挡板"。由于散射的缘故，"挡板"必须靠近玻璃，否则就失去了"挡板"的作用。⑥应该注意，表面的污染也可能是溶剂蒸气分解引起的，因此，还必须避免使用溶剂来清洁真空室内的其他配件。⑦铬版在 300 ℃以下的恒温干燥烘箱中进行简单的焙烘可以提高其牢固度。

5. 铬版制备工艺

首先在基板上采用物理方法（PVD）沉积一层均匀的铬薄膜。为了控制曝光时的反射效应，也会在铬表面再沉积一层 CrO_2，之后旋光刻胶，通过电子束直写式曝光方式，形成光刻胶图形，再利用刻蚀工艺进行图形转移。图 10.36 为铬版制备工艺流程示意图。

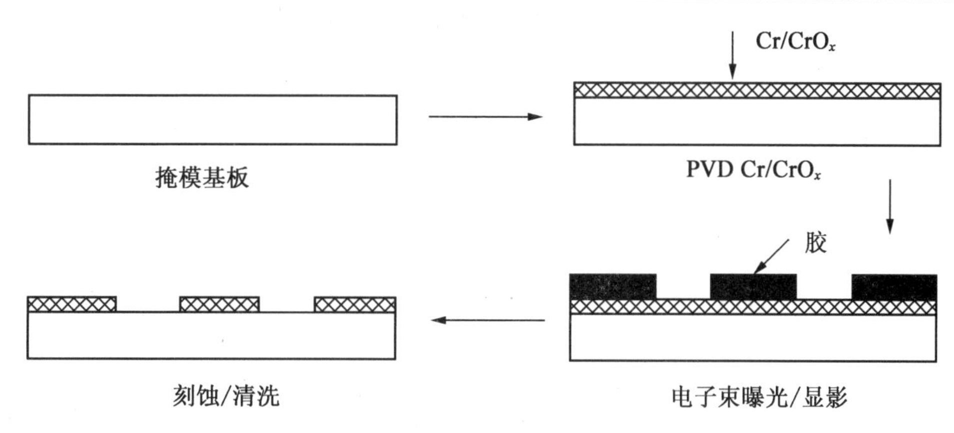

图10.36　铬版制备工艺流程示意图

6. 不透明的MoSi掩模

随着技术的不断发展,掩模上图形的尺寸越来越小。研究发现,掩模上用来挡光的铬膜越厚,光波与铬的相互作用就越强,导致曝光时的最佳聚焦值随图形尺寸而发生偏移。这种现象被称为掩模三维(Mask3D)效应。为了降低掩模三维效应,目前铬的厚度已经降低到不透光的极限,无法进一步减薄。在32 nm技术节点以后,由于MoSi的光密度(Optical Density,OD)更高,被用作吸收层(Absorber)的材料取代铬。很薄的MoSi就可以有效地遮挡波长193 nm的光。这种采用高光密度MoSi材料做吸收层的掩模被称为不透明的MoSi掩模(Opaque MoSi on Glass,OMOG)。MoSi材料具有很好的刻蚀性能,离子刻蚀可以很好地实现垂直的侧壁;MoSi薄膜自身具有很小的应力,这对提高掩模版的平整度、减小图形的偏移有极大的优势。因此,从32 nm技术节点以后,OMOG被广泛用于关键光刻层。有时在MoSi表面还沉积一层薄的铬保护层。通过沉积工艺,可以调整MoSi的光学参数(n,k)。为了满足32 nm以下技术节点光刻工艺的需要,掩模供应商研发了基于多层MoSi的OMOG掩模版。这样可以在更薄的条件下,充分吸收193 nm的光。表10.7列出了适用于14~32 nm不同技术节点的OMOG材料的厚度和光学参数。

表10.7　适用于14~32 nm不同技术节点的OMOG材料的厚度和光学参数

技术节点(逻辑)	n	k	厚度/nm	总厚度/nm
32/28 nm(三层MoSi组合)	1.75	2.14	42	70
	1.99	0.88	18	
	1.18	1.87	10	
20 nm(二层MoSi组合)	1.23	2.24	43	47
	2.22	0.86	4	
14 nm(二层MoSi组合)	1.6	2.4	42	47.6
	2.3	1.32	5.6	

10.6.4 彩色版制备技术

彩色版采用新型的透明或半透明掩模,因有颜色,即俗称彩色版,它可克服超微粒干版缺陷多,耐磨性差及铬版针孔多、易反光、不易对准等缺点。

彩色版是对曝光光源波长(紫外线 200 ~ 400 nm)不透明,而对于观察光源波长(400 ~ 800 nm)透明的一种光刻掩模。也就是说,这种掩模对可见光波吸收很小,能透过,而对紫外线吸收较强,不能透过。因此使用这种掩模版时,在可见光下是透明的,故光刻图形易于对准,而用紫外线曝光时这种掩模又是不透明的,因此它又能起掩模的作用。在大面积集成电路的光刻中,由于集成度高,图形线条细,要求光刻精度高,用金属铬版是较难对准的(因为铬版反射光能力强),而用彩色版光刻大面积集成电路时,因其透明所以能对器件图形的最关键部位进行直接观察,使图形对准较为容易。彩色版除了光刻图形易于对准外,还具有针孔小(小于 0.5 cm^2)、耐磨性较强(因为玻璃与氧化铁等黏附能力强)的优点,在分辨率方面也不亚于金属铬版和超微粒干版。此外,由于彩色版的掩蔽作用是吸收不需要的光而不是反射,因此光学效应比铬版减小了,从而提高了反差。

彩色版种类很多,有氧化铁版、硅版、氧化铬版、氧化亚铜版等,目前应用较广的是氧化铁彩色版。虽然常常把氧化铁版的材料称为氧化铁(Fe_2O_3),但其组成复杂、结构多样,是数种铁的氧化物的混合物,通常用氧化铁作为代表。氧化铁具备作为选择透明掩模材料的所有要求的最佳的化学和物理特性,在紫外区(300 ~ 400 nm)的透射率小于 1%,在可见光区如钠 D 线(589 nm)外透射率大于 30%。

氧化铁版在使用上还具有以下优点:

(1)在观察光源波长下是透明的,而在曝光光源波长下是不透明的。由于这一特性,掩模对可见光透明而阻挡紫外线通过,因而允许在光刻时通过掩模直接观察片子上的图形。

(2)具有较低的反射率,在接触曝光时,由于掩模与片子之间的多次反射从而降低了铬掩模的有效分辨率,由于氧化铁掩模的反射率低,与正性胶配合能获得 0.5 ~ 1 μm 的条宽。因此制得的氧化铁掩模版具有较高的分辨率。

(3)氧化铁版由于是吸收(而不是反射)不需要的光,因而克服了光晕效应,加强了对反射性衬底的对比度,有利于精细线条光刻。

(4)氧化铁结构致密且无定形,针孔少。

(5)氧化铁是比较耐磨的掩模材料。

(6)复印腐蚀特性比较好,在一定程度上减少了掩模缺陷。

氧化铁版的制备方法主要有三种:化学气相沉积(CVD)法、涂敷法及反应溅射法。目前来看聚乙烯二茂铁材料制备的氧化铁彩色版最有前途,它为用 CAD 及数控电子束扫描进行自动化制版的实现提供了切实可行的途径。

10.6.5 光刻制版面临的挑战

从概念上讲,曝光系统的工作原理是通过一系列光学系统将掩模版上的图形按照一定的比例(例如 4:1)投影在衬底上的光刻胶层。理论上,如果衬底上的最小线宽(Critical Dimension)要达到 7 nm 或 5 nm,掩模版上的图形最小线宽(CD)只要达到 28 nm 或 20 nm 即可,与其他制作工艺相比,掩模版的制造工艺相对要“容易”。但掩模版技术水平直接影响着光刻技术的发展,特别是随着最小线宽的逐渐缩小,投影到光刻胶层上的图形对比度和图形失真等问题将面临如何从设备、工艺、版图设计等多方面着手以应对新一代工艺节点的挑战。

1. 传统光学光刻及制版技术面临的挑战

集成电路经 ULSI 跨入 GLSI 时代,原动力就是在硅衬底上形成元件和电路微细图形的制版光刻技术。集成电路的制版光刻技术按所使用光源的不同可分为光学刻蚀(制版)技术、X 射线刻蚀技术、电子束刻蚀技术和离子束刻蚀技术等。

40 多年来,光学光刻技术一直是推动集成电路工业迅速发展的重要技术。193 nm 光学光源技术成熟,透镜数值孔径 NA 增大,光刻胶性能提高,结合光学移相掩模技术、临近效应校正技术,保证了光学光刻技术分辨率。但主流的光学光刻技术已接近其光学极限。

作为集成电路制造业材料供应环节的掩模制造,同样也将经受十分严峻的考验,包括:如何精确地控制光掩模图形的对准表现、光掩模图形的尺寸表现和光掩模的缺陷表现;如何制造带有衍射辅助成像亚分辨率图形的光掩模,完成写入、检测、度量、清洗、修复等一系列操作;以及理解并掌握光掩模端的偏振效应和光掩模图形高低起伏对偏振效应的影响等。

2. 掩模制造设备面临的挑战

谈到掩模版,就要谈到掩模版制造的核心设备——图形发生器(Pattern Generator)。目前,掩模版制造设备供应商主要有三家:Micronic、Jeol 和 NuFlare,制作工艺分为激光和电子束两种图形描绘方式,两种方式各有利弊。采用激光束描绘图形的优势是速度快、效率高,但精度不如电子束扫描方式;而采用电子束描绘图形,虽然精度高,但描绘速度慢、生产效率低。由于两种方式的互补性,掩模版制造商会分别购买两种设备。制备线宽要求很高的电路图形时使用电子束扫描,对于线宽要求不是很高的电路图形则使用激光扫描。两种设备的交替使用既满足精度要求,也提高了速度,同时降低制造商的投资成本。

生产激光图形发生器的 Micronic 于 2005 年推出了 Sigma7500,采用 Micronic 独家的 SLM (Spatial Light Modulator)技术,含有百万个镜片的 SLM 会将 DUV 准分子激光反射到掩模版来产生光掩模,可用于制备 90 nm、65 nm、45 nm 技术节点量产用光掩模版。NuFlare 的 EBM－6000 已经达到 32 nm 技术节点所需的描画精度。Jeol Ltd 推出的 JBX－3040MV 达到 32 nm 节点所需的描画精度。

利用光学邻近效应校正(OPC)技术与移相掩模版对图形进行改善。在利用掩模版进行光刻的工艺中常常遇到图形失真问题,主要以边角圆形化、线条缩短和其他一些光学邻近效应形式表现出来。由于来自相邻图形的边缘或某一拐角的两边的散射,导致光刻胶在复制掩模版图形时发生变形现象。目前最成熟的解决方案是在掩模版上添加辅助图形,以确保复制在衬底上的图形和设计意图相一致(图 10.37)。利用这种光学邻近效应校正技术可以对掩模版进行必要的修改,在曝光系统和镜头的作用下最终得到所需图形。

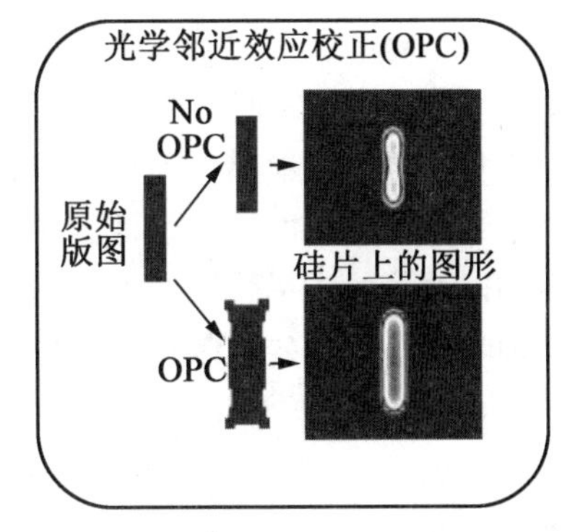

图 10.37　光学邻近效应校正(OPC)技术

OPC 技术早在 0.18 μm 技术节点时就被运用到掩模版的制作中。随着集成电路制造工艺向新技术节点的演进,OPC 将会做得更复杂,数据处理量将更大。然而大量运用 OPC 所产生的缺陷在掩模版上很难被发现，KLA－Tencor 建立了一套名为 DesignScan 的模拟模型系统，将光刻的一些参数放到该模拟模型中对掩模版进行检测，但整个过程耗时相当长。

OPC 技术虽然可以减弱光学邻近效应，但由于图形边缘的散射会降低整体的对比度，使得光刻胶图形不再黑白分明，而是包含了很多灰色阴影区，无法得到所需图形。然而利用图形边缘的相消干涉，通过移相掩模可以显著改善对比度。交替光圈移相掩模版（AltPSM）是对石英衬底进行刻蚀，从而在亮区引入相位移。指定区域可以是黑色的（铬）、同相的（未刻蚀的石英）或异相的（刻蚀后的石英）。如果黑色图形的一边是刻蚀后的石英区，另外一边是没有刻蚀的石英区，那么两个相干的相位就会形成强烈的对比，从而大大改善图形对比度。但是，两者之间的相位干涉会形成一条并不需要的边缘，需要利用第二层掩模版对光刻胶图形中不需要的相位边缘进行修正。这种方法大大增加了 AltPSM 的复杂度，同时也给硅片制造工艺提出了新的挑战。两次曝光不仅要求能够更加精确地控制套刻精度，而且严重影响生产速度。

3. 越来越重要的 DFM

随着技术节点向 7 nm、5 nm 发展，电路设计越来越复杂，对良率的影响也越来越大（图 10.38），换句话讲，通过对电路设计的改进将大大提升良率，这就是 DFM（Design for Manufacturing）被人们越来越重视的原因。

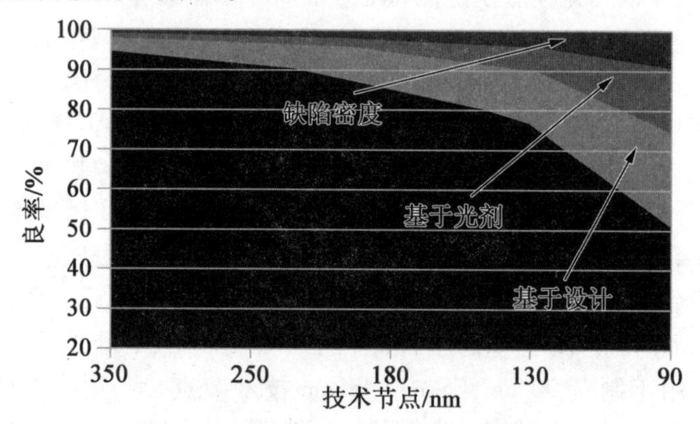

图 10.38　无掩模光刻和纳米压印能否替代传统工艺

良率下降的原因多种多样，一般情况可以分为以下 6 种：随机微粒造成的缺陷、光刻过程中造成的误差、Cu 凹陷和腐蚀造成的缺陷、参数变化造成的缺陷、通孔的可靠性和信号、功率完整性造成的缺陷。前 2 个因素与硅片的制作工艺环境和设备的关系较为紧密，而后 4 个因素却是和集成电路的设计方法密切相关，是完全可以通过对集成电路设计方法进行改进而加以改善的。尽管微粒污染是随机产生的，无法通过 DFM 将其消除，但可以通过 DFM 将其影响减小。在硅片制造过程中微粒往往造成电路短路或者开路，从而使良率降低。运用 Synopsys 的 CAA（Critical Area Analysis）工具对设计版图进行分析，找出线条密度高的区域，并将其展开。因为线条密度高的区域微粒污染容易造成短路，而密度的减小可以降低这种情况的发生。但是随着线条密度的减小，芯片的尺寸可能会有所增加，使得每片硅片上芯片的数量减少。所以如何既减小线条的密度，又尽量不增加芯片的尺寸，对于版图设计工程师来讲是一个很大的挑战，同时也是 DFM 的魅力所在。

4. 掩模版检测技术的发展趋势

随着集成电路工艺向 7 nm 以下发展，OPC 和 SRAFs（Sub－Resolution Assist Features）需

要增加分辨率和减小像素的尺寸，从而大大增加了对小缺陷的敏感度并对缺陷发现率提出了更高的要求；另外由于 PSM 造成刻线的 3D 结构、新的缺陷种类，以及处理大量数据的能力都对缺陷检测提出了更高的要求。

随着工艺节点的不断提升，掩模版的制造成本也呈直线攀升。一套 130 nm 的掩模版的平均价格在 87 万美元，90 nm 为 150 万美元，65 nm 为 300 万美元，45 nm 为 600 万美元。掩模版制作费用飞速增长，无掩模光刻量产的可行性越来越高。

10.7　光刻技术的发展

光刻技术是集成电路生产过程中最复杂、难度最大，也是最为关键的工艺，决定了芯片工艺的技术水平，而且成本能占到整个芯片制造成本的 1/3，对芯片的工艺制程起着决定性作用。光刻技术需要集成材料、光学、机电、控制等领域最尖端的技术。

10.7.1　光刻机的发展趋势

光刻机自接触式曝光、接近式光刻机、直到 20 世纪 80 年代的扫描投影光刻机，利用光学镜头来调整距离与改善成像质量，才能做到微米以下的精度。2002 年浸没式光刻与二次曝光提升工艺能力，填补 EUV 问世前的演进缺口。浸没式光刻是指在镜头和硅片之间增加一层专用水(液体)，由于液体的折射率比空气的折射率高，因此成像精度更高，从而获得更好分辨率与更小曝光尺寸。表 10.8 为光刻设备发展进程。

表 10.8　光刻设备发展进程

<table>
<tr><th></th><th>首次商用时间</th><th>工艺节点/nm</th><th>光源</th><th>波长/nm</th><th>曝光方式</th></tr>
<tr><td>第一代</td><td>1978 年</td><td>1 500</td><td>G - line 汞灯</td><td>436</td><td>扫描投影</td></tr>
<tr><td>第二代</td><td>1988 年</td><td>800</td><td rowspan="3">G - line 汞灯
I - line 汞灯</td><td rowspan="3">436
365</td><td rowspan="3">步进式重复投影</td></tr>
<tr><td>第三代</td><td>1991 年</td><td>500</td></tr>
<tr><td>第四代</td><td>1995 年</td><td>350</td></tr>
<tr><td>第五代</td><td>1997 年</td><td>250</td><td rowspan="3">准分子激光 KrF</td><td rowspan="3">248</td><td rowspan="3">扫描步进投影</td></tr>
<tr><td>第六代</td><td>1999 年</td><td>180</td></tr>
<tr><td>第七代</td><td>2001 年</td><td>130</td></tr>
<tr><td>第八代</td><td>2005 年</td><td>90</td><td rowspan="5">准分子激光 ArF</td><td rowspan="5">193</td><td rowspan="3">浸没式投影</td></tr>
<tr><td>第九代</td><td>2007 年</td><td>65</td></tr>
<tr><td>第十代</td><td>2010 年</td><td>45</td></tr>
<tr><td>第十一代</td><td>2013 年</td><td>32</td><td rowspan="2">浸没式二次曝光</td></tr>
<tr><td>第十二代</td><td>2016 年</td><td>22</td></tr>
<tr><td>第十三代</td><td>2018 年</td><td>7</td><td>EUV</td><td>13.5</td><td></td></tr>
</table>

实现光刻技术分辨率的直接方法是降低使用光源的波长。早期的紫外光源是高压弧光

灯(高压汞灯)G 线(436 nm)或 I 线(365 nm)。其后采用波长更短的 KrF(248 nm)/ArF(193 nm)和 F2(157 nm)等 DUV 光源。2010 年以后,制程工艺尺寸进化到 22 nm,已经超越浸没式 DUV 的蚀刻精度,于是行业导入两次图形曝光工艺,以间接方式来制作线路。对于使用浸没式 + 两次图形曝光的 ArF 光刻机,工艺节点的极限是 10 nm。

摩尔定律的实现成本越来越大,业界转向极紫外(EUV)光刻技术,2013 年阿斯麦 EUV 光刻设备研发成功,2017 年的设备采用 13.5 nm EUV 光源,2018 年实现 7 nm 特征尺寸的量产,工艺制程可继续延伸到 5 nm 与 3 nm。逻辑半导体的技术节点和对应的 EUV 极紫外光刻技术发展见表 10.9。

表 10.9　逻辑半导体的技术节点和对应的 EUV 极紫外光刻技术发展

技术节点(Node)/nm	7	5		3				2
量产开始时间	2018 年	2020 年		2022—2023 年			2024 年	2026 年
半节距 (Half - pitch)/nm	19	16		12			12	9
数值孔径 NA	0.33	0.33		0.33			0.55	0.55
工艺系数 K1	0.46	0.39	0.46	0.29	0.39	0.46	0.46	0.37
曝光次数	1	1	2	1	2	3	1	1

EUV 光刻机在 5 nm 及以下工艺具有不可替代性,在未来较长时间内应用 EUV 技术都将成为实现摩尔定律发展的重要方向。因此,从工艺技术和制造成本综合因素考量,EUV 设备被普遍认为是 7 nm 以下工艺节点最佳选择,它可以继续往下延伸三代工艺,让摩尔定律再至少延长 10 年时间。

EUV 工艺面临五大挑战:第一是光源效率,即每小时刻多少片,按照工艺要求,要达到 250 片/h,而现在 EUV 光源效率达不到这个标准,因此还需进一步提高,且技术难度相当大。第二是光刻胶,光刻胶的问题主要体现在:EUV 光刻机和普通光刻机原理不同,普通光刻机采用投影进行光刻,而 EUV 光刻机则利用反射光,要通过反光镜,因此,光子和光刻胶的化学反应变得不可控,有时候会出差错,这也是迫切需要解决的难题。第三是光刻机保护层的透光材料,随着光刻机精度越来越高,上面需要一层保护层,现在的材料还不够好,透光率比较差。第四 EUV 光刻工艺的良率也是阻碍其发展的“绊脚石”。目前,采用一般光刻机生产的良率在 95%,EUV 光机的良率则比它低不少,在 70% ~80% 之间。第五,EUV 光刻机价格昂贵(超过 1 亿美元),同时电能消耗也是很大的问题,电能利用率低,是传统 193 nm 光刻机的 10 倍,因为极紫外光的波长仅有 13.5 nm,投射到晶圆表面曝光的强度只有光进入 EUV 设备光路系统前的 2%。在 7 nm 成本比较中,7 nm 的 EUV 生产效率为 80 片/h,耗电成本是 14 nm 的传统光刻生产效率在 240 片/h 耗电成本的 1 倍,这还不算设备购置成本和掩模版设计制造成本比较。

作为全球唯一能生产 EUV 光刻机的公司——荷兰 ASML 公司,2019 年出售了 26 台 EUV 光刻机,主要用于台积电、三星的 7 nm 及 2020 年开始量产的 5 nm 工艺。

图 10.39 为 ASML 公司的 EUV 光刻机。图 10.40 为 EUV 光刻机的工作原理。ASML 出售的光刻机主要是 NXE:3400B 及改进型的 NXE:3400C,两者基本结构相同,但 NXE:3400C

采用模块化设计，物镜系统的 NA（数值孔径）为 0.33，维护便捷，产能提升到 175WPH（每小时处理晶圆数）。ASML 现在研发 EXE:5000 系列（NA 为 0.55）的新一代 EUV 光刻机，主要面向后 3 nm 时代，目前三星、台积电公布的制程工艺路线图也就到 3 nm，2 nm 甚至 1 nm 工艺都还在构想中。

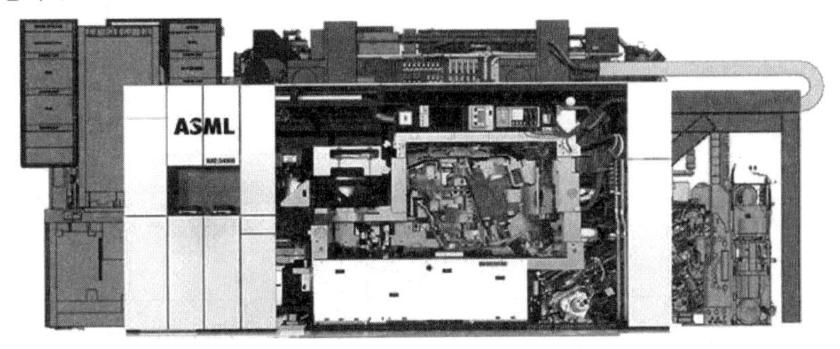

图 10.39　ASML 公司的 EUV 光刻机

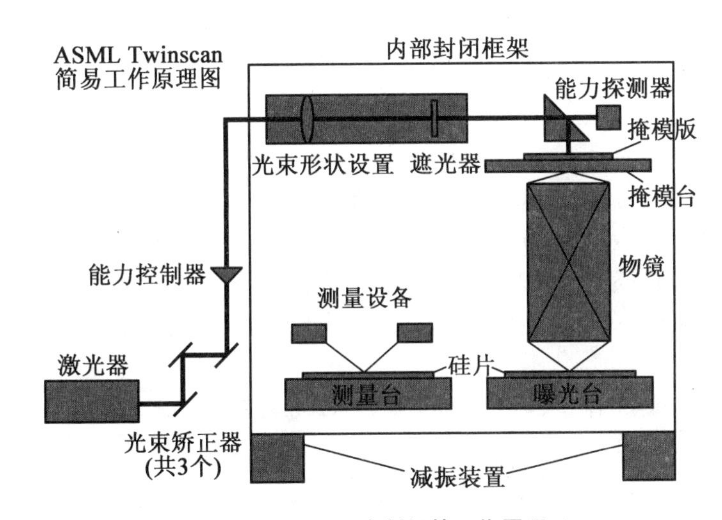

图 10.40　EUV 光刻机的工作原理

10.7.2　光刻曝光技术

近十几年，浸入式光刻、纳米压印光刻、无掩模（ML2）技术、近场光学曝光成为后光刻时代的候选技术，下面分别介绍它们的基本原理和发展态势。

1. 浸入式光刻技术

2002 年之后，浸入式技术（Immersion Lithography）迅速成为光刻技术中的新宠。在传统的光刻技术中，其镜头与光刻胶之间的介质是空气，而所谓浸入式技术是在传统光刻机的光学镜头与衬底之间用水来替代空气介质，有效缩小曝光光源波长和增大镜头数值孔径 NA，从而提高了分辨率。例如，在 193nm 光刻机中，在光源与硅片（光刻胶）之间加入水作为介质，而水的折射率约为 1.44，则波长可缩短为 193/1.44 = 132 nm。如果放的液体不是水，或者是其他液体，但折射率比 1.44 高时，那实际分辨率可再次提高。

在《国际半导体技术蓝图》中，193 nm 的浸入式技术——结合双版技术，2007 年达到

65 nm、2010 年达到 45 nm、2013 年达到 32 nm 和 2016 年达到 22 nm 节点的关键技术。193 nm 浸入式光刻机的生产和使用见表 10.10。

表 10.10　193 nm 浸入式光刻机的生产和使用

时间	厂商	型号	数值孔径	浸入液折射率	光刻尺寸/nm	使用
2004 年	ASML	TwinScanAt:1150i	0.75	1.44	90	IBM
2004 年	ASML	TwinScanAt:1150i	0.75	1.44	90	台积电
2004 年	ASML	TwinScanAt:1150i	0.85	1.44	65	台积电/IMEC
2005 年	Sematech&Exitech	Ms - 193i	1.3	1.44	70/45	
2005 年	Nikon	S609	1.07	1.44	55/45	
2005 年	JSR			1.64		
2006 年	ASML	TwinScanXT:1700Fi	1.2	1.44	45	
2006 年	Nikon	S610C	1.3	1.44	45	
2007 年	Canon	FPA - 7000AS7	1.35	1.44	45	
2008 年	ASML	TwinScan XT:1950i	1.35	1.44	32	

从光刻系统分辨率[式(10.1)]可知,减小曝光光源的波长并增加投影透镜的数值孔径都可以提高分辨率。自从 193 nm 波长成为主攻方向以后,增大数值孔径成为业界人士孜孜不倦的追求。表 10.11 为提高 193 nm ArF 浸入式光刻机数值孔径的方案。由此可见,浸入液、光刻设备和其他相关环节的紧密配合是浸入式光刻技术前进的保证。

表 10.11　提高 193 nm ArF 浸入式光刻机数值孔径的方案

数值孔径	解决方案
1.37	水 + 平面镜头 + 石英光学材料
1.42	第二代浸入液 + 平面镜头 + 光学石英材料
1.55	第二代浸入液 + 弯曲主镜头 + 光学石英材料
1.65	第三代浸入液 + 新光学镜头材料 + 新光刻胶
1.75	第三代浸入液 + 新光学镜头材料 + 半场尺寸

193 nm 浸入式光刻技术应解决的技术问题是:(1)研发高折射率的光刻胶,2004 年光刻胶折射率为 1.7。(2)研发高折射率的浸入液体,水折射率为 1.44,研发折射率为 1.6 ~ 1.7 的浸入液体;折射指数大于 1.65 的流体满足黏度、吸收和流体循环要求。(3)研发高折射率的光学材料。折射指数大于 1.65 的透镜材料满足透镜设计的吸收和双折射要求。(4)控制由于浸入环境引起的缺陷,包括气泡和污染。

2. 纳米压印光刻

纳米压印光刻(Nanoimprint Lithography, NIL)是由华裔科学家、美国普林斯顿大学的 CHOU 等在 1995 年首先提出的一种纳米图形复制方法。它采用传统的机械模具微复型原理来代替包含光学、化学及光化学反应机理的复杂光学光刻,避免了对特殊曝光束源、高精度聚焦系统、极短波长透镜系统以及抗蚀剂分辨率受光半波长效应的限制和要求。目前压印的最小特征尺寸可以达到5 nm。NIL较之现行的投影光刻和其他下一代光刻技术,具有高分辨率、超低成本和高生产率等特点,已被纳入2005版的《国际半导体技术蓝图》,并被排在16 nm节点。

现有的纳米压印光刻工艺主要包括热压印(Hot Embossing Lithography,HEL)、紫外纳米压印(Ultra - Violet Nanoimprint Lithography,UV - NIL)和微接触印刷(Microcontact Print,μ - CP,MCP)。压印光刻技术按照压印面积可分为步进式压印(Step Imprint Lithography,SIL)和整片压印;按照压印过程中是否需要加热抗蚀剂可以分为热压印光刻和常温压印光刻(UV - NIL);按照压印模具的硬度的大小可以分为软压印光刻和硬压印光刻。目前国际上主流的纳米压印光刻工艺原理图如图10.41所示。

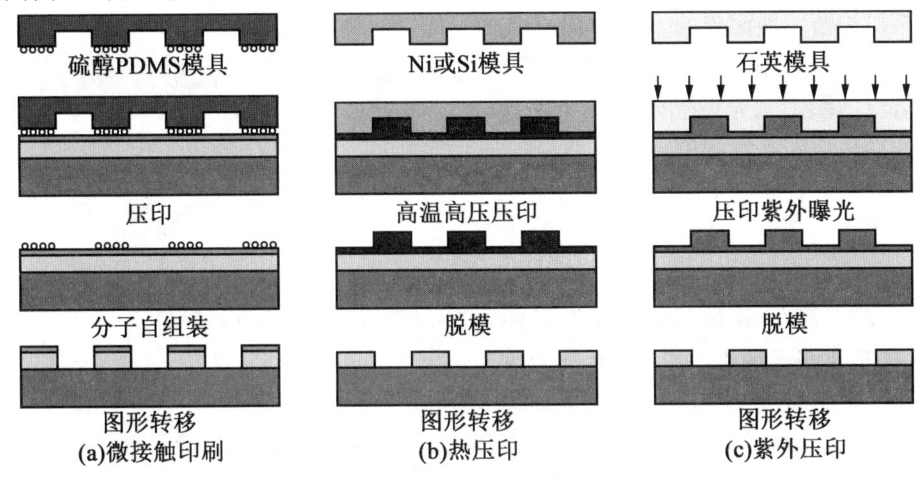

图10.41 主流的纳米压印光刻工艺原理图

尽管NIL从原理上回避了昂贵的投影镜组和光学系统固有的物理限制,但因其属于接触式图形转移过程,又衍生了许多新的技术问题。其中1:1压印模具的制作、套印精度、使用寿命、生产率和缺陷控制被认为是当前最大的技术挑战。

3. 无掩模光刻(ML2)

随着技术节点的不断缩小,掩模版价格在芯片制造中的成本比重越来越不容小觑。45 nm掩模版价格在600万美元左右,而一套22 nm工艺的掩模版成本预计为900 ~ 1 440万美元。不断攀升的成本使得无掩模光刻作为新兴的技术引起了人们的广泛关注。

无掩模光刻是一类不采用光刻掩模版的光刻技术,例如采用电子束直接在硅片上制作出需要的图形,优点是分辨率高,甚至可超过光学光刻;缺点也非常明显,例如生产效率低,电子束之间的干扰易造成邻近效应。电子束的汇聚点非常小,意味着单一电子束只能制作出很小的图形。对于一个芯片来说,必须通过多束电子束的同时平行作用才能实现光刻。但是电子束是具有电荷的,它们相互之间会发生干扰作用,导致曝光在芯片上的图形尺寸出现偏差。为了改善这一点,贝尔实验室推出了SCALPEL(散射角度限制的电子束投影光刻),即在电子束打在衬底之前先经过一层由极薄的氮化硅膜和薄的高原子序数金属(如钨)膜组成的“掩模版”。穿过氮化硅膜的电子基本上不散射,而穿过金属膜的电子散射严重。这些电子再经过磁透镜聚焦后穿过一个置于焦平面上的角度限制光阑,此时散射严重的电子透过率很低,而低散射的电子都能穿透过去。所有透射电子再通过一个磁透镜形成平行束,被投影在衬底上。如何解决其空间电荷效应和衬底表面热效应是研究 SCALPEL 的主要挑战。

目前,无掩模光刻技术的两大研究方向为光学无掩模光刻(Optical Maskless Lithography,O-ML)和带电粒子无掩模光刻(Charged Particle Maskless Lithography,CP-ML)。电子束校正、芯片上的像素验证和检查、与光刻工艺的兼容性、影响特征尺寸覆盖的重合误差等是这两类技术面临的共同课题。

光学无掩模技术(图 10.42)是从传统的光学光刻机构造发展而来的,最大的不同是掩模版被一排光调制器取代,通过实时控制光束制作出需要的图形。光调制器一般为塞状或斜面状的微镜空间光调制器。

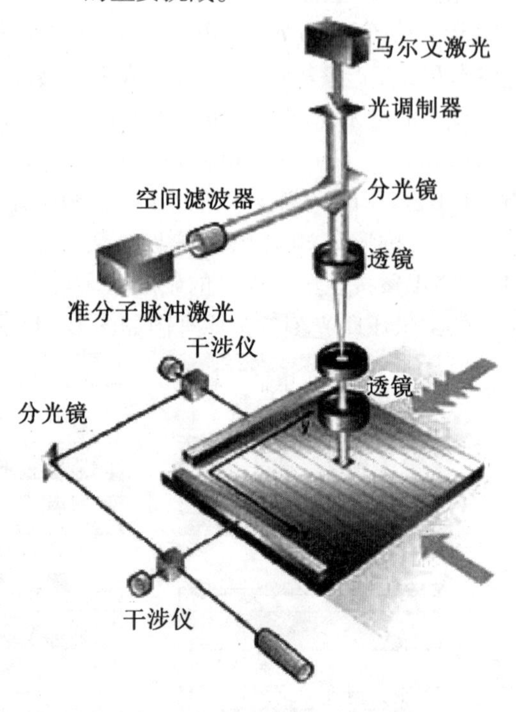

图 10.42　光学无掩模光刻示意图

带电粒子无掩模光刻(图 10.43)包括了电子束和离子束两种。电子束无掩模技术是从早期的电子束直写(E-Beam Direct Write,EBDW)系统发展而来的。但是曝光时间过长,即使曝光能够实现 1 片/h,这样的速度也是制造业所无法接受的。带电粒子无掩模光刻的主要问题包括:电子束与产出率的可延展性、电子束的稳定性和可靠性、电子束的精准定位、电子束源的稳定性及其带来的剂量准确性、射入噪声等。

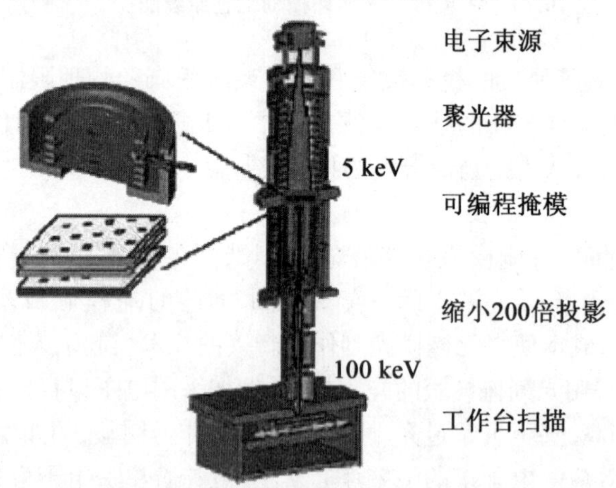

图 10.43　带电粒子无掩模光刻示意图

在新一代光刻技术中,电子束、离子束、激光束直写光刻等方法都不用掩模产生工艺图形,都属于无掩模光刻技术,但是它们又都存在着系统昂贵、工艺复杂及生产效率低等缺陷。

4. 近场光学曝光

光刻技术在半导体工业中扮演着重要的角色,但衍射极限的存在限制了传统光学光刻在光刻分辨率上的进一步提高。近场光学是研究距离物体表面一个波长以内光学现象的新型交叉学科,由近场光学发展而来的近场光刻技术突破衍射极限。

近场光刻技术基本原理是利用超细孔径的纳米光探针在远小于一个波长的距离范围内(即在近场中)进行光学曝光,以获得超衍射极限尺寸的方法。其空间分辨率取决于光纤探针末端光学孔径的大小以及光学探针与样品间的距离。这种探针扫描的方式是在近场范围内工作,因此具有需要很精密的控制系统、扫描速度慢、刻写范围有限等缺点。

基于近场光学原理的近场纳米光刻,其操作类似于传统光刻,曝光光源和光刻胶位于光刻掩模版的两侧,光源从光刻掩模版一侧入射后,一部分被掩模版金属遮光部分所遮挡不能到达光刻胶,另一部分通过光刻掩模版透明部分对光刻胶进行曝光。不同的是光刻胶的厚度需要小于入射光波长,限制在隐失场范围内光刻的尺寸为纳米量级,不受传统光学光刻的光刻极限所限制。但是为了减少光刻胶与掩模版之间的空隙造成的光刻精度下降,需要保证光刻胶与光刻掩模版为硬接触。

近场光学曝光是一种可以进行 100 nm 以下图形尺寸的接触式曝光。图 10.44 为近场光学曝光系统示意图。其中掩模是由 2 μm 厚的氮化硅膜上制作金属铬图形制成的。由于薄膜材料的柔性,通过在掩模与硅片间抽真空可以实现掩模与光刻胶表面的完全亲密接触。2 μm 厚的氮化硅膜对汞灯发出的 G 线紫外光(波长 436 nm)有 61% 的透射率,对 H 线紫外光(波长 405 nm)有 29% 的透射率,足以对 G 线光刻胶曝光。

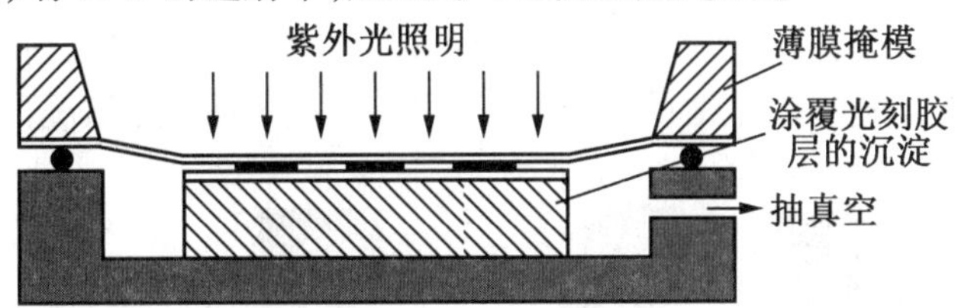

图 10.44　近场光学曝光系统示意图

本章小结

本章首先论述光刻胶,包括光刻胶分类、光刻胶的特征量、光学光刻胶和其他光刻胶;其次以紫外光曝光技术为例介绍了基本的曝光方式,包括接近式曝光、接触式曝光和投影式曝光;继而介绍了光学分辨率增强技术,包括移相掩模技术、离轴照明技术、光学邻近效应校正技术和光瞳滤波技术;光刻掩模版的制造,包括制版工艺流程、掩模版的基本构造、铬版的制备技术、彩色版的制备技术和光刻制版面临的挑战。对光刻技术的发展趋势,包括光刻设备和曝光新技术进行了展望。

第 11 章　刻蚀技术

在微电子芯片制造过程中，常常需要在硅片表面做出极微细尺寸的图形，而这些微细图形最主要的形成方式是使用刻蚀技术（Etching）将光刻技术所产生的光刻胶图形，包括线、面和孔洞，准确无误地转印到光刻胶底下的材质上，以形成整个芯片所应有的复杂结构。因此，刻蚀技术与光刻技术总称为图形转印（Pattern Transfer）技术，是微电子 IC 制造工艺以及微纳制造工艺中相当重要的一步。

本章从刻蚀概述、湿法刻蚀、干法刻蚀和刻蚀技术新进展等方面介绍刻蚀技术，包括对硅、氮化硅、氧化硅、金属以及金属化合物等不同材料的刻蚀应用。

11.1　概　述

对于早期器件的刻蚀工艺，一般来说要求刻蚀深度均匀、选择比好、掩模能完全传递和侧壁的陡直度好。但实际刻蚀工艺结束后，图形转印所存在 3 种常见情况（图 11.1）。

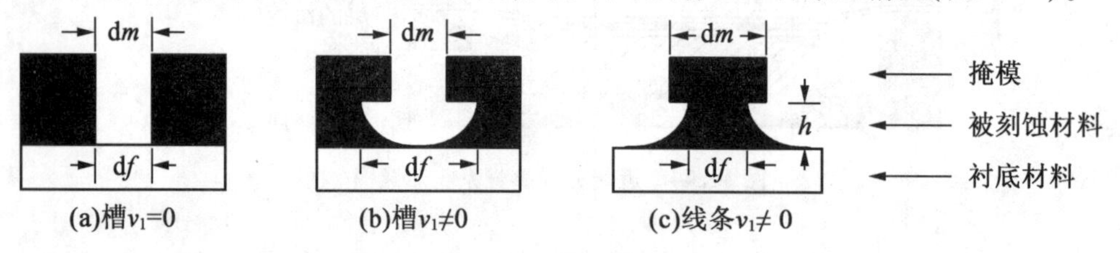

图 11.1　图形刻蚀后的常见情况

假设光刻工艺显影后，光刻胶层所得图形宽度为 dm，经过刻蚀工艺转移到被刻蚀材料层的图形上表面宽度为 df，被刻蚀材料厚度为 h。如图 11.1（a）所示，为各向异性刻蚀，即只有纵向刻蚀，没有横向钻蚀。这样才能保证精确地在被刻蚀的薄膜上复制出与抗蚀剂上完全一致的几何图形；而图 11.1（b）、图 11.1（c）无论是槽还是线条，在纵向刻蚀的同时，都存在不同程度的横向钻蚀。一般情况下，用保真度 A 表示各向异性程度，则 A 表示为

$$A = 1 - \frac{v_1}{v_v} = 1 - \frac{|\mathrm{d}f - \mathrm{d}m|}{2h} \tag{11.1}$$

式中，v_1 为横向刻蚀速率，v_v 为纵向刻蚀速率；$|\mathrm{d}f - \mathrm{d}m|$ 为图形侧向展宽量。

一般 $v_v > v_1 > 0$，所以 $0 < A < 1$。对于各向同性腐蚀，$A = 0$；对于各向异性腐蚀，$A = 1$。

理想的刻蚀工艺必须具有以下特点：（1）各向异性刻蚀，即只有垂直刻蚀，没有横向钻蚀。这样才能保证精确地在被刻蚀的薄膜上复制出与抗蚀剂上完全一致的几何图形。（2）良好的刻蚀选择性，即对作为掩模的抗蚀剂和处于其下的另一层薄膜或材料的刻蚀速率都比被刻蚀薄膜的刻蚀速率小得多，以保证刻蚀过程中抗蚀剂掩蔽的有效性，不致发生因为过

刻蚀而损坏薄膜下面的其他材料。(3)加工批量大，控制容易，成本低，对环境污染少，适用于工业生产。随着新型器件的不断出现，对于刻蚀工艺也提出了越来越多的要求，包括形貌方面(如圆包刻蚀、梯形刻蚀、三角刻蚀等)、槽的状态方面(要求大的深宽比、V 形槽、保证深度的情况下要求低损伤等)。

广义而言，刻蚀技术包含了所有将材质表面均匀移除或是有选择性地去除的技术，可大体分为湿法刻蚀(Wet Etching)和干法刻蚀(Dry Etching)两种方式。

早期刻蚀技术是采用湿法刻蚀的方法，也就是利用合适的化学溶液，先使未被光刻胶覆盖部分的被刻蚀材料分解和转变为可溶于此溶液的化合物而达到去除的目的。这种刻蚀技术的进行主要是利用溶液和被刻蚀材料之间的化学反应，因此可以通过化学溶液的选取、配比和温度的控制，得到合适的刻蚀速率以及被刻蚀材料与光刻胶及下层材质之间的良好的刻蚀选择比。

然而，由于化学反应没有方向性，湿法刻蚀会有侧向刻蚀而产生钻蚀现象，当集成电路中的器件尺寸越来越小时，钻蚀现象也越来越严重并导致图形线宽失真。因此，湿法刻蚀逐渐被干法刻蚀技术取代。

所谓的干法刻蚀，通常指的就是利用辉光放电(Glow Discharge)的方式，产生带电离子以及具有高度化学活性的中性原子和自由基的等离子体，这些粒子和被刻蚀薄膜进行反应以将光刻图形转移到晶片上的技术。

影响刻蚀工艺的因素分为外部因素和内部因素。

外部因素主要包括设备硬件的配置以及环境的温度、湿度影响，对于操作人员来说，外部因素只能记录，很难改变，要做好的就是优化工艺参数，实现比较理想的试验结果。

内部因素在设备稳定的情况下对工艺结果起到决定性作用，以下所列因素对于刻蚀速率、形貌等均起到重要作用：

(1)工作压力的选择。对于不同的要求，工作压力的选择很重要，压力取决于通气量和泵的抽速，合理的压力设定值可以增加对反应速率的控制、增加反应气体的有效利用率等。

(2)RF 功率的选择。RF 功率的选择可以决定刻蚀过程中物理轰击所占的比重，对于刻蚀速率和选择比起到关键作用。RF 功率、反应气体的选择和气体通入的方式可以控制刻蚀过程为同步刻蚀或 BOSCH 工艺。

(3)ICP 功率。ICP 功率对于气体离化率起到关键作用，保证反应气体的充分利用，设备的 ICP 功率的最大值为 2 500 W。在气体流量一定的情况下，随着 ICP 功率的增加气体离化率也相应增加，可增加到一定程度时，离化率趋向于饱和，此时再增加 ICP 功率就会造成浪费。

(4)衬底温度和反应室温度。温度控制对于衬底本身和掩模(特别是胶掩模)的意义重大，目前大多数设备采用的是氦气冷却衬底背面的方式，背面控制在 20 ℃左右。

(5)反应气体的选择和配比。以硅的刻蚀为例，刻蚀设备通了四路气体 SF_6、C_4F_8、O_2 和 CF_4。其中 SF_6 和 C_4F_8 作为反应气体参与刻蚀过程，O_2 和 CF_4 作为清洗气体负责设备的 CLEAN 过程。选择合适的流量和气体通入的时间比会很大程度上影响刻蚀面的侧壁形貌、反应速率等。

另外，直流偏压的选择、控制反射功率、待刻蚀面积的大小、刻蚀材料的差异等都会影响到刻蚀面的形貌、刻蚀速率，这些都是要考虑的重要因素。总而言之，没有万能的程序可以适用所有的要求。所有的因素都不是单一的，而是相互作用、相辅相成的，只有各项条件都相互匹配才能得到比较理想的不同结果。

11.2　湿法刻蚀

最早,刻蚀技术是利用特定溶液与薄膜间所进行的化学反应来去除被刻蚀部分而达到刻蚀的目的,这种刻蚀方式也就是所谓的湿法刻蚀技术。湿法刻蚀的优点是工艺、设备简单,而且成本低、产能高,具有良好的刻蚀选择比。但是,因为湿法刻蚀是利用化学反应来进行薄膜的去除,而化学反应本身并不具有方向性,所以湿法刻蚀属于各向同性的刻蚀。各向同性刻蚀是湿法刻蚀的固有特点,也可以说是湿法刻蚀的缺点。湿法刻蚀通常还会使位于光刻胶边缘下面的薄膜材料也被刻蚀,这也会使刻蚀后的线条宽度难以控制。选择合适的刻蚀速率,可以减小对光刻胶边缘下面薄膜的刻蚀。

湿法刻蚀大概可分为3个步骤:(1)反应物质扩散到被刻蚀薄膜的表面。(2)反应物与被刻蚀薄膜反应。(3)反应后的产物从刻蚀表面扩散到溶液中,并随溶液排出。在这3个步骤中,一般进行最慢的是反应物与被刻蚀薄膜反应的步骤,也就是说,该步骤的进行速率即是刻蚀速率。

湿法刻蚀的进行,通常先利用氧化剂(如Si和Al刻蚀时的HNO_3)将被刻蚀材料氧化成氧化物(如SiO_2、Al_2O_3),再利用另一种溶剂(如Si刻蚀中的HF和Al刻蚀中的H_3PO_4)将形成的氧化层溶解并随溶液排出,如此便可达到刻蚀的效果。

表11.1为湿法刻蚀参数。在湿法刻蚀过程中必须控制基本的湿法刻蚀参数包括:刻蚀溶液的浓度、刻蚀的时间、反应温度以及溶液的搅拌方式等。由于湿法刻蚀是通过化学反应实现的,所以刻蚀液的浓度越高,或者反应温度越高,薄膜被刻蚀的速率也就越快。此外,湿法刻蚀的反应通常会伴有放热和放气。反应放热会造成局部反应区域的温度升高,使反应速率加快;反应速率加快又会加剧反应放热,使刻蚀反应处于不受控制的恶性循环中,其结果将导致刻蚀的图形不能满足要求。反应放气所产生的气泡会隔绝局部的薄膜与刻蚀液的接触,造成局部的刻蚀反应停止。形成局部的缺陷。因此,在湿法刻蚀中需要进行搅拌。此外,适当的搅拌(如使用超声波振荡),还可以在一定程度上减轻对光刻胶下方薄膜的刻蚀。

表11.1　湿法刻蚀参数

参数	说明	控制难度
浓度	溶液浓度,溶液各成分的比例	最难控制,因为槽内的溶液的浓度会随着反应的进行而变化
时间	硅片浸在湿法化学刻蚀槽中的时间	相对容易
温度	湿法化学刻蚀槽的温度	相对容易
搅动	溶液的搅动	适当控制有一定难度
批数	为了减少颗粒并确保适当的浓度强度,一定批次后必须更换溶液	相对容易

选择一个湿法刻蚀的工艺，除了刻蚀溶液的选择外，也应注意掩模是否适用。一个适用的掩模包含下列条件：(1)与被刻蚀薄膜有良好的附着性；(2)在刻蚀溶液中稳定而不变质；(3)能承受刻蚀溶液的侵蚀。光刻胶便是一种很好的掩模材料，它不需额外的步骤便可实现图形转印，但光刻胶有时也会发生边缘剥离或龟裂。边缘剥离的出现是由于光刻胶受到刻蚀溶液的破坏造成边缘与薄膜的附着性变差，解决方法为在上光刻胶前先上一层附着促进剂，如六甲基二硅胺烷(HDMS)。出现龟裂则是因为光刻胶与薄膜之间的应力太大，减缓龟裂的方法就是利用较具弹性的光刻胶材质，来吸收两者之间的应力。

目前通常使用湿法刻蚀处理的材料包括：Si、SiO_2、Si_3N_4、Al、Cr 等。下面对此分别进行讨论。

11.2.1 硅的湿法刻蚀

在湿法刻蚀硅的各种方法中，大多数都是采用特定的强氧化剂对硅进行氧化然后利用氢氟酸(HF)与 SiO_2 反应来去掉硅，从而达到对硅的刻蚀目的。虽然工艺方法简单，但是湿法刻蚀中所进行的化学反应没有方向性，是各向同性刻蚀工艺。所谓各向同性刻蚀是指硅各个晶面的腐蚀速率相等，没有选择性，所有方向均匀蚀刻，如图 11.2(a)所示。

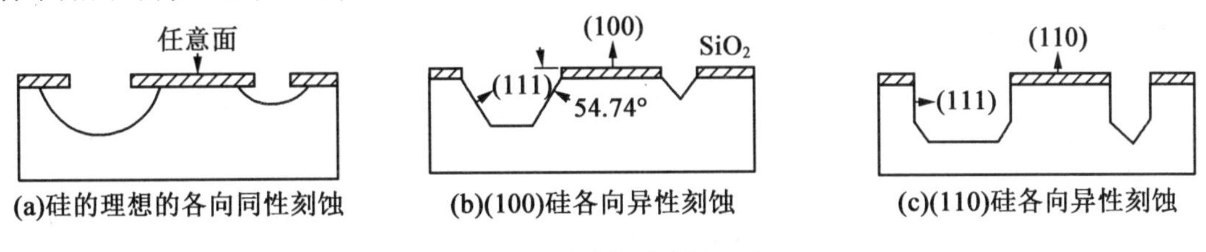

图 11.2 硅的湿法腐蚀工艺

图 11.2 描述了硅湿法刻蚀过程：在硅片的表面掩模(如氧化硅、氮化硅、金等)上开一个窗口，硅片背面也要有掩模保护。最常用的硅的各向同性腐蚀剂是 HNA 混合溶液，即硝酸(HNO_3)与氢氟酸(HF)和水(或醋酸)的混合液。化学反应式为

$$Si + HNO_3 + 6HF \longrightarrow H_2SiF_6 + HNO_2 + H_2O + H_2 \tag{11.2}$$

其中，反应生成的 H_2SiF_6 可溶于水。在腐蚀液中，加入醋酸(CH_3COOH)可以抑制硝酸的分解，从而使硝酸的浓度维持在较高的水平。对于 HF - HNO_3 混合的腐蚀液，当 HF 的浓度高而 HNO_3 的浓度低时，硅刻蚀的速率由 HNO_3 浓度决定，硅的刻蚀速率基本上与 HF 浓度无关，因为这时有足量的 HF 去溶解反应中所生成的 SiO_2。当 HF 的浓度低而 HNO_3 浓度高时，Si 刻蚀的速率取决于 HF 的浓度，即取决于 HF 溶解反应生成的 SiO_2 的能力。

此外，也可以用含 KOH 水溶液或异丙醇(IPA)溶液来进行 Si 的刻蚀，化学反应式为

$$Si + 2KOH + H_2O \longrightarrow K_2SiO_3 + H_2O \tag{11.3}$$

这种碱性刻蚀溶液对 Si(100)面的刻蚀速率比(111)面快了许多，所以刻蚀后的轮廓将成为 V 形的沟渠状，表现出单晶硅的各向异性刻蚀特性，如图 11.2(b)、图 11.2(c)所示。

硅的各向异性蚀刻是利用硅在某些特定溶液中不同的晶面被腐蚀的速率不同的特性，通过精确的设计，腐蚀出所需的微机械结构的工艺，蚀刻边界平滑变化。在各向异性腐蚀的加工过程中，由于晶体各个方向的腐蚀速率不同，使得加工结果出现侧壁。特别是以(110)硅片为衬底、<100>为掩模边缘方向时，晶体的腐蚀侧壁垂直，使得腐蚀的深度变得很深。

不过这种湿法刻蚀大多用于微电子机械系统(Microelectromechanical System,MEMS)的制造。

11.2.2　二氧化硅的湿法刻蚀

由于 HF 可以在室温下与 SiO_2 快速的反应而不会刻蚀 Si 基材或多晶硅,所以是湿法刻蚀 SiO_2 的最佳选择。使用含有 HF 的溶液来进行 SiO_2 的湿法刻蚀时,发生的反应式为

$$SiO_2 + 6HF \longrightarrow SiF_6 + 2H_2O + H_2 \tag{11.4}$$

在上述反应过程中,HF 不断被消耗,因此反应速率随时间的增加而降低。为了避免这种现象的发生。通常在腐蚀液中加入一定的氟化氨作为缓冲剂(形成的腐蚀液称为缓冲氢氟酸 BHF)。氟化氨通过分解反应产生 HF,从而维持 HF 的恒定浓度。常用的配方为 HF、NH_4F、H_2O 分别为 3 mL、6 g、10 mL,其中 HF 是质量分数为 45% 的浓 HF。NH_4F 分解反应式为

$$NH_4F \rightleftharpoons NH_3 + HF \tag{11.5}$$

分解反应产生的 NH_3 以气态被排除掉。

影响刻蚀质量的因素主要有:

(1)黏附性光刻胶与 SiO_2 表面黏附良好,是保证刻蚀质量的重要条件。黏附不良,刻蚀液沿界面的钻蚀会使刻蚀图形边缘不齐,图形发生变化,严重时使整个图形遭到破坏。

(2)SiO_2 的性质。不同方法生长的 SiO_2 具有不同的刻蚀特性。例如,湿氧氧化的 SiO_2 的刻蚀速率大于干氧氧化的刻蚀速率;低温沉积生长的 SiO_2 的刻蚀速率比干氧和湿氧生长的 SiO_2 都要大。

(3)SiO_2 中的杂质。实践证明,SiO_2 层中杂质的含量的不同会造成刻蚀速率的差异,如硼硅玻璃在 HF 缓冲剂刻蚀液中很难溶解;磷硅玻璃与光刻胶黏附性差,不耐刻蚀,易出现钻蚀和脱胶等现象。

(4)刻蚀温度。刻蚀温度对刻蚀速率影响很大。温度越高,刻蚀速率越快,刻蚀 SiO_2 的温度一般在 30 ~ 40 ℃。温度不宜过高或过低;温度过高,刻蚀速率过快,不易控制,产生钻蚀现象;温度太低,刻蚀速率太慢,胶膜长期浸泡,易产生浮胶。

(5)刻蚀时间。刻蚀时间取决于刻蚀速率和氧化层厚度,对它的控制是很重要的。刻蚀时间太短,氧化层未刻蚀干净,影响扩散效果(或电极接触不良);刻蚀时间过长会造成边缘侧向刻蚀严重,使分辨率降低,图形变坏,尤其是光刻胶膜的边缘存在过渡区时,更易促使侧蚀的进行。

11.2.3　氮化硅的湿法刻蚀

Si_3N_4 在半导体工艺中主要是作为场氧化层(Field Oxide)在进行局部氧化生长时的掩蔽层及半导体器件完成主要制备流程后的保护层。可以使用加热 180 ℃的 H_3PO_4 溶液刻蚀 Si_3N_4,其刻蚀速率与 Si_3N_4 的生长方式有关,例如,用 PECVD 方式比用高温 LPVCD 方法得到的 Si_3N_4 的刻蚀速率快很多。

不过,由于高温 H_3PO_4 会造成光刻胶的剥落。在进行有图形的 Si_3N_4 湿法刻蚀时,必须使用 SiO_2 作掩模。一般来说,Si_3N_4 的湿法刻蚀大多应用于整面的剥除。对于有图形的 Si_3N_4 的刻蚀,则采用干法刻蚀的方式。

11.2.4 铝的湿法刻蚀

在半导体集成电路的制程中，多数电极的引线都是由铝膜形成的。铝是银白色的金属，密度为2.7 g/cm^3，熔点为658.9 ℃，在常温下，能生成很薄的氧化铝稳定态薄膜，一旦去除薄膜，铝会继续氧化并放出大量的热。一般来说，铝或者铝合金的刻蚀溶液主要是加热的磷酸、硝酸、醋酸及水的混合溶液。

加热的温度为35~60 ℃，温度越高刻蚀速率越快。刻蚀反应的进行方式是由硝酸和铝反应产生氧化铝，再由磷酸和水分解氧化铝。其主要反应式为

$$2Al + 6HNO_3 \longrightarrow Al_2O_3 + 3H_2O + 6NO_2 \quad (11.6)$$

$$Al_2O_3 + 2H_3PO_4 \longrightarrow 2AlPO_4 + 3H_2O \quad (11.7)$$

通常，溶液配比、温度高低、是否搅拌以及搅拌的速率等条件，均会影响铝或者铝合金的刻蚀速率，常见的刻蚀速率范围为100~300 nm/min。

11.2.5 铬的湿法刻蚀

铬版复印中，铬的刻蚀一般用硫酸高铈(酸性)、高锰酸钾(碱性)、锌接触(酸性)等方法。

1. 酸性硫酸高铈刻蚀

刻蚀液配方为$Ce(SO_4)$、浓HNO_3、H_2O分别为1 g、1 mL、10 mL。$Ce(SO_4)_2$(硫酸高铈)是一种强氧化剂，在酸性介质(如硝酸)中能把金属铬氧化为三价铬盐而使其溶解，本身还被还原成$Ce(SO_4)_3$(硫酸铈)，反应式为

$$2Cr + 6Ce(SO_4)_2 \longrightarrow 3Ce(SO_4)_3 + Cr_2(SO_4)_3 \quad (11.8)$$

由于硫酸高铈对光致抗蚀剂的穿透性能差，因而用来做铬的刻蚀液，可减少铬版上的针孔。刻蚀过程通常在室温下进行。

刻蚀液加硝酸是因为硫酸高铈是强酸弱碱盐，易水解，反应式为

$$Ce(SO_4)_2 + H_2O \rightleftharpoons CeOSO_4 + H_2SO_4 \quad (11.9)$$

$$CeOSO_4 + 3H_2O \rightleftharpoons Ce(OH)_4\downarrow + H_2SO_4 \quad (11.10)$$

为了抑制水解，防止沉淀产生，所以配制硫酸高铈刻蚀液时要加入硝酸等酸。

2. 碱性高锰酸钾刻蚀

刻蚀液配方为$KMnO_4$、$NaOH$、H_2O分别为8 g、4 g、100 mL，刻蚀温度为55~65 ℃，刻蚀时间大约为1 min。

在刻蚀液中，高锰酸钾作为氧化剂。由于高锰酸钾在碱性介质氢氧化钠中能把铬氧化为可溶性的亚铬酸钠而使铬溶解，反应式为

$$6KMnO_4 + 2Cr + 8NaOH \rightleftharpoons 3K_2MnO_4 + 3Na_2MnO_4 + 2NaCrO_2 + 4H_2O \quad (11.11)$$

锰酸钾在强碱性溶液中稳定，当稀释时便发生自偶氧化还原反应析出二氧化锰沉淀，即

$$3K_2MnO_4 + 2H_2O \rightleftharpoons 2KMnO_4 + 4KOH + MnO_2\downarrow \quad (11.12)$$

当溶液中有二氧化锰沉淀时，如果摇动不够，将沉积在铬版上，妨碍刻蚀过程正常进行。线条较小、间距窄的图形，不宜使用这种刻蚀液。

3. 锌接触刻蚀

刻蚀前用锌块划破铬版表面，锌与稀硫酸立即产生活泼的氢原子，还原铬表面的氧化

膜,紧接着活泼的铬与硫酸反应,铬层就能迅速被刻蚀掉。反应方程式为

$$2Cr + 3H_2SO_4 \Longrightarrow Cr_2(SO_4)_3 + 3H_2 \uparrow \quad (11.13)$$

实践证明,锌接触酸性刻蚀法对正性与负性光致抗蚀剂效果都很好,而且由于稀硫酸对光致抗蚀剂破坏很小,刻蚀后的硅针孔也小。

11.2.6 湿法刻蚀设备

图 11.3 为湿法刻蚀工艺装置结构示意图。湿法刻蚀工艺的设备主要由刻蚀槽、水洗槽和干燥槽构成。工艺不同,各槽的数目和结构有所不同。槽内气压控制较为重要,各刻蚀槽气压相等,且保持为负压,以防止刻蚀液雾进入洁净房。搬运部分的气压是大气压,刻蚀槽的气压低于大气压,水洗槽的气压比刻蚀槽还要低一些。

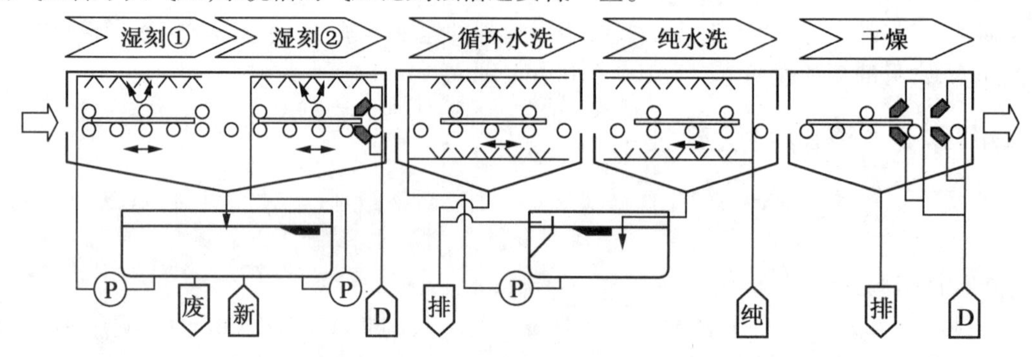

图 11.3 湿法刻蚀工艺装置结构示意图

铝刻蚀槽 1 和铬刻蚀槽 1 或刻蚀槽 2 中都有控制刻蚀程度的终点探测器(End Point Sensor,EPS),而 ITO 由于膜层透明,不能用 EPS 控制刻蚀程度。EPS 是一个激光传感器,主要是通过透光量来控制刻蚀程度的。

铝刻蚀装置中有紫外发射装置,其作用是为了分解有机物,提高浸润性,有利于栅极层的刻蚀形状。ITO 刻蚀槽均采用倾斜 5°搬送,这样在刻蚀时新旧药液置换速率加快,药液的浸润性更好,从而刻蚀速率加快,有利于刻蚀的均匀性及线宽控制,还能有效地节省药液。

11.3 干法刻蚀技术

湿法刻蚀的优点在于对特定薄膜材料的腐蚀速率远远大于对其他材料的腐蚀速率,从而提高腐蚀的选择性。但是,由于湿法腐蚀的化学反应是各向同性的,因而位于光刻胶边缘下面的薄膜材料就不可避免地遭到腐蚀,这就使得湿法腐蚀无法满足 ULSI 工艺对加工精细线条的要求。所以相对于各向同性的湿法腐蚀,各向异性的干法刻蚀就成为主流刻蚀工艺。

在干法刻蚀中,纵向的刻蚀速率远大于横向的刻蚀速率,位于光刻胶边缘下面的材料会受到光刻胶很好的保护。但离子对硅片上的光刻胶和无保护的薄膜会同时进行轰击刻蚀,其刻蚀的选择性就比湿法刻蚀差。

干法刻蚀又分为三种:物理性刻蚀、化学性刻蚀、物理化学性刻蚀。物理性刻蚀是利用辉光放电将气体(如 Ar)电离成带正电的离子,再利用偏压将离子加速,溅击在被刻蚀物的

表面而将被刻蚀物的原子击出——溅射,该过程完全是物理上的能量转移,故称物理性刻蚀。其特色在于具有非常好的方向性,可获得接近垂直的刻蚀轮廓。但是由于离子是全面均匀地溅射在芯片上,光刻胶和被刻蚀材料同时被刻蚀,造成刻蚀选择性低。同时,被击出的物质并非挥发性物质,这些物质容易二次沉积在被刻蚀薄膜的表面及侧壁。因此,在超大规膜集成电路(ULSI)制作工艺中,很少使用完全物理方式的干法刻蚀方法。

化学性刻蚀,或称等离子体刻蚀(Plasma Etching),是利用等离子体将刻蚀气体电离并形成带电离子、分子及反应活性很强的原子团,它们扩散到被刻蚀薄膜表面后与被刻蚀薄膜的表面原子反应生成具有挥发性的反应产物,并被真空设备抽离反应腔。因这种反应完全利用化学反应,故称为化学性刻蚀。这种刻蚀方式与前面所讲的湿法刻蚀类似,只是反应物与产物的状态从液态改为气态,并以等离子体来加快反应速率。因此,化学性干法刻蚀具有与湿法刻蚀类似的优点与缺点,即具有较高的掩模/底层的选择比及等向性。鉴于化学性刻蚀等向性的缺点,在半导体工艺中,只在刻蚀不需图形转移的步骤(如光刻胶的去除)中应用纯化学刻蚀。

最为广泛使用的方法是结合物理作用的离子轰击与化学反应的刻蚀,又称为反应离子刻蚀(Reactive Ion Etching,RIE)。这种方式兼具非等向性与高刻蚀选择比的双重优点。刻蚀的进行主要靠化学反应来实现,加入离子轰击的作用有二:(1)破坏被刻蚀材质表面的化学键以提高反应速率;(2)将二次沉积在被刻蚀薄膜表面的产物或聚合物打掉,以使被刻蚀表面能充分与刻蚀气体接触。由于在表面的二次沉积物可被离子打掉,而在侧壁上的二次沉积物未受到离子的轰击,可以保留下来阻隔刻蚀表面与反应气体的接触,使得侧壁不受刻蚀,所以采用这种方式可以获得各向异性的刻蚀。

应用干法刻蚀时,主要应注意刻蚀速率、均匀度、选择比及刻蚀轮廓等。刻蚀速率越快,则设备的产能越大,越有助于降低成本。刻蚀速率通常可利用气体的种类、流量、等离子体源及偏压功率控制,在其他因素尚可接受的条件下越快越好。均匀度是表征硅片上不同位置刻蚀速率差异的一个指标,较好的均匀度意味着硅片有较好的刻蚀速率和优良成品率。硅片从 3 in、4 in 发展到 12 in,面积越来越大,所以均匀度的控制就显得越来越重要。选择比是被刻蚀薄膜刻蚀速率与掩模或底层的刻蚀速率的比值。选择比的控制通常与气体种类、比例、等离子的偏压功率、反应温度等有关系。各向异性刻蚀对于小线宽图形亚微米器件的制作来说非常关键。先进集成电路应用上通常需要 88° ~ 89°垂直度的侧壁。通常,刻蚀轮廓可通过干法等离子体刻蚀工艺气体的种类、比例和偏压功率等方面的调节进行控制。

11.3.1　刻蚀参数

1. 刻蚀速率

刻蚀速率是指在刻蚀过程中去除硅片表面材料的速率,通常用 Å/min 表示。在采用单片工艺的设备中,这是一个很重要的参数。刻蚀速率由工艺和设备变量决定,例如,被刻蚀材料类型、刻蚀机的结构配置、使用的刻蚀气体和工艺参数设置等。刻蚀速率的计算式为

$$\text{刻蚀速率} = \Delta T/t \tag{11.14}$$

式中,ΔT 为去掉的材料厚度(Å 或 μm);t 为刻蚀所用的时间(min)。

刻蚀速率通常与刻蚀剂的浓度成正比。硅片表面几何形状等因素都能影响硅片与硅片之间的刻蚀速率。要刻蚀硅片表面的大面积区域,则会降低刻蚀剂浓度从而使刻蚀速率慢

下来；如果刻蚀的面积比较小，则刻蚀就会快些，这被称为负载效应。刻蚀速率的减小是由于在等离子体刻蚀反应过程中会消耗大部分的气相刻蚀剂。由负载效应带来的刻蚀速率的变化是使有效的终点检测变得非常重要的最主要原因。

2. 选择比

选择比是指在同一刻蚀条件下，一种材料与另一种材料相比刻蚀速率快多少。它定义为被刻蚀材料的刻蚀速率与另一种材料的刻蚀速率的比，如图 11.4 所示。高的选择比意味着只刻蚀想要刻去的那一层材料。一个高选择比的刻蚀工艺几乎不刻蚀下面一层材料（刻蚀到恰当的深度时停止），并且保护的光刻胶也几乎未被刻蚀。图形几何尺寸的缩小要求减薄光刻胶厚度。高选择比在最先进的工艺中必须确保关键尺寸和剖面控制。特别是关键尺寸越小，选择比要求越高。

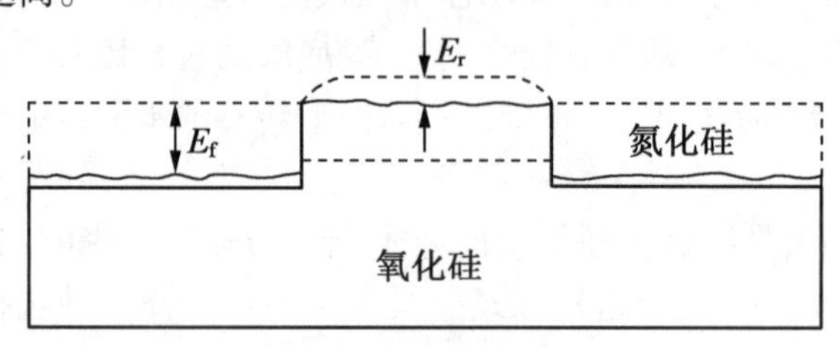

图 11.4　刻蚀选择比

被刻蚀材料和掩蔽层材料（例如光刻胶）的选择比 S_R 为

$$S_R = E_f/E_r \tag{11.15}$$

式中，E_f 为被刻蚀材料的刻蚀速率；E_r 为掩蔽层材料的刻蚀速率（如光刻胶）。

根据式(11.15)，选择比通常表示为一个比值。一个选择比差的刻蚀工艺，这一比值可能是 1∶1，意味着被刻蚀的材料与光刻胶掩蔽层被去除得一样快。而一个选择比高的刻蚀工艺这一比值可能是 100∶1，说明被刻蚀材料的刻蚀速率是不要被刻蚀材料刻蚀速率的 100 倍。

干法刻蚀通常不能对下一层材料提供足够高的刻蚀选择比。在这种情况下，一个等离子体刻蚀设备应装上一个终点检测系统，使得在造成最小的过刻蚀时停止刻蚀过程。当下一层材料正好露出来时，终点检测器会触发刻蚀机控制器而停止刻蚀。

3. 均匀性

刻蚀均匀性是一种衡量刻蚀工艺在整个硅片上，或整个一批，或批与批之间刻蚀能力的参数。均匀性与选择比有密切的关系，因为非均匀性刻蚀会产生额外的过刻蚀。保持均匀性是保证制造性能一致的关键。难点在于刻蚀工艺必须在刻蚀具有不同图形密度的硅片上保证均匀性，例如图形密的区域，大的图形间隔和高深宽比图形。均匀性的一些问题是因为刻蚀中速率和刻蚀剖面与图形尺寸和密度有关而产生的。刻蚀速率在小窗口图形中较慢，甚至在具有高深宽比的小尺寸图形上刻蚀会停止。例如，具有高深宽比硅槽的刻蚀速率要比具有低深宽比硅槽的刻蚀速率慢。这一现象被称为深宽比相关刻蚀（Aspect Ratio Dependent Etching，ARDE），也被称为微负载效应。为了提高均匀性，必须把硅片表面的 ARDE 效应减到最小。

4. 侧壁聚合物

聚合物的形成有时是有意的，是为了在刻蚀图形的侧壁上形成抗腐蚀膜从而防止横向刻蚀，这样做能形成高的各向异性图形，因为聚合物能阻挡对侧壁的刻蚀，增强刻蚀的方向性,从而实现对图形关键尺寸的良好控制。这些聚合物是在刻蚀过程中由光刻胶中的碳转化而来并与刻蚀气体和刻蚀生成物结合在一起而形成的。能否形成侧壁聚合物取决于所使用的气体类型。这些侧壁聚合物很复杂,包括刻蚀剂和反应的生成物,例如铝、阻挡层的钛、氧化物以及其他无机材料。聚合物有很强的难以氧化和去除的碳氟键。然而,这些聚合物又必须在刻蚀完成以后去除,否则器件的成品率和可靠性都会受到影响。这些侧壁的清洗常常需要在等离子体清洗工艺中使用特殊的化学气体,或者有可能用强溶剂进行湿法清洗后再用去离子水进行清洗。

不希望聚合物沉积发生的一个副作用是工艺腔中的内部部件也被聚合物覆盖。刻蚀工艺腔需要定期的清洗来去除聚合物或换掉不能清洗的部件。

5. 刻蚀偏差

刻蚀偏差是指刻蚀以后线宽或关键尺寸间距的变化。通常是横向钻蚀引起的,也能由刻蚀剖面引起,如图 11.5 所示。当刻蚀中要去除掩模下过量的材料时,会引起被刻蚀材料的上表面向光刻胶边缘凹进去,这样就会产生横向钻蚀。

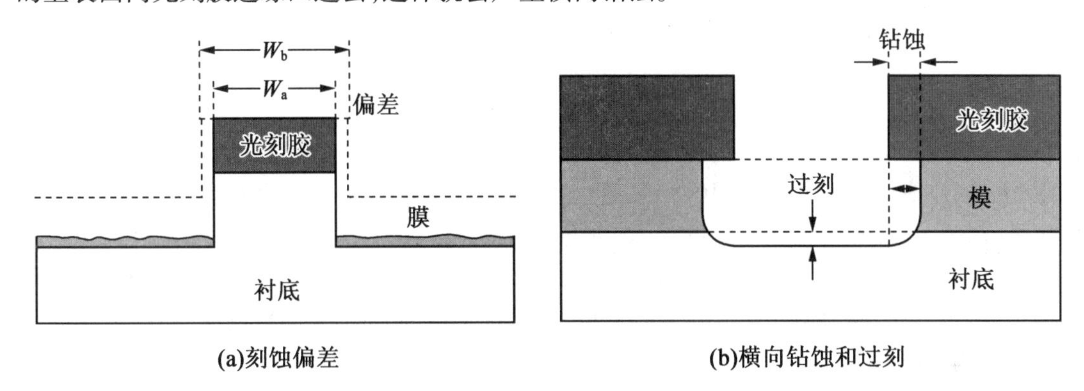

(a)刻蚀偏差　　(b)横向钻蚀和过刻

图 11.5　刻蚀偏差示意图

刻蚀偏差的计算公式为

$$\text{刻蚀偏差} = W_b - W_a \qquad (11.16)$$

式中,W_b 为刻蚀前光刻胶的线宽;W_a 为光刻胶去掉后被刻蚀材料的线宽。

11.3.2　多晶硅的干法刻蚀

在 MOS 器件中,掺杂的 LPCVD 多晶硅是用作栅极的导电材料,需要严格地控制栅极的宽度,因为它决定了 MOSFET 器件的沟道长度,进而与器件的特性息息相关。刻蚀多晶硅时,必须准确地将掩模上的尺寸转移到多晶硅上,即要求多晶硅刻蚀的高度各向异性,因为多晶硅栅在源/漏的注入过程中起阻挡层的作用。如多晶硅刻蚀后栅极侧壁有倾斜时,将会屏蔽后续工艺中源极和漏极的离子注入,造成杂质分布不均,沟道的长度会随栅极倾斜的程度而改变。

另外,多晶硅栅的刻蚀工艺必须对下层栅氧化层有高的选择比(>150:1)并具有非常好的均匀性和重复性,这是因为:(1)为了去除阶梯残留,必须有足够的过度刻蚀才能避免多晶硅电极间短路的发生;(2)多晶硅一般是覆盖在很薄的栅极氧化层上,如果氧化层被完全刻蚀,则氧化层下的源极和漏极区域的 Si 将被快速地刻蚀。

早期利用 CF_4、SF_6 等 F 基为主的等离子体刻蚀多晶硅栅极结构，在刻蚀硅的过程中氟原子起作用。但是主要问题是 Si/SiO_2 刻蚀选择比不够，从而将对器件造成严重的影响。此外，这类气体也有刻蚀负载效应（Etching Loading Effect），即被刻蚀材料裸露在等离子体中面积较大的区域时刻蚀速率比在面积较小的区域时慢，从而出现局部刻蚀速率的不均匀。

为了保护栅极氧化层不被损伤，通常把硅栅的刻蚀分为几个步骤：

（1）预刻蚀。用于去除自然氧化层、硬的掩蔽层和表面污染物来获得均匀的刻蚀。

（2）主刻蚀。用来刻蚀掉大部分的多晶硅膜，并不损伤栅氧化层和获得理想的各向异性的侧壁剖面，刻至终点。

（3）过刻蚀。用于去除刻蚀残留物和剩余多晶硅，并保证对栅氧化层的高选择比。

采用氯或溴可实现多晶硅的各向异性刻蚀，同时改用 Cl_2，氧化硅的刻蚀速率也比 F 原子慢很多，刻蚀选择比提高。Cl_2 和多晶硅的反应式为

$$Cl_2 \longrightarrow 2Cl \tag{11.17}$$

$$Si + 2Cl \longrightarrow SiCl_2 \tag{11.18}$$

$$SiCl_2 + 2Cl \longrightarrow SiCl_4 \tag{11.19}$$

产物之一的 $SiCl_2$ 会产生一层聚合物保护膜，反应式为

$$nSiCl_2 \longrightarrow n(SiCl_2) \tag{11.20}$$

此保护膜可以保护多晶硅的侧壁，造成各向异性刻蚀。为兼顾刻蚀速率和选择比，有人使用 SF_6 气体中添加 CCl_4 和 $CHCl_3$，SF_6 的比例越高刻蚀速率越快。而 CCl_4 或 $CHCl_3$ 的比例越高，对于 SiO_2 的刻蚀选择比越高，刻蚀越趋于各向异性。

除了 Cl 和 F 的气体之外，溴化氢（HBr）也是现在常用的气体之一，因为在小于 0.5 μm 制程中，栅极氧化层的厚度小于 10 nm，而以 HBr 刻蚀的多晶硅对 SiO_2 的选择比高于以 Cl 为主的等离子体。

11.3.3　二氧化硅的干法刻蚀

二氧化硅在集成电路工艺中的应用非常广泛，它可以作为隔离 MOSFET 的场氧化层，或者 MOSFET 的栅氧化层，或者金属间的电介质材料，还可以作为器件的最后保护层。因此，在集成电路工艺中对 SiO_2 的刻蚀是最为频繁的。在 ULSI 工艺中对二氧化硅的刻蚀通常是在含有氟碳化合物的等离子体中进行。现在使用比较广泛的反应气体有 CHF_3、C_2F_6 和 C_2F_8，其目的都是用来提供 C 原子及 F 原子与 SiO_2 进行反应。早期刻蚀使用的气体为四氟化碳（CF_4）。它有高的刻蚀速率，但对多晶硅的选择比不好。现以 CF_4 为例说明等离子体产生与刻蚀 SiO_2 的过程为

$$CF_4 \longrightarrow 2F + CF_2 \tag{11.21}$$

$$SiO_2 + 4F \longrightarrow SiF_4 + 2O \tag{11.22}$$

$$Si + 4F \longrightarrow SiF_4 \tag{11.23}$$

$$SiO_2 + 2CF_2 \longrightarrow SiF_4 + 2CO \tag{11.24}$$

$$Si + 2CF_2 \longrightarrow SiF_4 + 2C \tag{11.25}$$

F 原子与 Si 的反应速率相当快，为与 SiO_2 反应速率的 10 ~ 1 000 倍。在传统的 RIE 系统中，CF_4 大多被分解成 CF_2，这样可获得不错的 SiO_2/Si 刻蚀的选择性。然而，在一些先进的设备中，如螺旋波等离子体刻蚀机中，因为等离子体的解离程度太高，CF_4 大多被解离成

为 F,因此 SiO_2/Si 的刻蚀选择比反而不好。

在 ULSI 工艺中对 SiO_2 的干法刻蚀主要是用于刻蚀接触孔和通孔,这些是很关键的应用,要求在氧化物中刻蚀出具有高深宽比的窗口。对于 DRAM 应用中的 0.18 μm 的图形,深宽比希望能达到 6:1,对下层的硅和硅化物/多晶硅的选择比要求大约为 50:1。有一些新的氧化物刻蚀应用,如有新沟槽刻蚀和高深宽比刻蚀要求的双大马士革工艺结构,也有低的深宽比通孔刻蚀,如非关键性的氧化物刻蚀应用。因此,必须认真考虑刻蚀的选择性问题。

为了解决这一问题,在 CF_4 等离子体中通常加入一些附加的气体成分,这些附加的气体成分可以影响 Si 及 SiO_2 的刻蚀速率、刻蚀的选择性、均匀性和刻蚀后图形边缘的剖面效果。

1. 氧气的作用

在 CF_4 气体的等离子体中加入适量的 O_2,O 原子会和 CF_4 反应而释放出 F 原子,进而增加 F 原子的量并提高的刻蚀速率。同时,消耗掉部分的 C,使等离子体中 F 原子与 C 原之数比下降,其反应方程式为

$$CF_4 + O \longrightarrow COF_2 + 2F \tag{11.26}$$

添加 O_2 对 Si 的刻蚀速率的提升要比对 SiO_2 的快。当 O_2 含量超过一定值后,二者的刻蚀速率都开始下降,那是因为气态的 F 原子再结合形成 F_2,使自由的 F 原子减小的原因。其反应方程式为

$$O_2 + F \longrightarrow FO_2 \tag{11.27}$$

$$FO_2 + F \longrightarrow F_2 + O_2 \tag{11.28}$$

由上述得知,此时再加入 O_2,SiO_2/Si 的刻蚀选择比将下降。

2. 氢气的作用

如果在 CF_4 等离子体中加入 H_2,情况就会完全不同。解离的 H 原子与 F 原子反应形成 HF 气体,反应方程式为

$$H_2 \longrightarrow 2H \tag{11.29}$$

$$H + F \longrightarrow HF \tag{11.30}$$

虽然 HF 也可对 SiO_2 进行刻蚀,但刻蚀速率比 F 慢了一些,因此在加入 H_2 后,对 SiO_2 的刻蚀速率略微有些下降。然而对 Si 的刻蚀速率下降则更为明显,这是因为可刻蚀 Si 的 F 原子被 H 原子消耗掉了。因此,加入 H_2 可提升 SiO_2/Si 的刻蚀选择比。但当加入太多的 H_2 时,因为反应产生的聚合物[$nCF_2 \longrightarrow (CF_2)_n$]阻碍了 Si 或 SiO_2 与 F 或 CF_2 的接触,而使刻蚀停止。

3. 反应气体

在现在的半导体刻蚀制备中,大多数的干法刻蚀都采用 CHF_3 与 Cl_2 所混合的等离子体来进行 SiO_2 的刻蚀。CHF_3 有较佳的选择性。有时甚至再加入少量的 O_2 来提高其刻蚀速率(因为可以提高 F 原子的浓度)。此外,SF_6 和 NF_3 也可以用来作为提供 F 原子的气体,因为不含 C 原子,所以不会在 Si 的表面形成高分子聚合物。

SiO_2 的刻蚀并不是一定要得到非常接近 90°的轮廓才行。假如 SiO_2 刻蚀之后将进行金属的沉积,接近直角的 SiO_2 轮廓将造成金属沉积的困扰,尤其是溅镀法。因为其阶梯覆盖的能力不良,因填缝不完全而留下空洞。所以,SiO_2 刻蚀的控制,除了必须注意 SiO_2 与其他材质间(如 Si)的选择性之外,其各向异性的控制也必须能够与其他工艺相配合,以调整合适的 RIE 后的轮廓。当然,也不能牺牲刻蚀速率及均匀性。

11.3.4 氮化硅的干法刻蚀

在 ULSI 工艺中，主要用到两种基本的 Si_3N_4：一种是在二氧化硅层上通过 LPCVD 淀积 Si_3N_4 薄膜，然后经过光刻和干法刻蚀形成图形，作为接下来氧化或扩散的掩蔽层，但是并不成为器件的组成部分。由于这类氮化硅薄膜的下面有一层氧化硅，所以要求对氧化物的高选择比。常用的主要气体是 CF_4，并与 O_2、N_2 混合使用。增加 O_2、N_2 的含量来稀释氟基的浓度并降低对下层氧化物的刻蚀速率，可以获得高达 1 200 Å/min 的刻蚀速率以及对氧化物的大约 20:1 的高选择比。另一种是通过 PECVD 淀积 Si_3N_4 作为器件保护层。这层 Si_3N_4 在经过光刻与干法刻蚀之后，氮化硅下面的金属化层露了出来，就形成了器件的压焊点，然后就可以进行测试和封装了。对于这种 Si_3N_4 薄膜，使用 CF_4-O_2 等离子体或其他含有 F 原子的气体等离子体进行刻蚀就可以满足要求。

实际上，用于刻蚀 SiO_2 的方法都可以用来刻蚀 Si_3N_4。由于 Si—N 键的结合能介于 Si—O 键与 Si—Si 键之间，所以氮化硅的刻蚀速率介于刻蚀 SiO_2 和刻蚀 Si 之间。这样，如果对 Si_3N_4/SiO_2 的刻蚀中使用 CF_4 或是其他含 F 原子的气体等离子体，对 Si_3N_4/SiO_2 的刻蚀选择性将会比较差。如果使用 CHF_3 等离子体来进行刻蚀，对 SiO_2/Si 的刻蚀选择比可以在 10 以上。而对 Si_3N_4/Si 的选择比则只有 3 ~ 5，对 Si_3N_4/SiO_2 的选择比只有 2 ~ 4。

11.3.5 铝及铝合金的干法刻蚀

铝是半导体工艺中最主要的导体材料。它具有低电阻，易于淀积和刻蚀等优点。

氟化物气体所产生的等离子体并不适用于铝的刻蚀，因为反应产物的蒸气压很低不易挥发，很难脱离被刻物表面而被真空设备所抽离。铝的氯化物则具有足够高的蒸气压，因此能够容易地脱离被刻物表面而被真空设备所抽离。所以氯化物气体所产生的等离子体常被利用作为铝的干法刻蚀源。

铝的表面在空气中很容易被氧化，所以在通常情况下，铝表面总是覆盖有很薄的（约 30 Å）自然氧化层。在刻蚀铝之前，可用溅射或化学还原法去掉这层氧化层。BCl_3 及 CCl_4 气体在等离子体中电离时，可以还原这一薄氧化层。这一过程在刻蚀开始阶段可以观察到。水汽会严重影响铝的刻蚀速率，并引起不可重复的结果。在起始阶段，水汽的存在会推迟铝开始刻蚀的时间。刻蚀产物 $AlCl_3$ 的挥发性没有达到最佳，可能沉积到反应器壁上。当反应器暴露在空气中时，凝聚在反应器内壁上的 $AlCl_3$ 就会吸附大量水汽，再次进行刻蚀时，这些水汽又会影响刻蚀。所以，必须将反应室中的水汽排除。适当提高刻蚀温度，使得 $AlCl_3$ 获得更好挥发性，才能获得可重复的 Al 刻蚀工艺。

刻蚀铝的主要设备是平板反应器，可用以实现 RIE 刻蚀或等离子体刻蚀，并能获得各向异性刻蚀剖面，用混合气体（如 CCl_4-Cl_2 或 BCl_3-Cl_2）的刻蚀效果更佳。在很宽的工艺参数范围内，BCl_3 刻蚀剂不产生聚合物。而在 CCl_4 等离子体中，往往产生聚合物膜，影响刻蚀。因此，BCl_3 比 CCl_4 对铝的刻蚀性能更好些。

在铝中加入少量的铜或硅，是半导体工艺中常见的铝合金材料，因此硅、铜的去除也成为铝刻蚀时所须考虑的因素。如果两者未能去除，所遗留下来的硅或铜颗粒将会阻碍下方铝材料刻蚀的进行，而形成柱状的残留物，即所谓微掩模现象（Micromasking）。对于硅的刻蚀，可直接于氯化物气体等离子体中完成，而 $SiCl_4$ 的挥发性很好，因此铝合金中硅的去除应没有什么问题。然而铜的去除就比较困难了,因为 $CuCl_2$ 的蒸气压很低挥发性不佳,所以铜的去除无法以化学反应方式达成,必须以高能量的离子撞击来将铜原子去除;另外,提高温度也可以帮助 $CuCl_2$ 挥发。

由于硅可用含氯等离子体刻蚀,Al-Si 合金(Si 的质量分数达到百分之几)也可在含氯的气体中刻蚀,形成挥发性的氯化物。然而,对 Al-Cu 合金(一般 Cu 的质量分数 $<4\%$)的刻蚀,由于铜不容易形成挥发性卤化物,故刻蚀之后有含铜的残余物留在硅片上,这就给刻蚀带来困难。当然,如果用高能离子轰击,可以去除这类物质,或者用湿法化学处理清除。Al-Si-Cu 合金膜的反应离子刻蚀可提供各向异性刻蚀剖面,在低压 CCl_4-Cl_2 等离子体中,反应生成挥发性的铝和硅的氯化物,不挥发的铜的氯化物用溅射法去除,溅射也能部分地去除金属表面的自然氧化层。

铝合金在被卤化物等离子体刻蚀后,残留物(主要是 $AlCl_3$ 和 $AlBr_3$)仍遗留在合金表面,侧壁及光刻胶上。一旦衬底离开真空腔体后,这些成分将会和空气中的水汽反应形成 HCl 和 HBr,HCl 又腐蚀铝合金,生成 $AlCl_3$。如果提供的水汽足够,反应将持续进行。铝合金将不断地被腐蚀。在含铜的铝合金中这种现象将更为严重,这是金属表面的含铜沉积物形成 $CuCl_2$ 所引起的。

应当在刻蚀之后立即清除或中和硅片表面的残留物。比较好的方法是在刻蚀之后,移出腔体之前,以碳氟化合物(CF_4、CHF_3 等)等离子体作表面处理,将残留氯化物转变为无反应的氟化物,在铝合金表面形成一层聚合物,阻止铝合金与氯的进一步反应。必须把硅片暴露于湿气中的时间降到最少,这是在金属刻蚀机中集成一个去胶腔体的原因。

11.3.6　钨的刻蚀

因为金属 Al 的导电性极好,而且易以溅镀的方式生长,所以 Al 是半导体工艺中最常用也是最便宜的金属材料。但因为溅镀方法的阶梯覆盖性较差,当进入亚微米领域(即金属线宽低于 0.5 μm)时,以溅镀方法得到的金属 Al 无法完美地填入接触孔或通孔,造成接触电阻偏高,甚至发生断路导致器件的报废。因此,在半导体金属化制程中使用 CVD 法沉积一耐热金属填入接触孔或介层孔,取代部分铝合金,这种工艺方法称为接触栓塞或通孔栓塞。

作为栓塞的耐热金属主要有 W、Ti、Ta、Pt 及 Mo 等过渡金属,其中以 W 的使用最为广泛,下面以 W 金属为例说明接触孔栓塞及通孔栓塞的制程及钨回刻技术。

半导体器件中接触孔刻蚀完成后,其底层大多是 Si 或多晶硅,因此接触孔就是提供一个通道,使上层金属与底层 Si 接触。为克服金属 Al 与介电层的附着力问题,并降低接触电阻及提高器件可靠性,Al 的金属化工艺过程如下:先用 CVD 法沉积一层 Ti 及 TiN,再利用快速热处理形成钛硅化物($TiSi_2$),Ti/TiN 在金属化工艺中被称为黏着层;接着以 CVD 法沉积 W 金属,使其填入接触孔,因 CVD 方法沉积的薄膜的阶梯覆盖性佳,在接触孔处不致产生空洞,但沉积的厚度必须能够使接触孔完全填满;然后以干法刻蚀的方法将介电层表面覆盖的 W 金属去除,留下接触孔内的 W,至此已完成接触孔栓塞的制作工艺,这个干法刻蚀的步骤称为“钨回刻”;最后沉积金属 Al 并制作 Al 金属线的图形,至此,整个金属化工艺完成。

W 金属的干法刻蚀使用的气体主要是 SF_6、Ar 及 O_2。其中,SF_6 在等离子体中可被分解以提供 F 原子与 W 进行化学反应生成氟化物 WF_6,其他氟化物的气体,如 CF_4、NF_3 等均可用来作为 W 回刻的气体,其反应方程式为

$$W(s) + 6F(g) \longrightarrow WF_6(g) \tag{11.31}$$

因 WF_6 在常温下为气态(沸点为 17.1 ℃),极易被排出刻蚀腔,不会影响腔内的刻蚀情况。但若使用 SF_6 为刻蚀气体,最终产物也将有硫的存在,其缺点为:因硫的蒸气压较低,在刻蚀腔内会有较多量的沉积,可能导致 W 回刻不净;优点是栓塞中的钨损失较少。若使用 CF_4 为刻蚀气体,则可能出现与上述相反的情况。因 SF_6 在等离子体中提供 F 原子的效率优于 CF_4,即将具有较高的刻蚀速率,因此选择 SF_6 为刻蚀气体有渐多的趋势。

Ar 在 W 回刻中起着重要的作用,因 Ar 对 W 的刻蚀属于离子撞击,可有效去除刻蚀时在晶片表面沉积的保护层(如硫)而减少 W 回刻不净的现象。另外,在刻蚀中只使用少量 O_2,O_2 主要是加强氟化物气体在等离子体中的解离效率及减少保护层的沉积量。因此,是否使用 O_2 对刻蚀效果有较大的差别,如果大量使用 O_2 会产生相反的结果。

在通孔栓塞的制作过程中,因底层是金属 Al,不需使用 Ti 来改善接触电阻的问题,所以黏着层使用 TiN 即可,这是通孔栓塞与接触孔栓塞制作过程的区别,其他部分则相同。

W 栓塞制程在应用初期,钨回刻时大多将介电层表面的黏着层同时去除,但现在趋向于保留黏着层,这样可缩短刻蚀时间,更可减少金属 Al 溅镀前的黏着层沉积。

11.3.7 干法刻蚀设备

最常见的干法刻蚀设备是使用平行板电极的反应器。早期的桶式刻蚀设备,则是将电极加在腔外,适合应用在等向性的刻蚀,如光刻胶的去除。为了提高等离子体的浓度,在反应离子刻蚀机(Reactive Ion Etcher,RIE)中,加上磁场而成为磁场强化活性离子刻蚀机(Magnetic Enhanced Reactive Ion Etcher,MERIE)。另外,还有一部分刻蚀机改变激发等离子体的方式,并在低压下操作,这类刻蚀机被称为高密度等离子体刻蚀机。它具有高等离子体密度和低离子轰击损伤等优点,已成为设备开发研究的热点,典型的设备有电子回旋共振式等离子体刻蚀机(Electron Cyclotron Resonance Plasma Etchers,ECRPE)、变压耦合式等离子体刻蚀机(Transformer Coupled Plasma,TCP)、感应耦合等离子体刻蚀机(Inductively Coupled Plasma Reactor,ICPR)和螺旋波等离子体刻蚀机。在本节中介绍现今较为常用的刻蚀设备。

1. 反应离子刻蚀机(RIE)

RIE 包含了一个高真空的反应腔,压力范围通常为 1 ~ 100 Pa,腔内有两个平行板状的电极。图 11.6 为 RIE 设备示意图。如图 11.6 所示,其中一个电极与反应器的腔壁一起接地,另一个电极与晶片夹具接在 RF 产生器上(常用频率为 13.56 MHz)。当接通 RF 电源时,等离子体电位通常高于接地端。因此,即使将晶片放置于接地的电极上,也会受到离子的轰击,但此离子能量(0 ~ 100 eV)远小于将晶片放置于接 RF 端的电极时的能量(100 ~ 1 000 eV)。将晶片置于接地端的方式称为等离子体刻蚀,而将晶片置于 RF 端的方式称为活性离子刻蚀,刻蚀通常是以 RIE 模式来完成。在这一设备中,除了利用原子团与薄膜反应外,还可利用高能量的离子轰击薄膜表面去除二次沉积的反应产物或聚合物,从而达成各向异性的刻蚀。传统 RIE 的优点是结构简单且价格低廉。其缺点是在增加等离子体密度的同时加大了离子轰击的能量,这会破坏薄膜和衬底材料的结构。另外,当刻蚀尺寸小于0.6 μm 之后,刻蚀图形的深宽比将变得很大,需要较低的压力以提供离子较长的自由路径,确保刻蚀的垂直度。而在较低的压力下,等离子体密度将大幅降低,使刻蚀速率变慢。

解决离子能量随等离子体密度增加的方法是改用三极式 RIE。三极式 RIE 设备示意图如图 11.7 所示。它有三个电极,可将等离子体的产生与离子的加速分开控制,进而达到增加等离子体密度而不增加离子轰击能量的需求。而要解决低压时等离子体密度不足的问题,则要靠高密度等离子体来完成,即需改变整个等离子体源的设计。

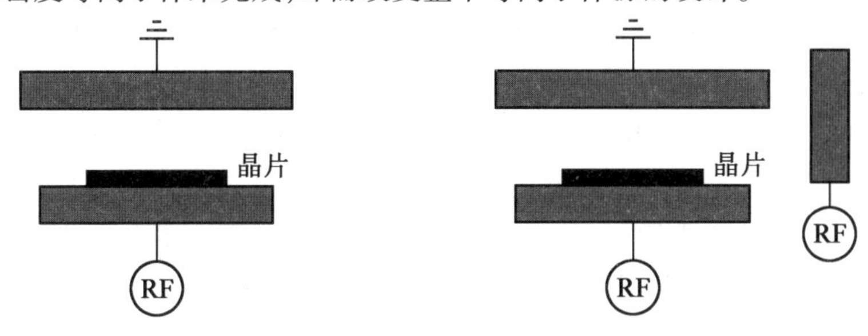

图 11.6 RIE 设备示意图　　图 11.7 三极式 RIE 设备示意图

2. 磁场强化活性离子刻蚀机(MERIE)

图 11.8 为磁场强化 RIE(MERIE)设备示意图如图 11.8 所示,MERIE 是在传统的 RIE 中加上永久磁铁或线圈,产生与晶片平行的磁场,此磁场与电场垂直。电子在该磁场作用下将以螺旋方式运动,如此一来,可避免电子与腔壁发生碰撞,同时增加电子与分子碰撞的机会并产生较高密度的等离子体。然而,因为磁场的存在,将使离子与电子的偏折方向不同而分离,造成不均匀性及天线效应的产生,所以磁场常设计为旋转磁场。MERIE 的操作压力与 RIE 相似,在 1 ~ 100 Pa 之间,所以也不适合用于小于 0.5 μm 线宽的刻蚀。

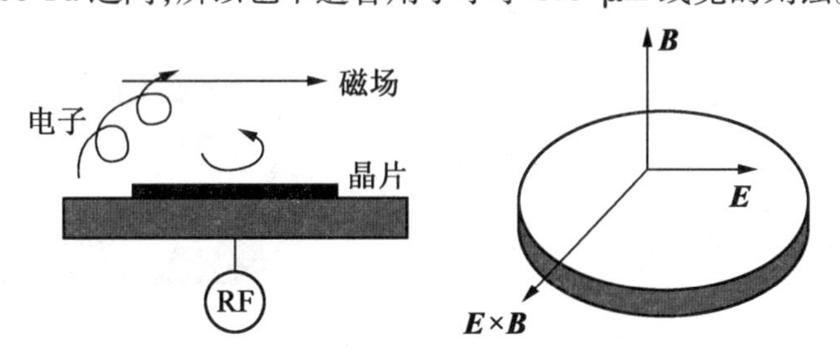

图 11.8 磁场强化 RIE(MERIE)设备示意图

3. 电子回旋共振式等离子体刻蚀机(ECR)

ECR 是利用微波及外加磁场来产生高密度等离子体的。电子回旋频率可表示为

$$\omega_e = v_e / r \tag{11.32}$$

式中,v_e 为电子的速度;r 为电子的回旋半径。

另外,电子回旋靠洛伦兹力实现,即

$$F = ev_eB = M_e v_e^2 / r \tag{11.33}$$

式中,e 为电子的电荷;B 为外加磁场的磁场强度;M_e 为电子质量。

由式(11.33)可得

$$r = M_e v_e / (eB) \tag{11.34}$$

将式(11.32)代入到式(11.34),可得出电子回旋频率为

$$\omega_e = eB / M_e \tag{11.35}$$

当频率 ω_e 等于所加的微波频率时,外加电场与电子能量发生共振耦合,因而产生很高

的离子化程度(可大于1%,RIE约为10^{-6})。较常使用的微波频率为2.45 GHz,所需的磁场应为0.087 5 T。

电子回旋共振等离子体刻蚀机结构图如图11.9所示。微波由微波导管穿过由石英或Al_2O_3制成的窗口进入等离子体产生腔中,另外磁场随着与磁场线圈距离增大而缩小。电子便随着变化的磁场向晶片运动,正离子则是靠浓度梯度向晶片扩散。通常在晶片上也会施加一个RF或直流偏压用来加速离子,提供离子撞击晶片的能量,借此达到非等向性刻蚀的效果。

ECR的优点是可以分别控等离子体密度和离子能量,实现了高刻蚀速率、高抗刻蚀比。缺点是结构复杂,需要微波功率源,存在微波谐振与样品台基板射频源的匹配问题等,所以,目前被ICPR所取代。

4. 感应耦合式等离子体刻蚀机(ICPR)

感应耦合等离子体刻蚀机结构图如图11.10所示,在反应器上方有一介电层窗,其上方有螺旋缠绕的线圈,通过此感应线圈在介电层窗下产生等离子体。等离子体产生的位置与晶片之间只有几个平均自由程的距离,故只有少量的等离子体密度损失,可获得高密度的等离子体。

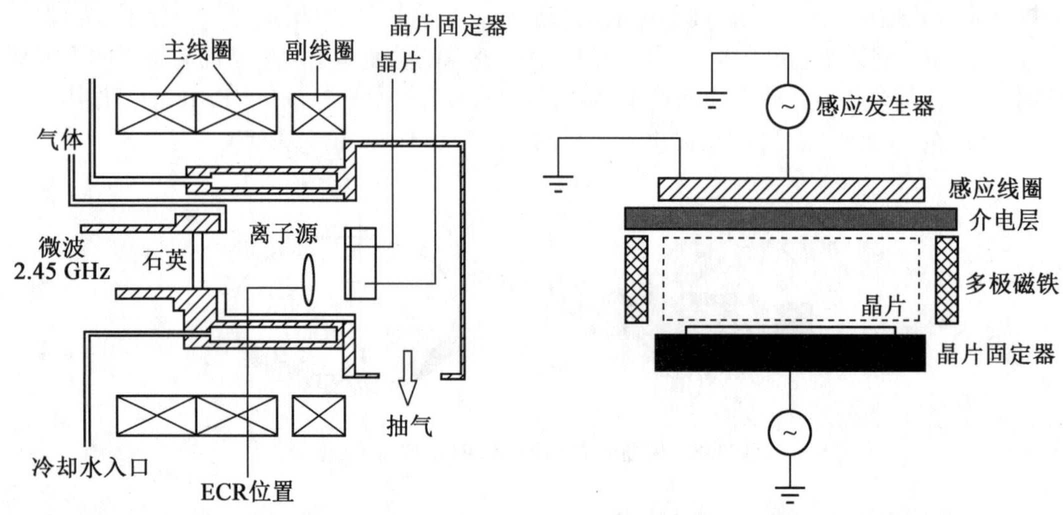

图11.9　电子回旋共振等离子体刻蚀机结构图　　图11.10　感应耦合等离子体刻蚀机结构图

5. 螺旋波等离子体刻蚀机

螺旋波等离子体刻蚀机结构图如图11.11所示,它有两个腔:上方是由石英制成的等离子体来源腔;下面是刻蚀腔。等离子体来源腔外面包围了一个单圈或双圈的天线,用以激发13.56 MHz的横向电磁波。另外在石英腔外因绕有两组线圈,用以产生纵向磁场,并与上面所提到的横向电磁波耦合产生共振,形成所谓的螺旋波。当螺旋波的波长与天线的长度相同时,便可产生共振。采用这种方式,电磁波可将能量完全传给电子,从而获得高密度的等离子体。然后等离子体扩散到刻蚀腔中,离子可被刻蚀腔中外加的RF偏压加速,而获得较高的离子轰击能量。等离子体扩散腔外围绕着大小相等方向相反的永久磁铁,目的在于避免离子或电子撞击在腔壁上。

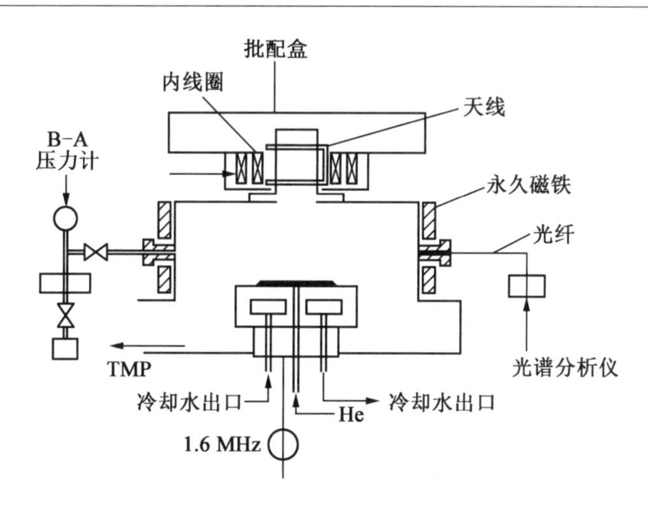

图11.11　螺旋波等离子体刻蚀机结构图

11.3.8　终点检测

干法刻蚀不像湿法刻蚀有很高的选择比,过度的刻蚀可能会损伤下一层的材料,因此就必须准确无误地掌握刻蚀时间。另外,机器的情况稍微改变(如气体流量、温度、被刻蚀材料批次的差异等),都会影响刻蚀时间的控制,因此必须经常检查刻蚀速率的变化,以确保刻蚀的可重复性。通过使用终点检测器可以计算出刻蚀结束的准确时间,进而准确地控制过度刻蚀的时间,以确保多次刻蚀的重复性。

常见的终点检测(End Point Detection)设备有三种:发射光谱分析(Optical Emission Spectroscopy,OES)、激光干涉测量(Laser Interferometry)、质谱分析(Mass Spectroscopy)。

1. 发射光谱分析

发射光谱分析是利用检测等离子体中某种波长的光线强度变化来达到终点检测的目的。要检测的光线的激发是由于等离子体中的原子或分子被激发到某种激发态(Excited State),在返回到低能量状态时,所伴随发生的光发射。此光线可从刻蚀腔壁上的开窗观测。不同原子激发的光波长不同,光线强度的变化反映了等离子体中原子或分子浓度的变化。欲探测波长的选择有两种方式:一是反应物在刻蚀终点时光强度增加,二是反应物在刻蚀终点时光强度减少。表11.2为发射光谱分析中常用的气体原子或分子的特征光波长。

表11.2　发射光谱分析中常用的气体原子或分子的特征光波长

被刻蚀物质	刻蚀物质	被检测物	波长/nm
SiO_2	CF_4-CHF_3-Ar	CO	488
Si_3N_4	CF_4-CHF_3-Ar	N_2	452~650
Si_3N_4	CF_4-CHF_3-Br	宽范围可见光	
Si	CF_4-O_2	F	704
Al	Cl_2-CCl_4	Al	396
抗蚀剂	O_2	CO	450

发射光谱分析是最常用的终点检测器,因为它可以很容易地加在刻蚀设备上面而不影响刻蚀的进行,同时它还可以灵敏地探测反应过程的微小变化以及提供有关刻蚀反应过程中许多有用的信息。另外,它也有一些缺点和限制:一是光强度正比于刻蚀速率,所以对刻蚀速率较慢的刻蚀而言将变得难以检测;二是当刻蚀面积很小时,信号强度不足而使终点检测失败,如 SiO_2 接触窗的刻蚀。

2. 激光干涉测量

激光干涉测量是检测透明薄膜厚度变化,停止变化时即是刻蚀终点。而厚度的测量是利用激光垂直射入透明薄膜,射入薄膜前被反射的光线和穿透薄膜后被下层材料反射的光线发生干涉,当薄膜的折射率(n)、入射激光的波长(λ)及薄膜厚度(Δd)符合条件 $\Delta d = \lambda/2n$ 时,形成的干涉加强,接收到的信号有一最大值。反之则因为干涉相消,信号有一最小值。另外每刻蚀 Δd,就有一最大值出现。

激光干涉测量的一些限制如下:

(1)激光光束要聚焦在晶片的被刻蚀区,且区域的面积应足够大。

(2)必须对准在该区域上,因而增加了设备和晶片的设计难度。

(3)被激光照射的区域温度升高影响刻蚀速率,造成刻蚀速率与不受激光照射区域的不同。

(4)如果被刻蚀的表面粗糙不平,则所测得的信号将很弱。

3. 质谱分析法

质谱分析法可以提供在刻蚀前后,刻蚀腔内成分的相关信息。这种方法是利用刻蚀腔壁上的洞来对等离子体中的物质成分进行取样,取得的中性粒子被电子束电离成离子,所得的离子再经过电磁场偏转,不同质量的离子偏转程度不同,因而可把离子分辨开,不同的离子可借助改变电磁场而收集到。当用在终点检测时,将电磁场固定在要观测或分析所需要的电磁场,观测计数的连续变化即可得知刻蚀终点。

质谱分析法的限制如下:

(1)部分物质的质量/电荷比相同,例如,N、CO、Si 等,使得检测同时拥有这些成分的刻蚀时无法判断刻蚀是否完成。

(2)取样的结果将影响刻蚀终点的探测。

(3)质谱分析设备不容易安装到各种刻蚀机上。

11.4 刻蚀技术新进展

刻蚀工艺技术发展非常迅速,一方面是已有刻蚀工艺的完善提高,如干法刻蚀系统设备的不断改进,工艺水平不断提高;湿法刻蚀也向着标准化、自动化方向进步。另一方面新刻蚀技术也在不断出现并发展,下面仅举几例在干、湿法方面的新技术。

11.4.1 四甲基氢氧化铵湿法刻蚀

用于硅的无机刻蚀液一般都含有金属离子,比如 KOH 的 K^+、NaOH 的 Na^+、LiOH 的 Li^+ 等,这些金属离子对器件是非常有害的,因此有机刻蚀液成为人们关注的焦点。其中,

EPW[乙二胺 $NH_2(CH_2)_2NH_2$]、邻苯二酚[$C_6H_4(OH)_2$ 和水(H_2O)的简称]刻蚀特性虽然优秀,但是它有剧毒,对人的身体有害,而且刻蚀特性对温度有很强的依赖性,刻蚀液中的痕量成分对刻蚀液具有很大影响。与之相对比,四甲基氢氧化铵(Tetramethyl Ammonium Hydroxide,TMAH)具有刻蚀速率高、晶向选择性好、低毒性和对 CMOS 工艺的兼容性好等优点,成为常用的刻蚀剂;另一方面,TMAH 价格高,并且在刻蚀过程中会形成表面小丘(Hillock),影响表面光滑性。因此对 TMAH 的研究主要集中在如何通过改变或调整 TMAH 刻蚀液成分的配比来改变刻蚀特性。

有研究表明,刻蚀硅时,当 TMAH 的质量分数为 5% 时,刻蚀表面有大量小丘出现,随着质量分数不断增加,小丘的密度逐步降低,当质量分数超过 22% 时,可以得到光滑的刻蚀表面。

TMAH 对硅的刻蚀速率随着温度的升高而增加,在温度低于 80 ℃时,刻蚀速率不超过 1 μm/min;同时,刻蚀速率随着 TMAH 的质量分数增加而降低。在温度为 90 ℃、质量分数为 5% 时,TMAH 刻蚀硅(100)的速率接近 1.5 μm/min;当质量分数增加到 22%,刻蚀速率降低到 1.0 μm/min;在质量分数为 40% 时,刻蚀速率降低至不到 0.5 μm/min。因此,要获得光滑的刻蚀表面,要求的质量分数增加与刻蚀速率随质量分数降低形成一对矛盾。

但是,在 TMAH 中添加硅酸(H_2SiO_3)、过硫酸铵[$(NH_4)_2S_2O_8$]或异丙醇(IPA),通过添加剂的强氧化作用,促使小丘不能形成,可以获得光滑的刻蚀表面。经过 TMAH + 硅酸 + 过硫酸铵混合液刻蚀硅(100)125 min 后,可以获得光滑的刻蚀表面。

11.4.2　软刻蚀

“软刻蚀”是一种相对于微制造领域中占据主导地位的刻蚀而言的微图形转移和微制造的新方法。总的思路就是把用昂贵设备生成的微图形通过中间介质进行简便而又精确的复制,提高微制作的效率。以哈佛大学 Whitesides 教授研究组为代表的多个研究集体发展了相关技术,包括微接触印刷、毛细微模塑、溶剂辅助的微模塑、转移微模塑、微模塑、近场光刻蚀等多项内容,并正式提出了“软刻蚀”这样的名称。这些方法工艺简单,对实验室条件要求不高,又能在曲面上进行操作,甚至可制备三维的立体图形。

软刻蚀一般是通过表面复制有细微结构的弹性印模来转移图形的。其方法有用烷基硫醇“墨水”在金表面印刷,将印模作为模具直接进行模塑,或将印模作为光掩模进行光刻蚀等,过程简单、效率高。软刻蚀不但可在平面上制造图形,也可以转移图形到曲面表面,它还可以对图形表面的化学性质加以控制,方便地产生具有特定官能团的图形表面;软刻蚀还能复制三维的图形,精细程度达 100 nm 以下,弥补了光刻蚀方法的不足。

软刻蚀技术的核心是图形转移元件——弹性印模。制作印模的最佳聚合物是聚二甲基硅氧烷(PDMS)。先用光刻蚀法在基片上刻出精细图形,在其上浇铸 PDMS,固化剥离得到表面复制微图形。甚至在凸透镜的表面模塑出了类似蜻蜓复眼式的众多微凸透镜,也源于 PDMS 优良的弹性。

软刻蚀过程简单、方法灵活,在微制造方面有很好的应用前景。在图形的精确定位、印刷质量方面,目前软刻蚀还比不上光刻蚀,然而它有许多优点是光刻蚀技术所不具有的,例如,能在曲面上刻蚀图形,制作三维微结构,方便地控制微接触印刷表面的化学物理性质,制作陶瓷、高分子、微颗粒等微制造材料的微图形,尤其是它不需复杂的设备,可以在普通实验室条件下进行制作。

11.4.3 约束刻蚀剂层技术

20 世纪 80 年代中期以后发展起来的 LIGA 加工、微细电火花加工(EDM)、超声波加工等微细加工方法只能加工简单的三维图形,对于复杂三维图形的加工需要研究新的加工方法。针对这一难题,田昭武院士等提出的约束刻蚀剂层技术(Confines Etchant Layer Technique, CELT)是用于三维超微(纳米)图形复制加工的新型技术。该方法的基本原理是通过化学反应或其他湮灭方式来消除自电极向外扩散得较远的刻蚀剂,从而达到约束刻蚀剂层厚度的目的。CELT 是一种既与现有的传统铸膜工艺和 IC 以及 LIGA 工艺不同又相互补充的新型化学加工技术。其最大特点是能够在半导体以及金属等多种材料上实现三维立体微结构的加工和复制。

在 CELT 电化学微加工过程中,加工探针与被加工工件之间的间隙的控制,将是影响 CELT 电化学微加工质量和刻蚀加工成功的重要因素,而两者之间的间隙调整是通过纳米级微定位工作台和微力传感器来实现的。带有微力传感器的微定位工作台的性能指标,将直接影响 CELT 电化学微加工的效果。因此,具有微力传感的纳米级微定位技术是 CELT 电化学微仪器研究的关键技术。

整个 CELT 法的加工过程分如下几个步骤:

(1)加工电极模板和被加工件的安装。

(2)加工探针位置粗调。

(3)加工探针与被加工件之间的位置精调。

(4)加工探针自动逼近加工表面。

(5)刻蚀加工。

(6)探针抬起,被加工件在 $x-y$ 平面上的位置调整。

其中加工探针的自动逼近,是通过微力传感器来判断加工电极是否到达被加工件表面的,而这一微力判断阈值是通过刻蚀试验总结出来的加工探针与被加工件之间的最佳接触力。在刻蚀加工过程中,接触力是随着刻蚀加工的进行而动态变化的,当接触力小于最佳接触力时,微定位进给系统将会自动进给,使刻蚀加工在一个恒定的接触力下进行,即保证加工模板与被加工件之间的间隙是恒定的。

本章小结

本章主要从湿法刻蚀和干法刻蚀两个方面介绍了刻蚀技术,包括对硅、二氧化硅、氮化硅、铝以及其他金属等不同材料的刻蚀应用。最后介绍了刻蚀技术的新进展,包括四甲基氢氧化铵湿法刻蚀、软刻蚀和约束刻蚀剂层技术。

习　　题

1. 简述 ULSI 中对光刻技术的基本要求。

2. 什么是光刻？光刻系统的主要指标有哪些？

3. 简述硅集成电路平面制造工艺流程中常规光刻工序正确的工艺步骤。

4. 光刻技术中的常见问题有哪些？

5. 光刻工艺对掩模版有哪些质量要求？

6. 简述集成电路的常规掩模版制备的工艺流程。

7. 简述表征光刻胶特性、性能和质量的参数。

8. 简述负性光致抗蚀剂曝光前和曝光后在其显影溶剂中的溶解特性差异,并叙述正性光致抗蚀剂曝光前和曝光后在其显影溶剂中的溶解特性差异。

9. 简述光刻胶的成分特征。

10. 光学分辨率增强技术主要包括哪些？

11. 紫外光的常见曝光方法有哪些？

12. 后光刻时代有哪些光刻新技术？

13. 光刻设备主要有哪些？

14. 理想的刻蚀工艺具有哪些特点？

15. 影响刻蚀工艺的因素有哪些？

16. 简述湿法刻蚀的步骤。

17. 干法刻蚀是如何分类和定义的？

18. 常见的终点检测设备有哪些？

第5篇　工艺集成与封装测试

这一篇介绍微电子器件制造工艺中芯片单项工艺以外的工艺技术，包含3章内容：第12章工艺集成；第13章工艺监控和第14章封装与测试。通过本篇的介绍能使读者对微电子器件制造工艺的全貌有所了解。

第12章工艺集成，对重要的工艺技术、工艺模块和典型的产品制造工艺进行介绍。这一章是建立在单项工艺（即前4篇内容）基础之上的，不同功能、用途的微电子器件的制造工艺所采用的工艺技术、工艺模块及工艺流程在安排上有所不同，但都是在典型工艺技术、工艺模块及工艺流程基础上发展起来的。本章具体内容包括：金属化与多层互连，典型的CMOS集成电路工艺和双极型集成电路工艺，以及FinFFT工艺技术。

第13章工艺监控，对微电子器件制造工艺过程中的监控技术、方法，及单项工艺关键参数的在线实时监控和检测技术、方法进行介绍。微电子器件，尤其是包含数千万甚至上亿单元元件的ULSI能具有高品质和高可靠性，这与在制造工艺过程中的全程监控是分不开的，随着现代监控分析技术的进步，在工艺线及具体工艺环节安装的实时监控装置的功能越来越强大；工艺参数的检测方法越来越便捷；而传统的微电子测试图形也趋于标准化，实现了参数的在线提取。本章具体内容包括：实时监控、工艺检测片和集成结构测试图形3部分内容。

第14章封装与测试，介绍芯片制造工艺完成之后，对合格芯片进行“封装”构成完整器件和对器件性能进行综合“测试”，了解器件是否满足设计要求的工艺技术及其发展。随着微电子业的飞速发展，当今微电子器件的封装和测试都已从微电子（芯片）制造业中独立出来形成微电子封装业和微电子测试业。但由微电子器件制造工艺过程整体分析，从最初的硅片到最终制造出合格的产品整个工艺过程是密切关联的，因此，在本书最后一章对这两部分内容进行介绍。

第 12 章　工艺集成

微电子芯片的生产实际上是顺次运用不同的单项工艺，最终在硅片上实现所设计图形和电学结构的过程。通常把运用各类工艺技术形成器件和电路结构的制造过程称为工艺集成。在前面各章节中所介绍的单项工艺基础上，本章介绍金属化与多层互连、CMOS 集成电路、双极型集成电路和 FinFET 工艺技术。而兼顾双极器件和 CMOS 器件性能的 BiCMOS 集成电路也是常用的集成电路，BiCMOS 电路工艺是在 CMOS 工艺和双极型集成电路工艺基础上发展起来的，因此不做介绍。

12.1　金属化与多层互连

完成器件结构之后，在硅片上得到大量相互隔离（分立器件不需要做隔离）且互不连接的元器件，下一步就是要用导电金属为分立器件制作内电极，而对集成电路是将这些相互无关、各自独立的元器件连接起来，以构成一个完整的集成电路。通常把金属及金属性材料在微电子器件中应用的工艺过程称为金属化。依据在微电子器件中的功能划分，金属化材料可分为 3 大类：互连材料、接触材料及 MOSFET 栅电极材料。

互连材料指将同一芯片内的各个独立的元器件连接成为具有一定功能的电路模块；接触材料是指直接与半导体材料接触的材料，以及提供与外部相连的连接点；MOSFET 栅电极材料是作为 MOSFET 器件的一个组成部分，对器件的性能起着重要作用。

对互连金属材料，首先要求电阻率要小，其次要求易于淀积和刻蚀，还要有好的抗电迁移特性以适应集成电路技术进一步发展的需要。使用最为广泛的互连金属材料是铝，目前在 ULSI 中铜作为一种新的互连金属材料得到了越来越广泛的运用。

对与半导体接触的金属材料，因为直接接触，要有良好的金属/半导体接触特性，即要有好的接触界面性和稳定性、接触电阻要小、在半导体材料中的扩散系数要小，在后续加工中与半导体材料有好的化学稳定性；另外，该材料的引入不会导致器件失效也非常重要。铝是一种常用的接触材料，但目前应用较广泛的接触材料是硅化物，如铂硅（PtSi）和钴硅（$CoSi_2$）等。

对栅电极材料的主要要求是：与栅氧化层之间具有良好的界面特性和稳定性；具有合适的功函数，以满足 nMOS 与 pMOS 阈值电压对称的要求。在早期 nMOS 集成电路工艺中，使用较多的是铝栅。由于多晶硅可通过改变掺杂调节功函数，与栅氧化层又具有很好的界面特性，多晶硅栅工艺还具有源漏自对准等特点，使其成为目前 CMOS 集成电路工艺技术中最常用的栅电极材料。

12.1.1 欧姆接触

欧姆接触是指金属与半导体之间的电压与电流的关系具有对称和线性关系，而且接触电阻也很小，不产生明显的附加阻抗，半导体内部的平衡载流子浓度不会发生显著的改变。

形成欧姆接触有三种方法，分别是半导体高掺杂接触、低势垒高度的欧姆接触和高复合中心欧姆接触。

1. 半导体高掺杂接触

金属/半导体接触的电流密度为

$$J = A^{*} T^{2} \mathrm{e}^{-\frac{q\varphi_{\mathrm{b}}}{kT}} \left(\mathrm{e}^{\frac{qV}{nkT}} - 1 \right) \tag{12.1}$$

式中，A^{*} 为理查德逊常数；T 为温度；φ_{b} 为肖特基势垒高度，有 $\varphi_{\mathrm{b}} = \varphi_{\mathrm{m}} - \chi$，$\varphi_{\mathrm{m}}$ 为金属功函数，χ 为半导体亲和能；q 为电子电量；k 为玻耳兹曼常数。

接触电阻为

$$R_{\mathrm{c}} = \left(\frac{\mathrm{d}V}{\mathrm{d}J} \right)_{V=0} \tag{12.2}$$

低掺杂接触电阻计算公式为

$$R_{\mathrm{c}} \approx \frac{k}{qA^{*} T} \mathrm{e}^{\frac{q\varphi_{\mathrm{b}}}{kT}} \tag{12.3}$$

高掺杂（掺杂浓度 $N_{\mathrm{s}} > 10^{19}$ atoms/cm^{3}）接触电阻计算公式为

$$R_{\mathrm{c}} \approx \exp\left[\frac{\alpha (\varepsilon_{\mathrm{s}} m^{*})^{\frac{1}{2}}}{\hbar} \left(\frac{\varphi_{\mathrm{b}}}{\sqrt{N_{\mathrm{s}}}} \right) \right] \propto 0 \tag{12.4}$$

式中，ε_{s} 为半导体材料的介电常数；m^{*} 为有效电子质量。

当半导体的掺杂浓度 $N_{\mathrm{s}} > 10^{19}$ atoms/cm^{3} 时，半导体表面势垒高度很小，载流子可以隧道方式穿过势垒，从而形成欧姆接触。由于隧道穿过概率与势垒高度密切相关，而势垒高度又取决于半导体表面层的掺杂浓度。因此，该方式的接触电阻是随掺杂浓度变化而变化的，在器件制造中常使用这种方法。

2. 低势垒高度的欧姆接触

当金属功函数大于 p 型而小于 n 型硅的功函数时，金属与半导体接触可以形成理想的欧姆接触。但是，由于受金属/半导体界面的表面态的影响，在半导体表面会感应出空间电荷区（层），形成接触势垒。因此，即使是低势垒高度，当半导体表面掺杂浓度较低时，也很难形成理想的欧姆接触。其实，这种情况的金属与半导体接触是肖特基接触，例如铂与 p 型硅就是这种肖特基接触。

3. 高复合中心欧姆接触

当半导体表面具有较高的复合中心密度时，金属－半导体间的电流传输将主要受复合中心产生－复合机构所控制。高复合中心密度会使接触电阻明显减小，伏安特性近似对称，在此情况下，半导体也可以与金属形成欧姆接触。电力半导体器件接触电极、IC 背面金属化（如硅片背面蒸金），常采用这种方式形成欧姆接触。引入高复合中心的方法还有很多，例如喷砂、离子注入、扩散原子半径与半导体原子半径相差较大的杂质等。

12.1.2　布线技术

随着微电子器件特征尺寸越来越小，硅片面积和集成度越来越大，对互连和接触技术的要求越来越高。除了要求有良好的欧姆接触外，对互连布线也有以下要求：(1)布线材料有低的电阻率和良好的稳定性；(2)布线应具有强的抗电迁移能力；(3)布线材料可被精细刻蚀，并具有抗环境侵蚀的能力；(4)布线材料易于淀积成膜，黏附性要好，台阶覆盖要好，并有良好的可焊性。

1. 电迁移现象

电迁移是指在大电流密度作用下金属化引线的质量输运现象。在金属引线上有电场存在时，电子向正极迁移，离子受电子裹挟有指向正极的作用，而电场对离子的作用又指向负极，综合作用是质量（离子实）输运沿电子流方向，在负极附近易形成空洞，正极附近易形成小丘。由此造成电路的开路或多层布线上下两层间的短接。图12.1为金属化引线的电迁移现象。

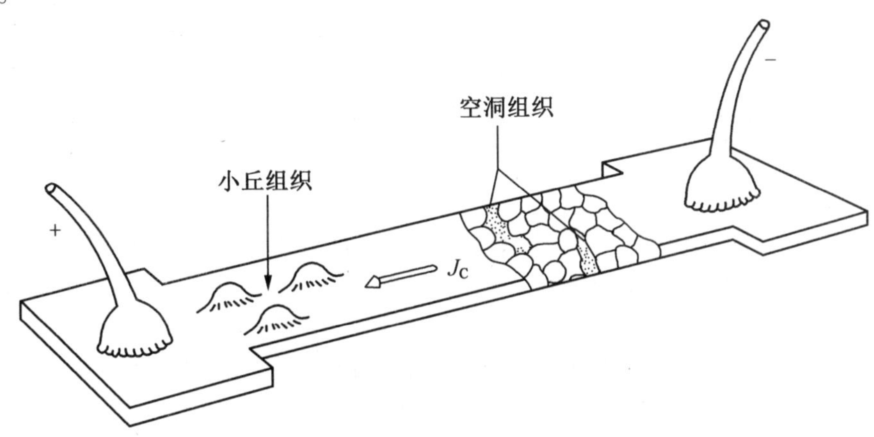

图12.1　金属化引线的电迁移现象

表征金属化布线因电迁移现象而开路或短接的中值失效时间（MTF）是指50%互连线失效的时间，有

$$\mathrm{MTF}=C\frac{A}{J_c^2}\exp\left(\frac{E_a}{kT}\right) \tag{12.5}$$

式中，C为与金属材料有关的常数；A为金属引线面积；E_a为金属材料质量输运的活化能。

因此，除了电流密度较大之外，温度升高、金属线宽减小都会造成因电迁移现象引起的布线失效。

铝的抗电迁移能力差，作为应用最多的布线用金属提高其抗电迁移能力的方法主要有3种：

(1)在铝膜中加少量的硅和铜，因杂质在晶粒/晶界的分凝效应，所加硅和铜主要位于晶界，杂质的存在可降低铝离子在晶界的迁移，使MTF值提高一个量级。加入杂质的质量分数一般为：$w(\mathrm{Si})=1\%\sim2\%$，$w(\mathrm{Cu})=4\%$，杂质质量分数增大，铝的电阻率也增大，如在质量分数为$w(\mathrm{Al})=94\%$，$w(\mathrm{Si})=2\%$，$w(\mathrm{Cu})=4\%$的合金中，每增加质量分数为1%的Si，电阻率增加约0.7 μΩ·cm。每增加质量分数为1%的Cu，电阻率则增加约0.3 μΩ·cm。因此应尽量降低铝膜中杂质含量。通常铝膜采用磁控溅射工艺淀积。

(2)采用适当工艺方法淀积铝膜,如电子束蒸镀的铝膜,晶粒的优选晶向为〈111〉,比溅射铝膜的 MTF 大 2～3 倍。铝膜结构对电迁移也有影响,"竹状"结构的铝膜引线比常规结构的 MTF 值提高 2 个数量级。图 12.2 为不同铝引线薄膜截面结构。

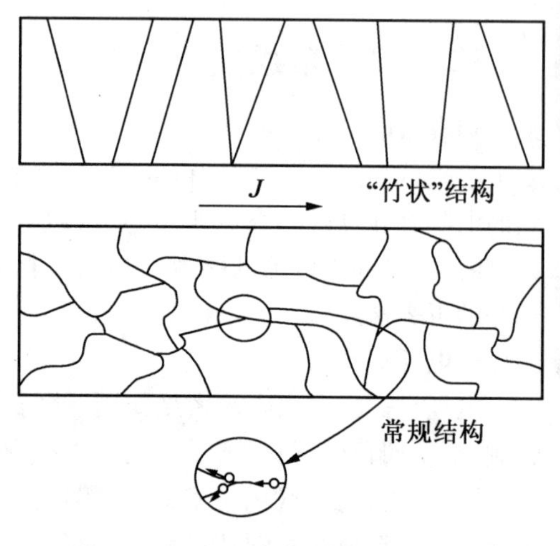

图 12.2　不同铝引线薄膜截面结构

(3)在铝膜表面覆盖 Si_3N_4 或其他介质薄膜,也能提高铝的抗电迁移能力。

2. 稳定性

金属与半导体之间的任何反应,都会对器件性能带来影响。如硅在铝中具有一定的固溶度,若芯片局部形成"热点",硅会溶解进入铝层中,致使硅片表面产生蚀坑,进而出现尖楔现象,造成浅结穿通。克服这种影响的主要方法是选择与半导体接触稳定的金属类材料作为阻挡层或在金属铝中加入少量半导体硅元素,使其含量达到或接近固溶度,这就避免了硅溶解进入铝层。

另外,疏松的金属膜很容易吸收水气和杂质离子,并发生化学反应,导致其理化特性变差。因此,淀积的金属薄膜应致密。工艺上降低淀积速率等方法将有助于提高金属薄膜的致密度。

3. 金属布线的工艺特性

附着性要好,指所淀积的金属薄膜与衬底硅片表面的氧化层等应具有良好的附着性。在 8.3.2 节中介绍了改善金属黏附性的方法。另外,金属氧化物的生成热比氧化硅的生成热更高,化学活性高的金属会将氧化硅还原,在界面处形成强化学键,金属膜与衬底之间就产生了很强的附着力。显然,提高淀积过程中的衬底温度,有助于这一还原反应,即有利于提高金属膜与衬底附着性。如铝与二氧化硅接触界面在较高温度有化学反应:

$$Al + SiO_2 \longrightarrow Al_2O_3 + Si$$

这一反应使二者结合得非常牢固。

台阶覆盖性好,是指如果衬底硅片表面存在台阶,在淀积金属薄膜时会在台阶的阴面和阳面间产生很大的淀积速率差,甚至在阴面角落根本无法得到金属的淀积。这样会造成金属布线在台阶处开路或无法通过较大的电流。在 8.3.2 节已介绍了改善台阶覆盖性能的工艺方法。当然,用等平面工艺,可以从根本上解决台阶覆盖问题。

其他工艺特性(如刻蚀特性、可焊性等)在其他章节都有介绍,总之铝膜布线的工艺特性良好,这也是它能被普遍采用的主要原因之一。

4. 合金工艺

金属膜经过图形加工以后,形成了互连线。但是,还必须对金属互连线进行热处理,使金属牢固地附着于衬底硅片表面,并且在接触窗口与硅形成良好的欧姆接触。这一热处理过程称为合金工艺。

合金工艺有两个作用:一是增强金属对氧化层的还原作用,从而提高附着力;二是利用半导体元素在金属中存在一定的固溶度。热处理使金属与半导体界面形成一层合金层或化合物层,并通过这一层与表面重掺杂的半导体形成良好的欧姆接触。

合金工艺的关键是控制好合金温度、时间和气氛。对于铝布线(含掺硅、铜杂质),一般选择合金温度为 500 ℃左右，保温时间为 10 ~ 15 min，环境气氛为真空或 $N_2 - H_2$ 混合气体。采用 H_2 可改善 SiO_2/Si 的界面特性。

铝 - 硅共晶温度为 577 ℃，若温度超过铝 - 硅共晶温度，则会出现铝 - 硅溶液，使铝膜收缩变形，同时还会加剧铝/二氧化硅界面的反应，当冷凝以后，就形成了一层再结晶层。甚至引起二氧化硅下面器件的短路。图 12.3 为硅 - 铝合金过程示意图。

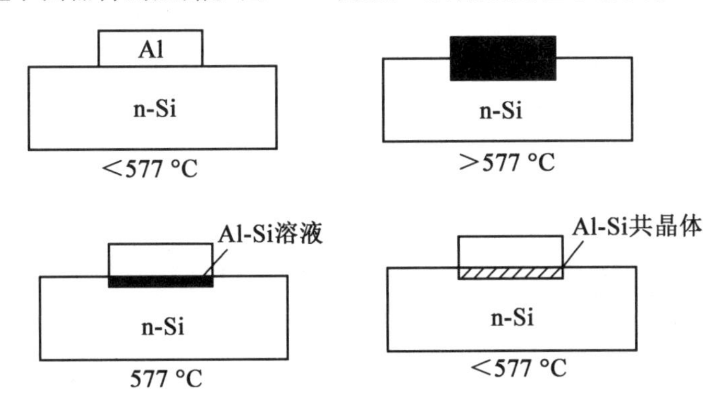

图 12.3　硅 - 铝合金过程示意图

如果使用难熔金属硅化物作为布线层，合金则是硅化物形成的关键。在难熔金属 - 硅叠层系统中，只有经过一定温度、时间的热处理，才能形成金属硅化物。由于金属硅化物处理温度各不相同，形成的结构也会有所差异。这种差异也会引起电阻率的差异，以及硅化物 - 硅接触电阻的差异。因此，控制硅化物热处理的温度、时间、气氛非常重要。如二氧化钼在温度低于 600 ℃，氩气氛下退火 30 min，其结晶结构为六方晶系，电阻率大于 600 Ω · cm；在900 ℃的氩气下退火 30 min，其结晶结构为四方晶系，电阻率低于 200 Ω · cm。

12.1.3　多层互连

随着集成电路技术的发展，ULSI 的集成度不断提高，互连布线所占芯片面积已成为限制其发展的重要因素之一；而随着集成电路性能的不断提高，电路工作频率已进入 GHz 时代，互连线导致的延迟也已可与器件门延迟相比较。因此，单层金属互连系统已经无法满足 ULSI 的需要。而多层互连，一方面可以使单位芯片面积上可用的互连布线面积成倍增加，允许有更多的互连线；另一方面使用多层互连系统能降低因互连线过长导致的延迟时间的过长。因此多层互连技术成为集成电路发展的必然。

多层互连系统主要由金属导电层和绝缘介质层组成。通常用电阻电容（RC）常数表征互连线延迟时间

$$RC = \frac{\rho l}{w t_m} \cdot \frac{\varepsilon w l}{t_{ox}} = \frac{\rho \varepsilon l^2}{t_m t_{ox}} \tag{12.6}$$

式中，ρ 为金属连线的电阻率；l、w、t_m 分别为金属连线层的长度、宽度和厚度；ε、t_{ox} 分别为介质层的介电常数和厚度。

由式（12.6）可知，缩短互连线延迟时间，金属导电层的电阻率降低，绝缘层的介电常数减小，互连线变短，互连线延迟时间也就缩短，电路速度也就加快。

1. 金属导电材料的选取

除了要求低电阻率之外，还应要求其抗电迁移能力强，理化稳定性能、力学性能和电学性能在经过后续工艺及长时间工作之后保持不变，最好薄膜淀积和图形转移等加工工艺简单，且经济，制备的互连线台阶覆盖特性好、缺陷浓度低、薄膜应力小。

实际上没有完全满足上述要求的金属或金属性材料。早期的 ULSI 是采用铝及铝合金作为导电材料。近年来随着工艺技术的发展，铜已成为金属导电材料的首选，在集成度更高的 ULSI 中取代铝及铝合金。

图 12.4 为常规多层互连模块工艺流程图。

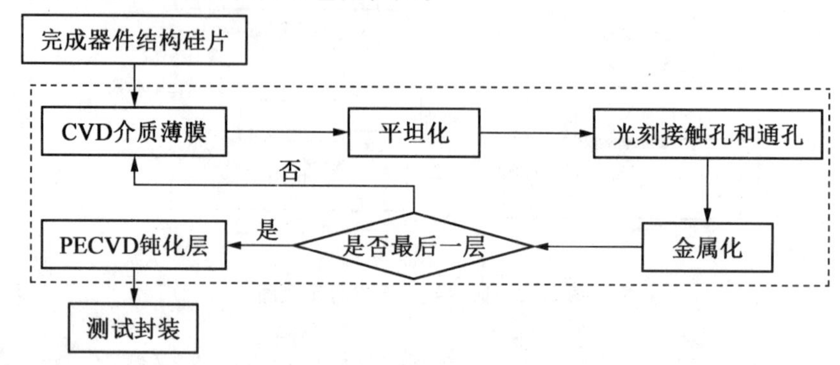

图 12.4 常规多层互连工艺流程图

在互连系统中，第一层金属与器件有源区的连接孔被称为接触孔，而两层金属之间的连接孔称为通孔。接触孔和通孔示意图如图 12.5 所示。

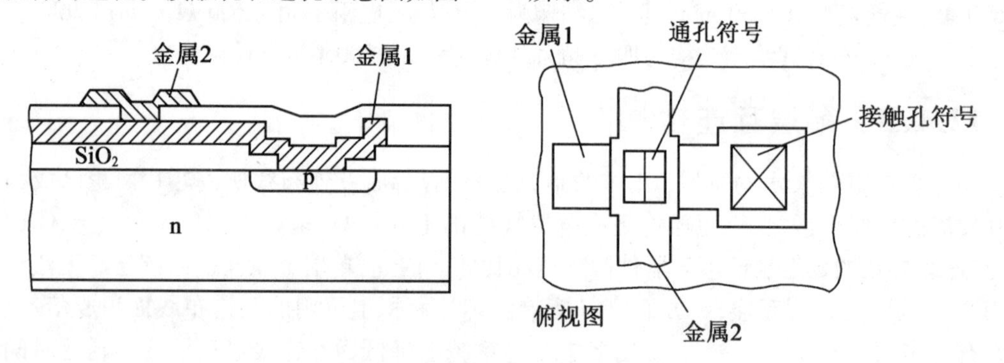

图 12.5 接触孔和通孔示意图

2. 绝缘介质材料的选取

除了要求介电常数低之外，还要求击穿场强高、漏电流低、体电阻率和表面电阻率大（一般均应大于 10^{15} Ω · cm），即电学性能好；不吸潮、对温度的承受能力在 500 ℃以上、无挥发性残余物存在，即理化性能好；薄膜材料的应力低、与导电层的附着性好，即兼容性好；薄膜易制备，且缺陷密度低、易刻蚀、台阶覆盖特性好，即易于加工成型。

以铝和铝合金为导电层的互连系统通常采用的绝缘介质层有：SiH_4 - CVD SiO_2、TEOS - PECVD SiO_2、PECVD Si_3N_4、HDP - CVD SiO_2 等。而以铜为导电层的互连系统，通常采用低 K 介质作为绝缘介质层。低 K 介质是指介电常数比 SiO_2 低的介质材料，介电常数一般小于 3.5。

如:HSQ(Hydrogen Silses Quioxanes)薄膜、氟硅玻璃(氟基二氧化硅,FSG)、碳基二氧化硅(碳基氧化物或有机硅酸盐玻璃 OSG)、多孔玻璃、SOG 旋涂玻璃等薄膜。

在互连工艺中,首先淀积介质层,通常是 CVD - PSG;接下来平坦化,即 PSG 的热处理回流,以消除衬底表面因前面光刻等工艺造成的台阶;然后通过光刻形成接触孔和通孔;再进行金属化,例如 PVD - Al 填充接触孔和通孔,形成互连线;如果不是最后一层金属,继续进行下一层金属化的工艺流程,如果是最后一层金属,则积淀钝化层,通常是 PECVD - Si_3N_4,互连工艺完成。

导电层间的绝缘介质的平坦化当前主要采用化学机械抛光(Chemical Mechanical Polishing,CMP)技术。这是一种通过使用软膏状的化学研磨剂在机械研磨的同时伴有化学反应的抛光平坦化方法。CMP 设备示意图如图 12.6 所示。CMP 技术的关键是研磨剂组成成分,硅片表面平坦化物质不同研磨剂成分就不同,研磨剂主要由氧化剂和摩擦剂组成。CMP 主要应用于多层互连工艺。

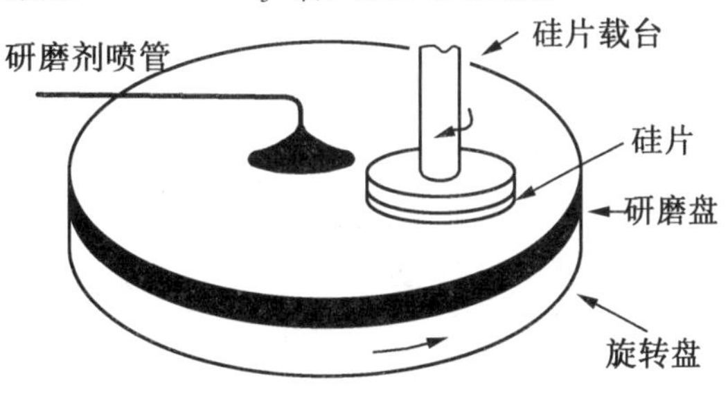

图 12.6　CMP 设备示意图

12.1.4　铜多层互连系统工艺流程

金属铜由于具有更小的电阻率,可以有效地降低互连线的电阻;同时电迁移寿命比传统的 Al 互连高两个数量级,可以提升芯片可靠性;后端铜互连与低介电常数介质相结合,可以进一步降低金属互连线的寄生电容,从而降低 *RC* 延迟。铜多层互连系统是在集成电路技术进入 0.18 μm 时出现的,并应用于 130 nm 半导体制程化的互连技术,目前已成为 ULSI、GLSI 最主要的互连系统。铜替代铝成为集成电路互连线的一个巨大障碍是成熟的铝互连工艺不适用于铜:由于铜不容易形成挥发性化合物,因此,通过干法刻蚀并不能轻松地将其从晶片表面除去;而且铜在硅和二氧化硅中扩散得很快,这使衬底的介电性能严重减弱。因此,铜互连工艺目前应用最普遍的为最早由 IBM 公司提出的镶嵌工艺,又被称为双大马士革(Dual Damascene)工艺。图 12.7 为镶嵌式铜多层互连系统中某一层的工艺流程。

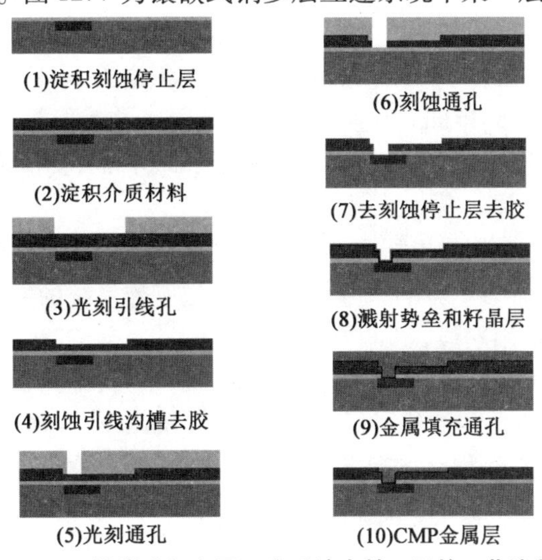

图 12.7　镶嵌式铜多层互连系统中某一层的工艺流程

图 12.7 中的镶嵌式铜多层互连工艺为：

(1)在前层的互连层平面上淀积刻蚀停止层(如 PECVD - Si_3N_4)。

(2)淀积厚的绝缘介质层(如 APCVD - SiO_2 或低 K 介质材料)。

(3)光刻引线孔。

(4)以光到胶为掩模刻蚀引线沟槽并去胶(如干法刻蚀 SiO_2 再去胶)。

(5)光刻通孔。

(6)以光到胶作为掩模刻蚀通孔并去胶(如干法刻蚀 SiO_2 再去胶)。

(7)去刻蚀停止层,采用高选择比的刻蚀方法,通孔刻蚀过程将在停止层自动停止。

(8)在有效清洁介质通孔、沟槽和表面的刻蚀残留物后,溅射淀积金属势垒层(或阻挡层)和铜的籽晶层。

(9)利用铜的电镀等工艺方法淀积填充通孔和沟槽直到填满为止。

(10)利用 CMP 技术去除沟槽和通孔之外的铜。之后,开始下一互连层的制备。

图 12.8 为 IBM 公司的多层 Cu 互连系统表面结构和剖面结构 SEM 照片。

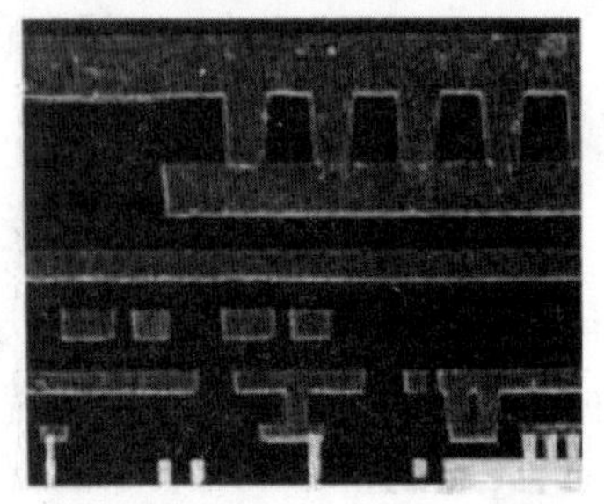

图 12.8 IBM 公司的多层 Cu 互连系统表面结构和剖面结构 SEM 照片

12.1.5 多层互连的发展

在集成电路迅速发展的今天,特征尺寸的减小和布线层数的增加提高了对集成电路工艺的要求。当前技术节点芯片有 10 ~ 15 层铜互连。通常,第二金属层 M2 的间距最窄,技术节点名称根据最窄节距定义,通常是最合适的布线间距(在 M2)。随着每个节点推进,晶体管规格缩小 0.7 倍,性能提升 15%,成本下降 35%,面积增大 50%,功耗降低 40%。这个定理普遍适用于 90 nm、65 nm、45 nm 等数字定义的不同工艺。但是,28 nm 以后定理开始失效。虽然英特尔仍遵循 0.7 倍的缩放规律,但在 16 nm/14 nm,其他规律不再遵循以上定理,不再与金属层间距密切相关。

多层互连系统主要由金属导电层和绝缘介质层组成。因此可从金属导电层和绝缘介质层的材料特性、工艺特性等多个方面来分析 ULSI 多层互连系统的发展要求与趋势：

1. 金属导电材料的应用趋势

基于铜的双镶嵌一直是近 20 年来构建可靠互连的主力,工艺先蚀刻出金属导线所需的沟槽与通孔(Trench & Via),并淀积一层薄的阻挡层(Barrier)与衬垫层(Liner),之后再将铜回填,防止铜离子扩散。双镶嵌法制程示意图如图 12.9 所示。

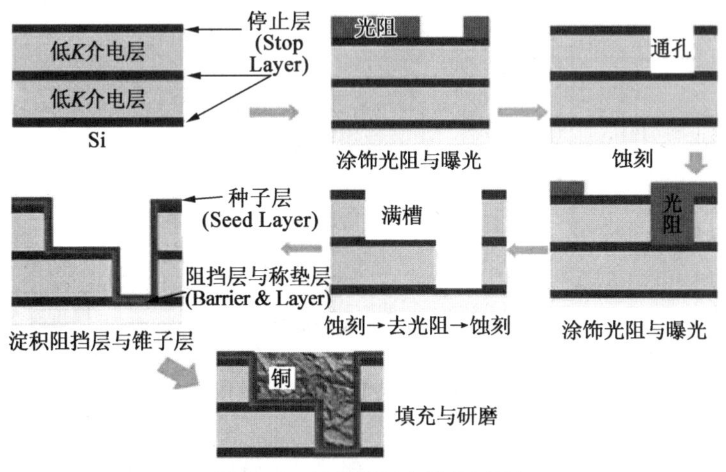

图 12.9　双镶嵌法制程示意图

工艺上的技术难点主要包括抑制铜原子在硅和二氧化硅中的扩散、超厚介质膜的淀积和刻蚀、超厚铜的电镀(ECP)和 CMP 等问题。

抑制铜原子在衬底和介质层中的扩散多采用阻挡层/衬垫层技术:目前阻挡层的主要材料是氮化钽(TaN),并在阻挡层之上再沉积衬垫层,作为铜与阻挡层之间的黏着层(Adhesion Layer),一般来说是使用钽(Ta)。衬垫层必须具有低电阻率、良好的覆盖均匀性、与铜有良好黏着性等重要特性,钽在 20 nm 节点以下已无法符合制程的需求。而且,随着互连线的缩微,工艺上很难微缩阻挡层和衬垫层,这意味着铜的占比会越来越小。更困难的是在电流从上层通孔流向下层互连线的路径上,每个通孔的底部同样拥有这样一个不可微缩的阻挡层/衬垫层。当互连微缩达到 16 nm 半节距及以下时,就需要厚度低于 2 nm 的阻挡层/衬垫层。现在采用金属钌来制作 2 nm 厚度的阻挡层/衬垫,但在 1 nm 厚度时,目前没有可选材料。

最具吸引力的金属是钴(Co)和钌(Ru)。钴是相当不错的衬垫层,具有比钽更低的电阻率,也可作为铜的黏着层材料,在电镀铜时具有连续性,不容易造成孔洞现象出现。对于无阻挡层的 Co,其在 12 nm 线宽以下的性能优于 Cu。英特尔的 10 nm 工艺有 12 层金属层,最低的两个互连层由铜变为钴,使电迁移率提高了 5 ~ 10 倍,通孔电阻降低了 2 倍。

对于具有相同沟槽横截面的无阻挡层金属钌 Ru,其在 16 nm 线宽处的性能优于 Cu。使用钌作为导电材料以及高深宽比的 BPR 可以达到 50 Ω · μm 的电性指标。目前,极大规模集成电路(GLSI)铜布线的关键技术节点已达到 10 nm,在此技术节点,Ru 凭借其低电阻率、与铜有高黏附性等优势成为阻挡层材料的首选。铜可以直接在钌上电镀,并有效阻挡铜离子对介电层的扩散。钌阻挡层材料示意图如图 12.10 所示。

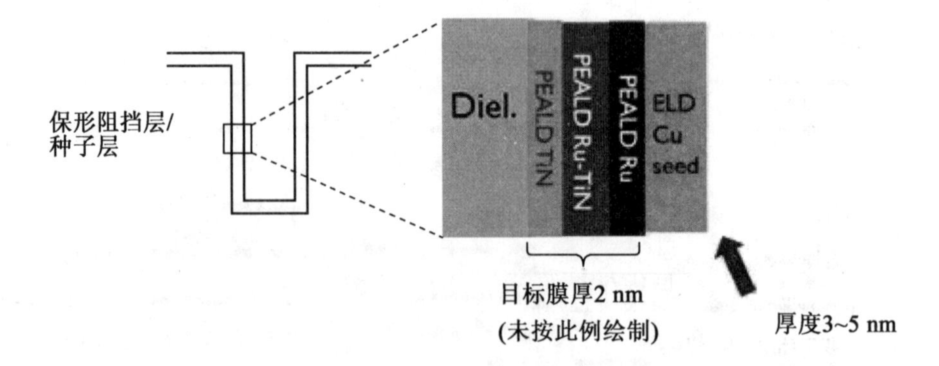

图 12.10　钌阻挡层材料示意图

钌的物理与化学特性,为化学机械研磨制程带来不小的挑战,目前业界还在寻找适当的解决办法。然而,Ru 的硬度和惰性极高,在集成电路化学机械抛光过程中的去除速率低,与 Cu 和 TEOS 之间的去除选择性差,极易在钌阻挡层 CMP 中产生碟形坑和蚀坑,极大地影响了芯片的可靠性和成品率。因此,控制异质材料的去除速率选择比对实现平坦化有重大意义。

2. 超越铜制程

在 5 nm 和 3 nm 时,紧密间距铜线的电阻和可靠性问题凸显,变得越来越具有挑战性。IMEC(比利时微电子研究中心)提出了两种解决方案:一种选择是将 Cu 与薄的扩散阻挡层(如 TaN)和衬垫(如 Co 或 Ru)结合使用;另一种是用 Co 取代 Cu。

图 12.11 为所有“优于铜”的金属,因为它们的熔点更高,电阻率更低,因为这有利于电迁移特性。

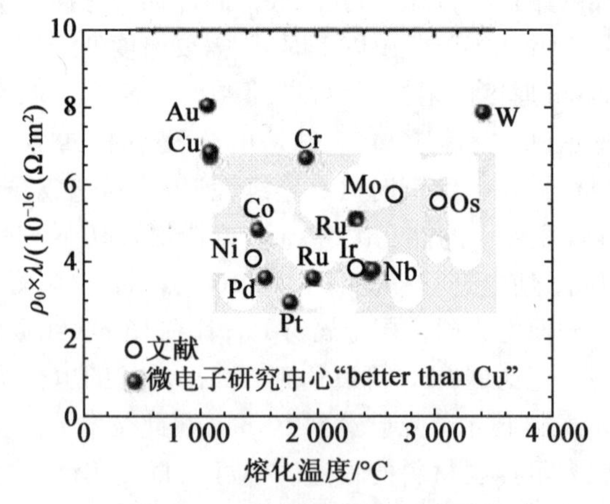

图 12.11　部分金属熔点/电阻率

钴制程的一个大挑战是 CMP 工艺,因为沟槽中的金属电化腐蚀,因此清洗后需要更换不同的碱洗工艺。CMP 工艺对于钌制程也是一个挑战,它的大量运用取决于特征尺寸的最终选择。钌对氧化物的附着强度也存在挑战。但是 IMEC 已经制造出通过 10 年寿命指标的 TDDB(经时介电层击穿)和电迁移测试的 21 nm 节距钌金属线。

另一种方法是放弃双大马士革铜制程,转而采用金属刻蚀(铜制程之前的互连技术)。这对降低电阻率有好处,也适用于钌。而且由于晶界散射较少,该工艺具有电阻率优势。这可以使金属节距达到 14 nm 的临界尺寸,并且退火还可以调节电阻。

铑(Rh)和铱(Ir)的线电阻率优于钌和钴。还有一些复杂的化合物,它们表现出优异的性能,可能被用来解决电阻增加的问题。金属布线面积与电阻率如图 12.12 所示。

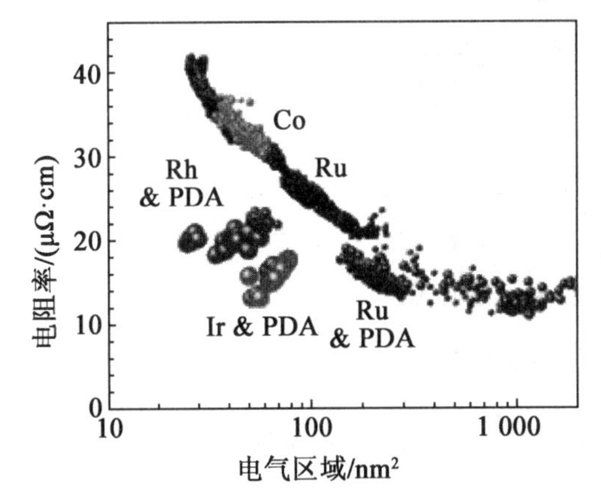

图 12.12　金属布线面积与电阻率

碳纳米管作为新一代纳米材料凭借其力学、电学、热学等优异性能,有望取代铜连线而成为下一代芯片的互连导线材料。碳纳米管受到直径、长度、手性等结构参数影响将表现出金属导电性或半导体导电性,而且由于其特殊结构的量子限域效应,电子只能沿 CNTs 轴向进行有效的运动,径向则受到限制。由于 CNTs 的 sp^2 的成键结构和电子的弹道式输运,其承载的电流密度为 $10^9 \sim 10^{10}$ A/cm^2 量级,明显高出铜互连导线 3 个的数量级。

然而在 CNTs 的实际应用中,由于管径为几纳米的单壁碳纳米管(SWNTs)本身具有 6.5 kΩ 的量子电阻,在用作 VLSI 的互连导线时,需要将多根 SWNTs 并联使用,所以在 VLSI 互连应用方面,采用 SWNTs 束、多壁碳纳米管 MWNTs 束以及大直径的多壁碳纳米管作为主要的互连形式。

因此,此互连形式在对于水平互连线的应用上,生长工艺受到极大挑战。基于上述互连方式的考虑以及水平方向的应用需求,大直径的 MWNTs 互连线也成为研究的热点。

目前,尽管碳纳米管的制备技术发展很快,也比较完善,但将其作为互连导线集成到电路中的技术还不太成熟,主要集中在 CNTs 的互连工艺方面。尽管 CNTs 在互连方面显示出非常大的潜力,但是真正将其应用到实际的集成电路、微纳米功能器件中,跨尺度连接还将面临很多挑战,不仅涉及互连工艺的问题,还涉及最终功能器件的可靠性及稳定性问题。

3. 绝缘介质材料的选取

以铝和铝合金为导电层的互连系统通常采用的绝缘介质层有:SiH_4 - CVD SiO_2、TEOS - PECVD SiO_2、PECVD Si_3N_4、HDP - CVD SiO_2 等。而以铜为导电层的互连系统,通常采用低 *K* 介质作为绝缘介质层。低 *K* 介质是指介电常数比 SiO_2 低的介质材料,介电常数一般小于 3.5,例如,HSQ(Hydrogen Silses Quioxanes)薄膜、氟硅玻璃(氟基二氧化硅,FSG)、碳基二氧化硅(碳基氧化物或 CDO、SiCOH、SiOC,或有机硅酸盐玻璃、OSG)、多孔玻璃、旋涂玻璃(Spin-on Glass,SOG)等薄膜。

英特尔在其 14 nm 技术节点大批量生产的 BEOL(Back End of Line)堆垛中引入了终极绝缘体——气隙(Air - Gaps)。空气是自然界中介电常数($K=1$)最低的绝缘介质,理论上,利用 Air－Gaps(图 12.13)作为铜互连结构的介质层,可使电路的阻容迟滞延迟最小。

图 12.13　Air－Gaps 的截面图(来自 IBM 的公开发表)

Air－Gaps 的工艺方案大致分为两种:(1)在叠层结构制备后,用湿法或干法去除牺牲层材料形成气隙结构;(2)利用非共形化学气相沉积(Non－Conformal CVD)方法形成气隙。

多层互连技术的使用,可以在更小的芯片面积上实现相同功能,这样在单个硅片上可制作出更多 ULSI 芯片,从而可以降低单个芯片的成本。当然互连线每增加一层,需要增加薄膜淀积、光刻等工艺步骤,相应增加掩模版数量,还有可能导致总成品率的下降。

12.2　CMOS 集成电路工艺

1963 年 Sah 和 Wanlass 首先发明了 CMOS 晶体管,即互补 MOSFET。在 CMOS 晶体管构成的电路中,一个反相器中同时包含源漏相连的 p 沟和 n 沟 MOSFET。这种电路的最大技术优点是反相器工作时几乎没有静态功耗,特别有利于大规模集成电路的应用。1966 年制成了第一块 CMOS 集成电路。早期的 MOS 工艺尚不成熟,存在工艺复杂、速度较慢、有自锁现象,以及集成度低等问题。

随着集成电路工艺技术的发展,电路的集成度逐渐提高,低功耗的 CMOS 技术的优越性日益显著,进入 20 世纪 80 年代以后各种能提高 CMOS 集成电路性能的工艺技术相继出现,CMOS 技术逐渐成为集成电路的主流技术。

1980 年出现了带侧墙的漏端轻掺杂结构(Lightly Doping Drain,LDD),以降低短沟 MOSFET 的热载流子效应。1982 年出现了自对准硅化物(Salicided)技术,降低了源漏接触区的接触电阻。同年还出现了浅槽隔离(STI)技术,提高了集成电路的集成度。1983 年出现了热氮化二氧化硅栅介质材料,利用这种栅介质材料替代纯二氧化硅,能够改善器件的可靠性。1985 年出现了晕环(Halo)技术,该技术目前被广泛应用于超深亚微米 MOS 技术中,成为沟道工程的重要组成部分。同时出现了双掺杂多晶硅栅 CMOS 结构,即在 CMOS 器件中 nMOS 采用 n^+ 多晶硅栅、pMOS 采用 p^+ 多晶硅栅。而在这之前 CMOS 中的 nMOS 和 pMOS 均采用单一的 n^+ 多晶硅栅。1987 年 IBM 公司成功研制了 0.1 μm MOSFET,标志着当代超深亚微米 MOS 技术基本成熟。同年 Intel 公司在 386CPU 中引入了 1.2 μm CMOS 技术,至此之后,CMOS 技术占据了集成电路中的统治地位。20 世纪 90 年代以后还发明了化学机械抛光(CMP)、大马士革镶嵌工艺(Damascene)和铜互连技术,使当代 CMOS 工艺技术又前进了一大步。随着半导体工艺的进步,电子设备的结构尺寸在不断缩小。器件特征尺寸的缩小使漏电流和短沟道效应等对器件性能产生影响,不再适应 20 nm 以下的工艺节点,从而半导体技术转向多栅工艺。

图 12.14 为双阱 CMOS 反向器剖视图。

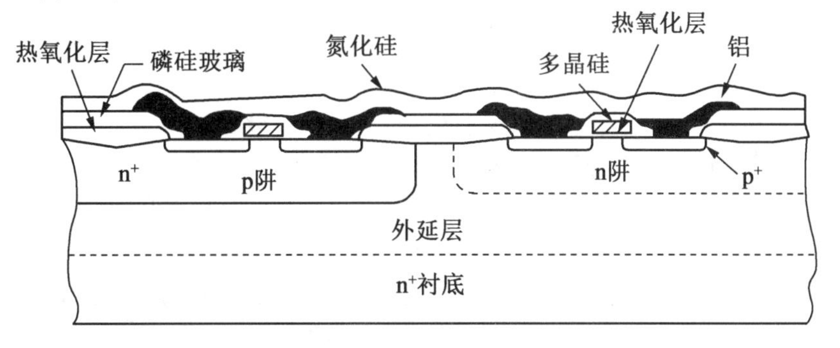

图 12.14　双阱 CMOS 反相器剖视图

12.2.1　隔离工艺

在 CMOS 电路的一个反相器中,p 沟和 n 沟 MOSFET 的源漏,都是由同种导电类型的半导体材料构成,并和衬底(阱)的导电类型不同,因此,MOSEET 本身就是被 pn 结所隔离,即自隔离。只要维持源/衬底 pn 结和漏/衬底 pn 结的反偏,MOSFET 便能维持自隔离。而在 pMOS 和 nMOS 元件之间和反相器之间的隔离通常是采用介质隔离。CMOS 电路的介质隔离工艺主要是局部场氧化工艺和浅槽隔离工艺。

1. 局部场氧化工艺

局部场氧化工艺(Local Oxidation Silicon, LOCOS)是通过厚场氧化层绝缘介质,以及离子注入提高场氧化层下硅表面区域的杂质浓度实现电隔离的。LOCOS 工艺剖视图如图 12.15所示。

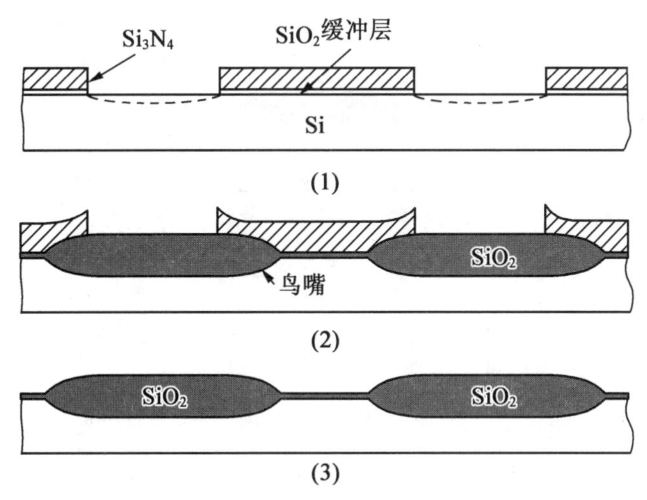

图 12.15　LOCOS 工艺剖视图

在图 12.15 中,(1)热氧化在硅片上制备 20 ~ 60 nm 的氧化层,称这层 SiO_2 为缓冲层,起减缓 Si 与随后淀积的 Si_3N_4 之间的应力。通常缓冲层越厚,Si/Si_3N_4 之间应力越小,但是由于横向氧化作用,厚的缓冲层将削弱作为氧化阻挡层的 Si_3N_4 的阻挡作用。再 CVD 制备一层 10 ~ 200 nm 的 Si_3N_4 层,然后,光刻刻蚀 Si_3N_4 和 SiO_2,并在保留光刻胶的情况下离子注入浓硼,提高场氧化层下面沟道 B 杂质浓度,最后去除光刻胶。(2)热氧化生长 0.3 ~ 1.0 μm 的场氧化层,同时激活硼,形成 p^+ 沟道阻挡层,实现器件之间的介质隔离。(3)RIE 去除 Si_3N_4 层。

由于氧化剂能够通过衬底 SiO_2 层横向扩散,将会使氧化反应从 Si_3N_4 薄膜的边缘横向扩展从而形成图 12.15 中的“鸟嘴”(Bird's Beak),鸟嘴区既不能作为隔离区,也不能作为器件区,这对提高集成电路的集成度极其不利,同时场氧化层的高度对后序工艺中的平坦化也不利。因此,先后出现了多种减小鸟嘴、提高表面平坦化的隔离方法(如回刻 LOCOS 工艺、多晶硅缓冲层 LOCOS 工艺、界面保护局部氧化工艺、侧墙掩蔽隔离工艺、自对准平面氧化工艺等)。

2. 浅槽隔离工艺

浅槽隔离(Shallow Trench Isolation, STI)是一种全新的 MOS 电路隔离方法,它可以在全平坦化的条件下使鸟嘴区的宽度接近零,目前已成为 0.25 μm 以下集成电路的标准隔离工艺。浅槽隔离工艺流程如图 12.16 所示。

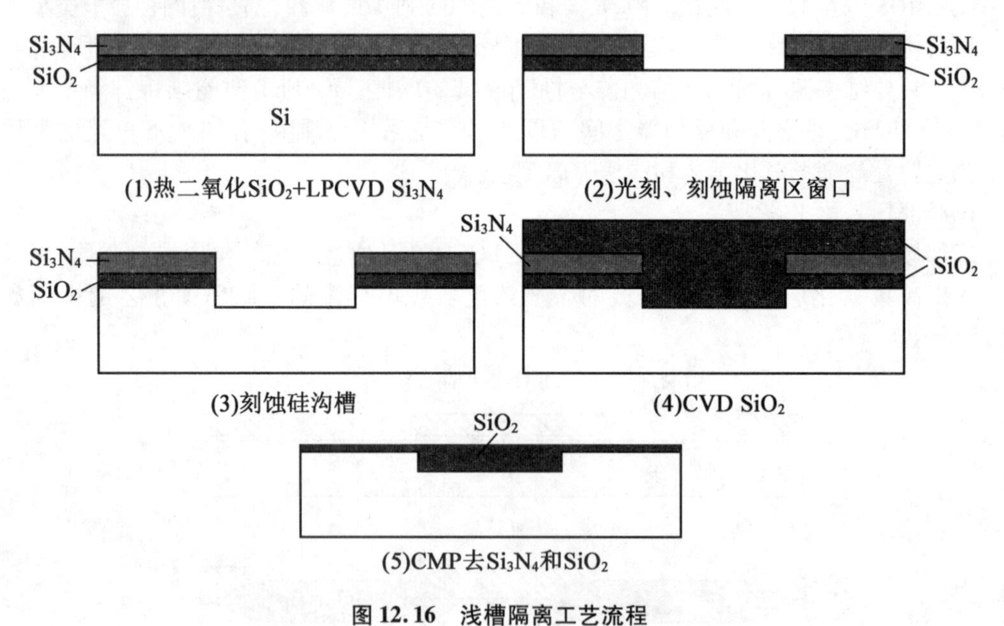

图 12.16 浅槽隔离工艺流程

12.2.2 阱工艺结构

CMOS 电路中包含 pMOS 和 nMOS 两种导电类型不同的器件结构。pMOS 需要 n 型衬底,而 nMOS 需要 p 型衬底。在硅衬底上形成不同掺杂类型的区域称为阱。图 12.7 为双阱工艺流程示意图。图 12.17 中的 nMOS 和 pMOS 分别在 p 阱和 n 阱中,CMOS 是一种双阱(Twin - well)结构。CMOS 电路除了有双阱类型的之外,还有单阱类型,即在 p 型衬底上的 n

阱和在 n 型衬底上的 p 阱两种类型。

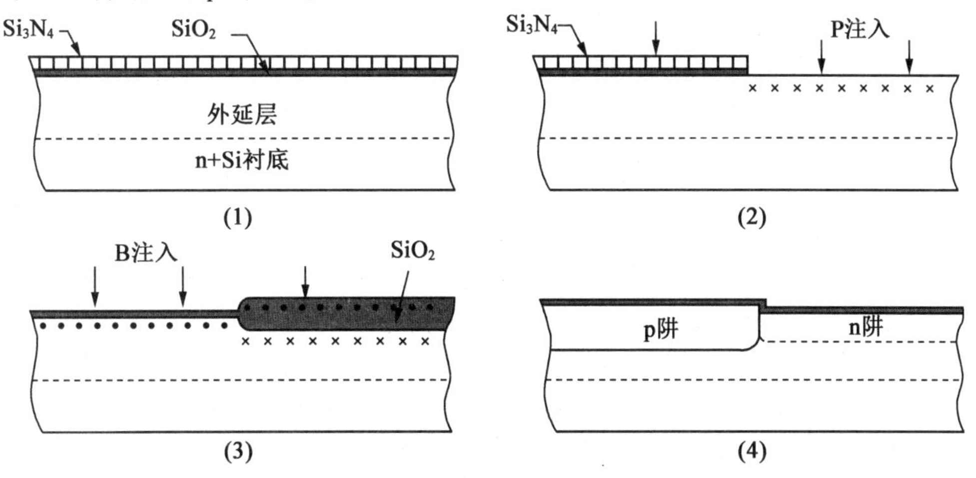

图 12.17 双阱工艺流程示意图

阱一般通过离子注入掺杂,再进行热扩散形成所需分布区域。在同一硅片上形成 n 型阱和 p 型阱,称为双阱。利用高能离子注入,不经过高温热扩散,直接在硅片中的某一深度上形成所需的杂质分布,称为倒装阱。倒装阱的特点是不同阱之间横向扩散少,阱表面浓度较低,有利于器件特性的改善。

双阱工艺流程示意图如图 12.17 所示。(1)在硅衬底上热氧化生长一层薄氧化层,再 LPCVD 一层氮化硅阻挡层。(2)光刻出 n 阱窗口,然后离子注入磷,去胶。(3)在 n 阱窗口生长约350 nm 的厚氧化层,窗口以外的区域有氮化硅覆盖,不会形成厚氧化层;去除氮化硅层,露出 p 阱区;n 阱区上有厚氧化层覆盖,可以阻挡随后的硼离子注入,即自对准注入 p 阱杂质硼。(4)进行退火,使双阱中的杂质扩散推进,同时热生长氧化层。

12.2.3 薄栅氧化技术

栅氧化层是 MOS 器件的核心。随着器件尺寸的不断缩小,栅氧化层的厚度也要求按比例减薄,以加强栅控能力,抑制短沟道效应,提高器件的驱动能力和可靠性等。但随着栅氧化层厚度的不断减薄,至 2 nm 时会遇到一系列问题,如栅的漏电流会呈指数规律剧增;硼杂质穿透氧化层进入导电沟道等。为解决上述难题,通常采用超薄氮氧化硅栅代替纯氧化硅栅。氮的引入能改善 SiO_2/Si 界面特性,因为 Si—N 键的强度比 Si—H 键、Si—OH 键大得多,因此可抑制热载流子和电离辐射等所产生的缺陷。将氮引入到氧化硅中的另一个好处是可以抑制 pMOS 器件中硼的穿透效应,提高阈值电压的稳定性及器件的可靠性。

掺氮薄栅氧化工艺有很多种,早期是在干氧氧化膜形成后,立即用 NH_3 退火;之后改进为在 N_2O 或 NO 中直接进行热氧化;再以后发展为先形成氧化膜,然后在 N_2O 或 NO 中退火氮化。目前,生产上一般用 NO 退火或等离子体氮化等方法。此外,为进一步提高栅介电特性,用氮氧化硅和 Si_3N_4 膜构成叠层栅介质 Si_3N_4/Oxynitride (N/O),这种叠层栅介质具有两方面优点:一是因各层中微孔不重合,从而减小了缺陷密度,防止了早期栅介质的失效;二是由于 Si_3N_4 薄膜的介电常数近似为 SiO_2 的 2 倍,所以在同样等效氧化层厚度下,可有 2 倍于 SiO_2 的物理厚度,这大大改善了叠层栅介质的隧穿漏电流特性,以及抗硼穿透能力。

评价氮氧化栅介质的主要参数有：膜厚、均匀性、零时间击穿（TZDB）、与时间相关的击穿（TDDB）、栅介质隧穿漏电流、表面态及缺陷密度、抑制硼穿透能力等。

栅极氧化物在 2007 年实现了突破，铪（HfO_2）基于高 K 电介质材料，首先由英特尔在其 45 nm 大容量制造工艺中引入。铪材料的介电常数约为 25，比 SiO_2 高 6 倍。

12.2.4 非均匀沟道掺杂

随着 MOS 器件尺寸的缩小，当栅长小于 0.1 μm 时，为控制短沟道效应，最初是努力提高衬底掺杂浓度（$>10^{18}$ atoms/cm^3），但这引发了一系列问题，例如，阈值电压升高，结电容增加，载流子有效迁移率下降，结果使电路速度下降，电流驱动能力降低；另一方面，器件尺寸的减小带来的电源电压的下降，要求降低阈值电压、降低衬底掺杂浓度，这也会引发短沟道效应。栅长缩短和短沟道效应这对矛盾可以通过非均匀沟道掺杂解决，即表面杂质浓度低，体内杂质浓度高。这种杂质结构的沟道具有栅阈值电压低，抗短沟道效应能力强的特点。这种非均匀沟道的形成主要有两种工艺技术：

（1）两步注入工艺。第一步是形成低掺杂浅注入表面区；第二步是形成高掺杂深注入防穿通区。如 nMOS 采用 BF_2 注入（浅注入）+ B 注入（深注入），pMOS 采用 As^+ 注入（浅注入）+ P 注入（深注入）。

（2）在高浓度衬底上选择外延生长杂质浓度低的沟道层，即形成梯度沟道剖面。这种方法能获得低的阈值电压、高的迁移率和高的抗穿通电压，但寄生结电容和耗尽层电容大。

12.2.5 栅电极材料与难溶金属硅化物自对准工艺

在常规的 CMOS 技术中，nMOS 和 pMOS 一般都采用重掺杂磷的 n^+ 型多晶硅作为栅电极材料。这时，nMOS 为表面沟器件，而 pMOS 为埋沟器件。但当器件沟道尺寸降到0.35 μm 及以下时，埋沟 pMOS 器件的漏电流大到不能接受，为此，必须把 pMOS 也制造成表面沟器件，以克服上述缺点，即 pMOS 采用 p^+ 型多晶硅作为栅材料。这一改变带来如下的问题：（1）工艺变得复杂，成本提高。（2）p^+ 型多晶硅硼掺杂易引起硼穿透栅氧化层进入硅导电沟道，致使 pMOS 阈值电压正向漂移，器件可靠性下降。后者可用氮化氧化硅栅介质的方法或引入高 K 介质（指介电常数高于 SiO_2 的绝缘材料，与低 K 介质对应），以增加栅介质物理厚度，从而克服硼穿透效应。然而，当器件尺寸缩小时出现了另一个问题：窄线宽的掺杂多晶硅栅的电阻偏高。采用难熔金属硅化物/多晶硅的复合栅结构（称为 Poly Cide 结构）可以解决这一问题。它的薄层电阻比掺杂多晶硅小 4 ~ 6 倍。在亚微米技术中，通常采用 WSi_x/PolySi 结构。在深亚微米 CMOS 技术中，不再使用 WSi_x/PolySi 的结构，而采用 $TiSi_2$ 或 $CoSi_2$。这两种硅化物比 WSi_x 有更低的电阻率，而且由于 Ti 或 Co 的硅化物都可采用自对准工艺，它们能同时在源、漏和栅上形成 $TiSi_2$ 或 $CoSi_2$。这种自对准硅化物工艺使多晶硅有更低的薄层电阻，同时降低了 S/D 区的接触电阻和薄层电阻，大大提高了器件的电流驱动能力和速度。$TiSi_2$ 的自对准硅化物工艺如图 12.18 所示。（1）热氧化后光刻形成氧化物侧墙，进行源、漏区注入以形成 pn 结。（2）PVD 制备 50 ~ 100 nm 的 Ti 薄膜。（3）在氮气氛中 500 ~ 600 ℃的温度下退火，金属 Ti 与硅或多晶硅接触的地方发生反应形成金属硅化物 $TiSi_2$，而在金属与非硅的接触区域则不会发生反应。氮气扩散进入 Ti 并与之发生反应，能够在氧化层上形成稳定的 TiN 层，该层常用作扩散阻挡层。

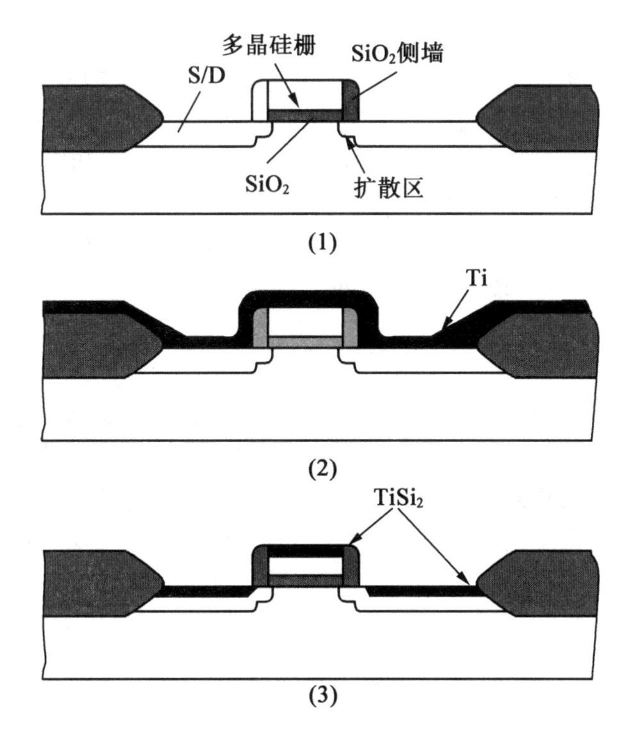

图 12.18　$TiSi_2$ 的自对准硅化物工艺

当器件特征尺寸降到超深亚微米时,由于多晶硅栅线宽的进一步减小和 S/D 结的进一步变浅,加上多晶硅栅的耗尽效应和硅沟道表面层的量子效应,即使是自对准硅化物的多晶硅栅电极也不再满足要求,因此难熔金属栅电极应运而生。它的采用不仅极大降低了多晶硅栅的电阻,而且彻底消除了多晶硅栅的耗尽效应(多晶硅栅已不存在)和硼穿透效应。已出现的金属栅有 W/TiN、Mo/MoN_x 等。难熔金属栅与高 K 栅介质的组合结构将会是下一代 CMOS 集成电路的首选。

12.2.6　源/漏技术与浅结形成

MOS 器件中的源、漏区不是单一的 pn 结。在实际的器件中,源、漏区结构是一个复杂的关联体,并经历了一系列发展变化过程:

1. 轻掺杂漏结构(LDD)

随着器件尺寸的减小,需要更薄的栅介质和更高的沟道掺杂,这都导致漏极附近的电场强度迅速增加,该电场施加在流经漏极的载流子上,使之获得较高能量成为热载流子,它们越过 SiO_2/Si 间的势垒注入介质中,从而引起器件的不可靠,降低其工作寿命,该现象称为热载流子效应。为克服这一效应,早期对源漏结构进行的改革是采用轻掺杂漏结构(LDD),它的特点是在漏极靠近沟道区的位置上形成一低掺杂区,以降低漏极峰值电场强度,使漏极最大电场强度向漏端移动,远离沟道区,以削弱热载流子效应,增强器件的可靠性。同时 LDD 器件的击穿电压提高,覆盖电容减小,有利于速度的提高。但这种器件由于引入 LDD 区产生的串联电阻,使其电流驱动能力下降,下降幅度一般小于 8%。

2. 超浅源漏延伸区结构

源漏延伸区结构是从 LDD 结构发展而来的。随着器件尺寸的进一步减小，虽然漏极电场也增加，但该电场加速的路程也随之减小，因而热载流子效应退居次要位置，而短沟道效应成为首要问题。由于源漏延伸区与沟道直接相连接，它的结深和横向扩展对短沟道效应具有极其重要的影响，同时它的等效串联电阻对器件驱动电流大小也产生重要影响。故源漏延伸区比 LDD 结构需要更浅的结深和更高、更陡的掺杂浓度分布。

在 0.1 μm CMOS 器件中必须采用超浅的高掺杂浓度的源漏（S/D）延伸区结构，其目的是抑制短沟道效应，获得低的 S/D 串联电阻，同时与深的 S/D 结相结合以实现硅化物自对准工艺，而不增加结漏电。

高表面浓度、超浅延伸区结形成方法有多种，主要有：固相扩散、通过 SiO_2 注入再快速热退火（RTA）、低能注入、预无定形注入加低能注入再 RTA、等离子浸润等方法。其中低能注入是大生产中普遍采用的方法，但是需要专门的昂贵的注入设备。预无定形注入加低能注入也是人们青睐的制备超浅结的方法。因为预无定形注入有效地抑制了离子注入的沟道效应，便于实现浅结。同时利用无定形注入层在退火时产生的固相外延生长，对消除损伤、抑制瞬时增强扩散、获得浅结有利。无定形注入离子一般选择重离子为宜，常用的有 In、Sb、Ce、As、F 等，早期有用 Si 的，效果不好。同等能量下离子质量越大、越重，形成无定形层所需的剂量就越低，这样损伤少，对减小漏电有利。

3. 晕圈反型杂质掺杂结构和大角度注入反型杂质掺杂结构

S/D 延伸区的结深不但要求纵向结浅，也要求横向杂质扩散小，以更好地改善短沟道效应和抑制 S/D 穿通效应。为此，有晕圈反型杂质掺杂结构（Halo 注入）和大角度注入反型杂质掺杂结构（Pocket 注入）。Halo 掺杂实为双注入 LDD 结构，n^- LDD 区周围环绕一个 p^- 区（Halo 区），p^- 区周围环绕一个 n^- 区（Halo 区）。Pocket 注入掺杂实为大角度倾斜旋转注入，一般以多晶硅栅和 S/D 做自对准掩蔽。它比 Halo 注入有更小的结电容，有利于改善速度。因为它只环绕 LDD 区和 S/D 区邻接处，这样不增加 n^+ 和 p^+ S/D 区下的杂质浓度。

12.2.7　CMOS 电路工艺流程

CMOS 工艺是当今各类集成电路制作技术的核心，由它可衍生出不同的工艺。图12.19为 CMOS 工艺集成和对应变化，以及标准的 CMOS 工艺主要应用于高性能、低功耗的数字集成电路。如果“CMOS + 浮栅”，标准 CMOS 工艺就转化为 MOS 可擦写存储器工艺。

图 12.20 为反相器电路图。以典型的双阱 CMOS 反相器为例介绍 CMOS 工艺流程。在生产中可用 n 型单晶硅，也可以用 p 型单晶硅作为衬底。选择不同导电类型的衬底材料，其制造工艺是不完全相同的，但原理相同。p 型硅单晶作为衬底有两种情况：一种是直接在 p 型硅单晶上制造 CMOS 反相器，另一种是用 p^+ 硅单晶为衬底，再在上面外延生长 p^- 型硅外延层。以 p/p^+ 为衬底，主要工艺流程如图 12.21 ~ 图 12.23 所示。

（1）n 阱注入。热氧化生长 SiO_2 缓充层，LPCVD Si_3N_4 作为选择性热氧化用掩模；光刻，RIE 去 Si_3N_4 形成 n 阱窗口；顺次自对准注入 P^+、As^+ 离子，即 n 阱注入。

（2）p 阱注入。去光刻胶，选择性热氧化生长 SiO_2 作为 p 阱注入掩模；同时“激活”和“驱进”P + As 杂质，形成深度约为 6 μm 的 n 阱；RIE 刻蚀去 Si_3N_4，自对准注入 B^+ 离子，即 p 阱注入。

(3)场注入。HF 腐蚀去氧化层掩模;再热氧化生长薄 SiO_2 缓冲层,LPCVD Si_3N_4 作为选择性氧化用掩模;光刻,RIE 去 Si_3N_4 形成场区窗口,去胶;自对准场注入 B^+ 离子。

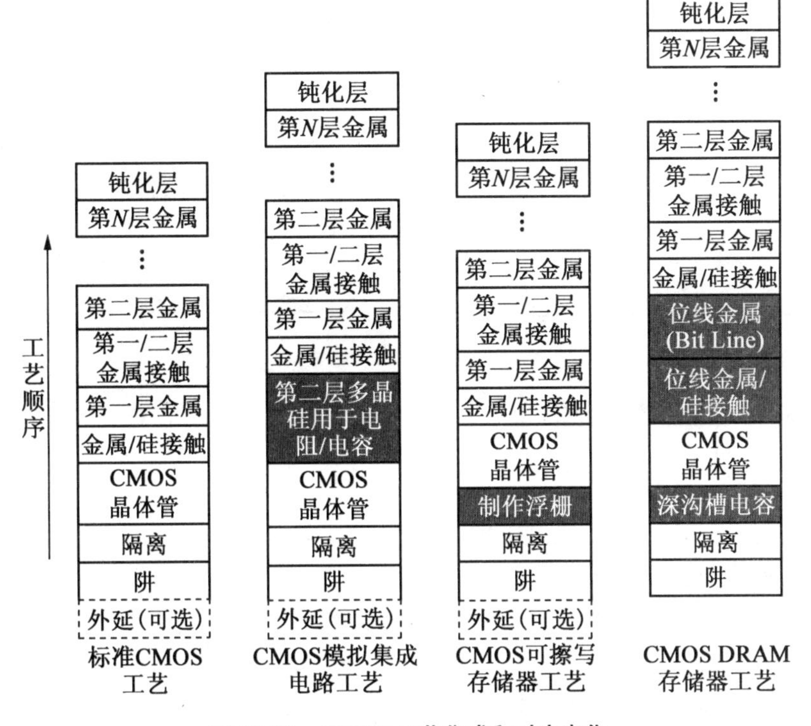

图 12.19　CMOS 工艺集成和对应变化

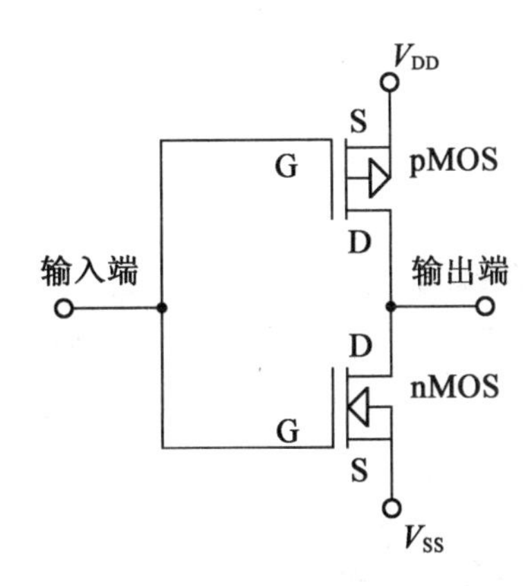

图 12.20　反相器电路图

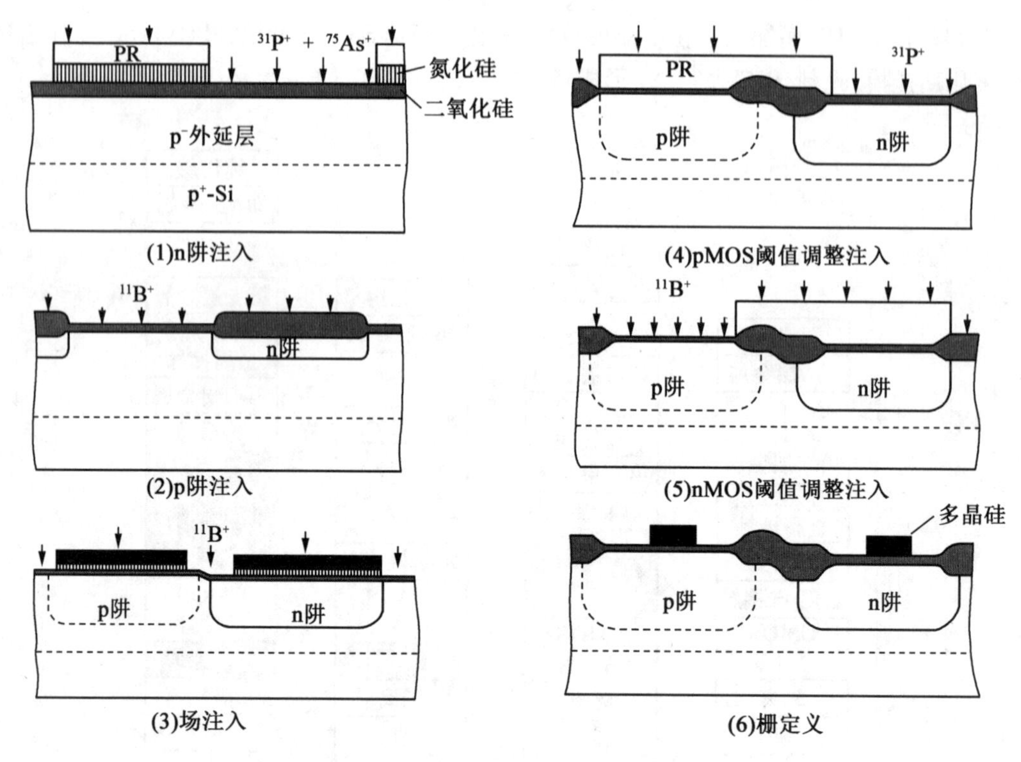

图 12.21　确定 CMOS 的双阱及栅结构

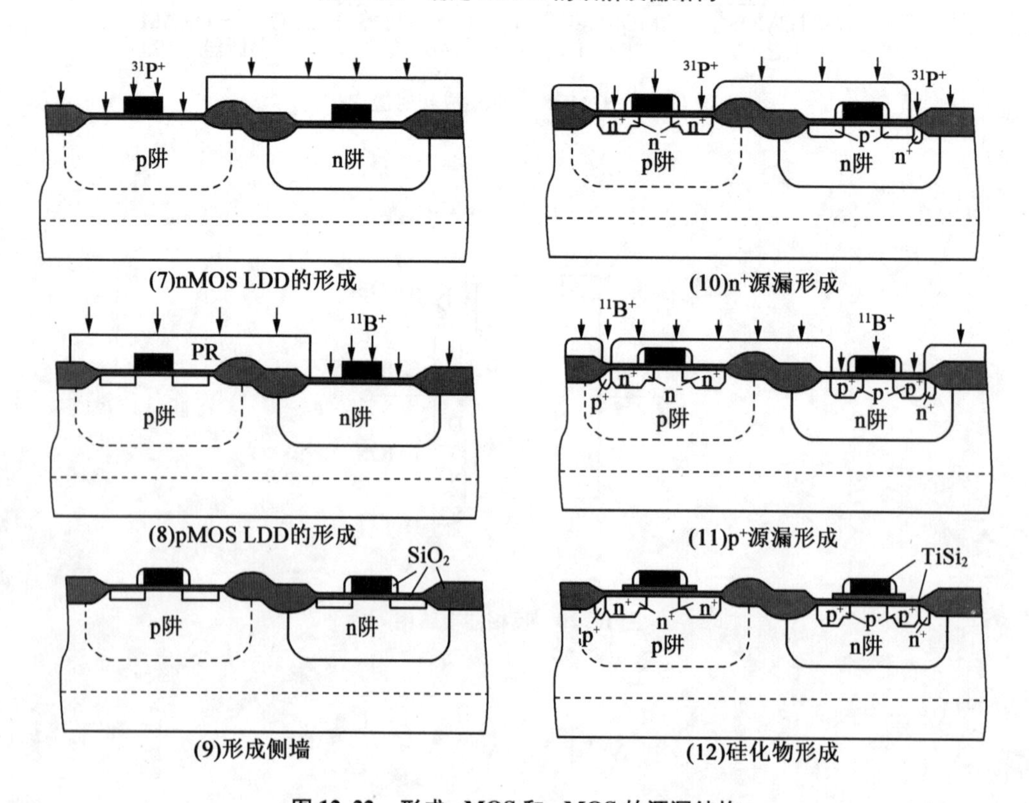

图 12.22　形成 nMOS 和 pMOS 的源漏结构

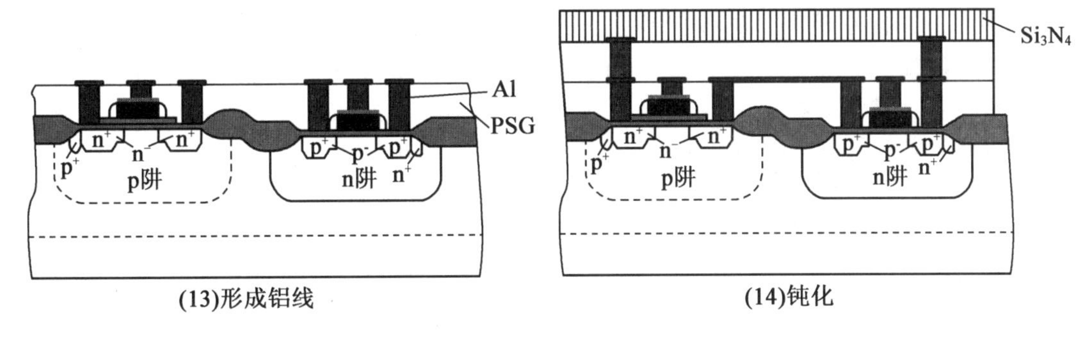

(13)形成铝线　　(14)钝化

图 12.23　形成金属化系统

(4)pMOS 阈值调整注入。热氧化形成厚的场氧化层;RIE 刻蚀去 Si_3N_4;以光刻胶为掩模进行 pMOS 阈值调整 P^+注入。

(5)nMOS 阈值调整注入。去胶;光刻;以光刻胶为掩模进行 nMOS 阈值调整 B^+注入。

(6)栅定义。去胶,HF 漂去 SiO_2;再干氧热氧化生长栅氧化层;LPCVD 多晶硅薄膜,光刻和刻蚀形成多晶硅栅图形,去胶。

(7)nMOS LDD 的形成。光刻形成掩模 nMOS;IDD 注入 P^+离子。

(8)pMOS LDD 的形成。光刻形成掩模 pMOS;IDD 注入 B^+离子。

(9)形成侧墙。去胶;热氧化多晶硅形栅侧墙。

(10)n^+源漏形成。光刻形成 nMOS 源漏扩展区窗口,及 Halo 窗口;注入 P^+离子,形成 nMOS 的源漏扩展区和 pMOS 的晕圈反型杂质掺杂结构(Halo 区)。

(11)p^+源漏形成。去胶;光刻形成 pMOS 源漏扩展区窗口,及 Halo 窗口;注入 B^+离子,形成 pMOS 的源漏扩展区和 nMOS 的晕圈反型杂质掺杂结构(Halo 区)。

(12)硅化物形成。去胶;磁控溅射 Ti(或 Co);在氮气氛下退火形成 $TiSi_2$ 硅化物(或 $CoSi_2$)。

(13)形成铝引线。在 12.1.3 节介绍的 Al(SiO_2)多层互连工艺,层数由设计确定。

(14)钝化。采用 PECVD 制备 Si_3N_4 芯片最后的钝化层,刻蚀压焊孔。

芯片工艺完成之后,进行后工序的封装和测试:划片→分选→装片→压焊→封装→测试→筛选→老化。

12.3　双极型集成电路工艺

双极型集成电路(Bipolar Integrated Circuit)是以 npn 或 pnp 型双极型晶体管为基础的集成电路。它是最早出现的集成电路,具有驱动能力强、模拟精度高等优点,一直在模拟电路和功率电路中占据主导地位。但是,双极型集成电路的功耗大,纵向尺寸无法跟随横向尺寸成比例缩小,因此随着 CMOS 集成电路的迅猛发展,双极型电路在功耗和集成度方面受到了 CMOS 技术的严重挑战。

双极型集成电路的基本工艺大致可分为两大类:一类是需要在元件之间制作电隔离区的工艺,另一类是元件之间采取自然隔离的工艺。采用第一类工艺的主要有晶体管 - 晶体管逻辑(TTL)电路、射极耦合逻辑(ECL)电路、肖特基晶体管－晶体管逻辑(STTL)电路等。它们的工艺过程基本相同,只是 ECL 电路比 TTL 电路少了掺金工艺,STTL 电路则多了肖特基二极管工艺。隔离工艺有 pn 结隔离、介质隔离及 pn 结－介质混合隔离。而采用元件之间自然隔离工艺的另一类电路主要是集成注入逻辑(I^2L)电路。

近年来,为了进一步提高双极型集成电路性能,如提高电流增益及截止频率,其制造工艺也大量地采用 MOS 电路中的新工艺技术,发展出多种先进的双极型集成电路工艺技术,如先进隔离技术、多晶硅发射极工艺、自对准结构工艺和异质结双极型晶体管技术等。另外,铜互连系统也将应用于先进的双极型集成电路工艺中。

双极型集成电路工艺技术的发展使其在集成度较小的高性能电路,尤其是通信系统中继续占据主导位置。SOI 衬底的采用是其工艺技术发展的重要方向,但必须解决高驱动电流带来的热效应问题。近年来出现的以 SOA(Silicon on Anything)为衬底制造新型射频(RF)双极型电路技术,通过采用高热导率绝缘材料替代二氧化硅,能够解决 SOI 上的双极型集成电路的热效应问题。

12.3.1 隔离工艺

隔离工艺是集成电路工艺的重要环节。双极型电路采用的隔离方法主要有 pn 结隔离、介质隔离及 pn 结－介质混合隔离。传统的 pn 结隔离工艺一直沿用至今,而在当今的双极型 ULSI 中多采用先进 pn 结－介质混合隔离工艺。

1. pn 结隔离

pn 结隔离是利用反向偏压下 pn 结的高阻特性实现隔离的方法。这是最早出现也是常用的一种隔离方法。pn 结隔离的优点是工序简单,成本低;缺点是其结电容大,高频性能差,存在着较大的 pn 结反向漏电和寄生晶体管效应。

以 npn 电路隔离工艺为例,通常采用轻掺杂的 p 型硅为衬底,掺杂浓度一般在 10^{13} atoms/cm^3 的数量级。希望掺杂浓度较低,从而可以减小收集结的结电容,并提高收集结的击穿电压。但掺杂浓度过低会使后续工艺中埋层下推过多。过去为了减少外延层的缺陷,通常选用偏离 2°～5°的〈111〉晶向。但是目前为了和 CMOS 工艺兼容,都选用了标准的〈100〉晶向。典型的 pn 结隔离工艺如图 12.24 所示。

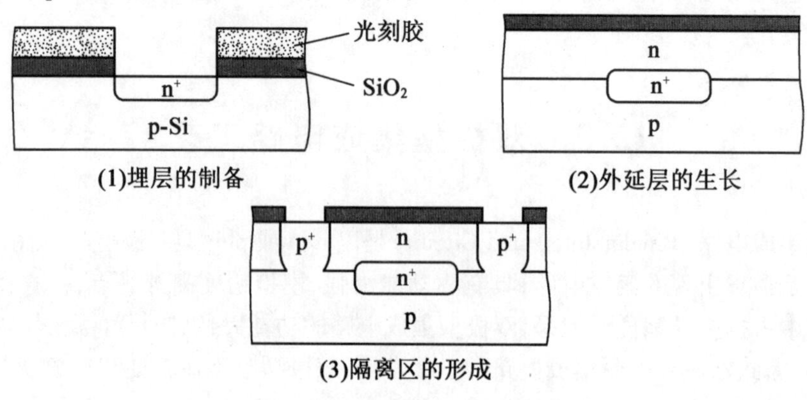

图 12.24 典型的 pn 结隔离工艺

(1)埋层的制备。为了减少双极晶体管收集区的串联电阻,并减少寄生 pnp 管的影响,在作为双极晶体管的收集区的外延层和衬底间通常需要制作 n^+ 埋层。首先在衬底上热氧化生长二氧化硅,光刻,RIE 刻蚀氧化层露出埋层区域,然后注入 n 型杂质(磷、砷等),随后退火激活杂质。埋层杂质的选择原则是:首先是杂质在硅中的固溶度要大,以降低收集区串联电阻;其次是希望在高温下,杂质在硅中的扩散系数小,以减小外延时的杂质扩散效应;此外还希望与硅衬底的晶格匹配好,以减少应力。研究表明,最理想的埋层杂质是 As。

(2)外延层的生长。用 HF 湿法腐蚀去除全部二氧化硅层后,外延生长一层轻掺杂的硅。该外延层将作为双极晶体管的收集区,整个双极晶体管便是制作在该外延层上。生长外延层时需要考虑的主要参数是外延层的电阻率 ρ_{epi} 和外延层的厚度 T_{epi}。为了减小结电容、提高击穿电压 BV_{CBO}、降低后续热过程中外延层中杂质的外推,ρ_{epi} 应该高一些,而为了降低收集区串联电阻又希望 ρ_{epi} 低一些。因此 ρ_{epi} 需要加以折中选择。一般外延层的厚度需要满足以下要求:外延层厚度 $T_{epi}\geq$ 基区掺杂的结深 + 收集区厚度 + 埋层上推距离 + 后续各工序中生长氧化层所消耗的外延层厚度。

(3)隔离区的形成。再生长一层二氧化硅,随后进行第二次光刻,刻出隔离区,并刻蚀掉隔离区的氧化层。随后预淀积硼,并退火使杂质推进到所需的深度,形成 p 型隔离区。这样便在硅衬底上形成了许多由反偏 pn 结隔离开的孤立的外延岛,从而实现了器件间的电绝缘。

2. 混合隔离

混合隔离是岛侧壁为介质隔离,底部为 pn 结隔离的工艺方法。也称为氧化物隔离或局部氧化隔离。当前主要采用 V 形槽隔离和平面隔离两种结构。两种混合隔离结构示意图如图 12.25 所示。

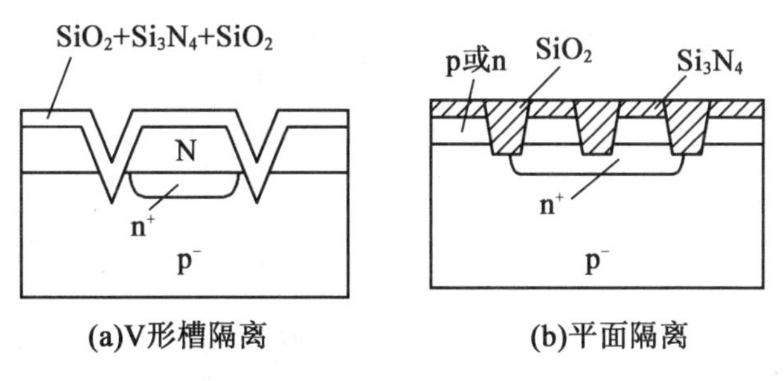

图 12.25　两种混合隔离结构示意图

主要工艺流程为:采用 p 型(100)晶面硅衬底,扩散 n^+ 埋层,再外延生长 1 ~ 2 μm 的 n - Si(或 p - Si)薄层;氧化、光刻出隔离槽窗口;联氨水溶液各向异性腐蚀隔离槽,并穿透外延层使之实现岛侧壁隔离,V 形槽的侧壁与表面的夹角为 54.7°,得到如图 12.25(a)所示的 V 形槽隔离结构,该结构表面不平坦,对后期的金属化工艺带来影响;如在此基础上刻蚀去除介质层,再热氧化生长厚二氧化硅层(或 LPCVD 多晶硅回填),最后用 CMP 平坦化,得如图 12.25(b)所示的平面隔离结构。

混合隔离极大地减少了元件面积和发射极 - 衬底间的寄生电容,显著地提高了双极型集成电路的集成度和速度。混合隔离还能增大双极型晶体管收集极之间的击穿电压。混合隔离的缺点是工艺复杂、成本较高。

12.3.2　双极型集成电路工艺流程

早期的平面双极型集成电路主要采用反偏 pn 结隔离的标准埋层双极型晶体管、收集区扩散隔离双极晶体管，以及三重扩散层双极晶体管。图 12.26 为双极型集成电路中晶体管的结构示意图。

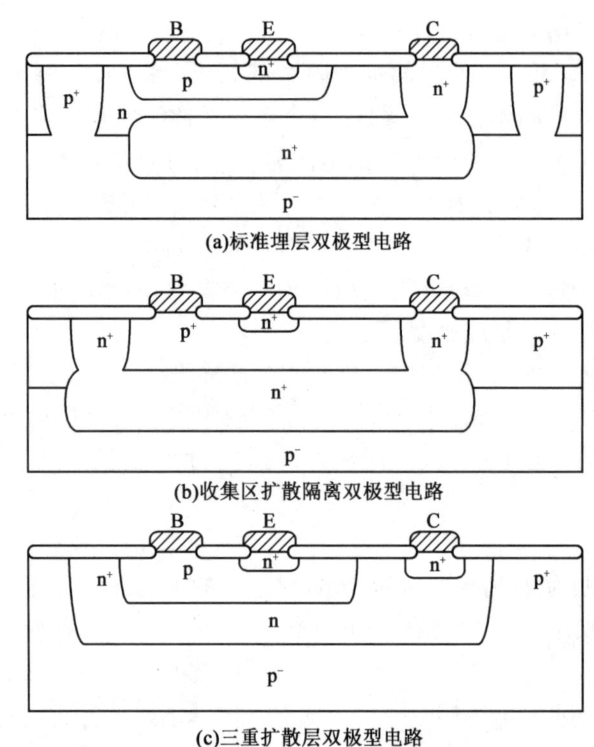

(a)标准埋层双极型电路

(b)收集区扩散隔离双极型电路

(c)三重扩散层双极型电路

图 12.26　双极型集成电路中晶体管的结构示意图

在这三种电路中最为常用的是标准埋层双极型电路。标准埋层双极型电路的衬底通常采用轻掺杂的 p 型硅，掺杂浓度一般在 10^{13} atoms/cm^3 的数量级。掺杂浓度低，可减小收集结的结电容，并提高收集结的击穿电压。但掺杂浓度过低会在后续工艺中使埋层下推过多。过去为了减少外延层的缺陷，通常选用偏离 2°～5°的〈111〉晶向。但是目前为了和 CMOS 工艺兼容，都选用了标准的〈100〉晶向。标准埋层双极型集成电路工艺流程示意图如图 12.27 所示。

（1）埋层的制备。

为了减少双极晶体管收集区的串联电阻，并减少寄生 pnp 管的影响，在作为双极晶体管的收集区的外延层和衬底间通常需要制作 n^+ 埋层。首先在衬底上生长二氧化硅，并进行第一次光刻，刻蚀露出埋层区域，然后注入 n 型杂质（磷、砷等），随后退火激活杂质。

埋层杂质的选择原则是：首先是杂质在硅中的固溶度要大，以降低收集区串联电阻；其次是希望在高温下，杂质在硅中的扩散系数小，以减小外延时的杂质扩散效应；此外还希望与硅衬底的晶格匹配好，以减少应力。研究表明，最理想的埋层杂质是 As。

（2）外延层的生长。

用湿法去除全部二氧化硅层后，外延生长一层轻掺杂的硅。该外延层将作为双极晶体管的收集区,整个双极型晶体管便是制作在该外延层上。

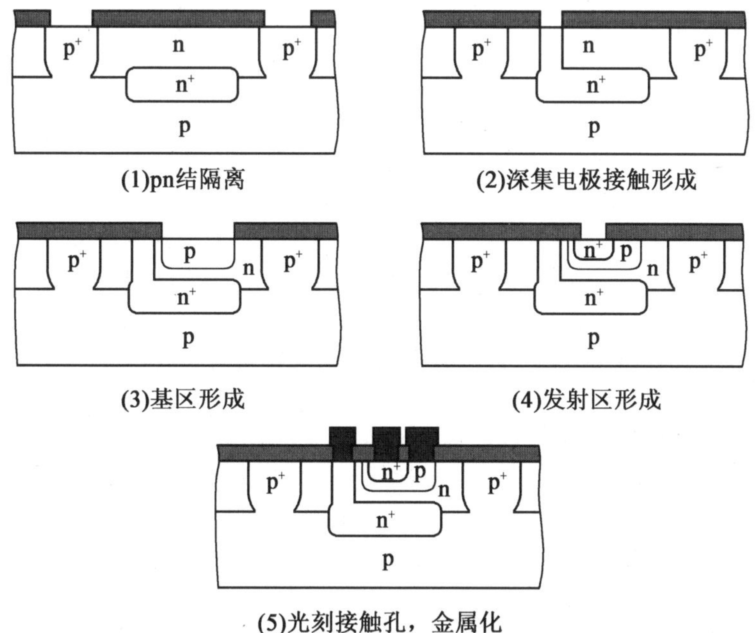

(1)pn结隔离　(2)深集电极接触形成

(3)基区形成　(4)发射区形成

(5)光刻接触孔，金属化

图 12.27　标准埋层双极型集成电路工艺流程示意图

生长外延层时需要考虑的主要参数是外延层的电阻率 ρ_{epi} 和外延层的厚度 T_{epi}。为了减小结电容、提高击穿电压 BV_{CBO}、降低后续热过程中外延层中杂质的外推,ρ_{epi} 应该高一些,而为了降低收集区串联电阻又希望 ρ_{epi} 低一些。因此 ρ_{epi} 需要加以折中选择。一般外延层的厚度需要满足以下要求:外延层厚度 $T_{epi}\geqslant$ 基区掺杂的结深 + 收集区厚度 + 埋层上推距离 + 后续各工序中生长氧化层所消耗的外延层厚度。

(3)深收集极接触的制备。

为了降低收集极串联电阻,需要制备重掺杂的 n 型接触。进行第三次光刻,刻蚀出收集极掺杂窗口,注入(或扩散)磷,退火激活。

(4)基区的形成。

第四次光刻,刻出基区,然后注入硼,并退火使其扩散形成基区。由于基区的掺杂及其分布直接影响着器件的电流增益、截止频率等特性,因此注入硼的能量和剂量需要加以特别控制。

(5)发射区的形成。

在基区生长一层氧化层,进行第五次光刻,刻蚀出发射区,进行磷扩散和砷注入,并退火形成发射区。

(6)金属接触和互连。

淀积二氧化硅后,进行第六次光刻,刻蚀出接触孔,用以实现电极的引出。金属形成欧姆接触和互连引线。随后进行第七次光刻,形成金属互连。

(7)后部封装工艺。

12.3.3　多晶硅在双极型电路中的应用

随着双极型集成电路的发展,为了进一步提高电流增益,提高截止频率,大量地采用了

MOS 集成电路中的新工艺，如在双极型集成电路中用到多个多晶硅工艺技术。

1. 多晶硅发射极

采用多晶硅形成发射区接触可以大大改善晶体管的电流增益和缩小器件的纵向尺寸，获得更浅的发射结。

多晶硅发射极技术是在发射区上直接淀积一层多晶硅，并对多晶硅进行掺杂和退火，使杂质扩散到单晶硅形成发射区。而且把这层多晶硅留下作为发射区的接触。这样形成的发射区深度约为 200 nm，基区深度在 100 nm 左右。这类双极型晶体管的电流增益通常比常规双极型晶体管高 3 ~ 7 倍。并且具有更高的截止频率（17 GHz ~ 30 GHz）和更低的门延迟（50 ps）。

多晶硅发射极技术的作用在于控制单晶硅发射区表面的有效复合速率 S_0。采用金属接触的发射区 S_0 非常大，在 10^5 cm/s 量级。其结果是，随着发射区厚度减小，基区电流增加。试验发现，多晶硅扩散形成的发射区的表面复合速率较低，基极电流较小。多晶硅发射区的 S_0 值的大小依赖于具体的工艺条件，特别是依赖于单晶和多晶硅界面处 SiO_2 的厚度。SiO_2 的厚度由淀积多晶硅之前的 HF 漂洗、随后的热处理和氢钝化表面在氧气氛中的暴露、多晶硅淀积之后的热处理等因素决定。制备器件时需要很好地控制这层氧化层的厚度。如果氧化层太厚，则发射极接触的串联电阻过大，如果氧化层的厚度过薄，则电流增益仍然无法提高。

2. 自对准发射极和基区接触

利用自对准技术实现发射区和基区的接触可以不需要进行两次光刻，而是直接自对准形成，从而不存在光刻版之间的套刻问题，有效地减少了器件内部电极接触之间的距离。双层多晶硅自对准发射极和基区接触工艺流程如图 12.28 所示。目前该技术已经非常成熟，广泛应用于高性能双极型集成电路的制备。

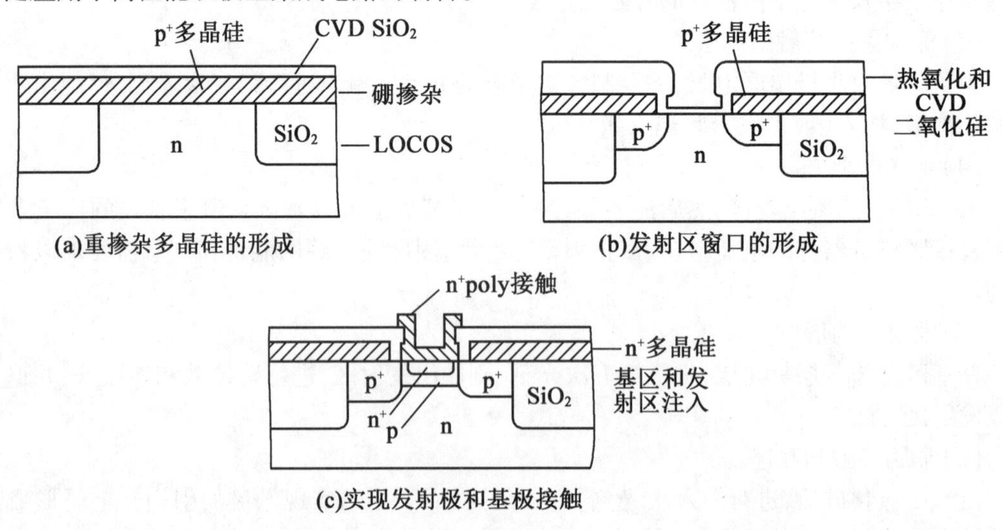

图 12.28 双层多晶硅自对准发射极和基区接触工艺流程

（1）在隔离完成之后，刻蚀去掉有源区的 SiO_2，随后淀积一层多晶硅 poly1，重掺杂 p 型杂质硼，CVD - SiO_2。

（2）采用各向异性的干法刻蚀去除发射区上的二氧化硅和多晶硅；高温氧化使发射区窗

口和多晶硅侧壁上形成一层二氧化硅,由于多晶硅的氧化速率较快,因此多晶硅上的氧化层较厚。

(3)干法刻蚀形成侧墙,侧墙用于隔离开基极和发射极,所以其厚度和质量非常重要。随后进行基区的硼注入;在发射区去除二氧化硅并清洗后,淀积多晶硅 poly2 并进行重 n 型掺杂,形成发射极,通过快速热退火,利用 poly2 中杂质的外推形成发射区。从而实现自对准的发射极和基极接触。

12.4　FinFET 工艺技术

随着 18 in Si 晶圆成品化,7 nm 制程生产线量产,ULSI 技术的不断进步以及芯片功能的增强,随之而来的弊端也不容忽视。由于量子效应的存在,当晶体管尺寸缩小至 5 nm 左右时,基于经典电磁学的 MOSFET 模型变得不再准确。具体表现为器件的输出会有一定的概率产生错误,并且这种结果无法利用工艺和制造的优化来避免,即晶体管的最小尺寸是有限的。晶体管的小尺寸效应有很多种,其中阈值电压的短沟道效应揭示了晶体管的沟道长度与阈值电压之间的联系。试验发现,当晶体管的沟道长度缩小到与源、漏区的耗尽区宽度(即结深)相比拟时,阈值电压的值随沟道长度的缩小而降低,进而会产生更多的漏电流,功耗增大从而降低晶体管的性能。为了限制这种效应带来的影响,通过理论计算得到下列解决办法:减小源、漏区的结深,减小栅氧化层的厚度即增大栅极 - 沟道电容,降低衬底掺杂浓度等。

1999 年美国加州大学伯克利分校的胡正明教授提出了鳍式场效电晶体(Fin Field Effect Transistor,FinFET)概念,作为一种新的互补式金氧半导体晶体管,这种设计可以改善电路控制并减少漏电流,缩短晶体管的闸长。2011 年初,英特尔推出商业化的 FinFET,使用在 22 nm节点的工艺上。FinFET 结构由衬底上的硅体薄(垂直)翅片组成,该通道围绕源漏通道,提供了良好的通道三面控制,因为它的 Si 体类似于鱼的后鳍(图 12.29),把 2D 构造的 MOSFET 改为 3D 的 FinFET。

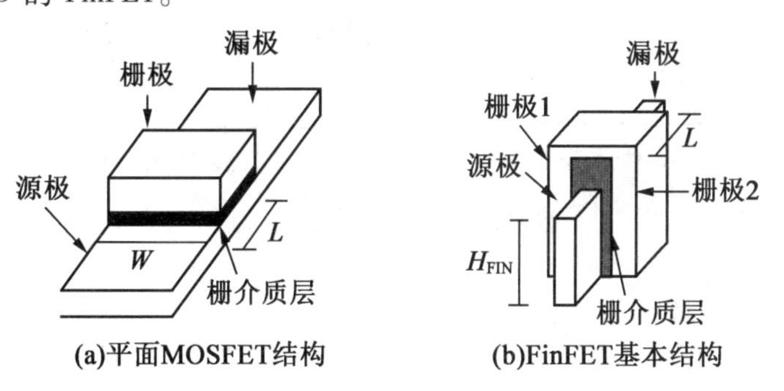

图 12.29　平面 MOSFET 结构与 FINFET 结构比较

12.4.1　FinFET 基本结构

如图 12.29(b)所示,FinFET 的主要特点是栅极三面环绕源、漏两极之间的沟道(通道),沿源漏方向的鳍的长度,称为沟道长度。栅极包裹的结构增强了栅的控制能力,为沟道提供了更好的电学控制。这种结构中垂直的沟道能够增加栅极与沟道的接触面积,并且由于栅极很薄,实际的沟道宽度急剧变宽,沟道的导通电阻急剧降低,流过电流的能力大大增强;同时也极大地减少了漏电流的产生,降低晶体管的功耗,这样就可以和以前一样继续进一步减小栅长,令摩尔定律得以延续。

另外,传统 MOS 工艺通常用掺杂来抑制短沟道效应,提高阈值电压。但 FinFET 由于其极薄的栅极和良好的控制因此并不需要使用掺杂工艺,这为沟道中载流子的移动提供了便利,从而开关速度更高,性能更好。同时可以构建连接在一起的并联多个鳍来增加器件驱动电流(图 12.30),这意味着在生产中可以通过控制 Fin 的高度来选择生产多种驱动强度的器件。

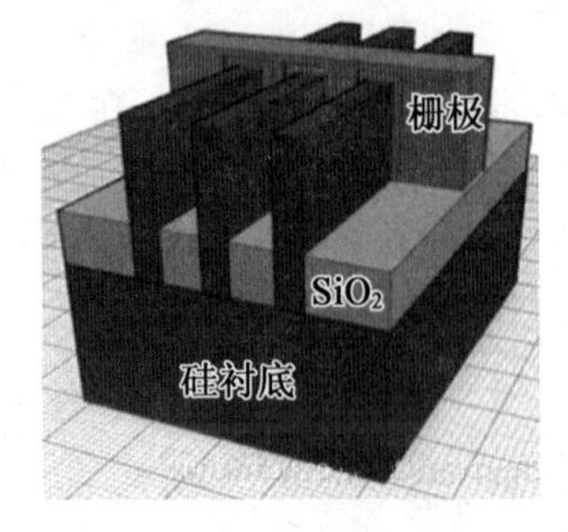

图 12.30　多鳍 FinFET 器件

12.4.2　FinFET 制造工艺

根据 FinFET 衬底不同,结构上分成两种:使用离子注入形成 pn 结来进行 Fin 隔离的体硅 FinFET 和采用 SOI(绝缘体上硅)基片 SOI FinFET。FinFET 基本结构如图 12.31 所示。这两种结构的主要结构都是薄体,因此栅极电容更接近整个通道,所以没有离栅极很远的泄漏路径,栅极可有效控制泄漏。体 FinFET 形成在体硅衬底上。由于制作的工艺不同,相比于 SOI 衬底,体硅衬底具有低缺陷密度、低成本的优点。此外,由于 SOI 衬底中埋氧层的热传导率较低,体硅衬底的散热性能也要优于 SOI 衬底。

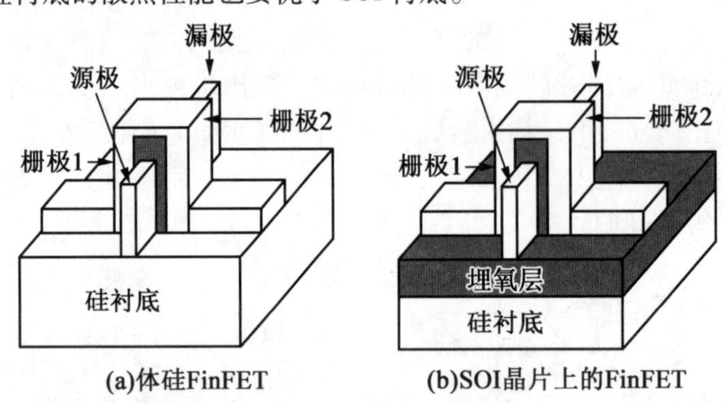

图 12.31　FinFET 基本结构

1. SOI FinFET 的制造工艺

基于 SOI 的 FinFET 工艺最为简单。形成 Fin 的刻蚀过程将会在进行到晶圆氧化埋层时自动中止,Fin 的高度将完全取决于 SOI 上 Si 层的厚度。此外,由于存在着氧化埋层,相邻的 Fin 之间在电学上是完全隔离的,不需要再进行额外的隔离工艺。在全耗尽的情况下,该技术节点将考虑采用未经掺杂沟道的器件,因而只需要制作栅极并对源/漏区进行注入掺杂就可以完成整个器件的制造工艺。

2. 体硅 FinFET 的工艺

与 SOI 相比,体硅 FinFET 的工艺如果采用体硅基片,就无法在 Fin 底部形成清晰的界面,而且不存在本征隔离层(氧化层)。因而就必须采用额外的器件隔离工艺。在 pn 结隔离的工艺流程中(图 12.32)完成 Fin 的刻蚀后紧跟着要进行氧化物的填充步骤。氧化物要能够很好地填充很深的,且深宽比大的沟槽,要保证不产生也没有其他类型的缺陷。随后磨削抛光氧化物直至硅暴露,以确定 Fin 的高度,再进行对氧化层进行凹槽刻蚀以便在 Fin 之间清理出空间。这种氧化层凹槽刻蚀和最初的硅沟槽刻蚀类似,都没有明显的刻蚀终止层,其刻蚀深度完全取决于刻蚀的时间,随着设计中 Fin 间隔变化而使 Fin 密度发生变化时,刻蚀就会受到微负载(图形)效应的影响。虽然填充的氧化物会将相邻的 Fin 绝缘隔离,但是晶体管依然可以通过氧化物下部的硅衬底相连,这就需要通过高剂量的、大角度离子注入以在 Fin 的底部形成掺杂 pn 结,才能最终形成器件的隔离结构。

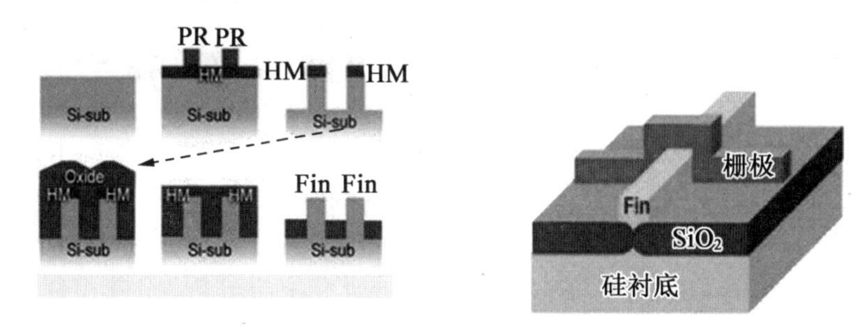

图 12.32　采用 pn 结隔离的体硅 FinFET 的制造工艺流程

12.4.3　技术发展

最早使用 FinFET 工艺的是英特尔,在 22 nm 的第三代酷睿处理器上使用 FinFET 工艺,随后各大半导体厂商也开始转进到 FinFET 工艺之中,其中包括了台积电 16 nm、10 nm,三星 14 nm、10 nm 以及格罗方德的 14 nm。FinFET 结构在热耗散方面效率较低,因为热量很容易积聚在翅片上。因此科技工作者在不断寻求解决方案,包括修改器件结构,用新材料替换现有的硅材料。其中,碳纳米管(CNT)FET,具有复合半导体的栅极全能纳米线 FET 或 FinFET 可能在未来的技术节点中被证明是有前景的解决方案。

供应商使用的设计协同优化技术,即每个节点,在一个标准单元布局中减小单元高度和单元大小。标准单元是设计中预定义的逻辑元件。这些单元被放置在一个网格中,track 是标准单元高度的计量单位。标准单元设计如图 12.33 所示。例如,根据 IMEC 的说法,10 nm 可能有 7.5 轨道高度(7.5 - track height),64 nm 的栅极间距,48 nm 的金属间距。

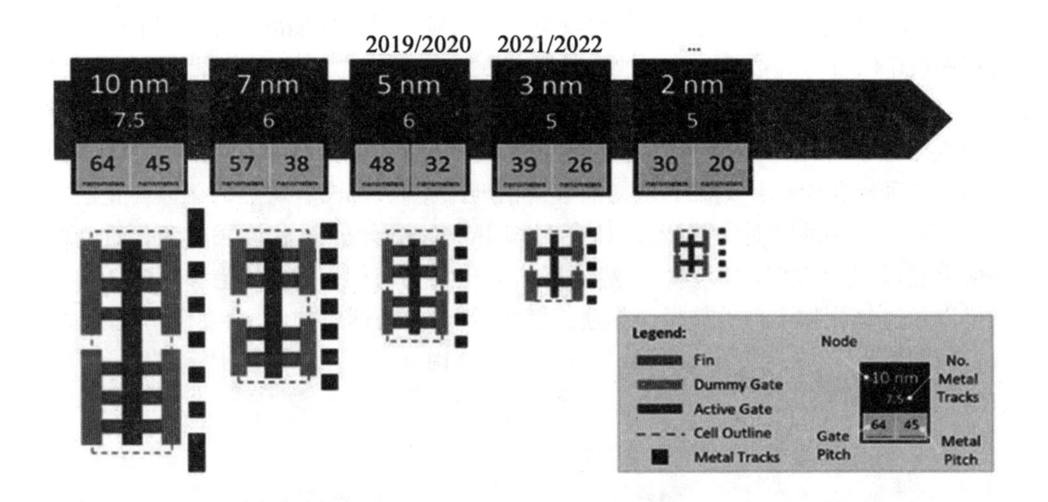

图 12.33　标准单元设计

在 7 nm 情况下,高度为 6 tracks,根据微电子研究中心分析,栅极和金属间距分别为 56 nm和 36 nm。尺寸缩放与标准单元高度缩放并行,通过这种方式使节点到节点减小了 50% 的面积。

但是,随着工艺微缩至 5 nm 节点,FinFET 架构可能不再是主流。在沟道长度小到一定值时,FinFET 结构又无法提供足够的静电控制。最重要的是,向低轨标准单元的演进需要向单 Fin 器件过渡,即使 Fin 高度进一步增加,单 Fin 器件也无法提供足够的驱动电流。鳍式场效晶体管为三面控制,在 5 nm 或 3 nm 制程中,为了再增加绝缘层面积,业界正在探索全包复式栅极(Gate All Around,GAA)和纳米 FET(nanosheet FET)。几种 FET 的结构示意图如图12.34 所示。

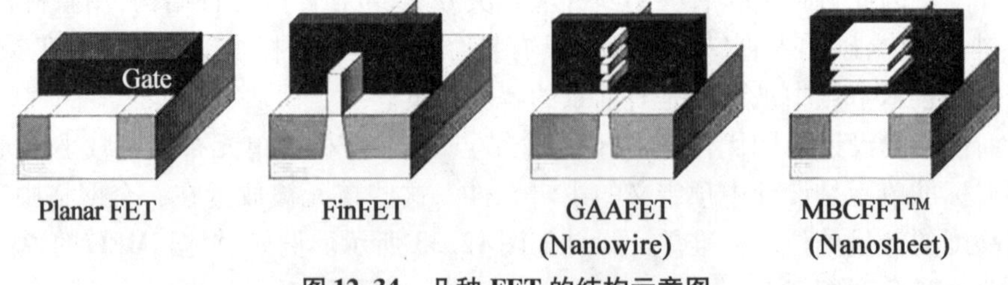

图 12.34　几种 FET 的结构示意图

Gate – All – Around 就是环绕栅极,相比于现在的 FinFET 的 Tri – Gate 三栅极设计,将重新设计晶体管底层结构,克服当前技术的物理性能极限,增强栅极控制,性能大大提升。三星的 GAA 技术称为 MBCFET(多桥通道场效应管),正在使用纳米层设备开发。

本章小结

本章包括金属化与多层互连、CMOS 集成电路工艺、双极型集成电路工艺和 FinFET 工艺技术 4 部分内容。在金属化与多层互连中介绍了形成欧姆接触的三种方法;布线技术和多层互连的材料、工艺等方面的关键问题及解决方法;铜多层互连工艺流程。在 CMOS 集成电路工艺中,介绍了隔离、阱、薄栅介质、非均匀沟道、栅电极,及源/漏技术与浅结形成的典型工艺技术;典型 CMOS 集成电路工艺流程。在双极型集成电路工艺中介绍了两种隔离工艺,典型双极型集成电路的工艺流程和多晶硅技术在双极型集成电路中的应用。最后介绍了在 FinFET 工艺技术中,FinFET 的结构、制造工艺和技术发展历程。

第13章　工艺监控

微电子芯片工艺步骤繁多,相互之间影响复杂,很难从最后测试结果准确分析得出影响产品性能与合格率的具体原因。所以在微电子芯片生产过程之中应进行工艺监控,通过工艺监控及时发现问题,解决问题,从而制造出参数均匀、成品率高、低成本、高可靠的芯片。

13.1　概　述

所谓工艺监控就是借助于一整套检测技术和专用设备,监控整个生产过程,在工艺过程中,连续提取工艺参数,在工艺结束时,对工艺流程进行评估。

工艺过程检测是指在硅片加工工艺线上设立的材料、工艺检测和评价体系。通过对某些特定项目进行定期或不定期的检测,以获得必要的关于材料质量和工艺参数的数据。目的是通过检测数据的及时反馈,使整条工艺线的控制达到最佳化,同时它也为追寻芯片生产中发生问题的原因提供重要的依据。因而过程检测是工艺线工程管理、质量管理、成品率管理和可靠性管理不可缺少的组成部分。工艺过程检测有下列关联作用式:

工艺过程检测→检测结果的反馈→工艺优化→器件质量和性能提高

器件生产问题→检验数据查询→确定问题的原因→问题解决

工艺过程检测内容包括硅与其他辅助材料检测和工艺检测两大部分:

(1)材料检测。材料主要有高纯水、高纯气体、扩散源、硅抛光片等,在材料使用前进行质检,在工艺过程中进行定期抽检。材料质量对提高和保证器件性能、成品率都有十分重要的作用。

(2)工艺检测。检测项目大致可分成4类:①硅片晶格完整性、缺陷等质量的检测。②薄膜厚度、结深、图形尺寸等几何线度的测量。③薄膜组分、腐蚀速率、抗蚀性等化学量的测定。④方块电阻、界面态等电学量的测定。

随着新的检测技术的不断发展,工艺检测技术得到了迅速提高,今后将主要向以下3个方向发展:

(1)工艺线实时监控。指工艺进行到受控参数设定值时,自动调整,或过程自动终止。

(2)非破坏性检测。指对硅片直接进行检测。

(3)非接触监测。指对硅片直接进行检测。

工艺监控是微电子产品生产的重要组成部分,它涉及与整个制造过程相关的各个方面,监控内容主要有以下4个方面:

(1)生产环境。温度、湿度、洁净度、静电积聚等。

(2)基础材料。高纯水(去离子水)、高纯气体、化学试剂、光刻胶、单晶材料、石英材料等。

(3)工艺状态。工艺偏差、设备运行情况、操作人员工作质量等。

(4)设计。电路设计、版图设计、工艺设计等。

当前,工艺监控一般同时采用以下3种方式:

(1)通过工艺设备的监控系统,进行在线实时监控。

(2)采用工艺检测片,通过对工艺检测片的测试跟踪了解工艺情况。

(3)配置集成结构测试图形,通过对微电子测试图形的检测评估具体工艺、工艺设备、工艺流程。

13.2　实时监控

实时监控是指生产过程中通过监控装置对整个工艺线或具体工艺过程进行的实时监控,当监控装置探测到某一被测条件达到设定阈值时,工艺线或具体工艺设备就自动进行工艺调整;或者报警(自停止),由操作人员及时进行工艺调整。

在现代化的微电子工艺线,通常对工艺环境进行实时监控。如微电子芯片生产要求在超净环境下进行,通过设置环境监控装置自动调解工艺环境,满足芯片生产对温度、湿度、洁净度等指标的要求。

在3.3节介绍的MBE设备中,外延生长室中有完备的监测系统,监测系统主要由四极质谱仪、俄歇电子能量分析器、离子枪和高能电子衍射仪组成。能实现对外延层生长速率、室内气体成分、外延晶体结构和厚度的实时监测及原位分析。操作者由检测分析结果及时调整工艺条件,这是MBE生长的外延层有高品质的前提和保证。

在先进的CVD、PVD等设备中也有类似的监控系统,随着微电子产业的科技进步,当前微电子芯片生产已基本实现对全工艺过程的实时监控。并且,监控方法、技术、内容等各方面还在不断进步。

13.3　工艺检测片

工艺检测片又称工艺陪片(简称陪片)。一般使用没有图形的大圆片,安插在所要监控的工序,陪着生产片(正片)一起流水,在该工序完成后取出,通过专用设备对陪片进行测试,提取工艺数据,从而实现对工艺流程现场的监控,并在下一工序之前就判定本工序为合格(返工或报废)。表13.1为工艺检测项目和陪片的设置。

表13.1　工艺检测项目和陪片的设置

工序	检测项目	常用检测方法和设备	陪片	备注
抛光片	电阻率	四探针、扩展电阻		对MOS集成电路,要分档
	抛光片质量	紫外灯、显微镜、化学腐蚀、热氧化层错法	√	紫外灯100%检查,其余抽检

续表 13.1

工序	检测项目	常用检测方法和设备	陪片	备注
外延	表面	紫外灯、显微镜		紫外灯 100% 检查
	电阻率、杂质分布	三探针、四探针、扩展电阻、$C-V$ 法	√	
	厚度	层错法、干涉法、红外反射法	√	
	埋层漂移	干涉法、显微镜	√	
热氧化	表面	紫外灯		100%，必要时显微镜抽检
	厚度、折射率	椭圆仪、反射仪、干涉法、分光光度计	√	
	表面电荷	$C-V$ 法	√	把陪片做成 MOS 结构
	场氧后“白带”效应	显微镜		正式片抽检
	三层腐蚀后场氧厚度	分光光度计		正式片抽检
扩散	薄层电阻	四探针	√	
	结深	磨角法、滚槽法	√	
	杂质分布	扩展电阻、$C-V$ 法、阳极氧化剥层法	√	不作为常规检测
	结的漏电、击穿电压	电学测试	√	带图形检测片
离子注入	大剂量的反型掺杂层	同扩散	√	
	小剂量载流子分布	扩展电阻、$C-V$ 法	√	
光刻	光刻胶厚度	分光光度计、机械探针扫描	√	
	硅片平整度	平整度测试仪		正式片抽检
	CD 尺寸	目镜测微仪、线宽测试仪	√	
	接触孔腐蚀情况	分光光度计、液体探针		正式片抽检
	各种薄膜腐蚀速率	用相应的干法和湿法腐蚀	√	
多晶硅	表面	紫外灯、显微镜		正式片抽检
	厚度	分光光度计、反射仪	√	
CVD PSG	厚度、折射率	同热氧化	√	
	缺陷、漏电、击穿电压	电测试、各种针孔检查方法	√	电测试用样品做成 MOS 结构
	磷含量	扩散后测薄层电阻、查曲线	√	定期抽检
	回流效果	扫描电镜		正式片抽检
	腐蚀速率	同光刻	√	
CVD Si_3N_4	表面	紫外灯、显微镜		紫外灯 100% 检查
	厚度、折射率	同热氧化		
	腐蚀速率	浓 HF 或同光刻		
PVD 铝等金属薄膜	表面	紫外灯、显微镜		正式片抽检
	厚度	机械探针扫描、干涉法	√	表面要做成台阶

注：“√”表示要放工艺检测片。记录测试结果，进行计算机辅助测试分析。

13.3.1　晶片检测

晶片检测包括对原始的抛光片和工艺过程中的晶片检测。对抛光片从 3 个方面进行检验(表 13.2)。

表 13.2　对抛光片的检验

种类	项目
几何尺寸	参考面位置和宽度、硅片直径、厚度、边缘倒角、平整度、弯曲度等
外观缺陷	片子正面:划痕、凹坑、雾状、波纹、小丘、橘皮、边缘裂口、沾污等 牌子背面:边缘裂口、裂纹、沾污、刀痕等
物理特性	晶向、导电类型、少数载流子寿命、电阻率偏差、断面电阻率不均匀度、位错、微缺陷、旋涡缺陷、星形缺陷、杂质补偿度、有害杂质含量等

在上述检验项目中,外观缺陷要 100% 进行检验,通常是硅片进炉前,在 100 级超净台中,用强紫外光照射硅片表面观察。一般情况下,1 μm 以上的缺陷和小于 1 μm 但弥漫呈雾状的缺陷均可检出,必要时可用显微镜做进一步判定。

电阻率则是在磨片后 100% 检测,并按其数值范围分挡(这对 MOS 集成电路更为重要)。有时为检查材料电阻率的热稳定性,还要对经过各种工艺热处理后的硅片进行电阻率跟踪测量。

金属和非金属杂质含量(包括反型杂质的补偿度)一般是材料生产厂家的保证项目,必要时可进行抽检。

材料原生缺陷和工艺中诱发缺陷一般也作为抽检项目。

至于几何尺寸和外观缺陷,有的虽然并不反映结晶学的完整性,但它们对后续加工工艺有重大影响,同样不可忽视。

在实际生产中,受检测手段的限制,再加上工艺因素的复杂性,很难把材料性能同成品率和电路性能直接对应起来,因此除了进行一些基本检测外,普遍流行的做法是,在工艺线上同时投放两个以上的厂家硅片进行实际对比,并储备一些经过流片证明是质量较好的硅片,作为参照标准。

1. 化学腐蚀法

化学腐蚀法是晶体缺陷的常规检测方法。对于各种缺陷已有多种成熟的腐蚀液配方。

2. X 射线形貌照相法

X 射线形貌照相法用于检测位错、层错、夹杂物等。当 X 射线通过晶体时,会发生偏离原来入射方向的 X 射线,即 X 射线的衍射。如果晶体中存在缺陷,这种衍射会在缺陷引起的晶格畸变区大为增强,衍射强度反映了晶格畸变的程度,可用照相底片记录,或用 X 光导摄像管通过 CRT 屏幕观察。

3. 铜缀饰技术

X 射线形貌照相法不能用于直接检测微缺陷,这是因为它的分辨能力为数微米,而微缺陷的线度小于 1 μm,晶格畸变区太小。若把样品经过铜缀饰使微缺陷产生的晶格畸变区扩大就可以用 X 射线形貌法检测了。缀饰后的硅片也可以用红外显微镜观察。

铜缀饰的过程：先在样品表面滴上硝酸铜溶液后烘干或在硅片表面真空蒸发一层铜，在900～950 ℃ 氩气气氛中扩散 1 h，然后快速冷却到室温，这时过饱和的铜就会择优淀积在微缺陷处，再对样品进行研磨和化学抛光，去除硅铜合金层和表面应力。

在 X 射线形貌照片上和红外显微镜下，微缺陷呈现具有一定结晶学方向的花瓣状图像，但对特别小的缺陷，则呈黑点状。

13.3.2　氧化层检测

1. 厚度测量

(1) 比色法。由于光的干涉效应，透明的介质膜会呈现出不同的颜色，取决于膜层厚度、折射率、光源光谱分布和观察角度。

(2) 斜面干涉法。待测样品表面局部用松香或蜡保护起来，用 HF 腐蚀掉未掩蔽部分，在交界处得到一个氧化层斜面。在显微镜下观察，在平行斜面方向会呈现明暗相间的干涉条纹，实际上是膜的等厚线。根据所用单色光的波长、折射率和干涉条纹数可以计算膜厚。这是测量较厚膜的传统方法。

(3) 椭圆偏振法。一种使用广泛，精度最高（可达零点几纳米）的方法。可给出折射率。但当膜厚超过一个周期时，要用其他方法定出膜层级数。

(4) 分光光度计法。利用衍射晶格将薄膜颜色（干涉色）进行分光，然后用计算机根据其光谱形状求出膜厚。广泛用于氧化硅、氮化硅、多晶硅和光刻胶厚度的测量。与光学显微镜联合使用，具有微区测厚的能力，可以直接测量如发射区、基区和接触孔内氧化硅的厚度。

适用范围为 0.05～10 μm，0.05 μm 以下的膜厚应使用椭圆偏振仪测厚。

2. 针孔检测

针孔检测方法有很多，除化学腐蚀法外，有液晶显示、铜染色和 MOS 结构测试法等（图 13.1）。

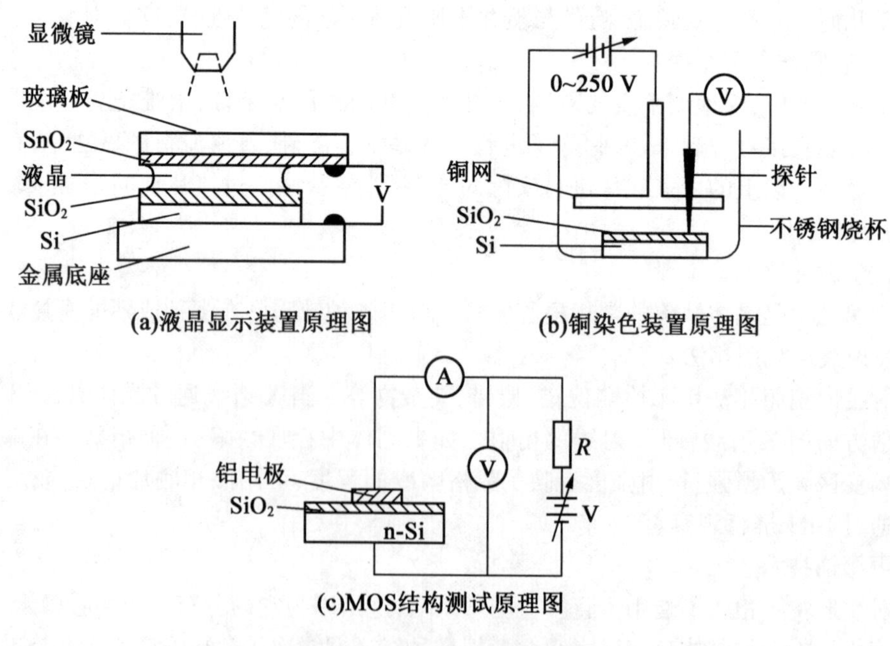

(a)液晶显示装置原理图　　(b)铜染色装置原理图

(c)MOS结构测试原理图

图 13.1　针孔常用检测方法

3. 击穿特性检测

氧化硅膜的击穿特性是 MOS 器件栅氧化膜和集成电路层间绝缘的电学特性和可靠性的一个重要量度。热生长的 SiO_2 膜击穿强度为$(2\sim10)\times10^6$ V/cm，但实际测得击穿电压要低于这个值，而且分散很大，这是由不同的击穿机理所决定的。SiO_2 膜的击穿机理大致分为三种：本征击穿、杂质击穿和缺陷击穿。

击穿电压测试采用 MOS 结构电容器。用晶体管特性图示仪观测 SiO_2 膜的 $I-V$ 特性，确定击穿点；定义一个 SiO_2 膜的传导电流（如 1 μA）作为击穿发生点，相应的电压作为击穿电压。采用这种定义方式，虽然不一定得到真正的击穿电压值，但很适于作为栅氧化层击穿特性和工艺合格率的一个判据，而且适于微电子测试图形的自动测试。此法与 MOS 结构测试针孔的方法类似，但一般定义的针孔测试电流要小一些，电极面积也应小一些。

4. $C-V$ 测量技术

$C-V$ 测量技术广泛用于 SiO_2/Si 界面性质的研究，高频 $C-V$ 法已成为 MOS 工艺常规监测手段。可以测量固定电荷密度、Na^+ 密度等。

13.3.3　光刻工艺检测

对光刻工艺的检测包括：掩模版和硅片平整度检测；掩模版和硅片上图形的 CD（Critical Dimension）尺寸检测；. 光刻胶厚度及针孔检测；掩模版缺陷及对准检测。

1. 平整度检测

掩模版和硅片的平整度是光刻微细加工中的两个重要参数。

平整度测试装置分为接触式和非接触式两种。接触式可采用螺旋分厘卡等机械量具，目前大多采用非接触式的专用平整度测试设备。非接触式种类很多，按其原理可分为电容法、激光干涉法、声波法和激光扫描法等。

2. 线宽测量

在光刻工艺中，为了得到满足工艺规范要求的图形 CD 尺寸，必须控制好掩模版以及硅片显影、腐蚀等各步工序的线条宽度和间距，因此线宽的跟踪测量必不可少。测量线宽的方法和设备很多，主要有以下两种：

（1）目镜测微计。采用高精度螺旋千分尺测微目镜代替普通目镜，在 400 倍下测量线宽，精度为 0.3 ~0.5 μm，由于图形边缘有过渡区和人工判读数据，因此重复性很差，不适用于大量检测。

（2）电子显微镜法。精度高，即使计入放大倍率误差和畸变，以及考虑到集成电路表面的实际结构，测量精度也可达 0.02 μm。一种低压电子束测量装置可以测出 0.1 μm 的线宽，用于亚微米级的 CD 尺寸测量是很理想的。

3. 光刻胶检测

（1）厚度测量。光刻胶胶层厚度是一项重要的工艺参数，工艺规范对其中心值和容差都有严格规定。胶层厚度测量普遍采用台阶测试仪、分光光度计，其他还有椭圆仪、SEM 等，后者仅用于薄的胶层和微区检测。

（2）针孔检测。原则上，检测 SiO_2 的方法也可用于光刻胶的针孔检测。方法是，先在硅片上生长一层 SiO_2，利用非破坏性的方法（如液晶显示法）检测氧化层针孔，然后进行涂胶、前烘、无掩模曝光、显影、坚膜等一系列典型的光刻操作，再在 BHF 中腐蚀。如果光刻胶有针孔，腐蚀液就会透过针孔腐蚀底下的氧化膜，从而在 SiO_2 上腐蚀出与光刻胶针孔位置和密度相对应的针孔，这时即可沿用 SiO_2 检测针孔的方法检测出的针孔密度，减掉原有的针孔密度，就能得到光刻胶的针孔密度。

13.3.4 扩散层检测

1. 薄层电阻测量

通常采用两种方法：四探针法和范德堡法，后者适合于微区探测，将在微电子测试图形中介绍。

2. 结深测量

(1)结的显示。利用磨角法或滚槽法在样品表面磨出一个1°～5°的斜面或凹形槽面，经过化学染色后，显示出结的边界，然后即可进行结深测量。在显示比较浅的结时，通常采用滚槽法，开槽柱体直径一般取6.5～13 mm。

(2)结深测量。干涉法是在样品表面覆盖一块平板玻璃，或由干涉显微镜提供一参考面，在单色光照射下，即可在样品斜面或槽形凹面上产生等厚的干涉条纹，由条纹数和光波长计算结深。几何法是测出槽宽 W_1 和露出衬底的宽度 W_2，由几何关系计算结深。

(3)亚微米结深测量。可以采用测定杂质浓度分布的方法确定亚微米结深，常用的有扩展电阻法、$C-V$ 法和阳极氧化剥层的微分电导法等，也可以在显示解理面的结后，用扫描电镜直接测量。

3. 杂质分布测量

(1)阳极氧化剥层的微分电导法。是一种传统方法，也被认为是精度最高的方法。是在样品上逐次阳极氧化—剥层(用 HF 腐蚀掉阳极氧化层)—测量薄层电阻，直到 pn 结边界为止(对应于薄层电阻突然由大变小)，得到 $1/R_s-x$ 曲线，进而求出电阻率分布，再由电阻率与杂质浓度曲线查得杂质浓度分布。

(2)扩展电阻法。在一个磨角样品上，用两探针沿斜面以一定步进距离，逐次测出各点的扩展电阻 R，利用 $R=r/2a$ 可以求出电阻率。由于扩展电阻法具有微米级的空间分辨率，又采用计算机进行数据校正，能够自动地把扩展电阻－深度曲线转换成电阻率－深度曲线，进而转换成杂质浓度－深度曲线，所以扩展电阻法已成为工艺检测的标准方法，广泛用于测定外延层、扩散层的杂质和离子注入层的载流子纵向和横向分布以及外延层的自掺杂分布。

13.3.5 离子注入层检测

1. 中、大剂量注入检测

对于剂量范围在 $5\times10^{12}\sim1\times10^{17}$ ions/cm^2 的反型离子注入层，其检测方法与扩散层相同，但检测的是载流子特性。

2. 小剂量注入检测

范围在 $1\times10^{11}\sim5\times10^{12}$ ions/cm^2 的小剂量注入的均匀性和载流子分布的检测方法有两次注入法、MOS 晶体管阈值电压漂移法、脉冲 $C-V$ 法和扩展电阻法等。

3. 几种方法的比较

离子注入剂量范围通常是 $10^{11}\sim10^{16}$ ions/cm^2，相当于杂质浓度范围为 $10^{15}\sim10^{20}$ ions/cm^2，四探针法一般用于 5×10^{12} ions/cm^2 以上的剂量范围，具有快速和简便的特点，$C-V$ 法可用

于 $1\times10^{11}\sim5\times10^{12}$ ions/cm^2 的剂量范围，对于小剂量注入，是一种比较准确的测量技术，如果采用水银探针，可以大大简化样品的制备。扩展电阻法可以覆盖整个剂量范围，但在小剂量下精度不如 $C-V$ 法。可以看出，作为离子注入的检测技术来说，三种方法互相补充。

离子注入层中杂质原子的分布一般采用中子活化分析、放射性示踪法、二次离子质谱（SIMS）、背散射（RBS）、俄歇电子能谱（AES）等方法检测。

13.3.6　外延层检测

1. 厚度测量

磨角法和滚槽法同前。层错法起源于衬底表面的外延层错的边长，与外延层厚度有关，如果测出层错的边长，即可计算出外延层厚度。红外干涉法是利用红外光在低阻衬底和高阻外延层界面反射光与表面反射光的干涉效应。

2. 图形漂移和图形畸变的测量

外延过程中，外延层表面相对于埋层图形的漂移和畸变的测量：先用磨角法或滚槽法显示出外延层，然后根据图形漂移 $=[(a-c)+(b-d)]/2$ 图形畸变 $=ab-cd$ 进行计算。

3. 电阻率测量

外延层电阻率的测量通常采用三探针法、四探针法、扩展电阻法、范德堡法等。对于高阻的薄外延层，一般应采用扩展电阻法和范德堡法。

4. 杂质分布和自掺杂分布测量

外延层的杂质分布和自掺杂分布一般采用扩展电阻法和 $C-V$ 法（微分电容法）测量。为了提高测量精度，保证重复性，外延片表面制备，汞－硅肖特基接触直径的选取和校准以及避免汞探针的沾污等方面都要注意。$C-V$ 法具有精确、快速和非破坏性的特点，测量范围是 $10^{14}\sim10^{18}$ ions/cm^2。

13.4　集成结构测试图形

检测图形是随着微电子业的出现而诞生的，最初的检测图形也比较简单，直接把产品器件图形本身作为检测图形。随着微电子业的发展，特别是 ULSI 工艺越来越复杂。现在，一般 ULSI 工艺往往需要几十道工序。要获得参数均匀、成品率高、成本低、可靠性好的产品，必须保证每个工艺环节都处于受控状态，使之达到一定的参数指标。否则就会使器件性能下降、甚至失效。因此，微电子检测图形及检测结构不断优化，目前已趋于标准形式。

微电子测试结构和测试图形必须满足两个准则：

（1）要求通过对测试结构和测试图形的检测能获得正确的结果。因此，要根据电路设计要求和实际能达到的工艺条件来进行测试结构和测试图形设计。每种结构、图形只用来测量一个参数，且测量不受材料或工艺特点的影响，即应把外界因素的影响减到最小。

（2）要求测试图形和测试结构能使用自动测量系统便捷地获取数据，自动测量系统应用最少的探针（或探测板）。近年来发展了 $2\times N$ 探测点阵列形式（N 为任意正整数），这适用于计算机辅助自动化测试。

微电子测试结构图形的使用除了能监控工艺过程，保证工艺水平，提高器件质量和成品率之外，还能有多方面用途：(1)为新产品的工艺设计提供必要的数据，如提取新器件的电参数，电阻设计参数(如误差、条宽、电阻比、接触电阻)等；(2)对不同的生产工艺和生产线进行比较；(3)评价工艺设备；(4)在某些情况下，测试结构的信息可以用来预测电路是否能执行功能，或者用以诊断电路是否失效。

13.4.1 微电子测试图形的功能与配置

1. 微电子测试图形的功能

微电子测试图形是工艺监控的重要工具，为微电子工业普遍采用。微电子测试图形是一组专门设计的结构，采用与集成电路制造相容的工艺，通过对这些结构的测试和分析来监控工艺和评估由这种工艺制造的器件和电路。具体功能大致归纳为：

(1)提取工艺、器件和电路参数，评价材料、设备、工艺和操作人员工作质量，实行工艺监控和工艺诊断。

(2)制定工艺规范和设计规范。

(3)建立工艺模拟、器件模拟和电路模拟的数据库。

(4)考察工艺线的技术能力。

(5)进行成品率分析和可靠性分析。

2. 微电子测试图形的配置方式

微电子测试图形在硅片上的配置方式可分为以下3类：

(1)全片式。

全片式，即工艺陪片(Process Validation Wafer，PVW)，这种类型是把测试图形周期性地重复排列在圆片上，形成PVW。所以PVW是仅有测试图形的完整圆片。PVW可先于生产片或与生产片一起流水，通过测试图形中的各种测试结构可探明掺杂情况、掩模套准误差、接触电阻参数以及随机缺陷等。

PVW上的测试图形通常需要全部测量，并以作图方式表明整个圆片上工艺参数或器件参数的分布情况。这种参数分布图可用于评价某项工艺设备的性能、某条工艺线的均匀性与稳定性、不同生产线或厂家之间工艺水平的比较、查找产品成品率下降的原因、预测器件或电路的可靠性等。参数分布图也是进行工艺设计优化的根据。

全片式测试图形的配置方式可以解决各种问题，但是既费钱又花时间，所以当工艺趋于成熟稳定、成品率提高后，就应改用其他的配置方法。

(2)外围式。

外围式是一种早期常用的方式。它由位于每个电路(芯片)周围的测试结构组成，用于工艺监控和可靠性分析。

由于这种方式配置的测试图形是用与集成电路完全相同的工艺同时制成的，又是在电路的周围，由它测得的数据能反映电路参数的真实情况，因而被经常使用。这种测试结构的一个限制是随机缺陷的“俘获截面”远小于大规模集成电路本身，同时因为面积有限，只能选择几个必要的结构以控制主要的电路或工艺参数。所以外围式一般只在成熟的工艺线上使用。

(3)插花式。

插花式是在圆片的选定位置用测试图形代替整个电路芯片，其数量和位置由需要而定。

分布可以是星形、柱状或螺线形。一般是在片子的每个象限中分布几个测试图形。插入的测试图形有两种形式:一种是由根据需要设计的一组测试结构组成,用于工艺控制和可靠性分析;另一种是由改变了电路金属化连线的测试图形组成,它可以获得内部单元电路的性能,对复杂的电路比较有用。图 13.2 为测试图形在圆片上的三种配置形式。

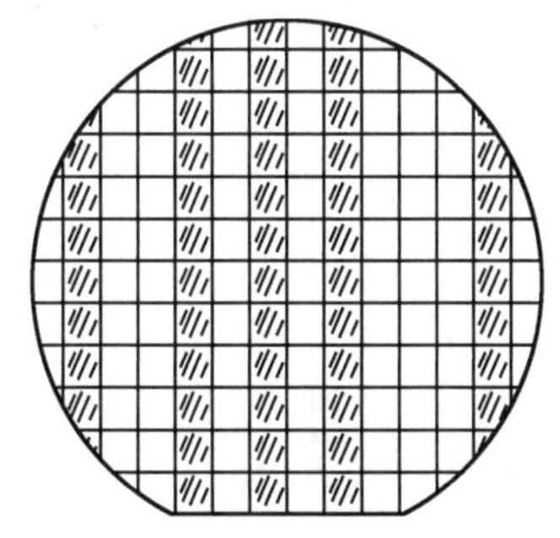

(a)试验片上5行测试图形分布

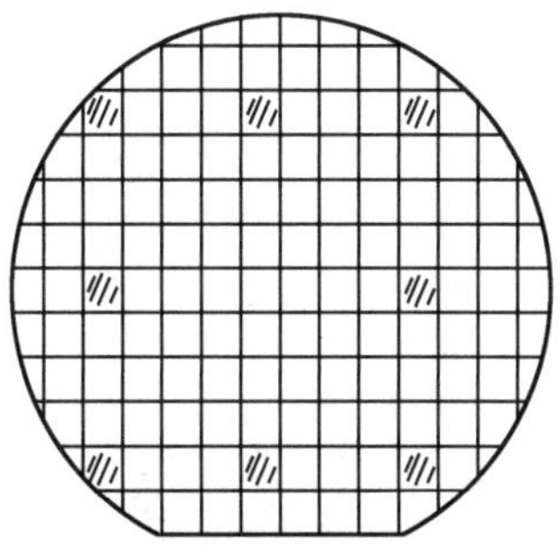

(b)生产片上8个测试图形分布

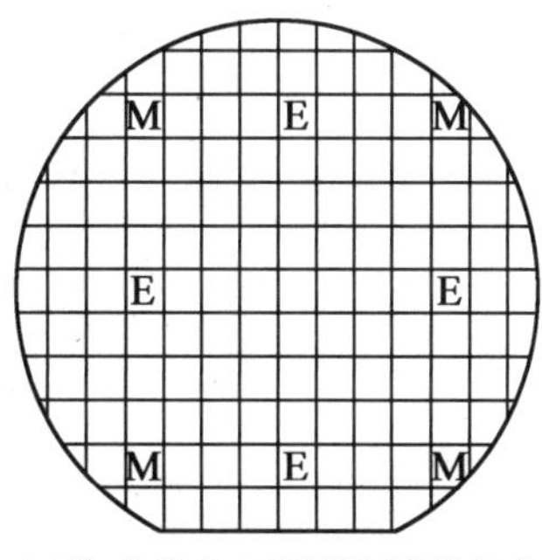

(c)生产片上2种测试图形分布

(M 为材料测试图,E 为延伸金属化测试图)

图 13.2　测试图形在圆片上的三种配置形式

13.4.2　几种常用的测试图形

1. 薄层电阻测试图形

目前国内半导体器件生产中,大多采用直线阵列等间距四探针测试仪作为监控薄层掺杂浓度的手段。由于试片大小不一,修正系数不够严格,因此很难测准。而且探针之间的间距不能太小(一般为 1 mm),所以不能测量微区的掺杂情况。为了获得准确的结果,可以用根据范德堡(VDP)原理制成的各种薄层电阻测试结构。由于测试结构可以小到制版及光到能力所及的范围,所以可用来测定微区的薄层电阻,研究硅片掺杂的平面分布情况。

(1)范德堡测试结构的基本原理。

设有一任意形状的平板薄层样品(图 13.3),厚度均匀,表面无孤立空洞,周围有 4 个欧姆型接触点 A、B、C、D。当电流从 A 点流入,B 点流出时,测得 C 点和 D 点之间的电位差为$(V_D - V_C)$,定义 $R_{AB,CD}$为

$$R_{AB,CD} \equiv \frac{V_D - V_C}{I_{AB}} \tag{13.1}$$

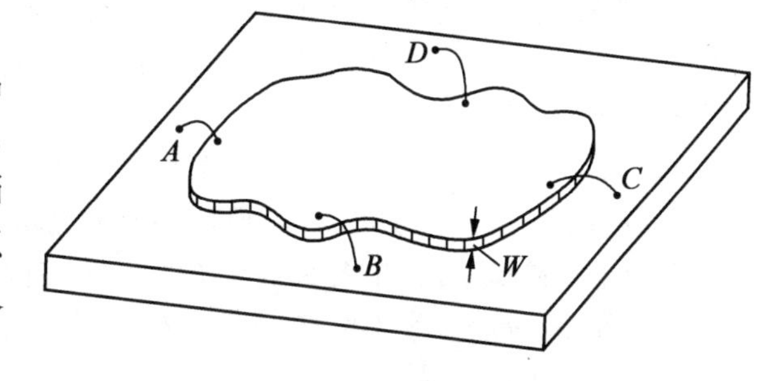

图 13.3　任意形状的四触点薄层示意图

若电流改由 B 点流入,C 点流出,测得 D、A 两点之间电位差为 $V_A - V_D$,同样定义 $R_{BC,DA}$ 为

$$R_{BC,DA} \equiv \frac{V_A - V_D}{I_{BC}} \tag{13.2}$$

若样品厚度为 W,则有

$$\rho = \frac{\pi W}{\ln 2} \cdot \frac{R_{AB,CD} + R_{BC,DA}}{2} \cdot f\left(\frac{R_{AB,CD}}{R_{BC,DA}}\right) \tag{13.3}$$

式中，f 为修正因子，是 $R_{AB,CD}/R_{BC,DA}$ 函数，它们的关系如图 13.4 所示。

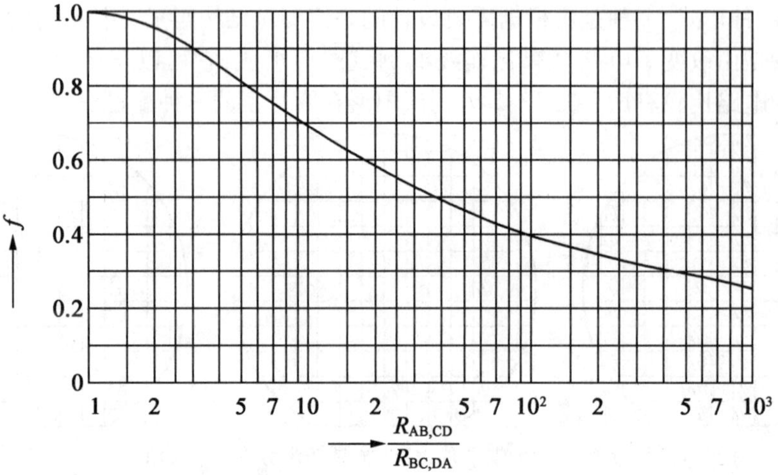

图 13.4 修正系数 f 与 ($R_{AB,CD}/R_{BC,DA}$) 的关系

比值 $R_{AB,CD}/R_{BC,DA}$ 随样品形状及 A、B、C、D 的具体位置而定。如果样品制作对称，而且 4 个欧姆接触点安排在对称的位置上，则可使 $R_{AB,CD}=R_{BC,DA}$，由图 13.4 可见，此时修正因子 f 接近于 1，一般当 $R_{AB,CD}/R_{BC,DA}<1.5$ 时，即可近似认为 $f=1$，于是式(13.3)变为

$$\rho=\frac{\pi W}{\ln 2}\times\frac{R_{AB,CD}+R_{BC,DA}}{2}=\frac{\pi W}{\ln 2}\times\frac{V}{I} \tag{13.4}$$

相应的薄层电阻 R_S 为

$$R_s=\frac{\rho}{W}=\frac{\pi}{\ln 2}\times\frac{V}{I}=4.532\frac{V}{I} \tag{13.5}$$

集成电路制造工艺完全可以做到使 $R_{AB,CD}$ 和 $R_{BC,DA}$ 接近相等，且 A、B、C、D 4 个接触点对称，不需附加任何工艺条件即可在 4 个接触点区实现欧姆接触，此时即可用式(13.5)来计算该区附近的薄层电阻。利用这种结构测得的薄层电阻值比较准确可靠，用来诊断工艺的稳定性和均匀性也十分有效。

(2) 薄层电阻测试结构的形状和测试方法。

随着微电子工业的发展，要求把薄层电阻测试结构做得尽可能小。为此发展了各种形状的薄层电阻测试结构，主要有各种方形十字结构。常用的有偏移方形十字测试结构(图 13.5)，大正(Greek)十字形结构(图 13.6)和小正十字结构(图 13.7)。其中正十字形结构从工艺角度看可做得最小。

这些结构本身可以做得很小，但接触处无法符合 VDP 结构所要求的点接触。它们和 VDP 结构的偏离，使测量值和实际值不一致。经计算，设计正十字形测试结构时，只要臂长大于臂宽，其误差即可小于 0.1%。这种测试结构是一种极好的 VDP 结构，允许测量很小区域的薄层电阻，其宽度仅受制造工艺的限制。

薄层电阻测试结构的测试一般用两方位测试法，即根据 VDP 原理在 A、B 两相邻触点通以电流，在 C、D 两触点测量电压，称此位置为 0°方位。为消除测量系统中存在的补偿电压，将电位反向再测一次，则有

$$R_0(+I)=V_{DC}(+I)/[I_{AB}(+I)] \tag{13.6}$$

$$R_0(-I)=V_{DC}(-I)/[I_{AB}(-I)] \tag{13.7}$$

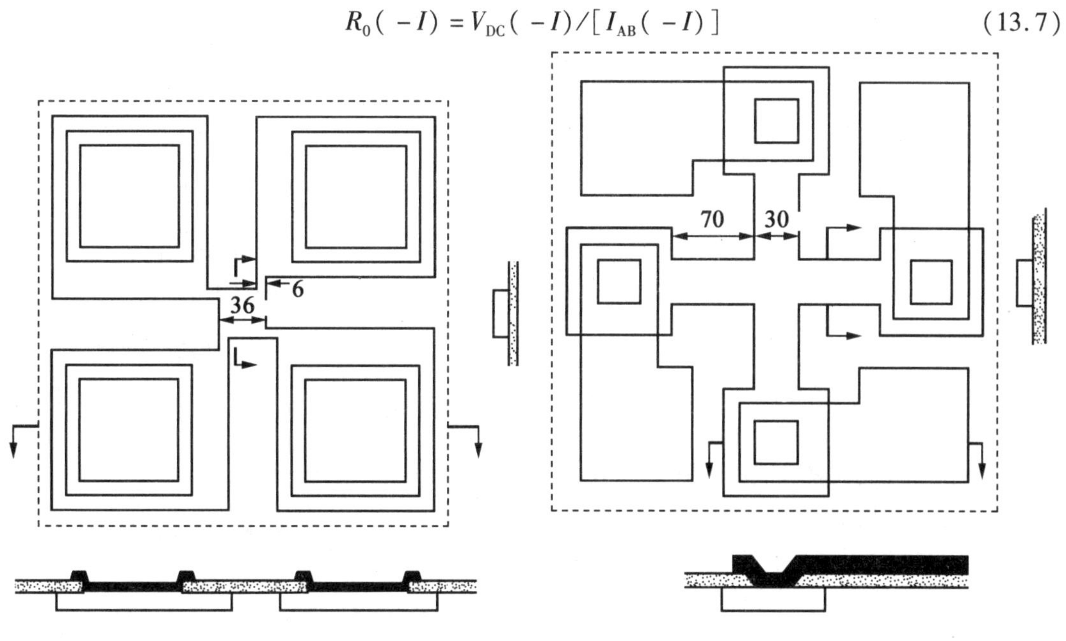

图 13.5　偏移方形十字结构(μm)　　　图 13.6　大正十字形结构(μm)

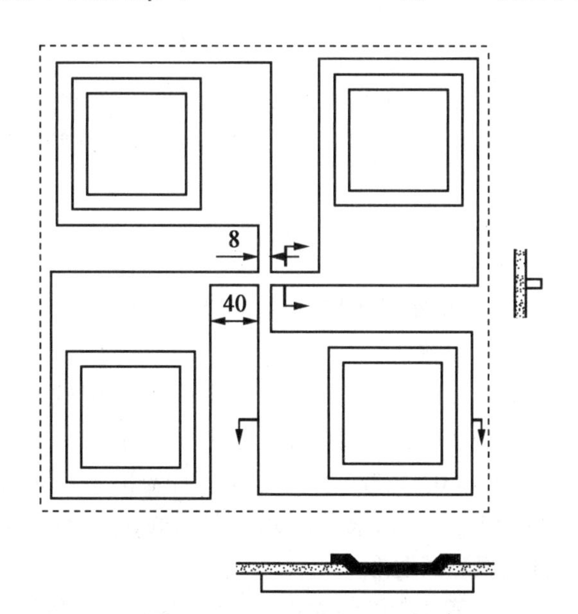

图 13.7　小正十字形结构(μm)

换 B、C 为电流端，A、D 为电压端，称此位置为 90°方位，相应的电阻为

$$R_{90}(+I)=V_{AD}(+I)/[I_{BC}(+I)] \tag{13.8}$$

$$R_{90}(-I)=V_{AD}(-I)/[I_{BC}(-I)] \tag{13.9}$$

测量中 I 值必须保持不变。

对于反向电流的结果取平均值，最后再将平均值 $R_0(\pm I)$ 和 $R_{90}(\pm I)$ 取平均值，得

$$R(\pm I)=[R_0(\pm I)+R_{90}(\pm I)]/2 \tag{13.10}$$

将此 $R(\pm I)$ 这值代入式(13.5)，得

$$R_s = \frac{\pi}{\ln 2} R(\pm I) \tag{13.11}$$

2. 平面四探针测试图形

平面四探针测试图形用于测量硅片的体电阻率，硅片体电阻率是一个重要的参数。在双极型器件中，电阻率的大小将影响饱和压降和击穿电压；在MOS器件中，电阻率的大小将直接影响阈值电压。要保证器件参数的一致性，单晶硅圆片的片内、片间电阻率就必须均匀。通常的四探针测试仪由于探针间距较大，无法测量微区的电阻率，为此设计了平面四探针测试结构。

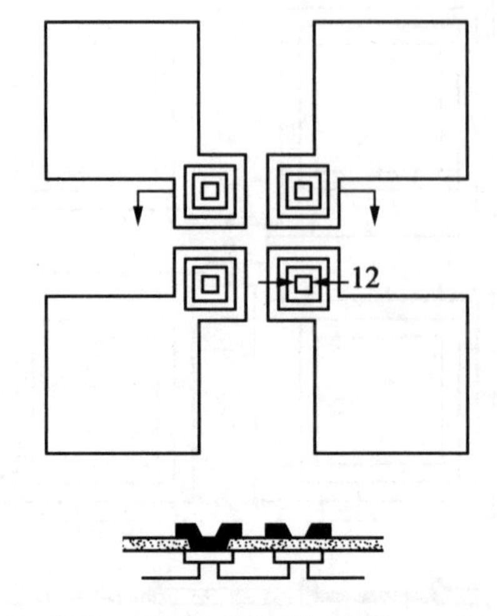

图 13.8　平面四探针测试结构(μm)

平面四探针测试图形结构如图 13.8 所示。它的测量原理与常用的四探针测试仪相同。若样品相当厚，与探针间距相比可看成是半无限大时，则对于如图 13.7 所示的正方阵列平面四探针测试结构来说，其电阻率 ρ_∞ 为

$$\rho_\infty = \frac{2\pi s}{2-\sqrt{2}} \times \frac{V}{I} = 10.726 s \frac{V}{I} \tag{13.12}$$

式中，s 为探针间距；V 为另两个探针间的电位差；I 为两相邻探针间通过的电流。当硅片厚度相对探针间距来说不能看成无限大时，式(13.12)必须加以修正。令 c 为修正因子，则正确的电阻率 ρ 为

$$\rho = \frac{\rho_\infty}{c} \tag{13.13}$$

当满足 $W/s \geqslant 4$ 时，对于正方阵列四探针，这一误差 $<0.8\%$。因此，此时可直接用式(13.12)计算电阻值，而不必加以修正。

正方阵列平面四探针结构可以完全仿用 VDP 测试结构的测试方法。在图 13.8 中任意相邻两探针通以电流 I，从另外两探针测得电压 $V_0(+I)$，将电流反向，测得 $V_0(-I)$，用两者的平均值代入式(13.12)求得 $\rho(0)$。为了减少由于探针对准不好而引起的误差，可将电流端旋转 90°，测得 $V_{90}(+I)$ 和 $V_{90}(-I)$，求出 $\rho(90)$，最后取 $\rho(0)$ 和 $\rho(90)$ 的平均值。

3. 金属－半导体接触电阻测试图形

半导体与金属在接触孔处接触电阻的大小，反映了接触窗口的腐蚀质量和金属与硅的合金质量，它直接影响到器件的性能和可靠性。当集成电路中元器件密度增加时，金属与硅的接触窗口面积也随之减小，为保证这样小的接触面积也能做到低电阻和高可靠性，就必须加强工艺监控，为此设计了金属－半导体接触电阻测试结构(图 13.9)。测试结构的形状有两种：单孔结构和三孔结构。

单孔测试结构是一个四端电阻器，通过电极 I_1 和 I_2 送入电流 I，I 流经结构中心的接触窗口。窗口两端的电位差 V 可以从 V_1 和 V_2 两个电极测得。

4. 掩模套准测试结构

随着大规模、超大规模集成电路的发展，电路图形的线宽越来越小，光刻工艺中的套准

问题变得越来越重要。掩模套准测试结构就是用来检测套准误差的。

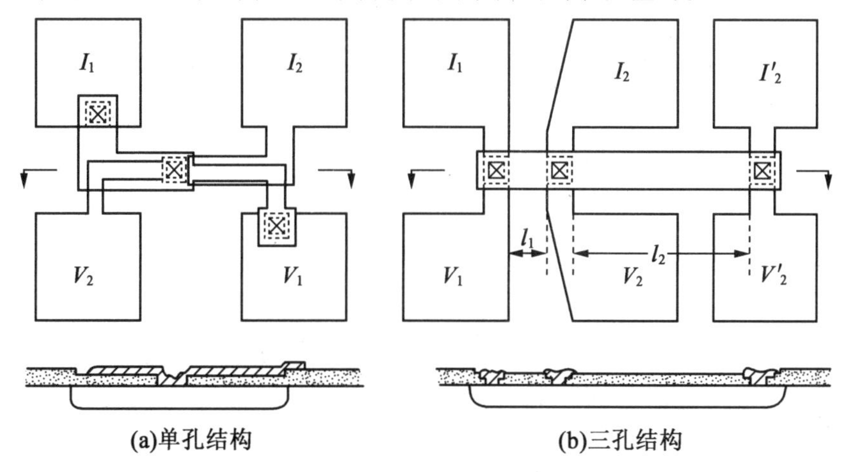

图 13.9 金属-半导体接触电阻测试结构

套准误差的定量测量可以用光学方法,也可以用电学方法。

5. 工艺缺陷测量——随机缺陷测试结构

采用电学测试方法确定与基本工艺结构相关的缺陷及其密度分布,并可由此预测成品率的测试结构称为随机缺陷测试结构。有如下几种:

(1)铝条连续性测试结构。

铝条连续性测试结构的条状图形为铝条,其下面为氧化层和多晶硅的台阶,铝条的设计尺寸和跨越的台阶数尽量与实际电路工艺结构一致。这个测试结构作用有:测得铝条电阻可作为铝条连续性的量度;与不跨越台阶的铝条电阻相比较,可考察铝条在台阶处的减薄情况,从而对光刻和回流工艺做出评价;其中包含两组有一定间隔的铝条,可用来考察其间的短路情况;如果采用两组相互垂直和十字交叉,但之间由介质层隔开的铝条或多晶硅条,则可以考察两导电层之间的层绝缘情况。

(2)接触链测试结构。

模拟实际工艺,采用 Al-Si 接触、多晶硅-掺杂层隐埋接触以及双层铝或多晶硅接触等多种形式,把各种导电层串接起来,构成接触链测试结构。可以考察有无断路、接触失效以及不同接触孔尺寸下的工艺成品率。既可以作为工艺诊断的工具,也可当作接触孔尺寸设计规则制定的判据。

(3)栅极链测试结构。

栅极链测试结构专门用于测定 MOS 器件栅氧化层缺陷的测试结构,氧化层是否存在缺陷,可以由多晶硅栅极对衬底、源极和漏极是否存在一定量的漏电流来确定。

(4)MOS 晶体管阵列测试结构。

MOS 晶体管阵列测试结构由栅漏相连的 100 个 MOS 晶体管组成一个阵列,通过引出的检测点可任意选测一个晶体管。如果这样的阵列布满整个硅片,则可确定失效的位置和密度分布,再配合适当的镜检,还可以判定缺陷的性质。

(5)可选址 CMOS 反相器阵列测试结构。

可选址 CMOS 反相器阵列测试结构包含多个反相器,所有反相器均由测试点 INV-IN

提供输入信号,传输门的控制信号由阵列左侧的移位寄存器提供,相当于平行译码,每一列传输门的输出连在一起,由一个测试点 INV - OUT 引出。采用一个 2 ×10 的标准探针阵列,就可以选测任何一个电路单元。

(6)环形振荡器。

环形振荡器由奇数个结构相同的反相器构成,它们串接在一起,最后一级的输出接到第一级的输入,构成振荡电路。好处是解决了直接测量单级门的延迟的困难;验证一个新的设计规则、工艺结构和器件性能是一种简便易行的方法。

13.4.3 微电子测试图形实例

电路约有 27 000 个元件,存储单元用多晶硅做负载,外围电路用耗尽型 MOS 管做负载,采用标准 5 μm 硅栅等平面工艺,芯片尺寸为 3.3 mm ×4.8 mm,在 75 mm 的硅片上对称插入 5 个测试图形。

微电子测试图形的特点:主要测试点排列在测试图形外围,18 个主要测试点与电路芯片一样,可使用同样固定探针卡;每个电路芯片旁,放置了多晶硅负载电阻的测试结构,用于检测整个硅片上电阻的均匀性,以及光刻套偏时,浓掺杂的 n^+ 源漏横向扩散对多晶电阻值的影响,弥补了插入式测试图形采集数据的不足;除含有薄层电阻、电容、晶体管(增强和耗尽)、CD 尺寸等常规测试结构外,特别针对存储器电路工艺结构的特点,设计了几组随机缺陷测试结构。

本 章 小 结

本章介绍了 3 种工艺监控方法:实时监控、工艺检测片和集成结构测试图形。实时监控,是先进的工艺监控方法,有全自动特点;工艺检测片方法是对具体工艺环节的检测片进行工艺参数测试从而实现工艺监控的方法,阐述了主要单项工艺:氧化、光刻、扩散、离子注入、外延及硅衬底各检测片的检测内容和检测方法。集成结构检测图形是通过对共片式检测结构图形进行检测从而实现工艺监控的方法,介绍了集成结构图形方式、功能,以及常用的结构图形。

第14章　封装与测试

随着微电子科技的飞速发展，目前，微电子芯片封装已逐渐摆脱作为芯片制造后工序的从属地位而成为相对独立的微电子封装业。而微电子器件测试也多由独立的测试公司来完成，也已逐渐形成独立的微电子测试业。作为微电子产品制造的重要环节，在本章对当前主要微电子器件封装与测试工艺技术进行介绍。

14.1　芯片封装技术

微电子芯片封装在满足器件的电学、热学、光学、力学性能的基础上，主要应实现芯片与外电路的互连，并对器件和系统的小型化、高可靠性、高性价比也起到关键作用。

14.1.1　封装的作用和地位

一块芯片制造完成，就包含了所设计的一定功能，但要在电子系统中有效地发挥其功能，还必须对其进行适宜的封装。这是因为使用经封装的器件有诸多好处，例如可对脆弱、敏感的芯片加以保护，易于进行测试，易于传送，易于返修，引脚便于实行标准化进而利于装配，还可改善器件的热失配等。微电子封装通常有5种作用，即电源分配、信号分配、散热通道、机械支撑和环境保护。

1. 电源分配

微电子封装首先要能接通电源，使芯片与电路的电流流通；其次，微电子封装的不同部位所需的电源有所不同，要能将不同部位的电源分配恰当，以减少电源的不必要损耗，这在多层布线基板上尤为重要；同时，还要考虑接地线的分配问题。

2. 信号分配

为使电信号延迟尽可能减小，在布线时应尽可能使信号线与芯片的互连路径及通过封装的I/O引出的路径达到最短。对于高频信号，还应考虑信号间的串扰，以进行合理的信号布线分配和接地线分配。

3. 散热通道

各种微电子封装都要考虑器件、部件长期工作时如何将聚集的热量散出的问题。不同的封装结构和材料具有不同的散热效果，对于功耗大的微电子封装，还应考虑附加热沉或使用强制风冷、水冷方式，以保证系统在使用温度要求的范围内能正常工作。

4. 机械支撑

微电子封装可为芯片和其他部件提供牢固可靠的机械支撑，并能适应各种工作环境和条件的变化。

5. 环境保护

半导体器件和电路的许多参数，如击穿电压、反向电流、电流放大系数、噪声等，以及器件的稳定性、可靠性都直接与半导体表面的状态密切相关。半导体器件和电路制造过程中的许多工艺措施也是针对半导体表面问题的。半导体芯片制造出来后，在没有将其封装之前，始终都处于周围环境的威胁之中。在使用中，有的环境条件极为恶劣，必须将芯片加以封装保护以避免外部环境的影响。所以，微电子封装对芯片的保护作用显得尤为重要。

微电子封装不但直接影响着器件本身的电学性能、热学性能、光学性能和力学性能，还在很大程度上决定着电子整机系统的小型化、可靠性和成本。另外，随着越来越多的新型器件采用多 I/O 引脚数封装，封装成本在器件总成本中所占比重也越来越高，并有继续上升的趋势。目前，微电子封装技术已涉及各类材料学、电子学、热学、力学、化学等多种学科，越来越受到重视，成为与集成电路芯片同步发展的高新技术产业。

14.1.2　封装类型

从硅片制作出各类芯片开始，微电子封装可以分为三个层次，如图 14.1 所示。

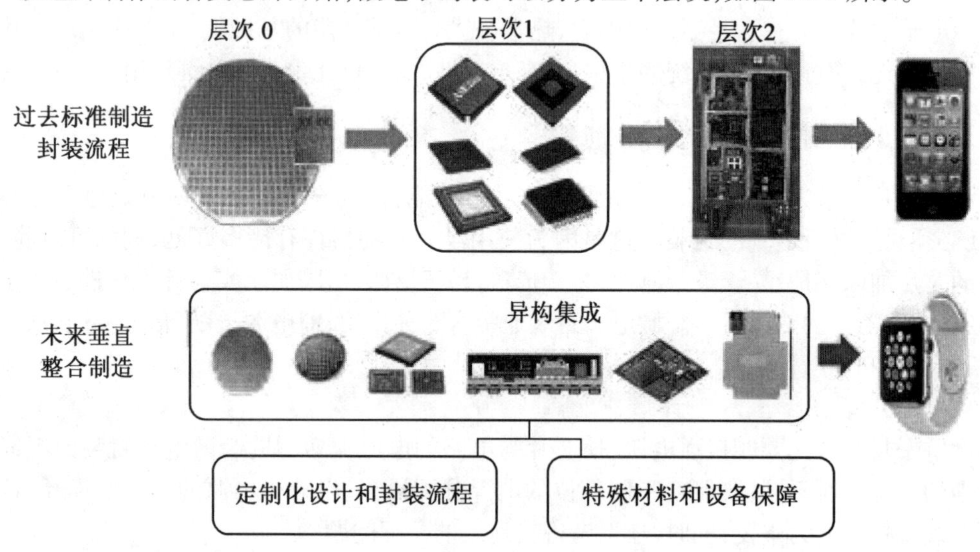

图 14.1　微电子封装的三个层次

在这里，硅片和芯片虽然不作为一个封装层次，但却是微电子封装的出发点和核心。在集成电路芯片与各级封装之间，必须通过互连技术将集成电路芯片焊区与各级封装的焊区连接起来才可具有功能性，有的也将这种芯片互连级称为芯片的零级封装。下面主要介绍一级封装前的芯片粘接、芯片互连（也称为零级封装）和一级封装。

1. 芯片粘接技术

如果只需将集成电路芯片固定安装在基板上，一般有以下几种方法。

(1) Au - Si 合金共熔法。芯片背面要淀积 Au 层，所固定的基板上也要有金属化层（一般为 Au 或 Pd - Ag）。Au - Si 合金共熔法既可在多个集成电路芯片装好后于 H_2（或 N_2）保护下的烧结炉内烧结，也可用超声熔焊法逐个将芯片超声熔焊。

(2) 焊料合金片焊接法。芯片背面用 Au 层或 Ni 层均可，基板导体除 Au、Pd - Ag 外，也可以是Cu;也应在保护气氛炉中烧结,烧结温度视焊料合金片的成分而定,使焊料合金片熔化后各金属间进行焊接。

(3)导电胶粘接法。导电胶是一种具有良好导热、导电性能的含银环氧树脂。这种方法不要求芯片背面和基板具有金属化层,芯片粘接后,采用导电胶固化要求的温度和时间进行固化。可在洁净的烘箱中完成固化,操作起来简便易行。

(4)有机树脂粘接法。以上方法均适合于要求与基板电连接的晶体管或小尺寸的集成电路。对于各种大尺寸的集成电路,只要求芯片与基板粘接牢固即可。有机树脂的配方应当是低应力的,对于粘接有敏感性的集成电路芯片(如各类存储器),有机树脂及填料还必须去除α粒子;以免粘接后的集成电路芯片在工作时误动作。

这几种芯片粘接法所用的材料,均有经过考核达到一定可靠性要求的商品出售。随着微电子封装技术复杂程度的增加,对其可靠性的要求也更高,不断地研制开发出来各种性能更好、更新的粘接剂材料。

2. 芯片互连技术

芯片互连技术主要有:引线键合(Wire Bonding,WB)、载带自动焊(Tape Automatic Bonging,TAB)和倒装焊(Flip Chip Bonding,FCB)3种。早期还有梁式引线结构焊接,因其工艺十分复杂,成本又高,不适于批量生产,已逐渐废弃。下面仅介绍引线键合、载带自动焊和倒装焊3种芯片互连技术。

(1)引线键合。WB使用细金属线,利用热、压力、超声波能量使金属引线与基板焊盘紧密焊合,实现芯片与基板间的电气互连和芯片间的信息互通。在理想控制条件下,引线和基板间会发生电子共享或原子的相互扩散,从而使两种金属间实现原子量级上的键合。WB是一种传统的、最常用的、最成熟的芯片互连技术,至今仍是各类芯片焊接的主要方法,可分为热压焊、超声焊和热压超声焊(又称金丝球焊)3种方式。通常所用的焊丝材料是经过退火的细Au丝和掺少量Si的Al丝。Au丝适于在芯片的铝焊区和基板的Au布线上热压焊或热压超声焊,而Al丝则更适合在芯片的铝焊区和基板的Al、Au布线上超声焊,二者也适于焊接Pd-Ag布线。

WB焊接灵活方便,焊点强度高,通常能满足70 μm以上芯片焊区尺寸和节距的焊接需要。

(2)载带自动焊。TAB是1971年由GE公司开发出的LSI薄型芯片互连技术,但一直发展缓慢。直到1987年以后,随着电子整机的高密度、超小型、超薄型化,I/O引脚数大大增加,芯片尺寸和焊区越来越小,采用WB更加困难时,TAB互连方式才又兴旺起来。TAB在日本发展最快,使用也最多,美国、欧洲次之。

TAB是连接芯片焊区和基板焊区的“桥梁”,它包括芯片焊区凸点形成、载带引线制作、载带引线与芯片凸点焊接(称为内引线焊接)、载带-芯片互连焊后的基板粘接和最后的载带引线与基板焊区的外引线焊接几个部分。TAB有单层带、双层带、三层带和双金属带几种。由于TAB的综合性能比WB优越,特别是具有双层或三层载带的TAB不仅能实现自动焊接,而且对芯片可预先筛选、测试,使所有安装的TAB芯片全是好的,这对提高组装成品率、提高可靠性和降低成本均有好处。因此,TAB在一部分多I/O引脚数的LSI、VLSI及超薄型电子产品中代替了WB。

(3)倒装焊。FCB是芯片面朝下,将芯片焊区与基板焊区直接互连的技术。一般是先将芯片的焊区形成一定高度的金属凸点(Au、Cu、Ni、焊料等金属或合金)后再倒装焊到基板焊区上,也可在基板焊区位置上形成凸点。因为互连焊接的“引脚”长度即是凸点的高度,所以互连线最短,芯片的安装面积也比用其他方法的安装面积小。不论芯片凸点多少,都可一次倒装焊接完成,所以安装工艺简单易行,省工省时,特别适于多 I/O 引脚数的 LSI 和 VLSI 芯片的互连,适合需要多芯片安装的高速电路应用。

FCB 是最有发展前途的一种芯片互连技术,它比 WB 和 TAB 的综合性能都高,是正在迅速发展、广泛应用的高新技术。

3. 一级微电子封装

这一级封装是将一个或多个 IC 芯片用适宜的材料(金属、陶瓷、塑料或它们的组合)封装起来,同时,在芯片的焊区与封装的外引脚间用芯片互连方法连接起来,使之成为有实用功能的电子元器件或组件。如图 14.1 所示,一级封装包括封装外壳制作在内的单芯片组件和多芯片组件两大类。在各个不同的发展时期都有相应的封装形式。例如,在 20 世纪 70 年代末至 80 年代初的插装技术发展时期,有典型的双列直插封装(Dual In - line Package, DIP)和针栅阵列(Pin Grid Array, PGA)封装;在 20 世纪 80 年代中期的表面组装技术(Surface Mount Technology, SMT)发展时期,开发出了表面组装封装(Surface Mount Package, SMP)的无引脚陶瓷片式载体(Leadless Ceramics Chip Carrier, LCCC)、塑料有引脚片式载体(Plastic Leaded Chip Carrier, PLCC)、小外形封装(Small Out - Line Package, SOP(SOJ));在 20 世纪 80 年代末 SMT 的成熟期,又开发出成为主流封装的四边引脚扁平封装(Quad Flat Package, QFP)。随着 SMT 技术的进步,安装密度不断提高,各种电子封装也进一步向小型化、薄型化、窄节距方向发展,从而又相继出现更窄节距小外形封装(Shrink Small Outline Package, SSOP)、薄型小外形封装(Thin Small Outline Package, TSOP)、超小外形封装(Ultra Small Outline Package, USOP)、薄型塑料四方扁平封装(Thin Plastic Quad Flat Package, TPQFP)等,连 PCA 也适应 SMT 的需要,发展成短引脚型结构。

20 世纪 90 年代初,随着 IC 的 I/O 引脚数不断增加,有的高达数千只,这时 QFP 的引脚节距即使已达到的安装极限(0.3 ~ 0.4 mm),也难以满足多 I/O 引脚数的要求。一种新型微电子封装——球栅阵列封装(Ball Grid Array, BGA)在美国研制开发成功,有的专家称 BGA 是 LSI、VLSI 芯片微电子封装的“救星”。BGA 一出现就引起世界微电子封装界的广泛重视,竞相研制开发出了多种类型的 BGA。在此期间,日本在继续发展 QFP 的同时,在 BGA 的基础上也研制开发出称为芯片尺寸封装的 CSP (Chip Size Pack - age),它是不大于芯片尺寸 20% 的微电子封装。BGA 和 CSP 的出现,解决了具有数千只 I/O 引脚 VLSI 芯片的电子封装的后顾之忧,所以随后几年来 BGA 和 CSP 发展迅猛,仅 1995 年全世界生产 BGA 和 CSP 的厂家就有数十家。

CSP 的出现,还解决了单芯片在组装 MCM(Multi - Chip Module)时优质芯片(Known Good Die, KGD)的测试问题,这对于一直缓慢发展着的 MCM 起了巨大的推动作用,使 MCM 的安装成品率得以保证,又可大大降低 SMT 的安装成本。用 CSP 和 BGA 可以封装 MCM,即 MCMBGA 封装,使之成为更大规模的系统级封装。图 14.2 为这一级微电子封装的分类。

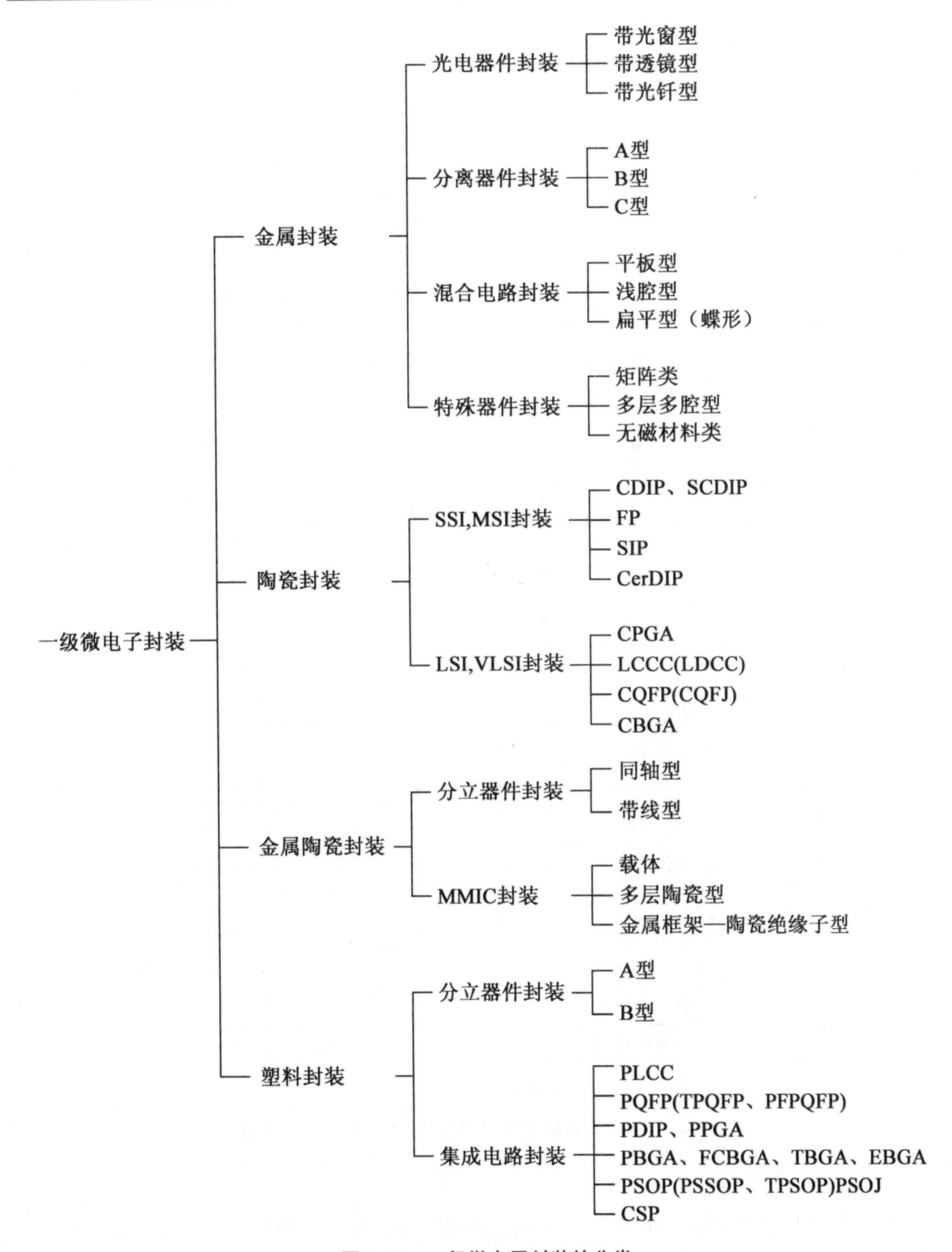

图 14.2　一级微电子封装的分类

如今，由于微电子产品的高性能、多功能、小型化、便携式和低成本等要求的推动，微电子封装技术的发展已呈现出百花争艳的局面，各种新的先进封装正日新月异，层出不穷，成为微电子领域活跃的一族。

14.1.3 几种典型封装技术

1. DIP 和 PGA 技术

DIP 和 PGA 封装引脚是插装型的，分别封装 MIS 和 LSI 芯片。封装基板有单层和多层陶瓷基板（通常为 Al_2O_3）。多层陶瓷基板是在单层陶瓷基板的基础上，通过对各层生瓷印制厚膜金属化浆料（如 Mo 或 W）进行布线，层间用冲孔并金属化完成互连，然后进行生瓷叠片、层压、烧结完成多层基板的制作。由于陶瓷中的玻璃成分含量很低，所以只能在高温（>1 300 ℃）下烧结，称为高温共烧陶瓷（High Temperature Co - fired Ceramic，HTCC）基板。为了安装集成电路芯片并互连，对基板顶层的金属化应进行镀 Ni - Au。随后就是芯片安装、引线键合、封盖检漏和成品测试。典型的多层陶瓷 DIP 和 PGA 的封装工艺流程如图14.3所示。

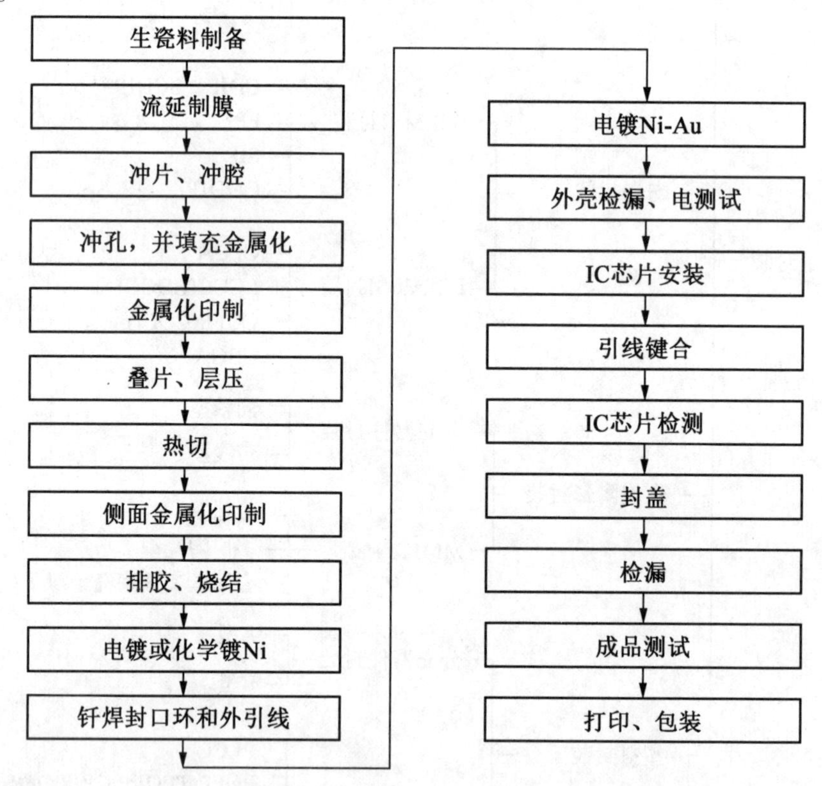

图 14.3 典型的多层陶瓷 DIP 和 PGA 的封装工艺流程

2. SOP 和 QFP 技术

SOP 和 QFP 是表面安（贴）装型封装，是封装 SSI、MSI 和 LSI 芯片的重要封装技术。SOP 全部为塑封，引脚为两边引出；而 QFP 又有塑封（PQFP）和陶瓷封装（CQFP）之分，引脚均为四边引出，而以 PQFP 为主（约占 95%），CQFP 多用于军品或要求气密性封装的地方。CQFP 的多层陶瓷基板制作与 DIP 和 PGA 的多层陶瓷基板制作方法相同。以下仅对塑封 SOP 和 PQFP 的制作进行简要介绍。

SOP 和 PQFP 所使用的“基板”和引脚在这里是引线框架，它是用可伐合金片、Fe - Ni42 合金片，更多的是用 Cu 合金片，经冲压法或化学刻蚀法形成的，经芯片安装、WB、模塑完成

SOP 和 PQFP 的制作。SOP 和 PQFP 的封装工艺流程如图 14.4 所示。

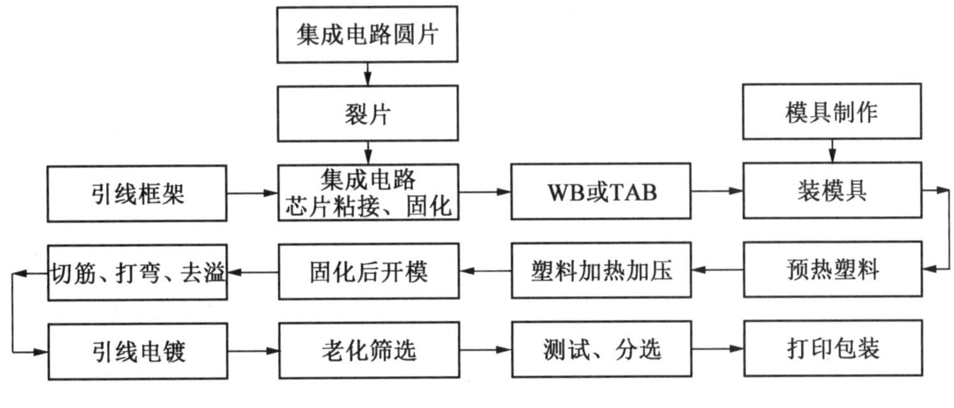

图 14.4 SOP 和 PQFP 的封装工艺流程

3. BGA 技术

BGA——球状引脚栅格阵列封装技术,即“焊球阵列”。它是在基板的下面按阵列方式引出球形引脚,在基板上面装配 LSI 芯片(有的 BGA 引脚与芯片在基板的同一面),是 LSI 芯片用的一种表面安装型封装。它的出现解决了 QFP 等周边引脚封装长期难以解决的多 I/O 引脚数 LSI、VLSI 芯片的封装问题。具有如下主要特点:

优点:(1)BGA 的引脚节距大,一般为 1.27 mm、1.0 mm 和 0.8 mm。用于 SMT,其安装失效率低于 0.3 mm 窄节距 QFP 引脚失效率两个数量级,工艺实施变得容易;加之焊球熔化时的表面张力具有明显的“自对准”效应,对安装精度要求相对宽松,从而又可减少安装、焊接失效率。(2)引脚为焊球,可明显改善共面性,大大地减少了共面失效;而焊球比 QFP 的引脚牢固得多,且不易变形。(3)提高了封装密度,改进了器件引脚数和本体尺寸的比率。例如边长为 31 mm 的 BGA,当节距为 1.5 mm 时最多有 400 只引脚;而当节距为 1 mm 时则可有 900 只引脚。相比之下,边长为 32 mm、引脚节距为 0.5 mm 的 QFP 只有 208 只引脚。(4)BGA 引脚很短,使信号传输路径缩短,减小了引脚电感和电容,改善了电学性能,也利于散热。

缺点:(1)结构及制作较 QFP 复杂,成本、价格相对较高。(2)对热较敏感,热匹配性较差。(3)焊球在封装体下面,焊接质量不能直观检查,需用 X 射线设备,检测费用较高。

目前市场上出现的 BGA 封装,按基板的种类,主要分为 PBGA(塑封 BGA)、CBGA(陶瓷 BGA)、CCGA(陶瓷焊柱阵列)、TBGA(载带 BGA)、MBGA(金属 BGA)、FCBGA(倒装芯片 BGA)和 EBGA(带散热器 BGA)等。图 14.5 为不同 BGA 封装结构。

BGA 技术除了具有上述共同特点外,还具有自己的特点,PBCA 的工艺较简单,成本较低;CBGA 的密封性好,封装密度高,可靠性高,电学性能优良;CCGA 是 CBGA 的扩展,由于引脚为较高的焊柱,因而耐热性能好,可靠性高,易清洗;TBGA 是 BGA 中最薄的,可节省安装空间,且经济实惠;FCBGA 是最具发展潜力的 BGA,其电学性能和热学性能俱佳,可靠性高。

BGA 技术制作的关键是制作各自的多层基板。其中,CBGA、CCGA 为多层陶瓷基板;而 PBGA 的多层基板是多层 PCB(或 PWB),它是在单层 PCB(敷 Cu 板)的基础上,先在各单层板上制作图形并开通孔金属化,再一一叠层而成。有了基板,安装芯片、WB(或 FCB)、模塑等工艺就与 SOP 和 PQFP 的工艺基本相同了,而“引脚”则是在各类多层基板的焊盘上用置球法或焊料印制并再流形成焊球阵列。

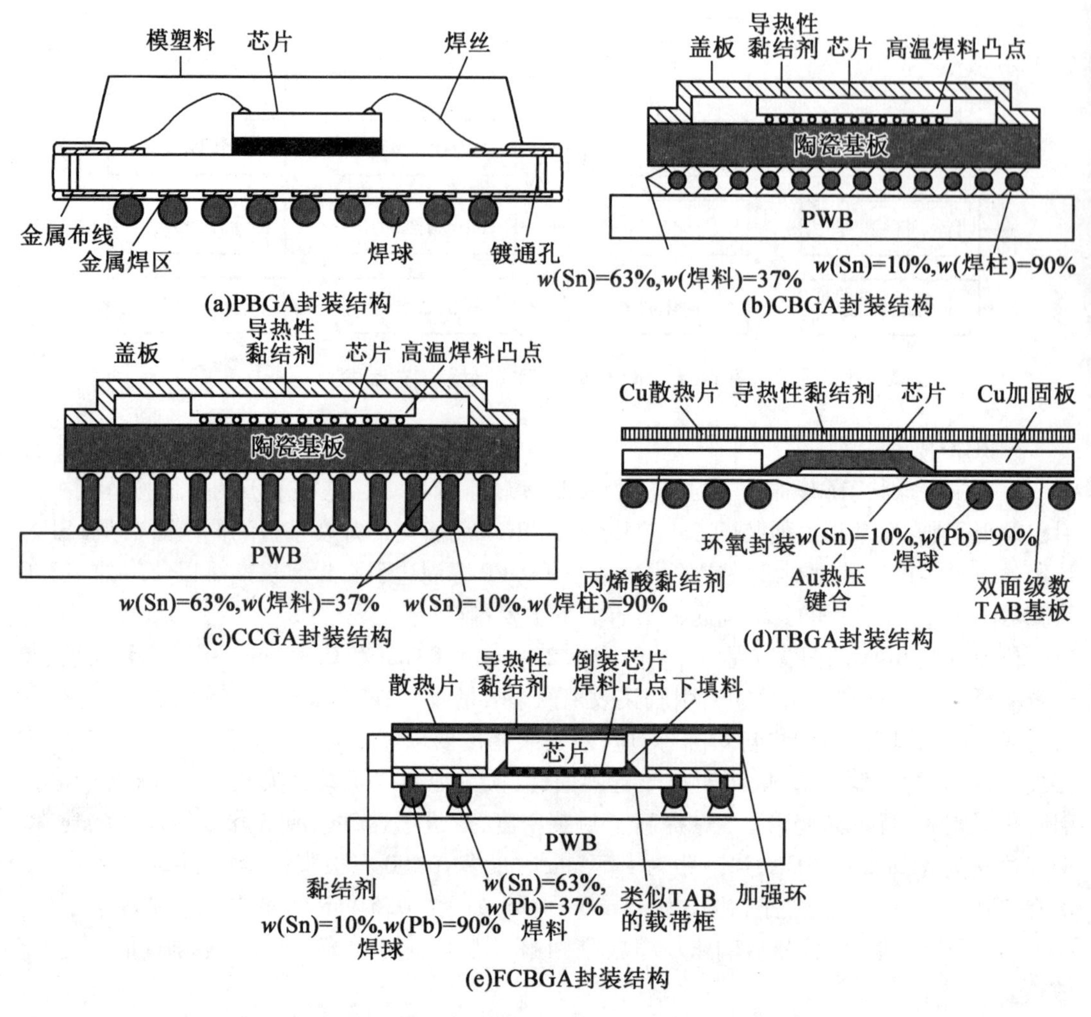

图 14.5　不同 BGA 封装结构

4. CSP 技术

CSP,即芯片尺寸封装。它是在 BGA 的基础上发展起来的,因其封装后尺寸与封装前的芯片尺寸相当而得名,将这类 LSI 和 VLSI 芯片封装面积小于或等于芯片面积的 120% 或芯片封装后每边增加的宽度小于 1.0 mm 的产品称为 CSP。其引脚节距为 1.0 mm 以下。CSP 的出现,使长期以来芯片小封装大的矛盾终于得到解决,CSP 既具有通常各类封装的优点,又具有裸芯片的长处,是最具发展潜力、当今开发最活跃的一类。这种产品具有的特点包括:体积小;可容纳的引脚最多;电学性能良好;散热性能优良。

目前市场上开发出 CSP 有数十种,归结起来,大致可分为以下几类:(1)柔性基板封装;(2)刚性基板;(3)引线框架式;(4)微小模塑型;(5)圆片级(将在本节后面进行详细介绍);(6)叠层型。

5. FC 技术

FC(Flip Chip)即倒装片或倒装片法,也是人们常说的凸点芯片,是没有封装的芯片封装。制作方法与 WLP 完全相同,只是它的凸点还包括 Au 凸点、Cu 凸点、Ni - Au、Ni - Cu - Au、In 等;凸点间的节距比 CSP 的节距更小。而 BGA 和 CSP 则是 FC 的扩展和应用。制作 FC 凸点的工艺方法十分广泛,根据不同需求,当前主要有蒸发/溅射法、电镀法、化学镀法、打球法、焊料置球法、模板印制法、激光凸点法、移置凸点法、柔性凸点法、叠层法、喷射法等。其中的电镀法、置球法、印制法、化学镀法及打球法应用居多,而以印制法和电镀法最具有发展前途。

6. FBP 技术

FBP(Flat Bump Package)技术,即平面凸点式封装技术。FBP 是为了改善 QFN 生产过程中的诸多问题而得以研发的,FBP 的外形与 QFN 相近,引脚分布也可以一一对应,外观上的主要不同点在于:传统 QFN 的引脚与塑胶底部(底面)在同一平面,而 FBP 的引脚则凸出于塑胶底部,从而在 SMT 时,使焊料与集成电路的结合面由平面变为立体,因此在 PCB 的装配工艺中有效地减少了虚焊的可能性;同时目前 FBP 采用的是镀金工艺,在实现无铅化的同时不用提高键合温度就能实现可靠的焊接,从而减少了电路板组装厂的相关困扰,使电路板的可靠性更高。另外,FBP 还可以使用纯铜作为 L/F(引线框架)的材质,这有利于在射频领域的应用。总之,在体积上,FBP 可以比 QFN 更小、更薄,真正满足轻薄短小的市场需求。其稳定的性能,杰出的低阻抗、高散热、超导电性能同时满足了现在的集成电路设计趋势。FBP 独特的凸点式引脚设计也使焊接更简单、更牢固。FBP 技术在某些军用芯片高可靠封装中也具有实用价值。

7. MCM/MCP 技术

多芯片组件(Multi - Chip Module, MCM)是在混合集成电路(Hybrid Integrated Circuit, HIC)基础上发展起来的一种高技术电子产品,它将多个 LSI、VLSI 芯片和其他元器件高密度组装在多层互连基板上,然后封装在同一壳体内,以形成高密度、高可靠的专用电子产品,是一种典型的高级混合集成组件。而多芯片封装(MultiChip Package,MCP)则是适应个人计算机、无线通信,特别是移动通信的飞速发展和大众化普及所要求的多功能、高性能、高可靠性及低成本的要求,使用并安装少量商用芯片,制作完成的封装产品。MCP 的电路设计和结构设计灵活方便,可采用标准化的先进封装,进行标准的 SMT 批量生产,工艺成熟,制作周期短,成品率高;所采用的各类 IC 芯片都是商品化产品,不仅可以采购到,而且价格也相对较低。所有这些都使最终产品的成本也相对较低。由此可见,MCM 和 MCP 是类似的,并无本质上的差别,对 MCM 的论述同样也适用于 MCP。

8. 系统级封装技术——单级集成模块(SLIM)

SiP/SoP 最为典型的系统级封装就是单级集成模块(SLIM)。所谓单级集成模块,就是将各类集成电路芯片和器件、光电器件和无源元件、布线、介质层都统一集成到一个电子封装系统内,它所完成的是庞大的“系统”功能。这种新型的电子封装结构,是将原来的三个封装层次(一级芯片封装—二级插板/插卡封装—三级母板封装)“浓缩”成一个封装层次,这就能最大限度地提高封装密度。与以往的各类封装相比,SLIM 的功能更强、性能更好、体积更小、质量更轻、可靠性更高,而成本会相对较低。

9. 圆片级封装(WLP)技术

通常,集成电路芯片的Al焊区分布在芯片周边,这是为了便于WB和TAB焊接。随着集成度的日益提高,功能的不断增加,其I/O引脚的Al焊区数越来越多(数百至数千个),芯片周边的焊区尺寸和节距越来越小,有的还要交错布局;但当焊区尺寸和节距均小于40 μm时,TAB焊接是不成问题的,但WB就十分困难了。于是,I/O数更高的集成电路芯片周边焊区必然要向芯片中心转移,后来就发展成为焊区面阵排列的集成电路芯片(如FC)。

20世纪90年代中后期,日本首先开发,后在全球迅速发展的CSP多达数十种,但基本可归纳为以下几类,即柔性基板CSP、刚性基板CSP、引线框架式CSP、焊区阵列CSP、微小模塑型CSP、微型BGA(μBGA)、芯片叠层型CSP、QFN型CSP、BCC、圆片型CSP等。各类CSP竞相发展,特别是在通信领域呈供不应求之势。尤其是其中的圆片型CSP,因其可在通常制作集成电路芯片的Al焊区完成后,继续完成CSP的"封装"制作,使其成本、性能及可靠性等较前几类具有潜在的优势。至今国际上大型的集成电路封装公司都纷纷投向这类CSP的研制开发,该封装称为圆片级CSP(WLCSP),又称为圆片级封装(WLP)。除WLP外,其他各类CSP都须先将一个个IC芯片分割后,移至各种载体上对芯片WB、TAB或FCB,最后还要模塑或芯片下填充才可完成CSP的制作过程。模塑既可以是单个模塑,也可以是芯片连接好整体模塑再切割,但都工艺复杂,又不连续,因而成本、质量也各不相同。而在集成电路工艺线上完成的CSP,只是增加了重布线和凸点制作两部分,并使用了两层BCB或PI作为介质层和保护层,所使用的工艺仍是传统的金属淀积、光刻、蚀刻技术,最后也无须再模塑等。这与集成电路芯片制作完全兼容,所以,这种WLP在成本、质量上明显优于其他CSP的制作方法。

14.1.4　未来封装技术展望

集成电路封装技术的发展可分为4个阶段,第一阶段:插孔原件时代;第二阶段:表面贴装时代;第三阶段:面积阵列封装时代;第四阶段:高密度系统级封装时代。目前,全球半导体封装的主流正处在第三阶段的成熟期,FC、QFN、BGA 、WLCSP等主要封装技术进行大规模生产,部分产品已开始向第四阶段发展。

先进封装技术的发展伴随着摩尔定律不断推进,为了提高集成电路的处理速度和性能,需要不断提高芯片封装密度,缩小封装尺寸和线长,增加I/O数量,以空间换时间,解决集成电路性能遇到瓶颈。

有效封装解决方案主要包括:系统级封装(SiP)、三维堆叠技术和层间互连技术。

1. SiP封装

SiP封装(System in a Package,系统级封装)是将多种功能芯片,包括处理器、存储器等功能芯片集成在一个封装内,从而实现一个基本完整的功能。

SiP与SoC极为相似,两者均将一个包含逻辑组件、内存组件,甚至包含被动组件的系统,整合在一个单位中。SoC是从设计的角度出发,将系统所需的组件高度集成到一块芯片上。SiP是从封装的立场出发,对不同芯片进行并排或采用叠加的封装方式,将多个具有不同功能的有源电子元件与可选无源器件,以及诸如MEMS或者光学器件等其他器件优先组装到一起,实现一定功能的单个标准封装件。

SiP封装并无一定形态,就芯片的排列方式而言,可为MCM的平面式2D封装,也可再利用 3D 封装的结构，以有效缩减封装面积；而其内部接合技术可以是单纯的 WB 键合，也可使用 Flip - Chip 倒装焊，还可二者混用。除了 2D 与 3D 的封装结构外，另一种以多功能性基板整合组件的方式，也可纳入 SiP 的涵盖范围。

2. 三维（3D）堆叠技术

在传统的集成电路技术中，作为互连层的多层金属位于 2D 有源电路上方，互连的基本挑战是全局互连的延迟，特别随着等比例缩小的持续进行，器件密度不断增加，延迟问题就更为突出。为了避免这种延迟，同时也为了满足性能、频宽和功耗的要求，设计人员开发出在垂直方向上将芯片叠层的新技术，也就是三维（3D）堆叠封装技术，该技术可以穿过有源电路直接实现高效互连。

3D 堆叠技术是把不同功能的芯片或结构，通过堆叠技术或过孔互连等微机械加工技术，使其在 z 轴方向上形成立体集成、信号连通及圆片级、芯片级、硅帽封装等封装和可靠性技术为目标的三维立体堆叠加工技术。图 14.6 为 3D 堆叠方法类型。基于 3D 堆叠方法主要包括：芯片与芯片的堆叠（D2D）、芯片与圆片的堆叠（D2W）以及圆片与圆片的堆叠（W2W）。

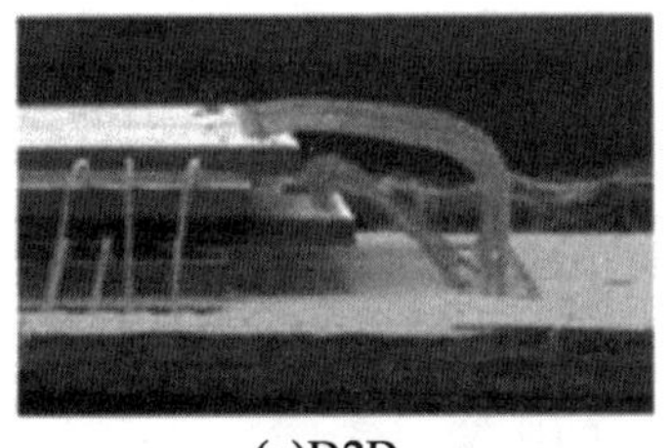

(a)D2D

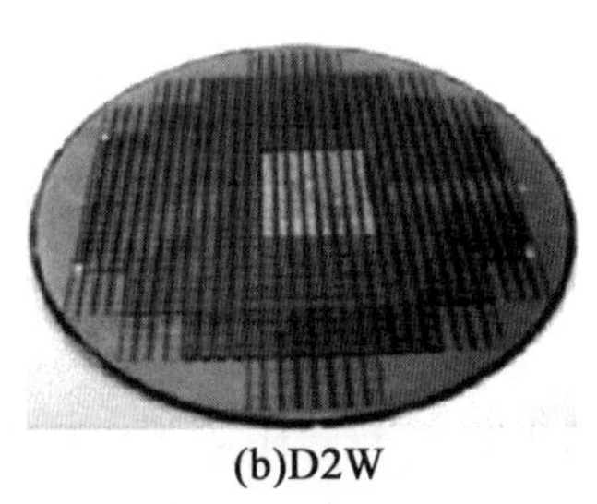

(b)D2W

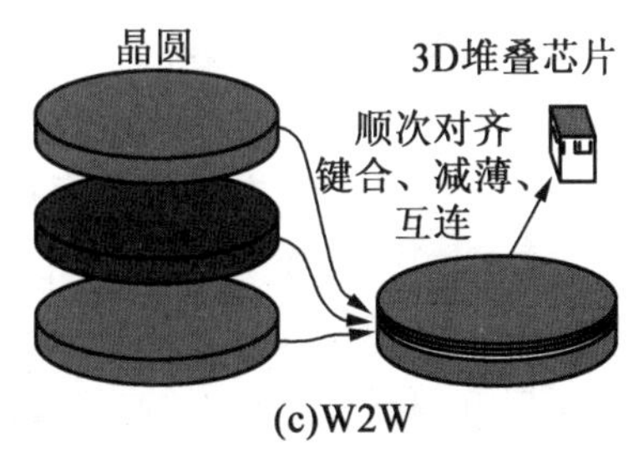

(c)W2W

图 14.6　3D 堆叠方法类型

D2D 堆叠方法是当前 SIP 的主要互联方式，该堆叠方法主要利用引线键合的方式，实现 3D 方向芯片间的互联，如图 14.6(a) 所示。D2D 堆叠方法虽然可以实现 3D 堆叠，提高系统集成度，但由于主要使用引线键合方式互联，限制了系统集成度进一步提高，并因引线会引入寄生效应，降低了 3D 系统的性能。

D2W 堆叠方法利用芯片分别与圆片相应功能位置实现 3D 堆叠，如图 14.6(b) 所示。该种方法主要利用 Flip - Chip（倒装）方法和 Bump（置球）键合方法，实现芯片与圆片电极的互联，该方法与 D2D 方法相比，具有更高的互联密度和性能，并且与高性能的 Flip - Chip 键合机配合，可以获得较高的生产效率。

W2W 堆叠方法利用圆片与圆片键合，实现 3D 堆叠，在圆片键合过程中，利用 TSV 实现信号的互联，如图 14.6(c) 所示。该种方法具有互联密度高、成本低，并可同时实现圆片级封装（WLP）的优点，可以实现 AD、I/O、传感器等多功能器件的混合集成。

对于 D2W 和 W2W 堆叠方法，从生产效率的角度，W2W 方法效率最高，但从成品率角度考虑，由于 D2W 方法可以通过筛选，实现合格芯片 KGD（Know Good Die）之间的堆叠，因此成品率较高；而 W2W 方法，无法通过实现事先筛选，会严重影响堆叠的成品率。

3. 层间互联技术——TSV

硅通孔技术（Through Silicon Via，TSV）将在先进的三维集成电路（3D IC）设计中提供多层芯片之间的互连功能，是通过在芯片和芯片之间、晶圆和晶圆之间制作垂直导通，实现芯片之间互连的最新技术。TSV 技术示意图如图 14.7 所示。

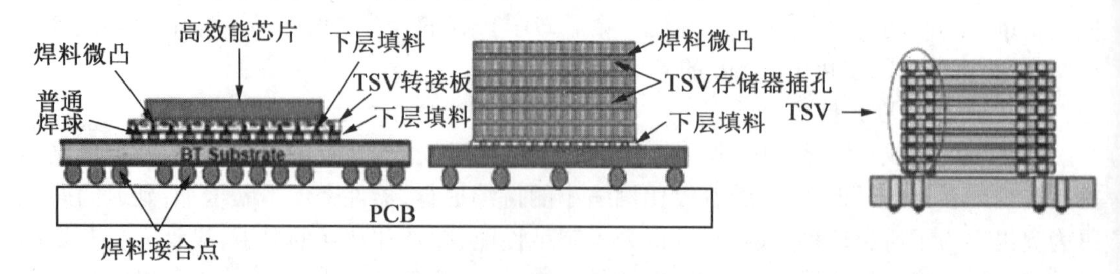

图 14.7　TSV 技术示意图

TSV 技术是一项高密度封装技术,正在逐渐取代目前工艺比较成熟的引线键合技术。被认为是第四代封装技术。与传统的 IC 封装键合和使用凸点的叠加技术不同,三维芯片允许多层堆叠,使芯片在三维方向堆叠的密度最大、外形尺寸最小, 并且大大改善芯片速度和降低功耗的性能。

TSV 与目前应用于多层互连的通孔有所不同,一方面 TSV 通孔的直径通常仅为 1 ~ 100 μm,深度为 10 ~400 μm,为集成电路或者其他多功能器件的高密度混合集成提供可能;另一方面,它们不仅需要穿透组成叠层电路的各种材料,还需要穿透很厚的硅衬底,因此对通孔的刻蚀技术具有较高的要求。

根据通孔制作的时间不同,3D TSV 通孔集成方式可以分为 4 类:

(1)先通孔工艺。即在 CMOS 制程之前完成硅通孔制作。先通孔工艺中的盲孔需电镀绝缘层并填充导电材料,通过硅晶圆减薄,使盲孔开口形成与背面的连接。

(2)中通孔工艺。即在 CMOS 制程和后段制程(BEOL)之间制作通孔。

(3)后通孔工艺。即在 BEOL 完成之后再制作通孔,由于先进行芯片减薄,通孔制成后即可与电路相连。

(4)键合后通工艺。即在硅片减薄、划片之后再制作 TSV。

目前制造商们正在考虑的多种三维集成方案, 也需要多种尺寸的 TSV 与之配合。

(1)基于芯片堆叠式的 3D 技术。

3D IC 的初期形态,目前仍广泛应用于 SIP 领域,是将功能相同的裸芯片从下至上堆在一起,形成 3D 堆叠,再由两侧的键合线连接,最后以 SIP 的外观呈现。堆叠的方式可为金字塔形、悬臂形、并排堆叠等多种方式。芯片堆叠方式如图 14.8 所示。

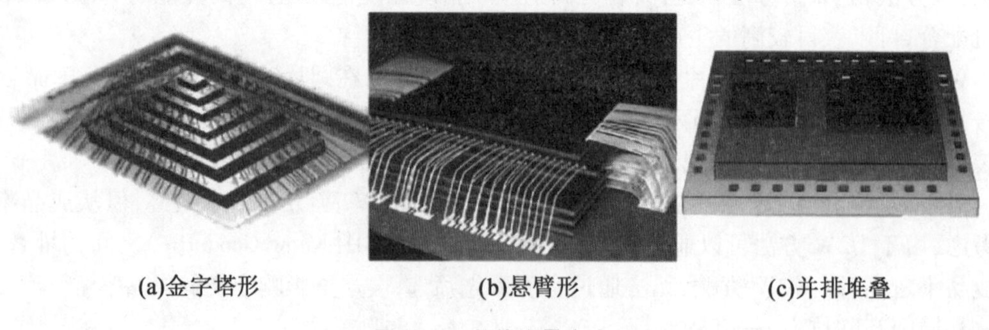

(a)金字塔形　　(b)悬臂形　　(c)并排堆叠

图 14.8　芯片堆叠方式

另一种常见的方式是将一颗倒装焊裸芯片安装在 SiP 基板上,另外一颗裸芯片以键合的方式安装在其上方。倒装焊 - SIP - 键合芯片堆叠方式如图 14.9 所示，这种 3D 解决方案在手机中比较常用。

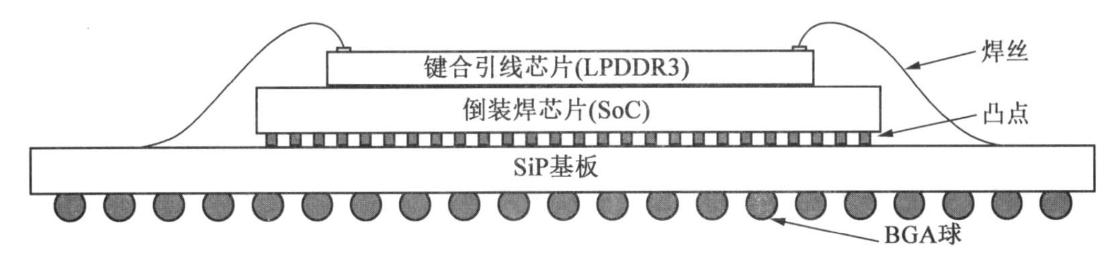

图 14.9　倒装焊 - SIP - 键合芯片堆叠方式

(2)基于有源和无源 TSV 的 3D 技术。

在这种基于有源和无源 TSV 的 3D 集成技术中，至少有一颗裸芯片与另一颗裸芯片叠放在一起，下方的那颗裸芯片是采用 TSV 技术，通过 TSV 让上方的裸芯片与下方裸芯片、SiP 基板通信，如图 14.10(a)所示。

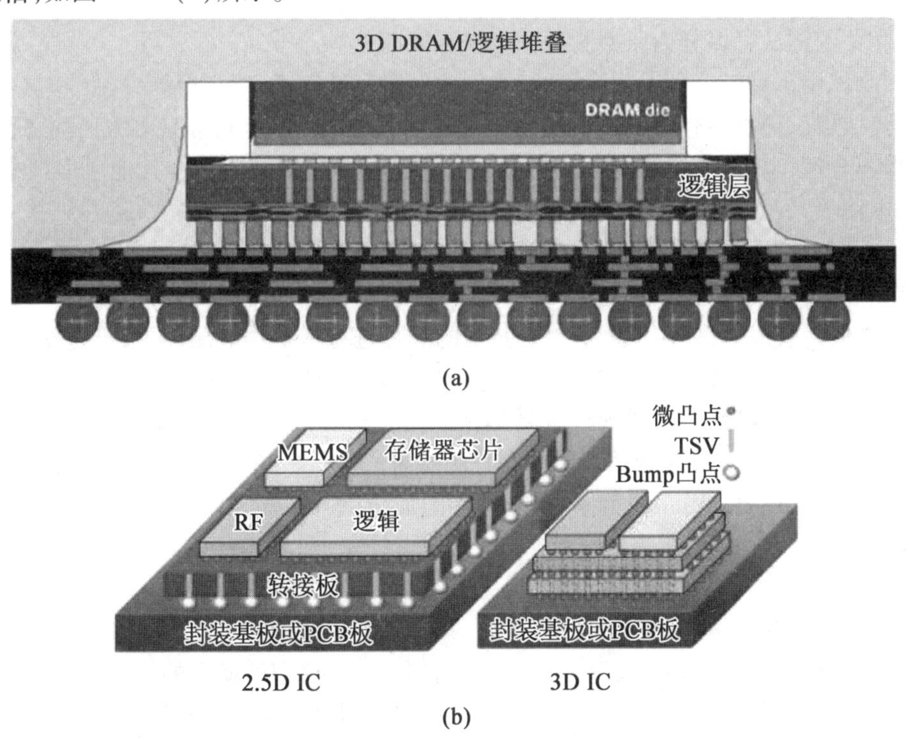

图 14.10　基于有源和无源 TSV 的 3D 技术

图 14.10(b)为无源 TSV 和有源 TSV 分别对应的 2.5D 和 3D 技术。在 SiP 基板与裸芯片之间放置一个硅基板(Interposer)转接层，转接板上有硅通孔(TSV)，通过 TSV 连接硅基板上方与下方表面的金属层。有人将这种技术称为 2.5D，因为作为转接层的硅基板是无源被动元件，TSV 硅通孔并没有打在芯片本身上。

以上的技术都是指在芯片工艺制作完成后，再进行堆叠形成 3D，其实并不能称为真正的 3D IC 技术。这些手段基本都是在封装阶段进行的，可以称之为 3D 集成、3D 封装或者

3D SiP 技术。该技术用于微系统集成,是继片上系统(SOC)、多芯片模块(MCM)之后发展起来的系统级封装的先进制造技术。基于 TSV 技术的 3D 堆叠技术, 将是微电子技术发展的必然趋势, 但也面临许多技术挑战, 如 TSV 技术、超薄片加工技术(临时键合、减薄等)、异质键合技术、层间对准技术等,其中 TSV 技术最为关键。

SiP 和 3D 是封装未来重要的发展趋势,但鉴于目前多芯片系统级封装技术及 3D 封装技术难度较大、成本较高,倒装技术和芯片尺寸封装仍是现阶段业界应用的主要技术。封装工艺将不再是“标准”的流程,而是整体设计/制造中重要的一环。

14.2 集成电路测试技术

微电子产品特别是集成电路的生产,要经过几十步甚至几百步的工艺,其中任何一步的错误,都可能最后导致器件失效。同时,版图设计是否合理,产品可靠性如何,这些都要通过集成电路的参数及功能测试才可以知道。以集成电路从设计开发到投入批量生产的不同阶段来分,相关的测试可以分为原型测试和生产测试两大类。

原型测试用于对版图和工艺设计的验证,这一阶段的测试,要求得到详细的电路性能参数(如速度、功耗、温度特性等)。同时,由于此时引起失效的原因可能是多方面的,既有可能是设计得不合理,也可能是某一步工艺引发的偶然现象,功能测试结合其他手段(如电子探针、扫描电镜等),可以更好地发现问题。

对于生产测试而言,它又不同于设计验证,由于其目的是将合格品与不合格品分开,测试的要求就是在保证一定错误覆盖率的前提下,在尽可能短的时间内进行通过/不通过的判定。为了降低封装成本,使用探针卡对封装前的圆片进行基本功能测试,将不合格品标记出来,这在封装越来越复杂、占整个 IC 成本比重越来越大的情况下,以及多芯片组件的生产中尤为重要。封装完成后,还必须进行成品测试。由于封装前后电路的许多参数将有较大的变化(如速度、漏电等),许多测试都不在圆片测试阶段进行。同样,成品测试也是通过/不通过的判断,但通常还要进行工作范围、可靠性等附加测试,以保证出厂的产品完全合格。

14.2.1 集成电路测试技术简介

1. 电学特性测试

电学特性测试的目的是最大限度地覆盖可能存在于 IC 中的所有的失效源。测试 IC 电学特性的步骤通常是:连接测试、功能与动态(交流)特性测试和直流特性测试。

(1)直流特性测试。

在 IC 制造、出厂、验收、可靠性保证的各个阶段,直流特性测试使用最为普遍,它是一切测试的基础。直流特性测试大致可分为输入、输出、全电流和功耗的测试。直流输入特性是在需要测试的输入端加上一个规定的电压,其他的输入端加一定的电压或短路、开路,然后测定它的输入电流。对于直流输出特性,则是测试它能否满足规定的负载条件,方法是在被测的输出端加上一定电压,测定它的输出电流。VLSI 逻辑电路内部门电路很多,输入的逻辑组合也多,输入条件不同,直流输出特性也会发生变化,因此输入条件的确定非常复杂,需特别注意。

(2)交流特性测试。

①交流稳态测试是用正弦信号或其他周期性信号激励被测器件,在稳态情况下同时测量输入输出波形,主要用于模拟电路测试。

②脉冲测试是用来测试数字/数模混合电路的脉冲传输特性,也称为动态测试。就是在测定输入输出的开关波形时,根据输入/输出的电平定义,测定上升、下降、延迟时间等参数,也就是通常所说的参数测试。另外对于用时钟动作的电路,要测定最小脉冲宽度(最高工作频率)等参数。

(3)功能测试。

由于纯模拟电路的规模通常都不太大,它的功能测试通过交/直流特性测试即可完成,这里所说的功能测试,主要是针对数字及数模混合电路。逻辑功能测试是数字/数模混合电路测试的中心,它是对电路逻辑功能的检验,方法是通过在电路输入端加一系列的测试图案,测量输出端响应,并与无错误的输出预期值比较,以检查被测器件的功能是否正确。为了最大限度地覆盖电路中所有节点可能存在的所有错误,并尽可能缩短测试时间以降低成本,关键在于如何产生更加合理的测试图案。

功能测试常与动态测试结合进行,形成了所谓实时功能测试,也称为动态功能测试。这在被测器件的工作频率不断提高的情况下尤其重要。

(4)工作范围测试。

工作范围测试也称为安全工作区测试,确定被测器件在某些参数条件下的正常工作范围(如极限测试及绘制 SHMOO 图等)。确定这个范围对于了解器件的性能、确定工作条件、改进设计和工艺都有很大的意义。

2. 可靠性测试

IC 的可靠性包含了许多方面,从设计、工艺,到封装、测试,也就是说一个 IC 产品从开发到最后出厂,每个环节都涉及它的可靠性。IC 的生产流程常常有几十步甚至上百步,其中的每一步都可能导致最后失效,这就需要精确细致地进行失效分析。通常 IC 产品的寿命为 10 年,产品可靠性要求保证其中的元件在这个时间范围内性能可靠。

如图 14.11 所示,以加速应力试验对新器件进行人为“老化”,得到的失效率随时间的变化曲线,称为“浴盆”曲线。早期失效反映的是由缺陷等引起的器件性能退化,在可靠性测试中应予以剔除。其后的两部分随机失效和耗损,反映的是器件的本征退化,表征器件平均有效寿命。

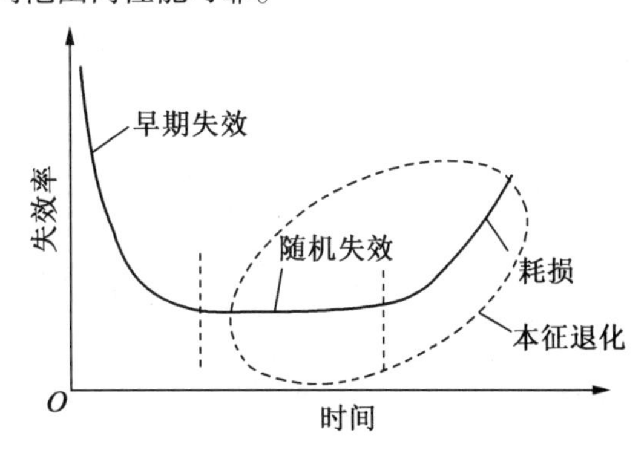

图 14.11　失效率随时间的变化

产品可靠性有 3 个主要元素:设计可靠性、工艺可靠性和组装可靠性。若这三者都能达到产品寿命的要求,产品的可靠性就可以得到保证。对应于产品从开发到交付用户使用的各个阶段,可靠性测试也有不同的目的:(1)研制阶段,使产品达到预定的可靠性指标;(2)生产过程中,不断监控以提高产品质量;(3)制定合理工艺筛选条件;(4)对产品进行可靠性鉴定或验收;(5)研究器件失效机理,以利于改进工艺。

例如器件失效机理分析:(1)氧化层失效。薄氧化层的针孔、热电子效应。(2)层间分离。铝-硅、铜-硅合金与衬底热膨胀系数不匹配;低氧时吸收环境中的水气,导致膨胀、收缩,淀积在其上的金属层裂开,并导致钝化层分离。(3)金属互连空洞应力。金属微观结构导致沿互连线方向的应力、钝化层类型引起的纵向应力、应力的分配与金属互连空洞呈比例关系。(4)机械应力。器件尺寸减小加剧应力,减低寿命;机械应力导致硅片中热载流子寿命产生两个数量级的变化。(5)金属化。细线条金属连线由于内部机械应力,在1~2年后发生断裂;金属化与硅衬底和钝化层的热膨胀系数不匹配,产生热应力;铝硅过渡合金,导致不均匀和开路、钝化层应力导致铝线上的空洞;氧化物台阶处的金属覆盖不良,导致开路;线宽减小、片上金属化间太近、金属层太薄,以及封装引线间距减小引发电迁移;硅向铝中的渗透产生"小丘",导致接触电阻增大和易发生电迁移;通孔开路;铝硅接触处的金属减薄;Al与TiN/Pt以及TiN/Cr结构金属化的失效机理,导致N分离出来,形成AlN及针孔;金属版套准不良。(6)电过应力/静电积累现象。导致器件更敏感等。

可靠性试验可分为环境试验、寿命试验、加速试验、特殊试验和使用试验几大类,如图14.12所示。

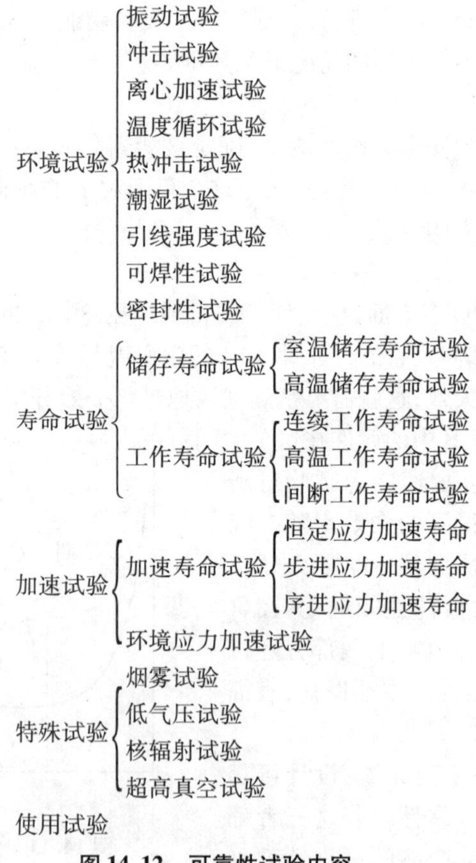

图14.12 可靠性试验内容

3.测试数据的统计分析

面对集成电路测试得到的大量测试数据,需要用适当的方法来统计分析和整理,使之变为容易理解和便于使用的形式,例如各种曲线、图表、统计结果等。用这些统计数据可以方便地鉴定器件质量,确定参数规范,分析产品失效,控制生产工艺等。

4. 测试成本

集成电路的测试成本来源于测试设备与测试行为两个方面。

测试设备方面的成本又可以具体分成硬件与软件两部分。

硬件方面:测试仪的购买和维护费用,包括测试控制(计算机和存储设备)、管脚电路(驱动/接收接口)和连接线。

软件方面:测试软件的产生与维护,包括测试图形发生、测试设计验证(失效模拟与失效分析)以及相应的文件等。

测试行为带来的消耗来源于测试时间和测试人员费用。

测试时间:测试占用测试设备与计算机的机时、长时间测试(如老化测试)带来的隐蔽性消耗。

测试人员:测试人员培训和工作时间的费用。

随着电路规模和复杂性的不断增加,集成电路测试的成本已经占到整个生产成本的30% ~40%。测试程序开发用时见表 14.1。

表 14.1　测试程序开发用时

被测电路	电路规模/晶体管数	测试程序开发用时/h
SSI/MSI	200	120
外围芯片	2 000	320
微处理器	20 000	1 000
VLSI 微处理器	200 000	3 300

14.2.2　数字电路测试方法

前面讨论过,数字电路的测试分为直流特性测试、交流特性测试和逻辑功能测试三部分,其中逻辑功能测试由于电路规模的不断增大、结构日益复杂,在测试时间和成本的要求下。成为逻辑型 VLSI 测试的主要问题。以下对数字电路测试的讨论也将以逻辑功能测试为主。

数字电路测试涉及 3 个基本概念。(1)输入测试向量。也称为输入向量或测试向量,指并行加到被测电路直接输入的若干 0、1 的组合。例如,一个 8 输入被测器件,它的一个测试向量可为 01110011。(2)测试图形。输入测试向量与被测器件在施加此输入时的无错误输出响应的总称。(3)测试序列。一系列理想情况下可以此判断被测器件有无失效的测试图形。测试序列有完全、简化或最简,以及伪随机等区别。

在测试方法上通常有以下几种。

1. 实装测试法

实装测试法是把被测试的芯片连接到实际工作的系统环境中,看它能否正确地执行运算和操作,以此判断它是好是坏。由于不需要特殊的测试仪器,这种方法比较简单经济,但缺点也很多,比如不能分析工作不正常的原因、不能进行改变定时等条件测试、没有特别的硬件时不能在中断等最坏情况的外部环境状态下进行测试、测试灵活性差等。这种测试方法主要为需要少量 IC 的用户用于验收测试。

2. 比较测试法

比较测试法是把存储在逻辑功能测试仪器的存储器里的输入向量,同时输入到被测试的芯片比较用的合格芯片中,对两个电路的输出向量进行比较,看其是否一致,以此来判断好坏。这种测试方法可使用价格较低的测试仪器,比较简单经济,可以进行实时重复响应测试,并可以针对 VLSI 内部特定模块生成测试图形,对失效进行定位。但它的缺点同样不可忽视,对于比较用的合格 IC 的依赖性很强,从哪里获得最先用于比较的合格 IC 以及如何管理它,输入的调试向量是设计人员确定的,改变和修正的自由度很小,对于动态状态下的功能测试有一定的限制,不可能进行参数测试。这种测试方法一般用于 VLSI 制造中的 GO/NO GO 测试。

3. 测试图形存储法

测试图形存储法是目前应用最广泛的逻辑 VLSI 功能测试法。在测试前,把预先脱机生成的测试图形输入到 VLSI 测试仪器的缓冲存储器里,然后进行逻辑功能测试,也称为存储响应法,具体又分为两类。

(1)逻辑模拟法。由测试图形发生器,依据被测试 VLSI 的逻辑连接,生成输入输出测试图形。这种方法的优点是:只需要输入被测 IC 的逻辑连接数据,是最方便的方法,适用于一切 VLSI;能够以逻辑门单位,查出失效部位;测试程序简单,电平、定时等参数容易改变,可建立 VLSI 特性图表;对于一种 IC 只需要生成一次测试图形。同样,这种方法也有缺点:测试图形发生器的算法非常复杂;由于测试图形是自动生成的,不能自由改变顺序;不了解 VLSI 的内部结构,就不能使用这种方法;需要大容量存储器存储测试图形。

(2)输出向量检出法,这种方法主要是针对微处理器的测试提出来的,它把以翻译程序转换为输入向量的操作码与操作数加到合格 IC 上(或直接把输入向量加到合格 IC 上),检测出这时的输出向量和输入向量一起作为测试图形,保存在 VLSI 测试仪的大容量存储器中,用于逻辑功能测试。

测试图形存储法的优点是:测试微处理器时,指令和操作数系列只需以助记符的形式输入;可以测试特定的指令;此时向量的顺序可以自由改变;测试程序简单,定时等参数容易改变,可做特性图表。缺点是:对于每一种 VLSI 都要有相应的翻译程序;需要存储测试图形的大容量存储器;需要准备检测输出图形用的合格 IC。测试图形存储法通常使用价格昂贵的通用 VLSI 测试仪器,由于它即使在生成测试图形后,也可以通过改变测试程序自由改变测试条件,对器件的特性进行评价,所以目前的 VLSI 制造商和部分用户都采用这种方法进行测试。

4. 实时测试图形产生法

实时测试图形产生法不必把测试图形存入缓冲存储器,而是用图形发生器,一边实时地产生测试图形,一边进行逻辑功能测试。

产生测试图形的方法有仿真法和算法测试图形发生法两种。仿真法使用测试仪器的硬件构成待测 IC 的仿真器,根据输入产生测试图形。对于算法测试图形发生法,应用的算法种类很多,后面将会具体分析。

实时测试图形发生法由于实时产生测试图形,不需要测试仪器具有大容量的存储器,但同时也限制了测试速度。对仿真法,还有不同电路需要不同硬件仿真器的问题。

5. 折中法

折中法根据被测电路的具体情况,将以上各种方法加以组合,以适应实际测试的需要。

上面讲到的各种测试方法都各有优缺点,有的适用于产品试制或改进阶段的验证测试,有的适用于大规模生产中的合格品检验,有的通常只用于客户验收测试,具体采用哪一种方法,要根据实际需要来定。

14.2.3　数字电路失效模型

在数字电路测试技术中,有两种不同的思路:

(1)依据电路应具有的各种功能产生测试向量,并检查正确的 O/I 输出响应。

(2)考虑电路中可能出现的所有失效情况,由此出发设计一系列的测试内容,以检测这些失效是否出现。

前一种就是习惯上说的功能测试,它不考虑电路的具体设计,只判断电路功能正确与否。在不知道电路结构的情况下,这是唯一的测试方法。后一种是基于失效模型的测试方法,它通过考虑 IC 制造过程中可能出现引起电路失效的异常情况,计算分析它出现/不出现时的输出情况,设计测试以判断电路中相应的失效是否发生,若没有测到给出的失效情况,就认为电路没有失效。

由失效模型出发,对被测试电路可设计一套数据量最小的测试图形,共同完成错误检验。这个过程有时称为基于结构的测试图形发生,通常由测试图形自动发生器(Automatically Test Pattern Generation,ATPG)依据版图自动生成测试向量。

数字集成电路测试中通常考虑的失效有:固定错误(Stuck—at Faults);干扰错误(Bridging Faults);固定开路错误(Stuck-open Faults);图形敏感错误(Pattern Sensitive Faults)。

前两种失效存在于各种工艺的数字集成电路中,固定开路错误通常应用于 CMOS 工艺的数字 IC 测试,而最后一种,一般用于具有规则结构的特定器件(如 RAM 和 ROM)。

①固定错误。

单一固定错误是数字 IC 测试中应用最多的失效模型,它假定电路中的任何物理失效导致节点被固定为逻辑 0、s - a - 0,或逻辑 1、s - a - 1。

例如,一个三输入与非门存在 8 种可能的固定错误(表 14.2)。表 14.3 为可检查与三输入与非门所有固定错误的最简输入向量。

表 14.2　三输入与非门的所有固定错误情况

输入 ABC	无错误输出	存在 s - a 失效时的实际输出 Z							
		A s - a - 0	A s - a - 1	B s - a - 0	B s - a - 1	C s - a - 0	C s - a - 1	Z s - a - 0	Z s - a - 1
000	1	1	1	1	1	1	1	0	1
001	1	1	1	1	1	1	1	0	1
010	1	1	1	1	1	1	1	0	1
011	1	1	0	1	1	1	1	0	1
100	1	1	1	1	1	1	1	0	1
101	1	1	1	1	0	1	1	0	1
110	1	1	1	1	1	1	0	0	1
111	0	1	0	1	0	1	0	0	1

表 14.3　可检查到三输入与非门所有固定错误的最简输入向量

输入略缩小距离测试略缩小距离向量 A	B	C	正确输出	错误输出	可判断的失效情况
0	1	1	1	0	A s-a-1 或 Z s-a-0
1	0	1	1	0	B s-a-1 或 Z s-a-0
1	1	0	1	0	C s-a-1 或 Z s-a-0
1	1	1	0	1	A 或 B 或 C s-a-0 或 Z s-a-0

②干扰错误。

电路中的节点也可能由于短路等原因,在其周围节点的动作下,被错误地影响为 0 或 1。由于这种失效机理与干扰错误链上节点间逻辑上的相互独立性有关,因此在没有考虑到具体工艺、失效在电路中的位置及串扰影响的范围等因素时,并不能精确判断串扰的情况。例如,TTL 电路中,两节点间短路时逻辑 0 的可能性更大;ECL 电路中,为逻辑 1 的情况居多;CMOS 电路中则也可能出现中间电平。

理论上讲,n 条线中任意两条发生短路的可能性为 $n(n-1)/2$,但显然,短路通常都发生在相邻的线间。若考虑到多余两条线的短路情况,概率就大大增加了。通常干扰错误中可能的情况多为固定错误模型。另外,干扰错误还可能导致电路中形成反馈回路;更增加了分析的难度。

(3)与 CMOS 工艺相关的失效。

CMOS 工艺是目前微电子工艺中应用最广泛的,因而由 CMOS 工艺自身的特点出发,得到的失效模型也比较实际。

固定错误模型对于 CMOS 工艺集成电路来讲,相当于输入端固定接到 V_{DD}(逻辑 1)或地(逻辑 0)。统计表明还有约 1/3 的错误情况不在此列,这样就必须找到更加适用的失效模型。

图 14.13 为典型的 CMOS 二输入与非门和或非门。正常情况下,由于 p 管和 n 管中总有一个截止,不存在由电源到地的通路,功耗很小。假设图 14.13(a)中的 T_1 管开路,则在输入端 $AB=01$ 时,由于 T_1 管没有导通,造成输出端悬浮。然而,假设输入向量变化的顺序是 00、01、10、11,第一个输入向量 00 在输出端产生的逻辑 1,由于电容作用得以在输入 01 时保持,并产生向量 01 产生输出 1 的假象。因而输入向量变化的顺序就需要改为 11、01。对于 T_2 管开路的情况则应是 11、10。

对于图 14.13(a)中 n 管串联的情况,当其中之一开路时,输出端将不能放电到 0,p 管短路时充电将不到 V_{DD}。在图 14.13(b)中,n 管并联的情况,开路会产生记忆错误,p 管短路将导致输出端不能充分放电。

CMOS 电路中的短路情况,可能会造成某一状态下 V_{DD} 到地的一条通路,例如图 14.13(a)中的 T_3 管短路,当输入向量为 01 时,T_1、T_3、T_4 就构成了 V_{DD} 到地的通路,此时电源电流将突然增大。针对这样的情况,I_{DDQ} 测试将非常有效。

CMOS 电路中的交叉错误同样会引起失效,并且不能以固定错误模型加以描述,尤其是对复杂的 CMOS 结构。

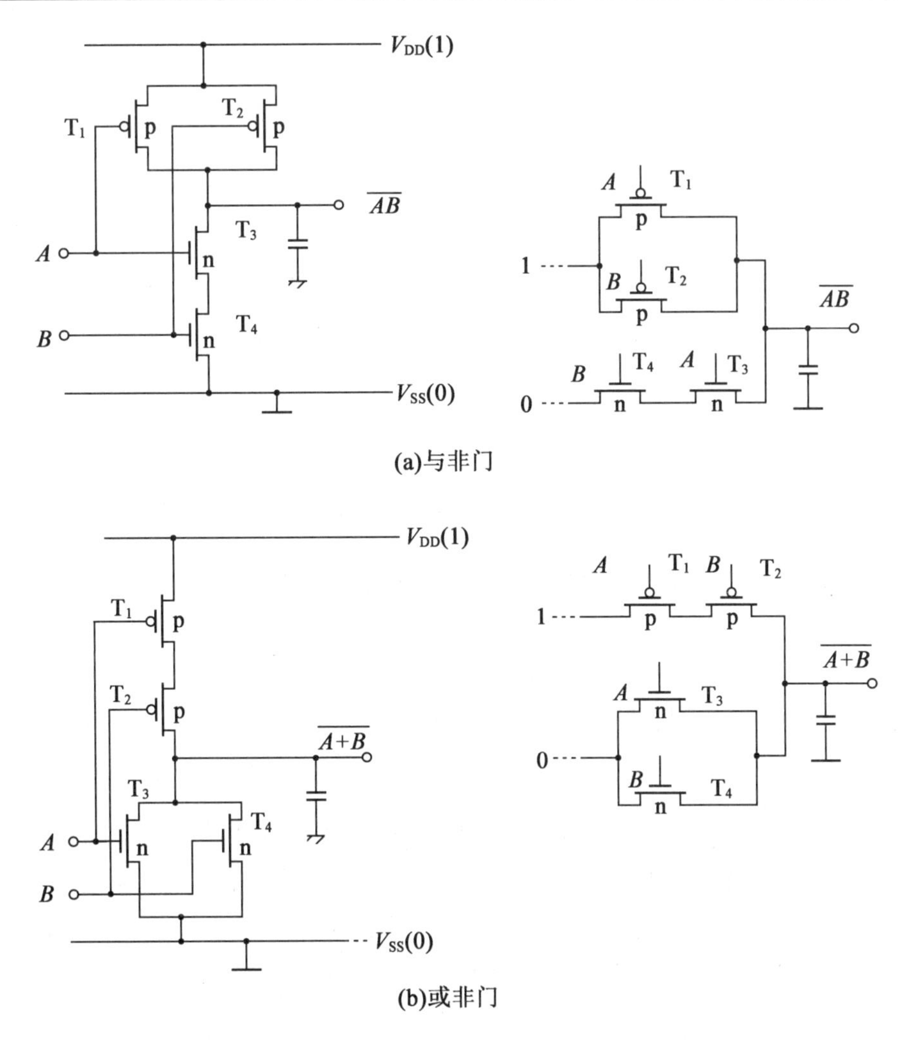

(a)与非门

(b)或非门

图 14.13　典型的 CMOS 二输入与非门和或非门

由此可见,由于 CMOS 电路特殊的二元性,单纯 p 管或 n 管部分的失效,给电路测试带来更多的困难。实践证明,对 CMOS 集成电路的测试,最有效的方法是功能测试结合 I_{DDQ}测试。

另外,数字集成电路中还存在一些偶发性错误,可分为两类。传输错误:射线、电源电压波动等造成的数据错误;间歇性错误:电路中的某些不当造成随机出现的错误。在产生测试图形时充分考虑以上问题,以最大限度地覆盖可能存在的失效。

14.2.4　I_{DDQ}——准静态电流测试分析法

对 CMOS 电路,由于它结构上的二元性,采用功能测试与 I_{DDQ}测试相结合,比其他基于失效模型的测试图形更有效。分析 CMOS 电路的开路/短路错误可以知道:(1)对于任何的开路失效,需要两个测试向量,前一个在输出端产生一个逻辑 0(1),后一个检验其是否能翻转;(2)对于任意短路错误,总有一些测试向量会产生一个由电源 V_{DD}到地的通路,这可以通过监视电源静态电流 I_{DD}发现,也就是 I_{DDQ}测试。图 14.14 为一个简单的 p 管短路的 CMOS

反相器的电流、电压波形。

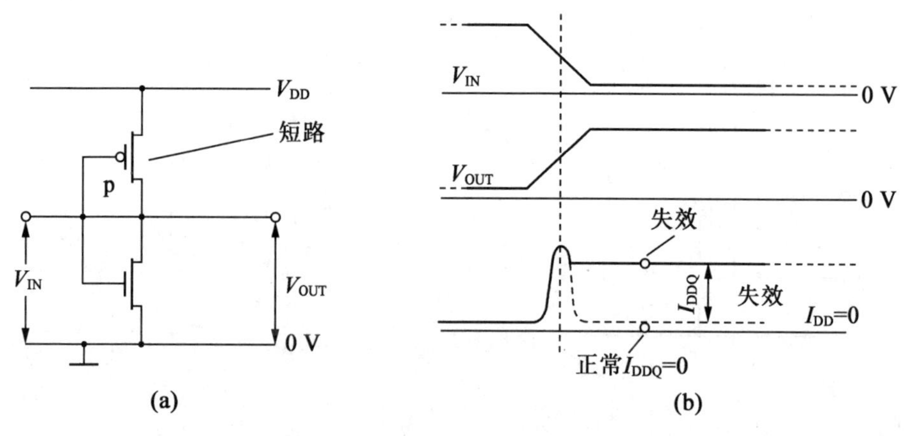

图 14.14　一个简单的 p 管短路的 CMOS 反相器的电流、电压波形

CMOS 电路电流监测的理论最早是由 Levi 在 1981 年提出的。比较图 14.16 (b)中电路在正常情况下与出现短路失效时的电流变化,可以发现两者只有在过渡状态完成后有明显的区别。由此产生了 3 个问题:

(1)由于 I_{DDQ}测试必须在过渡状态结束后进行,输入测试向量的上升/下降延迟时间 t_r 和 t_f 都会影响 I_{DDQ}测试的速度。

(2)I_{DD}电流激增只出现在特定的测试向量。

(3)复杂电路中可能有大量的翻转动作持续进行,这就意味着全局的静态状态很少。

与此相关的参数和其典型值有:平均门翻转时间 $T_{av} \leqslant 5$ ns;正常门平均静态电流 <5 pA;短路电阻典型值为 100 Ω ~ 20 kΩ;I_{DDQ}测试要求电流灵敏度为 1 mA ~ 50 mA;I_{DDQ}测试的取样频率为 10 kHz ~ 100 kHz,即 50 μs 测量 1 次。I_{DDQ}测试有 3 种方案。

(1)每向量测试一次。

在每个测试向量后停顿,进行 I_{DDQ}测试。这将非常耗时,对有 200 000 个测试向量的测试图形,若包含 I_{DDQ}测试的每向量测试时间为 100 μs,则完成整个测试需要 20 s。

(2)对测试图形有选择地进行 I_{DDQ}测试。

通常是随机地选择测试图形中的某些向量进行 I_{DDQ}测试。统计证明,对完整 ATPG 测试的 1% 进行 I_{DDQ}测试,即可达到同每向量测试相同的短路失效覆盖率。

(3)增补测试图形。

专为 I_{DDQ}测试设计一套测试图形,与其他测试内容分开单独进行,每向量测试 1 次。基于短路失效模型,分析每一条 V_{DD}到地可能存在的通路,由此产生的测试图形最为有效。

进行 I_{DDQ}测试的方法有两种:片外测试和芯片内监控。后者也称为内建电流测试(Build-in Current Testing, BIC Test)。由于 VLSI 中的绝大部分都采用 CMOS 工艺,I_{DDQ}测试对纯数字及数模混合电路测试都是一种有效的手段。

14.2.5　模拟电路及数模混合电路测试

1. 模拟电路测试

纯模拟电路通常规模比较小,在电路元件比较多时可能达到 MSI/LSI。与数字电路测试不同,模拟电路测试的难点不是数据量大,而是电路的复杂性。即使是一个最简单的运算放大器,也需要进行 20 ~ 30 种互不相关的不同内容的测试。每一种电路的测试内容、要求都几乎完全不同,例如运算放大器与调频电路间就没有什么共性可言。以运放为例,需要测试的参数包括输入失调电压、输入失调电流、共模抑制比、电源电压抑制比、正增益、负增益等。

在模拟电路的原型测试阶段,需要进行工艺参数和电路参数两个方面的测试,并且在其成品测试中,也需要保证相应的工艺参数稳定不变,因为表面状况、光刻版套准精度等的偏差都会引起模拟电路性能下降。

(1)模拟电路失效类型。

模拟电路的失效情况大致可以概括为几类:①参数值偏离正常值;②参数值严重偏离正常范围(如开路、短路、击穿等);③一种失效引发其他的参数错误;④某些环境条件的变化引发电路失效(如温度、湿度等);⑤偶然错误,但通常都是严重失效(如连接错误等)。

其中①、③和④通常只是引起电路功能偏离设计值,但仍可工作。由此也有人将模拟电路失效情况分为硬失效和软失效,前者指不可逆的失效,引发电路功能的错误;后者发生时,电路仍可工作,但须在偏离允许值范围。

在数字电路测试中通常采用的 s - a 失效模型,基本上可以覆盖数字电路的绝大部分失效情况,但在模拟电路测试里情况有所不同,硬失效只占总数的 83.5%(有的资料上为 75%),这样就至少有 16.5% 的失效情况不能由失效模型得到。所以即便采用了失效模型,也还需要使用 SPICE 等仿真软件来模拟发生某种失效时的实际结果。随着 VLSI 技术的不断发展,详细的无故障特性模拟结合功能测试成为模拟电路测试的主流,用以检测出任何的特性偏移,取代失效模型分析。

(2)模拟电路参数测试。

纯模拟电路通常包括放大器(特别是运算放大器)、稳压器、晶振(特别是压控晶振)、比较器、锁相环、取样保持电路、模拟乘法器、模拟滤波器等。数/模、模/数转换器也可以归为模拟电路。由于不同的模拟电路特性参数也各不相同,当然不可能给出统一的测试方法和要求。实际测试只能针对具体电路,依据客户或设计者提出的电路特性参数要求,设计相应的测试内容,进行合格与否的检测。

在测试前先要依据生产商提供的电路参数进行仿真,得到被测电路的特性参数期待值和偏差允许范围。以运放为例,生产方应提供的参数包括诸如高/低电平输出、小信号差异输出增益、单位增益带宽、单位增益转换速率、失调电压、电源功耗、负载能力、相位容限典型值等。得到了测试所需的输入信号和预期的输出响应,就可以准备相应的测试条件了。确定需要的测试测量仪器,搭建外围测试电路,这也是与数字电路测试的不同之处,模拟电路的特性参数可能会因为外围条件的微小差异而有很大的不同,所以诸如测试板上的漏电等因素都必须加以考虑。

(3)特殊信号处理与 DSP(Digital Signal Processing)技术。

传统的模拟电路测试方法很难得到精确、重复的输入信号和输出响应,对电路的输入端也很难做到完全同步。同时,靠机械动作切换的测量仪器,响应速度也难以达到输出测量的要求。DSP 技术的出现和发展,正为高速、精确的模拟电路测试提供了有效的解决方法。

DSP 测试原理图如图 14.15 所示。DSP 测试通常是以 PC 或工作站通过控制/测试软件控制存储单元向 DAC 输出一系列测试码,由 DAC 转换为相应的频率与波形的信号,输出到被测模拟电路的输入端，再将输出信号由 ADC 转换为数字值，送回计算机进行分析。

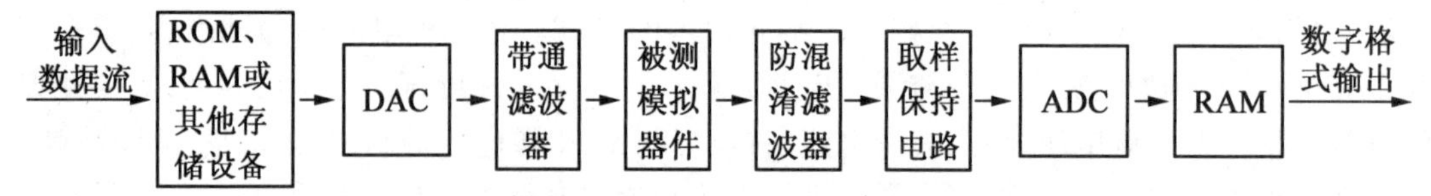

图 14.15　DSP 测试原理示意图

使用 DSP 技术进行模拟电路测试的好处在于：①可精确控制产生任意幅度、频率和波形的模拟信号；②准确测量输出信号；③可做到准确的时间控制和信号同步；④对输入信号产生和输出信号测量的精确重复，最大限度地防止信号的漂移；⑤不存在传统模拟测试在设备间切换时需要很长的稳定时间的问题；⑥由于数字信号的采样频率与模拟信号测量速度相比，至少要高 10 倍以上，其测试速度要远远大于传统方式的模拟测试。

DSP 技术更大的用途在于混合电路的内建自测试，由于其数字部分已有的自测试结构可以作为对模拟信号进行数字处理的模块，充分利用了电路内部的可用模块。

2. 混合电路测试

在实际使用的集成电路中，还有许多是将模拟信号作为输入，经传感器转变为数字信号进行处理或直接输出，或者以数字信号输入，变化为模拟信号输出。这样的数模混合系统的测试，涉及模拟信号测试与数字信号测试两个方面，频率覆盖了从几赫兹到上吉赫兹的范围，至少在对测试设备的要求上就是个不小的问题。

对于混合电路的测试，通常没有什么简单的方法，只有在电路设计中将其分为可以单独测试的模拟、数字模块，在测试时，对模拟部分与数字部分分别进行测试。据统计，混合电路中模拟部分所占的芯片面积通常为 20% ~25%，但所需的测试时间和测试成本，却与数字部分相当，甚至更高。对于数字、模拟部分有效隔开的混合电路，测试的步骤通常依照以下的顺序进行：模拟测试→数字测试→整体功能测试。需注意的是，即使模拟测试与数字测试的结果完全合格，也并不表示电路没有故障，因为两者间的连接部分出现一点错误，同样会导致电路失效，所以无论整体功能与模块化的测试结果间有怎样确定的关系，在测试项目中，都必须保留一些整体功能测试。

混合电路测试不同于单纯的模拟或数字测试，它的测试质量不仅取决于二者各自的精度，也与它们之间的相互影响有关，比如模拟部分与数字部分必须有相互独立的接地系统。另外，由于模拟部分的存在，测试负载板的性能也格外重要，其噪声特性应比测试要求低 12 ~18 dB。除此之外，数字信号线应为 50 Ω 屏蔽线，低频模拟信号需要屏蔽双绞线，高频信号线间应避免相互交叉，直流电源要接电容等。在这些细节上的疏忽，可能给测试结果带来很大的干扰，甚至错误。

在混合电路的测试，特别是生产测试中，不可能分别用不同的仪器设备进行模拟与数字测试，这在测试时间上是不允许的，因而测试设备必须同时具备模拟测试与数字测试的能力。增加了模拟测试功能的通用测试仪与单纯的数字测试系统相比，价格又高了很多。测试成本问题，以及随着器件尺寸缩小产生的测试能力限制，都使得内建自测试技术受到越来越多的关注。

14.2.6　未来测试技术展望

1. VLSI 的发展对测试技术的挑战

(1)内外带宽差异。

与集成电路内部器件数和速度的飞速增长相矛盾的是外部封装管脚数的限制。平均每个管脚对应的内部器件数越多,内部节点的可测性与可控性就越低。同时片内工作频率按等比例缩小原则的增长速度,也远远高于 I/O 带宽(开关时间与管脚数的积)增长速度。

(2)混合电路测试。

越来越多的结构被做在同一块电路内,对一个包含了可编程逻辑单元、内嵌闪速存储器、射频电路,甚至光学或微机电结构的 IC,不同的物理结构具有各不相同的失效,必须逐一测试。在测试仪器方面,要求有不同的测试源、接收器,这对测试设备的性能和价格而言是一个巨大的挑战。

(3)系统级芯片测试。

系统级芯片的结构上具有模块化的特点,它的模块设计都应考虑到重复利用的价值。同样对这样模块化结构的测试,也可以重复使用,便于移植。如何实现测试模块的打包,这对以外部设备进行测试的测试方案来讲似乎有些困难。

(4)内嵌存储器与自我校正。

具有巨大内嵌存储器的芯片,需要冗余结构,用于在其中之一发生失效时以相同的结构替换。这必然要求 IC 具有内部的自测试结构,能够实时监控失效的发生,确定失效究竟发生在哪一行哪一列,通过有限的外引管脚与外部设备相联系。

(5)芯片性能的提高与测试精度的矛盾。

庞大的内部器件数和高工作频率导致芯片静态工作电流急剧增大,亚阈值电流的累积使 I_{DDQ}测试失去意义。同时,对芯片特性参数(如时间特性的测试),也会由于测试精度失去意义。据统计,芯片内部工作频率每年增长约 30%,而外部测试设备的精度年增长率仅为 12%,与性能相关的测试发展越来越困难。

(6)集成度的提高使得同样失效机理影响更严重。

对相同的失效机理,集成度越高,意味着受影响的器件数越多,合格率也就越低。不进行实际的检验,定位失效发生的确切位置,只检测到失效的表现是没有意义的。同时,由于一个失效机理引起的故障器件数也会随着特征尺寸的减小而增加,几个失效器件共同作用产生的失效现象可能更加复杂。如何有效隔离不同失效,保存相应的物理位置信息,对规模更大的集成电路的测试是一个不小的困难。

(7)外部测试设备的高昂价格与 IC 成本降低的要求相冲突。

外部测试设备的高昂价格一直是 IC 成本降低的主要障碍之一,据估计,由于测试速度、精度、多种时间套及测试数据量等方面的更高要求,测试的成本也将高于工艺成本,这是现有的集成电路测试方式面临的最严重的问题。

2. 可测性设计

传统上,IC 测试与设计的关系只是测试时以设计为标准和依据,设计出相应的测试方案。这种情况随着集成电路的发展也产生必然的变化。由于电路规模的增大、电路结构的复杂化,IC 测试的难度也随之增加。为了降低测试成本,在设计阶段考虑到测试的需要,增加相应的结构，以降低测试难度，这就是可测性设计（DFT）。

DFT 的基本原则可概括如下：

(1)将模拟部分与数字部分在物理结构和电学性能上尽可能分开。

(2)电路内部所有锁存器和触发器可以初始化。

(3)避免所有可能的异步和多余结构。

(4)避免出现竞争。

(5)提供内部模块的控制、检测手段。

(6)反馈通路可以断开。

(7)谨慎使用有线逻辑。

(8)使用控制、测试点。

(9)使用分割、选择控制。

3. WLR——硅片级可靠性测试

作为内建质量监控手段的一部分，硅片级可靠性测试(Wafer Level Reliability，WLR)在集成电路研发和生产中已经得到应用，目的是将错误在更早的阶段检测出来，并加以控制。与传统的可靠性测试相比，进行 WLR 测试更有利于信息的迅速反馈和降低封装成本。WLR 测试包括了一系列的加速试验，在受控的应力试验中检测被测试器件的早期失效。

专门用于 WLR 测试的测试结构可以位于划片道中，也可以是专用的测试芯片。

通常采用的 WLR 测试有四种：接触可靠性、热电子注入、金属完整性和氧化层完整性。

(1)孔接触可靠性测试。

接触孔的可靠性测试结构是由大量的孔阵列组成的，测试时对其加热，由于过渡合金造成的铝钉等在热应力作用下会导致孔接触退化。再在室温及黑暗的条件下测试其电学特性，若有铝钉，将会发现漏电流激增，而硅向铝中渗透造成的接触不良，则表现为接触电阻增大或孔不通。

(2)热电子注入测试。

WLR 测试中，热电子注入的测试方法有两种：①测试与工艺能力直接相关的 MOSFET 参数，产生/俘获热载流子；②进行一种极端条件的加速应力试验，将结果与特性测试得到的参数相比较。

(3)金属完整性测试。

针对电迁移引起的金属互连失效，硅片级 SWEAT（Standard Wafer Level Electromigration Accelerated Test)测试被用于产品监控。SWEAT 的原理是对高密度电流作用于金属连线时，电迁移作用被增强，同时温度升高热应力增加。施加的电流通常是一个恒定值，也有采用随时间线性增加的。失效表现为金属连线电阻的急剧增大或断路。测试结构为一个平坦氧化层上的长直金属线条，宽 3 mm，或如鱼骨状。

(4)氧化层完整性测试。

氧化层质量是影响集成电路产品质量的重要因素，WLR 测试中主要考虑的是与有源区相关的氧化层：栅氧化层和隧道氧化层。由于二者的不同性质和要求，所采用的 WLR 测试方法也不尽相同。

本章小结

本章首先论述了集成电路芯片封装技术,包括封装的作用和地位、封装类型、几种典型的封装技术和未来封装技术展望;其次阐述了集成电路测试技术,包括简介、数字电路测试、模拟电路及数模混合电路测试和未来测试技术的展望。

参考文献

[1] 阙端麟. 硅材料科学与技术[M]. 杭州:浙江大学出版社, 2000.

[2] 杰克逊 K A. 半导体工艺[M]. 屠海令, 万群, 译. 北京:科学出版社, 1999.

[3] 佘思明. 半导体硅材料学[M]. 长沙:中南工业大学出版社, 1992.

[4] 刘玉岭, 檀柏梅, 张楷亮. 微电子技术工程材料、工艺与测试[M]. 北京:电子工业出版社, 2004.

[5] CAMPBELL S A. 微电子制造科学原理与工程技术[M]. 曾莹,译. 北京:电子工业出版社,2005.

[6] 陈保清. 离子镀与溅射技术[M]. 北京:国防工业出版社, 1990.

[7] 陶波, 王琦. 化学气相沉积铜的进展[J]. 真空科学与技术,2003, 23(5): 340-346.

[8] 唐伟忠. 薄膜材料制备原理、技术及应用[M]. 北京:冶金工业出版社,1998.

[9] 沃尔夫 H F. 硅半导体工艺数据手册[M]. 天津半导体器件厂,译. 北京:国防工业出版社,1975.

[10] 黄汉尧, 李乃平. 半导体器件工艺原理[M]. 上海:上海科学技术出版社, 1985.

[11] 谢孟贤,刘国维. 半导体工艺原理[M]. 北京:国防工业出版社,1980.

[12] 王阳元, 关旭东, 马俊如. 集成电路工艺基础[M]. 北京:高等教育出版社,1991.

[13] 丁兆明,贺开矿. 半导体器件制造工艺[M]. 北京:中国劳动出版社,1995.

[14] 关旭东. 硅集成电路工艺基础[M]. 北京:北京大学出版社, 2003.

[15] 张亚非. 半导体集成电路制造技术[M]. 北京:高等教育出版社, 2006.

[16] 金德宣,李宏扬. VLSI 工艺技术——超大规模集成电路工艺技术[M]. 上海:半导体技术编辑部,1985.

[17] 甘地 S K. 超大规模集成电路工艺原理——硅和砷化镓[M]. 北京:电子工业出版社,1986.

[18] 张建强, 刘彩池,周旗钢,等. 快速预热处理对大直径 CZ—Si 中 FPDs 及清洁区的影响[J]. 半导体学报,2006,27(1):74-77.

[19] 鲍尔塔克斯. 半导体中的扩散[M]. 北京:科学出版社,1964.

[20] 迈子 J W,艾利克逊 L,戴维斯 J A. 半导体硅锗中的离子注入[M]. 北京:科学出版社, 1979.

[21] 北京市辐射中心,北京师范大学. 离子注入原理与技术[M]. 北京:北京出版社,1982.

[22] 庄同曾. 集成电路制造技术——原理与实践[M]. 北京:电子工业出版社,1987.

[23] 何进, 张兴, 黄如. 纳米 MOS 器件中的超浅结和相关离子掺杂新技术的发展[J]. 固体电子学研究与进展,2003,23(4):389-396.

[24] 成立, 李春明, 王振宇, 等. 纳米 CMOS 器件中超浅结离子掺杂新技术[J]. 半导体技术, 2004, 29(9): 30-34.

[25] 蔡永昭. 大规模集成电路设计基础[M]. 西安:西安电子科技大学出版社, 1990.
[26] 毕克允. 微电子技术·信息化武器装备的精灵[M]. 北京:国防工业出版社, 2008.
[27] 时万春. 现代集成电路测试技术[M]. 北京:化学工业出版社, 2005.
[28] 雷绍充,邵志标,梁峰. VLSI 测试方法学和可测性设计[M]. 北京:电子工业出版社, 2005.
[29] BUSHNELL M L, AGRAWAL V D. 超大规模集成电路测试——数字存储器和混合信号系统[M]. 蒋安平,冯建华,王新安,译. 北京:电子工业出版社, 2005.
[30] 崔铮. 微纳米加工技术及其应用[M]. 北京:高等教育出版社, 2005.
[31] 刘明. 微细加工技术[M]. 北京:化学工业出版社, 2004.
[32] 吴德馨. 现代微电子技术[M]. 北京:化学工业出版社, 2002.
[33] 王秀峰,伍媛婷. 微电子材料与器件制备技术[M]. 北京:化学工业出版社, 2008.
[34] 张亚非. 半导体集成电路制造技术[M]. 北京:高等教育出版社, 2006.
[35] 梅 G S,施敏 S M. 半导体制造基础[M]. 代永平,译. 北京:人民邮电出版社, 2007.
[36] 施敏,梅凯瑞. 半导体制造工艺基础[M]. 陈军宁,柯导明,孟坚,译. 合肥:安徽大学出版社, 2007.
[37] 谢孟贤,刘国维. 半导体工艺原理[M]. 北京:国防工业出版社, 1980.
[38] VAN ZANT P. 芯片制造:半导体工艺制程实用教程 [M]. 4 版. 北京:电子工业出版社, 2006.
[39] QUIRK M,SERDA J. 半导体制造技术[M]. 北京:电子工业出版社, 2009.
[40] 肖国玲. 微电子制造工艺技术[M]. 西安:西安电子科技大学出版社, 2008.
[41] LIU Chang. 微机电系统基础[M]. 北京:机械工业出版社, 2007.
[42] 李薇薇,王胜利,刘玉岭. 微电子工艺基础[M]. 北京:化学工业出版社, 2007.
[43] 刘玉岭,李薇薇,周建伟. 微电子化学技术基础[M]. 北京:化学工业出版社, 2005.
[44] 李乃平. 微电子器件工艺[M]. 武汉:华中理工大学出版社, 1995
[45] 陈力俊. 微电子材料与制程[M]. 上海:复旦大学出版社, 2005.
[46] 沈文正. 实用集成电路工艺手册[M]. 北京:宇航出版社, 1989.
[47] 李惠军. 现代集成电路制造技术原理与实践[M]. 北京:电子工业出版社, 2009.
[48] 中国电子学会生产技术学分会丛书编委会. 微电子封装技术[M]. 合肥:中国科学技术大学出版社, 2003.
[49] TUMMALA R R. 微电子封装手册[M]. 中国电子学会电子封装专业委员会,电子封装丛书编辑委员会,译. 北京:电子工业出版社, 2001.
[50] 杜长华,陈方. 电子微连接技术与材料[M]. 北京:机械工业出版社, 2008.
[51] 周良知. 微电子器件封装材料与封装技术[M]. 北京:化学工业出版社, 2006.
[52] 李可为. 集成电路芯片封装技术[M]. 北京:电子工业出版社, 2007.
[53] 金玉丰,王志平,陈兢. 微系统封装技术概论[M]. 北京:科学出版社, 2006.
[54] 刘新福. 半导体测试技术原理与应用[M]. 北京:冶金工业出版社, 2006.
[55] 孙为. 微电子测试结构[M]. 上海:华东师范大学出版社, 1984.
[56] 韦亚一. 超大规模集成电路先进光刻理论与应用[M]. 北京:科学出版社, 2016.
[57] 许箭,陈力. 先进光刻胶材料的研究进展[J]. 影像科学与光化学, 2011,29(6):417 -

429.

[58] 马腾达,刘玉岭. GLSI 多层铜互连阻挡层 CMP 中铜沟槽剩余厚度的控制[J]. 半导体技术,2018,43(11):847 - 851.

[59] 泛林集团. 从铝互连到铜互连——回顾铜革命的 20 年发展历程[J]. 中国集成电路,2018,27(11):79 - 81.

[60] XU F, CUI Y, BAO D, et al. A 3D interconnected Cu network supported by carbon felt skeleton for highly thermally conductive epoxy composites[J]. Chemical Engineering Journal, 2020,388:124 - 287.

[61] BYEONGSEON, YENA K. Characteristics of an amorphous carbon layer as a diffusion barrier for an advanced copper interconnect[J]. ACS Applied Materials & Interfaces, 2020, 12(2).

[62] 王玄石,高宝红,曲里京,等. IC 铜布线 CMP 过程中缓蚀剂应用的研究进展[J]. 半导体技术,2019,44(11):863 - 869.

[63] FELIX W, SEBASTIAN K. TSV Transistor-vertical metal gate FET inside a Through Silicon VIA[J]. IEEE Electron Device Letters, 2018,39(10):1493 - 1496.

附　　录

附录 A　微电子器件制造工艺实习

微电子器件制造工艺课程的设置通常除了课堂理论教学之外,实践教学部分也是必不可少的内容。在附录 A 中介绍了以双极型硅平面晶体管制造工艺及参数测试为内容的微电子器件工艺实习。

主要实习内容,即晶体管工艺流程为:

硅片电阻率测量*→硅片清洗→一次氧化→氧化层厚度测量*→光刻腐蚀基区→硼扩散→结深测量*→光刻腐蚀发射区→磷扩散→光刻引线孔→真空镀铝→反刻铝→合金化→中测→划片→上架烧结→压焊→封帽→晶体管电学特性测试*。

其中标*的 4 个步骤是对工艺参数和晶体管电学特性的测试,每个测试步骤都可以独立地作为工艺课程试验的内容。

A.1　硅片电阻率测量

工艺实习采用单面抛光、n 型、[111]晶向、3 in 硅片(使用 n^+/nSi 外延片更适合,但价格较体硅片昂贵得多),电阻率应在 1 ~ 3 Ω · cm。首先观察硅片外观是否平整,测量电阻率。

电阻率是半导体材料的重要电学参数,它能反映半导体内浅能级替位杂质的浓度。测量电阻率的方法有很多,例如二探针法、扩展电阻法等。而四探针法是目前广泛采用的标准方法,它具有操作方便,精度较高,对样品的几何形状无严格要求等优点。

A.1.1　测量原理

设样品电阻率 ρ 均匀,样品几何尺寸相对于探针间的距离可看成半无穷大。引入点电流源的探针其电流强度为 I,则所产生的电力线有球面对称性,即等位面是以点电流源为中心的半球面。图 A.1 为探针与被测样品接触点的电流分布。在以 r 为半径的半球上,电流密度 j 的分布是均匀的。

$$j = \frac{I}{2\pi r^2} \tag{A.1}$$

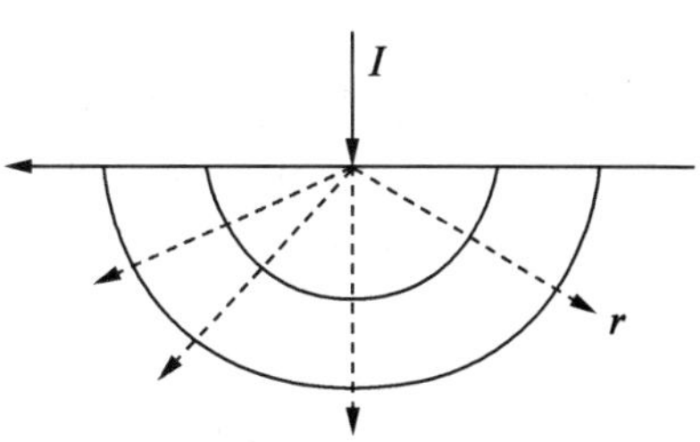

图 A.1　探针与被测样品接触点的电流分布

若 E 为 r 处的电场强度,则

$$E = j\rho = \frac{I\rho}{2\pi r^2} \tag{A.2}$$

取 r 为无穷远处的电位 φ 为零，并利用 $E=-\frac{d\varphi}{dr}$，则有

$$\int_{0}^{\varphi(r)} d\varphi = \int_{\infty}^{r} -E dr = -\frac{\rho I}{2\pi}\int_{\infty}^{r}\frac{dr}{r^2} \tag{A.3}$$

$$\varphi(r)=\frac{\rho I}{2\pi r} \tag{A.4}$$

式(A.2)就是半无穷大均匀样品上离开点电流源距离 r 的点的电位与探针流过的电流和样品电阻率的关系式，它代表了一个点电流对距离为 r 处的点的电势的贡献。

图 A.2 为四根探针与样品接触示意图。对于图 A.2 所示的情形，四根探针位于样品中央，电流从探针 1 流入，从探针 4 流出，则可将探针 1 和探针 4 认为是点电流源，由式(A.3)得到探针 2、3 之间的电位为

$$\varphi_2=\frac{I\rho}{2\pi}\left(\frac{1}{r_{12}}-\frac{1}{r_{24}}\right) \tag{A.5}$$

$$\varphi_3=\frac{I\rho}{2\pi}\left(\frac{1}{r_{13}}-\frac{1}{r_{34}}\right) \tag{A.6}$$

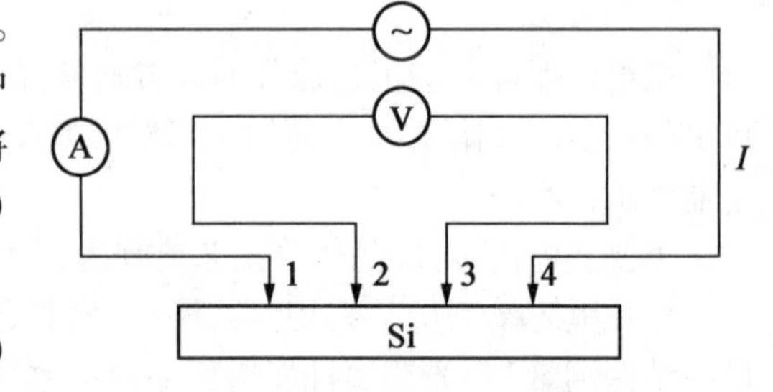

图 A.2　四根探针与样品接触示意图

探针 2、3 之间电位差为：$V_{23}=\varphi_2-\varphi_3$，由此得出样品电阻率为

$$\rho=\frac{2\pi V_{23}}{I}\left(\frac{1}{r_{12}}-\frac{1}{r_{24}}-\frac{1}{r_{13}}+\frac{1}{r_{34}}\right)^{-1}=C\frac{V_{23}}{I} \tag{A.7}$$

式(A.7)就是利用直流四针探法测量电阻率的普遍公式。当电流取 $I=C$ 时，则有 $\rho=V_{23}$，可由数字电压表直接读出电阻率。

实际测量中，最常用的是直线四探针。即四根探针位于同一直线上，并且间距相等，设相邻两探针间距为 S，则半无穷大样品有

$$C=2\pi S=6.28S \tag{A.8}$$

通常只要满足样品的厚度，以及边缘与探针的最近距离大于四倍探针间距，样品近似半无穷大，能满足精度要求。

块状和棒状样品的电阻率，因四探针测试仪探针间距通常均为 1 mm，块状和棒状样品外形尺寸与探针间距比较，符合半无穷大边界条件，所以有 $C=2\pi$，因此，只要 $I=6.28I_0$，I_0 为该电流量程满刻度值，由电压表读出的数值就是电阻率。

片状样品的电阻率，因片状样品其厚度与探针间距比较，不符合半无穷大边界条件，所以不能忽略，测量时要提供对样品的厚度、测量位置的修正系数。

$$\rho=\rho_0 G\left(\frac{W}{S}\right)D\left(\frac{d}{S}\right) \tag{A.9}$$

式中，ρ_0 为半无穷样品的电阻率；$G(W/S)$、$D(d/S)$分别为样品厚度 W 与探针间距 S 的修正函数、样品形状和测量位置的修正函数，可由测试仪器说明书查得。

当圆形硅片的厚度满足 $W/S<0.5$ 时，有

$$\rho=4.53\frac{V}{I}W\cdot D\left(\frac{d}{S}\right) \tag{A.10}$$

A.1.2　测量仪器

测量仪器可采用“SZ82 型四探针测试仪”，硅片厚度测量用“千分表”。

SZ82 型四探针测试仪原理方框图如图 A.3 所示。仪器电源经 DC－DC 变换器，由恒流源电路产生一个高稳定恒定直流电流，其量程分别为 10 μA、100 μA、1 mA、10 mA、100 mA，数值连续可调，输送到 1,4 探针上，在样品上产生一个电位差。此直流信号经由 2、3 探针输送到电器箱内。具有高灵敏度、高输入阻抗的直流放大器，并将直流信号放大（放大量程有 0.2 mV、2 mV、20 mV、200 mV、2 V）。

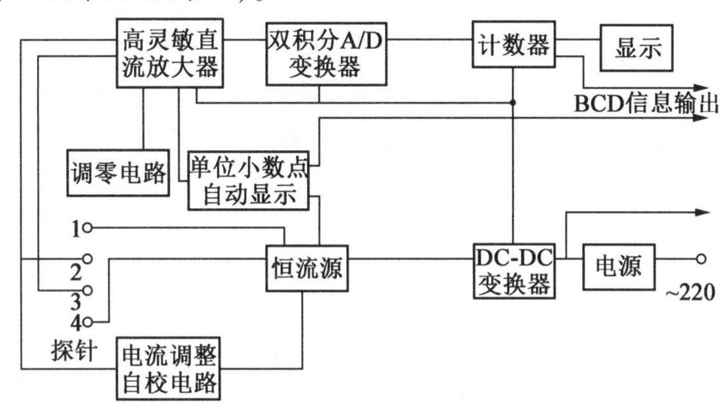

图 A.3　SZ82 型四探针测试仪原理方框图

A.1.3　测量步骤

请按仪器使用说明书进行测量，在此简介如下：

（1）测试准备。打开电源，仪器通电预热约 0.5 h。将被测样品放在测量台上，旋下探针，使其与样品表面接触良好，并保持一定压力。

（2）半无穷大样品的测量（如硅棒）。将工作选择开关旋至“调节”，“电流量程”为 1 mA，“电压量程”为 20 mV，按下电流开关，调节电流电位器，显示器显示值为 6.28，调节好后按电流开关使之弹出，断开。再将工作选择开关旋至“测量”，调节“粗调”和“细调”，直至显示器显示“000”；按下电流开关，记下显示器显示值，再将“极性”开关拨至下方，读值，两值平均即为测量值。如果显示器显示闪烁的“000”，说明量程不合适，调整“电流量程”和“电压量程”旋钮，直至显示器出现稳定非零值，电阻率单位指示灯亮者即为所测电阻率的单位。在硅棒样品不同位置测量五点，记录测量值。注意：应满足样品边缘与探针的最近距离大于四倍探针间距。

（3）硅片的测量。方法与硅棒的测量相同，调节电流电位器，显示值应为 4.53。在硅片中心、$1/2R$ 处、边缘处各测两点，记录数据。

（4）测量硅片厚度。用千分表测量硅片厚度（W），记录数据。

（5）数据处理和分析，半无穷大样品的测量值即为电阻率；硅片的电阻率时将测量数据带入式（A.10）的计算值，形状修正系数参见设备使用说明书。

由样品不同点的电阻率值计算电阻率的均匀度 E，即

$$E = \frac{\Delta\rho}{\rho} \times 100\% = \frac{\rho_{max} - \rho_{min}}{\frac{1}{2}(\rho_{max} + \rho_{min})} \times 100\% \quad (A.11)$$

A.1.4 思考题

(1)分析测量电阻率误差的来源。

(2)如果只用两根探针既作为电流探针又作为电压探针,这样能否对样品进行较为准确的测量?为什么?

A.2 硅片清洗

在微电子器件芯片生产中,几乎每道工序(指单项工艺)都要先进行清洗,清洗好坏对器件性能影响很大,处理不当,可导致器件性能低劣,稳定性和可靠性差,甚至全部报废。因此,清洗工序是很重要的工艺步骤。

一次氧化前的清洗是硅片的初次清洗,先分析硅片前期加工特点和运输时可能引入的有机、无机污染物(如硅片表面可能有封蜡、有机磨料、氧化物磨料、灰尘等)。因此,一次清洗应去除表面封蜡等油脂和磨料等无机物杂质。

A.2.1 清洗原理

硅片清洗是通过物理或化学方法去除吸附在表面的沾污杂质,露出硅本底。硅表面原子是非平衡态原子,存在未饱和的悬挂键,从而"吸附"与其接触的杂质粒子,而被吸附的粒子也不是固定不动的,而是在其平衡位置振动,一些不稳定的杂质粒子可能"解吸"离开,有

$$\text{自由粒子} \underset{\text{解吸}}{\overset{\text{吸附}}{\rightleftharpoons}} \text{被吸附} + \text{热吸附}$$

硅表面吸附杂质粒子的方式有两种、物理吸附和化学吸附,它们的区别是吸附力的大小和形式。物理吸附是杂质粒子(原子、分子或原子团等)和硅片表面原子之间的范德瓦尔斯作用,即两者之间的偶极矩产生的库伦静电力。物理吸附作用弱,吸附力小,易于解吸。化学吸附是杂质粒子和硅片表面原子之间形成了化学键力。化学吸附作用强,吸附键力大,解吸难。要使以化学方式吸附的杂质解吸,需要提供很大能量。

沾污杂质粒子虽然来源不同,种类不同,但一般是以分子、原子、离子的形式吸附在硅片表面的。

1. 分子型杂质吸附

分子型杂质种类主要是各种有机物油脂和其他大分子,来源一般是在制造硅片时的切、磨、抛工艺中引入;另外,操作者手指、有机溶剂(如光刻胶)等也是主要来源。分子型杂质的吸附靠范德瓦尔斯作用维持,是物理吸附,易于去除。但是,这类有机分子不溶于水,它们的存在妨碍高纯水或酸、碱溶液与硅片表面的接触,使得无法进行其他杂质的清洗去除,故应先去除这类杂质。

2. 离子型杂质吸附

离子型杂质离子主要有:K^+、Na^+、Ca^{2+}、Mg^{2+}、Fe^{2+}、H^+、$(OH)^-$、F^-、Cl^-、S^{2-}、CO_3^{2-}等,杂质离子来源于空气、生产用具、化学药品、去离子水,以及操作者的汗液、呼气等。离子型杂质是化学吸附,化学键力强,能改变硅片表面电学特性,成为表面自由电子束缚中心;电

子陷阱是硅表面界面态发生变化的原因之一。这类杂质在硅片表面可以移动,清洗去除较分子型杂质的难度大。

3. 原子型杂质吸附

原子型杂质原子有 Au、Ag、Cu、Fe、Ni 等,主要来源于酸性腐蚀液,通过置换反应将金属离子还原成原子而被吸附在硅片表面。原子型杂质是化学吸附,吸附作用最强,最难以清除。

硅片清洗去除上述三种杂质吸附应由易到难,一般程序为:去油污→去离子→去原子。这一顺序不能改变,特别是应先去除油污,油污都是疏水物质,它的存在阻碍水基洗液接近硅片表面,使得无法去除其他沾污杂质。

A.2.2　清洗设备与试剂

采用 KQ5200DB 型数控超声波清洗器;柜式反渗透超纯水机,水质在 10 MΩ · cm 以上。试剂有:分析纯甲苯、丙酮、乙醇试剂;DZ-1、DZ-2 半导体工业专用洗液,或者也可使用酸、碱洗液:Ⅰ号碱性洗液成分为 $V(NH_4OH):V(H_2O_2):V(H_2O)=1:2:5$,Ⅱ号酸性洗液成分为 $V(HCl):V(H_2O_2):V(H_2O)=1:2:8$。

超声波清洗器(槽)是利用设备内的超声波振子(如压电振子)振动,产生可达数千个大气压的冲击波的能量,以水等液体为媒介,冲击波将被洗物(如硅片)表面吸附的杂质剥离去除。

A.2.3　清洗方法

硅片的一次清洗采用典型的 RCA 清洗法,程序为:去油污→去离子→去原子。

1. 硅片表面有机杂质的去除

依次用甲苯、丙酮、无水乙醇棉球沿固定方向擦拭硅片表面,先擦背面再擦正面,去除有机油污。如果硅片表面有蜡脂或有机物污染严重,可依次使用甲苯、丙酮、无水乙醇进行超声波清洗。

甲苯、丙酮、乙醇均是有机物溶剂,对有机油污的溶解能力:甲苯>丙酮>乙醇。试剂自身的溶解能力:甲苯能溶于丙酮,难溶于乙醇,丙酮能溶于乙醇难溶于水,乙醇能溶于水。

注意:考虑去油污能力,以及避免去污溶剂带来的新污染,甲苯、丙酮、乙醇的清洗顺序不能颠倒。

2. 硅片表面无机杂质的去除

将已擦拭好并晾干的硅片置于石英花篮上。依次用配好的半导体工业专用洗液 DZ-1、DZ-2 超声波清洗各约 8 min。洗液配比为 $V[DZ-1(或 DZ-2)]:V(超纯水)\approx 9:1$,用量以没过硅片为准。DZ-1、DZ-2 超声波清洗之间用冷、热超纯水反复漂洗数遍,直至漂净洗液的泡沫为止。

如果采用酸、碱洗液,先用Ⅰ号碱性洗液超声清洗约 8 min,用去高纯水反复煮沸清洗,再用冷、热去离子水反复冲洗数遍。然后用Ⅱ号酸性洗液同样清洗。用酸、碱洗液进行清洗一定要注意安全,废液应回收。

清洗好的硅片直接用于下一步一次氧化。

A.2.4　思考题

(1)一次氧化前的清洗为什么要采取上述步骤,去油污所用化学试剂的顺序可否颠倒,为什么?

(2)若清洗使用的去离子水的纯度低,会给下一步氧化带来什么影响?

A.3　一次氧化

一次氧化是在硅片表面通过热氧化工艺生长一层厚度约为 0.6 μm 的二氧化硅薄膜,作为基区硼扩散的掩模。二氧化硅薄膜的制备方法很多,热氧化法与 CVD 法或 PVD 法相比淀积的氧化膜更致密,针孔少,适合作为掺杂掩模。在热氧化方法中,干氧生长的氧化膜又比湿氧氧化膜致密,针孔少,而且表面干燥适于光刻。但是,干氧氧化速率太慢。湿氧氧化膜比干氧氧化膜疏松,针孔密度大,表面湿润为非极性的硅氧烷结构,光刻时容易浮胶;而氧化速率却远快于干氧。因此,一次氧化采取:干氧—湿氧—干氧的交替方法来生长扩散掩模。

A.3.1　工艺设备与工艺条件

工艺设备:3 in 高温氧化炉,源瓶,控温仪,气体流量计,石英舟,氧气瓶。

工艺条件: 炉温为 1 180 ℃ ±1 ℃,时间为 10 min 干氧→50 min 湿氧→10 min 干氧;干、湿氧的氧气流量都是 1 L/min;湿氧用超纯水放入源瓶氧气携带进入氧化炉,用控温仪水浴加热源瓶中的超纯水,温度控制在 98 ℃。

A.3.2　具体操作步骤

(1)设定高温氧化炉炉温为 1 180 ℃,升温至 1 180 ℃,通入氧气 1 L/min,设定控温仪温度为 98 ℃,加热升温。

(2)通入氧气约 10 min 后,将清洗好的硅片和陪片从超纯水中取出,直接摆放在石英舟上,先在氧化炉炉口干燥,然后将石英舟缓慢送至氧化炉的恒温区进行氧化。

(3)计时,干氧,10 min 之后,换成湿氧,50 min 之后,再换成干氧,完成氧化。

(4)缓慢地将载有硅片的石英舟从炉内移至炉口,取出。

(5)察看硅片外观、颜色及颜色的均匀性,用陪片检测氧化层厚度。

A.3.3　思考题

(1)湿氧氧化,水浴温度怎样影响氧化膜厚度,为什么?

(2)在进行热氧化操作时应怎样防止 Na^+ 沾污?

(3)掺氯氧化的目的是什么? 如果是掺氯氧化应注意哪些事项?

(4)氧化层太薄,针孔密度过大,或严重沾污对晶体管性能有什么影响?

(5)硅片推入高温氧化炉或从炉内拉出,为何要缓慢进行?

A.4　氧化层厚度测量

二氧化硅薄膜是微电子工艺中采用最多的介质薄膜,一次氧化的氧化层是作为基区扩散掩模,因此其厚度应能满足对硼扩散的掩蔽作用。薄膜厚度的测量方法有很多种,主要有光学干涉法、椭圆偏振光法、探针测试法等。二氧化硅在可见光波段是透明的，适合用光学方法精确地测量厚度。在此采用光学干涉法测量氧化层厚度。

A.4.1 测量原理

用单色光垂直照射氧化层表面时，因二氧化硅是透明介质，所以入射光将分别在氧化层表面和氧化层/硅的界面产生反射。氧化层厚度测量原理示意图如图 A.4 所示。根据双光干涉原理：当两束相干光的光程差 Δ 为半波长 $\lambda/2$ 的偶数倍时，即：$\Delta = 2K\lambda/2 = K\lambda, K = 0,1,2,3,\cdots$ 时，两束光的相位相同，互相加强，从而出现亮条纹。当两束光的相位相反，互相减弱时，出现暗条纹。由于整个氧化层是连续生长的，在薄膜边缘处台阶的厚度连续变化，因此，在氧化层台阶上将出现明暗相间的干涉条纹。

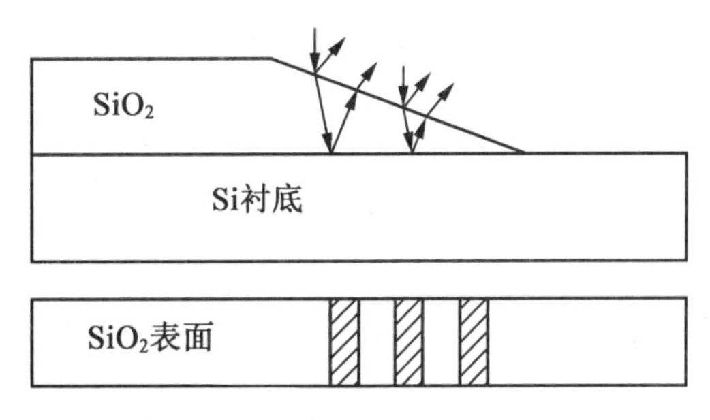

图 A.4　氧化层厚度测量原理示意图

根据光程的概念，在满足小入射角条件下，两个相邻亮条纹之间的氧化层厚度差为 $\lambda/2n$，n 为氧化层的折射率。同理，两个相邻暗条纹之间的氧化层的厚度差也是 $\lambda/2n$。如果从氧化层台阶劈楔算起至台阶顶端共有 $m+1$ 个亮条纹（或暗条纹），则二氧化硅层的厚度 d_{ox} 应为

$$d_{ox} = m\frac{\lambda}{2n}, \quad m = 1,2,3,\cdots \tag{A.12}$$

测量时用白炽灯作为光源，用金相显微镜观察五彩的干涉条纹。由于人眼对白光中的绿光最敏感，应取绿光的波长，即 $\lambda \approx 0.54\ \mu m$，氧化层折射率约为 1.5，薄膜厚度计算公式转化为

$$d_{ox} = 1.8m \tag{A.13}$$

A.4.2 测量仪器与试剂

测量仪器：金相显微镜、电炉。

测量试剂：黑胶，质量分数为 50% 的 HF 腐蚀液、甲苯棉球、载玻片、滤纸。

A.4.3 测量步骤

1. 氧化层台阶的制备

取带氧化层的一小片陪片，在其表面涂抹一点黑胶，将此硅片置于载玻片上，放在电炉上加热，使黑胶融化覆盖在硅片的一小区域。然后，将硅片浸入氢氟酸腐蚀液中，腐蚀去除未被黑胶覆盖区域的氧化层。在腐蚀过程之中，常用镊子取出硅片，注意观察硅片的亲/疏水特性，因氧化层亲水而硅疏水，如果硅片表面疏水，则说明裸露的氧化层已被腐蚀干净，应立即取出，以免过腐蚀，造成台阶过窄。反复用超纯水冲洗硅片，再用滤纸吸干水分。最后，用甲苯棉球将黑胶擦除。在硅片表面形成氧化层台阶。

2. 测量薄膜厚度

将带氧化层台阶的硅片置于金相显微镜的载物台上，观察氧化层台阶，读出干涉亮（或

暗)条纹数 m。将得出的干涉条纹数,代入式(A.13),计算出氧化层厚度。

A.4.4 思考题

(1)分析测量误差的来源。

(2)光学干涉法测量薄膜厚度的极限精度能达到多少?

A.5 光刻腐蚀基区

光刻腐蚀是一种复印图像同化学腐蚀相结合的综合技术。在此,光刻是将光刻版上基区图形精确地复印在氧化层表面的光刻胶上;然后,利用光刻胶的掩模作用,对氧化层进行选择性化学腐蚀,从而在氧化层上得到基区图形(工艺原理略)。

A.5.1 工艺设备与工艺条件

设备:接近式紫外光刻机、旋转涂胶机、金相显微镜、烘箱。

掩模版、光刻胶:光刻版为金属铬版,基区光刻掩模图形如图 A.5 所示(注意:光刻版为正版的,光刻胶也应为正胶),正胶。

图 A.5　基区光刻掩模图形

试剂:显影液(可自行配置)、定影液、质量分数为 98% 的 H_2SO_4、HF、NH_4F。

光刻条件:干燥,温度 120 ℃、时间 30 min;前烘,温度 90 ℃、时间 10 min;曝光,时间 40 s;后烘,温度 140 ℃,时间 30 min。

工艺条件应视具体使用的光刻设备、光刻胶、光刻版给出初始条件,再由陪片进行工艺摸索后确定。

A.5.2 具体操作步骤

(1)配置氧化层腐蚀液,质量分数为 48% 的 HF 3 mL、NH_4F 6 g、H_2O 10 mL;显影液,正胶可用质量分数为 0.5% 的 NaOH、定影液超纯水,待用。

(2)从氧化炉取出硅片直接放入烘箱干燥,约 120 ℃、30 min。

(3)旋转涂胶,掌握好转速,约 300 000 r/min。

(4)前烘,约 90 ℃、10 min。

(5)开光刻机,检察光刻刻版图形,准备光刻。

(6)安放光刻版,将涂好光刻胶的硅片放入光刻机,对准晶向,进行曝光,约 40 s。

(7)取出硅片,进行显影,曝光后,受光照部分的正胶发生光化学反应,在显影过程中溶入显影液,只有未曝光部分的正胶保留,因此,胶膜显现出与光刻版相同的图形;然后,用金相显微镜观察胶膜图形,如合格就进行定影。

(8)将定影后的硅片放入烘箱进行后烘(又称坚膜),约 140 ℃、30 min。

(9)腐蚀氧化层将未被光刻胶保护的 SiO_2 层腐蚀掉,露出基区硅表面。

(10)去胶,用质量分数为 98% 的浓硫酸煮沸硅片,去除 SiO_2 层上的光刻胶膜,基区光刻全部完成。

A.5.3　检验图形

在显影之后,氧化层腐蚀之后及去胶之后都要进行镜检,即检查光刻胶图形是否合格,如发现图形不准、浮胶、钻蚀、划痕、小岛、针孔及严重的边沿不齐等现象,则图形不合格,必须返工。然后,找出不合格的可能因素,微调工艺条件。

A.5.4　思考题

(1)为什么一次光刻要对准晶向,在后面二、三、四次光刻时却进行对版?

(2)比较接触式和非接触式曝光的优缺点。

(3)比较负胶、正胶光刻的分辨率高低,及图形的不同点。

(4)从硅片出炉到涂胶这中间应特别注意什么问题?如果硅片出炉后不能立即涂胶,硅片应如何处理?

(5)光刻版图形缺陷、版面污物曝光时,掩模版铬膜的朝向会对光刻有什么影响?

(6)产生浮胶、钻蚀的可能原因是什么?如何解决?

(7)小岛、针孔、锯齿等光刻缺陷是怎样产生的?它们对晶体管性能产生什么影响?为什么说一次光刻(光刻基区)时,出现小岛的可能性最大?

(8)曝光时间主要依据什么条件而定?时间过长或过短会产生什么现象?为什么?

A.6　硼扩散

在双极型晶体管中,硼扩散的目的是形成集电结和一定杂质分布的基区。硼扩散采用固态氮化硼陶瓷源,开管两步式扩散工艺,两步扩散之间漂硼硅玻璃。

第一步扩散——预淀积,在较低温度氮气保护下,采用恒定表面浓度的扩散方式将硼源扩散到基区光刻窗口表层。

第二步扩散——再分布,采用限定源的扩散方式,在氧气气氛条件下,将基区光刻窗口表层硼杂质推进到内部,达到基区结深,同时在基区窗口生长热氧化层,作为发射区磷扩散的掩模。

A.6.1　工艺设备与工艺条件

仪器设备:双管 3 in 高温扩散炉,SZ82 型四探针电阻测试仪;源瓶,控温仪,气体流量计,石英舟,氧气瓶,氮气瓶。

试剂:氮化硼陶瓷源片(BN),硅胶干燥剂,分析纯 HF。

硼源活化:炉温 975 ℃,氧气流量为 1 L/min,时间约 20 min。

预淀积:炉温 975 ℃,氮气流量为 0.5 L/min,时间为 15 ~ 20 min。

再分布:炉温 1 170 ℃,氧气流量为 1 L/min,湿氧水温为 98 ℃,时间为 5 min 干氧→40 min 湿氧→ 10 min 干氧。

A.6.2　硼扩散前准备

1. 硼源准备

BN 源片初次使用前,应按照使用说明书进行清洗,活化;再次使用的 BN 源片还应活化,通常是在硼扩散温度将其推至扩散炉恒温区,氧气流量为 1 L/min、约 20 min,换氮气流量为 0.5 L/min、约 10 min,再将活化好的 BN 源片从炉中拉出放在炉口,待用。

2. 陪片准备

用切片机(后面介绍)切割硼扩散陪片,陪片大小 2.0 mm × 4.0 mm。陪片和制造晶体管用硅片(正片)应全同。陪片与正片一起清洗,烘干,待用。

3. 硅片清洗

清洗一次光刻后的硅片,清洗方法和一次清洗有所不同,光刻后是用质量分数为 98% 的浓硫酸煮沸去胶,去除了光刻胶及其他有机油污,因此,无须再用甲苯等有机溶剂去油污。

直接依次使用 DZ－1、DZ－2 洗液超声波清洗各约 5 min,在两种洗液超声波清洗之间和之后,分别用冷、热去超纯水反复漂洗,直至漂净洗液的泡沫为止。硅片在电炉上或烘箱内(120 ℃)烘干,待用。

注意:不可将湿硅片放置在有硼源的石英舟上,这样硼源易受潮而变形、失效。硅片必须烘干后才能放入有硼源的石英舟上。

A.6.3　具体操作步骤

1. 预淀积

(1)先用陪片确定预淀积工艺条件。陪片摆放在硼源两侧,推入扩散炉 975 ℃恒温区,氮气流量为 0.5 L/min,时间在 15 min 左右。

(2)取出的陪片漂掉硼硅玻璃(腐蚀液:$V(HF):V(H_2O)=1:10$)。测方块电阻,若阻值在 20 ~ 45 $\Omega/R_\square$之间,即合格,若方块电阻 $<20\ \Omega/R_\square$,应缩短预淀积时间,若方块电阻 $>45\ \Omega/R_\square$,应延长预淀积时间,直至合格。

(3)以陪片合格的工艺条件对正片进行预淀积扩散。正片在石英舟上摆放时,放置在 BN 源片的两侧,光刻窗口与 BN 源片相对,间距均匀一致;匀速缓慢地将石英舟推入扩散炉恒温区,进行预淀积。

(4)预淀积时间一到,立即将石英舟匀速、缓慢地拖至炉口;停炉,停气。

2. 漂硼硅玻璃

(1)预淀积之后的正片在 $V(HF):V(H_2O)=1:10$ 腐蚀液中漂基区窗口的硼硅玻璃,漂至硅片背面不挂水,时间约为 8 s,放入超纯水中。

(2)用冷、热超纯水反复漂洗硅片,至清洗干净,放在超纯水中待用。

3. 再分布

(1)再分布扩散的同时进行二次热氧化。

(2)用漂过硼硅玻璃的陪片来确定再分布工艺条件。陪片推入 1 170 ℃恒温区,调整时间在 5 min 干氧→ 40 min 湿氧→ 8 min 干氧左右。

(3)取出陪片,用 $V(HF):V(H_2O)=1:1$ 的腐蚀液去除氧化层。测方块电阻,当阻值在 70 ~ 100 $\Omega/R_\square$时,合格。

(4)以陪片工艺条件进行正片的再分布。将正片缓慢推入恒温区,进行正片硼再分布。

(5)再分布时间一到,立即将石英舟匀速、缓慢地拖至炉口;停炉,停气。

A.6.4　思考题

(1)硼扩散为什么采用两步扩散工艺,且以预淀积温度低再分布温度高的方式进行?

(2)当漂硼硅玻璃至硅片背面不挂水时,基区光刻窗口是何种状态?

(3)为什么要漂硼硅玻璃?

(4)基区的硼掺杂,可否用离子注入实现?若可以,请设计工艺方法及模拟工艺条件。

(5)再分布过程中如何针对预淀积方块电阻偏高或偏低来调节硅片表面硼的浓度?为什么?

(6)硼扩散参数指标不合格,会给磷扩散带来哪些麻烦?

(7)硼扩散方块电阻偏大或偏小,结深偏深或偏浅,会对晶体管产生什么影响?

A.7　pn 结结深测量

pn 结的结深是微电子器件的重要工艺参数之一,结深的测量是对器件工艺质量的一种必要检测,测量方法主要有:磨角染色法、扩展电阻法、扫描电镜法、阳极氧化剥层法等。磨角染色法是一种适合测量较深 pn 结的测量方法。以此方法对硼扩散结进行测量。

A.7.1　测量原理

1. 磨角原理

磨角的目的是将硅片上的 pn 结深尺寸放大,再用化学染色方法显示出 p 区和 n 区,采用测距显微镜对磨角斜面直接测量,通过公式换算出结深。图 A.6 为硅片在磨角器上研磨示意图,其中图 A.6(a)为将硅片贴在磨角器上,图 A.6(b)为通过研磨抛光放大的 pn 结结深示意图。

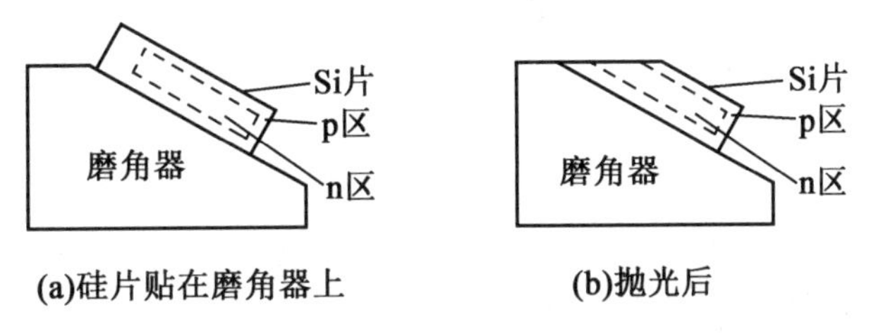

(a)硅片贴在磨角器上　　(b)抛光后

图 A.6　硅片在磨角器上研磨示意图

可得结深为

$$X_j = L\sin\theta \tag{A.14}$$

式中,X_j 为扩散结结深;L 为 p 区测量值;θ 为磨角器的角度。

通常有 $\theta = 5°$,$\sin 5° = 0.0875$,$X_j = 0.0875L$。

2. 染色原理

由于硅的电极电位低于铜,硅能从硫酸铜($CuSO_4$)溶液中把 Cu 置换出来,又由于 n 型 Si 的标准电极电位低于 p 型 Si 的标准电极电位,因此,在 n 型 Si 上先析出 Cu,即在 n-Si 表面形成红色 Cu 镀层,这样就把 pn 结明显地显露出来。染色时间不能过长,以避免整个硅片都染上铜色,分辨不出 pn 结的边界位置。

$CuSO_4$ 溶液的配比:$CuSO_4$ 5 g,质量分数为 48% 的 HF 2 mL,H_2O 50 mL。

染色液中加入少量 HF,目的是把硅片表面的氧化物先除去,使染色反应能顺利进行。

A.7.2　测量仪器与试剂

带微米尺的显微镜,磨角器,电炉,白炽灯,坩埚钳,瓷盘和玻璃板;氧化铝(Al_2O_3)磨料,松香;分析纯的 $CuSO_4 \cdot 5H_2O$、HF、滤纸、乙醇棉球。

A.7.3　测量步骤

1. 磨角

将磨角器放在电炉上加热,待磨角器温度高于松香熔化温度时,用坩埚钳取下磨角器,将被测小硅片用松香贴在磨角器上,贴法如图 A.6(a)所示,使 pn 结的交界线露在面上,磨角器用水冷却;然后,在玻璃上放好掺水的磨料,进行研磨抛光,直到露出斜面为止。

2. 染色

将用乙醇棉球擦拭磨好的小硅片,从磨角器上取下,放入硫酸铜溶液中,白炽灯照射30 s左右,注意观察,当发现 n 型区染上红色后,立即将硅片投入超纯水中清洗,再用滤纸吸干,待测。

3. 结深测量

将磨好的小硅片放在显微镜的载物台上,观察 pn 结,从目镜微米尺上直接读取与 p 区距离尺寸 L。

将测量值代入式 $X_j = 0.087\,5L$,换算出扩散结结深 X_j。

A.7.4　思考题

(1)染色时为什么要使用白炽灯照射?

(2)分析测量误差来源?

A.8　光刻发射区

光刻发射区窗口是二次光刻,光刻方法与一次光刻基本相同。注意:曝光前要进行对版。发射区光刻掩蔽膜图形如图 A.7 所示。

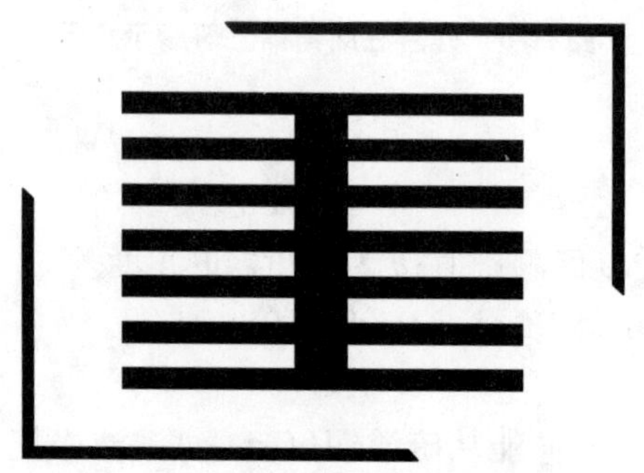

图 A.7　发射区光刻掩蔽膜图形

思考题：

(1)二次光刻与一次光刻有什么不同？注意在显微镜下观察，窗口的台阶能否看见？台阶说明什么？

(2)光刻发射区时哪种光刻缺陷对器件性能的影响最大？为什么？

A.9　磷扩散

在双极型晶体管中磷扩散，目的是形成发射区，磷扩散还是采取固态源开管两步式扩散工艺，固态源为含 P_2O_5 的陶瓷源片。

第一步扩散——磷主扩散，在氮气保护下，高温将一定剂量的磷源扩散到发射区并达一定深度，基本上完成对杂质分布的控制。

第二步扩散——三氧，在氧气气氛条件下，发射区窗口热生长氧化层作为铝电极引线的掩模。三氧炉温应低于主扩散，但仍较高，对基区宽度和晶体管电流放大倍数(β 值)的调整起一定作用。磷扩散工艺参数由 β 值确定，通过测量 β 值确定工艺条件。

A.9.1　工艺设备与工艺条件

仪器设备：双管 3 in 高温扩散炉，晶体管特性图示仪，探针台，源瓶，控温仪，气体流量计，石英舟，氧气瓶，氮气瓶。

试剂：磷陶瓷源片(P_2O_5)，硅胶干燥剂，分析纯 HF。

烘源：炉温为 1 150 ℃；氮气流量为 0.5 L/min，时间为 20 min。

磷主扩散：炉温为 1 150 ℃，氮气流量为 0.5 L/min，时间在 15 ~ 20 min 之间；

三氧：炉温为 975 ℃；氧气流量为 0.5 L/min，时间为 5 min 干氧→ 20 min 湿氧→ 10 min 干氧。

A.9.2　磷扩散前准备

1. 磷源准备

P_2O_5 源片无须活化，使用前应进行烘源，通常是在磷扩散温度将其推至扩散炉恒温区，通入氮气 1 L/min、约 20 min，将烘好的 P_2O_5 源片从炉中拉出放在炉口，待用。

2. 陪片准备

用切片机切割出已光刻发射区的硅片(和正片应完全相同)作为陪片，为节省起见，每个陪片只需含几个管芯。陪片与正片一起清洗，烘干，待用。

3. 硅片清洗

硅片清洗方法和硼扩散前的清洗相同。

注意：同样不可将湿硅片放置在有磷源的石英舟上，磷源比硼源更易受潮变形、失效。

A.9.3　具体操作步骤

1. 磷主扩散

(1)陪片摆放在磷源两侧，推入扩散炉恒温区，炉温 1 150 ℃，氮气流量 0.5 L/min，扩散时间在 15 min 左右。

(2)取出陪片,漂掉磷硅玻璃(用 $V(\mathrm{HF}):V(\mathrm{H_2O})=1:10$ 溶液),然后将其置于探针台上,使用晶体管特性图示仪测量 β 值,若有 β 值,说明已形成了 $\mathrm{n^+pn}$ 管,即有两个 pn 结。如果 β 在几至十几之间,合格;如果 $\beta<2$ 或 $\beta>20$,调整主扩散时间。

(3)以合格的陪片工艺条件对硅片(正片)进行磷主扩散。将硅片摆放在磷源片的两侧,光刻窗口与源片相对,距离均匀一致;匀速缓慢地将石英舟推入扩散炉恒温区,进行主扩散。

(4)扩散时间一到,将石英舟匀速缓慢地拖至炉口;停炉,停气。

2. 三氧

(1)炉温 975 ℃恒温后,将磷主扩散后的硅片(正片)推入恒温区氧化。时间为 5 min 干氧→ 20 min 湿氧→ 10 min 干氧。

(2)三氧时间一到,将石英舟匀速缓慢地拖至炉口;停炉,停气。

A.9.4　思考题

(1)两步磷扩散工艺的主扩散温度高,时间较长;而三氧温度低,时间较短,这与硼扩散工艺相反,为什么?

(2)双极型晶体管的发射区若采取离子注入方法实现,请设计注入方法,通过计算机模拟确定工艺参数。

(3)磷扩散易发生哪些异常现象?是什么原因引起的?

(4)晶体管出现 β 值偏小或偏大的可能原因有哪些?可从哪些方面着手解决?

(5)如何判断磷扩散将基区扩穿?

A.10　光刻引线孔

光刻引线孔已是第三次光刻了,目的是去掉基区和发射区与内电极相连部位的氧化层。光刻方法与二次光刻相同,注意对版准确。光刻引线孔掩蔽膜图形如图 A.8 所示。

图 A.8　光刻引线孔掩蔽膜图形

思考题:

(1)三次光刻与前两次光刻有什么不同?

A.11　真空镀铝

经过基区扩散和发射区扩散形成了 n^+pn 型晶体管的管芯，在基区和发射区窗口制备能形成欧姆接触的内电极，发射极 n^+-Si 掺杂浓度可达 10^{20} atoms/cm^3，而 Al 与 n－Si 接触时，当掺杂浓度高于 5×10^{19} atoms/cm^3 时，就可形成欧姆接触，所以，对于 n^+pn 型晶体管发射极来说可以形成欧姆接触。而 Al 本身就是 p 型杂质，与 p－Si 的接触是欧姆接触，所以，Al 与基极也形成了欧姆接触。

淀积铝膜可采取真空蒸镀或溅射工艺。在此，采用真空蒸镀工艺。

A.11.1　工艺设备与工艺条件

设备与材料：真空蒸镀机，钨丝加热器，铝/硅膜厚测量仪；纯度在 5N 以上的铝丝。

工艺条件：真空室的真空度控制在 10^{-5} Torr 以上，衬底温度约 140 ℃，蒸发功率 10 kW，控制铝膜厚度在 0.8～1.2 μm 之间。

A.11.2　具体操作方法

（1）铝源清洗：采用甲苯、丙酮、无水乙醇各超声波清洗 5 min，再用磷酸漂去表面氧化层，取出后用无水乙醇脱水，将其浸泡在无水乙醇中备用。

（2）真空镀铝前，清洗三次光刻后的硅片（方法同前），在电炉上烘干备用。

（3）如果光刻后的硅片放置时间较长，可用氢氟酸（$V(HF):V(H_2O)=1:10$）溶液漂去引线孔自然生长的氧化膜，再用超纯水清洗干净。注意：漂过的引线孔在烘干时如果温度过高，时间过长，可再次生长出较厚的本征氧化膜。

（4）打开蒸镀机的真空室，将硅片架在衬底支架上，再将 1 g 左右的铝丝在加热器上挂好，放下真空罩，开始抽真空。

（5）当真空度达 10^{-5} Torr 时，加热烘烤硅片，约 140 ℃时停止烘烤，开加热器，数秒后打开挡板镀铝，当加热器上铝将要蒸发完时合上挡板，停止加热。

（6）真空室温度降至室温后才可取出硅片，关机。

（7）用铝/硅膜厚测量仪测量铝膜厚度。

A.11.3　思考题

（1）铝作为微电子器件的金属化系统，有什么优势和劣势？

（2）真空蒸镀铝用钨丝作为加热器，有哪些优缺点？目前，常采用什么方法制备铝膜？

（3）真空镀铝时应注意哪些事项？

（4）为什么要在真空中镀铝，真空度的高低对铝膜有什么影响？

A.12　反刻铝

反刻铝是第四次光刻，目的是制备内电极。从真空蒸镀机取出的镀铝硅片直接光刻，这次光刻的工艺步骤与前三次光刻基本相同。但铝的腐蚀液是磷酸，且腐蚀之后不去胶。

反刻铝掩蔽膜图形如图 A.9 所示。之所以称为“反刻铝”，从掩模版图可以看出，光刻腐蚀之后所保留的铝膜图形结构与前三次光刻正好相反。

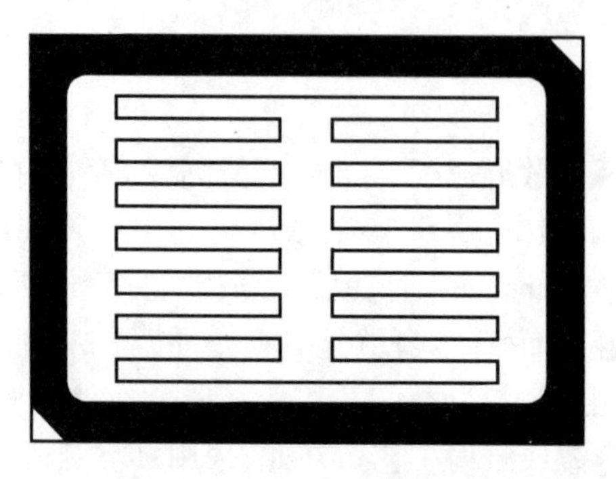

图 A.9　反刻铝掩蔽膜图形

A.12.1　工艺特点

反刻铝与前三次光刻的最大不同是接受光刻掩模图形的是铝膜而不是氧化层。而反刻铝有如下特点：

(1)铝膜对光的反射很强,从铝膜表面反射的光与入射光相位相差 180°,在光刻胶图形边缘由于驻波影响,显影之后边缘有弱的锯齿现象;且铝膜是多晶态薄膜,晶粒尺寸在 2 ~ 8 μm 之间,这也造成腐蚀后图形边缘的不齐整。因此,铝膜光刻与氧化层光刻相比,图形质量略差。

(2)铝的质地较软,光刻过程中注意不要划伤铝膜表面。

(3)由于铝膜不透明,光刻对版较困难,操作时要特别认真。

(4)铝膜直接用磷酸腐蚀,腐蚀之后不去胶,而是在合金化的同时去胶。

A.12.2　思考题

(1)如果铝电极上有划伤,对晶体管有什么影响?

(2)铝膜腐蚀后,为何在合金化时才去胶,而不用浓硫酸去胶?

(3)都可用何种方法去铝膜上的光刻胶?

A.13　合金化

合金化的目的是在较高温度退火,使铝膜与硅片粘接牢固,且在与硅接触的窗口形成欧姆接触。同时,使反刻铝的光刻胶膜高温氧化,生成二氧化碳、水汽等被氧气带走,从而去胶。

A.13.1　工艺设备与工艺条件

工艺设备:合金化炉,氧气瓶,体积流量计,石英舟。

工艺条件:炉温 520 ℃,时间 10 ~ 15 min,氧气流量 1.5 L/min。

A.13.2　具体操作步骤

(1)将陪片放在石英舟上,推入合金化炉恒温区,氧气流量 1 L/min,10 min 后取出。观察陪片表面胶膜是否去除干净,如果表面有铝金属光泽,即去胶干净;否则,未去干净,应将陪片再推入炉内加时 5 min。如还未去净,应增加氧气量,升温,再试,最终确定合金化工艺条件。

(2)注意:合金化温度最高一般不可超过 550 ℃,因硅铝合金的最低共熔温度是570 ℃。当合金化温度较高、时间较长时,在铝表面会出现合金亮点;相反,合金化温度较低、时间较短时,光刻胶去不干净。

(3)按陪片确定的工艺条件进行合金化,将硅片(正片)摆放在石英舟上推入合金化炉恒温区,去胶,之后将石英舟拖至炉口,待用。

(4)停炉,停气。

A.13.3　思考题

(1)在 SiO_2/Si 表面淀积金属一般要进行合金化,如果不进行合金化,往往会出现什么现象?

(2)不通氧气可否合金化,可否去胶?

A.14　中测

中测是对已完成前工序的晶体管管芯的电学性能进行的测试,从中选出合格的管芯,进行后工序封装。

中测仪器:晶体管特性图示仪和探针台。

中测方法:将已合金化的硅片摆放在探针台上,在显微镜下逐个测量每个管芯的电学特性,对无放大特性或电学性能太差的管芯,即不合格管芯打上红色标记。

管芯合格标准是依据所制造晶体管型号而定的。在这个工艺实习中制作的只是个原理性的晶体管,因受实习环境、条件的限制,不可能有好的电学特性,因此只要求有放大特性,即扩散制备出 $n^+/p/n$ 即可。

A.15　划片

划片是从整个硅片上切割出各个小管芯,并挑选出好的管芯,进行后面的封装。

切割硅片的切片机有多种:金刚石划片机,砂轮切片机,还有激光刀具的切割机等。金刚石划片机是用金刚石作为刀具,在硬脆性的硅片上划出划痕,再进行裂解。砂轮划片机是用砂轮直接切开硅片。金刚石划片机只在科研单位或生产单位划陪片等使用。砂轮切片机可直接切开硅片,更适合大批量生产使用。

在此采用砂轮切片机。按照切片机使用说明书操作机器,进行划片。划好硅片从胶膜上取下,用玻璃棒将有划痕的硅片擀开,选出合格芯片(未打红色标记的芯片),待用。

硅片有易裂解面,(100)面的易裂解方向是“+”形,(111)面的易裂解方向是“△”形。在此制作的 n^+pn 管采用的是(111)-Si,易裂解方向与管芯形状不同。因此,走刀时要在硅片表面划出较深划痕,才能使硅片按划痕方向裂解。

A.16　上架烧结

上架烧结是将管芯安装在管座上,晶体管集电极是由硅衬底引出的,管芯应与管座有良好的电连接。通常使用导电浆料将管芯粘接在管座上,再经烧结,导电浆料还原,在管芯与管座之间形成合金,将两者结合牢固,且为欧姆接触。或者在管芯与管座之间夹装金锑片,再经烧结,在管芯和管座之间形成金锑合金,使两者结合牢固,且为欧姆接触。

在此,采用导电银浆将管芯粘接在管座上,烧结,氧化银还原为银,使管芯与管座牢固地结合,并形成欧姆接触。

A.16.1　工艺设备、试剂与条件

设备、试剂:真空烧结炉,烘箱,石英架,氮气瓶,体积流量计;低温银浆,分析纯甲苯、丙酮、无水乙醇。

工艺条件:烧结条件由银浆还原温度确定,一般选低于 500 ℃的,时间约 30 min,氮气流量 1 L/min。

A.16.2　具体操作步骤

(1)将选出的合格管芯,顺次用甲苯、丙酮、无水乙醇超声波清洗 5 min,再用无水乙醇漂净,放在烘箱中 100 ℃烘干。注意:超声波功率应设置较低,在石英烧杯中不要放太多的管芯,以免因相互碰撞,划伤铝膜。

(2)将管座和管帽,分别都顺次用甲苯、丙酮、无水乙醇超声清洗 5 min,再用无水乙醇漂净,放在烘箱中 100 ℃烘干。

(3)在显微镜下用银浆把管芯粘接在管座上。管芯的发射极要对准管座上的发射极标记。粘接好后,管子安放在上架台上。

(4)将管子摆放在石英架上放入烧结炉内烧结。通氮气保护并获抽真空,450 ℃,保温 30 min。

(5)一到烧结时间,将晶体管与烧结炉一起降温,避免管壳被空气氧化。

(6)室温取出,停气,停炉。

A.16.3　思考题

(1)管芯、管座、管壳的清洗与硅片的清洗有什么不同? 为什么?

(2)烧结为何要在真空、氮气保护下进行? 可否只在真空环境烧结?

(3)导电银浆粘接原理是什么?

A.17　压焊

压焊是用焊接引线将芯片上的内电极和管座上的接线柱连接起来。焊接引线和内电极及接线柱都形成了金属键,所以这一工艺步骤又被称为键合。压焊方法有多种:热压焊,超声波压焊等。平面晶体管多采用超声波压焊方法。

A.17.1　工艺设备与材料

工艺设备与材料:超声波压焊机,硅铝丝。

A.17.2　超声压焊机的工作原理

超声波发生器产生超声振荡电能。通过磁致伸缩换能器,使振动头发生超声波频率的

机械振动，它带动劈刀产生"交变剪切应力"。同时，在劈刀上端施加一垂直压力在铝引线上。在瞬间超声能量和压力，使铝引线和铝膜间快速摩擦，这一方面破坏了芯片焊接点的氧化铝膜；另一方面，产生一定热量，使硅铝丝变形。从而使焊接点的铝原子互相扩散渗透，形成牢固的焊接。

A.17.3　对焊接引线的要求

导电性好，弹性小，可塑性好，和芯片压焊点金属层及管壳接线柱都能形成机械强度高的金属键。对于铝电极，满足上述要求的焊接引线是硅铝丝。

A.17.4　具体操作步骤

按压焊机使用说明书进行压焊。管芯发射极应和管座上标记发射极的接线柱相连。要求焊点牢固，根部不切丝，走丝直，且有一定弧度。

A17.5　思考题

(1)如何检查压焊质量？哪些因素会导致压焊困难？

A.18　封帽

封帽是将管座与管帽焊接在一起，完成晶体管最后的封装，封装后的晶体管应气密，管芯与外界环境隔离，不受环境影响。

采用电容储能式焊机进行封帽。工作时通过在管帽和管座的边缘间产生电弧、高温，并在垂直方向的压力作用下使管帽和管座焊接在一起。

A.19　晶体管电学特性测量

晶体管电学特性测量是对制作好的晶体管进行最后的性能测量，因此又称为成测。通过测量了解制备晶体管的击穿电压 BV_{ebo}、BV_{cbo}、BV_{ceo}，反向电流 I_{ebo}、I_{cbo}、I_{ceo}，大系数 β、α。

A.19.1　测量原理

根据晶体管原理，对晶体管的击穿电压及反向电流分别定义如下：

1. 集电极开路

发射极－基极（发射结）之间加反向电压。图 A.10 为 I_{ebo}、BV_{ebo} 测试原理图。对应不同的反向电压测其反向电流值，将相应的点绘成曲线，即为发射结的反向特性 $V-I$ 曲线。在规定电压下的反向电流（或称截止电流），记为 I_{ebo}。反向击穿电压记为 BV_{ebo}。

若将图 A.10 的电源反向，则发射结处于正偏。此时改变不同的正向电压，可得不同的正向电流值，由此可测出发射结的正向特性 $V-I$ 曲线。

2. 发射极开路

集电极－基极（集电结）之间加反向偏压。图 A.11 为 I_{cbo}、BV_{cbo} 测试原理图。改变偏压时可得不同的反向电流，由此可绘制反向特性 $V-I$ 曲线。在规定电压下的反向电流（或称截止电流）记为 I_{cbo}。反向击穿电压记为 BV_{cbo}。同样，改变电源方向可得到集电结的正向特性 $V-I$ 曲线。

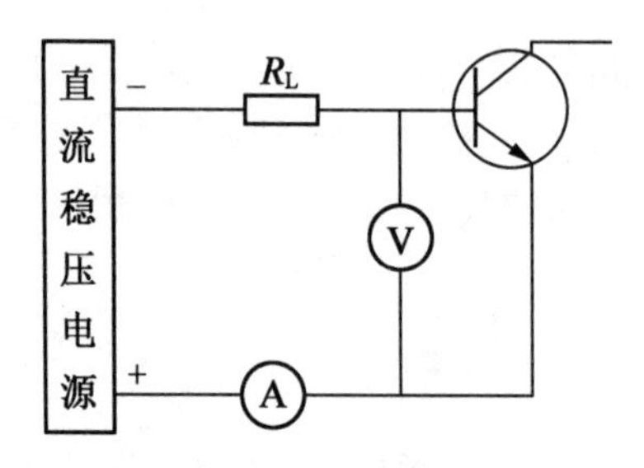

图 A.10　I_{ebo}、BV_{ebo}测试原理图

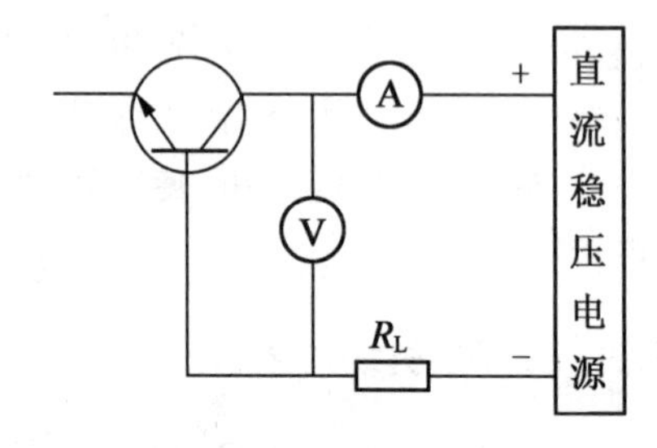

图 A.11　I_{cbo}、BV_{cbo}测试原理图

3. 基极开路

图 A.12 为 I_{ceo}、BV_{ceo} 测试原理图。如图 A.12 所示，集电极 - 发射极间的反向漏电流（或称穿透电流），记为 I_{ceo}，集电极 - 发射极间的反向击穿电压记为 BV_{ceo}。

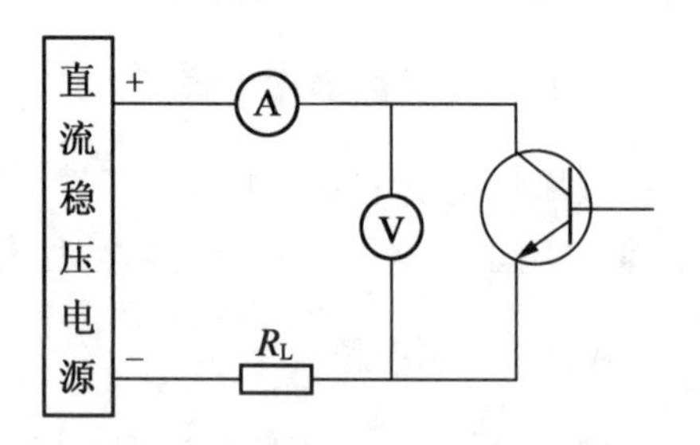

图 A.12　I_{ceo}、BV_{ceo}测试原理图

在实际生产中，由于某些原因造成 pn 结的大漏电或软击穿，这时就很难判断击穿点在什么地方。通常规定，当反向电流达到某一数值（如 1 mA）时，所对应的电压为反向击穿电压，相应也规定了当反向电压加到某一数值（如 -10 V）时，所对应的电流称之为反向电流。对于不同型号的晶体管，规定的反向击穿电压和反向漏电流测试条件均可在半导体器件手册中查到。

4. 晶体管放大特性

由晶体管的直流特性可知，当发射结正向偏置，集电结反向偏置时，该晶体管处于线性放大状态。此时其输出端的电流与输入端电流之比称为电流放大倍数。改变电流输出、输入端，其电流放大倍数的表达式就会改变。共基极电流放大倍数测量原理图如图 A.13 所示。输入电流为 I_e，输出电流为 I_c，此时的电流放大倍数 I_c/I_e，称为共基极直流短路电流放大倍数，记为 α_0，即

$$\alpha_0 = \frac{I_c}{I_e} \tag{A.15}$$

若输入电流有一变化量 ΔI_e，在输出端将有一相应的电流变化量 ΔI_c，则有：$\alpha = \Delta I_c/\Delta I_e$，称为共基极短路电流放大倍数。

共发射极电流放大倍数测量原理图如图 A.14 所示。输入电流为 I_b，输出电流为 I_c，此时电流放大倍数被称为共发射极直流短路电流放大倍数，记为 β_0（或 h_{FE}），即

$$\beta_0 = \frac{I_c}{I_b} \tag{A.16}$$

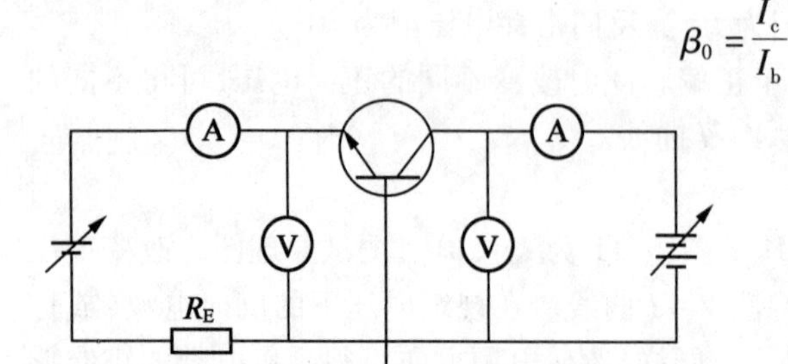

图 A.13　共基极电流放大倍数测量原理图

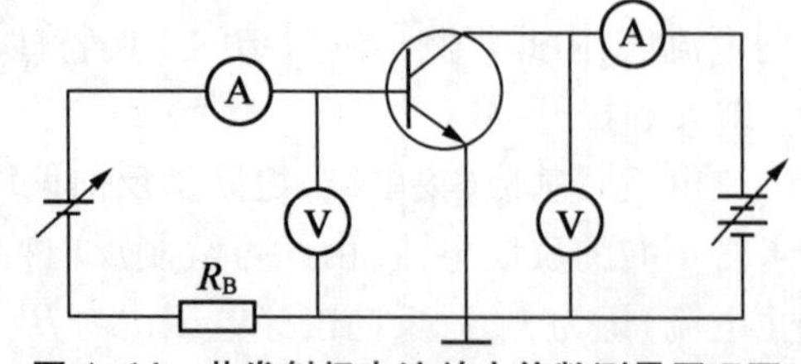

图 A.14　共发射极电流放大倍数测量原理图

若考虑输入一个变化电流 ΔI_b 的放大情况，同样也有：$\beta=\Delta I_c/\Delta I_b$，称为共发射极短路电流放大倍数。

电路中的 R_E、R_B 是为了保护晶体管，并提供所需的偏流。

分析晶体管内部截流子运动情况可知，I_c 略小于 I_e，而 I_b 远小于 I_c、I_e。由此可得 α 及 α_0 略小于 1，且接近于 1；β 及 β_0 则远大于 1。α 与 β 之间存在的关系为

$$\alpha_0=\frac{\beta_0}{\beta_0+1},\quad \alpha=\frac{\beta}{\beta+1} \tag{A.17}$$

A.19.2　测量仪器

晶体管特性图示仪，测量样品除自制晶体管外，另选 npn 型双极硅管对比测量。

A.19.3　测量具体步骤

(1) 打开晶体管特性图示仪电源，按照仪器使用说明调整仪器各旋钮到适当位置。

(2) 测量击穿电压 BV_{ebo}、BV_{cbo}、BV_{ceo} 和反向电流 I_{ebo}、I_{cbo}、I_{ceo}，分别将集电极、发射极、基极悬空，调整仪器，在荧光屏上呈现这三种情况的反向 $I-V$ 特性曲线。从而获得上述 6 个参数。

(3) 共基极电流放大倍数 α 的测量。调整仪器，在荧光屏上呈现如图 A.15 所示的共基极直流输出特性曲线，α 值由 $\alpha=\Delta I_c/\Delta I_e$ 计算。

(4) 共集电极电流放大倍数 β 的测试。调整仪器，在荧光屏上呈现如图 A.16 所示的发射极直流输出特性曲线，β 值由 $\beta=\Delta I_c/\Delta I_b$ 计算。

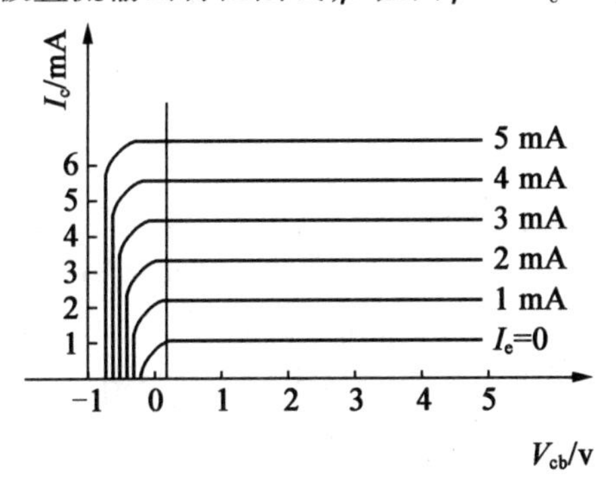

图 A.15　共基极直流输出特性曲线

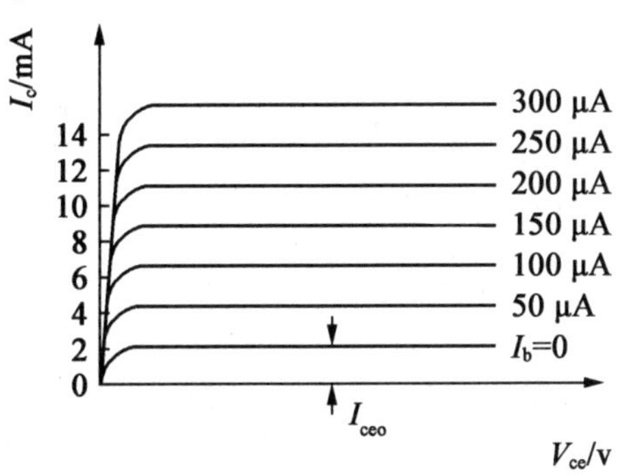

图 A.16　共发射极直流输出特性曲线

A.19.4　思考题

(1) 由测量数据分析晶体管衬底材料、工艺环境、各单项工艺参数的特点和问题。

(2) 计算 α 和 β 是否满足式(A.17)？

附录 B　SUPREM 模拟

工艺模拟是通过计算机对集成电路制造过程中的物理过程进行模拟,能计算出器件内部的结构及杂质分布,如果能进一步把工艺模拟、器件模拟与电路模拟的结果相结合,就可以得到各个工艺步骤之后的器件性能及电路性能。反之,如果从器件性能的要求出发,设法找到一套合理的工艺步骤及工艺参数,对器件的开发和工艺开发意义也非常重大。

集成电路工艺模拟系统就是根据给定的工艺条件，利用数值技术，求解由工艺模型所描述的微分方程或代数方程，从而实现对集成电路制造工艺过程的计算机仿真。在集成电路的新产品开发和大规模生产的有力推动下，为满足对集成电路器件工艺的研究需要，工艺模拟技术和反映复杂工艺的模拟模型也飞快地发展起来,集成电路工艺计算机模拟已成为集成电路工艺开发的一种重要辅助手段。目前,比较成熟的集成电路工艺模拟系统是由美国斯坦福大学开发的 SUPREM (Stanford University Process Engineering Models)系列集成电路工艺模拟系统,随着集成电路工艺生产的发展而不断更新,至今已经先后有了四代产品。

B.1　SUPREM 软件简介

SUPREM - I 发表于 1977 年,1978 年发表了 SUPREM - Ⅱ。I 和Ⅱ版本只能用于分析硅和二氧化硅中一维杂质分布;1983 年推出 SUPREM - Ⅲ,它是前两个版本的扩充,尽管也只能分析一维结构,但与 SUPREM - Ⅱ 相比,有了很大的改进;随后又推出了 SUPREM - Ⅳ系列改进版本。

SSUPREM - Ⅳ 是斯坦福大学开发的二维工艺模拟软件 SUPREM - Ⅳ的商用改进版，它是 ATHENA 中最重要的组成部分。SSUPREM - Ⅳ是世界上公认的最先进的集成电路工艺模拟软件之一。通过 SSUPREM - Ⅳ对实际工艺的模拟，可以预知工艺结果，减少试验次数。应用结果对有关软件的开发者、使用者及有兴趣的科技人员有较大的参考价值。

TSUPREM - Ⅳ是当前集成电路工艺仿真 SUPREM 系列的最高版本。版本升级的主要标志有以下几点：模拟的维数由一维二层结构、一维多层结构至二维多层结构;可模拟的效应由一级效应、二级效应扩展到二维状态下的诸多效应，相应的数学物理模型逐步扩展，模型精度明显提高;数值算法更趋完善，从而使模拟的精度更为精确。TSUPREM - Ⅳ与前几种版本主要的区别就是由实施集成电路平面工艺的一维纵向模拟扩展到了二维平面模拟。

TSUPREM - Ⅳ集成电路工艺仿真系统可实施的仿真功能覆盖了当今各类集成电路的平面工艺工序，例如各种环境下的扩散工序、各种氧化剂形式,以及各种组合方式下的氧化行为、硅化物介质淀积过程的仿真、各类集成电路制造所使用的掺杂元素的离子注入行为、各种外延生长(正外延、反外延、同质外延、异质外延)过程的描述、氧化介质膜淀积工艺、多形态选择性窗口刻蚀的二维描述、多晶硅介质的淀积等。更为重要的是,TSUPREM - Ⅳ集成电路工艺仿真系统依据二维工艺模型，适时地反映出各种工艺过程中杂质元素的各向异性行为。这样,可以在考察掺杂杂质纵向行为的同时连带考察它们的横向行为，特别是对于小尺寸器件工艺加工过程的仿真尤为重要。TSUPREM－Ⅳ集成电路工艺仿真系统的模型升级重点在杂质扩散过程二维仿真上。其主要扩充点是与杂质属性密切相关的若干二级效应，诸如离子激活效应、杂质分凝效应、点缺陷复合效应等。正是因为引入了上述效应的二维描述，则需要考虑掺杂环境分气压的动态变化、不同掺杂气氛及其气氛流量并建立二维各向异性的杂质属性模型，它包含了众多具有各向异性特征的、与杂质属性密切相关的特征参量。例如杂质以间隙运动方式或替位运动方式运动的扩散通量因子；杂质以间隙或替位模式状态下的扩散系数；施主杂质离子或受主杂质电量取值的不同；非平衡条件下热缺陷对两种扩散机制的不同影响，以不同的扩散增强因子来描述。

国内高等院校主要配置了SUPREM－Ⅲ软件进行模拟，下面给出几组SUPREM－Ⅲ模拟过程编程实例，以对该软件有初步理解。

B.2　氧化工艺

用经验氧化模型模拟氧化过程，氧化前由SUPREM－Ⅲ程序计算确定氧化条件，将获得的参数直接输入氧化炉控制系统，进行氧化。

举例：栅氧化。

■ Title　Gate Oxidation in HCl

■ Comment　Initialize the silicon substrate

■ Initialize　<100> Silicon Boron Concentration = le17
Thickness = 0.5 dx = .0025 Xdx = .01 Spaces = 120

■ Comment　Push the wafers for 30 min at 800 ℃ in N_2

■ Diffusion　Time = 30 Temperature = 27 Nitrogen T.
rate = 25.7667

■ Comment　Ramp the furnace to 1000 ℃ over 10 min in a
flow of 10% O_2 and 90% N_2

■ Diffusion　Time = 10 Temperature = 800 En2 = 0.2 T. rate = 20

■ Print　Layers

■ Comment　Oxidize the wafers for 30 min at 1000 ℃ in a mixture of
O_2 with 3% HCl.

■ Diffusion　Time = 30 Temperature = 1000 DryO_2 HCl = 3.0

■ Comment　Anneal the wafers at 1000 ℃ for 10 min in a flow of N_2

■ Diffusion　Time = 10 Temperature = 1000 Nitrogen T. rate = −20

■ Comment　Pull the wafers for 30 min at 800 ℃ in N_2

■ Diffusion Time = 30 Temperature = 800 Nitrogen T. rate = −25.7667

■ Print　Layers Chemical Concentration Boron

■ Plot　Active Net Cmin = le14

■ Stop　End oxidation example

B.3　扩散工艺

suprem－Ⅲ模拟预淀积扩散，1 050 ℃磷扩散，N_s 由 T 决定。最后输出网格格点化学杂质浓度、活性杂质浓度、静杂质浓度。

■ Title　Predeposition Diffusion of Phosphorus
■ Comment　Initialize the silicon substrate
■ Initialize　〈100〉Silicon Boron Concentration = 1e16
　thickness = 1.0 dx = .005 xdx = .02 spaces = 120
■ Comment　Diffuse phosphorus
■ Diffusion　Time = 20 Temperature = 1050 phosphorus solid sol
■ Print　Layers Active Concentration phosphorus boron Net
■ Plot　Active Net Cmin = 1e15
■ Stop　End example 1

B.4　离子注入

杂质的注入、激活、扩散都可以模拟，SUPREM－Ⅲ包含大多数常用掺杂剂的注入参数。如为非常用掺杂剂，必须提供射程，标准偏差数据。

举例：n + 源/漏区的注入。

■ Title　Predeposition source/drain implant
■ Comment　Initialize the silicon substrate
■ Initialize　〈100〉Silicon Boron Concentration = 1e16
　thickness = 1.0 dx = .005 xdx = .02 spaces = 120
■ Comment Grow the　gate Oxide
■ Diffusion　Time = 20 Temperature = 950 $DryO_2$ HCl = 3%
■ Diffusion　Time = 10 Temperature = 950
■ Print　Layers
■ Implant Arsenic Energy = 60 Dose = 5e + 15 Tilt = 7
■ Diffusion　Time = 30 Temperature = 550
■ Diffusion　Time = 10 Temperature = 1000
■ Print　Layers Active Concentration Boron Arsenic Net
■ Plot Active Net Cmin = 1e15
■ Stop　End example 1

附录参考文献

[1]　韦亚一. 超大规模集成电路先进光刻理论与应用[M]. 北京：科学出版社，2016.